TRAITÉ

ÉLÉMENTAIRE ET PRATIQUE

DE

BOTANIQUE AGRICOLE

TRAITÉ
ÉLÉMENTAIRE ET PRATIQUE

DE

BOTANIQUE AGRICOLE

CONTENANT AUSSI :

Les notions sur les sols agricoles, les engrais,
les procédés culturaux,
les soins à donner aux plantes

A L'USAGE

*Des Candidats au Certificat d'Études supérieures de botanique
agricole* (Licence ès sciences)
*Des Élèves de l'Institut national agronomique,
des Écoles d'agriculture, des Agriculteurs et Horticulteurs*

PAR

Paul PARMENTIER

Docteur ès sciences,
Lauréat de l'Institut de France et de la Société nationale d'Agriculture,
Professeur adjoint de botanique agricole à la Faculté des Sciences
de Besançon,
Directeur de la Station agronomique de Besançon.

Avec 442 figures dans le texte.

PARIS
OCTAVE DOIN, ÉDITEUR
8, PLACE DE L'ODÉON, 8

—

1902

PRÉFACE

Depuis l'époque où les Universités ont été autorisées à délivrer des certificats d'études supérieures en dehors de ceux exigés par l'État pour l'obtention des licences ès sciences mathématiques, physiques ou naturelles, le nombre des étudiants désireux de posséder les nouveaux certificats, s'est accru dans de notables proportions.

Il semble aujourd'hui que l'on délaisse un peu les études purement spéculatives pour se porter vers celles dont les résultats pratiques et immédiats sont plus tangibles et plus certains. Les jeunes gens qui n'étudient la science que pour elle-même, avec l'intime espoir de résoudre, un jour, quelques-uns de ses graves problèmes, deviennent relativement rares. L'indécision, la frayeur que causent les longues études, l'amour de l'indépendance et surtout celui du bien-être matériel, sont les facteurs influents de cette évolution naissante.

Suivons donc cette évolution tout en nous efforçant de

préparer, le mieux possible, l'étudiant pour la profession qu'il s'est librement choisie.

C'est dans cette pensée que nous avons écrit le présent ouvrage qui est, en quelque sorte, l'image de notre cours de botanique agricole à l'Université de Besançon.

Le plan suivant lequel cet ouvrage est conçu et la multiplicité des questions qui y sont exposées, font nettement ressortir comment nous comprenons l'enseignement de la botanique agricole. Aucun livre de ce genre n'existait encore : c'est donc une lacune que nous avons comblée.

Les traités de botanique, déjà publiés ou en cours de publication, tous d'une érudition très remarquable, ne font certes pas défaut. L'étudiant de botanique générale n'a que l'embarras du choix, tandis que celui de botanique agricole est presque complètement déshérité. Ce dernier ne possède, pour la préparation de ses examens, que les notes prises au cours du professeur, sauf à recourir, pour les compléter, à quantité d'ouvrages et de périodiques très spéciaux. Mais les recherches bibliographiques ne peuvent être faites avec fruit qu'autant que l'on possède déjà les connaissances fondamentales des questions à étudier. Notre ouvrage, ayant l'avantage de présenter ces dernières sous une forme claire et concise, répond à ce desideratum.

Quoique destiné aux étudiants, ce livre peut être consulté par l'agriculteur et lui fournir quantité de renseignements utiles.

Puisse-t-il enfin faire comprendre l'importance du concours de la science dans une des branches les plus vastes de l'agriculture et contribuer au progrès de cette dernière : ce sera pour nous une grande et douce satisfaction.

Laboratoire de botanique agricole
de l'Université de Besançon

PAUL PARMENTIER.

Juin 1901.

Observation. — Avant de livrer cet ouvrage à l'impression. j'ai prié mon ami et collègue, M. Bessil, professeur agrégé d'histoire naturelle au lycée Victor-Hugo de Besançon, de vouloir bien le relire. Je prie M. Bessil d'agréer l'expression de ma plus vive reconnaissance.

P. P.

LISTE DES AUTEURS

DONT LES TRAVAUX ONT ÉTÉ CONSULTÉS

Aubert.
Baltet (Ch.).
Bellair.
Belzung.
Bernard (Noël).
Berthelot.
Beeson.
Bervas (L.).
Blot.
Bonhomme (J.).
Bonnet.
Boitel.
Bouilhac.
Boussingault.
Bréal.
Brustlein.
Bussard.
Castex.
Castel.
Claudel.
Charrin.
Chauvelot.
Christ (D^r).
Colomb-Pradel.
Constantin.
Corenwinder.
Cornu (Max).
Cornevin.
Courmont.
Couturier (Ed.).
Damseaux.

Daniel (Lucien).
D'Arbois de Jubainville.
Dehérain.
Delacroix (Dr J.).
Demarty.
Dewar.
Du Breuil.
Duchartre.
Duclos.
Ducomet.
Dyer (Thiselton William).
Erikson (Jacob).
Errera (L.).
Faucompré.
Foëx.
Fournier (E.).
Franc.
Fron.
Fuchs.
Gain (Edm.).
Garola.
Gasparin (de).
Gassend.
Gérard.
Gilbert.
Girard (A.).
Girardin.
Godfrin.
Grandeau.
Guignard (L.).

Haberlandt.
Hellriegel.
Hilgard (W.).
Hubert (d').
Jacquemart.
Jessen.
Joulie.
Jouvet.
Kohler.
Kulmann.
Laurent (E.)
Lawes.
Lecouteux.
Le Monnier.
Liebig.
Magnin (Dr Ant.).
Mangin (L.).
Marès.
Mazé.
Meurein.
Meyer (A.).
Müntz.
Nanot.
Ogérien (frère).
Ouvray.
Pabst.
Pasteur (L.).
Peffer.
Pierre.
Pisson.
Planchon.

Prianichnicow.
Prillieux.
Prunet.
Pugh.
Quélet (Dr).
Raquet.
Ravaz.
Risler.
Rouget (Ch.).
Roux (Cl.).
Sorauer.
Schlœsing.

Schribaux.
Schubler.
Schuch.
Senderens (l'abbé).
Silvestre.
Soubeiran.
Stender.
Ubaldini.
Van Tieghem.
Vesque.
Viala.
Ville (G.).

Vilmorin (de).
Vœlcker.
Von Höhnel.
Way.
Wilfarth.
Winogradsky.
Wolff.
Wollny (Dr).
Zolla.
Zöller.

TRAITÉ ÉLÉMENTAIRE ET PRATIQUE

DE

BOTANIQUE AGRICOLE

PREMIÈRE PARTIE

LA GRAINE

CHAPITRE PREMIER

MORPHOLOGIE, STRUCTURE ET RÉSERVES

Définitions. — L'ovule, développé après la fécondation, constitue la graine qui, par la germination, produira un individu à peu près semblable à celui dont elle provient.

En agriculture, on désigne sous le nom de *graines*, non seulement les graines proprement dites, mais encore les *fruits secs indéhiscents* tels que ceux des céréales.

Le terme *semences* a un sens plus étendu encore, car il comporte en outre des fragments de la plante capables d'entrer en végétation une fois isolés de leur plante mère. Tels sont les bulbes, les boutures, les greffes et les tubercules.

Il y a lieu d'établir une distinction importante entre ces fragments de plante et les graines. Les premiers reproduisent la plante avec tous ses caractères exprimés à peu près à un égal degré ; tandis que les individus issus de graines comportent ordinairement, surtout si les conditions de milieux ont varié, des caractères nouveaux capables de s'accentuer et de se fixer, dans les générations suivantes, s'ils sont l'objet de soins spéciaux. Nos innombrables variétés horticoles n'ont pas une autre origine.

Schribaux, ayant semé des graines de Pomme de terre provenant d'un même pied, a obtenu au moins quatre sortes de tubercules nettement différenciés par leur coloration. Si ces tubercules avaient été plantés, ils auraient pu fournir autant de variétés distinctes.

Cette curieuse question de production de formes nouvelles (cénogénèse), ainsi que celle relative à la fixation de ces formes (cénoménèse), feront l'objet d'une étude spéciale (p. 293).

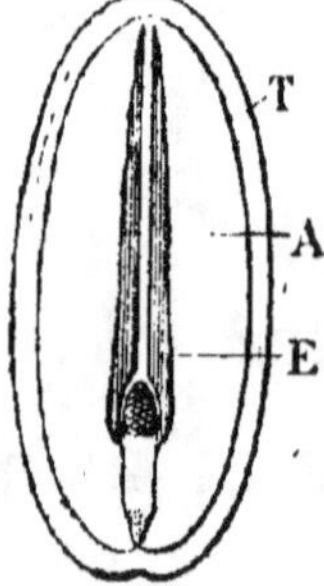
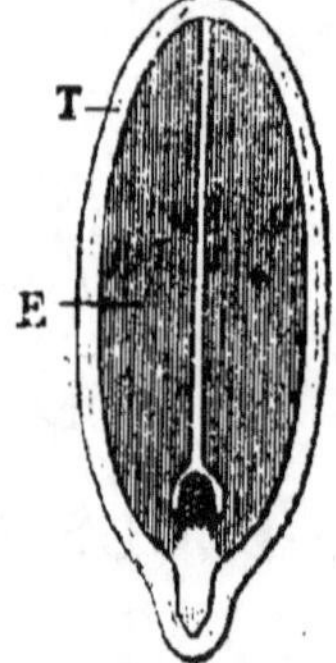

<table>
<tr><td>Fig. 1.</td><td>Fig. 2.</td></tr>
<tr><td>Graine à albumen (schéma).</td><td>Graine sans albumen.</td></tr>
<tr><td>E, embryon. — A, albumen. — T, téguments.</td><td>E, embryon.</td></tr>
</table>

A. **Morphologie de la graine**. — La graine comprend essentiellement : 1° un *tégument*, simple ou double, provenant du tégument de l'ovule ; 2° une *amande* (fig. 1 et 2).

Lorsque le tégument est double, qu'il peut se subdiviser en deux couches bien nettes, la couche externe porte le nom de *testa* et l'interne celui de *tegmen*. Le premier donne à la graine son apparence spécifique.

a. Tégument. — Les graines se distinguent, à première vue, les unes des autres, par leur taille, leur forme, leur couleur, les annexes de leur tégument (arille, arillode, caroncule, strophiole). Ces divers caractères, immédiatement accessibles à l'étude, doivent donc trouver place ici.

Le *funicule* qui fixait la graine au *placenta* de l'ovaire a laissé sur le tégument une cicatrice ronde ou ovale, appe-

Fig. 3.

Graine de Badianier (*Illicium anisatum*. Magnoliacées). Tégument séminal lisse.

Fig. 4.

Graine de Pavot (*Papaver somniferum*. Papavéracées). Tégument séminal offrant des aréoles polygonales.

Fig. 5.

Graine de Moutarde noire (*Sinapis nigra*. Crucifères). Tégument séminal offrant des arètes polygonales.

lée *hile*, facile à distinguer sur de nombreuses graines (Haricot, Marronnier d'Inde, etc.).

Le *micropyle* de l'ovule (voy. p. 417) peut aussi rester apparent sur la graine, sous la forme d'un petit tubercule creux, situé non loin du hile quand l'ovule est *campylotrope* (Giroflée) ou *anatrope* (Violette).

La *taille*, la *forme* et la *couleur* de la graine, ainsi que l'aspect extérieur de son tégument, font l'objet d'une étude *macroscopique* et constituent un ensemble de caractères indispensables à signaler dans la description de cette graine (fig. 3, 4, 5). Leur connaissance rend de précieux services dans les essais et analyses de semences.

Fig. 6.

Graine velue de Cotonnier (*Gossypium*, sp., Malvacées). Poils répartis uniformément sur toute la surface du tégument.

S'agit-il, par exemple, de quelques Crucifères ; voici comment Bussard et Fron les décrivent.

1. *Colza (Brassica oleracea oleifera)*. — Graine noire ou brunâtre, rougeâtre lorsqu'elle est incomplètement mûre, de coloration généralement moins foncée chez les colzas de Russie ou du Danube que chez ceux d'origine française. La forme en est globuleuse ; de chaque côté de la saillie formée par la radicule existe un sillon plus ou moins nettement marqué. Surface lisse ou très finement chagrinée.

Diamètre : $1^{mm},5$ à $2^{mm},5$, souvent voisin de 2 millimètres pour les Colzas d'automne de Normandie, de grosseur assez uniforme, un peu plus faible pour la variété de printemps.

Poids de 1 000 graines : $3^{gr},700$ à $4^{gr},500$.

Saveur caractéristique à la fois amère et légèrement caustique.

2. *Navette (Brassica Napus oleifera)*. — Graine plus ou moins sphérique, avec un double sillon, souvent peu marqué, au voisinage de la radicule. Coloration brun rougeâtre ou noirâtre, moins foncée chez les Navettes du Danube, souvent récoltées prématurément. La présence, à la surface du tégument, d'un réticule très fin, mais cependant nettement apparent à la loupe, permet de distinguer la graine de Navette de celles du Colza et de la Moutarde des champs.

Diamètre : $1^{mm},3$ à 2 millimètres, un peu plus faible pour la variété de printemps que pour celle d'automne.

Poids de 1 000 graines : $1^{gr},800$ à 3 grammes.

Saveur se rapprochant de celle du colza.

3. *Moutarde blanche (Sinapis alba)*. — Graine globuleuse ou légèrement ovoïde, moins déprimée et plus régulière que celle du Colza de Guzerat, de coloration jaune un peu plus foncée que cette dernière, et présentant, sur les côtés de la radicule, un double sillon à peine marqué.

A la loupe, la surface en paraît lisse ou faiblement chagrinée.

Diamètre : $1^{mm},8$ à $2^{mm},2$.

Poids de 1 000 graines : $5^{gr},200$ en moyenne.

Saveur brûlante caractéristique.

4. *Moutarde noire (Brassica nigra)*. — Graines irrégulièrement

globuleuses ou ovoïdes, terminées en pointe blanchâtre au niveau du hile, et présentant une saillie radiculaire avec sillons latéraux souvent assez marqués. Coloration brun rougeâtre, quelques-unes grisâtres.

Diamètre : $1^{mm}2$, à 2 millimètres pour la moutarde noire d'Alsace, $1^{mm},1$ à $1^{mm},5$ pour celle de Sicile ; beaucoup plus petites, par conséquent, que les graines de Colza ou même de Navette, et sensiblement de même grosseur que celles de Moutarde des champs.

A la loupe, le tégument séminal apparaît nettement marqué de fins alvéoles.

Poids de 1 000 graines : $1^{gr},200$ à 2 grammes.

Saveur brûlante.

5. *Moutarde des champs* (*Sinapis arvensis*). — Graine franchement sphérique, sans saillie radiculaire ni sillons latéraux marqués. Hile peu visible. Coloration brun rougeâtre ou noirâtre. A la loupe, la surface de la graine paraît lisse.

Diamètre : $1^{mm},2$ à $1^{mm},8$.

Poids de 1 000 graines : 2 grammes à $2^{gr},200$ en moyenne.

Saveur brûlante.

6. *Radis oléifère* (*Raphanus sativus*). — Graines relativement grosses, très irrégulièrement globuleuses ou ovoïdes, renflées à la base et un peu aplaties sur les faces, de coloration rougeâtre ou jaune grisâtre. Surface finement réticulée.

Dimensions : longueur, 2 à 4 millimètres; largeur 2, à 3 millimètres.

Poids de 1 000 graines : 8 grammes à $9^{gr},500$.

Saveur particulière de radis.

7. *Cameline* (*Camelina sativa*). — Graine ovoïde comprimée et présentant à l'une des extrémités une sorte d'entaille correspondant au hile. L'embryon forme latéralement une saillie très marquée. Coloration jaune rougeâtre.

Longueur, 2 millimètres environ; largeur, $0^{mm},8$ à 1 millimètre.

Poids de 1 000 graines : $0^{gr},800$.

Saveur de chou avec arrière-goût d'ail.

Ces quelques exemples, clairs et précis, montrent tout
l'intérêt de l'étude macroscopique des graines. Il serait
facile d'en étendre la liste à l'aide des autres semences agricoles.

La *couleur* des graines d'une espèce donnée varie avec

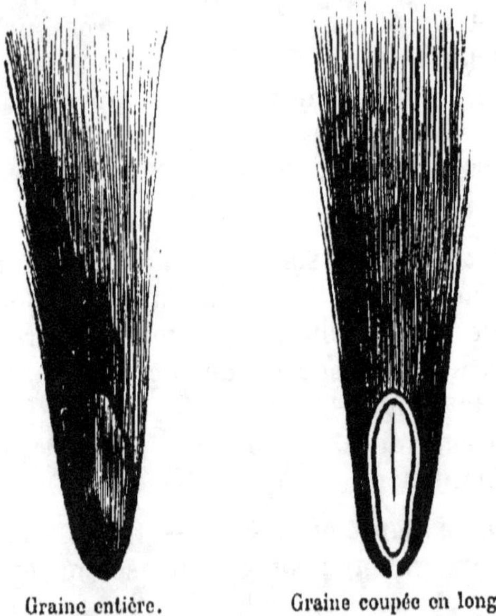

<table>
<tr><td>Graine entière.</td><td>Graine coupée en long.</td></tr>
</table>

Fig. 7.
Graine de Saule (*Salix*, Salicinées), présentant une aigrette
qui se développe à la base près de la chalaze.

l'âge de ces graines, leurs conditions de conservation et
leur provenance. Les semences de Trèfle des prés des contrées septentrionales, de l'Angleterre, de la Bretagne, ont
une couleur violette très foncée; tandis que celles du Midi
sont bleuâtres, parfois presque jaunâtres.

Les graines des Légumineuses prennent une teinte havane
ou rouge terne en vieillissant (voy. *Fraudes*, p. 42).

Le tégument peut être uniformément recouvert de *poils*
longs et 1-cellulaires (Cotonnier) (fig. 6) ou n'en avoir qu'en

un point de sa surface, comme chez le Peuplier et le Saule (fig. 7), où ils forment une *aigrette* à la base de la graine.

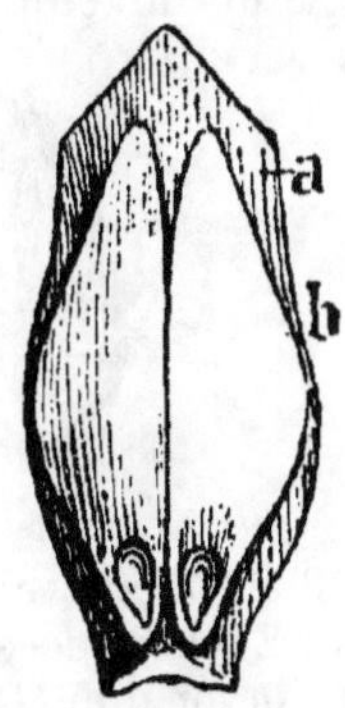
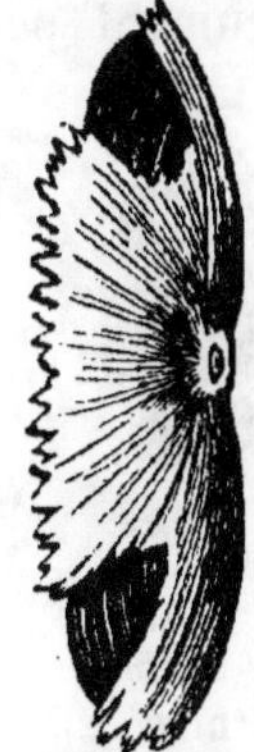

<table>
<tr><td>Fig. 8.</td><td>Fig. 9.</td></tr>
</table>

Écaille fructifère de Pin sylvestre portant deux graines ailées. Ces ailes proviennent d'une lame de tissu formée par la face dorsale du carpelle qui se sépare avec la graine.

Graine de *Ravenala Madagascariensis*, pourvue d'un arille (Scitaminées).

Il est **parfois** diversement prolongé en *aile* (Sapin) (fig. 8). Sa

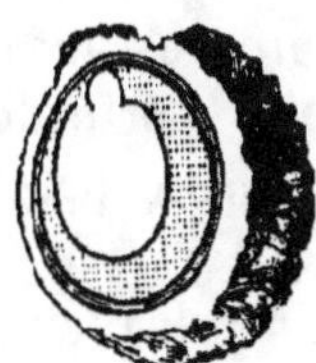
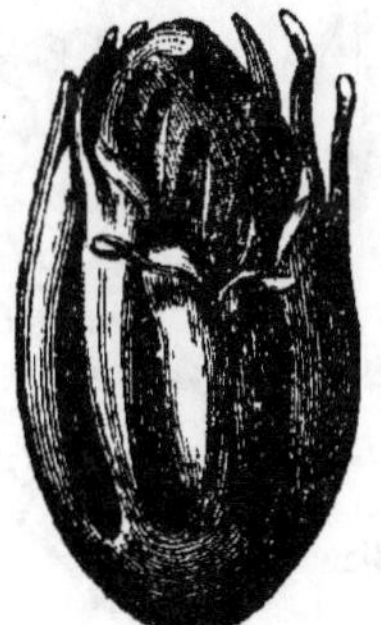

<table>
<tr><td>Fig. 10.</td><td>Fig. 11.</td></tr>
</table>

Coupe longitudinale de la graine de **Fusain** (*Evonymus Europœus*, Célastrinées). Graine pourvue d'un arillode.

Graine de Muscadier (*Myristica moschata*, Myristicacées). Graine entière avec l'arillode.

consistance est également variable ; il est *charnu* chez le Gre-

nadier, *papyracé* et mince (Prunier) ou ligneux et ordinairement épais (Vigne).

Le tégument peut être aussi le siège de développements

Fig. 12.
Graine de Ricin
(*Ricinus communis*,
Euphorbiacées).
c, caroncule.

Fig. 13.
Graine de *Croton*
Tiglium
(Euphorbiacées).

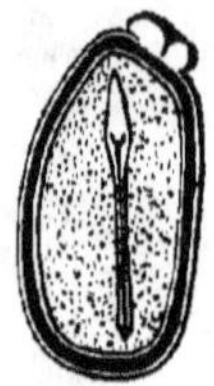

Fig. 14.
Ricin (*Ricinus communis*),
Euphorbiacées). Em-
bryon droit. Coupe lon-
gitudinale d'une graine.

variés qui constituent en quelque sorte ses *annexes*. Une
enveloppe supplémentaire, appelée *arille* (fig. 9), ayant
son point de départ au voisinage du hile, peut envelopper complètement la graine (Nymphea) ou ne former
qu'une coupe charnue rouge (If). Si, au contraire, l'expan-
sion part des bords du micropyle, en progressant comme
l'arille, elle porte le nom d'*arillode* (Fusain, fig. 10, Muscadier, fig. 11).

Les graines de Ricin (fig. 12, 13) portent une petite excroissance appelée *caroncule*, dans le voisinage du micropyle et
recouvrant ce dernier. Celles de Chélidoine en ont une en
forme d'aile sur le raphé, qui est désignée sous le nom de *strophiole*.

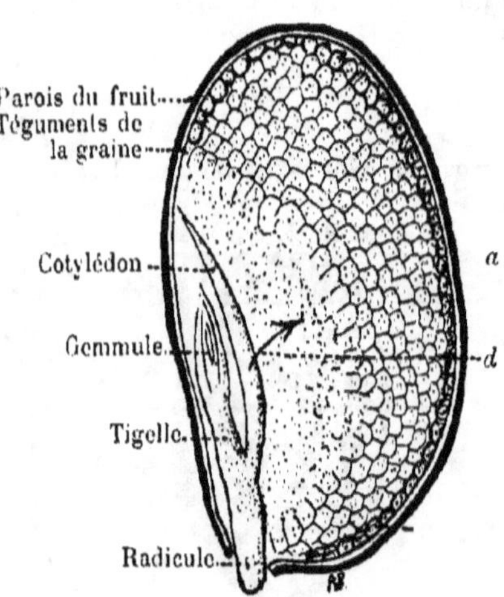

Fig. 15.
Coupe d'un grain de Blé avec
son embryon sur les flancs de
l'albumen.

a, albumen. — *d*, diastase.

b. AMANDE. — Cette partie de la graine comprend l'embryon accompagné d'un albumen ou de cotylédons.

Les graines *albuminées* ont une amande double, c'est-à-dire un embryon et un albumen (fig. 1) : telles sont les Graminées (fig. 15). Dans ces graines, les cotylédons sont très réduits et ne peuvent emmagasiner qu'une faible quantité de réserves.

L'embryon est dit *intraire* lorsque l'albumen l'enveloppe de toute part (Ricin fig. 14); il est *extraire* dans le cas contraire (Blé).

Les graines *exalbuminées* (fig. 2), nombreuses parmi les Dicotylédones, ont une amande simple réduite à l'embryon ; mais ce dernier possède des cotylédons très développés renfermant toutes les réserves nécessaires à la plantule.

Les cotylédons, au nombre de deux chez les Dicotylédones, sont appliqués

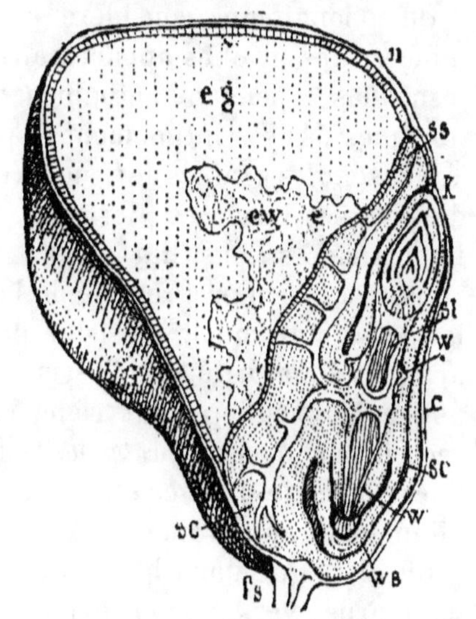

Fig. 16.

Coupe longitudinale du fruit du Maïs.

c, enveloppe du fruit. — *n*, trace d'inscription du stigmate. — *fs*, base du fruit. — *eg*, portion jaunâtre et dure de l'albumen. — *ew*, portion blanche et molle de l'albumen. — *sc*, écusson de l'embryon. — *ss*, pointe de l'embryon. — *e*, son épiderme. — *k*, gemmule. — w (en bas), racine principale. — *ws*, sa gaine. — w (en haut), racines secondaires produites par le premier entre-nœud de la tige de l'embryon *st*.

l'un contre l'autre par leur face plane. Leur surface en contact est ordinairement dirigée suivant le plan de symétrie de la graine (Haricot) ou perpendiculairement à ce plan (Liliacées).

L'unique cotylédon des Monocotylédones (fig. 16) est engainant par rapport à l'embryon dont la gemmule est logée dans une fente creusée à sa partie antéro-supérieure par où sortira la tige. La radicule est emprisonnée sous une membrane (*coléorhize*) formée par l'extrémité inférieure de la tigelle, qu'elle franchit par digestion pour s'enfoncer dans le sol.

On a longtemps considéré comme entièrement exalbuminées, des graines appartenant à plusieurs familles, chez lesquelles cependant l'albumen est encore représenté par quelques assises intimement appliquées contre le tegmen. Telles sont les graines de Crucifères, Linées, Composées, etc.; de diverses Rosacées (Cerisier, Prunier, Amandier, etc.) et Papilionacées (Pois, Haricot).

La résorption progressive de l'albumen par l'embryon ne laisse ordinairement subsister, dans les graines précédentes arrivées à maturité, que l'assise externe de l'albumen. Cette assise, particulièrement riche en matière albuminoïde, a reçu le nom d'assise *protéique* (Guignard). Les graines pourvues de cette assise établissent le passage des graines albuminées aux graines exalbuminées.

On distingue dans la plantule, la *radicule* dont la pointe est tournée vers le micropyle, la *tigelle* et la *gemmule*. C'est au niveau de la tigelle que s'insèrent les cotylédons quand ils existent.

Au lieu d'albumen, la graine des Gymnospermes possède un *endosperme*.

B. **Structure de la graine**. — 1º TÉGUMENT. — Le tégument séminal résulte de la différenciation des téguments ovulaires pendant la maturation de la graine.

Les graines peuvent se diviser, au point de vue de la structure de leurs téguments, en deux catégories : celles à téguments mous et celles à téguments résistants. Les premières, dit Godfrin, proviennent presque toujours d'un ovaire indéhiscent; les secondes, d'un ovaire déhiscent ou à parois peu solides.

Le nombre de couches composant les enveloppes séminales est très variable. Tantôt il n'y a qu'une couche (*Ruscus racemosus*), tantôt il y en a deux, plus fréquemment trois, et parfois jusqu'à six (*Cucurbitacées, Ampelopsis*). Ces couches, ajoute

Godfrin, de consistance très diverse, alternent régulièrement, de façon que des couches à parois minces se trouvent intercalées entre des couches plus résistantes. Si donc on vient à dilacérer les enveloppes d'une graine, elles se sépareront facilement en deux pellicules, par le déchirement de la couche à cellules minces. D'où la distinction vague de deux téguments superposés (testa et tegmen).

Godfrin a montré, par l'examen des téguments sur la graine mûre, qu'il est impossible de rattacher les différentes couches dont ils se composent aux parties de l'ovule d'où ils proviennent. L'étude histogénique de la graine peut seule donner la solution de ce problème.

De son côté, Le Monnier, à la suite de recherches approfondies sur la nervation de la graine, établit qu'en général le testa et le tegmen ne représentent pas du tout la *primine* et la *secondine* de l'ovule, mais seulement des couches diversement modifiées de la primine.

La structure du tégument séminal, quoique caractéristique chez plusieurs familles (Légumineuses), ne peut pas servir d'une façon absolue à distinguer les familles. Elle peut donner cependant de précieuses indications dans la détermination des espèces.

2° EMBRYON. — La tigelle et la radicule sont ordinairement cellulaires jusqu'au moment de la germination.

Les diverses régions de la tigelle (épiderme, parenchyme cortical et cylindre central) se distinguent néanmoins assez bien lorsqu'on les examine en coupes transversales et longitudinales. Ces mêmes régions, dans la radicule, sont également distinctes.

Quant aux cotylédons, ils possèdent un épiderme, un mésophylle et l'ébauche de faisceaux libéro-ligneux dont la différenciation ne s'effectue ordinairement qu'à la germination.

3° ALBUMEN. — Nous avons vu que l'existence de cet organisme n'est que passagère ; sa structure est exclusivement parenchymateuse. Par les réserves qu'il emmagasine, il a pour rôle de fournir à l'embryon, en voie de germination, les premiers aliments qui lui sont nécessaires. Ces aliments ont été déjà consommés par l'embryon des graines exalbuminées arrivées à maturité.

C. **Réserves nutritives**. — Examinons rapidement les réserves nutritives des cotylédons et de l'albumen. La nature des réserves peut être la même dans ces organes, ou différer.

Les réserves peuvent être figurées ou dissoutes, ternaires ou albuminoïdes.

1. Cotylédons. — Les principales réserves emmagasinées dans les cotylédons et diversement associées, sont les suivantes :

a. *Réserves figurées ternaires.* — 1. L'*amidon*, la plus fréquente ; bleuit sous l'action de l'eau iodée (Haricot).

2. L'*amiloïde*, substance très rapprochée de la précédente, appliquée contre les membranes cellulaires, possède la même réaction que l'amidon (certaines Légumineuses).

3. L'*huile* qui est plus ou moins émulsionnée dans le protoplasme (Noyer et Amandier).

b. *Réserve figurée albuminoïde.* — Cette réserve est représentée par des grains d'*aleurone*, avec (Cerisier) ou sans enclaves (Haricot, Lupin). Elle est particulièrement abondante dans les graines des Légumineuses.

L'association variée de ces diverses réserves permet d'établir différents types de cotylédons.

Si l'amidon seul figure, on a les cotylédons *amylacés* (châtaigne).

Si l'aleurone prédomine, sans être accompagné d'amidon, on a les cotylédons *aleuriques* (Lupin blanc).

Les cotylédons précédents sont dits *farineux :* tels sont ceux de nos Légumineuses alimentaires (Pois, Haricot, Vesce, Lentille, etc.).

Parmi les cotylédons dits *charnus*, figurent les cotylédons *aleuriques* et *oléagineux* (Blé, Amandier, Cerisier, etc.).

Les cotylédons des graines de Maïs sont à la fois *aleuriques*, *amylacés* et *oléagineux*.

c. *Réserves dissoutes*. — Elles consistent en principes *organiques*, *minéraux* et en *eau*.

Parmi les premiers, on distingue l'*albumine* et la *caséine* (albuminoïdes) ; le *galactane*, abondant chez les Légumineuses, et le *saccharose*, signalé en petite quantité dans la vesce et la fève, qui sont des *hydrates de carbone*.

Les principes minéraux sont des *sels* (phosphates, sulfates, chlorures, etc.).

2° ALBUMEN. — De même que pour les cotylédons, il y a lieu de distinguer ici plusieurs catégories d'albumens, basées sur la nature de leurs réserves (albumens *charnus*, *farineux* et *cornés*).

Les premiers (albumens *charnus*) ont une consistance molle ; ils sont aleuriques et oléagineux (Lin, Ricin, Pavot, etc.).

Les seconds ont une consistance plus ferme ; ils sont *aleuriques* et *amylacés* (Céréales). Il est intéressant de suivre, dans le grain de Blé, la répartition de l'*amidon* et de l'*aleurone*. Celui-ci existe exclusivement dans l'assise superficielle du grain ; il est mélangé en proportion décroissante avec de l'amidon à mesure que l'on avance vers le centre du grain où l'amidon se rencontre seul.

Le *gluten* des céréales est constitué par l'*aleurone*.

Enfin les derniers (albumens *cornés*) ont ordinairement une consistance très dure ; les cavités cellulaires y sont souvent oblitérées par épaississement des membranes. Mais cet épaississement est variable, et l'on rencontre tous les passages entre les albumens cornés typiques (Phytéléphas) et les albumens charnus à membranes minces.

Les albumens cornés peuvent être *cellulosiques* (Vigne) ou *mucilagineux* (Mélilot).

Cette accumulation de réserves nutritives dans la graine se fait toujours au détriment des parties végétatives de la plante. Il y a émigration de ces matières organiques de la tige et des feuilles vers la graine. Ce phénomène atteint son maximum d'activité dans les trois ou quatre semaines qui précèdent immédiatement la maturation. Des tiges et des feuilles de blé perdent, pendant ce temps, au profit du grain, environ les deux tiers de leur azote.

Cette constatation présente une grande importance s'il s'agit de plantes *fourragères* dont les tiges et les feuilles constituent les fourrages. La récolte de ces derniers devra donc se faire à l'époque de la floraison ou peu de temps après ; car, outre la perte qui résulte du développement des graines, lesquelles tombent facilement, les tiges sont beaucoup plus dures et d'une mastication plus laborieuse.

3° EAU D'IMBIBITION DES GRAINES MURES. — La proportion d'eau renfermée dans les graines mûres varie avec les espèces, et, dans une espèce donnée, avec le degré de maturité (Belzung). Cette proportion oscille entre 10 et 15 p. 100 du poids de la graine, et donne à celle-ci une consistance ferme. Les graines oléagineuses (Ricin) sont plus riches en eau que les graines amylacées.

La dessiccation diminue la quantité d'eau proportionnellement à sa durée d'action. Ainsi, pour le Blé, la proportion d'eau, qui est de 14 p. 100 à la maturité de la graine, n'est plus que de 4 p. 100 au bout de deux mois environ de séjour dans le dessiccateur, en présence de la chaux qui absorbe la vapeur d'eau, et à la température ordinaire.

Si la dessiccation est prolongée, il arrive un moment où la diminution de poids, devenant très faible, semble disparaître. L'évaporation ayant alors épuisé l'eau d'*imbibition,* s'étend à l'eau de *constitution* de la substance vivante. A cet état, la graine a perdu sa faculté germinative (voy. p. 39) ; elle est frappée de mort.

La quantité d'eau retenue par les graines dépend aussi du degré de saturation de l'atmosphère qui les entoure, des conditions climatériques de la région où elles se sont développées, de la nature et de la composition des graines.

Il suffit, pour se convaincre de l'influence du degré de

saturation, de consulter les chiffres suivants, obtenus par Bussard, à la suite du transport des quatre espèces citées, d'une salle sèche dans une salle humide. La salle sèche était simplement chauffée pendant le jour à une température voisine de 18 degrés ; l'autre, qui n'en était séparée que par une cloison, ne l'était pas.

	Poids initial.	Poids après 60 heures de séjour à l'humidité.	Gain de poids p. 100.
Fromental.	10 gr.	10^{gr},175	1,75
Vulpin des prés . .	10 —	10^{gr},138	1,38
Agrostis vulgaire. .	10 —	10^{gr},083	0,83
Orge.	50 —	50^{gr},626	1,24

Si les conditions étaient extrèmes, les chiffres seraient bien autrement significatifs.

Les semences des régions humides contiennent donc plus d'eau que celles des régions plus sèches. Les Blés d'Angleterre renferment 14 à 19 p. 100 d'eau, tandis que ceux du Midi n'en ont que 10 à 12 p. 100.

Il est logique d'admettre que les graines pourvues d'enveloppes fortement développées absorbent plus facilement l'humidité que les graines nues ou ayant le tégument lisse et adhérent à l'amande.

Le coefficient d'hygroscopicité n'est pas non plus à négliger, car il n'est pas le même chez toutes les espèces. L'agronome danois, Jacob Eriksson, a reconnu qu'un Blé placé, pendant cinq jours, sous une cloche renfermant de l'acide sulfurique, avait perdu 5,3 p. 100 de son poids initial ; tandis que pour l'Avoine, soumise à la même expérience, la perte s'élevait à 6,5 p. 100.

Le sol lui même agit par son eau d'infiltration sur la production des graines. C'est ce que A. Mayer a démontré par des expériences poursuivies pendant plusieurs années dans des terrains où la quantité d'eau variait de 10 à 96 p. 100, allant du très sec au très humide. Ces expériences ont fourni les conclusions suivantes : Plus le sol est humide, plus la

proportion des graines produites est considérable ; plus le sol
est sec, moins la plante fabrique de cellulose et plus elle
produit d'amidon. Un sol trop humide pour une plante peut
ne pas l'être assez pour une autre. Ainsi l'avoine demande
une proportion de 90 p. 100 d'eau, le blé de 80, le seigle
de 75, l'orge de 62 seulement.

D. **Vie latente des graines**. — Arrivée à maturité, la graine
possède en elle tous les éléments nécessaires à une vie indépendante. La dessiccation progressive qu'elle a éprouvée a
contribué à ralentir en elle l'activité de ses éléments vivants ;
elle est entrée à l'état de *vie latente* pendant laquelle la *respiration* se maintient quoique étant considérablement amoindrie.

La respiration de la graine devient alors difficile à constater et il faut souvent plusieurs mois pour la rendre
évidente, c'est-à-dire pour reconnaître l'absorption d'oxygène
et le dégagement correspondant d'anhydride carbonique.

Si l'on plaçait deux lots d'une même graine, pendant le
même temps, l'un dans l'air sec, l'autre dans une atmosphère
d'hydrogène ou d'anhydride carbonique, on constaterait que
celle du premier lot aurait conservé sa faculté germinative,
tandis que celle du second l'aurait perdue.

Des graines soumises à l'influence du chloroforme dégagent
quand même de l'anhydride carbonique. Il y a donc phénomène chimique, puisque les fonctions cellulaires étaient sus-
pendues par les vapeurs chloroformiques.

La respiration est donc bien évidente chez les graines
mûres qui diminuent de poids en l'accomplissant. Müntz a
constaté que de l'avoine restée à l'air pendant trente mois et
du maïs pendant seize mois, avaient perdu, la première
7 p. 100 et le second 12,7 p. 100 de leur poids. Les pertes
éprouvées par des graines exposées à l'air libre sont plus importantes que celles qu'elles subiraient conservées en *silo*.
Elles augmentent avec la rapidité de renouvellement de l'air,
la tension de l'oxygène et l'accroissement de la température.

Ces inconvénients sont en grande partie évités par l'usage du *silo*, surtout si ce dernier est couvert, fermé, et que ses parois sont recouvertes d'une matière mauvaise conductrice, comme la paille, et enfin que les graines sont dans un état de siccité convenable.

Mais le silo a le fâcheux inconvénient de confiner les graines dans une atmosphère d'anhydride carbonique qui atténue leur vigueur germinative. Pour que les pertes soient aussi faibles que possible, il sera toujours préférable d'employer les semences l'année même de leur récolte.

L'action prolongée de l'oxygène absorbé à l'air libre par les graines, peut aussi leur être préjudiciable, surtout à celles contenant des corps gras. Il s'opère en elles une décomposition de ces corps gras et une production d'acides gras nuisibles au protoplasme. C'est pourquoi l'on pratique l'*ensilage*, opération qui consiste à enfouir les graines dans des récipients appelés *silos* pour les soustraire au contact de l'humidité et de l'air libre.

Les silos pour graines ont ordinairement leurs parois métalliques soutenues par de la maçonnerie. La transpiration ainsi que la respiration des graines qui les remplissent rendent l'atmosphère intérieure humide et plus chaude. La vapeur d'eau produite vient se condenser sur la face inférieure du couvercle, d'où elle tombe, goutte à goutte, sur les graines et provoque leur pourriture ou leur germination.

Le même fait se produit pour les Maïs d'Amérique employés en Europe comme Maïs à fourrage. Comme leurs graines mûrissent mal chez nous, nous sommes obligés de les faire venir d'Amérique. Leur transport se fait souvent dans de mauvaises conditions ; on les dépose dans la cale des navires, qui produit alors les mêmes effets que le silo. La germination se fait mal ensuite et atteint à peine 20 p. 100. (Voy. *Fraudes*, p. 42.)

E. **Résistance des graines au froid et à la chaleur.** — La graine mûre et sèche résiste beaucoup mieux aux écarts de température que celle qui est humide ou trop imprégnée d'eau.

De curieuses expériences sur la résistance des graines au froid ont été faites par sir William Thiselton Dyer, directeur des jardins de Kew, avec le concours de Dewar, physiologiste anglais. Elles ont porté sur le Blé, l'Orge, la Courge, la Moutarde, le Pois et le Mimulus, c'est-à-dire sur des espèces dont les semences sont bien différentes par la composition et le volume. On s'était assuré à l'avance que toutes ces graines avaient une bonne faculté germinative. Soumises pendant plus d'une heure à une température de 250 degrés au-dessous de zéro, elles n'éprouvèrent aucune altération extérieure; semées ensuite en serre froide, quatre jours après toutes avaient germé.

En ce qui concerne les hautes températures, la résistance des graines sèches est aussi remarquable. Le Blé, le Seigle, le Maïs peuvent être portés à 100 degrés à l'étuve sèche, pendant environ quinze minutes, sans périr; mais ils ne résisteraient pas à une température de 60 degrés s'ils étaient imbibés d'eau.

CHAPITRE II

GERMINATION DE LA GRAINE

La germination de la graine est le passage de l'embryon de l'état de vie latente à celui de vie active. La plantule se développe aux dépens des réserves nutritives accumulées dans les cotylédons et l'albumen.

A. **Conditions nécessaires à la germination.** — Elles sont de deux sortes : celles qui dépendent de la graine (*conditions intrinsèques*) et celles qui sont subordonnées au milieu ambiant (*conditions extrinsèques*).

1º CONDITIONS INTRINSÈQUES. — Pour qu'une graine donnée puisse germer, il faut qu'elle possède des *réserves organiques en quantité suffisante*, qu'elle soit *bien conformée*, que le tégument soit *perméable à l'eau* et qu'elle ait atteint une *maturité convenable*.

Les *réserves* sont indispensables au développement de l'embryon qui, encore mal organisé et dépourvu de chlorophylle, est impuissant à puiser dans le sol les sels minéraux, et dans l'atmosphère l'anhydride carbonique dont il a besoin. Ces réserves sont largement suffisantes à l'embryon pendant sa première phase évolutive, phase pendant laquelle la chlorophylle fait ordinairement son apparition. Il arrive même, pour certaines espèces, qu'il en reste une petite quantité après que la plantule s'est affranchie (Chêne, Pois). Cet excédent disparaît, par la putréfaction, comme les cotylédons. La réserve d'albumen n'est pas indispensable, mais la plante est plus faible lorsque cette réserve fait défaut.

Les graines *mal conformées*, dont l'amande est plus ou

moins rudimentaire, sont légères; délayées dans l'eau, elles surnagent. Cette remarque a suggéré l'*essai des graines par l'eau*, lequel ne peut être fait qu'autant que ces graines sont plus denses que le liquide. Dans ce cas, les mauvaises graines surnagent, tandis que les bonnes restent au fond. Les graines des céréales et des légumineuses sont dans ce cas. Les graines oléagineuses (Ricin, Colza, etc.), riches en huile, celles dont le tégument externe est aérifère (Citrouille), surnagent à la surface; leur essai par l'eau ne saurait donc être concluant.

La *perméabilité* du tégument à l'eau n'est pas moins nécessaire, étant donnée l'importance qu'a ce liquide au début de la vie active de la graine.

En ce qui concerne la *maturité convenable* à la graine pour pouvoir entrer en germination, il y a lieu de faire observer qu'elle ne correspond pas toujours avec sa *maturité externe* ou *apparente;* elle la précède ou la suit et caractérise ce qu'on est convenu d'appeler la *maturité interne* ou *physiologique*. Pour le Blé, le Ray-grass, le Haricot, le Pois, etc., la maturité interne devance la maturité externe. Les grains de Blé non mûrs, dont l'albumen est encore pâteux, peuvent germer et donner des plants nouveaux aussi vigoureux que les graines mûres. Les graines de Pêcher, ainsi que celles d'autres arbres, ne peuvent germer qu'un an ou deux après la maturité du fruit. Il s'accomplit en elles des transformations lentes, invisibles, qui ont pour but de leur faire acquérir la faculté germinative.

Les graines forestières doivent être employées au printemps qui suit la récolte; celles de conifères (Pins, Épicéas, Mélèzes) peuvent attendre quelques années.

En résumé, on peut dire que la durée de la faculté germinative d'une graine dépend surtout de la nature de ses réserves. Cette faculté est très longue pour les graines à réserves aleuriques ou amylacées (Céréales, Légumineuses); limitée à quelques années pour celles à réserves oléagineuses (Noyer); tandis qu'elle est très éphémère pour d'autres graines (Caféier).

La faculté germinative que l'on a attribuée aux graines trouvées dans les tombeaux égyptiens est une légende, car, d'après les recherches de Gain, l'embryon des graines pharaoniques est momifié ; il a les éléments désorganisés et est dans l'impossibilité de manifester le caractère vital.

2° CONDITIONS EXTRINSÈQUES. — Parmi celles-ci les unes sont *nécessaires* et les autres *secondaires*.

1. Les *conditions nécessaires* sont l'air, la chaleur et l'humidité.

a. *Air.* — La nécessité de cet élément résulte de la fonction respiratoire de la graine mûre. Il en a été question plus haut et je n'y reviendrai pas.

b. *Chaleur.* — Cette condition, rigoureusement indispensable, varie avec la nature respective des plantes et, pour une même plante, elle ne produit son maximum d'action qu'à une température déterminée (*température optimum*), au-dessus ou au-dessous de laquelle la germination est ralentie. L'optimum est compris entre 20 et 35 degrés ; la plupart de nos semences se trouvent dans de bonnes conditions avec une température de 25 à 28 degrés.

Schribaux a constaté que les températures *uniformes* sont défavorables à la germination.

Une graine donnée, placée au contact de l'air, possède donc une température *minimum* au-dessous de laquelle elle ne germe pas, une température *optimum* à laquelle elle se développe avec activité, et enfin une température *maximum* au-dessus de laquelle la germination est de nouveau arrêtée.

Les quelques exemples suivants indiquent que ces trois points critiques sont essentiellement variables :

	Minimum.	Optimum.	Maximum.
Maïs.	13°,7	33°,7	46°,2
Blé	5°	28°,7	42°,5
Orge	5°	28°,7	37°,7
Lin.	4°,8	21°	28°
Moutarde.	0°	27°,4	37°,2

c. *Humidité*. — Cette autre condition agit de trois manières :
1° elle ramollit le tégument, en facilite la rupture ; 2° elle
gonfle l'amande ; 3° elle dissout et favorise la circulation des
réserves nutritives.

La quantité d'eau absorbée est variable avec les espèces ;
tandis que les légumineuses en absorbent de 100 à 130 p. 100
de leur poids, les céréales n'en retiennent que 26 à 80 p. 100.
Quand la quantité d'eau est insuffisante, les graines s'altèrent et ne germent pas. Il importe aussi que cette eau soit
renouvelée, c'est-à-dire aérée ; dans le cas contraire elle
deviendrait le siège de fermentations capables de faire
pourrir la graine. Mais si l'eau est indispensable lorsqu'elle
se trouve convenablement distribuée, son excès devient
nuisible et fait périr, par asphyxie ou défaut d'oxygène, les
graines qui y sont plongées.

d. *Lumière*. — Si la chaleur ou radiation calorifique est
nécessaire à la germination de la graine, la lumière n'est
pas moins utile à la jeune plante. Sans cette radiation, il lui
serait impossible d'achever l'organisation de la chlorophylle
dont elle aura besoin pour assimiler l'anhydride carbonique
de l'air ambiant, aussitôt que seront épuisées les réserves
nutritives de sa graine. Le développement de la plante, sa
vie même, dépendent de la lumière qui est le complément
de la chaleur. Lors même que la jeune plante aurait la
faculté de verdir à l'obscurité, il lui serait toujours impossible d'assimiler l'anhydride carbonique sans le concours de
la radiation lumineuse, et par conséquent d'acquérir la vie
indépendante.

2. INFLUENCES SECONDAIRES. — a. *Sol*. — Le rôle du sol est très
secondaire dans les phénomènes de la germination. Il intervient très peu par sa composition chimique, puisque la
plantule se suffit à elle-même, mais seulement par ses propriétés physiques, sa perméabilité et la facilité avec laquelle
il retient l'eau.

b. *Influence des sels et des acides*. — Il a été démontré que si l'eau terrestre renferme des *sels* nourriciers, la graine les absorbe et les assimile au cours de la germination dans la mesure de ses besoins, tout comme ceux qu'elle contenait déjà, à moins que la dissolution saline ne dépasse une certaine concentration (Belzung).

La *fleur de soufre pure*, débarrassée d'acide sulfureux et d'acide sulfurique, n'influence pas la germination.

L'*acide sulfureux*, même en solution étendue, est toujours nuisible ; tandis que l'*acide sulfurique*, en dissolution ne dépassant pas 2 millièmes, est un stimulant de l'embryon.

Chaux, sulfate de cuivre et acide arsénieux. On sait que pour se mettre à l'abri du *charbon* et de la *carie*, maladies qui envahissent nos céréales, les cultivateurs prennent la précaution d'humecter leurs semences avec une solution aqueuse, fabriquée à l'air, d'un des corps précédents ; c'est l'opération du *chaulage* ou du *sulfatage*. En ce qui regarde la germination de la graine, la chaux et le sulfate de soude ont une action stimulante ; les sels de chaux accélèrent le phénomène de décomposition des albuminoïdes dans les semences en germination ; le sulfate de cuivre est neutre et l'acide arsénieux est nuisible, car il attaque plus énergiquement les graines que les spores du champignon parasite.

c. *Influence du chlore, du brome et de l'iode*. — En solutions aqueuses très étendues, ces trois substances raniment la graine et accélèrent la germination. On est parvenu à faire germer de vieilles graines d'herbier en les plongeant pendant quelques heures dans une solution renfermant trois gouttes d'eau de chlore pour 100 grammes d'eau. Le chlore exerce une action indirecte sur la respiration de la graine. En décomposant l'eau, il met de l'oxygène en liberté et forme de l'acide chlorhydrique ; ce dernier joint son action stimulante à celle de l'oxygène.

d. Les *anesthésiques*, tels que l'*éther* et le *chloroforme*, arrêtent définitivement la germination ou ne font que la suspendre, selon que leur action est plus ou moins prolongée.

c. Quant aux *antiseptiques* (acide salicylique, phénol, lysol, etc.), ils tuent rapidement la graine, même en solution très étendue (1 à 2 p. 100).

B. Marche de la germination.

— En déposant des graines dans le sol, dans du sable ou de la sciure de bois humides, ou même sur de la mousse humectée d'eau, les autres conditions étant réalisées, on peut suivre facilement la marche de la germination. L'embryon, pourvu de ses trois organes essentiels (radicule, tigelle et gemmule), se développe en une petite plante verte pourvue d'une racine, d'une tige et de feuilles d'une structure exclusivement primaire.

Ce paragraphe comporte deux parties :

1° Les phénomènes morphologiques externes et internes;

2° Les phénomènes physiologiques.

a. PHÉNOMÈNES MORPHOLOGIQUES EXTERNES. — *α. Graines albuminées.* Dans ces graines (Ricin, fig. 17) la radicule s'allonge la première, en sortant du tégument par perforation de la région mycropilaire dans les ovules anatropes et campylotropes. Elle s'enfonce dans le sol en vertu de son géotropisme positif, tout en prenant une teinte plus foncée. En même temps, c'est-à-dire avant ramification de la jeune racine, la tigelle s'allonge en soulevant le reste de la graine.

Les cotylédons sont dits *épigés* (fig. 18, B) quand ils sortent de terre, et *hypogés* (A) dans le cas contraire. Cette qualité des cotylédons peut exister dans les familles entières (Crucifères) ou être simplement spécifique (Haricot commun : cotylédons épigés ; Haricot d'Espagne : cotylédons hypogés). Dans les graines albuminées, les cotylédons ne peuvent s'épanouir dans l'air ni la tigelle se développer en *épicotyle*[1], qu'après l'épuisement presque complet, par la jeune plante, des réserves nutritives de l'albumen.

Dans les Graminées et un grand nombre d'autres Monoco-

---

[1] L'*hypocotyle* (T) est la portion de la jeune tige située au-dessous du point d'insertion des cotylédons, l'*épicotyle* (t) est celle située au-dessus (fig 18).

tylédones, les cotylédons sont hypogés. Chez les premières (Blé, Seigle, Maïs), l'embryon est situé latéralement sous le péricarpe ; la radicule, étant *endogène*, doit, pour se faire jour au dehors, traverser le péricarpe, l'extrémité inférieure de la tigelle et le tégument. Cette extrémité de la tigelle forme, à la base de la radicule, une sorte de collerette appelée *coléorhize*.

β. *Graines exalbuminées.* — Le développement de la radicule

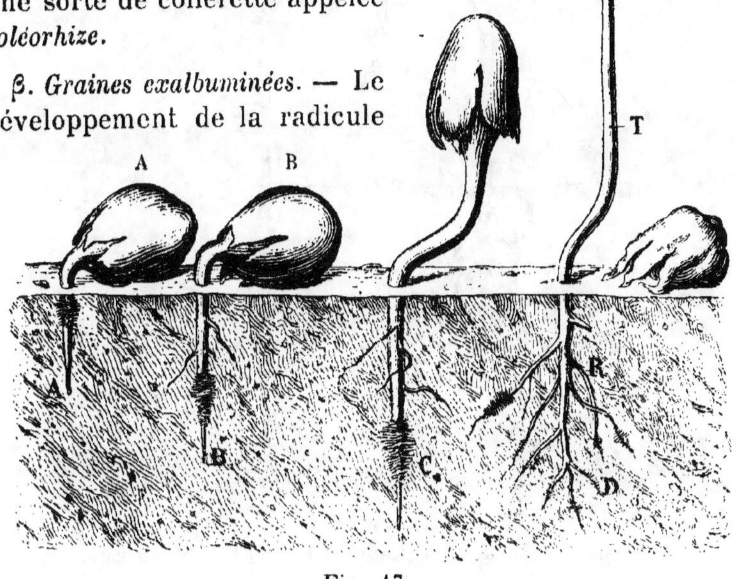

Fig. 17.
Germination d'une graine de Ricin.

et de l'axe hypocotylé s'effectue comme dans les graines précédentes : c'est le cas du haricot commun et du lupin. Chez ces plantes, l'hypocotyle atteint ordinairement 10 centimètres. Il se distingue de la jeune racine par son épiderme continu, sa teinte plus ou moins verte, son plus grand diamètre et il en est séparé par une région courte, à épiderme brun, qu'on appelle *collet*. Ce collet *externe* ne correspond pas toujours avec le *collet anatomique*.

Des lambeaux du tégument desséché sont entrainés hors
de terre avec les cotylédons, pour tomber ensuite. Les cotylédons s'écartent l'un de l'autre, verdissent et constituent

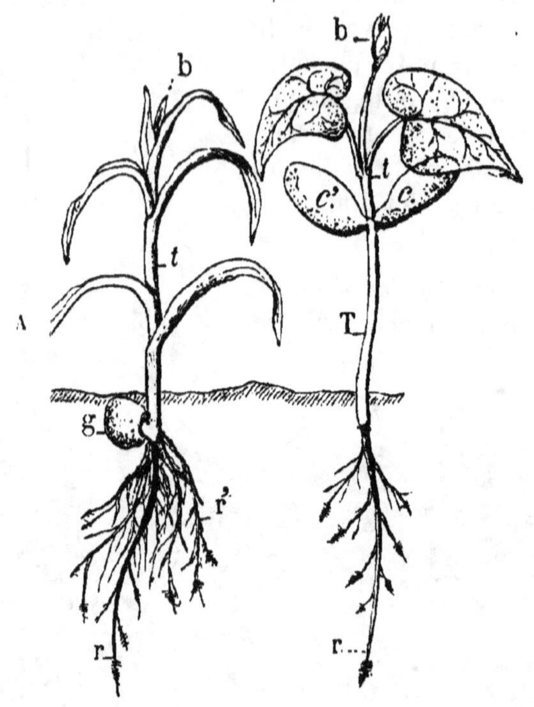

Fig. 18.

A, germination du Maïs. — B, germination du Haricot ordinaire.

les deux premières feuilles de la plante (*feuilles séminales*
c, *c'*, fig. 18) ; ils fournissent à la jeune plante leurs réserves propres et assimilent en outre l'anhydride carbonique
de l'air. Aussitôt la gemmule se développe en *épicotyle* qui
deviendra toute la partie aérienne de la plante adulte,
moins une partie de l'axe hypocotylé.

Au bout de quelques semaines, la jeune plante est capable
de fonctionner normalement, grâce aux ramifications croissantes de son appareil radiculaire et à ses feuilles de plus
en plus grandes et compliquées. Les cotylédons, vides et

ridés, tombent d'ordinaire, sauf dans quelques cas (Courge)
où ils continuent de s'accroître et fonctionnent plus longtemps.

Le *Pois* fait exception aux exemples précédents. Chez lui,
l'axe hypocotylé reste court et les cotylédons hypogés
restent appliqués l'un contre l'autre ; de telle sorte que la
gemmule se trouve contrariée dans son accroissement :
d'où une modification dans l'aspect de la plantule.

γ. *Rôle du testa dans la germination.* — G. Pisson, après
J. Schuch, Haberlandt et von Höhnel, a fait des essais directs
sur le rôle du testa dans la germination. Il a opéré sur le
Sainfoin, le Haricot, le Tournesol, l'Orge, le Sarrasin et le
Ricin.

De ses intéressantes recherches, il résulte que : 1° le tégument protège l'embryon contre les moisissures qui, en général, se développent moins rapidement dans les graines
naturelles que dans les graines sans testa ; 2° la maladie est
plus dangereuse pour les graines décortiquées dont l'embryon peut être atteint plus facilement ; 3° le testa conserve
les facultés germinatives de la graine en empêchant l'embryon de se développer à la moindre circonstance favorable,
mais de trop courte durée ; 4° les graines avec testa germent
en plus grand nombre que les graines décortiquées.

b. Phénomènes morphologiques internes. — J'ai dit plus
haut que les diverses parties constitutives de la plantule
avaient une structure exclusivement primaire. A partir de
cet état, au fur et à mesure de son développement, les tissus
parenchymateux multiplient leurs cellules. Le tissu procam-
bial se différencie en faisceaux libéro-ligneux, excepté dans
la racine où les faisceaux libériens alternent avec les faisceaux ligneux. Les corps chlorophylliens achèvent de se
former, en même temps que les stomates prennent naissance en plus grand nombre.

Il est intéressant de constater que la formation des corps
chlorophylliens s'opère en deux temps. Il y a, en premier
lieu, formation de leucites avant la maturité de la graine et,

en second lieu, imprégnation chlorophyllienne de ces leucites pendant le phénomène de la germination. Cette constitution se fait aux dépens d'un amidon transitoire.

c. PHÉNOMÈNES PHYSIOLOGIQUES DE LA GERMINATION. — Ces phénomènes comprennent la *respiration* et la **digestion des réserves**.

1. La respiration s'effectue aussi bien à l'obscurité qu'à la lumière, et son intensité est toujours très grande. Le rapport respiratoire $\dfrac{CO^2}{O}$, d'ordinaire un peu inférieur à l'unité, devient beaucoup plus faible au début de la germination; il tombe à 0,6 (Chanvre) et même à 0,3 (Lin) chez les graines oléagineuses. Cette diminution indique que l'oxygène absorbé, au lieu d'être exclusivement employé à la combustion du carbone qui se traduit par l'émission d'anhydride carbonique, sert à d'autres combustions ou est incorporé aux éléments cellulaires.

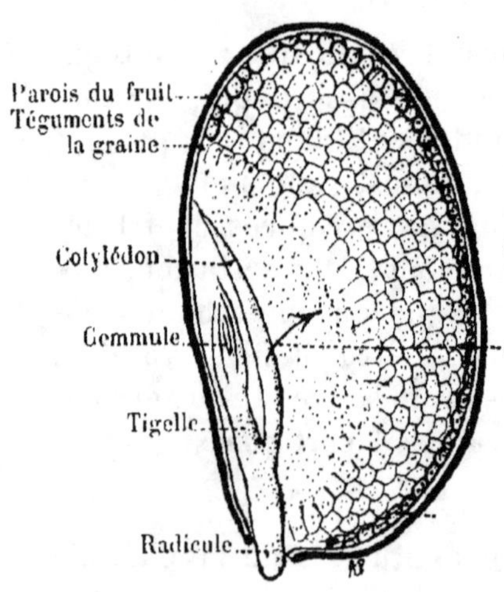

Fig. 19.

Coupe d'un grain de Blé avec son embryon sur les flancs de l'albumen.

a, albumen. — *d*, diastase.

2. *Digestion des réserves.* — Ces réserves sont pour la plupart insolubles dans l'eau ou incapables de traverser la membrane cellulaire. Pour pouvoir être assimilées, elles doivent être transformées. par hydratation, sous l'influence de certaines *diastases* (fig. 19). Ainsi la *pepsine* agit sur l'*aleurone*; l'*amylase*, sur l'*amidon*; la *saponase*, sur l'huile, et la *cellulase*, sur les membranes cellulaires de l'*albumen*.

D'après Leclerc du Sablon, les corps gras des graines oléagineuses, oxydés par l'oxygène de la respiration, donnent naissance à des hydrates de carbone. Il se produit du saccharose qui se transforme en glucose pour être directement assimilé par la plante.

Les produits de la digestion de *l'aleurone* sont variables; ils peuvent être *l'asparagine* et la *leucine* (Lupin blanc) ou *l'asparagine* et la *tyrosine* (Lupin jaune).

Des expériences de Prianichnicow il résulte : 1° que l'asparagine se forme dans les semences en germination en différentes quantités et sous diverses formes, indépendamment de la présence d'hydro-carbonates; 2° que la nutrition artificielle avec des hydro-carbonates ne donne pas lieu à la régénération de l'asparagine; 3° que la distribution de l'asparagine dans les plantes en cours de germination ne se fait pas d'une même façon, suivant qu'on l'observe lors de sa formation dans les cotylédons ou lors de sa désagrégation dans les points de croissance; 4° qu'il est invraisemblable que l'asparagine puisse servir à la circulation des matières albuminoïdes et à leur régénération au cours de la germination (opinion de Pfeffer).

Dans les plantes étiolées l'asparagine est un produit d'excrétion, comparable à l'urine (Boussingault).

Maze a recherché le rapport de l'augmentation en poids de la jeune plantule à la perte subie par les cotylédons, lors de la germination des graines amylacées. L'amidon est transformé en sucre, et ce dernier, pour servir à la nutrition, doit se scinder en acide carbonique et en alcool. L'alcool est ensuite absorbé. Le poids de plante fabriqué est d'environ moitié de la perte éprouvée par les cotylédons. Avec les graines amylacées (Pois, Haricot) le rapport est de 2, pour arriver, après quelques jours, à 2,3 et 2,4. Il est beaucoup plus faible avec les graines oléagineuses; il est de 1,2 à 1,5, car les huiles, en s'oxydant, se transforment en sucre et comblent le déficit subi par l'amidon.

CHAPITRE III

ESSAIS DE SEMENCES

Le premier soin de l'agriculteur est de s'assurer que la semence demandée par lui répond bien à la plante qu'il désire cultiver ; que cette semence est pure et sa provenance authentique ; qu'elle ne renferme pas de graines nuisibles, ni de matières inertes en trop grande proportion ; enfin qu'elle possède une faculté germinative et conséquemment une valeur culturale suffisante.

Nous allons donc examiner sommairement les diverses opérations de laboratoire que le spécialiste est amené à faire dans le contrôle des semences, c'est-à-dire étudier :

1° la *provenance* des semences ;

2° leur *pureté* ;

3° leur *faculté germinative* ;

4° leur *énergie germinative* ;

5° leur *valeur culturale* ;

6° leur *falsification*.

Pour cela nous nous inspirerons surtout des savants et remarquables travaux de Schribaux, directeur de la station d'essais de semences de Paris.

1. Provenance. — La provenance d'une semence donnée est difficile à établir. Elle peut être déterminée par la présence d'impuretés rencontrées dans la semence. Ainsi les Trèfles d'Amérique renferment fréquemment une variété de Plantain (*Plantago americana*) dont la graine a la forme d'une spatule, de l'Ambrosie (*Ambrosia artemisæfolia*) et de la grosse Cuscute (*Cuscuta arvensis*). Les Lins de la Russie occidentale contiennent la grande Cameline (*Camelina dentata*).

Quand les impuretés font défaut, le poids absolu de la graine peut fournir de bons renseignements. Ce poids va croissant avec l'altitude ou la latitude.

Il importe, au point de vue de l'adaptation, de connaître la provenance d'une semence. Si, en effet, on cultivait dans le Nord des plantes du Midi, et réciproquement, on aurait, d'une part, à compter avec les hivers rigoureux et, d'autre part, avec l'ardeur du soleil. Le rendement en souffrirait beaucoup.

De même des semences issues d'un pays sec, et cultivées dans une région plus ou moins humide, perdent ordinairement leur résistance aux invasions cryptogamiques. Les semences des hautes altitudes ne conviennent pas davantage aux régions basses.

2. Pureté. — On peut considérer comme impuretés les substances ne répondant pas à celles indiquées par un échantillon de la semence donnée.

Ces impuretés peuvent être des *matières inertes* ou des *matières vivantes*. Parmi les premières figurent les *balles* des Graminées, les *graines mutilées*, la *terre*, etc. ; et, parmi les secondes, les graines de mauvaises plantes et les champignons parasitaires.

Les matières inertes n'ont que l'inconvénient de diminuer la valeur marchande de la semence. Il n'en est pas de même des matières vivantes qui peuvent compromettre la récolte.

LISTE DES IMPURETÉS LES PLUS DANGEREUSES

CONTENUES DANS LES SEMENCES AGRICOLES

Graminées	{ Ivraie enivrante (*Lolium temulentum*). { Brome stérile (*Bromus sterilis*). { Folle avoine (*Avena fatua*).
Polygonées	: Renouée à feuilles de patience (*Polygonum lapathifolium*).
Chénopodées	: Ansérine blanche (*Chenopodium album*).
Plantaginées	: Plantain lancéolé (*Plantago lanceolata*).

RHINANTHACÉES	Mélampyre des champs (*Melampyrum arvense*). Rhinante crète de coq (*Rinanthus cristatus*).
BORRAGINACÉES	: Gremil des champs (*Lithospermum arvensis*).
CONVOLVULACÉES	: Liseron des champs (*Convolvulus arvensis*).
CUSCUTACÉES	Cuscute du lin (*Cuscuta epilinum*). Cuscute du trèfle (*Cuscuta epithymum*).
COMPOSÉES	Bluet (*Centaurea cyanus*). Chardon (*Cirsium arvense*).
RUBIACÉES	: Gaillet Gratteron (*Galium aparine*).
OMBELLIFÈRES	: Caucalide à feuilles de carotte (*Caucalis daucoïdes*).
SILÉNÉES	: Nielle des blés (*Agrostemma Githago*).
CRUCIFÈRES	Moutarde des champs (*Sinapis arvensis*). Ravenelle (*Raphanus raphanistrum*).
RENONCULACÉES	: Renoncule des champs (*Ranunculus arvensis*).
CHAMPIGNONS	: Grains ergotés, cariés.
PARASITES ANIMAUX	: Anguillule dévastatrice (*Anguillula devastatrix*), Charançons, etc.

On détermine la pureté d'une semence en prélevant un échantillon *moyen*. Si la semence à étudier est en tas, il faut préalablement la brasser pour lui donner une composition à peu près identique dans toute sa masse, puis prélever l'échantillon moyen. Si, au contraire, la semence est en sacs, on pourra se dispenser de les ouvrir, et à l'aide d'un petit instrument très simple, appelé *sonde*, on recueillera, à la base, au milieu et au sommet de chaque sac, une certaine quantité de graines qui, mélangées, composeront l'échantillon moyen, dont le poids varie de la manière suivante :

Graminées, trèfle blanc, trèfle hybride, lotier, spergule.	50 grammes.
Trèfle des prés et semences analogues. . .	100 —
Céréales et semences d'un gros volume. .	250 —
Pour la recherche de la cuscute.	150 —

A l'aide de cribles spéciaux, à trous cylindriques de diamètre variable avec chacun d'eux, on éliminera les impuretés renfermées dans une fraction déterminée de l'échantillon, et on terminera l'opération à la main, en s'aidant ou non de la loupe.

Soit P le poids de l'échantillon, p celui des impuretés; on a, pour le coefficient de pureté, $\dfrac{P - p}{P}$.

S'il s'agit de semences de Graminées qui renferment de nombreuses balles, on enlève le plus gros de ces dernières au moyen d'un vannage et c'est sur ce qui reste qu'on prélève l'échantillon d'analyse.

Soit P = 200 grammes, le poids du premier échantillon, I celui des impuretés enlevées par le vannage, p le poids de l'échantillon réduit, i celui des impuretés qu'il renferme, le coefficient de pureté final $= \dfrac{P - I}{P} \times \dfrac{p - i}{p}$.

3. Faculté germinative. — Cette faculté varie d'une année à l'autre, tout en étant subordonnée aux conditions dans lesquelles s'est effectuée la récolte. Il est imprudent de semer des semences qui germent mal, car la *valeur culturale* d'une graine n'est pas proportionnelle à la faculté germinative; elle décroît, en général, plus vite que celle-ci. Schribaux a semé du Trèfle germant à 50 p. 100, concurremment avec du Trèfle de la même variété, mais germant à 90 p. 100; le premier lui a donné six fois moins de plantes que le second.

Il est des espèces de graines, telles que celles des Légumineuses, qui renferment une proportion plus ou moins grande de graines dites *dures*, dont la germination est très laborieuse, sinon impossible, par suite de l'imperméabilité de leur tégument. Les graines de Saïnfoin d'Espagne ou Sulla présentent quelquefois une telle résistance que, plongées dans l'eau bouillante pendant cent minutes, elles peuvent rester intactes et conserver leur faculté germinative. Cette dernière est plus faible pour les Graminées que pour les autres familles, à cause de la maturation successive de leurs graines et de leur hygroscopicité.

Le *germoir* le plus simple consiste en quelques doubles de papier à filtrer que l'on maintient dans un état convenable d'humidité et entre lesquels on place 100 graines pures. S'il s'agit de Graminées, il sera bon de se servir de 600 graines réparties en six germoirs, et de 400 seulement pour les Légumineuses. Une moyenne arithmétique donne la faculté germinative.

Pour hâter la germination, il faut préalablement plonger dans l'eau les graines pendant une demi-journée, sauf celles de Graminées.

L'*étuve* la plus recommandable est celle inventée par Schribaux et qui porte son nom, à laquelle on adapte le régulateur bi-métallique du Dr Roux.

La température moyenne de 25° est ordinairement celle à laquelle la plupart de nos semences germent le mieux ; mais au lieu de maintenir cette température uniforme, il est préférable de porter successivement l'étuve pendant dix-huit heures à 20° et pendant les six heures suivantes à 28°.

Durée des essais de germination. Les essais réguliers de germination durent au moins :

Dix jours pour les Céréales, les Crucifères, les Légumineuses autres que le Sainfoin, le Mélilot et le Lotier ;

Quatorze jours pour les Betteraves, le Mélilot, le Sainfoin, le Lotier, le Ray-grass, l'Avoine élevée, la Fléole ;

Vingt et un jours pour les Graminées autres que les Paturins, les Agrostis et les espèces déjà nommées ;

Vingt et un à vingt-huit jours pour les Paturins, les Agrostis, les Conifères et autres espèces ligneuses.

4. L'ÉNERGIE GERMINATIVE, c'est-à-dire la *rapidité* plus ou moins grande avec laquelle les semences peuvent germer, mérite d'être sérieusement prise en considération. Des nombreuses expériences de Schribaux, il résulte que l'énergie germinative d'une semence n'est satisfaisante qu'autant que la moitié au moins des bonnes graines germent dans le tiers de la durée nécessaire à un essai complet de germination. Les semences dont la germination retarde sur celle de leurs voisines peuvent être considérées comme étant de mauvaise qualité.

5. La VALEUR CULTURALE d'une semence est indiquée par le

nombre de graines pures p. 100 capables de germer. Si l'on représente par P le nombre de graines pures p. 100, par F la faculté germinative de ces graines et par V leur valeur culturale, on aura $V = \dfrac{P \times F}{100}$.

Soit du Trèfle blanc à 96 p. 100 de pureté et à 85 p. 100 de faculté germinative, la valeur culturale $= \dfrac{96 \times 85}{100} = 81,60$. Sur 100 kilogrammes achetés, il y en a donc 81,60 d'utilisables.

6. Le POIDS ABSOLU ou *poids individuel* des semences présente plus d'intérêt que leur *poids volumétrique*. On devra toujours donner la préférence aux semences dont le poids absolu est le plus élevé; les plus grosses sont toujours les meilleures et, en général, les plus denses sont les plus lourdes individuellement.

On a coutume, dans les campagnes, de considérer la valeur d'une semence comme étant directement proportionnelle au poids de l'hectolitre (poids volumétrique); c'est une erreur, car il n'existe aucune relation constante entre le poids de l'hectolitre et le poids moyen des graines.

Le tableau suivant indique, pour chacune des principales espèces cultivées en France, le coefficient de pureté, la faculté germinative et la valeur culturale caractéristiques des bonnes semences :

	PURETÉ p. 100.	FACULTÉ GERMINATIVE p. 100.	VALEUR CULTURALE Proport. de semences pures capables de germer p. 100.
Trèfle des prés. . . .	98	90	88.2
— blanc	96	85	81,6
— hybride	96	85	81,6
— incarnat. . . .	98	90	88.2
Luzerne commune. .	98	90	88.2
Lupuline ou minette.	97	88	85,36
Anthyllide vulnéraire.	95	85	80,75
Lotier	95	75	71,25
Sainfoin.	98	85	83,30
Pois.	98	95	93,10
Vesces.	98	95	93,10

	PURETÉ p. 100	FACULTÉ GERMINATIVE p. 100	VALEUR CULTURALE Proport. de semences pures capables de germer p. 100.
Serradelle	98	75	73,5
Lupin	98	90	88,2
Spergule	98	90	88,2
Ray-grass anglais . .	95	85	80,75
— d'Italie . .	95	80	76
Fromental	70	70	49
Dactyle	75	75	56,25
Fléole des prés . . .	97	90	87,3
Fétuque des prés . .	90	85	76,5
— rouge . . .	85	50	42,5
— ovine	85	65	55,25
— durette . . .	85	65	55,25
— hétérophylle .	85	60	51
Flouve odorante . . .	85	30	25,5
Vulpin des prés . . .	85	40	34
Paturin des prés . . .	85	50	42,5
— commun . . .	85	50	42,5
— des bois . . .	85	40	34
Avoine jaunâtre . . .	45	35	15,75
Crételle	90	60	54
Houlque laineuse . . .	80	40	32
Agrostis	85	85	72,25
Chanvre	98	85	83,3
Lin	98	85	83,3
Betteraves	97	80	77,6
Carottes	90	75	67,5
Blé . , ...	98	95	93,1
Seigle	98	95	93,1
Orge	98	95	93,1
Avoine	98	95	93,1
Maïs	98	85	83,3
Pin sylvestre	95	60	57
Pin noir d'Autriche . .	95	60	57
Epicea	95	60	57
Mélèze	90	40	36

7. **Fraudes dans le commerce des semences agricoles.** — Ces
fraudes portent sur l'*origine*, la *nature*, la *quantité* et la *qualité*
des semences. Elles montrent qu'il ne suffit pas, pour apprécier la valeur de la graine, de se borner à ses caractères
extérieurs qui, cependant, ont leur importance.

Au toucher, les semences doivent produire une impression de sécheresse, et ne dégager aucune mauvaise odeur.

L'acheteur est fréquemment trompé sur l'*origine*, surtout en ce qui concerne les graines fourragères dont le prix est parfois très élevé. Nous devons accorder la préférence à nos semences indigènes et non avoir recours à celles d'Amérique qui leur sont inférieures au point de vue de la valeur culturale.

On trompe sur la *nature* en substituant, totalement ou partiellement, une graine donnée à une autre de même aspect et d'un prix supérieur. Les principales espèces exposées à cette tromperie sont :

1° Parmi les *Légumineuses* :

La Luzerne, estimée 250 fr., à laquelle on ajoute du Mélilot valant 140 fr. ;

L'Anthyllide, estimée 230 fr., à laquelle on ajoute de la Minette valant 90 fr. ;

Le Lotier corniculé, estimé 340 fr., auquel on ajoute du Lotier velu valant 300 fr.

2° Parmi les *Graminées* :

L'Avoine jaunâtre, estimée 660 fr., à laquelle on ajoute de la Canche flexueuse, valant 60 fr. ;

La Flouve odorante, estimée 550 fr., à laquelle on ajoute de la Flouve de Puel, valant 75 fr. ;

Le Paturin commun, estimé 360 fr., auquel on ajoute du Paturin des prés, valant 110 fr. ;

La Crételle, estimée 300 fr., à laquelle on ajoute de la Fétuque durette, valant 78 fr. ;

Le Vulpin des prés, estimé 200 fr., auquel on ajoute de la Houque laineuse, valant 100 fr. ;

La Fétuque des prés, estimée 150 fr., à laquelle on ajoute du Ray-grass anglais, valant 55 fr. ;

On peut tromper sur la *quantité* soit en ajoutant aux semences des matières sans valeur (sable, fer oolithique, etc.), soit en augmentant le volume de la marchandise (balles ajoutées aux semences des Graminées).

Les matières frauduleuses inertes sont de dimensions à

peu près égales à celles des graines dans la masse desquelles on les incorpore ; elles sont également soumises à des colorants spéciaux. Les Trèfles sont surtout l'objet de cette fraude.

Si des semences de valeurs différentes ont à peu près le même aspect (Chou et Colza ; Betterave sucrière et Betterave fourragère), on torréfie les moins chères et on les substitue en partie aux autres.

On peut encore tromper sur la quantité en plaçant les graines dans un milieu humide ou en les mouillant, dans le but d'augmenter leur volume et leur poids. Le dosage de l'eau décèle la fraude.

Enfin en mélangeant des vieilles semences avec des nouvelles, on trompe sur la *qualité* de la marchandise. C'est ainsi que certains marchands peu scrupuleux arrivent à épuiser les vieilles graines qui leur restent en magasin. Ces dernières sont quelquefois teintes au moyen de substances colorantes, ou décolorées par l'acide sulfureux. Ces manipulations ont pour but de leur donner l'aspect de graines fraîches. Les colorations sont décelées par l'eau ou par l'alcool. Les graines soufrées fortement ont la propriété de rougir le papier de tournesol ; l'eau distillée dans laquelle on les plonge pendant quelques minutes, donne un précipité blanc de sulfate de baryte avec un sel soluble de baryte.

Il importe donc à l'acheteur de se faire garantir, *sur facture*, la *pureté*, la *faculté germinative* des semences dont il a besoin, ainsi que l'*absence de cuscute* dans les Trèfles, la Luzerne, la Fléole et le Lin, et de *pimprenelle* dans le Sainfoin double.

On ne saurait trop lui recommander, pour éviter des surprises toujours très onéreuses, de faire analyser ses semences en s'adressant à une station d'essais.

8. CRÉATION DE PRAIRIES. — La création de prairies comportant l'emploi d'un grand nombre de semences qui sont assez souvent de mauvaise qualité, les agriculteurs feront bien de les acheter en commun et d'assez bonne heure pour

qu'on puisse les analyser avant de les employer. Elles seront ainsi obtenues à meilleur compte et les analyses de contrôle, dont les frais seront supportés par l'association. permettront d'en fixer la valeur.

Les mélanges du commerce, pas plus que les *fenasses* (fleur de foin, fonds de grenier) ne sont recommandables pour la création des prairies. On ne saurait trop engager les cultivateurs qui désirent établir des prairies, à acheter des *graines de composition garantie et par espèces séparées.*

TRAVAUX PRATIQUES SUR LA GRAINE

1º Étude macroscopique des graines agricoles (dimensions. forme, couleur, aspect du tégument, ses annexes; poids. saveur de la graine).

2º Structure du tégument, principalement des Crucifères et des Légumineuses.

3º Étude des réserves chez les graines albuminées et exalbuminées.

4º Coupes de graines pour montrer la position et la forme de l'embryon.

5º Conditions de germination des graines. Maturité proprement dite et maturité physiologique.

6º Essais des semences agricoles (Identité, provenance, pureté, faculté germinative, énergie germinative, valeur culturale et falsifications).

DEUXIÈME PARTIE

DÉVELOPPEMENT ET STRUCTURE DE LA PLANTE

PREMIÈRE SECTION

CHAPITRE PREMIER

CELLULE ET CONTENU CELLULAIRE

A. Cellule. — L'élément anatomique et vivant de la plante est la *cellule*. En faisant une coupe mince dans l'albumen d'un grain de blé ou dans de la moelle de sureau, on voit

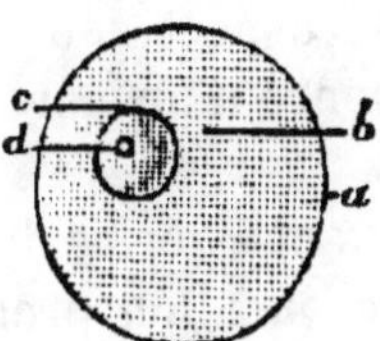

Fig. 20.
Cellule végétale.

a, enveloppes. — *b*, protoplasme. — *c*, noyau. — *d*, nucléole.

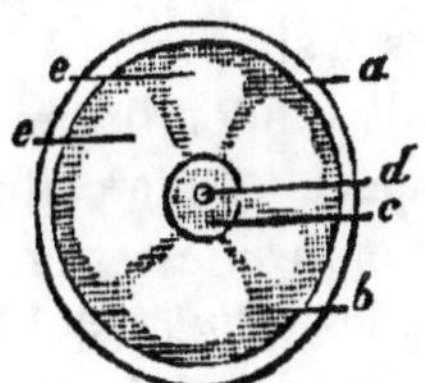

Fig. 21.
Cellule végétale plus âgée.

Cellule végétale plus âgée dans laquelle le protoplasme *b* est creusé de vacuoles remplies d'un liquide appelé suc cellulaire, *c*, *e*. — *c*, noyau. — *d*, nucléole.

qu'ils sont constitués par un assemblage d'éléments à contours polyédriques. Ces éléments sont des *cellules* et leur réunion, en masse plus ou moins volumineuse, constitue le *tissu cellulaire*.

La cellule végétale (fig. 20, 21), considérée dans son état

complet, possède une *membrane* enveloppant une matière albuminoïde ou *protoplasme*, dans le sein duquel se trouvent un corps arrondi ou ovoïde, le *noyau*, des corpuscules granuleux, les *leucites*, et des sortes de vésicules appelées *vacuoles* renfermant le *suc cellulaire*.

a. MEMBRANE. — La membrane est probablement le résultat d'un travail d'élaboration du protoplasme, travail que l'on peut, à la rigueur, comparer à une sécrétion. Pour mieux mettre la membrane en évidence, on fait agir sur le protoplasme une substance capable de le contracter, telle que l'alcool ou la glycérine étendus (fig. 22). La membrane est alors isolée, et elle apparaît sous une forme arrondie, ovale ou polyédrique, d'épaisseur inégale ; les parties les plus minces sont appelées *ponctuations*, parce que, sous le champ du microscope, elles se dessinent

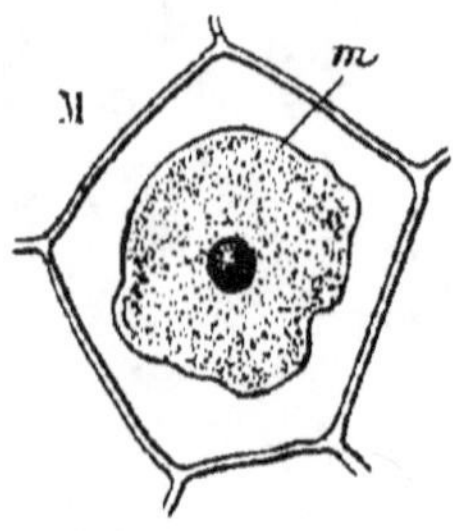

Fig. 22.

Cellule coagulée par l'alcool et montrant sa membrane albuminoïde *m*.

nettement et rappellent des petits points clairs, arrondis ou oblongs, à simple ou à double contour. L'aspect sous lequel apparaît la membrane est la conséquence d'un développement spécial de la cellule.

La membrane est constituée par deux catégories de substances, les *celluloses* et les *substances pectiques*. Les premières sont des *hydrates de carbone* répondant à la formule $(C^6H^{10}O^5)n$, l'exposant n varie avec le degré de condensation de la cellulose, laquelle est environ cinq fois plus condensée que l'amidon dont la composition est $C^6H^{10}O^5$. Les secondes (substances pectiques) forment, avec les gommes et les mucilages, un groupe chimique qui paraît avoir des affinités avec la dextrine. Les principales substances pectiques sont la *pectose* et l'*acide pectique* ; ce dernier se rencontre le plus fréquemment sous la forme de pectate de calcium.

La *safranine* colore les substances pectiques en *jaune orangé*.

Le *rouge de ruthénium* colore les substances pectiques en *rose*.

Le *bleu de méthylène* colore les substances pectiques en *bleu violacé*.

Sous l'action des acides à chaud, la *cellulose* est hydratée, puis convertie en glucose ($C^6H^{22}O^6$).

L'oxyde de cuivre ammoniacal (réactif de Schweizer) la dissout.

Le chloro-iodure de zinc, le chlorure de calcium iodé, l'acide sulfurique iodé la bleuissent.

Aux deux catégories précédentes, il convient d'ajouter la *callose*, substance amorphe, soluble dans l'acide sulfurique, la soude et la potasse caustique à 1 p. 100, mais insoluble dans les dissolvants de la cellulose. La callose intervient quelquefois dans la composition de la membrane.

b. PROTOPLASME. — Cette substance, siège de la vie de la plante, offre une consistance gélatineuse ; elle est de nature albuminoïde et peut probablement se résoudre en deux autres substances : l'une (*hyaloplasme*) transparente, réfringente et hyaline, disposée en réseau continu ; l'autre (*paraplasme*), très mobile et occupant les mailles de ce réseau.

L'albumine et la *caséine* sont les composés albuminoïdes qui se rapprochent le plus du protoplasme.

Traité par l'*iode*, le protoplasme se colore en *jaune*.

Le protoplasme a des propriétés multiples qui sont autant de manifestations de son activité. Il se nourrit (*nutrilité*), se meut (*motilité*), se développe (*évolutilité*) et est sensible aux impressions (*irritabilité*).

Je ne fais qu'enregistrer ces diverses facultés qui sont surtout du domaine de la botanique générale.

La *nutrition* protoplasmique comprend l'*assimilation* ou incorporation de l'aliment, et la *désassimilation*, antagoniste de la première, ou décomposition incessante des substances protoplasmiques.

Les *mouvements* du protoplasme (fig. 23) sont rendus évidents par les déplacements des granulations qu'il renferme.

Ces déplacements sont lents et irréguliers et constituent une véritable *circulation* dans le sein des mailles du réseau, ou bien ils sont localisés à la périphérie du contenu cellulaire, autour duquel ils s'effectuent en obéissant à un mouvement de *rotation*.

La *motilité* et l'*irritabilité* sont normalement subordonnées à la température du milieu ; elles acquièrent leur maximum d'intensité à une température variable avec les espèces (*température optimum*).

c. Noyau. — Ce corpuscule (fig. 24), arrondi ou ovale, se distingue nettement du protoplasme par une membrane très mince, la *membrane nucléaire*. La masse du noyau comprend : 1° une substance transparente et semifluide, nommée *suc nucléaire*, qui est limitée par la membrane d'enveloppe ; 2° un cordon très allongé, plus ou moins pelotonné sur lui-même, le *filament nucléaire*, lequel renferme des granulations désignées sous le nom de *corpuscules chromatiques* à cause de leur grande affinité pour quelques substances colorantes, telles que le *vert de méthyle* et le *bleu d'aniline*.

Fig. 23.
Cellule montrant les mouvements du protoplasme. Son noyau est à droite.

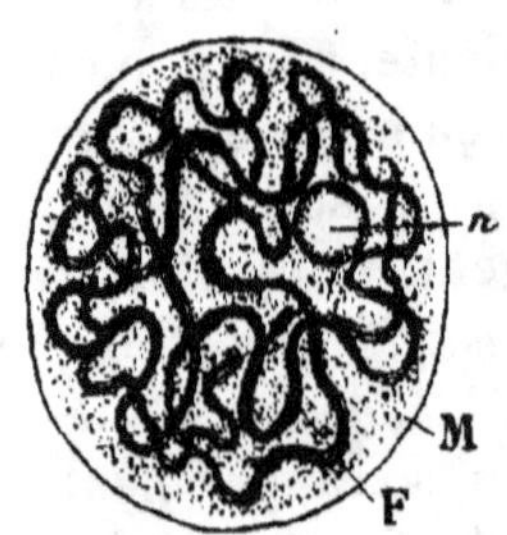

Fig. 24.
Différentes parties du noyau.

n, nucléole. — M, suc nucléaire. — F, filament nucléaire.

Enfin on trouve encore dans le suc nucléaire un ou quelques corpuscules beaucoup plus petits que le noyau et que l'on a désignés sous le nom de *nucléoles*.

Non loin du noyau, le plus souvent à sa périphérie, existent ordinairement deux sphères très petites (*sphères directrices*) qui renferment des petits amas plus ou moins granuleux, les *centrosomes*, et qui jouent un rôle dans la division du noyau.

Par leur composition chimique, les éléments du noyau se

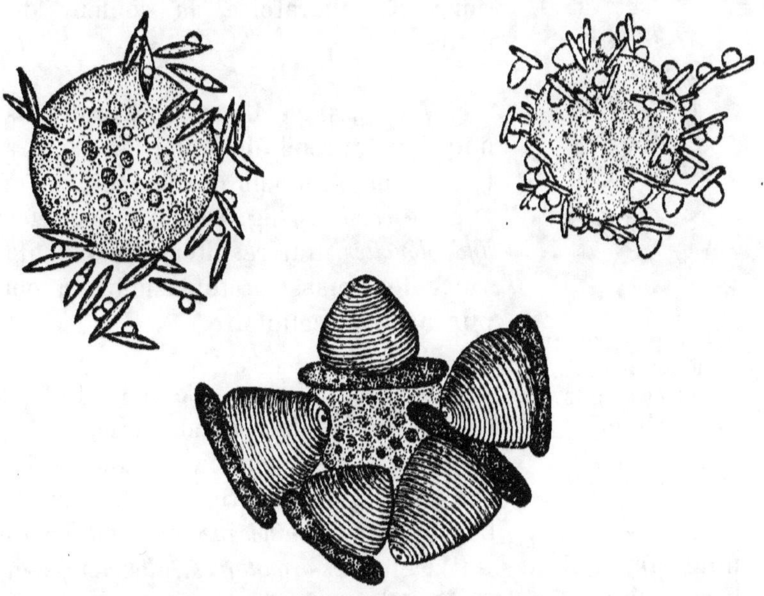

Fig. 25.

Leucites provenant de la moelle du *Phajus grandiflorus* (Orchidées). Ils sont disposés autour du noyau. A la surface de chaque leucite se forme un grain d'amidon.

rapprochent du protoplasme, mais ils s'en distinguent par un excès de phosphore.

d. Leucites. — Ces corpuscules granuleux (fig. 25), englobés dans la masse protoplasmique, ont pour fonction d'élaborer des principes utiles à la vie du végétal. On les désigne aussi sous le nom de *plastides*. Ils peuvent être incolores (*leucoleucites*) ou colorés diversement (*chromoleucites*). S'ils sont imprégnés d'un pigment vert (*chlorophylle*), ils prennent le nom de *chloroleucites;* s'ils sont colorés par un pigment jaune (*xantophylle*), ce sont des *xantoleucites.* Le suc cellulaire d'un grand nombre de fleurs est aussi coloré par une substance, l'*anthocyane*, combinée à d'autres pigments. Le suc cellulaire *bleu* des fleurs a une réaction alcaline; le *rouge* a une réaction acide. Cette constatation permet de modifier, par des opérations de laboratoire, la couleur des fleurs.

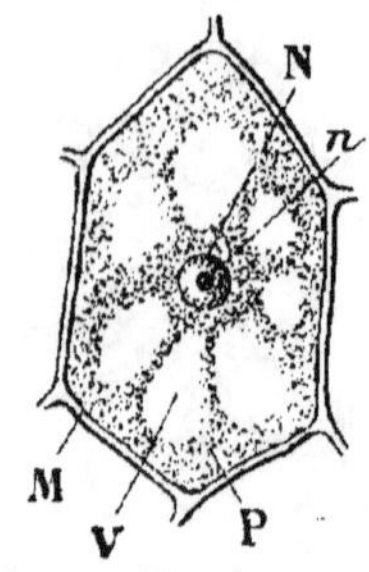

Fig. 26.

Cellule avec ses premières vacuoles V creusées dans le protoplasme P.

M, membrane.
N, noyau. — *n*, nucléole.

e. VACUOLES. — Le réseau protoplasmique comprend de nombreux interstices, plus ou moins développés, qu'on appelle *vacuoles* (fig. 26) ou quelquefois *hydroleucites*, qui résultent de l'insuffisance de la masse protoplasmique à remplir la cavité cellulaire.

f. SUC CELLULAIRE. — Le suc cellulaire est un liquide de réaction *acide*, renfermant en suspension ou en dissolution des substances d'origines différentes. Les unes (*sels minéraux*) proviennent du milieu ambiant; les autres (*acides organiques, albumine*) sont des produits d'élaboration du protoplasme.

Ces diverses substances sont, les unes des substances de réserve (*amidon, sucre*), les autres, des substances d'excrétion, souvent protectrices de la plante (*oxalates de calcium et de potassium, tanin, alcaloïdes*, etc.).

B. **Produits de la cellule**. — Par l'énumération sommaire que nous venons de faire des substances, figurées ou dissoutes, renfermées dans la cellule, on peut se rendre compte du rôle important que cette dernière remplit dans l'activité générale de la plante. Il convient donc de s'arrêter un instant sur chacun des produits principaux de la cellule. Ces produits, nous les examinerons, comme l'a fait Belzung, suivant l'ordre décroissant de leur complexité chimique.

Nous distinguerons donc :
1° *Les produits organiques azotés ;*
2° *Les produits organiques non azotés ;*
3° *Les produits organiques binaires ;*
4° *Les corps minéraux.*

1° PRODUITS ORGANIQUES AZOTÉS. — Parmi ceux-ci, les uns
figurés, les autres dissous, on distingue notamment :
Les *chloroleucites*, l'*aleurone* et les *diastases.*

a. *Chloroleucites.* — Ce sont, dans la plupart des plantes,
des *leucites* imprégnés de *chlorophylle ;* chez certaines Algues

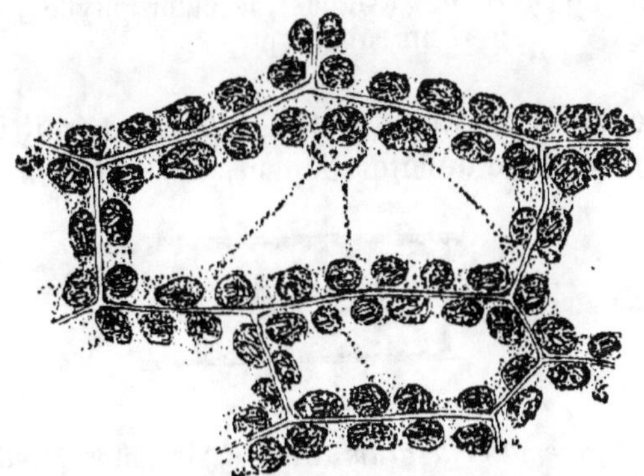

Fig. 27.

Cellules d'une feuille de Funaire (*Funaria hygrometrica*, Muscinées),
contenant des corps chlorophylliens, lesquels renferment des
grains d'amidon.

(CYANOPHYCÉES) la chlorophylle est diffuse dans le protoplasme. Les Champignons et les Bactériacées ne possèdent
pas de chlorophylle.

Les chloroleucites sont ordinairement sphériques (fig. 27) ;
ils ne se rencontrent, chez les plantes agricoles, que dans
leurs parties exposées à l'action de la lumière ; les feuilles
surtout en sont abondamment pourvues (fig. 28, 29) ; ils sont
situés dans le protoplasme et jamais dans le suc cellulaire.

Les chloroleucites consistent en une masse protoplasmique en forme de réseau à mailles très petites, coloré par

la chlorophylle. Dans les mailles se rencontrent de très petits grains d'amidon, parfois aussi des cristalloïdes de nature albuminoïde.

Si l'on faisait germer une graine à l'obscurité, les chloro-

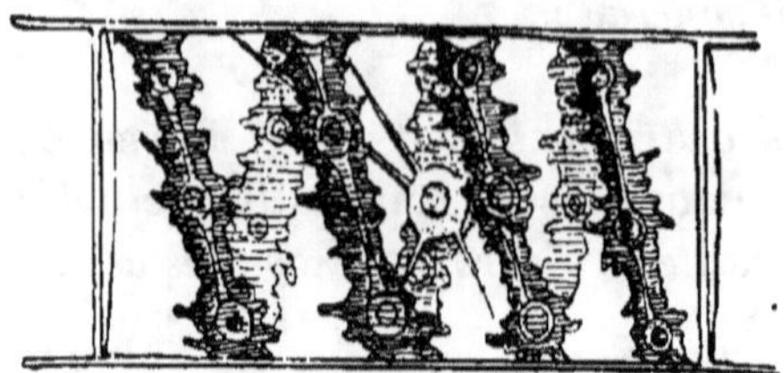

Fig. 28.
Cellule de *Spirogyra* (Algues); la chlorophylle y forme
un ruban spiralé.

leucites ne se formeraient pas et la plante serait incolore ou jaune pâle. Sous ce dernier aspect, les leucites ont fixé le

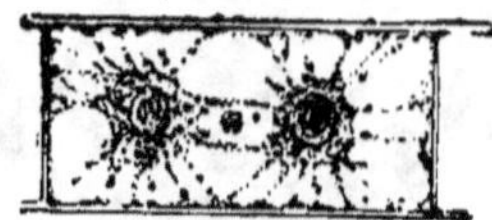

Fig. 29.
Cellule de *Zygnema cruciatum* (Algues); la chlorophylle y forme
des corps étoilés.

pigment jaune que nous avons appelé *xantophylle*. Si cette plante *étiolée* était ensuite exposée à la lumière, elle prendrait une teinte verte, par suite d'une superposition de la chlorophylle à la xantophylle.

Cette influence de l'obscurité sur la coloration de la plante trouve journellement son application en culture maraîchère, pour le blanchiment de certains légumes (Cardon, Laitues, Chicorées, Barbe de capucin, etc.).

Pour préparer la chlorophylle, on broie dans un mortier, avec du sable gréseux, des feuilles d'Épinard ou de Graminées, en y ajoutant un peu de carbonate de soude pour neutraliser le jus acide. Par pressurage de la pulpe on extrait ce jus que l'on rejette, puis on lave le résidu à l'eau et on le comprime une nouvelle fois ; on le traite ensuite, à l'obscurité, par l'alcool à froid marquant 85°. Cet alcool dissout tous les pigments ainsi que les graisses, en formant un liquide vert que l'on filtre et que l'on fait digérer avec du noir animal en grains pendant six jours environ. Le noir animal a la propriété de fixer les pigments. En le lavant d'abord à l'alcool à 95° il abandonne la xantophylle, puis au sulfure de carbone ou à l'éther de pétrole il perd la chlorophylle qui est extraite par dissolution.

Les dissolutions de xantophylle et de chlorophylle, évaporées à l'air dans l'obscurité, mettent en évidence des cristaux de ces produits.

Les cristaux de chlorophylle sont insolubles dans l'eau.

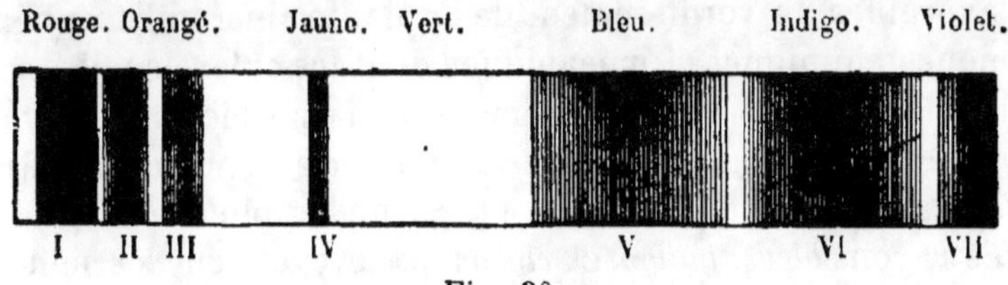

Fig. 30.

Spectre de la chlorophylle.

I à VII, différentes bandes foncées.

solubles dans le chloroforme, l'éther, l'alcool et le sulfure de carbone. Ils sont d'un vert foncé, rouge bleu par réflexion et verts par transmission ; ils s'altèrent lentement à la lumière en présence de l'oxygène ; cette lenteur a été reconnue par Guignet qui a extrait de la chlorophylle des tourbes de la Somme, laquelle avait conservé ses propriétés sans modification.

La propriété la plus importante de la chlorophylle consiste dans l'absorption de certaines radiations lumineuses et leur transformation, par le protoplasme, en énergie chimique utilisée pour certaines réactions, surtout pour la décomposition de l'anhydride carbonique.

Pour obtenir le *spectre d'absorption* de la chlorophylle (fig. 30), on fait passer un faisceau de lumière blanche à travers un petit flacon à faces parallèles et peu épais renfermant une dissolution de chlorophylle pure dans l'éther de pétrole ; à sa sortie, le faisceau pénètre dans un spectroscope en passant à travers la fente du collimateur. Regardant ensuite par la lunette le faisceau lumineux décomposé, on constate que le spectre de la chlorophylle porte sept bandes d'un noir plus ou moins foncé, qui correspondent à la lumière absorbée par la chlorophylle. Quatre de ces bandes, bien limitées, se trouvent entre le rouge extrême et le vert ; les autres, plus étalées, dans les régions bleue et violette. Les quatre premières bandes correspondent à la chlorophylle pure, les autres à la xantophylle.

Les rayons lumineux réellement actifs, c'est-à-dire les plus favorables au verdissement de la plante ainsi qu'aux phénomènes chimiques et mécaniques dont les chloroleucites sont le siège, sont, parmi les moins réfrangibles, les rayons *rouges, orangés, jaunes* et *verts*, qui déterminent l'assimilation de l'anhydride carbonique ; et, parmi les plus réfrangibles, les rayons *bleus, indigo* et *violets* qui provoquent les mouvevents des chloroleucites. Ces derniers rayons déterminent en outre des mouvements dans des organes tout entiers ; ce sont eux qui font fléchir vers la lumière les plantes placées dans les appartements. On évite cet inconvénient dans les serres, en faisant arriver la lumière de tous les côtés.

L'intensité de lumière nécessaire au verdissement d'une plante étiolée varie avec l'espèce à laquelle cette plante appartient. Ainsi les Mousses, certaines Fougères, ne demandent qu'une très faible radiation lumineuse, puisque très souvent on les rencontre sous le couvert épais des arbres verts ou feuillus ; tandis que d'autres languissent à la lumière de nos appartements.

L'action chlorophyllienne est fonction de l'intensité de la lumière et de la température. Une lumière trop vive contrarie non seulement le verdissement de la plante, mais encore détruit la chlorophylle. De même une température trop basse peut déterminer le brunissement des feuilles.

On emploie quelquefois la solution de chlorophylle pour

colorer en vert certains légumes conservés (Pois, Haricots).
Il serait à souhaiter que cette pratique se généralisât, on
éviterait ainsi les accidents, parfois graves, occasionnés par
l'usage des conserves de légumes colorés par les sels de
cuivre.

b. *Aleurone*. — L'aleurone (fig. 31) est une matière albuminoïde privée d'eau ; les grains d'aleurone disparaissent,
en effet, aussitôt que l'on rend de l'eau aux cellules qui

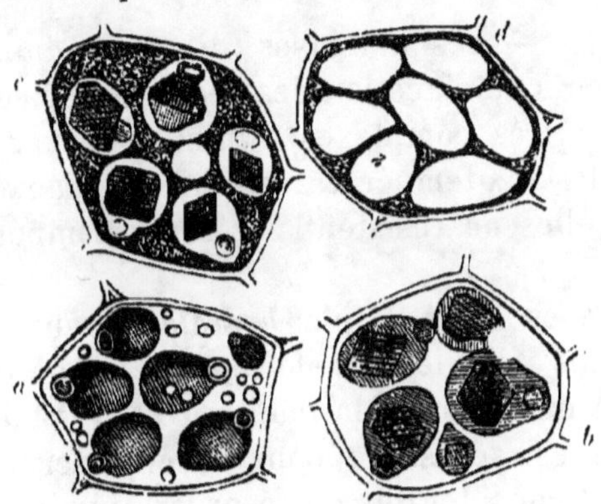

Fig. 31.

Cellules de l'albumen du Ricin avec grains d'aleurone contenant
chacun un globoïde et un cristalloïde.

a, cellule dans la glycérine épaisse. — *c*, cellule dans la glycérine étendue. —
b, cellule chauffée dans la glycérine. — *d*, cellule traitée par l'acide sulfurique,
lequel dissout les grains d'aleurone.

les contiennent. Ce produit est exclusivement propre aux
graines dont il constitue la réserve azotée par excellence.

Le grain d'aleurone comprend essentiellement une *substance fondamentale* et souvent des *inclusions* (*cristalloïdes, globoïdes*).

La *substance fondamentale* est soluble dans les alcalis
étendus, parfois aussi dans l'eau (Ricin). Elle est en majeure
partie insoluble dans l'eau chez diverses Légumineuses
(Lupin, Fève) et les Céréales.

Pour observer l'aleurone soluble dans l'eau, on plonge les
coupes microscopiques dans la glycérine pure, l'alcool ou
l'huile.

Les *globoïdes* sont des combinaisons à base de magnésie et de chaux (glycérophosphate de magnésium et de calcium). Les grains d'aleurone des graminées ne renferment pas de globoïdes.

Les *cristalloïdes* sont des corpuscules albuminoïdes, gonflables et déformables dans l'eau, à contour géométrique ordinairement régulier. Quand ils existent, ils sont toujours accompagnés de globoïdes.

c. *Diastases*. — Les diastases, dissoutes dans la cellule, sont les agents de digestion des réserves. Ce sont des principes azotés très complexes, difficilement cristallisables, plus sensibles aux températures élevées qu'aux basses températures ; elles ne résistent pas à une température supérieure à 65-70°.

Les diastases agissent par *hydratation* sur les réserves inassimilables ; elles les transforment de manière à les rendre aptes à être utilisées par la plante. Une très faible quantité de diastase est suffisante pour décomposer une quantité relativement considérable de réserves nutritives.

Les unes agissent sur les *albuminoïdes*, d'autres sur les *hydrates de carbone*, les *corps gras* ou les *glucosides*.

d. Les diastases qui agissent sur les *réserves albuminoïdes* sont la *pepsine*, la *trypsine* et la *présure*.

Les deux premières transforment en *peptones* les réserves albuminoïdes (aleurone) ; elles se forment dans les graines au début de la germination.

On a extrait du latex du Carice (*Carica papaya*) une diastase, la *papaïne*, qui se rapproche de la trypsine ; comme cette dernière, elle est capable de peptoniser les albuminoïdes.

La *présure* est une diastase qui coagule la caséine du lait.

Les *peptones* n'ont, dans les graines en germination, qu'une existence passagère ; elles se dédoublent progressivement en *amides*[1] (asparagine, leucine), principes cristallisables plus simples.

---

[1] Les *amides* (asparagine, leucine, tyrosine, etc.), sont des compo-

2. Les diastases qui agissent sur les *hydrates de carbone* sont :

α. L'*amylase* qui, en hydratant l'amidon, le transforme en *dextrine* et en *maltose*. La dextrine, dont la composition centésimale est la même que celle de l'amidon, s'hydrate ensuite et devient du *maltose*, principe directement assimilable.

β. La *lactase* qui transforme le *lactose* (sucre de lait) en *dextrose* et *glucose*.

γ. La *pectase* qui produit, par fermentation et en présence des sels de chaux du suc cellulaire, la transformation de la *pectine* en *pectates* (pectate de calcium).

La peptine est un principe ternaire soluble.

ε. L'*invertine* qui hydrate le *saccharose* (sucre de betterave ou de canne) et le transforme en *dextrose* et en *lévulose*.

Le *dextrose* ou glucose proprement dit est ainsi appelé parce qu'il dévie à droite le plan de polarisation de la lumière ; tandis que le *lévulose* ou sucre de fruits le dévie à gauche.

3. La diastase qui agit sur les *corps gras* est la *saponase*. Elle les dédouble, par hydradation, en *acides gras* et en autres produits. La *glycérine* ne figure pas parmi ces derniers, probablement parce que, à mesure qu'elle se produit, elle forme, avec des principes azotés, des substances albuminoïdes protoplasmiques ou qu'elle se convertit en amidon par fixation d'oxygène.

C'est surtout dans les graines oléagineuses, en voie de germination, que la saponase prend naissance.

4. Les diastases agissant sur certains *glucosides* [1] sont la *myrosine* et l'*émulsine*. Elles décomposent ces glucosides en *glucose* et en d'autres principes variables.

La *myrosine* est propre à certaines familles telles que les Crucifères, Résédacées, etc.

sés azotés cristallisables qui représentent la forme assimilable des principes albuminoïdes.

[1] Les *glucosides* sont des principes ternaires ou quaternaires qui, par un phénomène d'hydratation, se décomposent en glucoses et en d'autres corps variables avec les espèces.

L'émulsine se rencontre dans l'embryon des Abricotier,
Pêcher, Amandier, Cerisier (Rosacées), et des Pommier,
Sorbier, Cognassier (Pomacées).

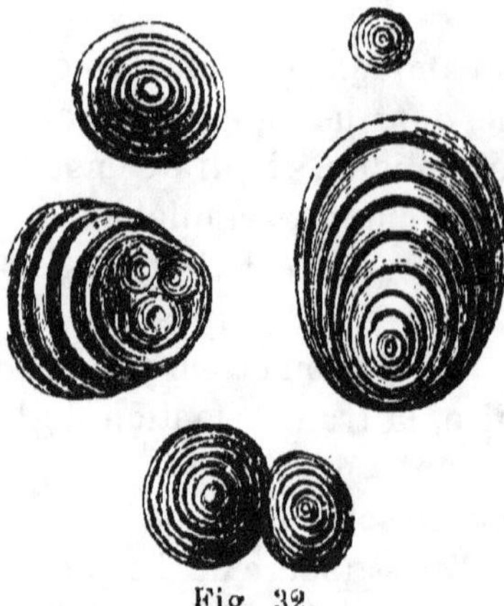

Fig. 32.

Grains d'amidon de la Pomme
de terre.

2° PRODUITS ORGANIQUES NON AZOTÉS. — Parmi ces produits nous distinguerons notamment *l'amidon* et les corps qui l'avoisinent (*inuline*), les *sucres*, les *tanins*, les *gommes* et *mucilages*, les *corps gras*, ainsi que les principaux *acides organiques* (acides oxalique, citrique, malique).

a. *Amidon*. — Cet hydrate de carborne manque rarement
dans la cellule végétale. Il s'y présente en *grains* de formes

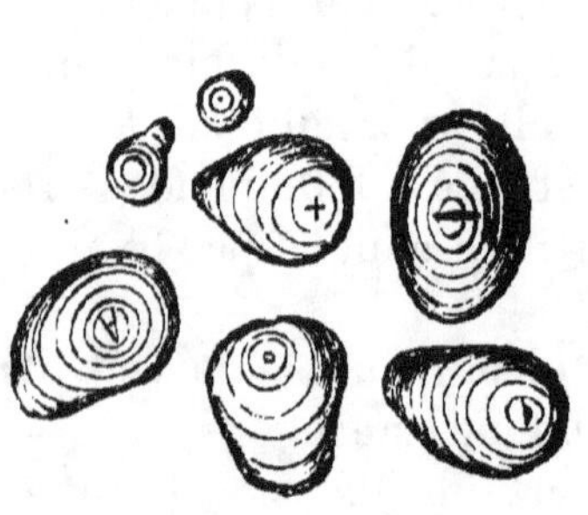

Fig. 33.

Grains d'amidon du *Maranta
arundinacea*.

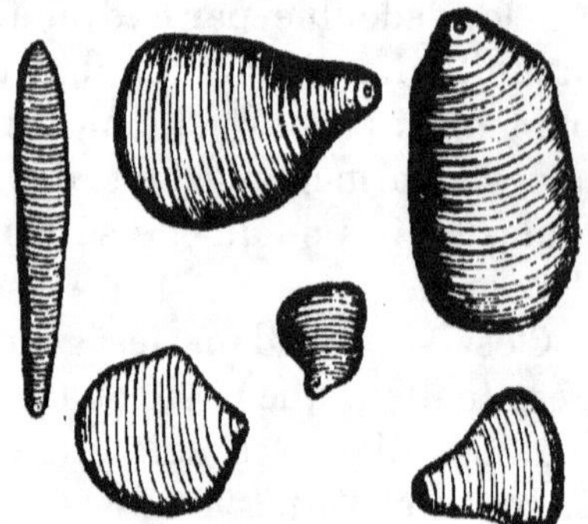

Fig. 34.

Grains d'amidon du *Curcuma
leucorhiza*.

et de dimensions variables avec les espèces végétales. On
lui donne le nom de *fécule* quand il provient de la tige ou de
la racine de certaines plantes ; sa formule est $(C^6 H^{10} O^5)^5$.
Vus au microscope, les grains d'amidon sont formés de

couches superposées, alternativement ternes et brillantes

Fig. 35.

Grains d'amidon du *Sagus Rumphii*.

(striation concentrique), dont le point de départ, centrique ou excentrique, occupé par un granule amylacé, porte le nom de *hile* (fig. 32, 33). Les couches ternes sont beaucoup plus

Fig. 36.

Grains d'amidon du *Manihot utilissima*.

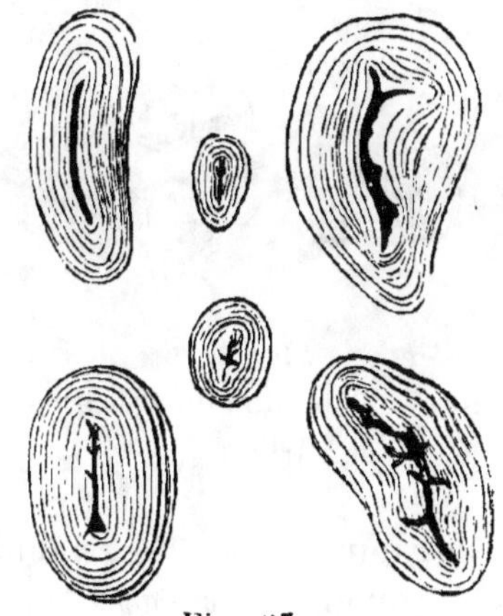

Fig. 37.

Grains d'amidon du *Phaseolus sativus* (Haricot).

riches en eau que les couches brillantes. Soumis à l'action déshydratante de l'alcool, le grain d'amidon perd sa striation.

Les très petits grains d'amidon ne présentent pas de couches concentriques; ces dernières ne commencent à être visibles que sur des grains dont les dimensions atteignent au moins quelques millièmes de millimètre.

Fig. 38.

Grains d'amidon du
Triticum sativum (Blé).

Les grains peuvent être *simples* (cas précédent) ou *composés* (plusieurs grains accolés et comprimés entre eux de manière à n'en former qu'un, fig. 41).

L'amidon prend naissance dans les leucites colorés ou non. Il y débute sous la forme d'une fine granulation et s'accroît par apposition de couches nouvelles en partant du *granule hilaire* et en suivant deux modalités selon que ce granule est centrique (Pois) ou excentrique (Pomme de terre).

L'*eau iodo-iodurée* (iode, 1 gramme, iodure de potassium,

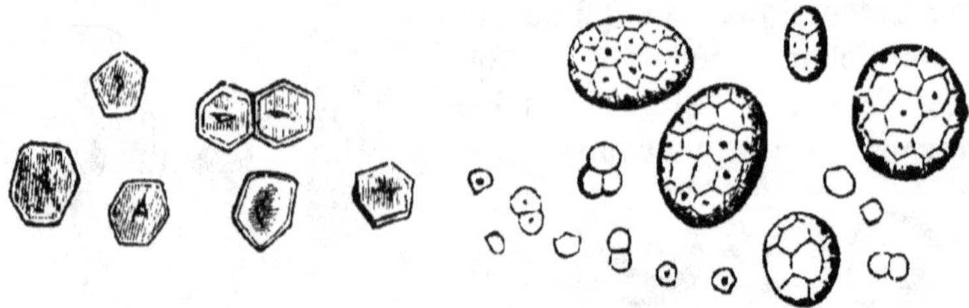

Fig. 39.

Grains d'amidon du *Zea Mays*
(Maïs).

Fig. 40.

Grains d'amidon de l'*Avena orientalis* (Avoine). Grains composés.

4 grammes, eau 300 grammes) colore les grains d'amidon en *bleu* ou en *bleu violacé*.

Les plantes capables de fournir de l'amidon en assez grande quantité sont la pomme de terre (Solanées), les Blé, Orge, Seigle, Avoine (Céréales), les Haricots, Pois, Fèves, (Légumineuses), le Riz, le Sorgho, le Manioc qui fournit le *tapioca*, et certains Palmiers qui donnent le *sagou*.

STRIES

visibles. Grains

non aplatis. Hile — petit — arrondi, excentrique, rapproché

> de l'extrémité mince ; grains piriformes, simples, composés et demi-composés. . . . . **Pomme de terre** (fig. 32).
>
> de l'extrémité large ; gr. en cloche allongée, normalement agrégés, mais isolés par la manipulation et montrant alors à la base des troncatures, points de jonction des gr. jumeaux. Hiles et stries tuméfiés le plus souvent par la chaleur. **Sagou-Tapioca** (fig. 35).

Linéaire ou cruciforme, gr. piriformes ; hile rapproché de l'extrémité large. . . . . **Maranta** (*arrow-roof*) (fig. 33).

très allongé, parfois ramifié aux extrémités ; gr. ovales ou réniformes. **Légumineuses** (fig. 37).

aplatis. Forme

Lenticulaire : gr. très inégaux ; les plus gros 4-5 fois plus volumineux que les petits. Bords

> circulaires. Les grains écrasés se fendillent légèrement sinueux. . . . . . .
>
> à la périphérie, au centre en forme d'étoile. **Blé** (fig. 38). / **Seigle.** / **Orge.**

Lamelleuse : gr. très diaphanes, parfois superposés comme des pièces de monnaie, elliptiques, portant le hile sur un rétrécissement terminal. **Curcuma** (fig. 34).

non visibles. Grains en forme

de cloches courtes, agrégés normalement, mais dissociés par la manipulation et présentant à la base des troncatures, points de jonction des gr. jumeaux. Hile arrondi, très gros. Les grains vus de haut sont arrondis. *Manioc.* — Grains

> normaux. . . . **Moussache.**
>
> normaux, mêlés de gr. tuméfiés par la chaleur. **Tapioca.**

de polyèdres.

toujours libres.

> assez volumineux (comparés aux suivants (20-30 µ), hile visible. . . . . **Maïs** (fig. 39).
>
> très petits (4-6 µ). . . . . **Riz**

grains libres, mêlés de

> grains agrégés en petites masses plus ou moins volumineuses sphériques ou ovoïdes. Les gr. isolés présentent souvent une face arrondie, 8-16 µ. **Avoine** (fig. 40).
>
> cellules polyédriques entièrement bondées de petits granules de 6 à 8 µ. . . . . **Sarrasin.**

La forme et la taille des grains d'amidon peuvent fournir d'assez bons caractères pour la distinction de certaines farines (fig. 34, 35, 36, 37, 38, 39, 40 et 41). Le tableau de la page 63, dû au prof. Gérard, donne un aperçu de ces caractères.

b. *Inuline* $(C^6 H^{10} O^5)^n$. — Cet hydrate de carbone est toujours dissous dans le suc cellulaire et ne se rencontre

Fig. 41.

Grains d'amidon de la Pomme
de terre. Grains composés.

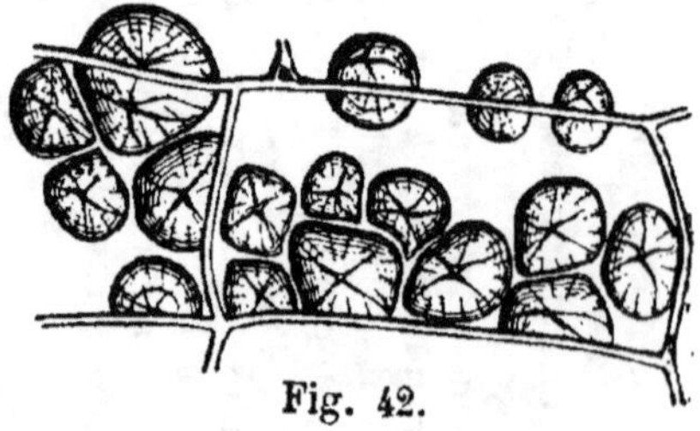

Fig. 42.

Sphéro-cristaux d'inuline.

jamais, dans les organes de la plante, en même temps que l'amidon ; c'est-à-dire que l'un exclut l'autre et lui équivaut physiologiquement en tant qu'aliment de la plante.

L'inuline est abondante chez les Composées (*Inula, Helianthus tuberosus*, etc.). Pour l'obtenir en *sphérocristaux* (fig. 42), on fait séjourner quelque temps des coupes épaisses de tubercule de Dahlia dans de l'*alcool* à 80 degrés, lequel provoque une cristallisation lente de l'inuline, ou dans de la *glycérine pure*.

Le *lévulose* ou *fructuose* est la forme assimilable de l'inuline.

c. *Sucres.* — Il existe dans les plantes deux catégories de sucres : 1° les *saccharoses*, sucres cristallisables, comprenant le sucre de canne $(C^{12} H^{22} O^{11})$ et le *maltose* ; 2° les *glucoses*, tels que le *dextrose* et le *galactose* (non cristallisables), et le *lévulose* (cristallisant très difficilement).

Les *saccharoses* sont extraits en grande quantité de la Canne à sucre et de diverses espèces de Palmiers (pays chauds), de la Betterave (Europe), de l'Érable à sucre (Amérique du Nord).

Le Melon, la Citrouille, la Patate et la Carotte en renferment aussi.

Les *glucoses* ($C^6 H^{12} O^6$) se rencontrent dans les fruits acides (Raisins, Pommes, Prunes, etc.).

Les *liqueurs de Fehling* et de *Barreswill* sont bonnes dans la recherche du *glucose*, à condition d'être convenablement employées.

Le *saccharose* ne réduit pas les sels de cuivre ; pour le déceler dans les préparations microscopiques, on soumet successivement ces dernières à l'action de l'*acide chlorhydrique* étendu de son volume d'eau distillée à 70 degrés environ, puis de la *liqueur de Fehling* qui donne le précipité *rouge* des glucoses. On peut aussi précipiter le saccharose par l'*alcool absolu* ; il cristallise alors en cristaux clinorhombiques maclés.

d. *Tanins*. — Les tanins sont des principes astringents propres au règne végétal ; ils représentent soit des *produits nutritifs* transitoires, soit des *produits d'excrétion* persistants dans la cellule.

Au point de vue nutritif, les tanins fournissent du sucre (pomme en voie de maturation) ou entretiennent la respiration des tissus conjonctifs de la plante.

Comme *produit d'excrétion*, le tanin se localise dans la cellule, y reste sans emploi, ou bien y remplit un rôle protecteur pour la plante contre les attaques des animaux herbivores.

La propriété principale du tanin est de former, avec les matières animales, un composé imputrescible (*cuir*). Il précipite aussi les sels de fer en noir, en vert foncé ou plus ou moins bleuâtre.

Pour déterminer sa localisation dans les tissus végétaux on a recours à divers réactifs, tels que le *perchlorure de fer* à 30 degrés étendu de moitié d'eau, le *bichromate de potasse* ou le *réactif de Bræmer*.

Le *bichromate de potasse* est préférable aux sels de fer pour éviter une diffusion du tanin dans les cellules qui n'en renferment pas. Il colore le tanin en *roux* si cette substance est en faible quantité et en *brun foncé* dans le cas contraire.

Par le réactif de Brœmer, le tanin se colore en *jaune orangé*.

Le tanin le plus connu est celui que l'on extrait des *noix de galle* du Chêne, sortes d'excroissances plus ou moins sphériques produites par la piqûre d'un insecte hyménoptère (Cynips). Mais ce tanin est impropre au tannage des peaux, parce qu'il est impuissant à les préserver de la putréfaction.

e. Gommes et mucilages. — 1. *Gommes.* — Ces produits résultent de la transformation ou de la désorganisation des membranes cellulosiques. Ces dernières s'épaississent tout d'abord, puis se gommifient graduellement dans toute leur masse. Parmi les arbres de nos pays, ceux produisant des fruits à noyau (Pêcher, Abricotier, Prunier, etc.) sont à peu près les seuls à donner de la gomme ; cette production est pour eux une véritable maladie que l'on désigne sous le nom de *gommose* ou *gomme*.

Deux sortes de gommes sont l'objet d'un commerce assez important : la *gomme adragante* exportée de la Turquie d'Asie et du nord de la Perse, et la *gomme arabique* qui tient son nom de l'Arabie, contrée où son commerce a débuté ; aujourd'hui elle nous vient en grande partie du Sénégal.

Ces deux gommes sont des produits d'exsudation de petits arbres appartenant à la famille des Papilionacées.

2° *Mucilages.* — Les mucilages sont des mélanges gonflables par l'eau ; de même que les gommes, ils peuvent être considérés comme des produits de dégénérescence de la membrane cellulaire et se développent soit à la face interne (Lin) soit à la face externe (certaines Algues) de cette membrane.

Les graines de Lin, de Coing et les racines de Mauve, de Guimauve donnent du mucilage lorsqu'on les soumet à l'ébullition. De ce fait, elles possèdent une propriété émolliente qui justifie leur usage en médecine.

Le *violet d'aniline de Hanstein* (dissolution alcoolique à parties égales de violet de méthylaniline et de fuchsine) colore en rouge les parois des cellules à gomme.

L'alum et le *sublimé corrosif* coagulent les mucilages à des degrés divers. Ces derniers absorbent très fortement les couleurs d'aniline.

Huiles et corps gras. — 1° *Huiles.* — Les huiles prennent ordinairement naissance dans la masse protoplasmique, sous forme de fines gouttelettes. Ces dernières, se fusionnant entre elles, forment une gouttelette plus volumineuse qui peut s'extravaser dans les vacuoles ou hydroleucites et apparaître, dans les coupes microscopiques, sous un aspect brillant, très réfringent et de couleur jaune plus ou moins pâle ou brunâtre.

On rencontre également l'huile dans des canaux d'origine méatique de l'écorce et de la moelle ou dans des poches spéciales (*glandes*).

Il y a lieu d'établir une distinction entre les *huiles essentielles* et les *huiles grasses.* Les premières laissent sur le papier une tache que la chaleur peut faire disparaître ; ce qui n'a pas lieu avec les secondes dont la composition est d'ailleurs bien différente.

Les graines oléagineuses (Pavot, Lin, Noix, Chanvre, Colza, Hêtre, etc.) et les Olives sont riches en huiles grasses.

2. *Beurres.* — Les beurres forment des liquides plus épais que les huiles ; ils se solidifient aussitôt que les cellules qui les renferment viennent à mourir.

Les principaux beurres sont le *beurre de Cacao*, tiré du Cacaoyer, le *beurre de Coco*, extrait du Cocotier, le *beurre de Muscade*, tiré du Muscadier, etc.

La *teinture d'Orcanette* est un réactif excellent des corps gras ; elle les colore en rouge violacé.

L'acide osmique leur communique une teinte brune ou noire.

Les corps gras peuvent être des *substances de réserve* (graines oléagineuses) ou des *produits d'excrétion* (Olive).

A ces corps on peut ajouter les *cires* qui forment un revêtement à la surface de la cuticule épidermique (plantes à feuilles grasses).

g. *Acides organiques.* — Les principaux acides organiques

sont les acides *oxalique, citrique* et *malique*. On les rencontre dans la plante, soit *libres* dans le suc cellulaire, soit sous forme de *sels* ou sous ces deux formes simultanément.

L'acide oxalique est abondamment répandu dans le règne

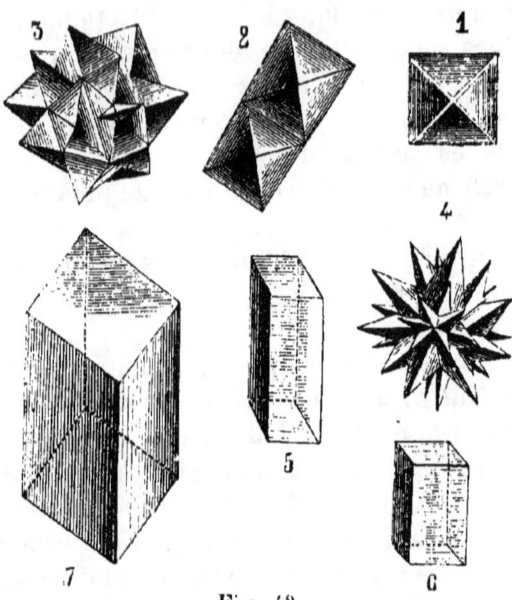

Fig. 43.

Principales formes de cristaux.

1, quadratoctaèdre de la feuille du *Begonia heracleifolia*. — 2, deux quadratoctaèdres associés. — 3, macle de quadratoctaèdres. — 4, macle d'*Urostigma elasticum*. — 5, hendyoèdre de l'*Æsculus Hippocastanum*. — 6, cristal quadratique de l'*Allium Cepa*. — 7, hendyoèdre du *Cycas revoluta*.

végétal sous la forme cristalline d'*oxalate de calcium*. Ce sel cristallise suivant plusieurs systèmes (fig. 43, 44, 45) en retenant, suivant le cas, 1 (système clinorhombique) ou 3 molécules d'eau (système quadratique). C'est un **véritable** poison pour les plantes, dans lesquelles cependant il remplit parfois un rôle protecteur.

L'acide citrique existe dans le Citron, l'Orange, la Groseille, etc.

L'acide malique se rencontre dans la Pomme, la Framboise, la Groseille, etc. Ce sel est très déliquescent; sa solution ne trouble pas l'eau de chaux, mais elle est précipitée par l'alcool.

La *phénolphtaléine* est un bon réactif des acides organiques ; mise en leur présence, elle se décolore et perd sa teinte rouge ou rose.

3° PRODUITS ORGANIQUES BINAIRES.

Les principaux sont les *résines* et les *essences*.

1. *Résines.* — Les résines sont des produits d'oxydation des huiles essentielles ou essences. Les unes sont solubles dans l'alcool (*colophane*) ou insolubles (*Copal du Lentisque*). Elles se produisent par exsudation des tissus ou s'écoulent à la suite d'incisions pratiquées sur la plante.

La *térébenthine* des Conifères est une oléo-résine.

2. *Essences.* — Les essences sont des produits très volatils et odorants, ayant l'aspect de l'huile, ce qui leur a valu la dénomination d'*huiles essentielles*. On les rencontre chez les Labiées (poils glandulifères), les Ombellifères, les Composées, les Aurantiacées, etc.

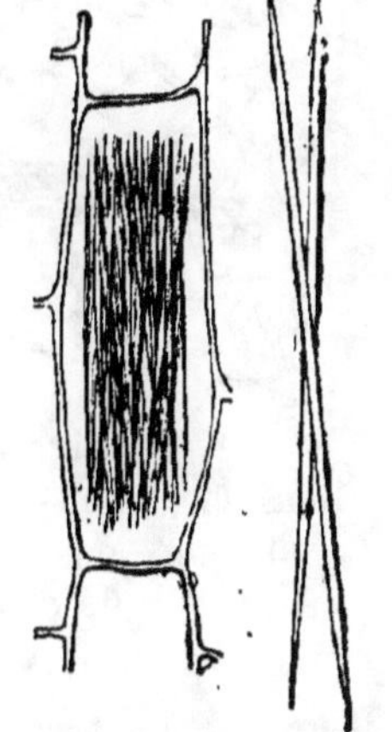

Fig. 44.

Cellule renfermant un faisceau de *raphides*.

A droite, deux raphides grossies et isolées.

4° SELS MINÉRAUX. — Les plus importants sont les *phosphates*, les *sulfates*, les *nitrates*, les *carbonates* et les *chlorures*.

Les sels sont normalement dissous dans le suc cellulaire ou par l'intermédiaire d'un acide organique ; ils existent aussi soit à l'état de concrétions (fig. 45 *bis*), soit sous des formes cristallines variables. L'étude de leur origine ou provenance nous fournira l'occasion d'en reparler plus longuement.

Certaines plantes (Diatomées, Palmiers, Bambous, Céréales, etc.) ont aussi la propriété d'incruster leurs membranes, notamment celles de leur épiderme, de petits *nodules siliceux.* La présence de cette matière augmente sensiblement leur consistance ; elle donne aux tiges des céréales en particulier une certaine rigidité qui les préserve partiellement de la *verse.*

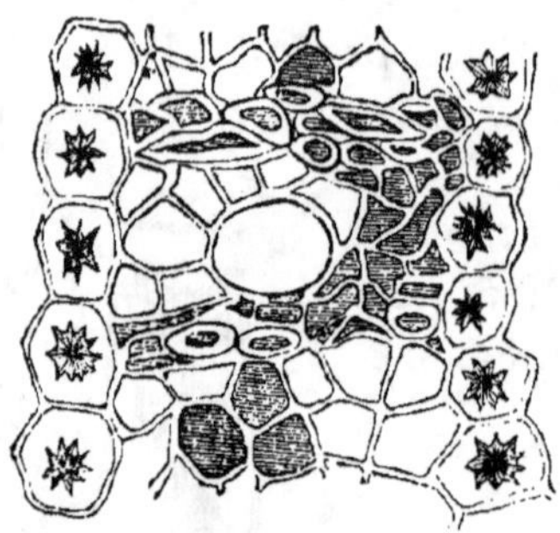

Fig. 45.

Deux files de cellules renfermant chacune un *oursin* (màcle) d'oxalate de calcium.

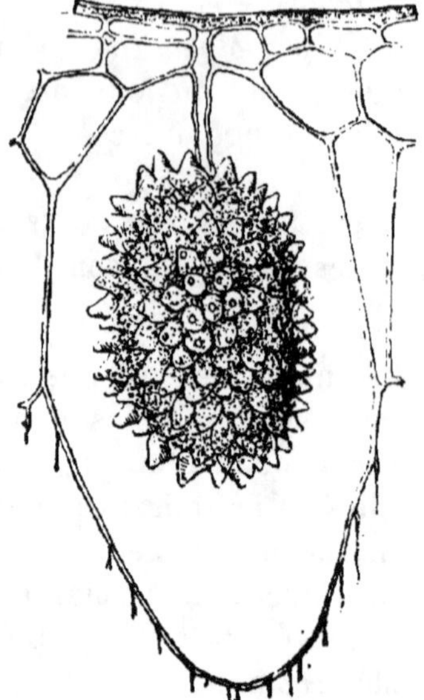

Fig. 45 *bis.*

Cystolithe de carbonate de calcium. (Feuille de Figuier. *Ficus elastica.*)

TRAVAUX PRATIQUES

1° Étude des *formes cellulaires* (pétiole du Figuier élastique, de la moelle de Jonc, de l'épiderme de la feuille de Blé, etc.).

2° *Cellulose* et *substances pectiques* (caractères, préparation, coloration).

3° *Protoplasmes* (caractères, coloration, réactions). Plantes : Ail, Lis, etc.

4° *Noyau* (coloration). Plantes : Ail, Lis (épiderme des feuilles et des écailles).

5° *Chlorophylle* et *pigments divers.* (1° Étudier les déplacements des grains chlorophylliens sous l'influence des diverses radiations : feuille d'Elodea : 2° préparation de la chlorophylle : feuille d'Épinard : 3° étude du verdissement des granulations protoplasmiques sur l'Orge, le Maïs, le Blé en germination ; 4° étude microscopique de feuilles brunies par le froid ; 5° travail chlorophyllien et dégagement d'oxygène. (Expér. sur Elodea.)

6° *Amidon*. — *a*. Forme des grains (Pomme de terre, Sagou-Tapioca, Arrow-Root, Légumineuses, Céréales, Tapioca, Maïs, Riz. Sarrasin, etc.). *b*. Action de la lumière sur la formation de l'amidon (feuilles de Ricin, etc.). *c*. Culture d'une plante dans une atmosphère dépourvue d'anhydride carbonique.

7° *Inuline* (tubercules de Topinambour, Dalhia, etc.).

8° *Tanins* (réactifs appropriés). Plantes diverses, fruits.

9° *Sucres* (réaction), Betterave, Carotte, Pommes, etc.).

10° *Aleurone* (Noix, Ricin et autres graines oléagineuses).

11° *Gluten* (préparation en grand).

12° *Gommes*. — *a*. Coloration. *b*. Étude des tissus atteints de la gomme).

13° *Asparagine* (plantes : Asperge, jeunes pousses d'Orme).

14° *Corps gras*. Préparations microscopiques prises dans diverses plantes oléagineuses et réactifs divers. Etudier la *cire* sur les feuilles de Chou, les Prunes et les Raisins.

15° *Cristaux*. — *a*. Oxalate de calcium (diverses formes). *b*. Carbonate de calcium (Caoutchouc).

16° *Latex* et *résines*. — *a*. Euphorbe et Chélidoine. *b*. Feuilles de Pin.

CHAPITRE II

TISSUS

Définition. — Un tissu est un ensemble de cellules ayant sensiblement même aspect, même forme et des propriétés identiques.

Les végétaux inférieurs (Bactériacées) constitués par une *seule* cellule qui, à un moment donné, se divise en deux autres à leur tour indépendantes, ou engendre parfois, par plusieurs divisions successives, des sortes de chapelets (*micrococcus urx*) ou des paquets (*sarcina*), ne sauraient représenter des tissus proprement dits. Ces végétaux sont plutôt formés par des cellules *libres*, des *colonies* ou associations de cellules, un *pseudo parenchyme* ou faux tissu (thalle des Champignons).

Les *tissus proprement dits* sont ceux qui répondent à la définition précédente. On peut les subdiviser en deux groupes : les tissus à fonctions *chimiques*, essentiellement vivants (*parenchymes*), et les tissus à fonction *mécanique* prédominante qui peuvent être inertes ou vivants.

Ces deux groupes se subdivisent à leur tour de la manière suivante :

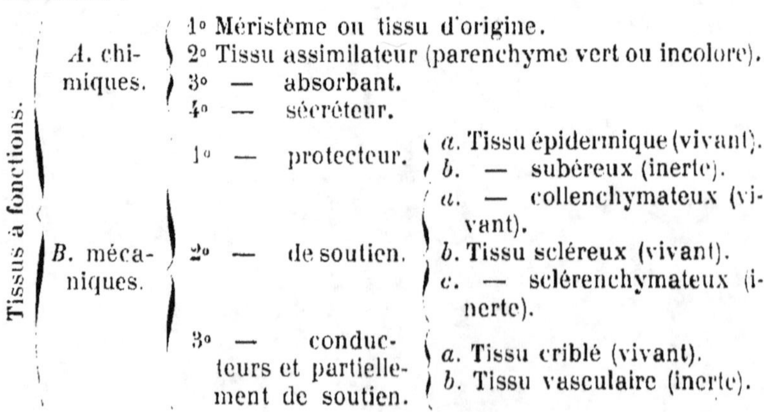

A. Tissus à fonctions chimiques. — 1° MÉRISTÈME OU TISSU D'ORIGINE. — Ce tissu occupe les parties de la plante où l'accroissement est actif, telles que l'extrémité de la tige et de la racine (fig. 46). Il procède d'une *cellule initiale* (Fougères) ou de *trois cellules* (phanorégames) qui, par des cloisonnements successifs, engendrent un tissu homogène (*méristème*) dont dériveront tous les *méristèmes secondaires* de la plante, lesquels engendreront, à leur tour, les tissus différenciés de la tige et de la racine.

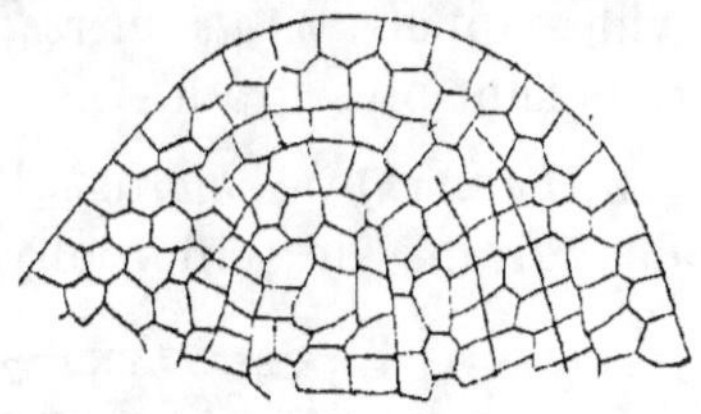

Fig. 46.

Groupe de cellules jeunes.

Les méristèmes sont donc des *parenchymes* à cellules ordi-

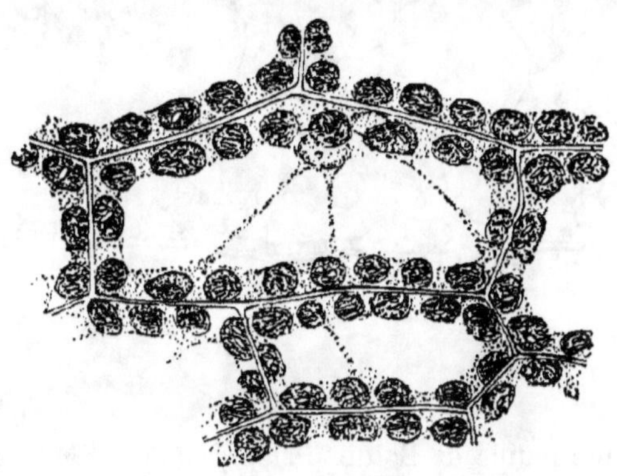

Fig. 47.

Cellules d'une feuille de Funaire (*Funaria hygrometrica*, Muscinées) contenant des corps chlorophylliens, lesquels renferment des grains d'amidon.

nairement polyédriques, très actives et très unies entre elles.

2° TISSU ASSIMILATEUR. — Ce tissu comprend le *parenchyme vert* ou *chlorophyllien* (*chlorenchyme*) et le *parenchyme incolore* (parenchyme de la racine, etc.). Les cellules de ce tissu ont des formes variables; elles peuvent être, à l'état adulte, prismatiques, globuleuses ou ovoïdes, tabulaires ou étoilées, et, en outre, être séparées partiellement les unes des autres. Dans ce dernier cas, il existe entre elles des espaces vides appelés *méats intercellulaires* s'ils sont petits, ou *lacunes* s'ils sont plus grands.

a. *Parenchyme chlorophyllien.* — Ce tissu renferme toujours des grains de chlorophylle qui lui communiquent une

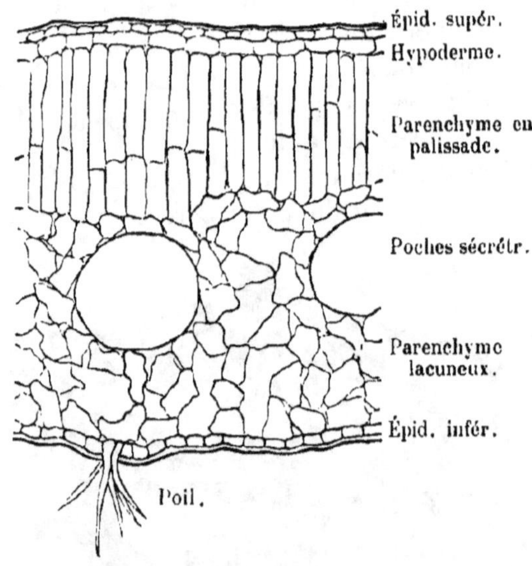

Fig. 48.

Coupe d'une feuille de Boldo (*Peumus Boldus,* Monomiacées).

teinte plus ou moins verte. Il occupe ordinairement la partie superficielle de la tige ou forme la masse principale de la feuille (*mésophylle,* fig. 47). Dans la feuille, le plus souvent sous l'épiderme supérieur, il est constitué par des cellules allongées perpendiculairement à cet épiderme, que l'on désigne sous le nom de *palissades,* lesquelles forment donc un *parenchyme en palissade* (fig. 48) ; sous ce dernier existe le parenchyme *spongieux, méatique, lacuneux* ou non, qui renferme également, mais moins abondamment, des *chloroleucites.*

b. *Parenchyme incolore.* — Ce tissu existe dans les organes souterrains de la plante (racine, tubercules, etc.), les graines et souvent aussi dans la moelle de la tige. Ses cellules ont spécialement pour fonction d'élaborer ou d'emmagasiner des réserves.

3° TISSU ABSORBANT. — Il existe à l'extrémité des plus jeunes racines ou de leurs ramifications, sur une faible étendue, une assise de cellules épidermiques allongées en poils simples et 1-cellulaires (fig. 49). Cette région, d'existence éphémère, constitue le *tissu absorbant*. Ses poils ont, en effet, pour fonction d'absorber par osmose l'eau et les sels solubles renfermés dans le sol. Ils peuvent également digérer les sels insolubles pour s'en emparer ensuite.

4° TISSU SÉCRÉTEUR. Parmi les produits élaborés par le protoplasme il en est, tels que les essences et les résines, qui, une fois formés, ne sont jamais réemployés au point de vue alimentaire par la plante et que l'on peut considérer comme des produits d'excrétion. Ces produits se localisent de diverses manières ; ils restent inclus dans des cellules plus ou moins différenciées (*cellules sécrétrices*, fig. 50), dans des *poches sécrétrices*, des *assises sécrétrices* (épiderme), des *méals intercel-*

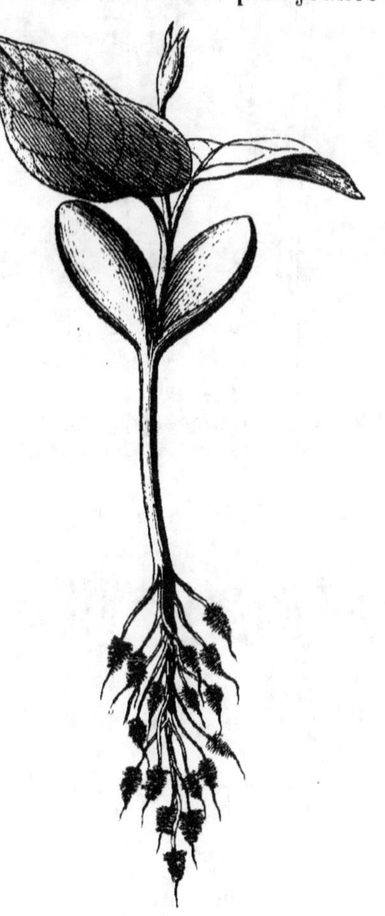

Fig. 49.

Haricot en voie de germination.

lulaires ou des *canaux sécréteurs* simples ou anastomosés entre eux (Conifères, Ombellifères, etc.).

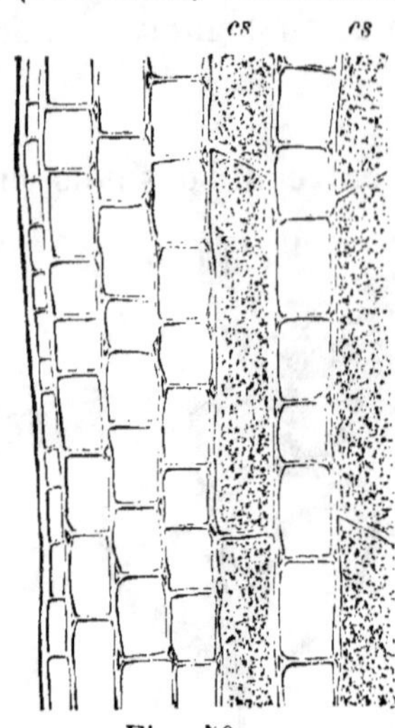
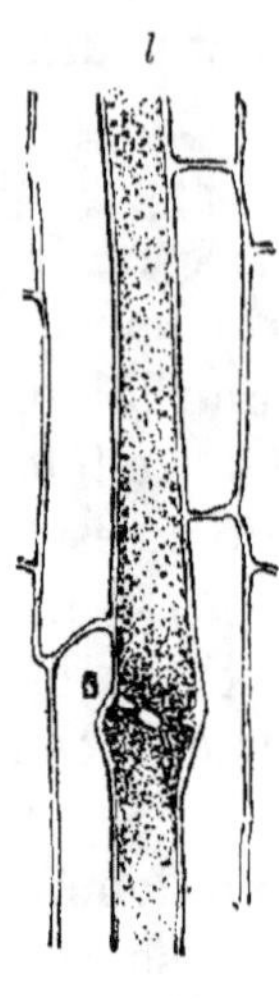

Fig. 50.

Cellules sécrétrices (*cs*) à cloisons persistantes de l'*Allium Cepa*.

Fig. 51.

Coupe longitudinale d'un laticifère *l*, de *Chelidonium majus*.

Les cellules alignées, mais indépendantes, que l'on rencontre chez l'*Isonandra gutta* et dont on retire la *gutta-percha*; les cellules à latex de la Chélidoine, etc., nous fournissent autant d'exemples de *cellules sécrétrices*.

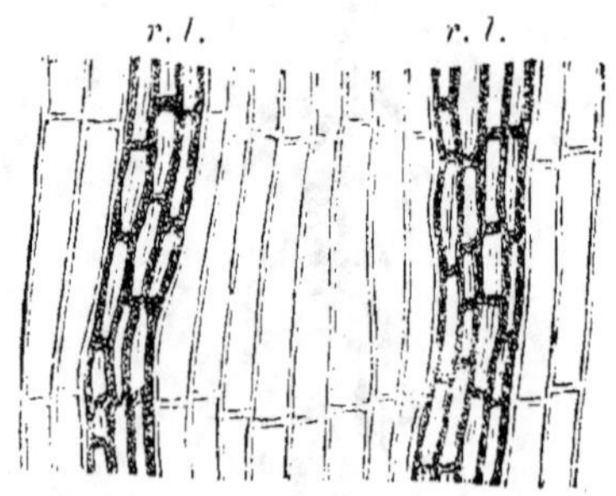

Fig. 52.

Réseau laticifère, *r. l.*, de la racine du Pissenlit.

Les espaces restreints dans lesquels les cellules pariétales rejettent leurs produits d'excrétion, sont appelés *poches sécrétrices* (fig. 53, 54): tels sont les poils glandulifères des Labiées dans lesquels l'essence s'accumule sous la cuticule et les petits points clairs que l'on voit par transparence dans les feuilles du Millepertuis.

L'épiderme des écailles du Marronnier et du Peuplier, dont les cellules émettent par transsudation la matière visqueuse qui recouvre ces organes, constitue une *assise sécrétrice*.

Les *canaux sécréteurs* (fig. 55) diffèrent des poches sécrétrices en ce qu'ils s'étendent sur toute la longueur de la plante, tandis que les dernières ont une étendue limitée. Vus en coupe transversale, ces canaux présentent une section plus ou moins circulaire, limitée par une ou plusieurs assises de cellules (fig. 56).

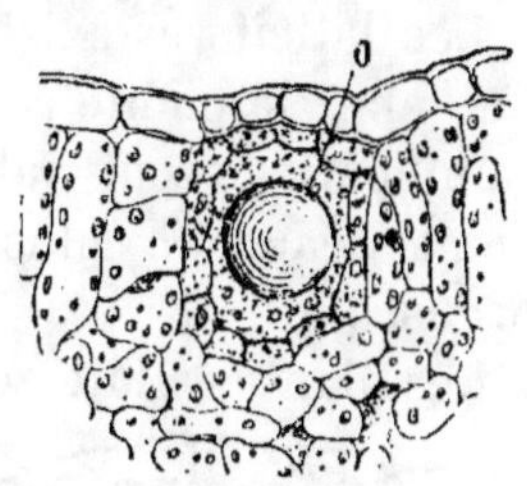

Fig. 53.

Coupe transversale d'une feuille de *Dictamus Fraxinella* (Fraxinelle), montrant une poche sécrétrice dans le parenchyme.

o, substance grasse sécrétée.

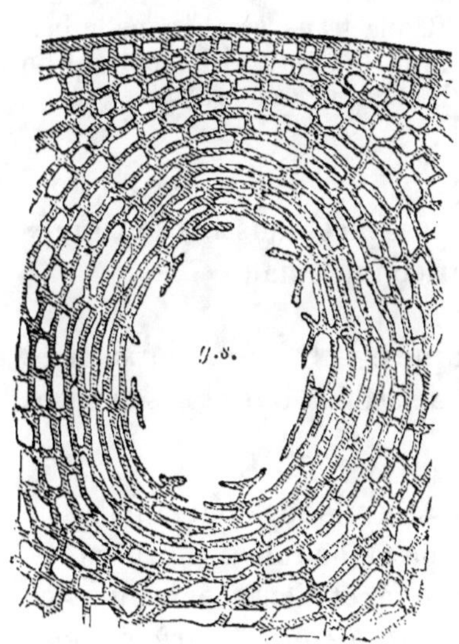

Fig. 54.

Coupe transversale dans la partie externe du péricarpe du fruit de l'Oranger (*Citrus Aurantium*) montrant une glande sécrétrice, *g. s.*

Tubes laticifères.—Certaines plantes (Euphorbes, Figuier, Laurier-Rose, Chélidoine (fig. 51, etc.), ont leur parenchyme parcouru par des tubes cylindriques, ramifiés et non cloisonnés, que l'on désigne sous le nom de *tubes laticifères* (fig. 52).

Leur contenu ou *latex* est épais, ordinairement blanchâtre, quelquefois jaune (Chélidoine), riche en caoutchouc (Hévées, Figuier élastique, etc.), ou en résine (Euphorbe résinifère du Maroc) et en grains d'amidon de forme bizarre (haltères, baguettes, etc.).

On a vu, p. 58, que le latex du *carica papaya* renferme une diastase, la *papaïne*, voisine de la trypsine.

Les laticifères existent en même nombre chez l'embryon que chez la plante adulte; mais, chez cette dernière, leurs ramifications sont naturellement beaucoup plus nombreuses.

Les plantes à latex doivent

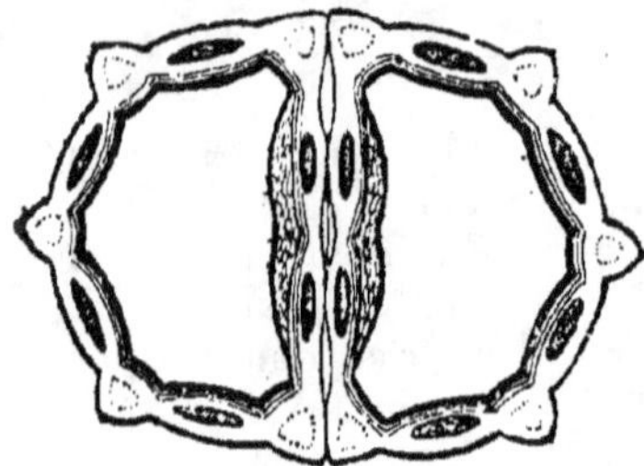

Fig. 55.

Coupe transversale d'un fruit de *Carum Carvi* (Cumin) présentant de nombreux canaux sécréteurs.

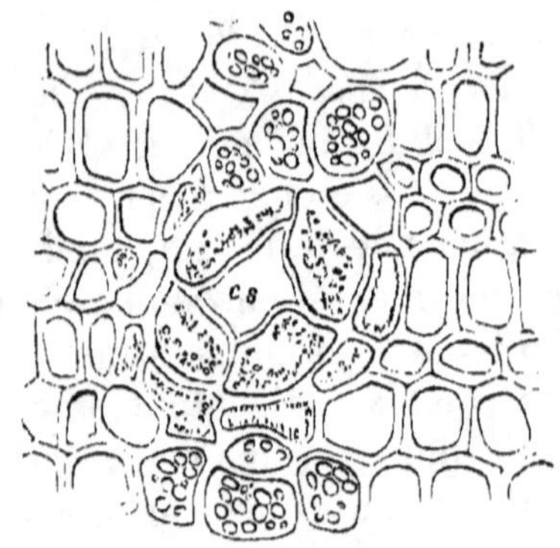

Fig. 56.

Coupe transversale dans le bois du *Pin sylvestre*, montrant un canal excréteur, *c. s.*

être écartées des prairies, leur présence dans les fourrages en diminue la qualité et la valeur commerciale.

B. **Tissus à fonctions mécaniques**. — 1° Tissus protecteurs. — Ces tissus comprennent l'*épiderme* de la tige et ses dérivés, le *liège* et la *coiffe* de la racine.

a. *Epiderme.* — Les cellules épidermiques sont aplaties, à contour polygonal, recticurviligne ou onduleux (fig. 57 et 59). Elles sont intimement unies entre elles et disposées le plus souvent sur une seule assise. Leur paroi externe, parfois même les parois latérales, sont plus ou moins épaissies. Cet épaississement est dû, surtout pour la paroi externe, à une transformation de la cellulose en un nouveau composé, la *cutine*, qui produit la *cuticule*. Mais entre la cuticule proprement dite et la paroi initiale cellulosique de la cellule épidermique, existe une substance mixte, lamellaire, composée de cellu

lose plus ou moins imprégnée de cutine, que l'on désigne
sous le nom de *couches cuticulaires*.

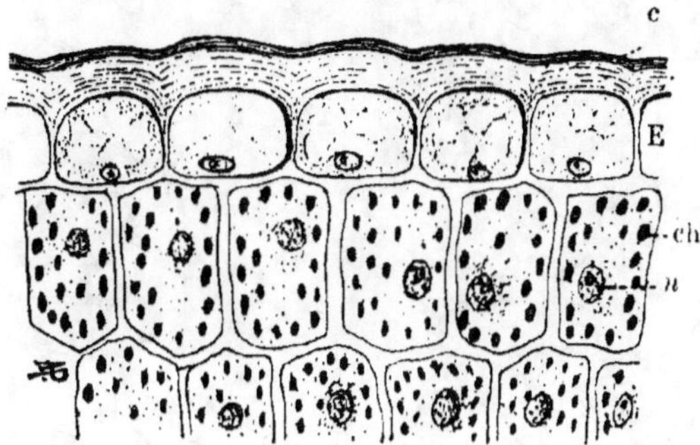

Fig. 57.

E, cellules épidermiques d'une feuille avec leur cuticule *c*. — *ch*, leucites colorées
en vert par la chlorophylle — *n*, noyau cellulaire.

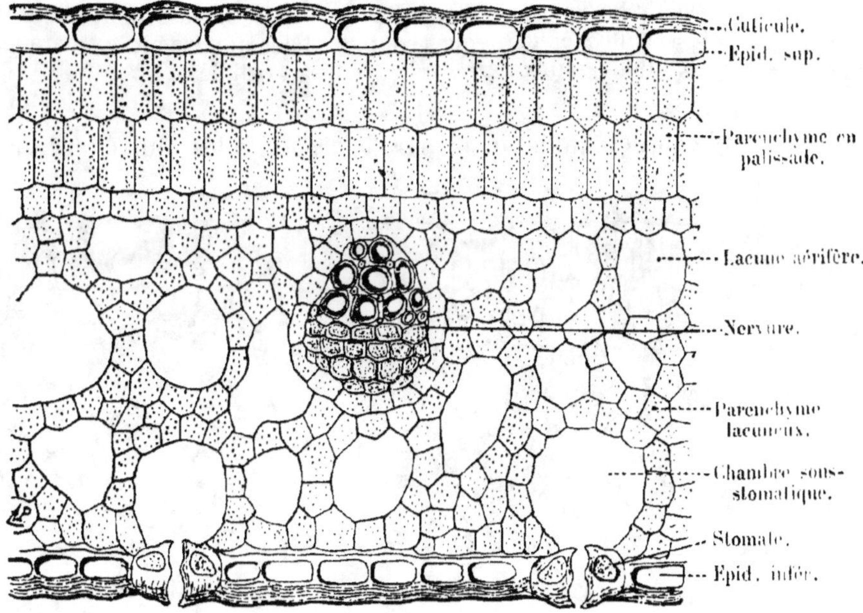

Fig. 58.
Structure ordinaire du limbe de la feuille.

La *cutine* est peu perméable à l'eau, presque imputrescible et inattaquable, non seulement par tous les agents atmos-

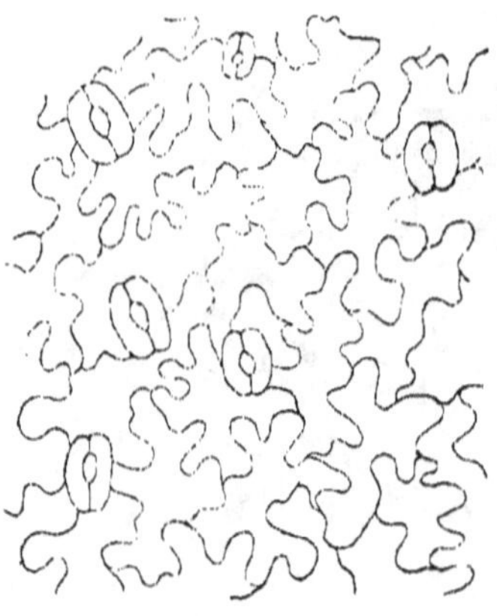

Fig. 59.

Épiderme inférieur d'une feuille, vue de face avec ses stomates. Les cellules épidermiques sont à contour onduleux.

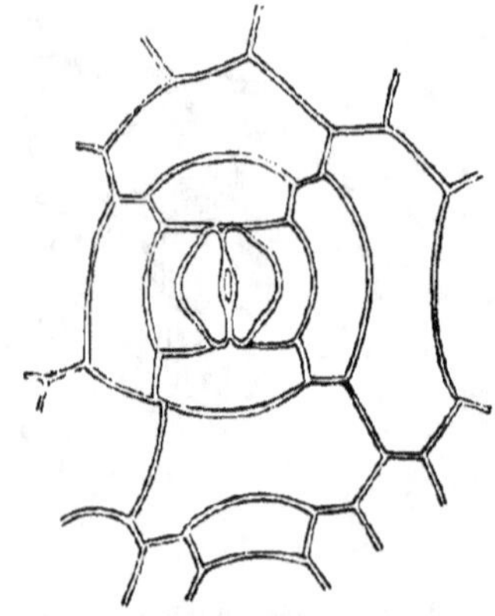

Fig. 60.

Stomate adulte du *Commelina cœlestis*, possédant deux cellules annexes (*c. a.*) parallèles à l'ostiole *o*.

phériques, mais aussi par les réactifs les plus énergiques,

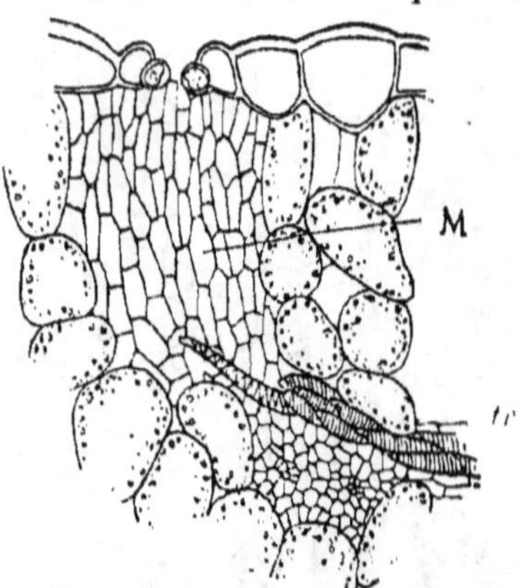

Fig. 61.

Terminaison d'une nervure dans un stomate aquifère.

M, massif cellulaire occupant l'emplacement de la chambre sous-stomatique (*épithème*) — *tr*, trachées.

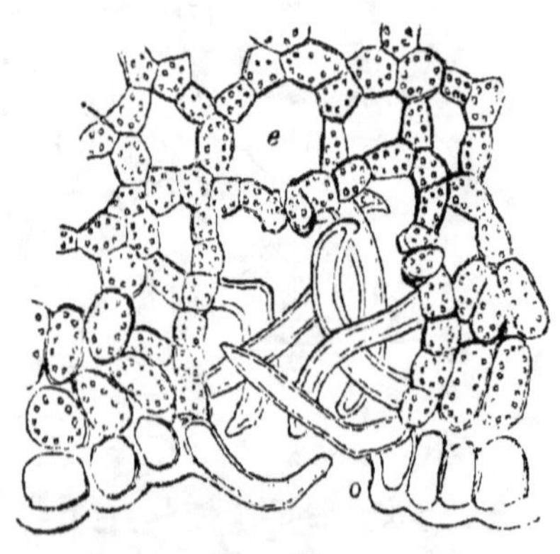

Fig. 62.

Coupe d'une feuille de *Laurier-Rose* montrant en *e* les espaces intercellulaires ou méats : des poils existent au fond de la crypte *o*.

excepté la *potasse à chaud* qui la dissout. Sa composition chimique, indiquée par la formule approximative $(C^6H^{10}O)^n$, la rapproche de la *subérine* du liège.

Lorsqu'on soumet une coupe transversale d'épiderme à l'action du chlorure de zinc iodé, on constate que la zone profonde *bleuit* tandis que la cuticule proprement dite *jaunit* plus ou moins; ce qui indique que cette paroi externe n'est *cellulosique* que dans sa zone profonde.

Les *couches cuticulaires*, lorsqu'elles existent, prennent des teintes intermédiaires.

L'épiderme remplit donc son rôle protecteur, grâce surtout à sa cuticule plus ou moins épaisse.

Parmi ses dérivés, les *poils* ajoutent encore leur action à celle de la

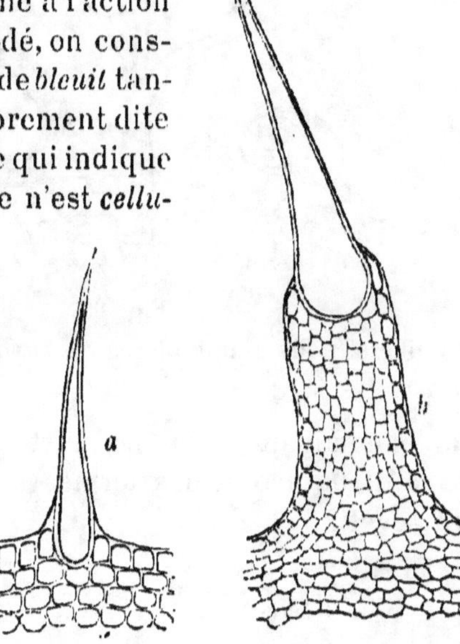

Fig. 63.

Poils urticants de l'*Urtica dioica* (Ortie).

Fig. 64.

Cellules épidermiques s'allongeant en forme de poils papillaires.
Corolle du *Primula Sinensis* (Primevère de Chine).

cuticule. Ces petits appareils, très variables quant à leur

forme (fig. 62, 63, 64, 65), présentent une constance de structure remarquable dans les groupes végétaux naturels, qu'ils caractérisent parfaitement.

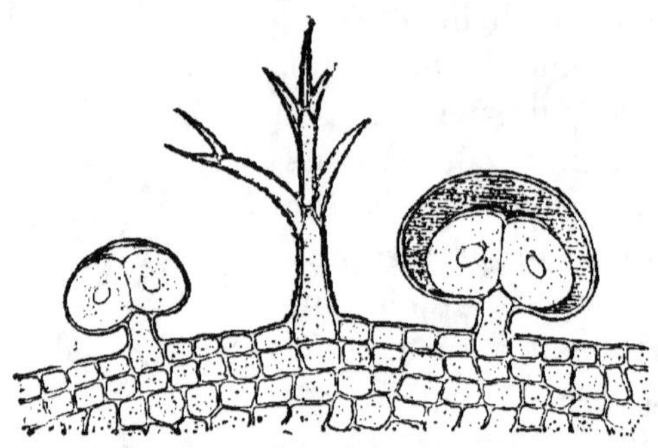

Fig. 65.

Poil ramifié et poils glanduliferes du *Lavandula spica* (Labiées).

Le tableau suivant, dû au botaniste Duchartre, donne une idée de la structure et des formes multiples que les poils peuvent revêtir.

1° *Poils ordinaires.*	unicellulaires			simples. trifurqués. rameux et étoilés.
	Pluricellulaires.	unisériés		simples. rameux.
		plurisériés	cylindriques	simples et lisses. dentés ou barbelés. en écusson.
			aplatis	scarieux.
2° *Poils glanduleux* ou accompagnés d'une glande. Considérés quant a . . .	leur forme.	simples		à tête ou capités. à cupule.
		rameux		à plusieurs têtes.
	la structure de la glande.	unicellulaires.		à cloisons toutes longitudinales.
		pluricellulaires.		à cloisons en divers sens.
	inoffensifs ou urticants			subulés ou en alènes. en navette.
3° *Glandes proprement dites.*	des organes végétatifs			extérieures. intérieures.
	de la fleur ou glandes florales (*nectaires*).			

Les poils, formés par l'allongement d'une cellule épidermique ou de plusieurs cellules réunies, protègent la plante par leur rigidité, leur abondance et leur contenu. Ceux de l'Ortie, par exemple, sont en alène et renferment un principe (acide *formique*) douloureux et irritant pour les herbivores.

Les *stomates* (fig. 59), autres productions épidermiques, sont des organes formés de deux cellules symétriques (*cellules stomatiques*), placées en regard l'une de l'autre et limitant un petit orifice appelé *ostiole* qui met en communication l'intérieur de la plante avec le milieu ambiant (fig. 58). Cet ostiole correspond toujours à une cavité (*chambre sous-stomatique*) creusée dans le tissu parenchymateux sous-épidermique.

Les stomates ont chez toutes les plantes terrestres l'aspect caractéristique que je viens de signaler, mais ils varient par leur taille, leur contour géométrique, leur nombre et le niveau auquel ils s'ouvrent par rapport à l'épiderme auquel ils appartiennent.

Les plantes des hauts sommets ont *généralement* leurs stomates plus petits et plus nombreux que celles des régions basses. Les végétaux adaptés à un milieu sec et peu variable ont leurs stomates inclus, c'est-à-dire s'ouvrant au-dessous du niveau épidermique ; tandis qu'au contraire ils s'ouvrent au niveau de l'épiderme et même au-dessus chez les plantes des régions tempérées et humides. Ces considérations biologiques trouveront leurs applications dans le cours de cet ouvrage.

Sans entrer dans les longs détails relatifs au développement des stomates, je crois cependant devoir faire remarquer que leur mode de formation n'est pas le même chez toutes les plantes et qu'il répond, dans les groupes plus ou moins étendus et naturels, à un plan uniforme dont dépend l'état adulte du stomate. Tantôt, par exemple, le stomate est entouré de 4-5 cellules (fig. 59) irrégulièrement disposées (*cellules annexes*), tantôt de 2 seulement placées parallèlement aux cellules stomatiques (fig. 60) ; d'autres fois ces cellules sont invariablement au nombre de 3 ; enfin il est des cas où le stomate se trouve enveloppé d'une grande cellule sans avoir de lien d'attache avec elle. Ces états différents fournissent aussi de bons caractères de classification.

Les plantes aquatiques sont généralement dépourvues de stomates ; si, par hasard, certaines d'entre elles en possèdent, on ne peut expliquer leur existence en se basant sur une fonction nécessaire, puisqu'ils sont inutiles, qu'en invo-

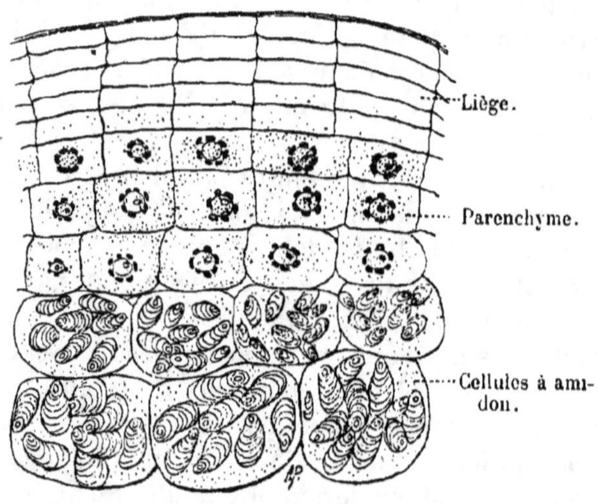

Fig. 66.
Tissus superficiels de la Pomme de terre.

quant le souvenir ancestral. Il n'est pas douteux qu'une plante aquatique pourvue de stomates, toujours en nombre réduit, dérive d'une plante terrestre dont les descendants se sont progressivement adaptés à la vie aquatique.

Il existe sur le bord des feuilles, à l'extrémité des veinules, ainsi que sur certains nectaires, une sorte de stomates (*stomates aquifères*, fig. 64) plus petits que les précédents, dont la chambre sous-stomatique est comblée plus ou moins par du parenchyme à petites cellules (*épithème*) très aqueuses. Ces stomates sont le siège d'une émission d'eau toutes les fois que la pression intérieure atteint une certaine limite.

Il ne faut pas confondre les *stomates aquifères* avec les ouvertures terminales de la feuille de certaines plantes et en particulier des Graminées. Ces ouvertures, où l'on voit fréquemment perler une goutte d'eau, proviennent d'une *destruction locale* de l'épiderme. L'ouverture qui en résulte communique ordinairement à un méat sans épithème, en rapport avec l'extrémité d'une nervure.

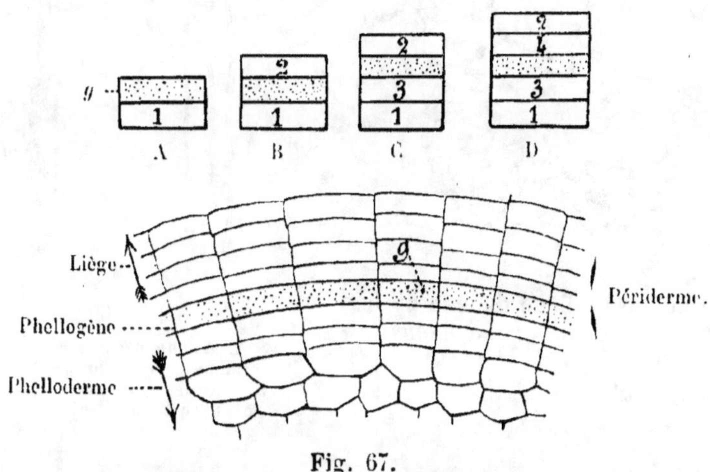

Fig. 67.

Formation du liège dans l'écorce.

En A, on voit une cellule de phellogène *g*, subir une première bipartition et donner une cellule (1) de phelloderme ; en B, cette même cellule se divise une seconde fois et donne extérieurement (2) une cellule de liège. Par bipartitions successives, 1, 2, 3, 4, on voit, en C et en D, l'ordre suivant lequel le liège et le phelloderme se développent.

b. *Tissu subéreux* ou *liège*. — Ce tissu consiste en une ou plusieurs assises de cellules dont la paroi est imprégnée de *subérine*, substance imperméable, de même composition que la *cutine* et offrant les mêmes réactions chimiques.

Les cellules du liège sont tabulaires et aplaties tangentiellement, intimement unies entre elles et disposées en séries *radiales* (fig. 66). Cette disposition est une conséquence de leur mode de formation. En effet, lorsque les assises subéreuses se renouvellent, c'est-à-dire qu'elles donnent des formations *secondaires*, celles-ci dérivent d'une assise génératrice (**phellogène**, *g*), essentiellement vivante, qui, par bipartitions successives (fig. 67), donne extérieurement du liège et intérieurement un tissu appelé *phelloderme*. A mesure que ces formations se différencient, les cellules du liège

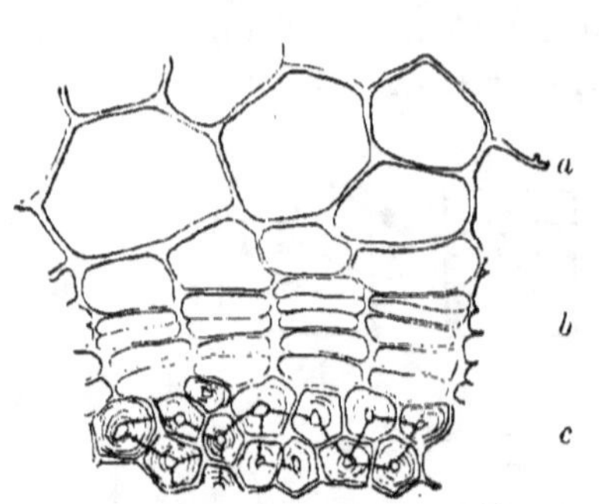

Fig. 68.

Formation du liège dans la portion profonde de la tige du *Rubus fruticosus*.

a, parenchyme cortical. — *b*, liège. *c*, liber.

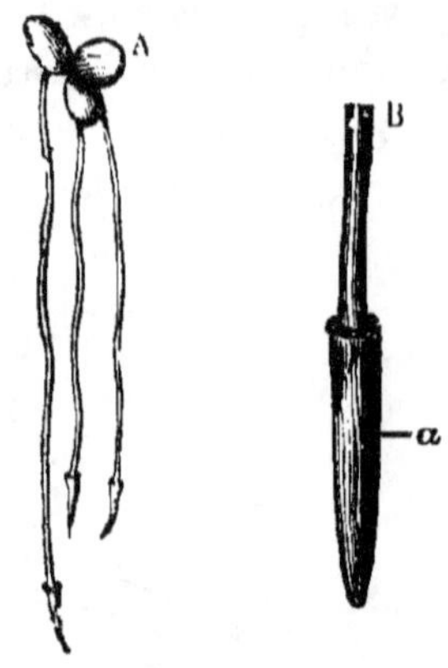

Fig. 69.

A. *Lemna* avec trois racines terminées par leur coiffe. — B, une des trois racines grossies, avec sa coiffe *a*.

externe se vident et deviennent inertes ; tandis que les cellules du phelloderme s'arrondissent, forment des méats intercellulaires et restent vivantes. Le liège externe, le phellogène et le phelloderme constituent ce que l'on appelle le *périderme*.

Ces formations subéreuses peuvent se produire à des profondeurs variables dans la tige ; elles peuvent être sous-épidermiques, endodermiques (fig. 68) et même libériennes. Toutes les fois qu'elles sont profondes elles entrainent la mort, puis l'exfoliation des tissus sus-jacents.

La *subérification* peut n'intéresser qu'une assise de cellules, soit totalement (*assise subéreuse* de la racine), soit partiellement (*endoderme*). Dans l'endoderme, assise interne de l'écorce, la subérification ne s'étend qu'aux faces radiales et transversales des cellules en formant une sorte de cadre plissé qui unit plus intimement entre elles les cellules endodermiques.

Le liège qui a ses parois cellulaires minces est dit *liège mou ;* celui qui les a épaisses est dit *liège dur.* Le chêne-liège possède ces deux variétés.

c. *Coiffe de la racine.* — Les jeunes racines sont terminées par un petit manchon en forme de doigt de gant que l'on appelle *coiffe* ou *pilorhize* (fig. 69, 70). Ce tissu spécial, dérivé des cellules initiales de la racine au même titre que les autres tissus de cet organe, a pour fonction

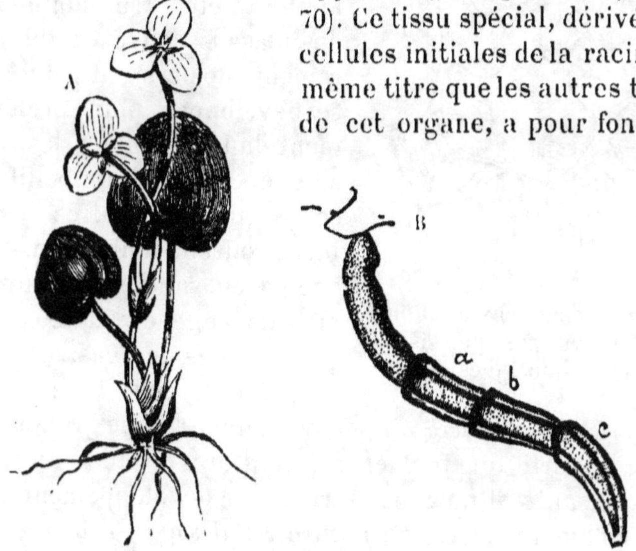

Fig. 70.

A, pied d'Hydrocharis. — B, une des racines grossie, avec ses trois coiffes emboîtées *a, b, c.*

de protéger l'extrémité de la jeune racine contre les corps durs qu'elle peut rencontrer sur son parcours souterrain.

2° TISSUS DE SOUTIEN. — Les tissus de soutien, en général, sont à la plante ce que le squelette est aux animaux vertébrés, si on identifie ces deux appareils quant à leur fonction.

a. *Tissu collenchymateux.* — Ce tissu, essentiellement vivant,

est constitué par des cellules à parois épaissies sur toute leur
étendue (fig. 73) ou seulement en des points que l'on peut
considérer comme formant les angles des cellules (coupe
transversale, fig. 71). Dans ce dernier état, le collenchyme
peut être comparé à de petites colonnes orientées suivant
l'axe de la plante.

Le collenchyme peut former une couronne continue et
régulière sous l'épiderme de la
tige (fig. 72), du pétiole des
feuilles, etc., ou simplement
des massifs convexes intérieurement (Rosiers). Il peut aussi
se développer plus profondément dans l'écorce ; les tiges
sillonnées des Ombellifères,
celles quadrangulaires des Labiées, offrent toutes dans leurs
angles ou saillies externes des
massifs collenchymateux.

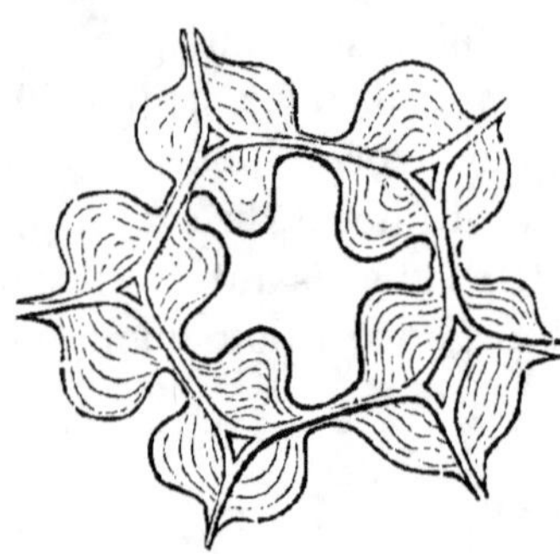

Fig. 71.

Cellule de collenchyme (Fougères), avec ses épaississements cellulosiques.

Dans tous les cas, ce tissu
se présente sous le même as-
pect *brillant* et *nacré ;* il possède en outre une grande élasticité, de sorte que tout en donnant aux organes une rigidité suffisante, il ne gêne en rien leur développement.

Le collenchyme est de nature *cellulosique ;* il bleuit sous
l'action du chlorure de zinc iodé.

b. *Tissu scléreux.* — Le tissu scléreux ou *parenchyme scléreux* se caractérise par des cellules vivantes, avec protoplasme, noyau, réserves et des membranes plus ou moins
épaissies et lignifiées. Par sa nature ce tissu est intermédiaire entre les parenchymes ordinaires et le sclérenchyme.
En lignifiant de plus en plus leurs membranes, les cellules
du parenchyme scléreux perdent peu à peu de leur vitalité
et elles deviennent complètement inertes lorsque cette
lignification est complète.

On rencontre le parenchyme scléreux dans le bois des

Dicotylédones où il se distingue facilement des fibres par la section plane, plus ou moins oblique et *non en pointe*, de l'extrémité de ses cellules. Les cellules endodermiques de la tige et de la racine, la moelle de cette dernière chez la plupart des Dicotylédones peuvent être aussi plus ou moins transformées en parenchyme scléreux.

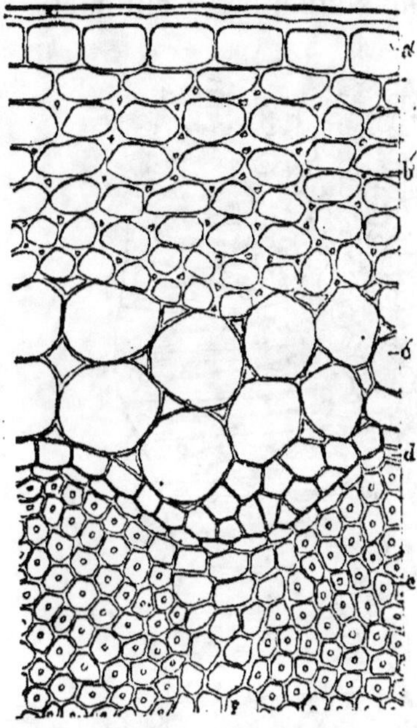

Fig. 72.

Tige de *Rubus fruticosus* (coupe transversale).

a, épiderme. — *b*, collenchyme. — *c*, parenchyme cortical. — *d*, endoderme. — *e*, massif fibreux mécanique.

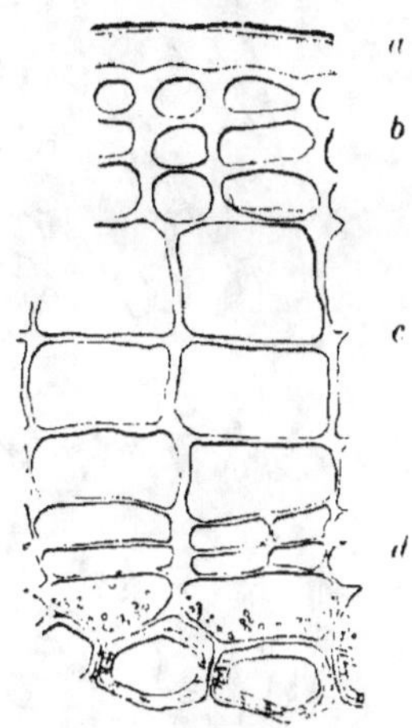

Fig. 73.

Coupe transversale d'une tige.

a, épiderme. — *b*, collenchyme. *c*, liège. — *d*, assise phellogène.

c. *Sclérenchyme*. — Le sclérenchyme est un tissu à cellules mortes, essentiellement mécaniques, grâce à l'épaississement considérable de leurs parois. Ces cellules sont parfois très longues (*fibres*), terminées en pointe à leurs extrémités et à cavité (*lumen*) presque entièrement *oblitérée* (fig. 73).

Vues en section transversale, les fibres peuvent être polygonales ou plus ou moins arrondies, suivant qu'elles forment des massifs (fig. 74) ou sont isolées. Leur longueur est également variable avec les espèces et, pour une espèce donnée, avec la région d'où elle provient. C'est de leur longueur, de leur épaisseur, de leur solidité et de leur souplesse que dépend la valeur industrielle d'une plante textile. Les fibres de Chanvre ont une longueur maximum de 55 millimètres,

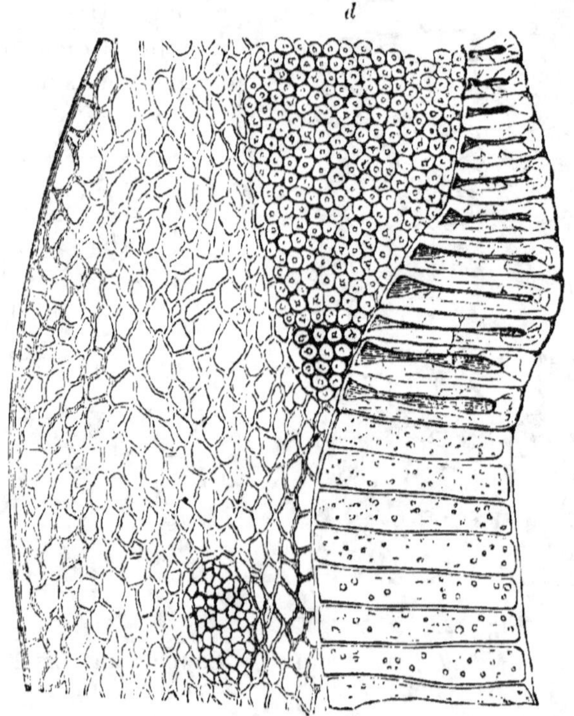

Fig. 74.
Coupe transversale du péricarpe de l'*Illicium anisatum* (Badiane).
d, massif cellulaire à parois très épaissies.

celles de Lin, 66 millimètres ; d'Ortie, 77 millimètres ; de Ramie, 200 millimètres ; tandis que celles de Jute et de l'Alfa n'ont au plus que 4 millimètres.

La solidité et la souplesse des fibres dépendent surtout de la prépondérance de la cellulose dans leurs parois ; celles-ci peuvent rester entièrement *cellulosiques* (Ramie, Lin), ou se lignifier seulement à leur *périphérie* (Chanvre) ou enfin être *complètement* lignifiées (Jute). Les feuilles de l'Alfa (Graminée) possèdent ces deux types de fibres; les unes, sous-épidermiques, entièrement lignifiées; les autres, plus profondes,

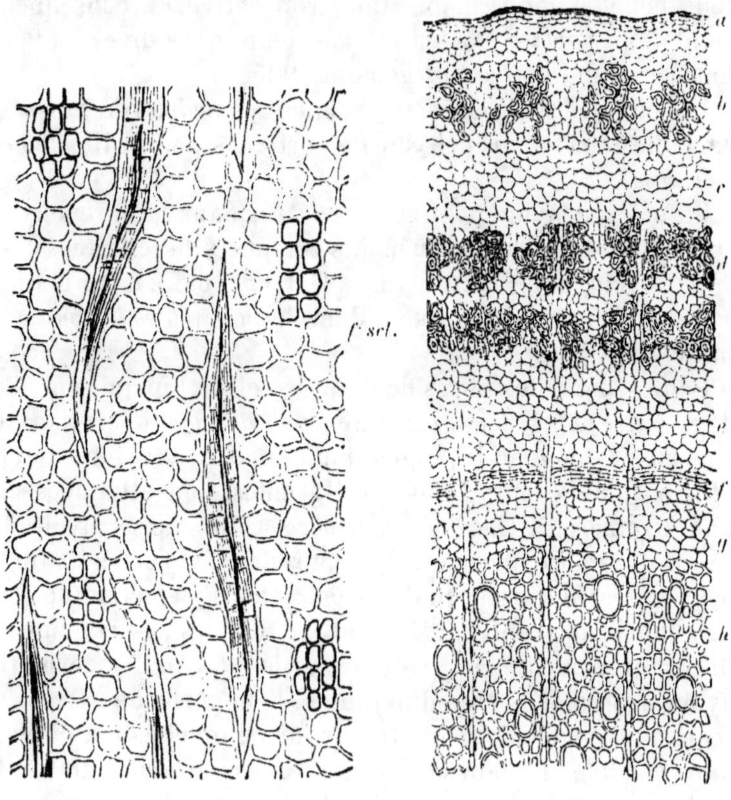

Fig. 75.

Coupe longitudinale et tangentielle dans l'écorce du *Cinchona Ledgeriana*, montrant des fibres scléreuses, *f. scl.*

Fig. 76.

Tige de *Chanvre* vue en coupe transversale.

a, épiderme. — *c*, parenchyme cortical avec massifs scléreux *b*. — *d*, fibres libériennes. — *e*, liber mou. — *f*, cambium. — *g*, jeune bois. — *h*, bois âgé.

lignifiées seulement à leur périphérie et cellulosiques ailleurs comme celles du Chanvre.

Outre ces fibres simples, il en existe d'autres plus complexes et parfois rameuses (*sclérites*) dans les feuilles de certaines plantes, notamment des pays chauds. Ces fibres ont pour fonction de maintenir les cellules parenchymateuses dans leur position respective, d'empêcher leur affaissement sous l'effet d'une transpiration trop active, et conséquemment de permettre à la feuille d'accomplir ses diverses fonctions en la maintenant largement étalée.

Les cellules scléreuses se groupent en *nodules* de grosseur variable dans le parenchyme de certaines poires dites *poires pierreuses*.

Le sclérenchyme peut se rencontrer dans le parenchyme cortical en massifs plus ou moins compacts de sclérites, dans le péricycle (Lin, Chanvre (fig. 76, Ramie, etc.), dans le liber secondaire (*fibres libériennes*), dans le bois (*fibres ligneuses*) et la moelle.

Pour séparer les fibres de Chanvre et de Lin qui sont soudées entre elles, on les soumet au *rouissage*, opération qui consiste à plonger les tiges dans l'eau pendant un temps plus ou moins long. Dans cet état elles sont attaquées par une BACTÉRIACÉE (*Bacillus amylobacter*) qui, après avoir désorganisé leur épiderme et leur parenchyme cortical, atteint les assises fibreuses qu'il dissocie par liquéfaction de leur substance unissante. Il devient facile alors de détacher les fibres du corps ligneux pour former les *filasses*. Ces dernières ayant des valeurs très différentes, il importe de savoir les reconnaître spécifiquement, lors même qu'elles ont été employées dans la fabrication des toiles, cordes, etc. Cette recherche porte sur l'étude des débris végétaux qui peuvent les accompagner, sur la forme, la longueur, la section et l'aspect des fibres, soumises ou non à l'action successive de l'iode et de l'acide sulfurique.

Le tableau suivant indique les caractères distinctifs de quelques fibres, auxquelles on a ajouté le coton, après leur avoir fait subir l'action des réactifs précédents.

A. Fibres entièrement jaunes.

    Section polygonale, parois très épaisses, lumen de calibre irrégulier, longueur moyenne 4 millim., extrémité irrégulièrement conique. . . . . *Jute*.

B. Fibres non entièrement jaunes.

> Fibres plates, roulées en spirales, terminaison ar-
> rondie, long. 5 centim., coloration bleue avec
> canal légèrement coloré en jaune. . . . .   *Coton.*
> Fibres à section plus ou moins polygonale.
>> Parois très épaisses, pointes longuement effi-
>> lées, long. moyenne 4 centim., stries d'hydra-
>> tation visibles transversalement ; coloration
>> bleue, cavité interne jaune ou noire . . . .   *Lin.*
>> Parois épaisses, section polygonale, en croissant
>> ou sinueuse ; pointes amincies et spatulées :
>> long. moyenne 2 centim., coloration bleue ou
>> violette, entourée d'un mince filet jaune . .   *Chanvre.*
>> Parois très épaisses, pointes longues ; colora-
>> tion bleu violacé et jaune (fibres cellulosiques
>> et fibres lignifiées mélangées) : longueur
>> moyenne 1 millim. 5. . . . .   *Alfa.*
>> Fibres de formes variables : cavité irrégulière,
>> long. 8-22 cent., coloration bleue ou violette,
>> avec granules jaunes à l'intérieur, pointes
>> obtuses. . . . .   *Ramie.*

3° TISSUS CONDUCTEURS ET PARTIELLEMENT DE SOUTIEN. — a. *Tissu criblé.* — Ce tissu forme la partie essentielle du *liber* dont l'élément fondamental est le *tube criblé.*

Le *tube criblé*, essentiellement vivant, s'étend sur toute la longueur de la plante ; il est formé par la juxtaposition de cellules cylindriques ou prismatiques, communiquant entre elles par des faces perméables ordinairement *perforées* (*cribles*) (fig. 77, 78).

Le *crible* est perforé (*tubes parfaits*) chez la plupart des plantes phanérogames ; il est seulement perméable et non perforé chez les *Gymnospermes* (*tubes imparfaits*) (fig. 79).

Des cellules étroites ou allongées suivant l'axe du tube et accolées à lui (*cellules compagnes*) se rencontrent chez toutes les plantes vasculaires, excepté les Gymnospermes et les Cryptogames vasculaires.

Tubes criblés et cellules compagnes renferment des subs-tances albuminoïdes. Le bleu d'aniline les colore plus forte-ment que les cellules du parenchyme qui les enveloppe.

Les mailles et la couche périphérique du crible, essentiellement pectiques, constituent le *cal*. Celui-ci s'épaissit graduel-

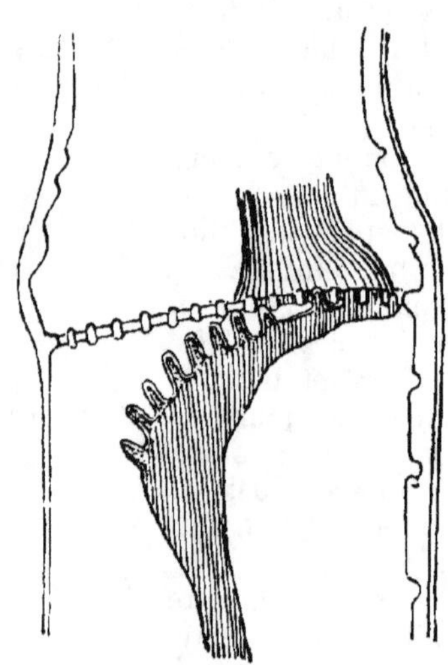

Fig. 77.

Cloison séparant deux cellules criblées du *Lagenaria vulgaris*. La cloison ne renferme qu'un seul crible. Le protoplasme contracté de la cellule inférieure montre les prolongements qui traversaient les pores du crible.

lement et devient le siège de dépôt (*plaques calleuses*, fig. 80) provenant des matières albuminoïdes renfermées dans les tubes. C'est surtout à l'automne, époque où des changements se produisent dans la nutrition de la plante, que les plaques calleuses se développent et obstruent les perforations du crible. La fonction du tube se trouve alors suspendue pendant la saison hivernale; elle rentre en activité au printemps suivant après dissolution du cal. Cependant certaines plantes (Rosiers) gardent toujours leur cal une fois qu'il est formé.

Le bleu d'aniline colore parfaitement le cal, mais il n'agit pas sur le réseau du

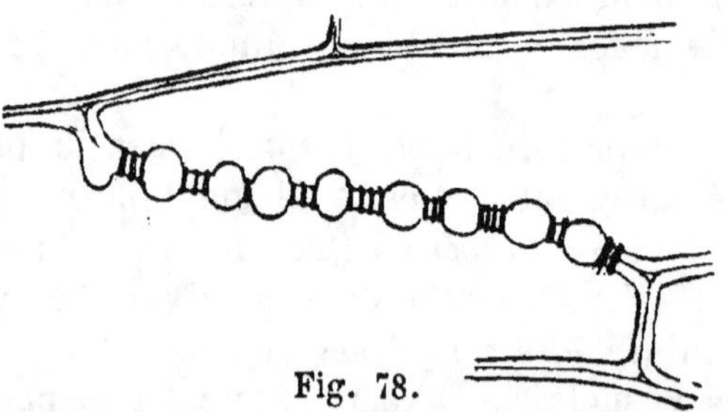

Fig. 78.

Cloison oblique (Vigne) séparant deux tubes criblés. Cette cloison présente plusieurs cribles.

crible. On peut mettre celui-ci en évidence à l'aide du chlorure de calcium iodé.

Le liber comprend en outre du parenchyme libérien et quelquefois des fibres libériennes. C'est par ce tissu surtout

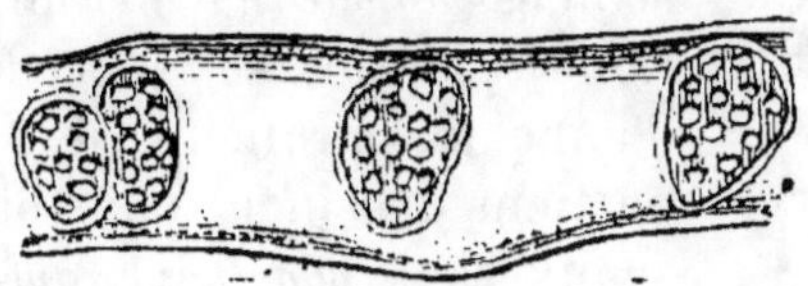

Fig. 79

Portion d'un tube criblé de Mélèze (*Larix Europæa*).

que s'établissent la soudure et la continuité fonctionnelle entre le porte-greffe et le greffon dans l'opération du greffage (voy. p. 371).

b. *Tissu vasculaire.* — De même que le tube criblé est l'élément du liber, le *vaisseau* est celui du tissu vasculaire qui forme la partie essentielle du bois.

Le *vaisseau* est produit par des cellules, cylindriques ou prismatiques, juxtaposées bout à bout et communiquant entre elles par des parties minces ou résorbées de leurs faces en contact. Les parois latérales de ces cellules, dirigées suivant l'axe de l'organe, ne présentent pas invariablement la même épaisseur

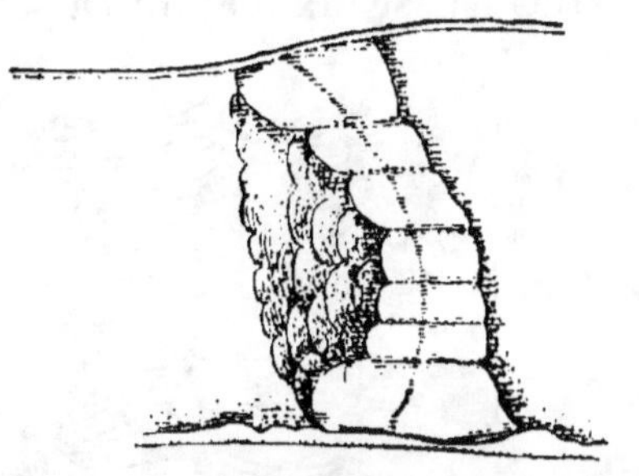

Fig. 80.

Cloison séparant deux tubes criblés de *Cucurbita Pepo*. La cloison transversale ne renferme qu'un seul crible, dont les pores sont fermés en automne et en hiver par des épaississements calleux (plaque calleuse).

dans toute leur étendue. Certains points ou plages sont restés minces pour permettre aux vaisseaux de communiquer entre eux.

Les vaisseaux peuvent se grouper en vaisseaux *annelés*, *spiralés*, *ponctués*, *rayés* et *réticulés*, suivant que leurs parties restées minces affectent une disposition répondant à un des

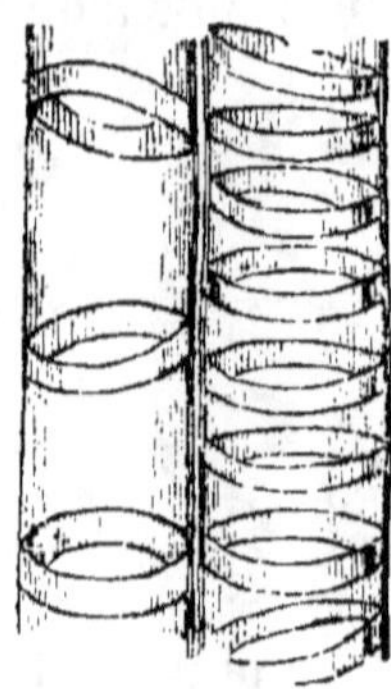

Fig. 81.

Deux vaisseaux
annelés.

qualificatifs précédents. Ainsi un vaisseau est *annelé* (fig. 81) lorsque ses portions épaissies se succèdent en forme d'anneaux parallèles; il est *spiralé* si ces portions dessinent une spire; les vaisseaux sont *ponctués, rayés* ou *réticulés* (fig. 82) quand toutes les parties restées minces ont, pour les premiers, la forme de petits points clairs, circulaires ou ovales; pour les seconds, celle de bandes transversales et parallèles (*vaisseaux scalariformes*, fig. 83), et pour les derniers, celle d'un réseau à mailles anastomosées.

Les vaisseaux sont dits à ponctuations *simples* lorsque, vus

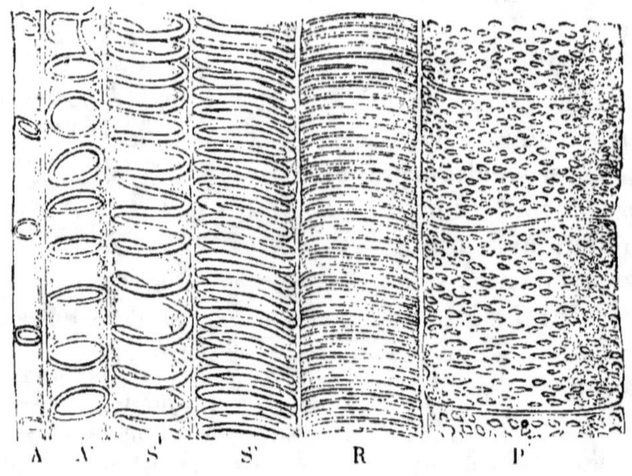

Fig 82.

Différentes sortes de vaisseaux ligneux.

A et A', vaisseaux annelés. — S et S', vaisseaux spiralés. — R, vaisseau réticulé.
P, vaisseau ponctué (Racine de *Citrouille*).

au microscope, ces ponctuations ont un seul contour: ils sont à ponctuations *aréolées*, lorsque ces ponctuations sont à double contour, c'est-à-dire représentées par deux cercles concentriques ou par un cercle limitant deux ponctuations cruciformes (bois secondaire des Conifères).

Ces diverses sortes de vaisseaux se répartissent en deux catégories : les vaisseaux *fermés* et les vaisseaux *ouverts*.

Les vaisseaux sont fermés ou *imparfaits*, lorsque leurs cel-

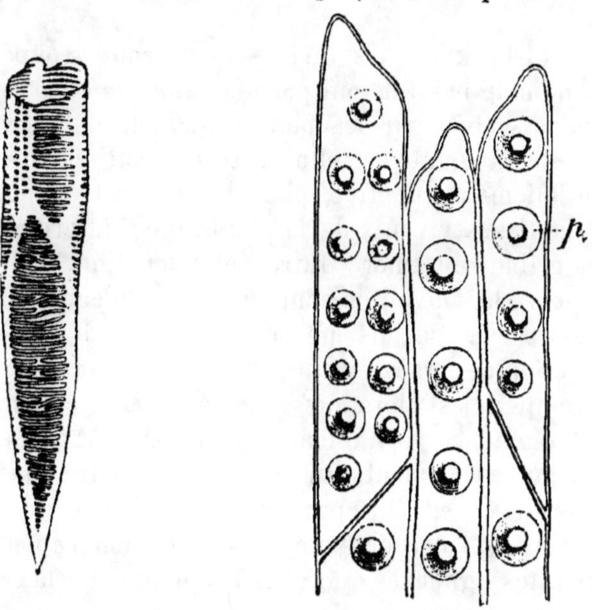

Fig. 83.   Fig. 84.
Portion du vaisseau scalari-   Vaisseaux aréolés des Conifères.
forme.   vus de face.

lules constitutives ont conservé leurs parois transversales de contact, lesquelles forment autant de cloisons ou *dia-phragmes* très obliques et ornés des mêmes sculptures que leurs parois latérales. Ils sont plus fréquents que les vais-seaux ouverts.

Les vaisseaux annelés, spiralés et scalariformes sont *fer-més*.

Des vaisseaux aréolés et fermés, appelés *trachéides*, cons-tituent le tissu vasculaire secondaire des Conifères (fig. 84).

Les vaisseaux scalariformes sont très abondants chez les Fougères.

Les vaisseaux ponctués, rayés, réticulés sont *ouverts*, c'est-à-dire que leurs cellules constitutives sont résorbées partiellement ou totalement sur leurs faces en contact, de manière à établir une continuité parfaite sur toute la longueur du vaisseau.

Les vaisseaux, quels qu'ils soient, sont groupés en *faisceaux* dans le bois; ils ont pour fonction de conduire la sève brute, absorbée par les poils radicaux, dans les parties vertes de la plante où elle se transforme en *sève élaborée*, essentiellement nutritive, pour de là être transportée dans tous les tissus vivants de la plante par l'intermédiaire des tubes criblés du liber. Outre cette fonction, les vaisseaux ont encore le pouvoir de contribuer à l'édification de la charpente du végétal. Ils ne servent pas indéfiniment à la conduction de la sève brute; ils se vident au bout d'un certain temps; c'est alors que, grâce à la solidité de leur structure, commence véritablement leur fonction mécanique.

Les autres éléments du bois sont les *fibres ligneuses* et le *parenchyme ligneux*. Les premières, dont il a été question plus haut, sont du sclérenchyme; le second, moins abondant chez les plantes ligneuses que chez les plantes herbacées, a des parois cellulaires minces ou peu épaisses; il constitue du parenchyme scléreux par lignification et épaississement de ses membranes.

La *fuchsine ammoniacale* colore en *rose* les éléments lignifiés.

L'ensemble des tissus de soutien d'une plante, très variable par sa disposition générale (sclérenchyme, parenchyme scléreux et collenchyme) porte le nom de *stéréome*.

CHAPITRE III

MORPHOLOGIE EXTERNE DE LA RACINE,
DE LA TIGE ET DE LA FEUILLE

1° MORPHOLOGIE DE LA RACINE. — La racine est le membre fixateur de la plante au sol, chargé d'y puiser l'eau et la presque totalité des substances nutritives nécessaires à son développement et à sa vie. Elle est dépourvue de feuilles et diffère de la tige par sa structure.

Toutes les racines ne répondent pas à cette définition; il en est, en effet, qui sont *aquatiques* (Lemna) (fig. 85), *épiphytes* (Lierre) ou *endophytes* (Gui, Cuscute, etc.).

Les racines épiphytes sont celles qui adhèrent simplement à l'écorce de certains arbres sans y pénétrer; l'arbre joue ici le rôle de support.

Les racines *endophytes*, au contraire, sont celles qui s'enfoncent dans les tissus de la plante hospitalière pour y puiser, au détriment de cette dernière, les substances nourricières dont bénéficie la plante parasite (fig. 86, 87).

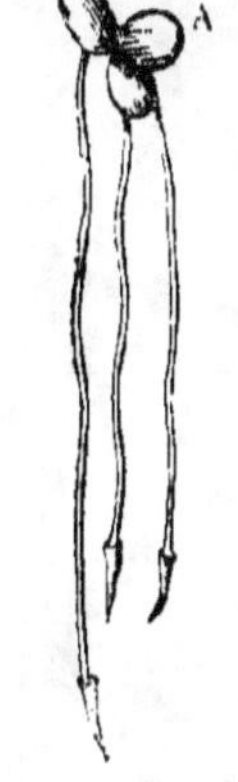

Fig. 85.

Lemna avec ses racines aquatiques R.

Les végétaux à racines endophytes sont de véritables ennemis pour nos plantes agricoles; il importe de les détruire toutes les fois qu'on le peut (voy. p. 543).

La racine adulte provient de la radicule de la graine. Elle comprend ordinairement un *pivot* ou racine principale portant des ramifications qui représentent des racines d'autant plus jeunes qu'on s'éloigne davantage de ce pivot.

Par les formes variées qu'elles revêtent et la direction qu'elles prennent, les racines peuvent être *pivotantes*, *traçantes*, *fasciculées* ou *tubériformes*.

Les racines *pivotantes* (fig. 88) sont celles dont la partie

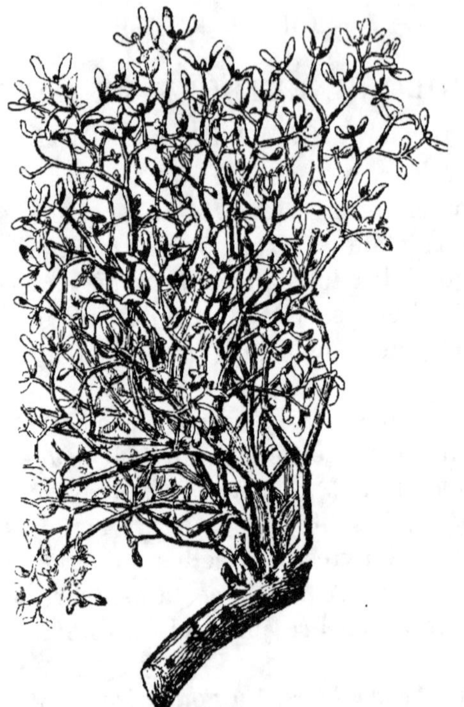

Fig. 86.

Gui (*Viscum album*). Les racines-suçoirs sont implantées dans une tige de Pommier.

principale s'enfonce presque verticalement dans le sol en prenant parfois une grosseur disproportionnée par rapport aux racines latérales qu'elle émet et qui constituent le *chevelu* (Chêne, Carotte, Luzerne, etc.).

Les racines *traçantes* sont celles qui, au lieu de s'enfoncer dans la terre comme les précédentes, s'étendent à peu près horizontalement (Épicéa, Hêtre).

Les racines *fibreuses*, presque exclusivement propres aux

Monocotylédones, sont constituées, à défaut de la racine primaire ou principale, par un faisceau plus ou moins abondant de racines secondaires peu épaisses, de même âge et sensiblement de même grosseur sur toute leur longueur (Céréales, Maïs, etc.).

Enfin les racines *tubériformes* sont celles qui se renflent à la

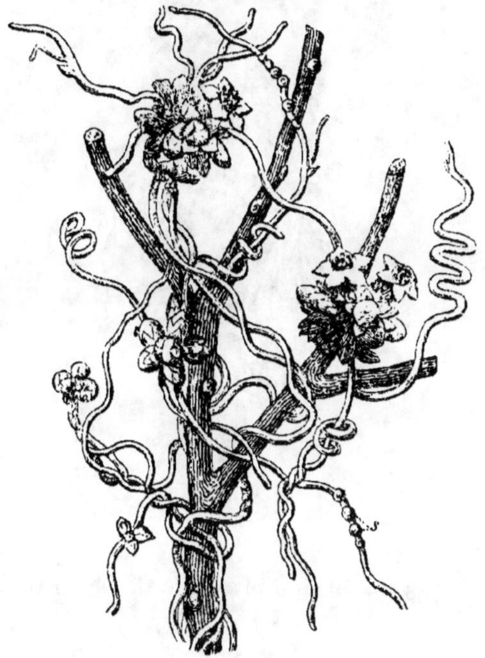

Fig. 87.
Cuscute.

Rameaux fleuris. — *s*, suçoirs.

manière des tubercules (dahlia, fig. 89). A ces dernières on peut rattacher les racines des *Orchis* dont les tubercules sont formés par la concrescence des racines latérales.

La tige peut être le siège de développement de racines *latérales*. Si ces dernières naissent au voisinage des feuilles ou des bourgeons (Valériane, Cresson), elles sont dites *latérales régulières* (fig. 90, 92). Si au contraire elles naissent sans

6.

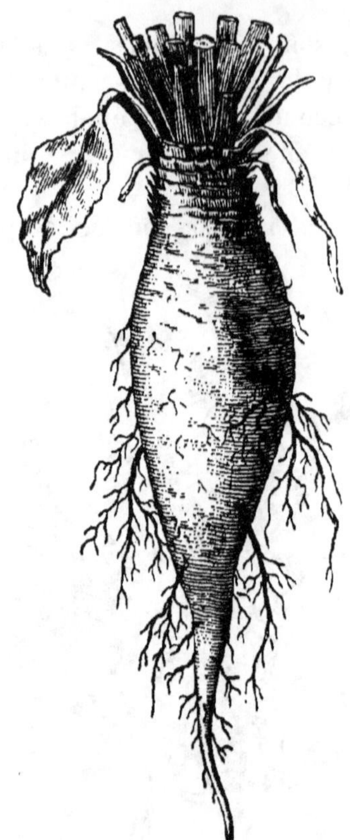

Fig. 88. — Racine pivotante de Betterave.

Fig. 89. — Racine fasciculée du *Dahlia variabilis*.

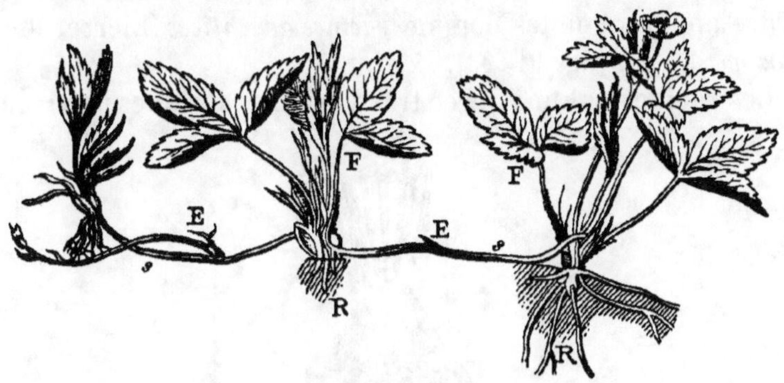

Fig. 90.

Fraisier (*Fragaria vesca*).

R, R, racines adventives naissant sur la tige aérienne E, E, ou *coulants*.

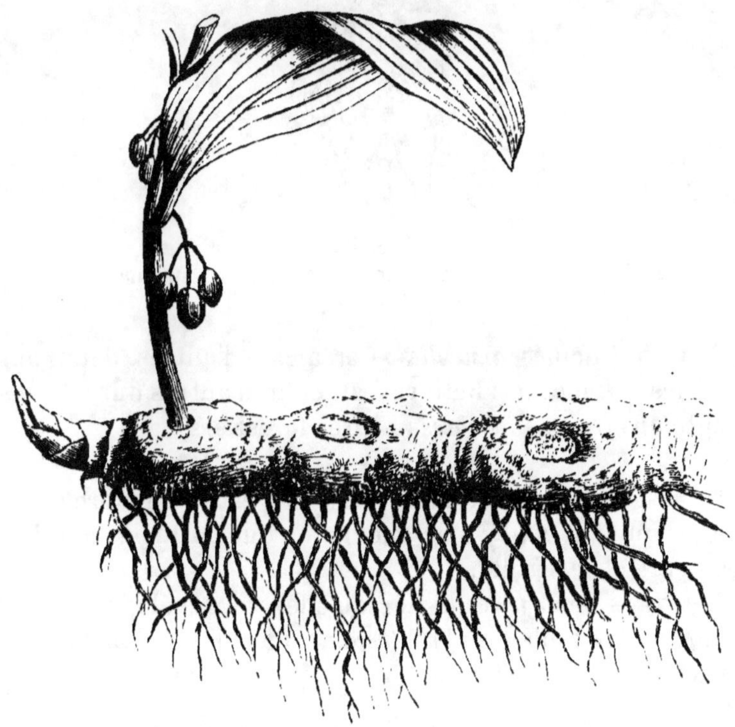

Fig. 91.

Sceau-de-Salomon (*Polygonatum multiflorum*). Racines adventives naissant sur la tige souterraine ou rhizome.

ordre apparent on les nomme *racines adventives* (Lierre, Blé, *rhizomes*, etc.) (fig. 91, 93).

Les racines ont une durée très variable : les unes ne vivent

Fig. 92.

Bulbe de Lis avec ses racines adventives normales.

qu'un an (racines *annuelles* : Céréales), d'autres deux ans (racines *bisannuelles* : Betteraves), enfin d'autres durent plus longtemps (racines *vivaces* : arbres forestiers).

2° MORPHOLOGIE DE LA TIGE. — La tige est le membre de la plante qui fait suite à la racine et qui porte les feuilles. les fleurs et les fruits.

Les tiges sont *aériennes* lorsqu'elles se développent dans l'atmosphère ; elles sont *souterraines* dans le cas contraire et portent le nom de *rhizomes*.

a. *Tiges aériennes.* — Les unes sont assez consistantes pour s'élever et se soutenir d'elles-mêmes ; les autres, étant trop faibles, ont besoin d'un support autour duquel elles s'enroulent (tiges *volubiles*) (fig. 94, 95) ou auquel elles se cramponnent (tiges *grimpantes* proprement dites), ou bien rampent à la surface du sol (tiges *rampantes*) (fig. 96).

Par leur consistance, les tiges peuvent être classées en

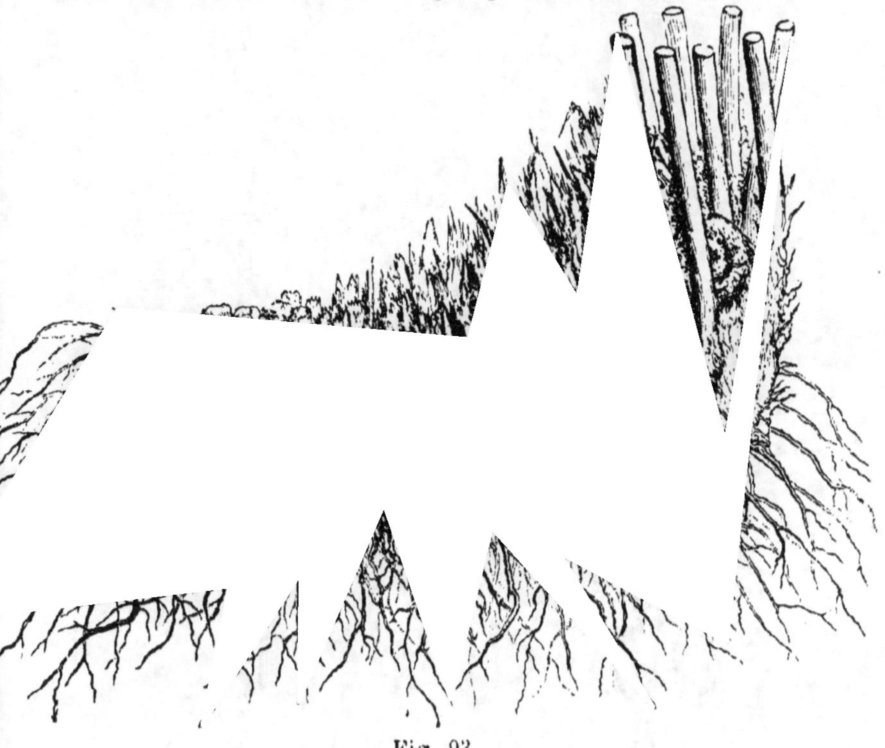

Fig. 93.

Fougère (*Aspidium Filix-mas.*). Pétioles des feuilles portant des racines adventives vers leurs parties inférieures.

tiges *herbacées* (herbes) ou *ligneuses* (arbres, arbrisseaux, arbustes).

L'*arbre* ne se ramifie qu'à une certaine distance du sol et possède une hauteur d'au moins 5 mètres.

L'*arbrisseau* se ramifie dès sa base et a une hauteur comprise entre 1 et 5 mètres.

L'*arbuste* se ramifie également dès sa base et ne dépasse pas un mètre.

Les tiges sont ordinairement cylindriques ou coniques ; elles peuvent être aussi triangulaires (Carex), quadrangulaires (Labiées), sphériques ou foliacées (Cactées) (fig. 96 *bis*).

Les tiges coniques ou *troncs* sont celles des arbres de nos

Fig. 94.

Tige volubile de Liseron (*Convolvulus sepium*).

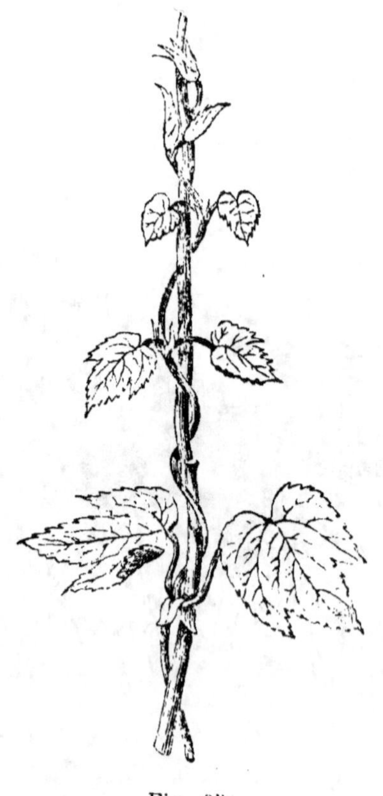

Fig. 95.

Tige volubile de Houblon (*Humulus lupulus*).

forêts ; les tiges cylindriques ou *stipes* sont celles des palmiers ; elles se terminent par un ample bouquet de feuilles.

Le *chaume* (fig. 97) est une tige creuse ou *fistuleuse* pourvue de nœuds diaphragmatiques de distance en distance (Graminées).

Ces diverses sortes de tiges présentent une structure

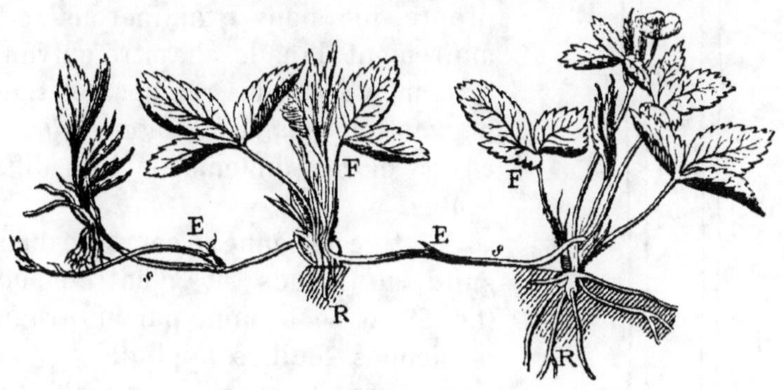

Fig. 96.

Fraisier (*Fragaria vesca*).

R, R, racines adventives naissant sur la tige aérienne E, E ou *coulants*.

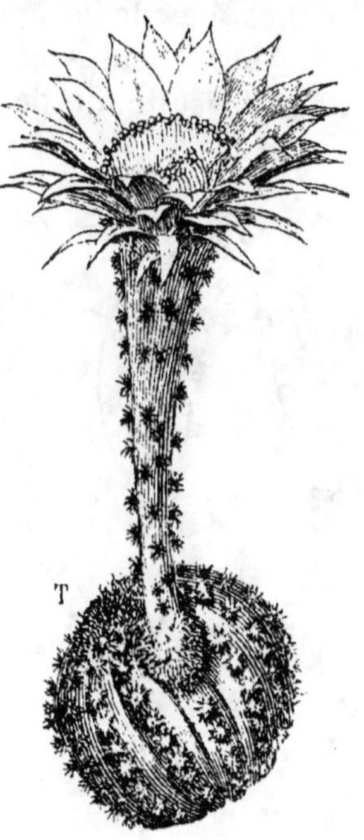

Fig. 96 *bis*.

Echinocacius Ottonis.

T, tige renflée en tubercule.

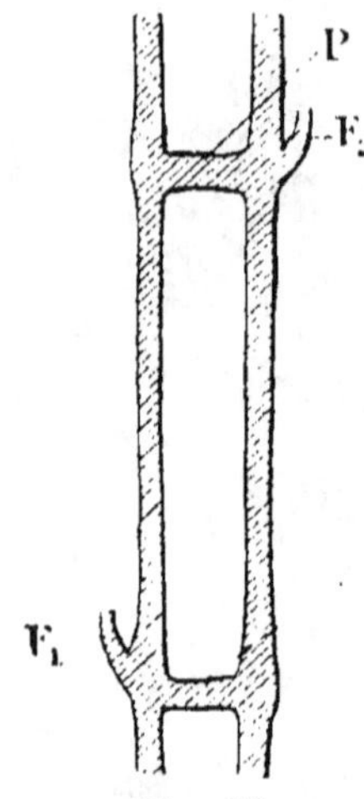

Fig. 97.

Chaume coupé en long.

P, disque transversal.
F₁ F₂, feuilles.

propre que nous examinerons sommairement dans le chapitre suivant.

De même que les racines, les tiges peuvent être *annuelles, bisannuelles* ou *vivaces* et de dimensions très différentes.

Une tige aérienne se compose d'une suite de nœuds et d'entre-nœuds (fig. 98) et se termine par un groupe de jeunes feuilles appliquées l'une sur l'autre (*bourgeon terminal*). Les feuilles s'insèrent aux nœuds et portent à la face supérieure de leur base (*aisselle*) un bourgeon *axillaire* qui, en se développant, produira les ramifications de la tige.

Les bourgeons axillaires sont, comme on le verra dans la suite, de deux sortes: les uns

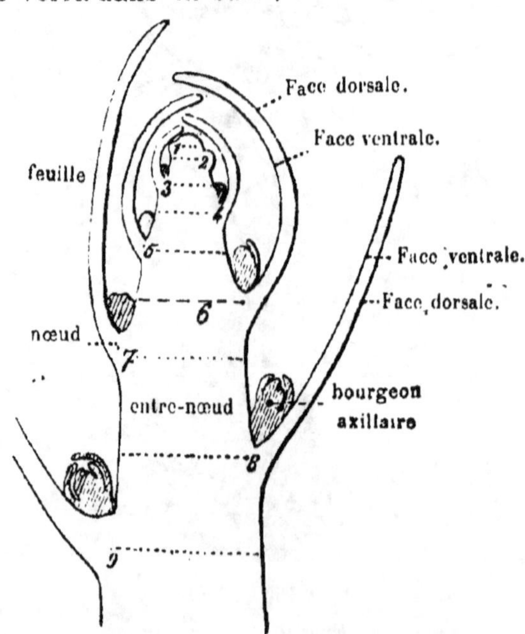

Fig. 98. — Structure du sommet d'une tige.

ne renferment que des jeunes feuilles (*bourgeons à bois*) ; les autres, plus gros, toute une inflorescence (*bourgeons à fleurs*).

Outre ces divers bourgeons, il en existe d'autres (*bourgeons adventifs*) qui peuvent se développer en différents points de la plante, tels que les feuilles (Bégonia) et les racines (Pommier, Poirier, etc.). Cette propriété trouve son applica-

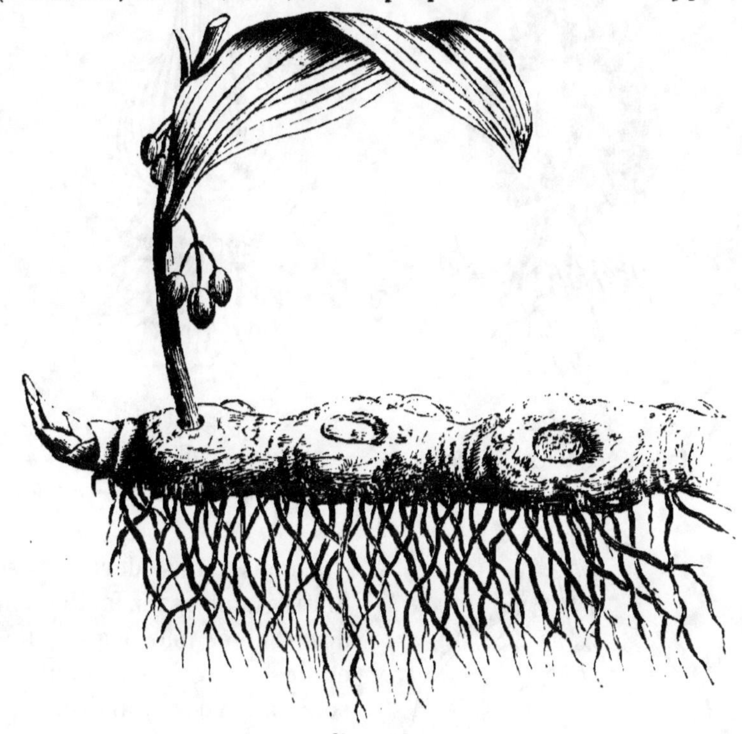

Fig. 99.

Sceau-de-Salomon (*Polygonatum multiflorum*). Racines adventives naissant sur la tige souterraine ou rhizome.

tion dans le *bouturage* et, en arboriculture, lorsqu'il s'agit de refaire la charpente défectueuse d'un arbre fruitier.

Je n'entreprendrai pas dans ce cours l'étude de la ramification de la tige ; cette question est du ressort de la botanique générale.

b. *Tiges souterraines*. — Les tiges souterraines sont les *rhizomes* proprement dits, les *tubercules* et les *bulbes*.

Les Fougères, Iris, Sceau-de-Salomon (fig. 99) ont des

Fig. 100.
Bulbe écaileux du *Lis*.

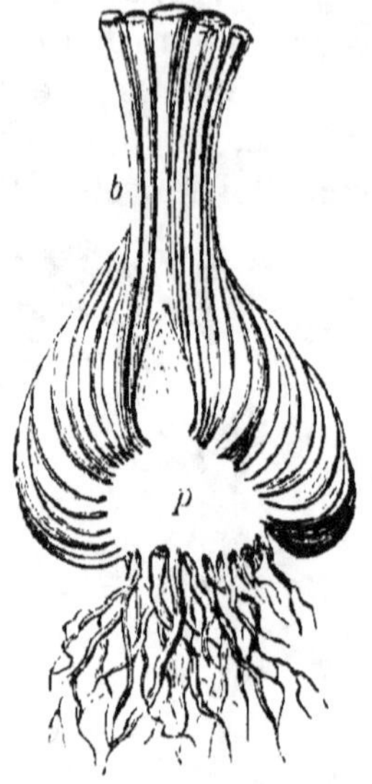

Fig. 100 *bis*.
Bulbe écailleux du *Lis*.
b, coupé longitudinalement. — *p*, plateau.

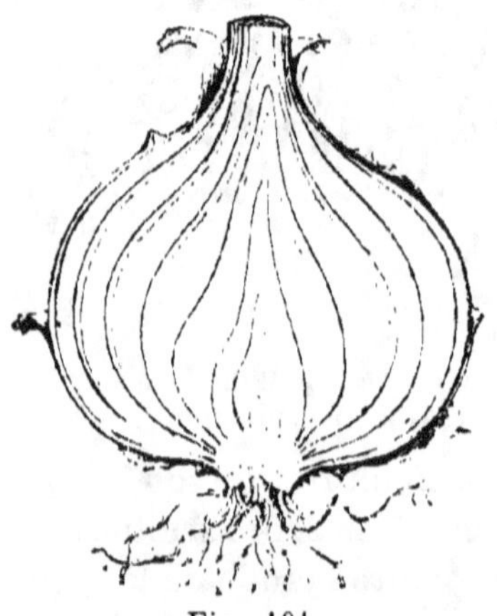

Fig. 101.
Bulbe tuniqué d'*Oignon* (coupe
longitudinale).
P, plateau.

rhizomes. Les derniers se distinguent assez facilement des racines par les écailles et les bourgeons dont ils sont pourvus ordinairement.

Les tubercules sont des portions de tiges souterraines renflées par suite de l'hypertrophie de certains tissus en vue d'une accumulation de réserves nutritives (Pomme de terre, Topinambour).

Les bulbes sont des rhizomes dans lesquels l'axe très court (*plateau*) produit inférieurement des racines et supé-

ricurement un bourgeon enveloppé d'écailles ou de tuniques ;
d'où les bulbes *écailleux* (Lis, fig. 100 et 100 *bis*) et les bulbes
tuniqués (Oignon, fig. 101).

3° MORPHOLOGIE DE LA FEUILLE. — La feuille est un organe
vert ayant ordinairement la forme d'une lame, disposé sur
la tige ou ses ramifications.

Une feuille complète (fig. 102) présente trois parties à
considérer : le *limbe* (lame
plus ou moins étalée), le
pétiole (prolongement plus
étroit qui porte le limbe) et
la *gaine* (partie plus ou moins
étalée rattachant le pétiole
à la tige).

Quand le pétiole manque,
la feuille est dite *sessile* (Chè-
vre-feuille). Il peut se faire
aussi que la feuille, en l'absence du limbe, soit réduite
au pétiole ; cet organe s'élar-
git alors pour suppléer à
l'action du limbe et prend

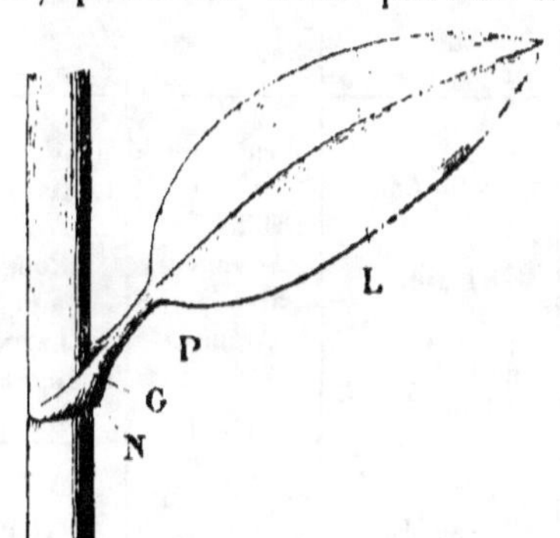

Fig. 102.

Diverses parties d'une feuille.

L, limbe. — P, pétiole. — G, gaine.
N, point d'insertion ou nœud de la feuille.

le nom de *phyllode* (Iris, Acacia heterophylla (fig. 103, etc.).
Chez certaines plantes, la feuille peut se réduire à une *épine*
ou à une *vrille* (fig. 104).

Le pétiole manque aussi dans les Graminées et les feuilles
s'insèrent sur la tige par la base de leur limbe ; elles sont
dites *engainantes*. Ces feuilles portent à la face ventrale de la
base libre du limbe une petite languette ou *ligule* (fig. 105).

D'après Vesque, Schribaux et Nanot, l'examen de la ligule
et celui des petites dents latérales situées à la base du limbe,
fournissent de précieuses indications pour distinguer les
Graminées en herbe (voy. tableau p. 112).

Certaines feuilles complètes portent en outre, à leur point
d'insertion, de petites expansions foliacées ou scarieuses que
l'on nomme *stipules*, persistantes ou caduques (Rosier, Chêne,

Poirier, etc.). Les stipules peuvent acquérir des dimensions considérables (Pois, fig. 106, Aspérule, Gaillets, fig. 107) et fonctionner comme le limbe qu'elles remplacent parfois, comme dans le *Lathyrus aphaca* (fig. 104) où il est réduit à son pétiole. Elles peuvent être aussi transformées en *épines* (Épine-vinette) ou devenir semblables aux feuilles (Gaillets).

	BLÉ.	ORGE.	SEIGLE.	AVOINE.
Base du limbe.	Garnie de deux dents qui embrassent la tige, poils rudes.		Arrondie.	Sans dents.
Ligule.	Allongée, arrondie.	Allongée, aiguë.	Courte, demi-ronde.	Courte, ovale.
Dents de la ligule.	Aiguës, sétacées.	Larges, triangulaires.	Courtes, triangulaires.	Aiguës, sétacées.
Côtes des feuilles.	11-13	18-24	11-13	
Limbe et gaine.	Vert clair, glabres ou veloutés.	vert clair glabres.	Rougeâtres, à poils mous.	Vert clair ou rougeâtres, glabres ou garnis de soies courtes.
Gaine ordinairement roulée	à gauche.			à droite.

Le limbe comprend une face *supérieure* ou *ventrale* et une face *inférieure* ou *dorsale* (fig. 108). Il est parcouru par des lignes ordinairement saillantes en dessous (*nervures*) plus ou moins anastomosées (majorité des Dicotylédones) ou parallèles entre elles et confluentes aux deux extrémités du limbe (Monocotylédones). Les nervures anastomosées sont des ramifications de degrés différents d'une nervure princi-pale (nervure *médiane*) qui sillonne la feuille dans son milieu et s'étend d'une extrémité à l'autre. Cette nervure n'est autre chose que le prolongement du pétiole.

Lorsque les ramifications ou nervures secondaires s'insè-rent sur la nervure médiane à la façon des barbes d'une plume, on a la *nervation pennée* (fig. 109) (Poirier, Pommier);

lorsque plusieurs nervures, de calibre sensiblement égal.
partent de la base de la feuille pour s'épanouir dans le limbe

Fig. 103.
Acacia heterophylla.

à la façon des doigts d'un oiseau palmipède, on a la *nervation
palmée* (fig. 110) (Érable). Enfin les feuilles des Monocotylédones ont une nervation *rectinerve* (fig. 111), ou *curvinerve*
(fig. 112).

Les feuilles varient quant à leur forme et à leur complexité avec la majorité des espèces végétales. C'est ainsi
que le limbe peut avoir les bords plus ou moins découpés et
recevoir des qualificatifs différents. Quand les bords sont

entiers, on a les feuilles entières (Buis) ; quand les découpures sont de plus en plus profondes, on a les feuilles *dentées* (Charme), *lobées* (Vigne), *séquées* (Chanvre). Ces divers exemples rentrent dans la catégorie des feuilles *simples* (fig. 113). c'est-à-dire composées d'un seul limbe. Mais si les découpures de ce limbe atteignent la nervure médiane (feuilles à nervation pennée) ou la base des nervures principales (feuilles à

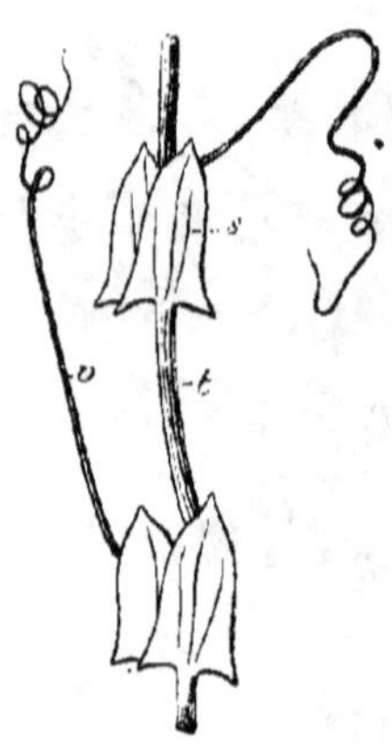

Fig. 104.

Lathyrus aphaca.

t, tige. — *s*, stipule. — *v*, vrille.

nervation palmée), de manière à en isoler les fragments comme s'il s'agissait de plusieurs limbes portés par un même pétiole, on a alors les feuilles *composées* (fig. 114). Ces dernières portent des qualificatifs qui rappellent leur mode de nervation pennée ou palmée. Les feuilles de Rosier et de Vesce sont *composées pennées;* celles du Marronnier d'Inde et du Trèfle sont *composées palmées.*

La complexité peut être plus grande encore dans le mode penné où les pétioles secondaires (*pétiolules*) sont eux-mêmes ramifiés comme dans l'*Acacia heterophylla* (fig. 103); on a alors des feuilles *bi-pennées*, etc.

Je ne fais que mentionner les termes employés pour désigner les feuilles d'après leur forme. Les exemples donnés permettront de les reconnaître facilement par identification :

La petite Mauve a les feuilles *orbiculaires* ;

Le Poirier a les feuilles *ovales* ;

Le Troëne a les feuilles *lancéolées* ;

Le Tilleul a les feuilles *cordiformes* ;

L'Orpin a les feuilles *cylindriques* ;

La Renoncule aquatique a les feuilles *capillaires* (feuilles submergées) ;

Le Lierre terrestre a les feuilles *réniformes* ;

Le Liseron a les feuilles *sagittées* ;

L'Oseille a les feuilles *hastées* ;
La Capucine a les feuilles *peltées*.

Modifications de la feuille. — L'adaptation à des fonctions

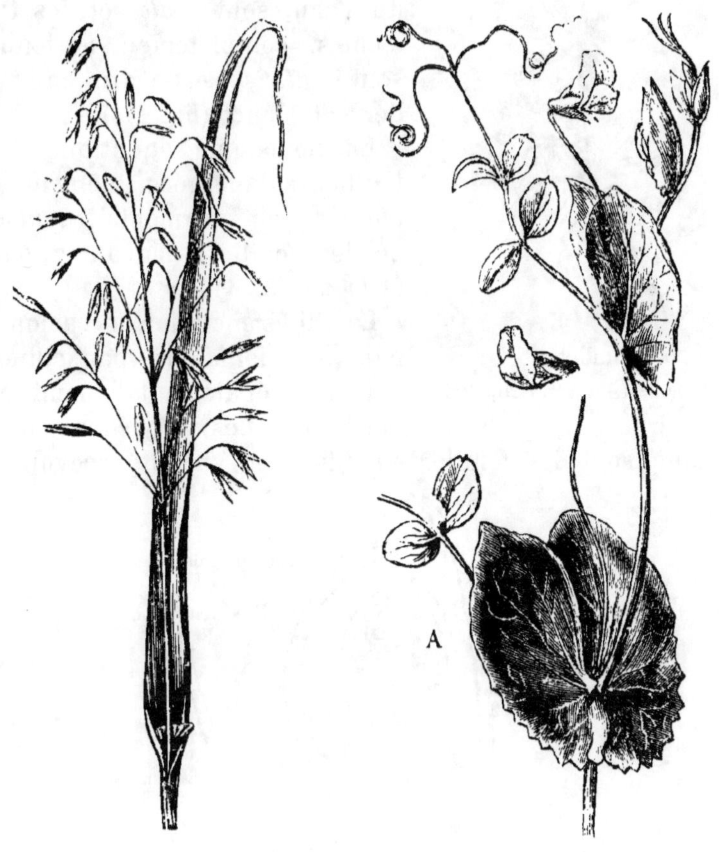

<table>
<tr><td>

Fig. 105.
Avoine.

</td><td>

Fig. 106.
Pois (*Pisum sativum*).

A, stipules.

</td></tr>
</table>

particulières ou à des milieux divers peut provoquer des
modifications profondes dans la forme de la feuille.

Comme exemples de différenciations occasionnées par le
milieu, on peut citer la Sagittaire, plante aquatique, portant

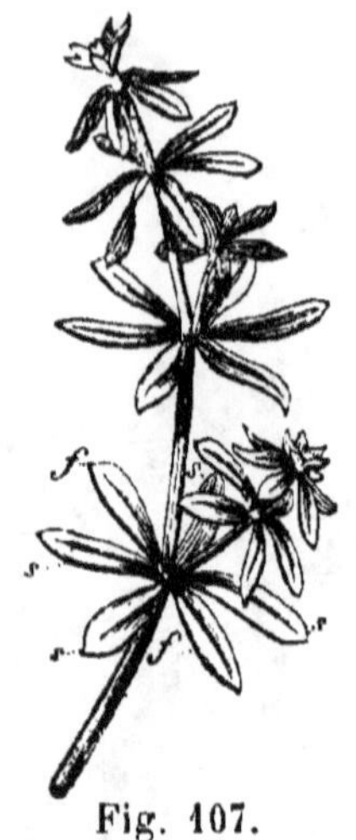

Fig. 107.

Gaillet.

f, f. feuilles. — *s, s, s, s,* stipules.

trois sortes de feuilles : les unes, complètement submergées, sont allongées en forme de *lanières ;* les autres, nageantes à la surface de l'eau, sont *ovales* et les troisièmes, complètement aériennes, sont *sagittées,* c'est-à-dire en forme de fer de lance (fig. 115).

La Renoncule aquatique a les feuilles submergées finement découpées en segments *capillaires* et les feuilles nageantes *larges* et *lobées* (fig. 116).

La différenciation occasionnée par les fonctions particulières nous offre également de nombreux exemples. Les cotylédons de la graine sont des feuilles modifiées en vue de recevoir des

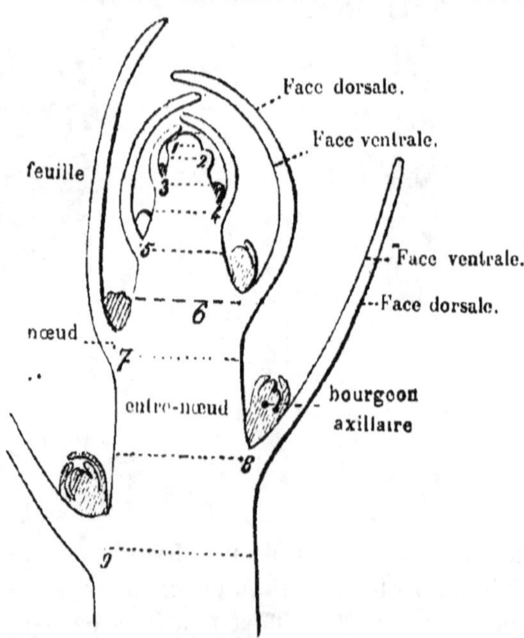

Fig. 108. — Structure du sommet d'une tige.

réserves nutritives. Il en est de même pour les écailles de certains bulbes ; tandis que celles qui recouvrent les bourgeons sont modifiées en vue d'un rôle protecteur.

Les feuilles différenciées en vrilles ou en piquants per-

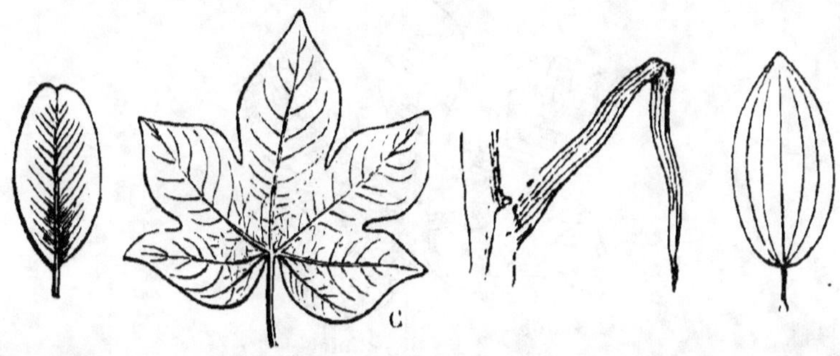

Fig. 109.

Feuille à nervation pennée.

Fig. 110.

Feuille à nervation palmée.

Fig. 111.

Feuille recti-nerve.

Fig. 112.

Feuille curvinerve.

mettent aux plantes à tiges délicates de s'attacher à des

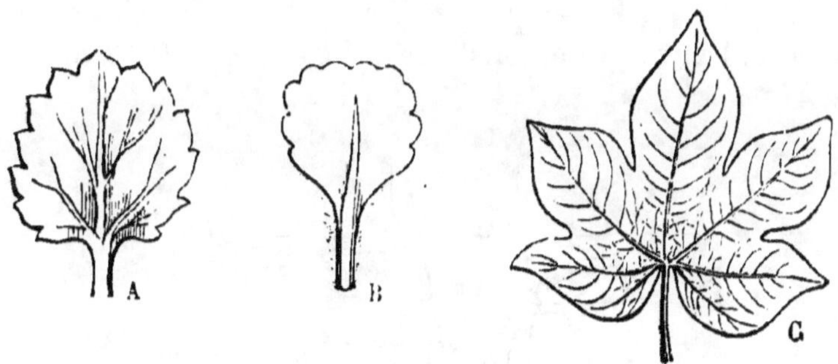

Fig. 113.

Feuilles simples.

A, feuille dentée. — B, feuille crénelée. — C, feuille lobée.

supports, et à d'autres de se défendre contre les attaques des herbivores.

Les feuilles transformées en *urnes* des Népenthes (fig. 117), renfermant un liquide sucré, sont de véritables pièges pour les insectes qui deviendront, par transformation chimique, un aliment pour la plante.

Phyllotaxie. — L'arrangement suivant lequel les feuilles

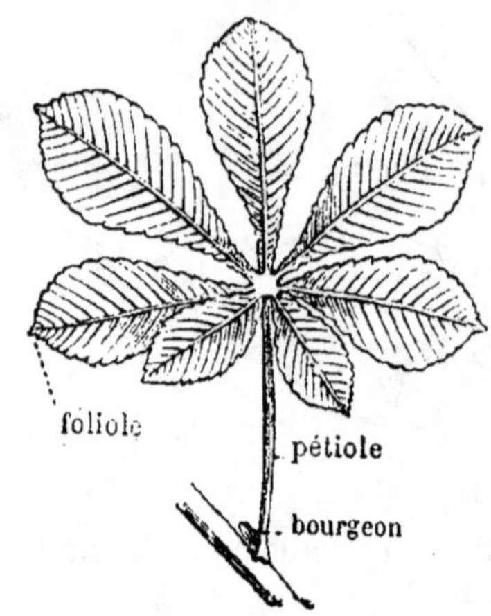

Fig. 114.
Feuille composée-palmée de Marronnier.

se disposent sur la tige constitue la *phyllotaxie*. Cette ques-

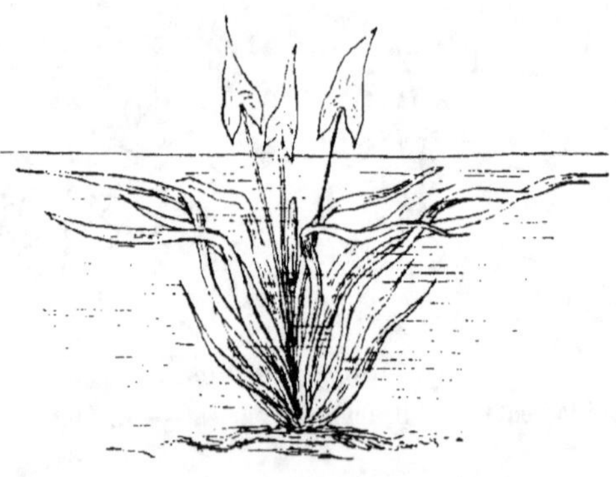

Fig. 115.
Pied de Sagittaire.

tion, très complexe, n'étant pas du domaine de la botanique

agricole, nous n'en retiendrons que les cas les plus généraux.

Les feuilles sont dites *alternes* (fig. 118) lorsqu'elles sont fixées isolément sur la tige; elles sont dites *verticillées* (fig. 119) quand, au contraire, elles sont fixées plusieurs ensemble et en nombre égal aux différents nœuds. Les feuilles sont *opposées* (fig. 120) quand le verticille ne comprend que deux feuilles situées aux extrémités d'un même diamètre (Houblon, Haricot); elles sont *ternées* quand il y en a *trois* (Laurier-rose). Quand les feuilles sont opposées, celles d'un verticille quelconque sont toujours placées dans un plan perpendiculaire à celui formé par les feuilles du verticille précédent ou du suivant.

Pour déterminer la formule phyllotaxique des feuilles iso-

Fig. 116.

Renoncule aquatique avec ses deux sortes de feuilles.

lées et insérées à des niveaux différents, on procède de la manière suivante. A l'aide d'un fil que l'on fixe à une feuille de la tige, on passe successivement, en l'enroulant autour de cette dernière, par le point d'insertion de toutes les feuilles que l'on rencontre pour arriver à une feuille immédiatement supérieure et située dans le même plan que celle du point de départ. Le fil a ainsi décrit une spire dans son développement ascendant. Cette opération, qui donne la formule phyllotaxique de la plante, peut s'exprimer par une fraction dont le numérateur indique le nombre de tours effectués par le fil et le dénominateur le nombre de feuilles rencontrées, la première feuille étant négligée.

Fig. 117.
Nepenthes. Feuille terminée par une ascidie.

Fig. 118. — Feuilles isolées de Moutarde.

En opérant de cette manière sur d'autres plantes on obtient les fractions

$$\frac{1}{2}, \ \frac{1}{3}, \ \frac{2}{5}, \ \frac{3}{8}, \ \frac{5}{13}, \ \frac{8}{21}, \ \text{etc.}$$

dont il est facile de saisir les relations.

La fraction $\frac{2}{5}$, par exemple, indique qu'il a fallu effectuer

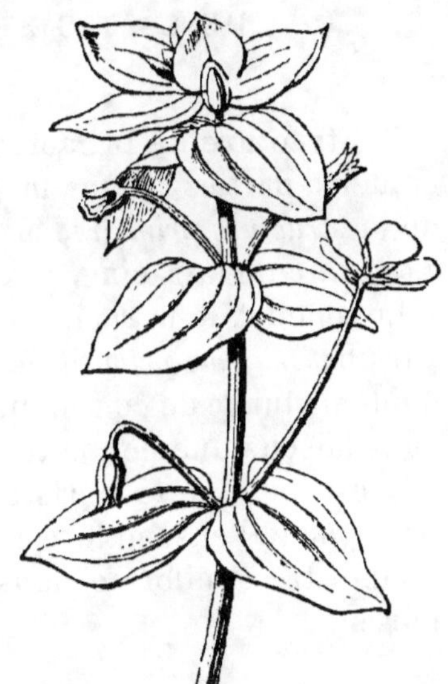

Fig. 119.   Fig. 120.

Feuilles verticillées (Aspérule).   Feuilles opposées de Mouron
Verticille de huit feuilles.   rouge.

deux tours de spire ou faire deux fois le tour de la tige et rencontrer 5 feuilles pour arriver à celle qui est immédiatement superposée à la feuille de départ.

La fraction $\frac{1}{2}$ est celle qui répond à la disposition *distique* (Orme) ; la fraction $\frac{1}{3}$ indique la disposition *tristique* (Aune) et la fraction $\frac{2}{5}$, la disposition *quinconciale* (Pêcher).

CHAPITRE IV

STRUCTURE SOMMAIRE DE LA RACINE
DE LA TIGE ET DE LA FEUILLE

1° Structure de la racine. — Nous diviserons cette étude en deux parties : dans la première nous nous occuperons de la *structure primaire*, et dans la seconde, de la *structure secondaire* de la racine.

Le sommet de la racine, comme celui de la tige, est occupé par un *méristème primitif* dérivé de cellules initiales. Si à une faible distance de ce sommet, au niveau de l'assise pilifère, nous faisons une coupe transversale, nous remarquons, au microscope, que le méristème s'est différencié en différents tissus dont l'ensemble constitue la *structure primaire* de la racine, très uniforme dans l'ensemble des plantes vasculaires.

A. Structure primaire. — Soit une jeune racine de Haricot examinée à ce niveau (fig 121). En allant de l'extérieur vers l'intérieur nous distinguons : 1° l'*assise pilifère* ; 2° le *parenchyme cortical* ou *écorce*, dont l'assise la plus interne est l'*endoderme* ; 3° le *cylindre central*.

a. L'assise *pilifère* est formée d'une seule couche de cellules développées en poils simples et uni-cellulaires (poils *absorbants*) qui constituent l'*épiderme* transitoire de la racine.

b. Le parenchyme *cortical* débute par une assise de cellules plus grandes que les autres, à membranes *subérifiées*, que l'on désigne sous le nom d'*assise subéreuse* ; cette assise tient lieu d'épiderme à la racine ; c'est elle qui, en recloisonnant

ses cellules, représente le *voile* de la racine des Orchidées.
Le reste du parenchyme cortical comprend deux parties,
une *zone corticale externe* et une *zone corticale interne*, composées chacune d'un nombre variable d'assises cellulaires.

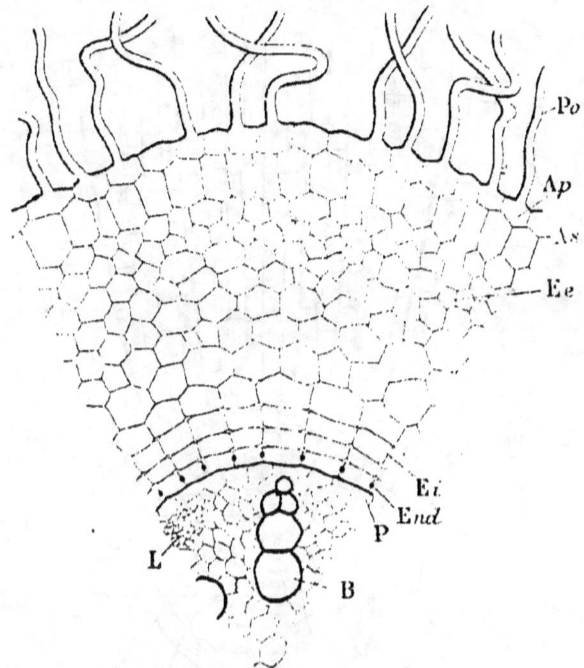

Fig. 121.

Portion d'une coupe transversale de racine dans la région
des poils absorbants.

Po, poils absorbants. — Ap, assise pilifère. — As, assise subéreuse. — Ee, zone
corticale externe. — Ei, zone corticale interne. — End, endoderme. — P, péricycle. — B, faisceau ligneux. — L, faisceau libérien.

Cette seconde zone diffère de la première par la disposition
de ses cellules en *files rayonnantes ;* son assise la plus interne
est l'*endoderme.*

c. *Cylindre central.* — Cette partie de la racine débute ordinairement par une assise externe appelée *péricycle* dont les
cellules alternent avec celles de l'endoderme ; elle comprend

des faisceaux *ligneux alternant* avec un nombre égal de fais-

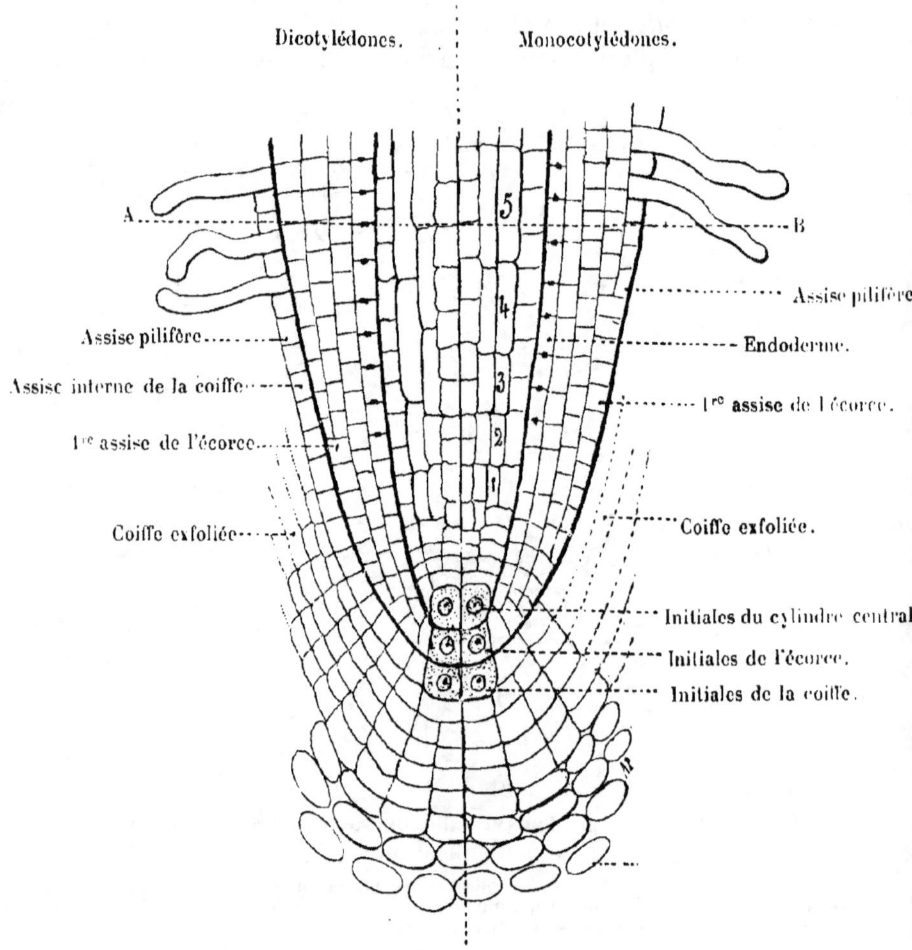

Fig. 122.

Structure du sommet de la racine chez les Phanérogames.

ceaux *libériens*, et enveloppés de tous côtés par un parenchyme conjonctif qui constitue en outre la *moelle*.

Les faisceaux ligneux ont un développement *centripète*,
c'est-à-dire que les vaisseaux les plus jeunes, les plus larges,

sont les plus rapprochés du centre de la racine. Ces faisceaux comprennent des vaisseaux *annelés* et *spiralés* à leur pôle

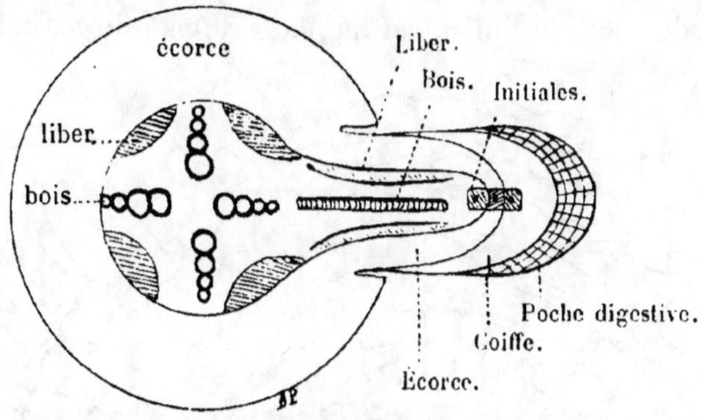

Fig. 123.

Radicelle sortant à droite de la racine qui l'a engendrée.

externe et des vaisseaux *ponctués* à leur pointe centrale. Le nombre des faisceaux varie avec les espèces végétales.

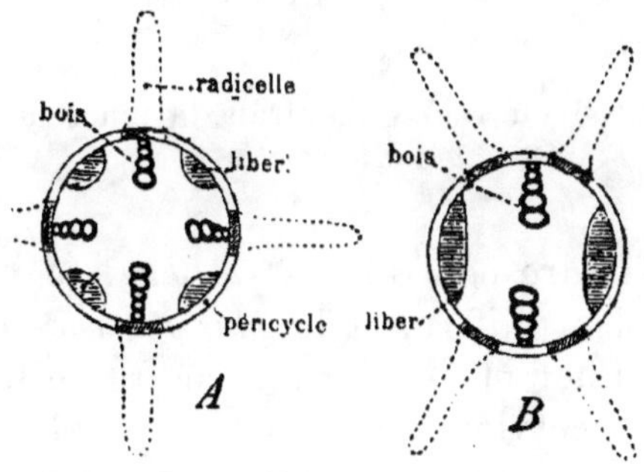

Fig. 124.

A, radicelles en face des faisceaux ligneux. — B, radicelles entre le bois et le liber

Les faisceaux libériens se composent de *tubes criblés* et de *parenchyme libérien*, quelquefois aussi de *fibres* libériennes.

Une coupe longitudinale et radiale pratiquée au sommet d'une racine de même âge (fig. 122) montre l'atténuation progressive des caractères des différentes parties que nous venons d'énumérer ; de sorte qu'arrivées au contact du méristeme primitif elles ne sont plus représentées que par des massifs cellulaires venant se raccorder respectivement avec chacune des cellules initiales. La *plus profonde* de ces cellules

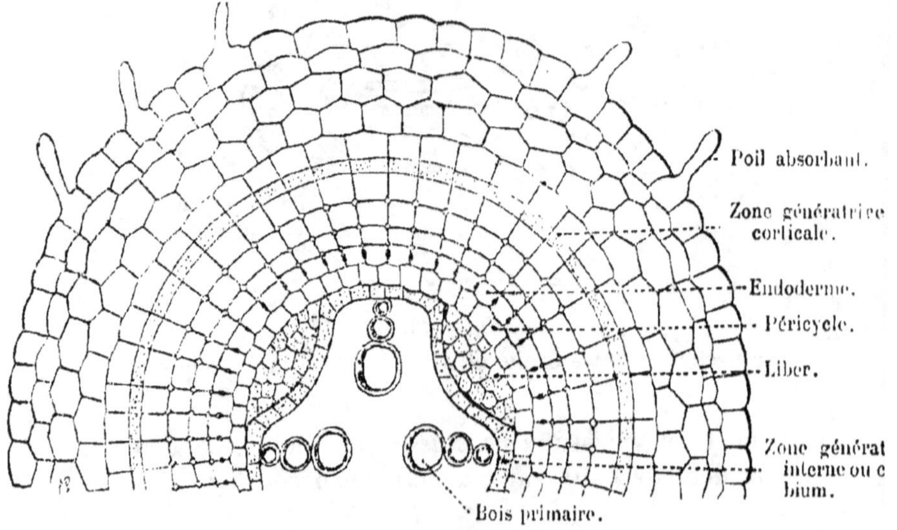

Fig. 125.

Coupe transversale d'une racine montrant la place des deux zones génératrices.

engendre le cylindre central ; la *médiane*, le parenchyme cortical et l'assise pilifère, et la *plus externe*, la coiffe ou pilorhize. (Examiner la fig. 122 qui embrasse les Dicotylédones et les Monocotylédones.)

C'est du péricycle, encore appelé *assise rhizogène*, que dérivent les *radicelles* (fig 123) ; ces dernières ont donc une origine *endogène*. L'ensemble des cellules du péricycle (*plaques rhizogènes*) qui, par multiplication, donneront naissance à une radicelle, se trouve *en regard* des faisceaux ligneux, excepté cependant pour le cas où il n'y a que deux faisceaux ; ici les plaques rhizogènes, en nombre double, sont placées entre les faisceaux ligneux et libériens (fig. 124, B).

Il existe des exceptions à cette règle, lesquelles sont

subordonnées à des dispositions spéciales du péricycle; et, quand ce dernier manque, c'est à l'endoderme qu'est dévolue la formation des radicelles.

B. Structure secondaire. — Une nouvelle coupe, pratiquée dans une région plus âgée que la précédente, laisse voir de nouveaux éléments dérivés de cellules actives. Ces cellules sont pour ainsi dire autant d'initiales dont le groupement constitue des *assises génératrices* de ces éléments nouveaux qui représentent les *formations secondaires* (fig. 125).

Nous sortirions du cadre que nous nous sommes tracés si nous voulions décrire toutes ces formations. Nous nous bornerons donc à celles qui ont une disposition symétrique par rapport à l'axe de la racine. Nous considérerons donc deux assises génératrices bien tranchées, l'une *interne*, l'autre *externe*.

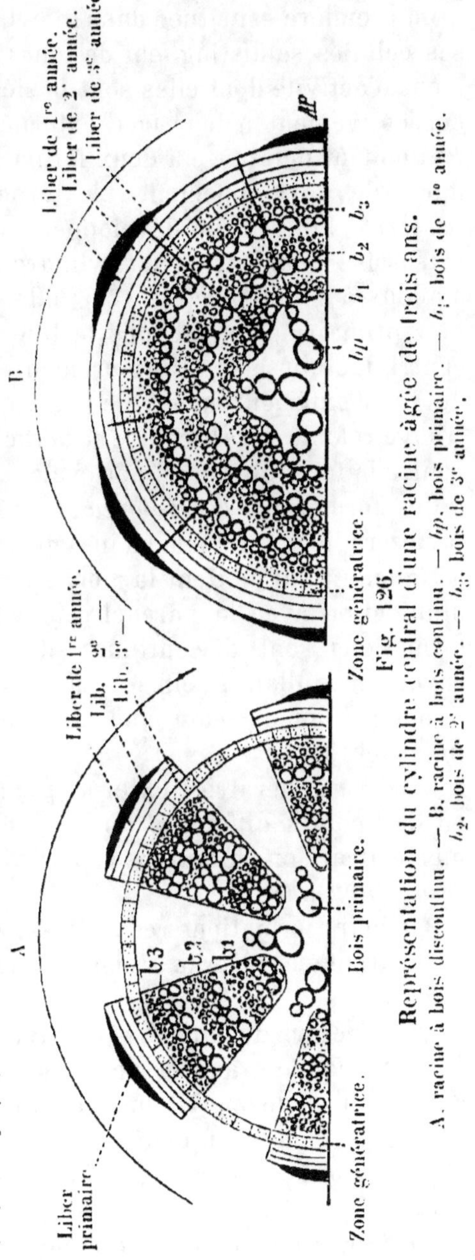

Fig. 126.

Représentation du cylindre central d'une racine âgée de trois ans.

A. racine à bois discontinu. — B. racine à bois continu. — b_p, bois primaire. — b_1, bois de 1re année. — b_2, bois de 2e année. — b_3, bois de 3e année.

La première est située dans le cylindre central (fig. 126); ses cellules se distinguent de leurs voisines par le phénomène d'activité dont elles sont le siège. Elles se cloisonnent successivement à leur face externe et à leur face interne en donnant naissance à deux formations distinctes par leur mode de développement. L'externe a un développement *centripète*, l'interne un développement *centrifuge*.

L'assise génératrice du cylindre central a un parcours sinueux à son début (fig. 125); elle contourne en dehors le bois primaire et en dedans le liber, en donnant, par voie centrifuge, du bois intérieurement et, par voie centripète, du liber extérieurement. De sorte que le bois primaire se trouve refoulé vers le centre de la racine, et le liber primaire, contre la face interne du péricycle.

Ces formations *libéro-ligneuses* présentent, çà et là, des lames radiées, plus ou moins épaisses, de cellules (*rayons médullaires*) qui mettent la moelle peu volumineuse en communication avec le parenchyme cortical (fig. 126). Si ces formations sont discontinues et séparées par de larges rayons médullaires, elles constituent des faisceaux libéro-ligneux et non une couronne continue comme dans l'exemple précédent.

L'assise génératrice externe (*phellogène*) prend naissance en des points différents du parenchyme cortical, et peut même avoir son siège dans le péricycle; elle produit un *péri-derme* (voy. p. 85).

Par leurs formations respectives, les assises génératrices concourent à assurer la croissance de la racine en épaisseur.

2° Structure de la tige. — A. STRUCTURE PRIMAIRE. — Si l'on fait une coupe transversale mince dans une jeune pousse au niveau où le méristème primitif se différencie, on distingue, de dehors en dedans : 1° un *épiderme*; 2° un *paren-chyme cortical* ou *écorce*, plus ou moins puissant; 3° un *cylindre central* (fig. 127).

L'*épiderme* ne comprend qu'une assise cellulaire, plus ou moins aplatie et sans méats, avec une cuticule peu épaisse, des stomates, et parfois des poils ordinaires ou glandulaires.

L'*écorce* est constituée par des cellules arrondies ou ovales et méatiques, chlorophylliennes tout au moins dans la moitié

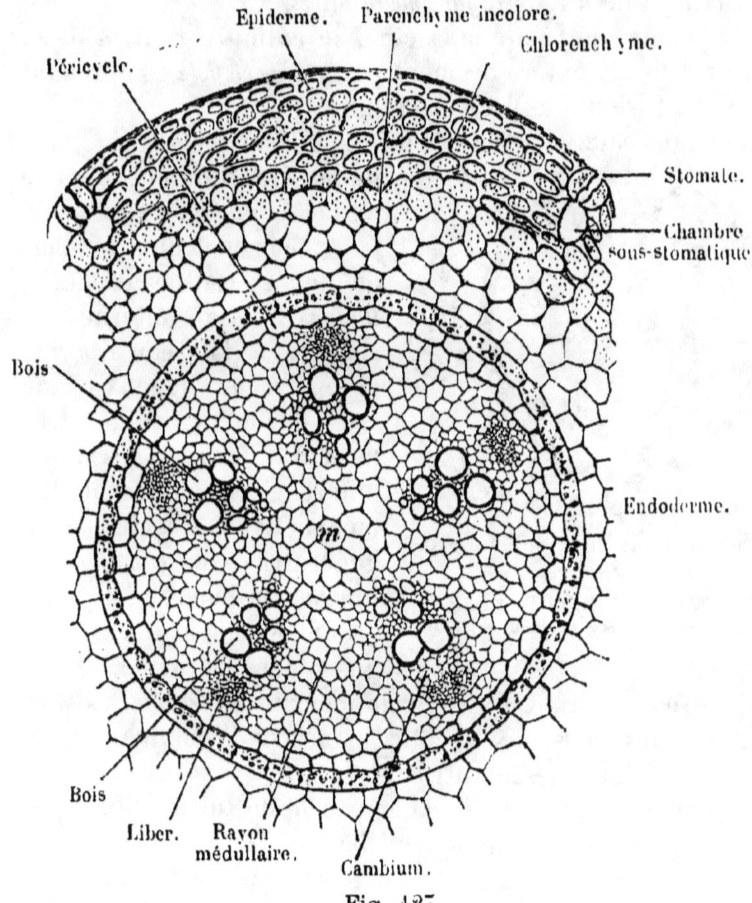

Fig. 127.

Structure primaire d'une tige de Dycotylédone.

m, moelle.

externe (*chlorenchyme*) ou collenchymateuses. L'assise sous-épidermique de l'écorce porte le nom d'*exoderme* et la plus interne, celui d'*endoderme*. Si les plissements radiaux de l'endoderme ne sont pas toujours bien visibles, la présence presque constante d'*amidon* dans cette assise permettra de la distinguer facilement.

Le *cylindre central* comprend les faisceaux *libéro-ligneux*, la *moelle* et de larges *rayons médullaires*.

De même que pour la racine, le cylindre central de la tige est limité extérieurement par un *péricycle* comprenant une ou plusieurs assises de cellules.

Les faisceaux vasculaires primaires ont, dans la tige, une disposition différente de celle de la racine. Ils y sont *superposés*, bois en dedans et liber en dehors (faisceaux *libéro-ligneux*), et non alternes.

Entre le faisceau libérien et le faisceau ligneux existe une couche de cellules très minces et très délicates, non différenciées et essentiellement actives : c'est la couche génératrice ou *cambium* du liber et du bois.

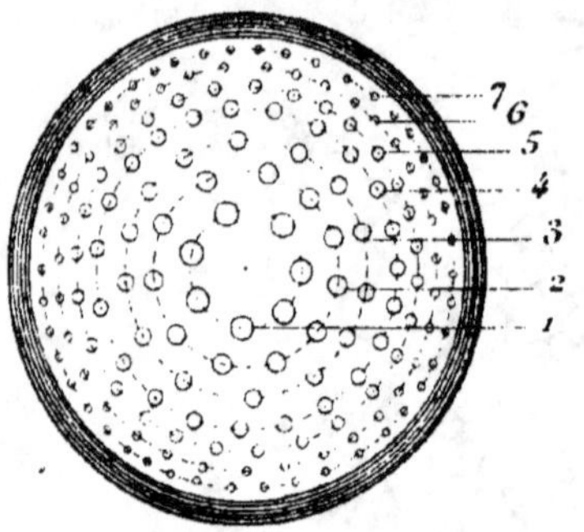

Fig. 128.

Schéma d'une tige de Monocotylédones.

1, 2, 3, 4, 5, 6, 7, ordre d'apparition
des cercles de faisceaux libéro-ligneux.

Contrairement à ce qui se passe dans la racine, le bois primaire de la tige a un développement *centrifuge*, c'est-à-dire que les vaisseaux les plus jeunes sont les plus rapprochés de la couche génératrice.

Les faisceaux libériens se composent de tubes criblés disséminés dans du parenchyme libérien.

Les faisceaux ligneux comprennent des vaisseaux annelés, spiralés à leur pôle interne et ponctués différemment ou rayés à leur pôle externe, puis du parenchyme ligneux.

La moelle, toujours volumineuse, est formée de cellules à contour polygonal, et les rayons médullaires, de cellules généralement allongées suivant le rayon de la coupe.

Les faisceaux libéro-ligneux sont ordinairement disposés sur une seule circonférence dont le centre est situé sur l'axe de la tige. Mais il peut arriver, chez de nombreuses tiges *herbacées* et les Monocotylédones (fig. 128, 129), que ces faisceaux, plus nombreux, soient répartis symétriquement sur plusieurs circonférences concentriques.

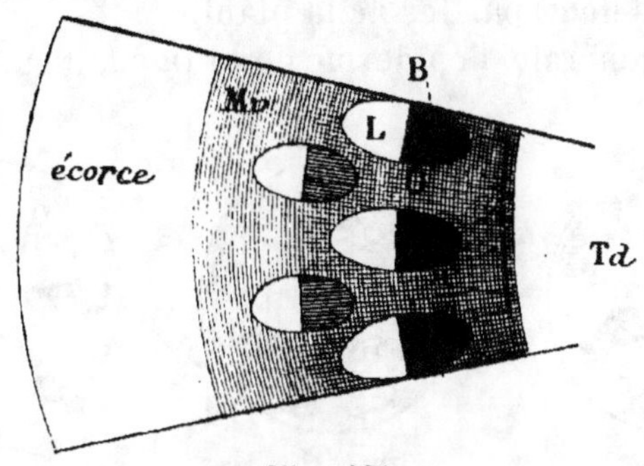

Fig. 129.

Schéma d'un fragment de tige de Monocotylédone.

Mv, méristème vasculaire. — L et B, liber et bois d'un faisceau libéro-ligneux.
Td, moelle.

Le péricycle et probablement aussi le liber primaire sont fréquemment différenciés en tissu mécanique scléreux.

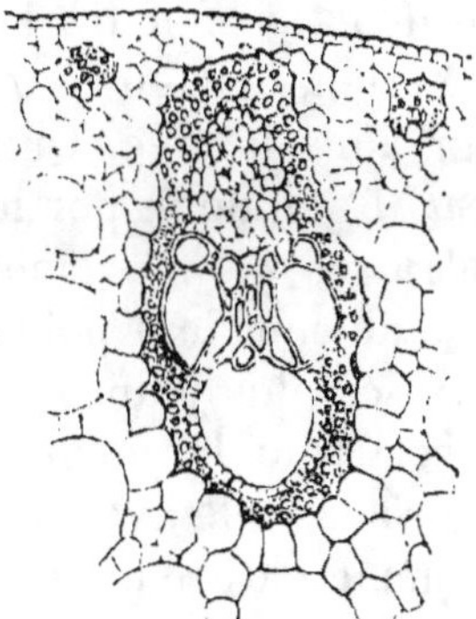

Cette courte description répond à la généralité des tiges primaires des Dicotylédones. En ce qui concerne les Monocotylédones, les trois régions précitées y sont également distinctes, mais le bois des faisceaux libéro-ligneux affecte la forme d'un V ouvert en dehors ou d'un cercle embrassant plus ou moins le faisceau libérien (fig. 130).

Nous avons vu que la tige est séparée de la racine par le *collet*, niveau auquel les cellules épidermiques commencent à se dédoubler et où s'opère l'anastomose des tissus

Fig. 130.

Un faisceau libéro-ligneux entouré de sclérenchyme. *scl.*

semblables des deux membres de la plante. Il me paraît
intéressant d'exposer rapidement les caractères de cette zone
de démarcation entre la tige et la racine, pour pouvoir
comprendre comment s'établit la continuité des divers éléments de ces deux parties de la plante.

En règle générale, l'épiderme de la tige fait suite à l'assise

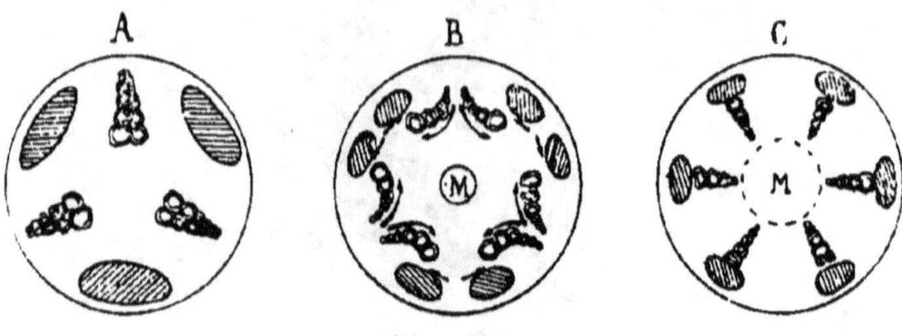

Fig. 131.

Raccordement de la tige et de la racine dans la région tigellaire.

M, moelle. — *b*, bois.

subéreuse de la racine ; l'écorce et le parenchyme conjonctif du cylindre central (moelle, péricycle) de la racine
se raccordent avec leurs homologues de la tige. Les faisceaux libériens sortent sans déviation de la racine pour
s'engager dans la tige. Quant aux faisceaux *ligneux* ils se
dédoublent (B) en deux portions qui effectuent, chacune en
sens contraire, un mouvement de rotation de 180 degrés, de
manière à amener leur pôle central, celui où se trouvent les
vaisseaux les plus jeunes, au contact du faisceau libérien.
De telle sorte que la portion droite d'un faisceau ligneux de
la racine s'accouple avec la portion gauche d'un autre faisceau de même nature pour constituer le faisceau ligneux de
la tige (C).

C'est un peu au-dessous du collet que commence ce dédoublement.

Courses des faisceaux. — La symétrie de la tige par rapport
à son axe est évidente dans les entre-nœuds, mais elle est
troublée au niveau de chaque nœud où les faisceaux *cauli-*

naires, c'est-à-dire appartenant au cylindre central, s'incurvent en dehors pour se rendre aux feuilles (faisceaux *foliaires*) insérées sur ce nœud, ou bien parcourent le parenchyme cortical sur toute la longueur d'un entre-nœud, pour se rendre dans les feuilles du nœud supérieur. Le faisceau caulinaire incurvé émet aussitôt une branche (faisceau *réparateur*) chargée de le reconstituer dans le cylindre central. Il résulte donc de ce fait un trouble dans la symétrie de la tige au niveau des nœuds.

La course des faisceaux est une question très complexe qui relève exclusivement de la botanique générale.

La tige des Monocotylédones (fig. 128, 129) (Palmiers, Céréales, etc.) renferme un grand nombre de faisceaux libéroligneux disposés sans ordre très apparent. Cette asymétrie tient surtout à ce que les feuilles engainantes reçoivent chacune de nombreux faisceaux. Ces faisceaux foliaires ont un trajet courbe dans la tige qu'ils parcourent sur une étendue variable avec la hauteur à laquelle se trouvent les feuilles. Les faisceaux les plus longs et conséquemment les plus jeunes sont ceux qui intéressent les feuilles les plus élevées et les dernières développées.

B. STRUCTURE SECONDAIRE DE LA TIGE. — De même que pour la racine, nous distinguerons deux assises génératrices dans la tige (fig. 132), une propre au cylindre central, l'autre à l'écorce. Les tiges *ligneuses*, celles des arbres de nos forêts et de nos vergers, sont susceptibles d'acquérir des formations secondaires ; tandis que les plantes *herbacées*, en un mot les *herbes*, conservent une consistance faible par suite de l'absence presque complète de ces formations.

Les cellules de l'assise génératrice *interne* (*cambium*, fig. 133) sont intercalées entre le bois et le liber des faisceaux ; elles ont une forme tabulaire et possèdent une grande activité. Les cambiums des faisceaux sont reliés entre eux, à travers le parenchyme interfasciculaire, par des cellules de ce parenchyme qui possèdent la même fonction ; de sorte qu'une couronne cambiale continue engendrera, à sa face interne, du bois par voie centrifuge, et à sa face externe, du liber, par voie centripète.

Le cambium entre en activité au printemps et se cloisonne jusqu'à la fin d'août. Il en résulte, chaque année, un

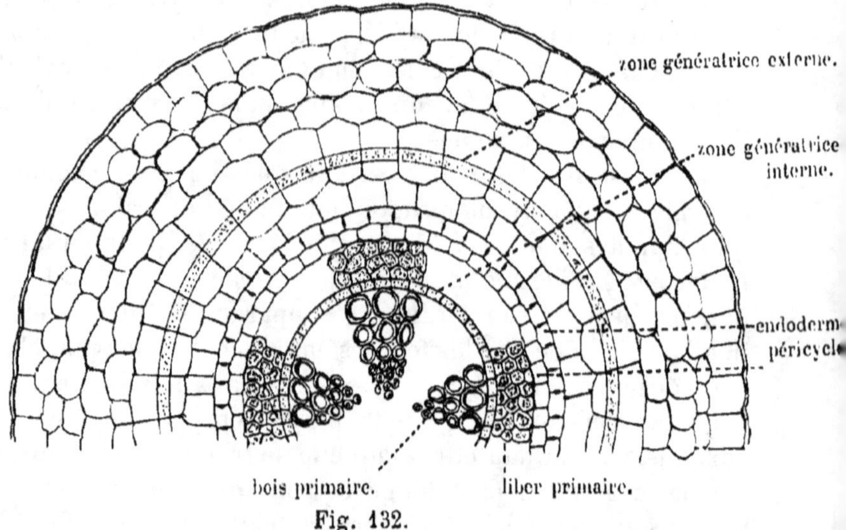

Fig. 132.

Coupe transversale d'une tige montrant l'emplacement des deux zones génératrices.

cylindre, plus ou moins épais, de bois très vasculaire au début, et un cylindre beaucoup plus mince, de liber. Les couches ligneuses annuelles sont beaucoup plus apparentes que celles du liber ; leur nombre permet de déterminer l'âge d'une tige, excepté cependant pour certains arbres des régions chaudes où la végétation continue produit, chaque année, plusieurs couches de bois.

Si l'on examine un peu attentivement une coupe transversale, suffisamment polie, d'une tige de chêne, âgé de sept ou huit ans, on constate que les couches annuelles sont d'égale ou d'inégale épaisseur et d'autant plus foncées et plus denses qu'elles sont plus âgées ; leur plus grande densité est due surtout à des incrustations de leurs membranes. L'ensemble de ces couches dures porte le nom de *cœur*,

tandis que celles plus claires et plus poreuses de la périphérie constituent l'*aubier*.

La facilité avec laquelle on parvient à déterminer le nombre des cylindres annuels d'une tige, résulte de ce que le cambium organise du bois à deux époques de l'année. Le premier formé, très vasculaire, est appelé *bois de printemps*; le second, moins abondant et beaucoup moins riche en vaisseaux, est le *bois d'automne* (fig. 134).

· Des rayons médullaires très inégaux sillonnent le cylindre central et mettent la moelle ou une partie du bois en communication avec le liber.

L'assise génératrice externe, propre à l'écorce, se développe à des niveaux très variables; tantôt elle est engendrée par l'épiderme (Rosier, Poirier), tantôt par une assise plus profonde du parenchyme cortical et même par le péricycle ou le liber (Vigne, Épilobe). Cette assise génératrice produit du

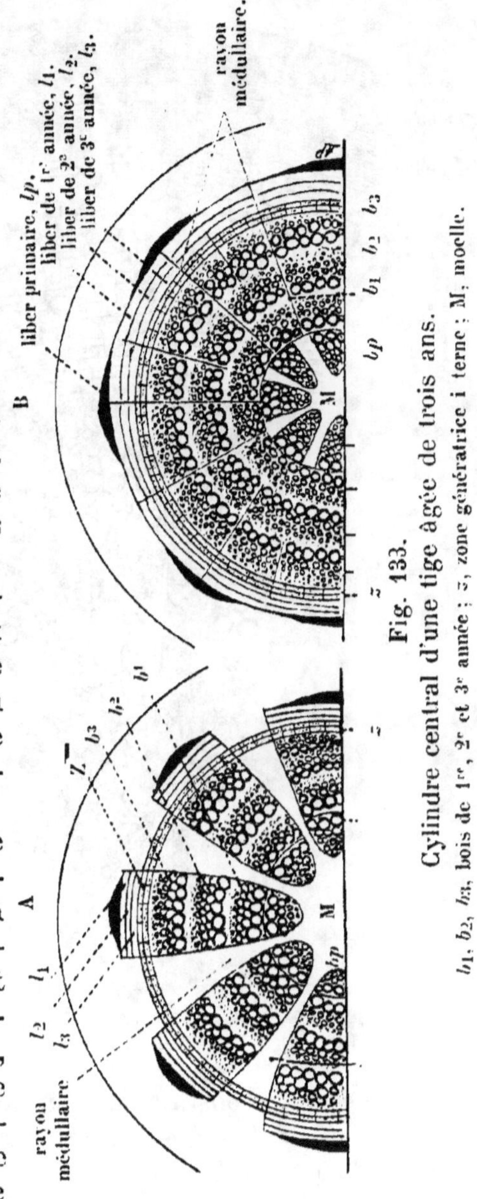

Fig. 133.

Cylindre central d'une tige âgée de trois ans. b_1, b_2, b_3, bois de 1re, 2e et 3e année; s, zone génératrice interne; M, moelle.

liège à sa face externe et du phelloderme à sa face interne.

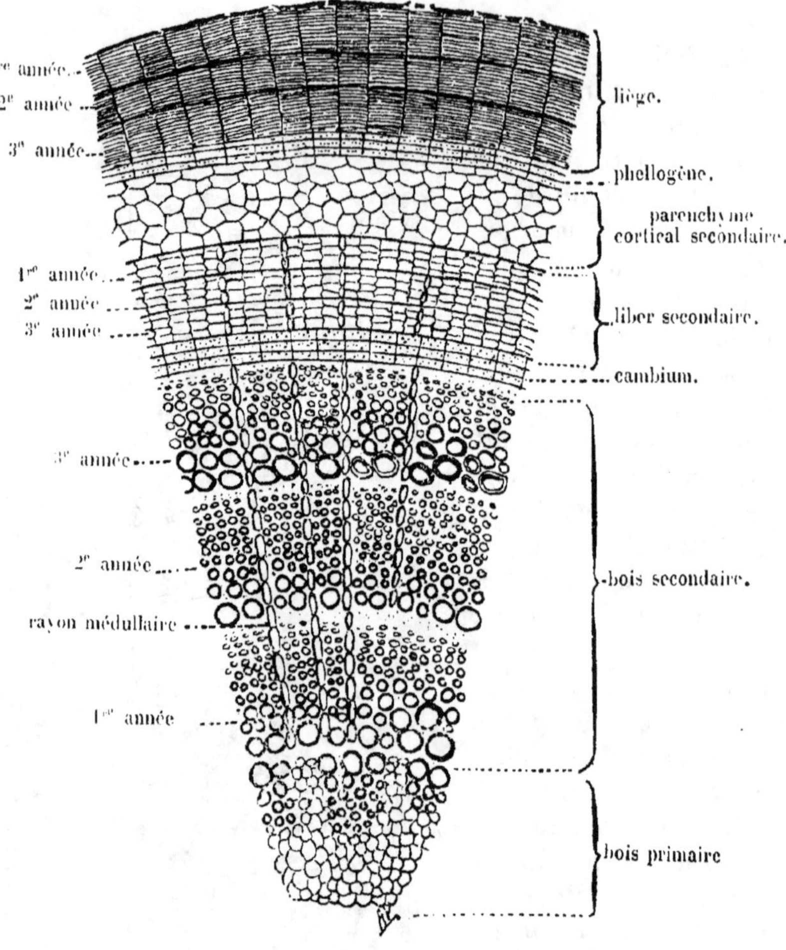

Fig. 134.

Ensemble de la structure d'une tige âgée de trois ans.

dont l'ensemble constitue un périderme, lequel provoque
l'exfoliation de toutes les assises cellulaires placées en
dehors de lui en les isolant du reste de la tige où elles
puisaient leur nourriture (fig. 134 *bis*).

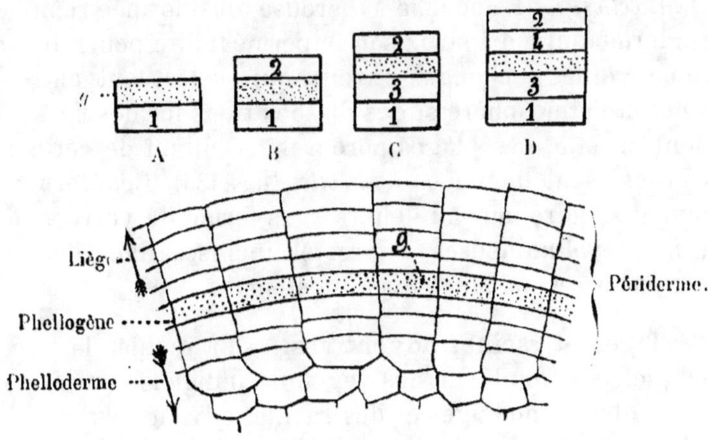

Fig. 134 (*bis*).

En A, on voit une cellule de phellogène *g*, subir une première bipartition et donner une cellule (1) de phelloderme ; en B, cette même cellule se divise une seconde fois et donne extérieurement (2) une cellule de liège. Par bipartitions successives, 1, 2, 3, 4, on voit, en C et en D, l'ordre suivant lequel le liège et le phelloderme se développent.

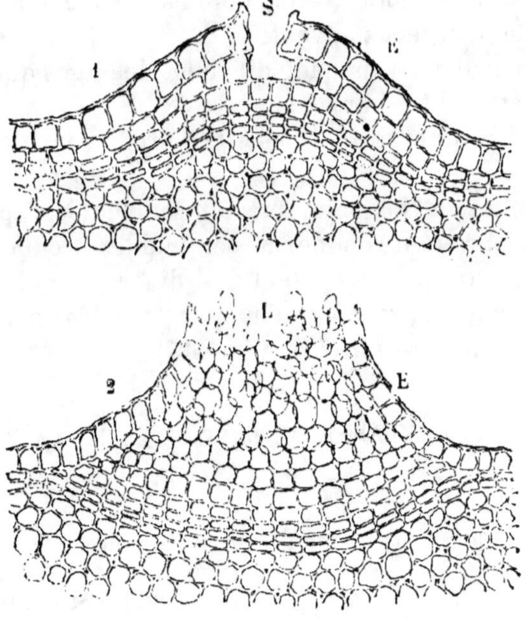

Fig. 135.

Développement d'une lenticelle (1 et 2).

L, lenticelle. — S, un stomate. — E, épiderme.

Lenticelles. — La couche subéreuse ainsi formée remplace l'épiderme qui a disparu ; son imperméabilité pourrait compromettre les échanges gazeux qui s'effectuent entre la plante et l'atmosphère si des dissociations locales ne s'opéraient en elle. Les plages poreuses, résultant de cette dissociation, sont nommées *lenticelles* (fig. 135). Ces dernières peuvent se faire jour au dehors sous forme de verrues plus ou moins volumineuses, ou rester incluses dans l'écorce, mais en correspondance avec un stomate.

3° Tiges et racines adventives. — La racine, la tige et quelquefois la feuille de nos végétaux indigènes ont le pouvoir de donner des tiges et des racines adventives.

Les jeunes racines du Chou, du Cresson et du Framboisier possèdent des bourgeons adventifs[1] qui, en se développant, produisent des tiges adventives.

Les racines âgées et en partie déterrées du Pommier, du Prunier, de l'Abricotier, etc., donnent également des *rejetons* nés de bourgeons adventifs.

C'est surtout au voisinage du collet des tiges que se trouvent de semblables bourgeons.

Mises au contact du sol, les tiges produisent des racines adventives.

Les feuilles de Bégonia, même fragmentées, possèdent aussi la propriété de donner de semblables productions.

Cette faculté que possèdent les divers membres de la plante est mise à profit par l'homme dans les opérations du *bouturage* et du *marcottage* (voy. p. 337).

STRUCTURE COMPARÉE DE LA TIGE ET DE LA RACINE

TIGE	RACINE
Épiderme continu et persistant . .	Épiderme discontinu et temporaire (*assise pilifère*), remplacé par une assise subéreuse.

[1] Ces bourgeons naissent en un point quelconque de la racine et de la tige.

TIGE	RACINE
Parenchyme cortical homogène. .	Parenchyme cortical comprenant une couche corticale externe et une couche corticale interne.
Endoderme.	Endoderme.
Péricycle.	Péricycle.
Faisceaux libéro-ligneux primaires.	Faisceaux libériens alternant avec faisceaux ligneux primaires.
Bois primaire à développement centrifuge.	Bois primaire à développement centripète.

Formations secondaires du cylindre central et de l'écorce à développement identique dans les deux membres.

4° Structure de la feuille. — La feuille n'ayant qu'une existence passagère, ne possède généralement qu'une structure primaire. Nous étudierons successivement le *pétiole* et le *limbe* d'une feuille *adulte*, dans laquelle les tissus ont acquis leur facies normal. Il importe de prendre cette précaution surtout quand il s'agit d'appliquer les caractères anatomiques à la détermination ou à la classification des plantes. Les feuilles incomplètement ou non normalement développées diffèrent souvent des feuilles adultes, tout au moins au point de vue des caractères *quantitatifs*.

a. *Pétiole.* — Cet organe, examiné en coupe transversale, présente une symétrie bilatérale par rapport à un plan dirigé suivant l'axe de la tige (fig. 136) ; il en est de même pour le limbe. Le pétiole est ordinairement convexe inférieurement et plan ou concave supérieurement. Cette concavité détermine ce que l'on appelle la *gouttière* du pétiole ; les pointes latérales qui la limitent en sont les *ailes*.

En allant de l'extérieur au centre, nous voyons successivement : 1° un *épiderme* muni d'une cuticule à épaisseur variable, de *stomates* et souvent de *poils* ; 2° un *parenchyme cortical* ordinairement puissant, collenchymateux dans ses assises superficielles et surtout dans les ailes du pétiole, limité intérieurement par un *endoderme* ; 3° un *cylindre cen-*

tral débutant par un péricycle ou *périderme* à une ou plu-

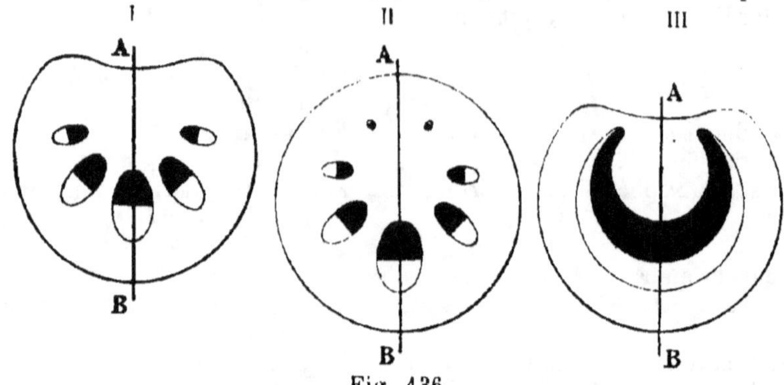

Fig. 136.
Structure du pétiole.
AB, plan de symétrie ; I, II, III, trois dispositions des faisceaux libéro-ligneux.

sieurs assises, puis un arc libéro-ligneux ouvert en haut,

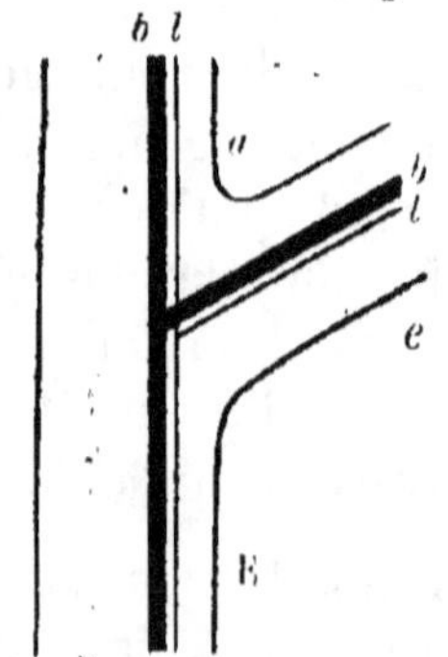

Fig. 137.
Raccordement des fais-
ceaux du pétiole avec
ceux de la tige.

e, épiderme du pétiole ;
E, celui de la tige ; l, liber ;
b, bois ; a, aisselle de la
feuille.

composé de un ou plusieurs faisceaux à bois supérieur et à liber inférieur ; 4° un parenchyme conjonctif, pseudo-médullaire, remplissant la concavité de l'arc vasculaire et les plages interfasciculaires. Ces faisceaux, en nombre impair, comprennent un faisceau central puissant et des faisceaux latéraux dont la grosseur va en décroissant à mesure que l'on se rapproche des pointes de l'arc.

La disposition du bois et du liber dans le pétiole dérive de la façon dont le faisceau libéro-ligneux caulinaire s'y est engagé. On sait que pour devenir faisceau foliaire, il s'est incurvé en dehors de manière à avoir le bois en haut et le liber en bas (fig. 137).

Le périderme, homologue du péricycle de la tige, devient fréquemment mécanique en sclérifiant ses cellules au pôle libérien des faisceaux.

Si des *stipules* existent à la base du pétiole, les faisceaux vasculaires qui s'y rendent peuvent provenir soit du faisceau foliaire avant sa sortie de l'écorce de la tige, soit de

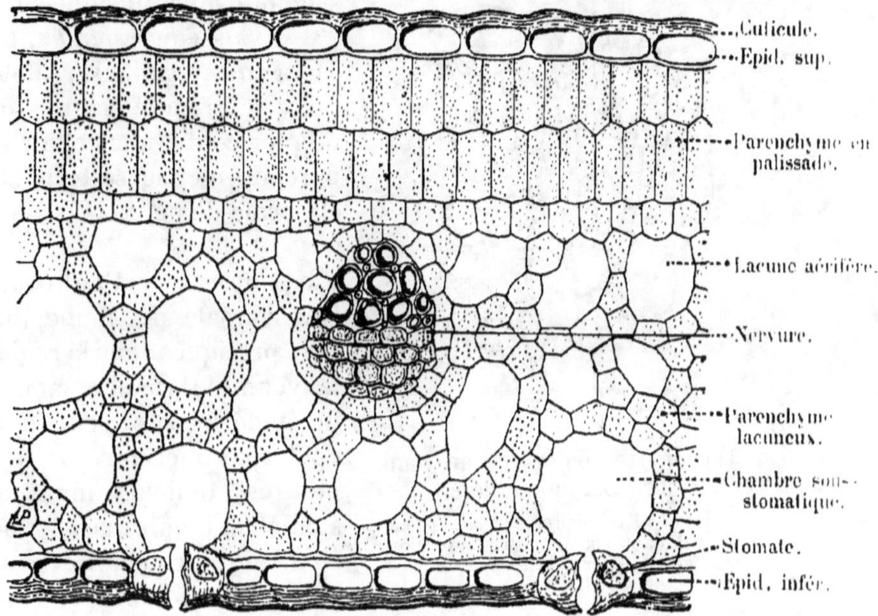

Fig. 138.
Structure ordinaire du limbe de la feuille.

branches très fines issues successivement, au fur et à mesure des besoins, des faisceaux latéraux pétiolaires dans leur région stipulaire.

La nervure médiane et les nervures secondaires, tertiaires. etc., du limbe, étant la continuation plus ou moins complexe du pétiole, possèdent des faisceaux libéro-ligneux orientés de la même façon, dont le nombre décroît insensiblement en même temps que la taille du faisceau. Si, par exemple, le pétiole renferme trois faisceaux, la nervure médiane peut encore les avoir sur une partie de sa longueur, mais le plus souvent elle n'en renferme plus qu'un dont les ramifications. de plus en plus faibles, se dirigent successivement dans chaque nervure secondaire; de sorte que dans les très petites nervures ou *veinules*, celles qui, par leur anastomose, constituent le réseau vasculaire ultime du limbe, le liber disparaît insensiblement et le faisceau vasculaire ne possède plus que quelques *trachées* (vaisseaux *spiralés*, *tr.*) à leur point terminal (fig. 139). Cette extrémité peut s'appliquer contre une cellule de parenchyme ou se terminer en forme de petite massue.

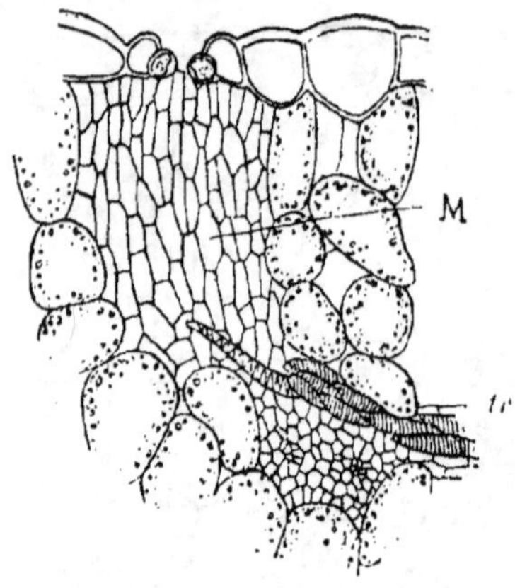

Fig. 139.

Terminaison d'une nervure dans un stomate aquifère.

M, massif cellulaire occupant l'emplacement de la chambre sous-stomatique (*épithème*). — *tr*, trachées.

b. *Limbe.* — Une coupe transversale du limbe (fig. 138), pratiquée dans la région moyenne de la feuille, montre un épiderme supérieur et un épiderme inférieur. Ce dernier est toujours muni de stomates, tandis que le supérieur en est souvent dépourvu. Entre ces deux épidermes se trouve le *mésophylle* qui comprend des tissus parenchymateux et des faisceaux libéro-ligneux ordinairement inégaux. L'assise parenchymateuse sous-jacente à l'épiderme supérieur est très fréquemment composée de cellules allongées perpendiculairement aux faces de la feuille (palissades) et porte le nom de *parenchyme palissadique*. Cette assise est très riche en grains chlorophylliens. Les autres assises du mésophylle constituent le *parenchyme spongieux*, lacuneux ou non, dont les cellules, ovales ou oblongues, sont ordinairement dirigées parallèlement aux épidermes; la chlorophylle y est moins abondante. Les lacunes de ce parenchyme donnent parfois à la face inférieure de la feuille une teinte verte moins foncée qu'à la face supérieure.

Les cellules en palissades peuvent former une ou plusieurs assises superposées sous l'épiderme supérieur (mésophylle *bifacial*); elles peuvent en outre constituer une assise sous l'épiderme inférieur (mésophylle subcentrique) ou occuper tout le mésophylle (mésophylle centrique). Leur absence dans la feuille est assez rare; lorsqu'elle se produit, le mésophylle est dit *homogène*.

Nous examinerons plus loin les causes capables de provoquer de telles modifications (p. 161).

Il peut exister aussi sous l'épiderme supérieur une assise de cellules incolores formées aux dépens des palissades. Cette assise, nommée *hypoderme*, est assez fréquente chez les plantes xérophiles où elle joue le rôle de réservoir d'eau.

Les feuilles *submergées* des plantes aquatiques offrent une structure différente de celle des feuilles aériennes dont il vient d'être question (fig. 140). Leur épiderme renferme de nombreux grains de chlorophylle; le parenchyme palissadique n'existe ordinairement pas; il est remplacé par des lacunes nombreuses, vastes et sans communication avec le milieu ambiant. Le faisceau ligneux a presque complètement disparu, sa place étant occupée par une *lacune vasculaire* limitée par une assise de cellules larges et compactes. Le liber n'a subi aucune modification. Le stéréome ou ensemble des tissus mécaniques est ordinairement atrophié, et enfin, on a vu que les stomates font ordinairement défaut.

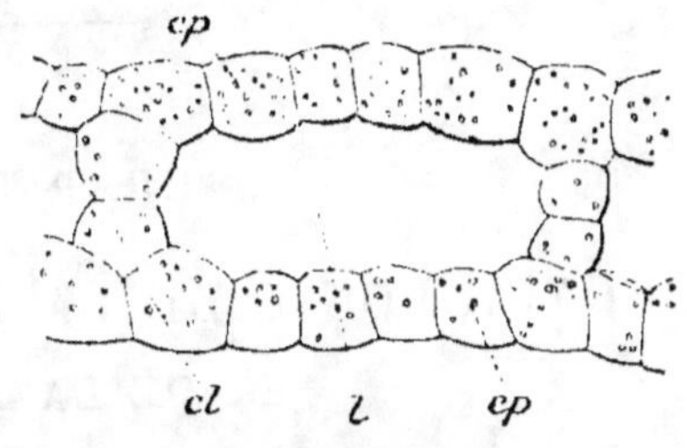

Fig. 140.

Structure d'une feuille aquatique de sagittaire.

cp, épiderme vert ; *l*, lacune ; *cl*, épiderme.

CHAPITRE V

PHYSIOLOGIE DE LA RACINE, DE LA TIGE
ET DE LA FEUILLE

La physiologie est l'histoire des fonctions remplies par les divers organes de la plante. Cette branche de la botanique nous explique l'ensemble des phénomènes auxquels la vie de la plante est liée et nous éclaire dans les pratiques de la culture.

1° Physiologie de la racine. — La racine doit être considérée comme un organe de *fixation*, *d'absorption*, de *conduction*, de *respiration* et de *réserve*.

Avant d'aborder chacune de ces fonctions, il convient de dire un mot sur la *croissance* de la racine.

C'est au niveau des initiales que s'effectue la croissance de la racine : elle est donc *subterminale* (fig. 141) et en outre soumise aux influences combinées de la *température*, de *l'humidité*, de la *pression*, de la *pesanteur* et de la *lumière*.

a. *Température*. — Le maximum de croissance de la racine arrive à une température (température *optimum*) qui n'est pas la même pour toutes les plantes. Ainsi pour le Pois, l'optimum est égal à 26°,5, tandis que pour le Maïs il atteint 33°,5.

Si la température est également répartie sur toutes les

faces de la racine, celle-ci s'allonge suivant une direction sensiblement rectiligne ; tandis que, si elle est inégale, plus élevée sur une face que sur l'autre, la racine se courbe du côté où la température est le plus éloignée de l'optimum (*Thermotropisme* négatif).

b. *Humidité*. — L'humidité accélère la croissance de la racine, à la condition que cette dernière puisse respirer librement. On peut mettre ce phénomène en évidence, en plaçant, par exemple, des graines de Haricot en germination dans un tamis incliné, renfermant de la sciure de bois humide (fig. 142). Aussitôt que l'extrémité de la jeune racine arrive à franchir une des mailles du tamis, elle se recourbe puis rentre dans le tamis, ressort de nouveau et ainsi de suite. L'humidité de la sciure de bois a donc retardé la croissance de la racine sur la face avec laquelle elle est en contact, ce qui tendrait à démontrer que l'humidité exerce une action retardatrice. Mais il n'en est rien, car la convexité de l'autre face résulte surtout d'une transpiration plus active due à l'afflux plus grand des substances nutritives.

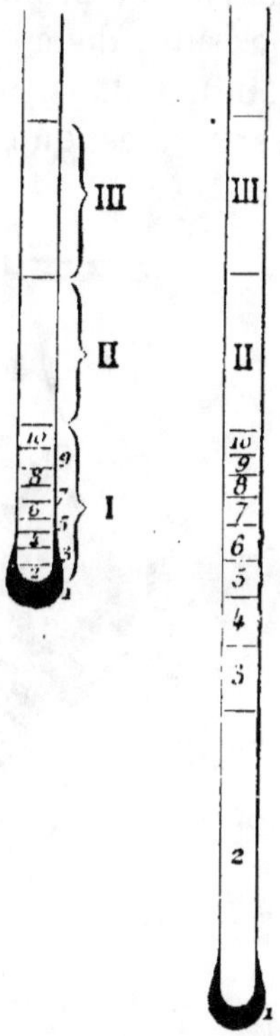

Si, d'autre part, on plaçait deux racines de Haricot en germination, l'une dans l'eau et l'autre dans la terre humide, la dernière aurait un accroissement beaucoup plus impor-

Fig. 141.

Accroissement subterminal de la racine.

I, II, III, traits équidistants tracés à l'aide d'un vernis quelconque. Au bout de quelques heures on constate que la division I s'est à peu près seule développée. Si l'on subdivise cette partie en 10 autres égales, on reconnaît que la division I n'a pas bougé, tandis que la division II a pris un développement considérable, lequel va en s'atténuant très sensiblement dans les divisions suivantes.

tant que la première. Celle-ci, en effet, gênée dans sa respiration, n'a pu profiter de l'action de l'eau.

Il résulte donc de ce qui précède : 1° que les plantes en végétation dans un terrain sec allongent beaucoup plus leurs racines que si le terrain était humide; 2° que les

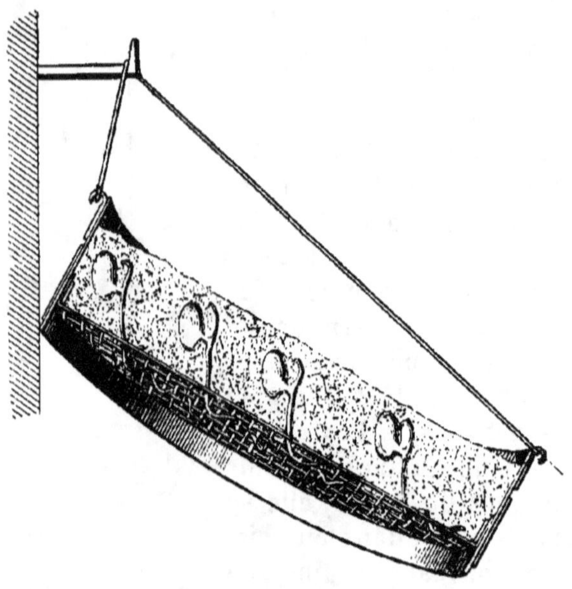

Fig. 142.

Influence de l'humidité sur la direction des racines.

plantes croissant au voisinage de l'eau dirigent toujours leurs racines vers le milieu aqueux (*Hydrotropisme positif*).

c. *Pression*. — Tout corps dur rencontré par l'extrémité d'une racine a pour effet de retarder la croissance de la face avec laquelle il est en contact. S'il s'agit d'un gravier, la racine le contourne en allongeant sa face opposée; si, au contraire, il s'agit d'un corps dur plus volumineux, l'extrémité de la racine s'en éloigne et cherche ailleurs une issue. Les moindres interstices d'une roche sont ainsi mis à profit par les racines des plantes *saxicoles*.

d. *Pesanteur*. — L'action de la pesanteur agit avec une

intensité différente sur les divers ordres de racines d'une plante. Elle atteint son maximum sur le *pivot* ou racine principale, devient moins forte sur les racines secondaires, et diminue progressivement pour devenir nulle sur les racines traçantes.

Si l'on suit le développement de la racine principale d'une graine en germination, on remarque que, indépendamment du milieu où sa croissance s'effectue et de la position initiale de la graine, l'extrémité de cette racine prend toujours une direction verticale de haut en bas, ou de bas en haut lorsque la racine se trouve dans une verticalité parfaite.

Si l'on fixait un jeune plant de Haricot, dont le pivot a déjà atteint une longueur de dix centimètres, dans le bouchon d'un flacon rempli d'eau et que l'on renverse ce flacon, au bout de quelques semaines on remarquerait que ce pivot, après s'être incliné obliquement à son extrémité, se recourberait franchement, par suite de l'action inégale de la pesanteur sur ses faces, pour reprendre une direction verticale de haut en bas.

La racine principale obéit ainsi à l'action de la *pesanteur*, et, dans ce cas, l'on dit qu'elle possède un *géotropisme positif*; tandis que sa sensibilité à la pesanteur constitue son *géotactisme*.

Lorsque deux racines sont placées, l'une horizontalement dans l'air humide, l'autre verticalement et la pointe en bas, la première se recourbe comme on l'a vu, mais en accusant un accroissement plus faible que la seconde. Cette expérience démontre que la pesanteur *retarde* la croissance de la racine.

Dans l'expérience précédente où la racine plonge dans un flacon renversé, on remarque que les racines secondaires se sont recourbées comme la racine principale, mais en faisant avec leur base respective un angle sensiblement égal à celui qu'elles formaient, avant l'expérience, avec la racine principale. Les racines secondaires sont donc moins géotropiques que la racine principale, les racines tertiaires moins que les secondaires, etc.

Si l'on supprimait l'extrémité de la racine principale dans le but d'en arrêter l'accroissement, la racine secondaire, la plus rapprochée de cette extrémité, acquerrait le *géotactisme* de la racine principale et se dirigerait verticalement de haut en bas ; les autres ne changeraient pas de direction.

La suppression de l'extrémité du pivot est une opération courante dans la transplantation des individus de semis. Elle présente de sérieux avantages, car en provoquant le développement et la multiplication des racines latérales, la plante reprend mieux, étend son appareil radical sur une plus grande étendue, se fixe mieux et reçoit, de ce fait, une nourriture plus abondante.

c. *Lumière.* — Lorsqu'en général on éclaire inégalement deux faces opposées d'une racine, on remarque que celle-ci courbe son extrémité vers la source lumineuse moins intense ; elle semble donc fuir la lumière (*phototropisme négatif.*) Cette sensibilité aux radiations lumineuses favorise la pénétration des racines dans le sol, celle des racines adventives aériennes dans les fentes de leur support (Lierre) ou dans les tissus de la plante hospitalière (Gui).

A. Racine considérée comme organe de fixation. — Une plante fonctionne d'autant mieux que son système radiculaire pénètre plus profondément dans le sol. Cette condition lui permet en outre de résister à l'action des agents mécaniques capables de la déraciner. Une plante à racine pivotante (Chêne) est plus difficile à arracher qu'une autre à racines traçantes (Epicea, Charme, Hêtre, etc.). Si à ce pivot s'ajoutent de nombreuses racines latérales, la solidité de la plante en sera plus grande encore. Cette remarque a conduit Brémontier à entreprendre des plantations de Pins maritimes pour arrêter la mobilité des dunes du littoral de la Gascogne et modérer sur le continent la vitesse des vents de l'Océan. Le Pin maritime possède, en effet, un système radiculaire puissant, composé de racines traçantes, ayant le privilège d'émettre des pivots secondaires. Le Pin syl-

vestre et le Mélèze ont aussi des racines pivotantes et traçantes.

B. RACINE CONSIDÉRÉE COMME ORGANE D'ABSORPTION. — La racine
est l'organe principal d'absorption des liquides. C'est au
niveau de l'assise pilifère que s'effectue ce phénomène.
L'expérience suivante le démontre : si l'on plonge la racine
d'une jeune plante dans l'eau recouverte d'une couche
d'huile, de manière que sa coiffe seule soit immergée, la
plante se flétrit ; si, au contraire, on ne met au contact de
l'eau que la région des poils absorbants, la plante conserve
toute sa vigueur. Tout autre point de la racine se comporte-
rait de la même façon que la coiffe ; donc c'est bien au niveau
de son assise pilifère seule que la plante absorbe les liquides
contenus dans le sol.

. C'est par *osmose* que les sucs terrestres pénètrent et che-
minent dans la plante, pour se diffuser ensuite dans le protoplasme des cellules. Le protoplasme exerce, en effet, une
force osmotique puissante sur les substances dont il s'alimente, mais cette attraction varie d'une plante à une autre,
en même temps qu'elle s'exerce plus activement sur telle
ou telle substance dissoute dans l'eau d'absorption. Ainsi le
Blé, l'Avoine, le Seigle, la Betterave se chargent surtout de
nitrates (plantes *nitrophiles*), tandis que les Légumineuses
préfèrent les *sulfates* (plantes *thiophiles*).

L'absorption incessante qui s'accomplit dans la racine
tend à faire croire qu'à un moment donné, l'équilibre doit
s'établir entre le contenu de la cellule et le milieu ambiant.
Il n'en est rien, car la plante s'y oppose en assimilant sans
cesse les principes absorbés, et l'on peut dire que l'absorption est continue pendant la période d'activité de la végétation, à moins cependant que l'un des éléments essentiels à
la plante vienne à faire défaut ; dans ce cas, l'absorption
des autres éléments serait arrêtée.

Si, dans un vase divisé en deux compartiments par une
membrane perméable organisée, on mettait, dans chacun
d'eux et à la même hauteur, un liquide à des concentrations

différentes, par exemple de l'eau pure et de l'eau sucrée, on reconnaîtrait, au bout de quelques heures, la présence du sucre dans l'eau pure et une diminution de la concentration sucrée primitivement employée. La membrane a été traversée, avec des vitesses inégales, par l'eau pure d'une part et l'eau sucrée d'autre part. Le phénomène se produit tant que les deux liquides n'ont pas atteint la même concentration ou, en d'autres termes, que l'équilibre osmotique n'est pas établi. On remarquerait en outre que le niveau du liquide sucré initial se serait élevé par suite de l'action attractive du sucre qui est comparable à celle du protoplasme.

Les corps capables de se comporter comme le sucre, tels que les sels et les acides, sont appelés substances *cristalloïdes*; ceux, au contraire, qui ne possèdent pas cette propriété osmotique, tels que les albuminoïdes, les gommes, les humates, le tanin, etc., sont appelés substances *colloïdes*.

On nomme *dialyse* l'opération qui consiste à séparer, par le moyen d'une membrane, les substances colloïdes d'avec les cristalloïdes associées dans un même mélange. Les poils absorbants des racines sont de véritables *dialyseurs*.

Marche de l'absorption. — Représentons par *a* un poil absorbant, par *b*, *c*, *d*, *e*, les cellules de plus en plus profondes faisant suite à ce poil à l'intérieur de la racine. Le protoplasme de *a* se portera vers l'extrémité du poil et, en vertu de sa force osmotique ainsi que de sa concentration plus forte que la dissolution aqueuse imbibant le sol, absorbera cette dernière à travers la membrane du poil qui acquerra alors une forte turgescence. Le suc cellulaire, stationnant à la base de ce poil, étant plus aqueux que le contenu de la cellule *b*, cédera à cette dernière, par voie osmotique, une partie des sucs terrestres absorbés par le poil. Un phénomène identique s'opérera entre les cellules *b* et *c*, puis entre les cellules *c* et *d*, etc.; et progressivement les sucs terrestres chemineront jusqu'au cylindre central de la racine où nous les retrouverons dans un instant (fig. 143).

Mais nous venons de voir que la force osmotique des sucs terrestres varie avec les besoins respectifs des plantes (plantes *nitrophiles, thiophiles,* etc). Si donc nous représentons par α, β, γ, etc., les sels en dissolution dans le sol où se trouve la plante, que nous considérions le sel α comme indispensable à cette plante, le sel β comme partiellement utile et le sel γ comme inutile, le premier étant activement

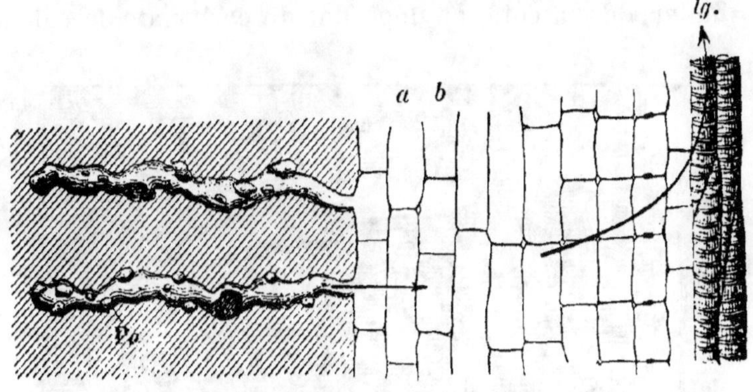

Fig. 143.

Absorption de la sève par les poils absorbants.

Po, poils absorbants plongés dans le sol et recouverts de particules terreuses (les flèches indiquent la marche de la sève à travers l'écorce jusque dans les faisceaux ligneux, *lg*).

consommé par cette plante, les cellules a, b, c, d, etc. en seront toujours appauvries et son passage, du sol à travers les membranes, s'effectuera d'une manière continue; le second, partiellement utile, passera lentement mais également d'une façon continue; tandis que le troisième, qui est inutilisé par la plante, cessera de participer au courant endosmotique dès que les cellules $a, b, c, d...$ en contiendront suffisamment et que leur protoplasme aura une concentration égale à celle de l'eau d'imbibition des molécules de terre en contact avec les racines.

Telle est la marche d'absorption des sucs terrestres par la racine.

Quant aux matières solides ou insolubles dans l'eau, telles que le carbonate de calcium (*calcaire*), le phosphate tribasique de calcium (*apatite*) et la silice, elles sont également attaquées par les racines, grâce aux liquides acides qu'elles sécrètent. Les expériences suivantes le démontrent.

Boussingault, en faisant germer des Haricots sur une table de marbre, remarqua que les jeunes racines avaient dessiné leur empreinte dans le marbre en l'attaquant par leur contact.

Zöller, de son côté, en déposant du carbonate de calcium

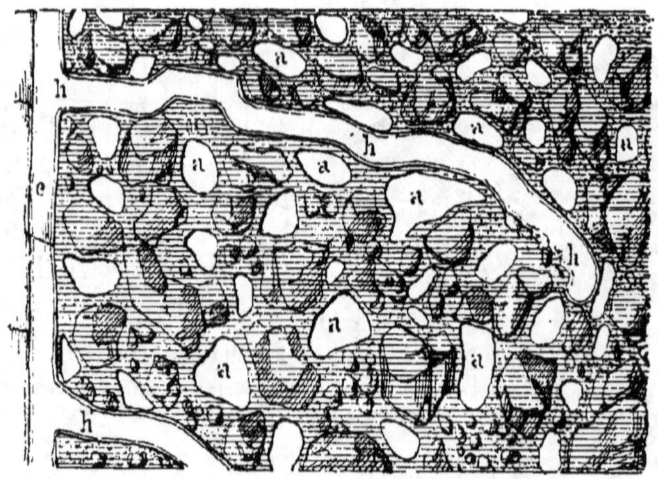

Fig. 144.

Schéma de la composition d'un sol arable dans lequel plongent les poils absorbants.

h, h, poils absorbants. — *a, a*, bulles d'air. — Les parties solides sont représentées par les corps fortement ombrés et l'eau par les lignes parallèles.

ou un phosphate, plus ou moins pulvérisés, sur une vessie remplie de liquide acide, avait constaté la dissolution de ces substances et leur pénétration dans la vessie à travers la membrane. Les poils radicaux sont parfaitement comparables, quant à leur fonction, à la vessie de Zöller.

C'est encore par les diastases qu'elles sécrètent que les racines parviennent à digérer les principes organiques (p. 58).

En résumé, on peut dire que la consommation règle l'absorption et que le développement des poils radicaux est directement proportionnel à la quantité d'eau imbibant les racines. Il y a lieu de remarquer aussi que l'absorption est toujours plus laborieuse dans le sol que dans une solution nutritive, car les particules terreuses retiennent les sucs nourriciers par attraction capillaire (fig. 144).

L'eau et le sol se disputent également les substances utiles à la plante. « Ils jouent vis-à-vis de ces matières nutritives solubles le rôle de deux convives doués d'appétits différents pour telle ou telle d'entre elles; une terre renferme-t-elle des nitrates? les pluies, les arrosages peuvent les lui enlever complètement; au contraire, vient-on à verser sur le sol une dissolution potassique ou ammoniacale? l'eau en est vite dépouillée par le sol. » (Schribaux et Nanot.)

Une concentration trop forte des sucs terrestres peut aussi occasionner le dépérissement de la plante, par *plasmolyse*[1] du protoplasme des cellules. Cet accident peut se produire, par exemple, sur les arbres plantés en bordure dans les villes, sous l'action du sel que l'on répand, en hiver, pour hâter la fonte des neiges. Ce sel renferme des chlorures de sodium et de magnésium nuisibles aux plantes à des doses très faibles (10 milligrammes par 100 grammes de terre).

Enfin une absorption exagérée d'eau peut produire, dans les racines, des accidents dus à une turgescence excessive des cellules, qui se traduisent soit par hypertrophie des parenchymes, soit par éclatement des tiges ou des fruits charnus.

Conséquences pratiques. — 1° L'agriculteur doit diviser le plus possible les engrais qu'il emploie à seule fin que les racines puissent en absorber davantage.

2° Les nitrates, étant entraînés facilement par les eaux d'infiltration, ne devront être appliqués en couverture qu'aux cultures capables de les utiliser immédiatement.

3° Les sels phosphatés ou potassiques, étant surtout

---

[1] La *plasmolyse* est la contraction du protoplasme par perte d'eau.

retenus par le sol, pourront être employés en plus grande quantité que les précédents et à une époque où la végétation n'est pas encore en activité.

4° L'absorption locale des sucs terrestres conduit logiquement à la question des assolements dont on parlera plus loin (p. 333).

C. Racine considérée comme organe de conduction. — La sève *brute* (eau et sels dissous) arrivée, ainsi qu'on l'a vu, au contact du cylindre central, traverse le péricycle et le liber, en obéissant aux mêmes lois osmotiques, pour arriver aux faisceaux ligneux. Elle pénètre dans les vaisseaux du bois chargés de la conduire dans les parties vertes de la plante.

Si l'on sectionne une jeune racine non loin de son sommet et qu'on la plonge, pendant quelque temps, dans une solution de fuchsine, on reconnaîtra par des coupes microscopiques transversales, que les vaisseaux ligneux seuls se sont injectés de fuchsine. Cette expérience démontre donc que la circulation de la sève brute s'effectue exclusivement, dans la racine, par les vaisseaux du bois.

D. Racine considérée comme organe de respiration. — Dehérain et Vesque ont démontré, par des expériences précises, qu'il est indispensable aux plantes de rencontrer dans le sol où elles plongent leurs racines de l'air en quantité suffisante. L'oxygène de cet air est absorbé par ces racines; il en résulte un dégagement d'anhydride carbonique en quantité moindre que celle de l'oxygène absorbée, dégagement produit, non par une simple oxydation, mais par des phénomènes intérieurs à la plante.

C'est surtout dans les parties jeunes de la racine que s'opère la respiration.

Il importe donc, dans la pratique, de faciliter le plus possible l'accès de l'air aux racines. On sait, en effet, que les plantes restent chétives ou périssent quand cet accès est entravé.

Une submersion du sol trop prolongée peut amener la

mort des plantes parce que l'air ne peut arriver à leurs racines. Ce dénouement peut aussi se produire quand le sol est trop compact et humide ou quand les racines des plantes sont enterrées trop profondément.

Nous reviendrons sur cette importante question au sujet des soins culturaux à donner aux plantes agricoles (voy. p. 312).

E. Racine considérée comme organe de réserve. — Les principes nutritifs absorbés en excès par la plante se transforment en diverses substances de réserve et se localisent en divers points de la plante pour être ordinairement employés, par elle, au fur et à mesure des besoins. Mais il peut se faire que les matières de réserve existent en permanence dans la plante. Ce cas se produit quand certains tissus, les parenchymes surtout, se sont hypertrophiés à la suite d'adaptations spéciales devenues héréditaires. Telles sont les racines de Betterave, de Carotte, de Dahlia, etc., dont le parenchyme cortical, fortement dévoloppé, emmagasine pour une plus longue durée les substances nutritives.

2° Physiologie de la tige. — La tige doit être considérée comme un appareil de *soutien*, de *conduction*, d'*assimilation* et de *réserves*. Elle *respire* comme la racine et tous les tissus vivants, *transpire* et *assimile*.

Avant d'examiner ces différentes questions, disons un mot sur sa *croissance*.

Croissance de la tige. — Il y a lieu de distinguer la croissance *terminale*, la croissance *intercalaire* ou allongement des entrenœuds et la croissance *transversale* ou épaississement.

La croissance *terminale* résulte de l'activité des cellules initiales situées au sommet du bourgeon. Ces cellules, en se divisant successivement, produisent de nombreuses cellules-filles qui se cloisonnent à leur tour pour constituer le méristème primitif.

Les premières feuilles prennent naissance très près du

sommet de la tige, par suite d'une croissance locale et latérale du méristème.

La croissance *intercalaire* s'effectue simultanément sur tous les entre-nœuds formés, mais d'une façon inégale. Leurs cellules constitutives achèvent de se développer pour atteindre leurs dimensions normales. Il en résulte un allongement des entre-nœuds correspondants. Les entre-nœuds les plus âgés sont évidemment les premiers à parfaire leur croissance.

L'*épaississement* de la tige est surtout occasionné par les formations secondaires que l'on a étudiées plus haut.

Il est des tiges chez lesquelles l'accroissement intercalaire est nul ou très faible (Aloès, Conifères, Mousses); les feuilles sont alors très rapprochées les unes des autres.

De même que pour la racine, la croissance de la tige peut être modifiée par des influences extérieures dues à la *température*, la *lumière*, l'*humidité*, la *pesanteur* et la *pression*.

a. *Température*. — La croissance de la tige atteint son maximum à une température (température *optimum*) qui varie avec les plantes. La température optimum pour le Haricot est égale à 27°, pour le Chanvre, à 32° et pour la Courge, à 37°. Ces températures spéciales se déterminent expérimentalement de la manière suivante : on place la plante sur un plateau horizontal fixé à un axe vertical animé d'un mouvement uniforme et tel que le plateau fait un tour en cinq minutes. Toutes les parties de la plante, étant soumises en des temps égaux à une température régulière mais variable, recevant une chaleur uniforme et variable, accusent pour la tige en particulier des accroissements que l'on détermine et compare ensuite par mensuration.

Si la température était inégale sur les diverses faces de la tige, celle-ci inclinerait son extrémité vers la température qui se rapproche le plus de l'optimum (thermotropisme *négatif*).

b. *Lumière*. — Lorsque la lumière est distribuée également sur toutes les faces de la tige, elle retarde la croissance de cette dernière. Si l'on plaçait deux jeunes plantes de même taille, l'une à la lumière précédente et l'autre à l'obscurité, on pourrait constater que la plante obscurcie s'allonge beaucoup plus que la plante éclairée.

Si, au contraire, on soumettait une plante à l'action de la lumière *unilatérale*, en la plaçant, par exemple, dans une chambre noire dont une des faces porterait une fente pour le passage de la lumière, la plante inclinerait sa tige vers la face éclairée (*Héliotropisme* ou *phototropisme positif*, fig. 145).

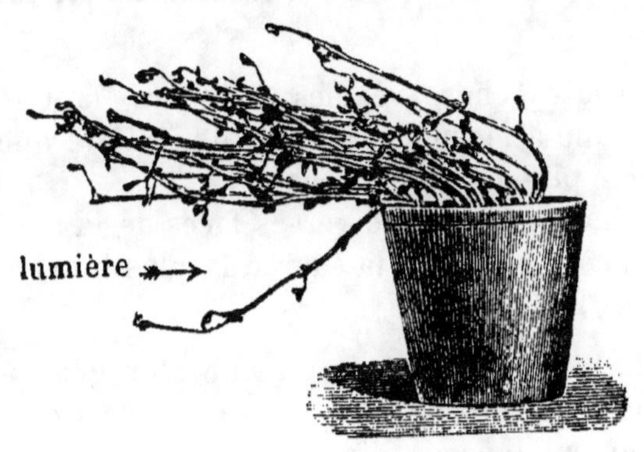

Fig. 145.

Action de la lumière sur la direction des tiges.

Cette expérience indique que la face éclairée de la tige s'est moins allongée que la face opposée et obscurcie.

Dans le cas où la plante serait éclairée de tous côtés mais à des degrés inégaux, la tige se courberait du côté où la lumière se rapprocherait le plus de son optimum.

La lumière *optimum* est le degré d'éclairement sous l'influence duquel la tige a une croissance *minimum*.

C'est grâce au phototropisme positif que les rameaux d'une tige parviennent à orienter leurs feuilles de manière à ce qu'elles reçoivent toute la quantité de lumière nécessaire à l'accomplissement de leurs fonctions.

Les diverses radiations du spectre solaire influent différemment sur la croissance de la tige. Si l'on prend comme terme de comparaison l'allongement maximum d'une tige à l'obscurité, pendant un temps déterminé, les diverses radiations, classées d'après le retard qu'elles causent respectivement à la croissance, se succèdent de la manière suivante :

Obscurité > jaune > rouge > vert > indigo > violet > lumière blanche.

On voit donc que le *jaune* retarde moins la croissance que le *rouge;* le *rouge,* que l'*indigo,* et ce dernier, que le *violet.* La lumière *blanche* est celle à laquelle la croissance atteint son *minimum.*

c. *Humidité.* — Toutes choses égales d'ailleurs, la tige s'accroît plus dans une atmosphère saturée d'humidité que dans une atmosphère plus ou moins sèche.

Si l'humidité est inégale sur les diverses faces de la tige, celle-ci s'incline du côté opposé à la source la plus humide (*Hydrotropisme négatif*).

d. *Pesanteur.* — La tige principale est douée d'un géotropisme négatif, c'est-à-dire qu'elle s'allonge suivant la verticale et très fréquemment dans une direction diamétralement opposée à celle de la racine.

Une plante retournée de manière à avoir le sommet de sa tige dirigé vers le sol, se redresse par une courbure géotropique négative.

La pesanteur accélère la croissance de la tige; on a vu que le contraire existait chez la racine.

Si l'on retournait une plante, ses rameaux secondaires se redresseraient comme la tige principale, mais en faisant avec cette dernière un angle sensiblement égal à celui qu'ils formaient avant l'expérience. Les rameaux secondaires ne possèdent donc qu'un *géotropisme négatif partiel,* lequel devient d'autant moindre que les rameaux sont d'ordre plus élevé; les plus petits se dirigent dans toutes les directions.

On a vu que si l'on supprimait l'extrémité du pivot d'une plante, la racine secondaire, la plus rapprochée du plan de section, remplacerait ce pivot en s'enfonçant verticalement dans le sol : cette racine latérale a donc acquis un géotropisme positif. Le même fait se produit pour la branche secondaire la plus rapprochée du point où la tige principale a été sectionnée : son géotropisme négatif partiel a donc fait place à un géotropisme négatif complet.

e. *Pression.* — Quand une pression s'exerce sur une des faces de la tige, elle produit une concavité du côté pressé par suite d'un accroissement plus actif de la face opposée. Les *vrilles* sont très sensibles à la pression (Vigne, Vesce, etc.) ; elles ne s'enroulent que lorsqu'elles ont rencontré un support ou un corps résistant. Il n'en est pas de même des tiges *volubiles* (Liseron, Houblon) qui sont insensibles au contact.

A. Tige considérée comme organe de soutien. — On a vu plus haut que les tissus de soutien de la tige étaient le collenchyme, le parenchyme scléreux, le sclérenchyme et partiellement les vaisseaux du bois. Ces divers tissus sont d'autant plus développés que les ramifications de la plante sont plus nombreuses. Les arbres, en général toutes les plantes ligneuses à tiges dressées, réclament une puissante charpente ; les herbes, les tiges grimpantes ou volubiles, très minces par rapport à leur longueur, sont pauvres en tissus de soutien et ne peuvent s'élever dans l'atmosphère sans le secours d'un support.

Les tiges rampantes ou souterraines, ayant le sol pour soutien, ne sauraient figurer parmi les précédentes.

B. Tige considérée comme organe de conduction. — Les vaisseaux ligneux de la tige, étant la continuation de ceux de la racine, remplissent le même rôle que ces derniers. L'expérience d'injection à la fuchsine, faite sur la racine et répétée sur la tige, montre bien qu'il en est ainsi. La nouvelle expérience suivante le confirme encore. Si l'on coupe, sous l'eau à 30°, un rameau feuillé et que l'on plonge sa section dans du beurre de cacao ou de la gélatine fondus, la substance grasse s'élève dans le rameau en vertu d'une aspiration provoquée par la transpiration des feuilles. Laissant ensuite refroidir, la matière grasse se solidifie. Si après avoir rafraîchi la section on plonge le rameau dans l'eau en même temps qu'un autre rameau non injecté, on remarque que ce dernier reste frais et vivant, tandis que le premier se fane ; les vaisseaux obstrués par la matière grasse s'étaient opposés au passage de la sève.

Une tige de jeune arbre, coupée non loin de sa base, donne au printemps une abondante quantité d'eau. Si l'on en épongeait la section, on constaterait que cette eau est bien émise par les vaisseaux du bois. Ces derniers ne conservent pas indéfiniment cette fonction conductrice ; arrivés à un certain âge, ils sont obstrués par divers produits organiques (tanin, gommes, résines) ou par des prolongements (*thylles*), provenant de cellules voisines, passés au travers des ouvertures sculpturales de la paroi vasculaire. Ce sont donc surtout les plus jeunes vaisseaux, ceux de l'*aubier*, qui sont chargés du transport de la sève.

Les vaisseaux ligneux de la tige ne sont pas les seuls destinés à cet usage. Les cellules du parenchyme ligneux y contribuent aussi. Si dans une tige on pratiquait deux incisions, à des niveaux différents et sur deux faces opposées, de manière à sectionner tous les vaisseaux du bois, les feuilles ne se faneraient pas et conserveraient leur turgescence. Les vaisseaux, ayant perdu leur fonction par suppression, ont été remplacés par les cellules du parenchyme ligneux.

La modification que subit la sève dans son parcours (sève de l'Érable à sucre) indique également qu'il s'opère entre les vaisseaux et les conjonctifs voisins des échanges osmotiques.

Les causes qui concourent à l'ascension de la sève sont la *pression osmotique,* l'*attraction capillaire* des vaisseaux, la *transpiration* des feuilles et la *consommation* des sucs dont elles sont le siège.

C. TIGE CONSIDÉRÉE COMME ORGANE D'ASSIMILATION, DE RESPIRA-

TION ET DE TRANSPIRATION. — Ces trois questions, se reproduisant dans la feuille, seront examinées dans la physiologie de cet organe.

D. TIGE CONSIDÉRÉE COMME ORGANE DE RÉSERVE. — La tige, on l'a vu, peut subir des modifications, des déformations partielles, qui sont le siège de réserves nutritives.

Les tubercules de Pomme de terre, de Stachys (Crosne du Japon), de Topinambour, les bulbes du Safran, la portion inférieure renflée de la tige du Navet, de la Betterave, de la Carotte, renflement qui se confond avec celui de la tige ; les tiges aplaties et foliacées des Cactées, etc., sont de véritables magasins de réserves nutritives, localisées surtout dans les parenchymes conjonctifs *primaires* (Pomme de terre, Cactées, Crosne, Safran, etc.) ou *secondaires* (Topinambour, Betterave, Navet, Carotte, etc).

3° Physiologie de la feuille. — *Croissance.* — Avant d'examiner cette importante question, il convient de s'arrêter un moment sur la croissance de la feuille. On a vu que les feuilles naissent très près du sommet de la tige sous la forme d'un petit mamelon latéral et cellulaire (fig. 146). Les cellules terminales de ce mamelon se cloisonnent tout d'abord et fournissent la première ébauche de la feuille dont la croissance définitive est liée à un nouveau foyer de développement situé soit à la base de l'organe (croissance *basipète* : Chêne, Vigne, Blé, etc.), soit à son extrémité libre (croissance *basifuge* : certaines Ombellifères).

Le limbe se différencie le premier, ensuite la gaine, les stipules et le pétiole. L'ordre de développement de ces trois dernières parties est variable.

La *pesanteur* et la lumière influent sur la croissance de la feuille. La première intervient pour donner à la feuille son orientation définitive. Si l'on modifie la direction d'un rameau feuillé, qu'on le renverse par exemple, tous les pétioles de ce rameau se tordent ou se redressent spontanément en vue de rendre à leur limbe respectif sa position initiale. Cette expérience démontre que le pétiole est doué d'un *géotropisme négatif*.

La *lumière* retarde la croissance de la feuille. Cette constatation se vérifie facilement sur des plantes empotées placées devant une fenêtre. Les pétioles, se tournant tous vers la lumière, subissent une diminution de croissance sur leur face éclairée. Cette influence retardatrice de la lumière ne

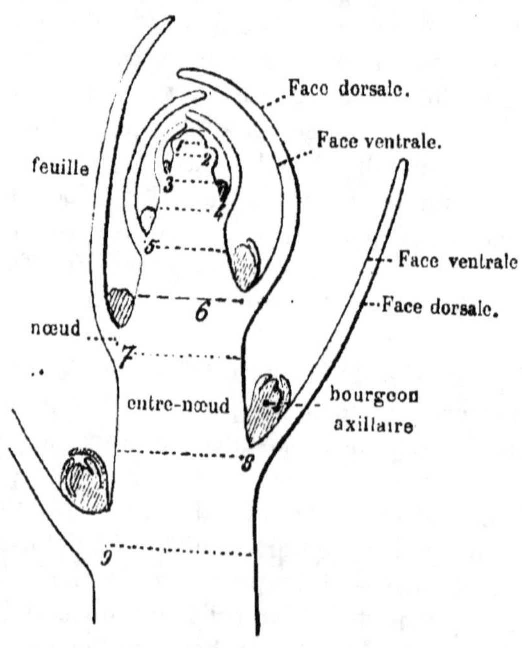

Fig. 146.
Structure du sommet d'une tige.

peut être interprétée qu'indépendamment des réactions chimiques qui s'opèrent dans la feuille, réactions qui, combinées avec l'action de la lumière, favorisent au contraire la croissance de la feuille.

La lumière peut produire des modifications non moins importantes dans la structure de la feuille, notamment chez les plantes pour lesquelles elle est devenue un agent important à la suite d'une longue adaptation (plantes *héliophiles*).

Quand les rayons solaires n'arrivent qu'à la face supérieure de la feuille, les cellules palissadiques sont plus serrées et plus longues ou bien multiplient leurs assises (mésophylle *bifacial*).

Si, en même temps, la face inférieure reçoit des rayons lumineux par réflexion, ces derniers provoquent, sous l'épiderme inférieur, le développement d'une ou plusieurs assises de palissades (mésophylle *subcentrique*).

Enfin, l'action prolongée de ce double éclairement de la feuille peut entraîner la transformation totale des cellules du mésophylle en palissades (mésophylle *centrique*).

Ainsi donc le parenchyme palissadique est le tissu de la feuille qui manifeste le mieux les effets de la lumière. Les plantes chez lesquelles il est abondamment développé affectionnent spécialement la lumière ; on doit donc, dans les plantations, leur réserver les surfaces les mieux éclairées.

Les feuilles remplissent un rôle capital dans la nutrition de la plante ; leurs fonctions essentielles sont la *transpiration*, la *chlorovaporisation*, la *respiration* et l'*assimilation chlorophyllienne*.

a. *Transpiration*. — La transpiration est une fonction en vertu de laquelle les parties perméables de la plante exposées à l'air atmosphérique, notamment les feuilles, exhalent de la vapeur d'eau. La transpiration, étant sous la dépendance de l'activité vitale du végétal, diffère donc de l'*évaporation*.

La vapeur d'eau, émise par osmose des cellules parenchymateuses de la feuille, passe dans les lacunes puis dans les chambres sous-stomatiques, pour s'échapper ensuite par les stomates. La transpiration s'effectue aussi bien la nuit que le jour.

Pour démontrer que c'est bien par l'*ostiole* des stomates que s'opère le dégagement de vapeur d'eau, on applique sur les deux faces d'une feuille une bande de papier imprégnée de chlorure double de palladium et de fer. Ce papier sensible, étant incolore ou jaunâtre à l'état sec, prend une teinte grisâtre plus ou moins foncée sous l'influence de la vapeur d'eau. Or l'examen microscopique des deux bandes de papier, maintenues pendant quelque temps sur la feuille, montre des taches sombres à l'endroit même occupé par les stomates. La bande placée sur la face supérieure de la feuille n'aurait accusé aucune empreinte sombre si les sto-

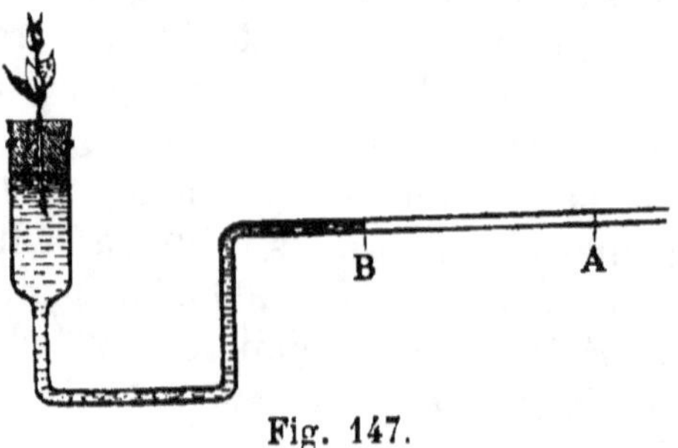

Fig. 147.

Mesure de la vapeur d'eau émise par une plante.

mates y avaient fait défaut. C'est donc bien par l'ouverture stomatique que s'exhale la vapeur d'eau.

La quantité de vapeur d'eau émise est naturellement subordonnée au développement de la plante et à l'abondance de son feuillage. Plusieurs expériences ont été imaginées pour démontrer l'intensité de la transpiration ; citons les deux suivantes :

On plonge et fixe à l'aide d'un bouchon de caoutchouc la base d'un rameau feuillé dans la branche dressée d'un tube en U dont l'autre branche est allongée horizontalement et d'un calibre beaucoup plus faible que l'autre (fig. 147). Le tube et la branche horizontale sont remplis d'eau, un index de papier est collé à l'extrémité libre du liquide sur la branche horizontale. Pendant la durée de l'expérience, on remarque que la colonne liquide horizontale diminue de longueur d'une manière continue et se rapproche de la partie coudée. L'eau disparue a été absorbée par le rameau, puis exhalée en grande partie par la transpiration.

Au lieu d'un rameau on peut expérimenter sur une plante

entière placée dans un pot. Pour éliminer les causes d'erreur on vernisse le pot et on recouvre la surface de la terre d'un disque de plomb. De cette façon, la vapeur d'eau ne pourra se dégager que par les parties aériennes de la plante. Plaçant ce pot sur un des plateaux d'une balance, on lui fait équilibre avec des poids déposés sur l'autre plateau. Au bout de quelque temps l'équilibre est rompu au détriment du plateau portant la plante. La diminution de poids de cette dernière résulte de la perte de vapeur d'eau dégagée par elle dans l'atmosphère.

La transpiration ne peut s'effectuer librement à travers les épidermes à cause de l'imperméabilité plus ou moins grande de leur cuticule ; elle est donc complètement subordonnée à l'existence des stomates, et acquiert une importance d'autant plus grande que ces stomates sont plus nombreux.

La transpiration est un des facteurs les plus importants qui assurent la continuité du mouvement ascensionnel de la sève brute.

b. *Chlorovaporisation.* — On a constaté que la transpiration est beaucoup plus active au soleil qu'à l'ombre, pendant le jour que pendant la nuit (fig. 148). Cette remarque ne saurait être expliquée exclusivement par ce fait que la température est plus élevée pendant le jour que pendant la nuit ou au soleil qu'à l'ombre. Si l'on expose, en effet, des feuilles de blé dans les diverses régions du spectre solaire, on constate que ces feuilles ont dégagé plus de vapeur d'eau en regard des bandes d'absorption de la chlorophylle qu'ailleurs. Il faut donc admettre que la chlorophylle a la propriété d'emmagasiner dans la feuille des radiations dont l'énergie est en partie utilisée à la production de vapeur d'eau aux dépens de la sève brute. Ce phénomène, très distinct de la *transpiration*, a reçu le nom de *chlorovaporisation*.

Ainsi une feuille de Blé n'émet qu'un milligramme de vapeur d'eau à l'obscurité, tandis qu'elle en rejette 168 milligrammes au soleil, pendant le même temps. Or, d'après

Aubert, la lumière solaire ne faisant que doubler ou tripler la transpiration, la feuille de Blé eût dû rejeter au plus, dans le deuxième cas, 3 milligrammes de vapeur d'eau ; les 165 milligrammes en excès ont donc été produits par la chlorovaporisation.

Les feuilles à l'état jeune transpirent moins qu'à l'état adulte.

La transpiration est plus grande chez les arbres à feuilles caduques que chez ceux à feuilles persistantes, chez les

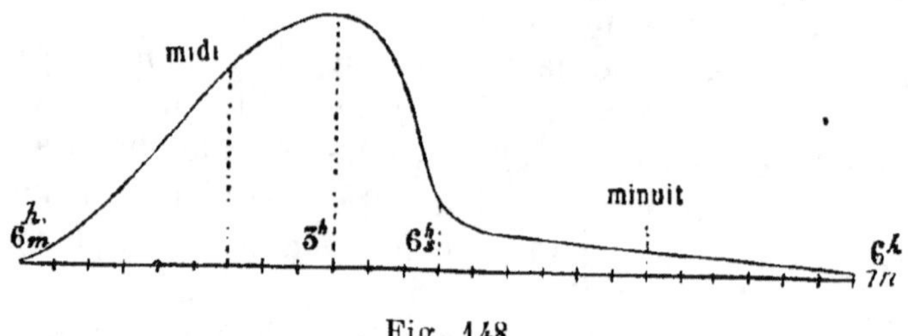

Fig. 148.

Courbe montrant les variations de la transpiration
pendant vingt-quatre heures.

plantes herbacées à feuilles minces que chez celles à feuilles épaisses.

On a calculé qu'un hectare planté en Maïs perd chaque jour 36 000 kilogrammes de vapeur d'eau, et 25 000 kilogrammes s'il est planté en Avoine.

Si on comparait les quantités d'eau transpirées au poids correspondant de la matière sèche élaborée, on verrait, par exemple, pour le Blé, que la production d'un gramme de matière sèche exige le passage d'environ 25 centilitres d'eau à travers la plante ; ce qui donnerait, pour la production de 5 000 kilogrammes de matière sèche à l'hectare, près de 1 250 mètres cubes d'eau.

Les cellules de la plante ne sont turgescentes, c'est-à-dire en réplétion aqueuse, qu'autant qu'il y a équilibre entre l'eau exhalée par la plante et celle absorbée par ses racines. Cet équilibre est détruit quand la transpiration l'emporte sur l'absorption, par suite d'une différence de température entre la tige et la racine. L'aspect d'un champ de Betteraves au déclin d'une chaude journée d'été en est la preuve. Les feuilles paraissent flétries parce qu'elles ont transpiré plus d'eau que les racines ne leur en ont fourni. Le contraire a lieu pendant la nuit où l'absorption, l'emportant sur la transpiration, rend aux tissus l'eau nécessaire au rétablissement de leur turgescence.

De nombreuses plantes, à la suite d'une longue adaptation et d'une sélection naturelle poursuivie toujours dans le même sens, se sont admirablement organisées pour résister aux pertes d'eau excessives. Elles ont épaissi leur cuticule épidermique, diminué leur surface transpiratoire, en devenant plus petites, augmenté leur revêtement pileux, de telle sorte que l'abondance des poils forme, chez certaines d'entre elles, un feutrage plus ou moins épais ; leurs stomates sont plus petits, à ostiole plus étroit s'ouvrant au-dessous du niveau épidermique (stomates *inclus*) ; enfin un tissu nouveau, incolore, placé ordinairement sous l'épiderme supérieur, que l'on nomme *hypoderme*, s'est constitué aux dépens des cellules palissadiques et peut être considéré comme un véritable réservoir d'eau pour la feuille. Sous l'influence d'une sécheresse persistante, les racines s'allongent et s'enfoncent plus profondément dans le sol pour trouver la fraîcheur et l'humidité qui leur font défaut dans le milieu ordinaire de leur développement.

Mais ces moyens de défense deviendraient insuffisants et la résistance à la sécheresse serait vaine, si le sol ne possédait la quantité d'eau nécessaire et la faculté de la céder aux plantes en voie de développement. Ces deux conditions peuvent être favorisées en soumettant le sol à une culture raisonnée, en l'entretenant dans un état de division tel que son pouvoir hygroscopique en soit augmenté ; enfin, en l'arrosant toutes les fois que cela est possible. On ne saurait trop répéter, dit avec justesse Dehérain, que l'eau des cours d'eau employée aux irrigations acquiert en temps de sécheresse une valeur infiniment supérieure à celle qu'elle présente comme force motrice.

L'état déplorable des cultures dans nos régions, l'impossibilité où l'on se trouve parfois de faire les semailles de Blé, dans les terres réduites en poussière, montrent que partout où cela est possible, il faut irriguer. L'eau transforme les cultures, non seulement dans le midi de la France, mais aussi dans ses parties septentrionales, pendant les saisons sèches. Nous reprendrons plus loin cette importante question (voy. p. 314).

Outre la transpiration, la plante peut encore émettre, en certains points de son étendue, de l'eau à l'état liquide avec quelques principes dissous. Ce phénomène, qui constitue la *sudation*, se produit toutes les fois que la turgescence dépasse une certaine limite. L'écoulement de cette eau s'effectue par l'intermédiaire des stomates aquifères et des solutions de continuité, normales ou accidentelles, produites sur la tige ou sur la feuille. Les gouttelettes d'eau que l'on voit perler, le matin, au sommet des jeunes feuilles de Blé ou d'Avoine, sont un produit de sudation, et l'ouverture à travers laquelle elles s'écoulent est une *déchirure* locale et non un stomate aquifère (fig. 149).

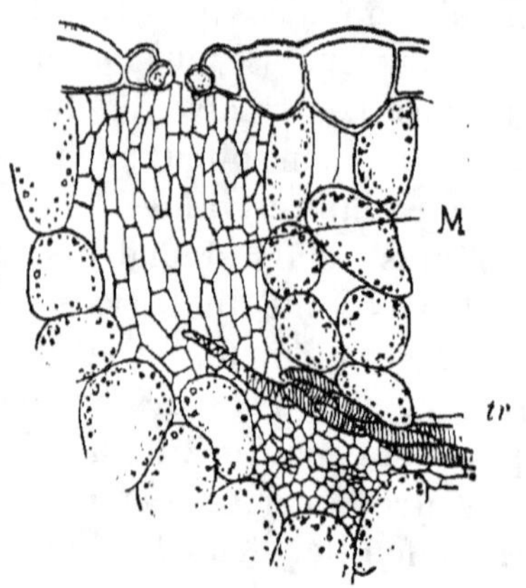

Fig. 149.

Terminaison d'une nervure dans un stomate aquifère.

M, massif cellulaire occupant l'emplacement de la chambre sous-stomatique (*épithème*). — *tr*, trachées.

c. *Respiration*. — La respiration est une des fonctions essentielles de la vie ; elle est propre à tous les tissus vivants de la plante et s'effectue aussi bien pendant la nuit que pendant le jour, dans la racine que dans les autres membres, chez les plantes aquatiques que chez les plantes aériennes. Elle consiste en une fixation d'oxygène par le protoplasme et en un dégagement correspondant d'anhydride carbonique ; elle engendre l'énergie et, lorsqu'elle est suffisamment intense, produit un dégagement de chaleur.

L'oxygène absorbé produit la décomposition incessante de la matière vivante, ainsi que celle des produits dérivés de son activité (sucres, corps gras, etc.). L'anhydride carbonique, l'eau, des produits azotés, etc., sont le résultat de cette décomposition.

Le rapport $\frac{CO_2}{O}$ (quotient respiratoire) du volume de l'anhydride carbonique dégagé à celui de l'oxygène absorbé est constant pour chaque plante et un peu inférieur à l'unité. L'excès du volume d'oxygène sur celui d'anhydride carbonique indique que l'oxygène absorbé est en partie employé à effectuer d'autres oxydations que celles du carbone.

Pour constater la respiration, c'est-à-dire le dégagement d'anhydride carbonique, on dispose, dans un vase hermétiquement clos et en présence d'eau de chaux bien limpide, quelques jeunes plantes développées à l'obscurité et conséquemment encore dépourvues de chlorophylle (fig. 150). Sous l'influence de l'anhydride carbonique dégagé il se produit une pellicule blanche de carbonate de calcium à la surface de l'eau de chaux.

Le rapport $\frac{CO_2}{O} < 1$ varie suivant la *nature de la plante*, son *âge*, la *composition du suc cellulaire*, la *température* et la *lumière*.

Ce rapport est voisin de l'unité pour les plantes adultes à feuilles minces ; il diminue et s'éloigne d'autant plus de l'unité que les plantes deviennent plus charnues.

Il se rapproche de l'unité à l'époque de la croissance active. Ainsi, chez les plantes vivaces, c'est au moment de la sortie des bourgeons et de la floraison qu'il atteint sa valeur maximum ; chez les plantes herbacées annuelles, c'est pendant les périodes de germination et de floraison.

La respiration augmente d'intensité à partir d'une certaine température minimum qui est rarement inférieure à 0° et se continue jusqu'à une température optimum qui oscille entre 30 et 35°. Au delà de ces deux extrêmes, la respiration diminue.

La lumière retarde la respiration, tandis que l'obscurité l'active.

d. *Assimilation chlorophyllienne*. — Par cette fonction la plante dégage de l'oxygène en même temps qu'elle s'incorpore de l'anhydride carbonique. C'est là un phénomène extrêmement important sans lequel la vie deviendrait impossible à la surface du globe.

La fonction chlorophyllienne est donc l'inverse de la respi-

Fig. 150.

Expérience pour montrer
la respiration des végétaux.

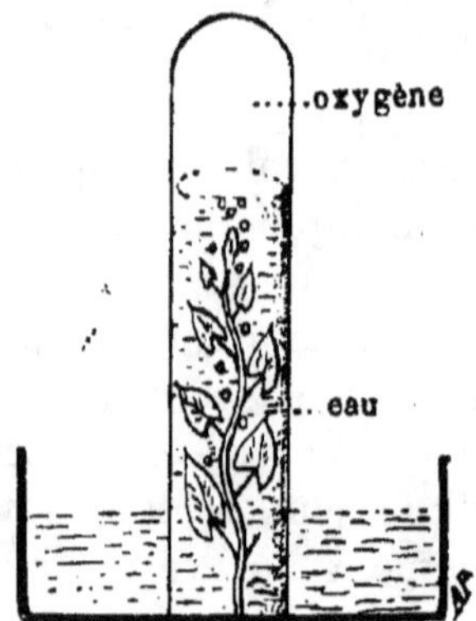

Fig. 151.

Expérience fondamentale de
l'assimilation chlorophyllienne.

ration et elle ne s'effectue que pendant le jour en présence de la lumière. On peut la mettre en évidence de la manière suivante. Dans une éprouvette remplie d'eau légèrement acidulée par l'anhydride carbonique, on introduit une feuille verte, de Bambou par exemple; on renverse l'éprouvette dans un cristallisoir renfermant de l'eau et on expose le tout à la lumière solaire. Après quelques instants on voit se dégager des bulles gazeuses qui se localisent à la partie supérieure de l'éprouvette (fig. 151).

Si l'on fait l'étude de ce gaz on lui reconnaît toutes les propriétés de l'oxygène. Quant à l'anhydride carbonique de l'éprouvette, il a disparu. Il n'y eût eu aucun dégagement d'oxygène si la feuille avait été anesthésiée.

C'est donc grâce à la chlorophylle renfermée dans les
organes verts de la plante et en présence de la lumière solaire
que s'opèrent le dégagement d'oxygène et l'assimilation de
l'anhydride carbonique.

Si l'on déposait une série d'éprouvettes identiques à la
précédente dans les diverses régions du spectre de la chlorophylle (fig. 152), on reconnaîtrait aussi que c'est exclusivement en regard des bandes d'absorption de cette subs-

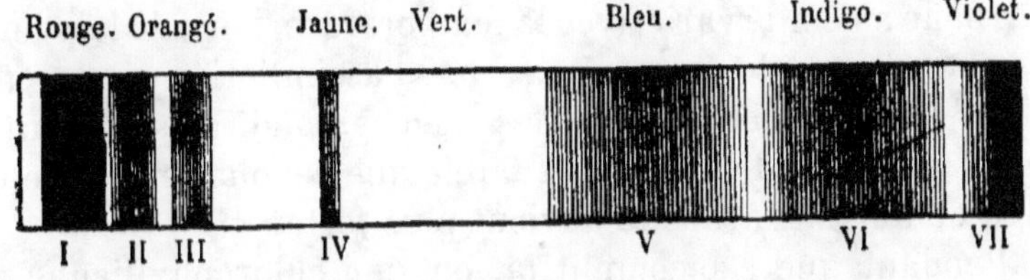

Fig. 152.

Spectre de la chlorophylle.

I à VII, différentes bandes foncées.

tance, c'est-à-dire dans le *rouge*, le *bleu* et le *violet*, que
s'effectue le phénomène. L'oxygène atteint son maximum de
dégagement sous l'influence des radiations *rouges* et *orangées*
et son minimum sous celle des radiations *bleues* et *violettes*.
Le *vert* et le *jaune* sont sans effet.

L'intensité de lumière à laquelle l'assimilation chlorophyllienne se produit est variable avec les plantes. Les unes sont
impuissantes à produire le phénomène dès que les rayons
solaires cessent d'arriver à elles (Blé) ; d'autres se conten-
tent ordinairement d'une lumière diffuse (Lierre, Fougères,
Mousses). Rien ne prouve d'ailleurs que l'assimilation chlorophyllienne ne se produise pas à une lumière peu intense.
Il peut se faire, en effet, que l'oxygène, qui se dégage d'une
façon nette sous l'influence des radiations lumineuses
moyennes ou fortes, passe inaperçu dans le premier cas par
suite de son utilisation dans la respiration et soit subordonnée à l'intensité de cette dernière. Quoi qu'il en soit, il y
a lieu de reconnaître que, dans la généralité des plantes, la
lumière vive joue un rôle prépondérant dans le phénomène.

Les arbres de la lisière des forêts, ceux des allées des parcs, ont toujours leurs branches franchement éclairées plus fortes que celles exposées à la lumière diffuse. L'importance d'une récolte de fourrages est certainement proportionnelle à la quantité de lumière reçue par les plantes fourragères pendant leur végétation. Un hectare de prairie fixe en moyenne, chaque année, 3 000 kilogrammes de carbone.

Le rapport $\frac{O}{C}$ du volume d'oxygène dégagé à celui du carbone assimilé varie avec la température, l'âge de la plante et son degré de carnosité. Ainsi l'assimilation augmente avec la température dans les mêmes conditions d'éclairement ; elle est d'autant plus faible que la plante avance en âge ou que sa carnosité devient plus forte.

Pendant que s'accomplit la fonction chlorophyllienne, le carbone observé donne naissance à des composés organiques sous l'influence des chloroleucites. Parmi ces composés on peut citer l'*amidon* qui se trouve à l'état figuré dans les corps chlorophylliens. La formation d'amidon chez ces derniers ne se produit qu'en présence de la lumière et de l'anhydride carbonique ; les deux expériences suivantes le démontrent.

1° Si l'on couvre une feuille, non détachée de la plante, d'une lame d'étain, dans laquelle on a préalablement découpé le mot *amidon* par exemple, on constate que l'amidon ne s'est formé dans les corps chlorophylliens qu'en regard des caractères découpés. Pour cela, il suffit de traiter la feuille par l'eau iodée ; le mot *amidon* apparaît en bleu foncé et les autres parties de la feuille restent vertes.

2° Une plante verte, placée sous une cloche, c'est-à-dire dans une atmosphère confinée, ne produit jamais d'amidon, même à la lumière, si l'on a eu soin d'éliminer l'anhydride carbonique de la cloche à l'aide de la potasse.

En terminant l'étude des fonctions de la feuille, on peut dire que la *respiration* et l'*assimilation chlorophyllienne* sont deux phénomènes inverses et simultanés et que les variations de composition que les feuilles vertes, exposées à la lumière, font subir à un gaz confiné, ne sont que la résultante de ces deux phénomènes superposés.

e. *Sève élaborée*. — La *sève brute*, transportée dans le parenchyme vert des feuilles par les vaisseaux du bois, y subit,

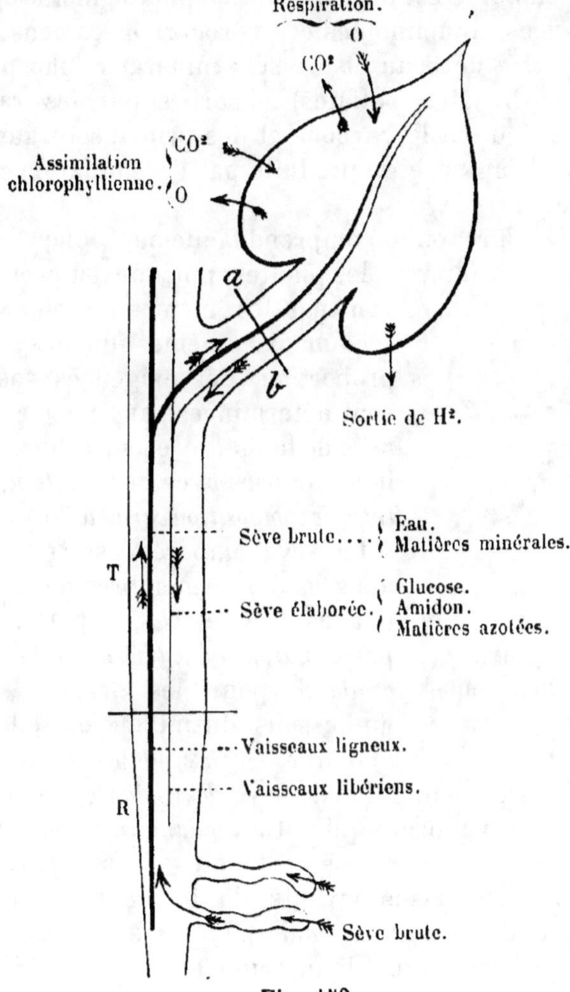

Fig. 153.

Circulation générale de la sève.

R, racine. — T, tige.

en vertu des fonctions précédentes, une condensation et des transformations, en un mot un travail de synthèse qui en fait

10.

une substance complexe éminemment nutritive, désignée sous le nom de *sève élaborée* ou *sève plastique* (fig. 153).

La sève élaborée est une dissolution plus ou moins épaisse de substances albuminoïdes et hydrocarbonées constituées par une partie de l'eau et les sels minéraux (phosphates, nitrates, carbonates, sulfates) absorbés par les racines, auxquels s'ajoutent le carbone et des principes organiques (sucres, asparagine, etc.) produits par l'assimilation chlorophyllienne.

Cette sève offre, on le comprend facilement, une composition qui doit varier avec les plantes, puisque toutes n'éprouvent pas les mêmes besoins ni ne réclament les mêmes aliments en égale proportion. Ces exigences spéciales sont déterminées par l'*analyse élémentaire* de la plante et sa *culture* en milieux arrosés avec des *solutions nutritives de composition variable* (voy. p. 180).

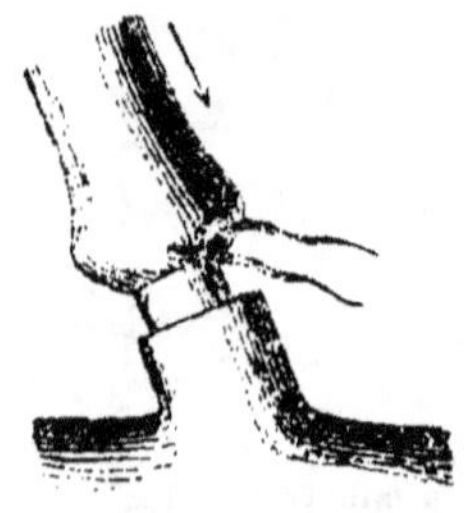

Fig. 154.

Rameau auquel on a fait l'incision annulaire.

La sève élaborée est transportée dans les divers membres de la plante par les *tubes criblés* et parfois aussi par le *parenchyme libérien*. Elle est *descendante* pour les organes situés au-dessous du milieu où elle s'est élaborée, et *ascendante* dans le cas contraire. La dénomination de sève *descendante*, par rapport à celle de la sève brute qui est *ascendante*, ne saurait donc donner une idée rigoureusement nette de son parcours à travers tous les tissus vivants de la plante. Néanmoins l'expression de *sève descendante* peut être employée dans un sens général, étant donné que les feuilles, siège de son élaboration, sont ordinairement situées aux extrémités des ramifications ultimes de la tige.

Le pouvoir nutritif et réparateur de la sève élaborée se démontre facilement, en même temps que la localisation de cette dernière. Si l'on pratique, sur une tige ou un de ses rameaux, une *incision annulaire* pénétrant jusqu'au bois, de manière à en détacher l'*écorce* et le *liber*, on constate, quelque temps après, que la lèvre supérieure de la plaie donne un bourrelet cicatriciel, tandis que l'inférieure reste mince (fig. 154). Ce bourrelet consiste en un parenchyme dû à l'activité du tissu libérien et conséquemment à l'action continue de la sève élaborée fournie par les feuilles supérieures. Il y a non seulement développement d'un bourrelet, mais encore accroissement plus considérable de la portion du végétal partiellement isolée du reste de la plante. Les fruits que cette partie peut porter deviennent également plus gros ou plus nombreux et mûrissent mieux que les autres (Vigne, arbres fruitiers).

Lorsque l'incision annulaire est peu large, le bourrelet supérieur parvient à rejoindre la lèvre inférieure ; il rétablit ainsi la continuité interrompue par l'opération ; mais lorsque l'incision est très large, ses deux bords ne peuvent se rejoindre et la vie de la plante en est sérieusement compromise (voy. p. 327).

L'opération du *greffage* est basée sur la propriété qu'ont les tissus libériens, sous l'action de la sève élaborée, de s'unir les uns aux autres entre plantes plus ou moins affines (voy. p. 345).

TRAVAUX PRATIQUES

1º *Collenchyme*. (Tiges de Rosier, de Pomme de terre, etc.)

2º *Sclérenchyme*. (Étude des fibres textiles : Jute, Coton, Lin, Chanvre, Alfa, Ramie, Ortie).

3º *Cellules scléreuses*. (Certaines poires dites *pierreuses*.)

4º *Canaux résinifères* et *laticifères*. (Pins, Euphorbe, Chélidoine.)

5º Le *liber*, le *bois* et le *liège* sont étudiés en même temps que la tige et la racine.

6º *Racine*.

A. *Étude de la coiffe*. (Lentille d'eau, Pois et Fève en germination.)

B. *Étude des poils absorbants*. (Racines de Fétuque, d'Ivraie, de Chou, développées dans de la mousse humide.)

C. *Structure primaire*. (Coupes transverse et radiale de jeunes racines de Haricot en voie de germination.)

D. *Structure secondaire.* (Racines d'arbres fruitiers, de Navet, de Betterave, etc.)

7° *Tige.*

A. *Bourgeons* à *fleurs* et à *feuilles.* (Études macroscopique et microscopique : Lilas, Poirier, etc.)

B. *Structure primaire.* (Haricot, Blé, Maïs, en germination.)

C.   —   *secondaire.* (Coupes transversale et radiale : Pommier, Abricotier, Chanvre, Blé, etc.)

8° *Feuille.*

A. Études des *poils* et des *stomates.* (Épiderme de feuilles de Noyer, Cerisier, Pomme de terre, Graminées.)

B. Coupes transversales dans le *pétiole* et le *limbe.* (Maïs, Blé, Prunier, Pêcher, etc.)

PHYSIOLOGIE

Ces expériences sont exécutées et suivies, pendant toute leur durée, par les élèves.

1° *Racine.*

A. *Humidité.* (Germination de graines de Haricot dans un tamis incliné et rempli de mousse ou de sciure de bois humide.)

B. *Sécheresse.* (Étudier l'accroissement des racines d'une même plante cultivée dans des pots dont la terre se trouve à des degrés différents d'humidité.)

2° *Feuille.*

A. *Perméabilité.* (Reproduire les expériences de Detmer et de Sachs.)

B. *Transpiration* et *chlorovaporisation.* (Reproduction des expériences ordinaires.)

C. *Respiration.* (Jeunes plantes placées dans un vase hermétiquement clos, en présence d'eau de chaux bien limpide.)

D. *Assimilation chlorophyllienne.* (Reproduction des expériences courantes.)

TROISIÈME PARTIE

RAPPORTS DE LA PLANTE AVEC LE SOL
SOINS A DONNER AUX PLANTES AGRICOLES

CHAPITRE PREMIER

ALIMENTS DE LA PLANTE

Dans les deux premières parties de cet ouvrage on a passé successivement en revue la plante embryonnaire renfermée dans la graine, le développement de cet embryon en plante adulte, les phénomènes qui s'accomplissent dans ses cellules constitutives, la structure et les fonctions physiologiques de ses différents membres. Il reste à examiner comment cette même plante *s'alimente* et *se reproduit*.

De même que l'animal, la plante, si simple qu'elle soit, a besoin, pour conserver en elle la vie, de s'approprier au dehors un ensemble de corps qui, combinés différemment entre eux, constituent ses *aliments*.

Parmi ces aliments, les uns sont préexistants, c'est-à-dire accumulés dans ses tissus sous forme de réserves ; les autres sont puisés dans le milieu ambiant au fur et à mesure des besoins. Les premiers sont des aliments *internes*, les seconds, des aliments *externes*.

1° *Aliments internes.* — On a vu (p. 155 et 161) que la racine et la tige pouvaient subir des déformations locales, une hypertrophie plus ou moins profonde de certains de leurs tissus, en vue de recevoir des réserves nutritives.

Les plantes suivantes sont particulièrement riches en réserves.

NOMS	SIÈGE DE LA RÉSERVE	NATURE DES RÉSERVES
Pomme de terre (*Solanum tuberosum*).	Tubercules.	Fécule et principes azotés.
Topinambour (*Helianthus tuberosus*).	Rhizome charnu. . . .	Inuline et principes azotés.
Souchet (*Cyperus esculentus*).	Rhizome tubéreux. . .	Sucre et fécule.
Maranta arundinacea. . .	Rhizome tubéreux. . .	Fécule (produit l'**arrow-rot**).
Sagoutier et divers autres palmiers.	Tige.	Amidon (produit le *sagou*).
Canne à sucre (*Saccharum officinarum*).	Tige.	Saccharose.
Igname de Chine (*Dioscorea batatas*).	Rhizome parfois très volumineux.	Fécule et principes azotés.
Patate (*Ipomea batatas*).	Racine charnue. . . .	Fécule et principes azotés.
Dahlia.	Racine tubercule. . .	Inuline.
Betterave (*Beta vulgaris*).	Racine tubéreuse. . .	Saccharose.
Carotte.	Racine tubéreuse. . .	Saccharose.
Manniliot (*M. utilissima*).	Racine fasciculée. . .	Fécule (produit *manioc* et *tapioca*).
Crosne du Japon (*Stachys esculenta*).	Rhizome annelé. . . .	Galactane (hydrate de carbone).

A cette liste on peut ajouter les *graines* qui renferment dans leur albumen ou leurs cotylédons les réserves nutritives nécessaires au développement de la plantule.

2° *Aliments externes.* — La composition de ces aliments ne peut être établie *a priori*. Il importe tout d'abord de faire l'*analyse élémentaire* de la plante pour déterminer la nature des éléments simples constitutifs de sa matière organique, puis de soumettre cette plante à des *cultures* en milieux artificiels déterminés.

a. *Analyse qualitative élémentaire.* — Les éléments simples et essentiels, révélés par l'analyse, sont les suivants : *oxygène, hydrogène, carbone, azote, soufre, phosphore, chlore, silicium, calcium, potassium, fer* et *magnésium*.

Le carbone prédomine dans les cendres et l'oxygène dans la plante vivante. La proportion d'eau que renferme cette dernière est considérable ; elle atteint ou dépasse les trois quarts de son poids total.

Les cendres renferment aussi, très souvent, du sable et des matières terreuses. Mais ces substances ne font pas partie des végétaux. Elles proviennent de poussières de l'air ou de projections de terre faites par la pluie et les vents, déposées et collées sur les divers organes (Schlœsing).

Les éléments simples combinés différemment, produisent de la *potasse*, de la *soude*, de la *chaux*, de l'*ammoniaque*, de l'*acide nitrique*, de l'*acide phosphorique*, de la *magnésie*, etc.

Ces divers produits ne sont pas répartis également dans la plante et varient aussi avec l'âge de cette dernière. De Saussure l'a démontré en consignant le résultat de quelques-unes de ses recherches dans le tableau suivant :

DÉSIGNATION des différentes parties des végétaux.	CENDRES p. 100 de plante sèche.	DANS 100 DE CENDRES		
		sels solubles dans l'eau.	Phosphates terreux.	Carbonates terreux.	Silice.
Froment.					
Paille.	4,3	9	5	1	61,5
Grain.	1,3	21	38	0	0,5
Chêne.					
Tiges écorcées de jeune chêne. .	0,4	26	28,5	12,5	0,12
Écorce de ces tiges.	6,0	7	4,5	63,25	0,25
Tronc ⎰ bois. . .	0,2	38,6	4,5	32,00	2,00
Tronc ⎱ aubier. .	0,4	32.0	24,0	11.00	7,5
écorce. .	6,0	7,0	3,0	6,6	1,5
10 mai. .	5.3	47,0	24,0	0,12	3,00
Feuilles 27 septembre.	5,5	17,0	18,25	23,00	14,5

Puisque les douze corps simples précédents entrent essentiellement dans la composition du végétal, il est donc naturel d'admettre qu'ils doivent se trouver dans les aliments externes offerts à ce végétal. Mais la difficulté est de savoir en quelle proportion et sous quelle forme ces corps doivent y figurer. D'où la nécessité des *cultures en milieu artificiel.*

b. *Cultures en milieu artificiel.* — Le milieu peut être une *solution nutritive* ou un *sol artificiel.*

Pour composer une *solution nutritive* propre à une plante donnée, on a recours aux *analyses chimique* et *élémentaire* de cette plante, à celle du *sol* dans lequel végètent les individus de même espèce, enfin à *l'influence de certains corps* sur la végétation. Il va sans dire qu'une part très large est réservée ici aux tâtonnements.

Les affinités que les plantes agricoles ont pour certains corps sont révélées par l'analyse de ces plantes. Ainsi dans la plupart des Légumineuses dominent les *sulfates ;* dans les Céréales, ce sont les substances *azotées* et *potassiques ;* dans la Pomme de terre, c'est la *potasse,* etc. Cette préférence que telle ou telle plante marque pour certaines substances de son alimentation est utile à connaître dans la composition d'une solution nutritive. La substance préférée est la *dominante* de la plante.

La constance de certains métaux dans la matière sèche du végétal indique aussi l'utilité probable des sels correspondants.

Si la *composition* du sol dans lequel se développe parfaitement une plante donnée, renferme, par exemple, des sels potassiques, ammoniacaux ou calcaires, on ne négligera pas de les incorporer à la solution nutritive de cettte plante.

En procédant de cette manière on parviendra à composer une solution nutritive. Mais pour déterminer la dominante d'une plante, c'est-à-dire la substance pour laquelle cette plante manifeste une prédilection, ainsi que l'action respective des autres éléments de la solution, il faudra procéder par élimination. On supprimera une à une les substances de la solution complète en observant, chaque fois, l'influence que cette élimination exercera sur le développement de la plante.

Prenons comme exemple le Maïs dont nous ferons développer une graine à l'aide de la solution suivante due à Sachs :

Eau distillée. . . . . 1 litre
Nitrate de potasse . . . . 1 gramme
Sulfate de magnésie . . . . 0^{gr},5
Sulfate de chaux. . . . . 0^{gr},5
Phosphate de chaux tribasique. . . . . . 0^{gr},5
Sulfate de fer. . . . . 0^{gr},03
Chlorure de sodium. . . . . 0^{gr},05 (pour
                        prévenir l'altération du liquide).

Ce mélange salin *complet* produira un développement parfait du Maïs. Les corps simples que ce dernier y a puisés sont l'oxygène, l'hydrogène, l'azote, le soufre, le phosphore, le potassium, le calcium, le magnésium, le fer ; quant au carbone il y a été emprunté à l'air sous la forme d'anhydride carbonique.

Si on élimine l'un quelconque de ces éléments, la plante en souffre plus ou moins et d'autant plus vite que les réserves contenues dans la graine dont elle provient sont moins abondantes.

Le tableau récapitulatif suivant indique comment la plante se comporte dans l'eau distillée et dans les solutions successives dont on a enlevé un des éléments nutritifs.

1. Dans l'*eau distillée* : plante vivante mais chétive, racines très longues mais peu nombreuses.

2. Dans le liquide de Sachs moins la *potasse* : plante meurt rapidement ; racines assez ramifiées.

3. Dans le même liquide moins l'*azote* : plante assez bien portante au début, peu développée ; racines très ramifiées.

4. Dans le même liquide moins la *chaux* : plante chétive, à peine plus développée que dans l'eau distillée.

5. Dans le même liquide moins l'*acide phosphorique* : plante

un peu plus forte que dans la solution sans azote ; racines moins développées.

6. Dans le même liquide moins la *magnésie* : plante plus vigoureuse que dans les solutions précédentes, mais n'atteignant pas son complet développement. Racines vigoureuses.

7. Dans le même liquide, moins le *fer* : plante atteint ses dimensions normales, mais feuilles sont *chlorosées*, excepté les deux premières du bas qui ont utilisé le fer de la graine.

8. Dans le liquide *complet* : plante vigoureuse dans toutes ses parties et bien portante.

En procédant de la même façon sur d'autres plantes et en variant au besoin les solutions nutritives, on parvient à déterminer, pour chaque espèce considérée, les éléments essentiels, c'est-à-dire ceux sans lesquels elle ne peut se développer et fructifier. Ces derniers sont, pour toutes les plantes indistinctement, le carbone, l'oxygène, l'hydrogène, l'azote, le soufre, le phosphore, le potassium, le calcium, le magnésium et le fer. Les autres éléments ont une importance secondaire ou ne se rencontrent que chez certaines plantes.

On pourra essayer séparément sur des plantes vertes les deux solutions suivantes qui donnent des cultures démonstratives vigoureuses.

A. — Solution d'après Detmer

Nitrate de potassium	1 gramme
Chlorure de sodium	$0^{gr},50$
Chlorure de fer	traces
Sulfate de calcium	$0^{gr},50$
Sulfate de magnésium	$0^{gr},50$
Phosphate tripotassique	$0^{gr},50$
Eau distillée	1 litre

B. — Solution d'après Knopp

Nitrate de calcium	1 gramme
Nitrate de potassium	$0^{gr},25$
Phosphate acide de potassium	$0^{gr},25$
Phosphate de fer	traces
Sulfate de magnésium,	$0^{gr},25$
Eau distillée	1 litre

Les cultures démonstratives en milieu liquide s'établissent de la manière suivante : on choisit des graines bien conformées et de même grosseur, que l'on fait préalablement germer. Lorsque la tigelle et la radicule ont commencé à se développer, on place chaque plantule entre les deux moitiés d'un bouchon adapté à un bocal de dimensions suffisantes pour permettre aux racines de se développer normalement et de contenir une quantité suffisante de solution nutritive. La plantule sera disposée de façon à ce que sa jeune racine soit seule immergée. Enfin on aura soin d'envelopper le bocal d'une feuille de papier noir pour éviter le développement des Algues.

Pour faire une culture en *sol artificiel*, on emploie ordinairement comme substratum de la *silice pure*, c'est-à-dire du sable quartzeux qu'on calcine pendant plusieurs heures à la température du rouge vif afin de faire disparaître, par incinération, toute trace de matières organiques, et, pour plus de sécurité, on lave ensuite le sable aux acides. De cette façon, le milieu dans lequel doit se développer la plante se trouve complètement stérilisé. La solution nutritive, complète ou non, sera employée de préférence en arrosages.

Les éléments constitutifs de la plante verte, dont la nécessité a été reconnue plus haut, sont assimilés sous des formes variables dont les principales sont indiquées dans le tableau suivant :

ÉLÉMENTS	FORMES ASSIMILABLES
Oxygène.	Eau, oxygène libre.
Hydrogène.	
Carbone.	Anhydride carbonique.
Azote.	Sels ammoniacaux et nitrates.
Phosphore.	Phosphates.
Soufre.	Sulfates.
Chlore.	Chlorures de potassium, de sodium.
Silicium.	Silicates alcalins et silice soluble.
Fer.	Chlorure et sulfate.
Potassium.	Chlorure et azotate.
Calcium.	Chlorure et bicarbonate.
Magnésium.	Chlorure et sulfate.

Les aliments *externes* de la plante sont presque exclusivement puisés dans le sol, à l'exception du *carbone* et de l'*oxygène*. L'*azote* est fourni partie par le sol et partie par l'atmosphère. Dans ce dernier cas, l'azote atmosphérique est fixé à haute dose par certaines plantes de la famille des Légumineuses, grâce à la présence, dans des nodosités de leurs racines, de petits êtres microscopiques (bactéroïdes) appartenant au groupe des Bactériacées. Cette importante question sera l'objet d'une étude ultérieure.

CHAPITRE II

LES SOLS AGRICOLES

Sol. — Le sol, en sa qualité de réservoir alimentaire et de milieu fixateur des plantes, mérite d'être étudié avec quelques détails. Nous examinerons successivement : 1° les facteurs de différents ordres qui interviennent dans la constitution des sols ; 2° les diverses catégories de sols et leur composition respective ; 3° les qualités agricoles d'un sol ; 4° les moyens employés pour corriger les défauts de certains sols dans le but de les rendre aptes à recevoir des cultures déterminées.

1° Facteurs de différents ordres qui interviennent dans a constitution des sols. — Ces facteurs sont d'ordre physique, mécanique ou chimique.

A. Facteurs physiques et mécaniques. — Les changements de *température* produisent des dilatations et des contractions des minéraux constitutifs des roches ; leur cohésion en est troublée et il en résulte des fissures qui livrent passage à l'eau, à l'air et aux racines de faibles dimensions.

La *congélation* de l'eau qui a pénétré dans les fissures provoque l'élargissement de ces dernières et parfois la dislocation des parties superficielles de la masse rocheuse. Il en résulte des débris plus ou moins volumineux qui sont entraînés par les eaux ou déplacés par les vents violents.

A une période géologique relativement récente. les *glaciers* ont puissamment contribué à transformer les roches en sols, soit en transportant leurs débris (*moraines*), soit en les triturant.

L'eau courante est un des agents mécaniques les plus fréquents et les plus puissants. Elle agit par *érosion* en creusant les roches les moins dures ; elle entraîne avec elle tous les débris rencontrés sur son passage pour les abandonner, plus ou moins vite, suivant leur volume et leur densité, et produit des dépôts dans les endroits de son parcours où elle devient relativement calme. Ces dépôts constituent les *terrains de transport* ou *d'alluvions*.

Les *vents* apportent aussi leur contribution dans la formation des sols, soit en transportant les particules minérales qu'ils enlèvent à la surface des roches, soit en déplaçant des sols déjà formés.

Les transports d'origine *éolienne*, c'est-à-dire dus au vent, se distinguent des transports *aquatiques* par leur manque de stratification et la grosseur ordinairement égale de leurs éléments constitutifs.

B. FACTEURS CHIMIQUES. — L'eau naturelle, étant capable de dissoudre de nombreux corps renfermés dans les roches, doit, dans une certaine mesure, contribuer à la constitution des sols ; et si elle renferme, comme cela arrive fréquemment, de l'*anhydride carbonique*, son action dissolvante en est augmentée. C'est surtout le cas des eaux à circulation profonde.

L'oxygène de l'air atmosphérique peut également agir sur certains minéraux, notamment sur les différents composés du fer qu'il oxyde et modifie de forme et de couleur. Il en résulte une désagrégation des roches renfermant des corps ferrugineux et une édification locale du sol.

La *combinaison chimique avec l'eau* qui vient hydrater les composés préexistants ou nouvellement formés est encore un facteur de plus de l'effleurissement des roches ; car il en résulte toujours un accroissement du volume des corps ainsi modifiés, et partant, la masse de la roche éclate ou s'émiette ; c'est ce qui se passe dans la formation de l'argile aux dépens du feldspath, du plâtre aux dépens de l'anhydrite, de l'ocre avec la pyrite ou d'autres combinaisons du protoxyde de fer ;

du sulfate de fer avec la pyrite, etc. ; dans ces derniers cas,
l'oxydation intervient en même temps que l'hydratation
(W. Hilgard).

Ainsi donc l'eau, l'oxygène et l'anhydride carbonique concourent ensemble à l'édification du sol. Leur action se continue même au sein de ce dernier, notamment dans les terres
en *jachères*.

2° Diverses catégories de sols. — I. Si l'on envisage le
mode de formation des sols, il y a lieu de classer ces derniers en trois catégories : les *sols sédentaires*, les *sols de transport* et les *sols éoliens*.

A. Sols sédentaires. — Ces sols, comme leur nom l'indique,
occupent l'emplacement même où ils se sont formés. Ils
offrent la même composition chimique que les roches sous-
jacentes ou encaissantes dont ils dérivent; excepté cependant pour les *terrains volcaniques* dont les couches ont été
produites par des éruptions ignées antérieures à l'apparition de l'homme sur la terre.

B. Sols de transport. — Ces sols se sont édifiés à une distance plus ou moins grande de leur lieu d'origine, à la suite
de glissement ou de transport par les eaux.

W. Hilgard les subdivise en *sols colluviaux* et en *sols alluviaux*.

a. *Sols colluviaux*. — Ces sols ont été constitués par des
matériaux transportés à une faible distance de leur lieu
d'origine. Ils ne présentent aucune stratification ni aucun
triage de leurs éléments : la terre fine est mélangée avec
des fragments de roche de toutes grosseurs. Les sols colluviaux se rencontrent fréquemment dans les pays de collines.

b. Les *sols alluviaux* ou de *colmatage* sont des dépôts dus
aux apports d'eaux plus ou moins agitées. Contrairement
aux précédents ils renferment des lignes de dépôts, des
marques de stratifications et de triage. Tels sont les sols des

vallées, des marécages côtiers ou intérieurs et des fonds de lacs.

Entre ces diverses catégories de sols il existe naturellement une quantité de types intermédiaires se rattachant les uns aux autres.

c. *Sols éoliens*. — Ces sols sont ainsi appelés parce qu'ils sont le résultat du travail mécanique des vents. Les régions désertiques ainsi que celles des dunes de littoraux possèdent de semblables sols, dont la composition consiste en sables, graviers et cailloux avec ou sans lignes de dépôts, selon que les vents ont été réguliers ou d'intensité variable.

D. CLASSIFICATION AGRICOLE ET COMPOSITION RESPECTIVE DES SOLS. — La couche terrestre propre à la culture des plantes constitue le sol proprement dit ou *sol végétal*. La partie de ce sol, remuée totalement ou partiellement par les instruments aratoires, est appelée *sol arable*. Ce dernier, formé d'un mélange de matières terreuses plus ou moins pulvérulentes, de substances végétales et animales en voie de décomposition, varie à l'infini dans son épaisseur, sa composition et sa fertilité.

De Gasparin distingue, dans les terrains agricoles, les divisions suivantes énumérées dans leur ordre de superposition.

1. Sol actif;
2. Sol inerte;
3. Sous-sol;
4. Couche imperméable;

Le *sol actif* n'est autre chose que le *sol arable*.

Le *sol inerte*, de même composition minérale que le précédent, forme avec lui le *sol végétal;* il n'est pas remué par les instruments aratoires.

Le *sous-sol* présente une composition minérale différente de celle du sol végétal; il s'étend depuis ce dernier jusqu'à la couche imperméable, et permet, dans certains cas, de modifier le sol végétal et d'en augmenter au besoin l'épaisseur.

Enfin la *couche imperméable*, composée en majeure partie d'argile, sert de réservoir aux eaux d'infiltration.

Il peut arriver que le *sol actif* repose immédiatement sur la couche imperméable; dans ce cas le sous-sol fait défaut.

5. Avant d'aborder la classification des principaux sols agricoles, il importe de dire un mot sur la distinction de leurs divers éléments.

En délayant une petite quantité de terre végétale dans l'eau et en laissant ensuite reposer, on constate qu'une partie de cette terre se précipite assez rapidement : c'est le *sable*. En décantant ensuite le liquide et en versant un acide sur le résidu, on observe fréquemment un dégagement gazeux : c'est l'*anhydride carbonique*, lequel indique que des éléments *calcaires* figuraient dans la terre. En filtrant la partie non attaquée par l'acide, puis en la lavant à l'eau distillée et en la laissant reposer pendant quelques jours, il restera en suspension une substance ayant la propriété de durcir en séchant et d'acquérir de la plasticité en présence de l'eau : c'est l'*argile*. Si on reprend un peu de cette terre végétale et qu'on la chauffe en vase clos, on reconnaitra qu'elle brunit ou noircit : c'est la preuve qu'elle contient de la *matière organique*.

Les sols agricoles peuvent renfermer ces quatre éléments ou seulement quelques-uns et en proportion variable.

a. L'*argile* est une roche tendre, avide d'eau, happant à la langue, dure et fendillée à l'état sec, blanche quand elle est pure et prenant des teintes variées en présence des oxydes métalliques qu'elle peut renfermer. Elle provient de la décomposition des roches silicatées qui ont été détruites par les agents atmosphériques dont il a été question plus haut, et dont les bases alcalines et terreuses, transformées en carbonates, ont été entraînées par les eaux.

L'argile agricole est un composé de silicate d'alumine hydraté, d'oxyde de fer, d'alcalis et de terre en petite quantité.

Schlœsing a reconnu que les matières limoneuses de la

terre végétale, diluées dans l'eau additionnée de certains sels, se coagulent et se précipitent rapidement. Une très faible quantité de sels calcaires ou de magnésie suffit pour produire cette précipitation. Les sels de potasse et de soude sont moins actifs. Cette observation est très importante car elle explique comment les sols, après avoir été labourés, peuvent conserver pendant quelque temps leur ameublissement si nécessaire aux racines des plantes et à la circulation lente de l'air et de l'eau d'infiltration. Cet ameublissement ne se trouve réalisé qu'autant que les éléments sableux sont agrégés entre eux par des substances jouant le rôle de ciment. L'argile coagulée par les sels calcaires est une de ces substances.

Le degré de limpidité des eaux naturelles dépend aussi de cette coagulation des limons, lesquels, en effet, ne sont plus entraînés par les eaux une fois qu'ils sont coagulés.

La propriété agglutinante de l'argile est due à la présence d'une substance dans sa masse qui offre la composition d'un silicate d'alumine hydraté et que l'on appelle *argile colloïdale*.

L'argile est *grasse* ou *maigre* selon qu'elle renferme peu ou beaucoup de sable.

b. Le *calcaire* renfermé dans le sol végétal, à l'état de débris plus ou moins ténus, provient des roches calcaires. Sa persistance dans le sol n'est pas indéfinie ; étant soluble dans l'eau renfermant de l'anhydride carbonique, il passe à l'état de bicarbonate et est entraîné peu à peu. Le sol des coteaux calcaires est souvent très pauvre en chaux quoique le soussol soit une roche calcaire plus ou moins friable (phénomène de *décalcification*). Il importe de connaître, pour la culture de certains plantes, la quantité de calcaire renfermée dans un sol. Cette recherche facile se fait (*dosage* du calcaire) à l'aide d'un instrument appelé *calcimètre*.

Un sol privé de calcaire est neutre ou acide. Dans ce dernier cas il devient impropre à la culture et la *nitrification* ne s'y opère pas.

c. Le *sable* forme ordinairement la majeure partie du sol

végétal, dans lequel il remplit un rôle à la fois physique et
chimique. Au point de vue physique, il sépare les éléments
fins et les empêche de se souder entre eux : l'eau et l'air, si
utiles à la plante, circulent alors plus facilement.

Au point de vue chimique, le sable fournit de la chaux et
de la potasse lorsqu'il renferme du calcaire ou du feldspath.

d. La *matière organique*, encore appelée *humus* ou *terreau*,
provient de détritus végétaux décomposés à des degrés très
différents.

Au contact de l'air et de l'humidité et notamment en présence de la chaux et des sels alcalins, la matière végétale
perd insensiblement du carbone à l'état d'anhydride carbonique et davantage encore d'hydrogène et d'oxygène. Il en
résulte en définitive un gain de carbone pour la matière
végétale, laquelle est alors devenue du *terreau charbonneux*.
Ce dernier, à son tour, fournit aussi de l'anhydride carbonique, tout en augmentant son taux de carbone et en acquérant la propriété de se dissoudre dans les eaux alcalines.
Le terreau charbonneux est ainsi devenu de l'*humus* parfait.

Cet humus, de couleur brune ou noire, paraît être un composé d'acides différents, parmi lesquels on peut citer l'acide
humique.

L'*acide humique* a la propriété de se dissoudre dans une
très faible proportion d'alcali. On peut le rendre apparent en
traitant de bon terreau de jardin par une faible dissolution
de potasse et en filtrant le liquide brun obtenu, puis en versant dans ce dernier un peu d'acide faible : on obtient alors
d'abondants flocons d'un brun rougeâtre qui sont de l'*acide
humique*. Cet acide forme avec les alcalis, potasse, soude,
ammoniaque, des composés *solubles*, et avec la chaux, l'oxyde
de fer, l'alumine, des composés *insolubles* (Schlœsing).

Le terreau existe donc dans les sols sous différents états
de décomposition, par lesquels il passe, depuis sa forme
organique primitive, pour devenir l'humus charbonneux,
puis l'humus soluble. Ce dernier se trouve en grande partie
combiné à la chaux (*humate de chaux*), état sous lequel il résiste à l'action dissolvante de l'eau et de l'ammoniaque libre,

mais est, au contraire, facilement transformé par le carbonate d'ammoniaque.

C'est grâce à ce carbonate, produit incessant de la putréfaction, que l'humate de chaux peut être utilisé par la végétation.

L'humus varie avec la nature des plantes; il n'a pas de composition chimique définie puisqu'il est soumis à d'incessantes modifications; il peut devenir *acide* quand les plantes qui l'ont produit sont riches en tanin ou que le sol est pauvre en calcaire (*terre de bruyère*). Le *terreau doux* est au contraire formé par des plantes pauvres en tanin.

La terre de bruyère ne convient qu'à quelques genres de cultures, et si on veut en généraliser l'emploi, il est nécessaire d'y incorporer de la marne ou de la chaux.

La *tourbe* est une variété de terreau formé par des végétaux dont la décomposition s'est effectuée sous l'eau; elle est très pauvre en phosphates et autres substances salines. Elle peut néanmoins rendre des services en agriculture : lorsqu'on l'enfouit dans le sol, elle est une source d'anhydride carbonique et même de *nitrates* si l'on a pris la précaution de lui ajouter de la chaux.

L'humus fournit des nitrates en quantité assez abondante; il contribue aussi à la dissolution du carbonate de chaux par l'anhydride carbonique qu'il produit. Il absorbe beaucoup d'eau (190 p. 100) qu'il cède ensuite aux plantes, et par sa couleur noire, il permet à la terre d'absorber plus de chaleur. Par son *acide humique*, l'humus possède les mêmes propriétés *agglutinantes* que l'argile. Il est des sols forestiers qui sont presque dépourvus d'argile, et qui néanmoins résistent très bien à l'action dissolvante de l'eau, grâce à leur acide humique.

Quand ce dernier et les humates coexistent dans un sol avec l'argile, loin d'en augmenter les effets, ils les tempèrent au contraire en affaiblissant la force cohésive de l'argile (Schlœsing).

Humates et argile exercent une heureuse influence sur la terre végétale. Il importe de favoriser la production des humates qui sont détruits d'une manière continue par la nitrification et les combustions lentes. Une terre qui ne recevrait que des engrais chimiques perdrait rapidement ses humates et ses propétés physiques. Il importe donc d'employer les engrais organiques concurremment avec les précédents. Plus il y a, en effet, de débris organiques dans un sol, plus ce sol est favorable à la végétation.

D'après le Dr Wollny, il y a lieu de considérer deux cas dans l'élaboration de l'humus, suivant que les matières organiques se trouvent ou non en présence de l'air.

Dans le premier cas, les matières organiques subissent une déshydratation de leurs celluloses (*eremacausis*), une volatilisation prédominante, et forment des dépôts plus faibles que dans le second cas où, par un phénomène de *putréfaction*, la formation des produits gazeux se réduit et celle des composés solides augmente.

D'ailleurs l'humidité, la température, le climat et la composition du sol sont autant de facteurs influents et modificateurs des dépôts d'humus. Ces derniers sont peu épais quand la température est constante et le climat humide. Abstraction faite de cette humidité, l'abaissement de température favorise l'accumulation des matières humiques, tandis qu'une grande perméabilité du sol la retarde.

Le *mode d'exploitation* du sol modifie également sa richesse en humus. Un sol qui reste couvert pendant longtemps par la végétation (prairies, forêts) est beaucoup plus riche en matières humiques que celui qui est travaillé chaque année et ce, malgré l'adjonction des engrais organiques signalés plus haut.

Des nombreuses expériences faites par Boussingault, Joulie, Dehérain, Grandeau et Wollny, il résulte que « la terre qui est cultivée tous les ans s'appauvrit en substances organiques, quelle que soit l'addition de fumier; cet appauvrissement prend fin et le sol s'enrichit quand on cesse de le travailler et qu'il est occupé par des plantes vivaces. » Les plantes éphémères laissent, en effet, après leur enlèvement, trop peu de matières organiques dans le sol pour lui permettre de s'enrichir en matières humiques.

Le régime des prairies temporaires et celui des prairies artificielles favorisent considérablement l'accumulation d'humus dans les terres soumises aux assolements.

Le Dʳ Wollny a établi plusieurs catégories d'humus que l'on peut résumer de la manière suivante tout en indiquant leurs propriétés respectives.

a. Humus formés dans de bonnes conditions, ayant une réaction alcaline ou neutre et étant soumis au contact de l'air.

1. *Humus doux* ou *terreaux* :

α. Terreau agricole, ayant une décomposition rapide.

β. Terreau forestier, ayant une décomposition lente.

2. *Terreau de vase.* — Se forme dans les eaux oxygénées, en masse finement grenue et peu épaisse.

b. Humus formés dans de mauvaises conditions, ayant une réaction acide et étant placés à l'abri de l'air.

1. *Tourbe* ou humus brut.

2. *Terre de bruyère.*

E. Les quatre éléments, *sable*, *argile*, *calcaire* et *humus*, mélangés en des proportions très multiples avec les sels (azotates, phosphates, sulfates, carbonates, etc.), et les matières organiques dont l'utilité collective pour la plante a été signalée précédemment, forment de nombreuses variétés de sols que l'on peut grouper en quatre catégories désignées chacune par le nom de l'élément prédominant.

Girardin et Du Breuil sont ainsi arrivés à établir la classification suivante :

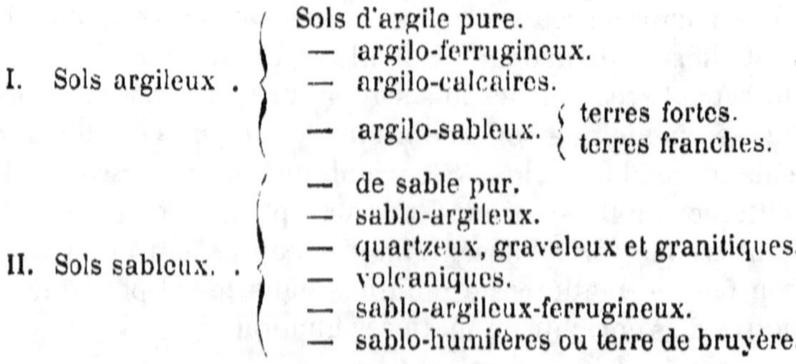

III. Sols calcaires . ⎰ Sables calcaires.
                       Sols crayeux.
                       — tufeux.
                       — marneux.

IV. Sols magnésiens.

V. Sols humifères. ⎰ Terrains tourbeux.
                       — marécageux.

Sans entrer dans des détails que la nature de ce cours ne comporte pas, on peut se borner à résumer les caractères principaux de chacun de ces cinq groupes, puis faire l'examen de leurs subdivisions dans les travaux de laboratoire et les champs d'expériences.

I. Sols ARGILEUX OU GLAISEUX. (Prédominance de l'argile.)

1. *Propriétés.* — Sont plus ou moins colorés en brun, jaune ou rouge.

Odeur et saveur des argiles ; happent à la langue.

Grande compacité et grande ténacité.

Se crevassent fortement pendant les sécheresses.

Retiennent facilement les eaux pluviales.

Durcissent par la cuisson.

Sont d'une culture difficile.

2. *Culture.* — Labourer fréquemment, en automne surtout (l'hiver émiette les mottes).

Drainer pour enlever l'excès d'humidité. Multiplier les fossés et les rigoles.

Employer les engrais chauds (cheval, mouton) et abondamment.

Fumiers longs de litière de préférence.

Créer des prairies sur les terres renfermant beaucoup d'argile (80 p. 100).

Mettre Blé, Avoine, Trèfle, Choux ou Fèves. après *chaulage*. dans celles renfermant environ 60 p. 100 d'argile.

Cultures sarclées (Betteraves fourragères. Pommes de terre) dans celles qui possèdent 50-55 p. 100 d'argile.

La proportion de 20 p. 100 d'argile caractérise les bons terrains argileux (terres *franches*).

II. Sols SABLEUX OU SILICEUX. (Prédominance du sable.)

1. *Propriétés.* — Couleur et aspect variant suivant la nature du sable.

Terres peu compactes, faciles à travailler ; rudes au toucher, très perméables.

Absorbent l'eau sans la conserver longtemps.

S'échauffent facilement.

Richesse variable.

Engrais s'y décomposent rapidement.

    2. *Culture*. — Employer des engrais à décomposition lente.
    Cultures d'automne sont préférables à celles de printemps.
    Peuvent y réussir : Pomme de terre, Seigle, Sarrasin, Trèfle
        incarnat, Vesce velue, Avoine élevée, Dactyle, Houlque,
        Brome des prés, Bouleau, Hêtre, Charme, Pin maritime, etc.

III. Sols calcaires. (Prédominance du carbonate de chaux.)
    1. *Propriétés*. — Couleur souvent blanchâtre (terres blanches).
    Terres légères comme les sableuses, friables.
    D'un travail facile.
    En général secs et arides.
    Boueux par la pluie.
    Perméables.
    Bonnes terres dans le Nord, médiocres dans le Midi.
    En général peu productifs.
    Consomment rapidement les engrais, d'où nécessité des fu-
        mures fréquentes.
    2. *Culture*. — Les plantes, telles que le Seigle, la Pomme de
        terre, la plupart des Légumineuses et le Sainfoin surtout, y
        réussissent assez bien.

IV. Sols magnésiens. — Sols formés généralement par association des carbonates de chaux et de magnésie. Lorsque
ces deux sels y figurent à peu près en parties égales, ils
constituent la *dolomie*.

La magnésie n'est pas la cause de la stérilité de certains
sols ; les terres si renommées de la vallée du Nil en contiennent beaucoup. Cette stérilité tient surtout à l'état de
cohésion des particules terreuses, au manque d'argile et
d'engrais, etc.

Les calcaires magnésiens font une effervescence lente à
froid et plus active à chaud avec les acides ; leur dissolution
donne un précipité blanc gélatineux avec l'ammoniaque,
propriété que n'offre pas le calcaire pur.

V. Sols humifères.
    a. *Humus* ou *terreau doux*.
    Grand élément de fertilité ; azote abondant.
    Donne consistance aux terres légères.
    Ameublit terres fortes.
    Absorbe très bien l'eau.
    Cultures de printemps réussissent mieux que celles d'hiver,
        quand ce dernier est ordinairement rigoureux.
    Plomber le sol pour éviter déchaussement des plantes.

b. *Humus acide (tourbe, terre de bruyère).*
    α. Tourbe du bord de la mer et de l'embouchure des fleuves
        est peu propre à la culture à l'état naturel.
    Demande des amendements. Drainer, chauler, phosphater.
    β. Tourbe des vallées est très fertile.
    γ. Tourbe des plateaux est formée principalement par des
        mousses (*Sphagnum*), convient comme litière.
Caractères d'une terre parfaite.
    Une bonne terre doit être composée de :

Argile	6 à 10 p. 100.
Sable.	40 à 80 —
Calcaire pulvérulent	5 à 15 —
Terreau.	2 à 8 —

Le *sable* donne la perméabilité et la chaleur ; le *calcaire pulvérulent* fournit la chaux nécessaire à la plante et favorise la nitrification ; l'*humus* entretient la fraicheur du sol tout en abandonnant son azote aux nitro-bactéries ; l'argile ajoute son action agglutinante à celle des sels humiques et retient l'eau destinée aux plantes.

  Outre l'exacte proportion de ces éléments, une bonne terre doit aussi pouvoir se cultiver facilement, rester fraiche et posséder une ténacité suffisante.

F. Classification des sols basée sur leur constitution géologique. — La meilleure classification des sols agricoles est évidemment celle qui est basée sur leur constitution géologique. Le savant traité de *Géologie agricole*, de Risler en donne une preuve éclatante. Mais dans le cadre restreint d'un cours annuel de *botanique agricole* où la multiplicité des sujets exposés impose une limite dans les détails, cette classification ne saurait être abordée avec fruit. Elle doit, en effet, donner des indications régionales précises et ne négliger aucun développement de nature à éclairer l'agriculteur dans ses méthodes de culture et dans les rapports des plantes avec les différentes natures de sol.

  Cette étude comporte ordinairement trois ordres de recherches : 1° la détermination de l'*origine géologique* ; 2° celle des *roches superficielles* du sol considéré ; 3° celle de leur *degré de fertilité.*

L'origine géologique d'une roche est très importante à connaître en agrologie. Sa composition chimique et minéralogique permet, en effet, d'apprécier les **propriétés** chimiques et physiques du sol et du sous-sol **auxquels** elle a **donné naissance**.

La consultation d'une carte géologique régionale et l'inspection des fragments de roches rencontrées dans les carrières, les déblais de puits, les matériaux de route et de construction du voisinage, permettent de déterminer la nature des roches d'une région.

Les cartes détaillées de l'état-major donnent aussi, en marge, des renseignements de nature à faciliter leur consultation, à l'aide desquels on peut arriver à reconnaître les roches superficielles.

Ces recherches, étendues à une région entière, peuvent, comme l'a fait Boitel, se synthétiser de la manière suivante.

GENRES

1re classe. Terres d'origine primitive.		Terres gneissiques.
		— granitiques.
		— porphyriques.
		— trachytiques.
		— basaltiques.
		— volcaniques, etc.
2e classe. Terres d'origine sédimentaire.	**1re section.** détritiques.	Terres primaires.
		— permiennes et triasiques.
		— jurassiques.
		crétacées.
		tertiaires.
	2e section. de transport.	Terres diluviennes.
		— — marines ou fluviatiles.
3e classe. Terres d'origine organique.		Terres humifères.

Chaque genre peut se subdiviser en espèces basées sur l'état fragmentaire du sol. Une terre peut donc être *rocheuse*, *pierreuse*, *graveleuse*, *sablonneuse*, *pulvérulente*, etc. Ces différents états se rencontrent quelquefois dans le sol d'une même propriété et comportent alors des qualités très différentes.

Les genres de la 2ᵉ et de la 3ᵉ classe du tableau comprennent des espèces de terres qu'il est indispensable de signaler.

2ᵉ Classe. — Terres d'origine sédimentaire.
1ʳᵉ Section. — Terres sédimentaires détritiques.

ESPÈCES

1ᵉʳ genre.
Terres primaires.
- Terres schisteuses, légères et perméables.
- — argileuses, fortes et imperméables.
- Espèces intermédiaires par associations diverses des deux précédentes.

2ᵉ genre.
Terres permiennes et triasiques.
- Terres siliceuses, sablonneuses.
- — — pierreuses ou rocheuses.
- — dolomitiques.
- — marneuses.
- Espèces intermédiaires (association des types précédents).

3ᵉ genre.
Terres jurassiques.
- Terres siliceuses sablonneuses (grès infraliasique).
- Terres calcaires rocheuses.
- — — pierreuses.
- — — graveleuses.
- — — sablonneuses.
- — — impalpables.
- — — argileuses.
- — — marneuses.
- Types intermédiaires.

4ᵉ genre.
Terres crétacées.
- Terres crayeuses meubles.
- — — graveleuses.
- — — pierreuses et caillouteuses (silex).
- Terres argileuses.
- — marneuses.
- — gaizeuses.
- — siliceuses sablonneuses.
- Types intermédiaires.

5ᵉ genre.
Terres tertiaires.
- Terres siliceuses sablonneuses.
- — — rocheuses (blocs de meulières).
- — — pierreuses (meulières, silex).
- — argileuses (avec ou sans meulières).
- — calcaires rocheuses.

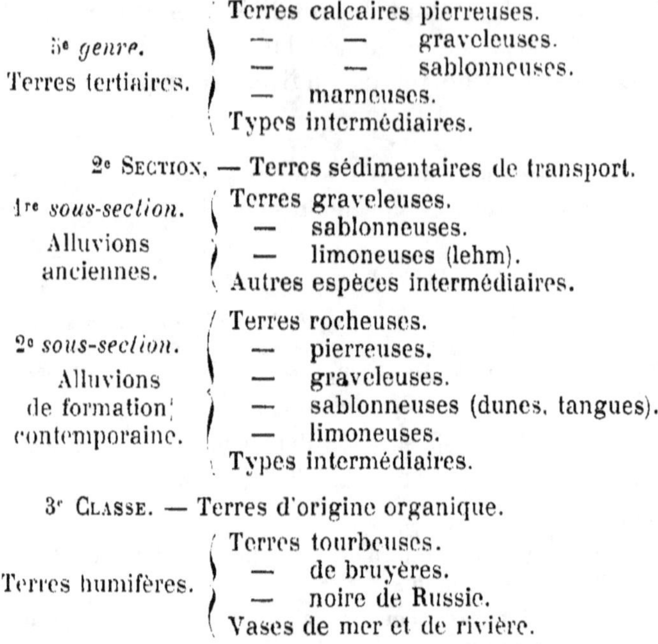

5e genre.
Terres tertiaires.
- Terres calcaires pierreuses.
- — — graveleuses.
- — — sablonneuses.
- — marneuses.
- Types intermédiaires.

2e Section. — Terres sédimentaires de transport.

1re sous-section.
Alluvions anciennes.
- Terres graveleuses.
- — sablonneuses.
- — limoneuses (lehm).
- Autres espèces intermédiaires.

2e sous-section.
Alluvions de formation contemporaine.
- Terres rocheuses.
- — pierreuses.
- — graveleuses.
- — sablonneuses (dunes, tangues).
- — limoneuses.
- Types intermédiaires.

3e Classe. — Terres d'origine organique.

Terres humifères.
- Terres tourbeuses.
- — de bruyères.
- — noire de Russie.
- Vases de mer et de rivière.

Cette façon de désigner les diverses espèces de terres en se basant sur leur degré de division, permet tout d'abord de se faire une idée de leurs propriétés physiques, de leur degré de perméabilité et de leur pouvoir de retenir les eaux d'infiltration. Mais elle ne laisse pas préjuger du degré de *fertilité* du sol dont dépend l'importance des récoltes.

Le degré de fertilité du sol est indiqué par l'analyse chimique, l'aspect des végétaux qui y croissent, son exposition, son inclinaison, les conditions climatériques, la nature du sous-sol, etc. Son classement cadastral et ses rendements ordinaires fournissent également d'utiles renseignements.

L'*analyse chimique* du sol a besoin d'être faite par un homme de l'art et d'être ensuite bien interprétée. Mais un champ peu éloigné de celui que l'on analyse ou même une autre portion du même champ, surtout en pays accidenté, peut avoir une composition toute différente et comporter l'emploi d'engrais d'une autre nature.

Or, les essais sont trop longs et trop coûteux pour pouvoir être multipliés outre mesure ; il importe donc de trouver un moyen d'informations plus simples : c'est à ce desideratum que répondent les *cartes agronomiques*.

G. CARTES AGRONOMIQUES. — Ces cartes ont pour objet immédiat de réunir sous une même dénomination et de désigner par une même couleur l'ensemble des terrains de même nature, auxquels conviendront les mêmes cultures et les mêmes engrais. On arrive pratiquement à grouper les terrains de même nature, en se servant des distinctions établies par la géologie et en prenant les cartes géologiques à grande échelle pour base de l'exécution des cartes agronomiques. Il est vrai que la classification usitée en géologie part d'un principe très différent à première vue, car elle est essentiellement fondée sur l'ordre chronologique des formations et en particulier des formations sédimentaires. Mais il existe entre les différentes assises géologiques et la végétation qu'elles portent des rapports étroits et depuis longtemps remarqués. Une même assise géologique donne naissance, en général, à des terres agricoles de qualités analogues, parce qu'elles contiennent les mêmes éléments dans des proportions à peu près uniformes. Cela résulte des conditions uniformes elles-mêmes qui ont présidé à chaque formation géologique sur une étendue ordinairement très grande.

Il est vrai que dans un grand nombre de cas on peut reconnaître que c'est le sous-sol qui s'est transformé en terre végétale, à la fois sous l'influence des agents atmosphériques et sous celle des plantes. Ces actions, relativement récentes, ont certainement pu modifier différemment le sol de certaines étendues. Pour ne citer qu'un seul exemple, les eaux d'infiltration ont pu produire la dissolution et la disparition plus ou moins complète du calcaire en certains endroits (*décalcification*) et, au contraire, la pénétration et le dépôt de carbonate de chaux dans d'autres terrains. Mais ce sont des effets locaux, fréquents sur les flancs des coteaux calcaires du Jura, qui n'infirment pas la règle générale, celle de la ressemblance des terres de commune origine. Il y a aussi des terres végétales qui sont indépendantes du sous-sol et qui ont été formées, comme les alluvions des vallées, par les eaux d'inondation, transportant et déposant des sables fins, des limons et des parcelles organiques jusqu'à des distances très grandes du lit habituel des rivières. Mais ces alluvions, de composition différente du sous-sol qu'elles recouvrent, constituent elles-mêmes des terrains spéciaux, signalés par les cartes géologiques. Il en est de même des éboulis qui se sont formés au pied des montagnes par l'action des gelées et des pluies.

Ce sont de véritables terrains nouveaux que leur composition rapproche plus de ceux qui forment les pentes des montagnes que de ceux sur lesquels ils reposent.

De même encore les limons, souvent très fertiles, qui couvrent des plaines ou même des plateaux, au milieu desquels les rivières se sont plus tard creusé un lit. Ces limons, quelle que soit leur origine, présentent souvent une composition fort différente de celle du sous-sol. Mais il ne faut pas croire qu'il y ait de ce fait un désaccord entre l'agronomie et la géologie ; car ce manteau de limon superficiel, n'eût-il que quelques décimètres d'épaisseur, s'il est important à noter sur une carte agronomique, mérite aussi de l'être comme une formation distincte sur une carte géologique (Fournier).

L'établissement des cartes agronomiques s'impose aujourd'hui, car d'elles dépend beaucoup notre prospérité agricole. Il importe donc aux communes de France de ne reculer devant aucun sacrifice pécuniaire pour obtenir chacune leur carte. Il sera utile aussi d'adjoindre à cette carte un tableau indiquant, pour chaque espèce de terre, la liste et la quantité des engrais à employer en vue d'une culture déterminée.

TRAVAUX PRATIQUES

1° Cultures en milieu artificiel (solution nutritive ou sol artificiel). Chaque élève a à sa disposition les pots ou les flacons nécessaires à cette expérience, ainsi que des solutions nutritives déterminées. Il consacre, chaque jour, quelques instants à ce travail intéressant. qui ne peut être effectué dans les séances ordinaires de travaux pratiques.

2° Recherche des éléments principaux (sable, calcaire, argile, matière organique) constitutifs des sols agricoles.

3° Analyses calcimétriques.

4° Etude de quelques propriétés de l'argile et des humates.

CHAPITRE III

PROPRIÉTÉS PHYSIQUES DES SOLS AGRICOLES

Ces propriétés sont la *perméabilité*, la *ténacité*, l'*hygroscopicité*, la *capillarité*, l'*hygrométricité*, la *contraction*, l'*adhérence*, le *pouvoir absorbant*, l'*échauffement* et le *refroidissement*.

1° Perméabilité. — Le sol peut se comporter de deux façons à l'égard des eaux pluviales : il les absorbe entièrement ou s'oppose à leur pénétration. La première est réalisée par les terres sableuses et calcaires, la seconde par les terres fortes et argileuses. La végétation est languissante dans les terres imperméables (Perche, Sologne) et contraste singulièrement avec celle des régions plus perméables (Berri, Beauce, certaines parties de la Franche-Comté).

La perméabilité est subordonnée au degré de division des éléments du sol ; lorsqu'elle est excessive (sol pierreux, graveleux, sableux), l'eau ne séjourne pas assez longtemps dans la couche végétale pour pouvoir être absorbée par les plantes ; elle constitue alors un défaut presque aussi préjudiciable que si cette couche était complètement imperméable. Entre ces deux extrêmes, il est un état physique du sol qui réalise une perméabilité *moyenne*. A cet état les particules terreuses doivent être suffisamment ténues et tassées pour retenir la quantité d'eau nécessaire aux plantes et laisser échapper celle qui est en excès.

Un sol est imperméable quand il renferme 70 p. 100 de sable et 30 p. 100 de parties impalpables, c'est-à-dire capables de passer dans un tamis à mailles espacées d'un dixième de millimètre ; et il est d'autant plus perméable que la proportion des parties impalpables diminue de valeur.

2° *Ténacité.* — Un sol qui oppose de la résistance aux instruments aratoires est un sol *tenace.* Cette propriété résulte de la forte proportion de matières impalpables ainsi que de leur nature chimique. Quand ces matières sont exclusivement composées de carbonate de chaux, leur ténacité est beaucoup plus faible que quand elles sont de nature argileuse ou marneuse.

Les terres argileuses, marneuses, ferrugineuses, argilo-calcaires (*terres fortes*), sont les plus tenaces ; elles renferment ordinairement 30 p. 100 et davantage de matières impalpables. Cependant elles sont très peu tenaces lorsque ces 30 p. 100 comprennent une quantité prépondérante de carbonate de chaux et de magnésie.

Le degré de dessiccation des terres tenaces modifie souvent la résistance d'un sol au labour. Ce sol peut, en effet, être facilement cultivé s'il est resté frais, tandis que la charrue, la herse et le rouleau ne parviennent pas à l'entamer s'il est desséché et durci.

Si une grande ténacité du sol présente de graves inconvénients dans les terrains à peu près horizontaux, il n'en est pas de même dans ceux de coteaux où elle a pour fonction essentielle d'empêcher les ravinements et la descente de la couche végétale dans les dépressions. Les sols inclinés présentent toujours de grandes difficultés culturales, car ils nécessitent à chaque instant la remonte des terres entraînées. C'est là une opération très pénible et très dispendieuse.

L'horizontalité du sol n'est pas un obstacle au développement des plantes quand sa couche arable est perméable, lors même que le sous-sol serait imperméable. Mais il n'en serait pas de même si ce dernier était également impuissant à retenir les eaux d'infiltration, car les plantes auraient à souffrir de la sécheresse. Un tel état serait à redouter dans le Midi, mais serait acceptable sous les climats humides, comme cela a lieu sur certains points de la Belgique (Gand) et de la Bretagne (Roscoff). Néanmoins, un sous-sol imperméable engendre toujours une humidité trop forte dans la zone tempérée de la France ; c'est alors qu'il y a lieu de recourir au drainage, comme on l'a fait dans la Brie où le sous-sol est souvent argileux.

Pour éviter le ravinement des surfaces déclives, toujours fréquentes dans les pays de montagnes, on a recours au boisement. Les plantes ligneuses y végètent bien, donnent des produits suffisamment rémunérateurs et présentent en outre le précieux avantage de rétablir le régime normal des eaux si profondément troublé par les déboisements excessifs.

On peut aussi, dans les pays de coteaux à pentes parfois très rapides, construire des murs de soutènement à sec dans le but d'arrêter le glissement de la couche végétale. Ces murs sont nombreux dans les coteaux vignobles du Jura.

La ténacité du sol a des conséquences incalculables au point de vue de l'exploitation économique du sol (Boitel). Une entreprise agricole peut devenir ruineuse par le fait d'un sol argileux, tenace et intraitable par l'humidité et la sécheresse.

3° *Hygroscopicité*. — La propriété que possède une terre de retenir l'eau dont elle est imbibée constitue son *hygroscopicité*. On sait que des échanges incessants de vapeur d'eau se font entre le sol et l'atmosphère et ce, en faveur du milieu où la tension de cette vapeur est la moins forte. Il s'ensuit donc que la terre devrait dégager de la vapeur d'eau au profit de l'atmosphère jusqu'à ce que cette dernière soit saturée. Mais les choses ne se passent pas ainsi, grâce à l'attraction que les éléments d'une terre humide exercent sur l'eau dont ils sont revêtus ; de sorte que dans une atmosphère non saturée, la terre a la propriété de s'enrichir d'eau et non d'en perdre. Comme on sait que la proportion d'eau absorbée par un corps augmente avec la surface qu'il offre sous un poids donné, il résulte qu'une terre fine aura une hygroscopicité plus forte qu'une autre terre à éléments plus gros.

Schübler donne les chiffres suivants pour les quantités

d'eau retenues par les différentes natures de sols, quand on oblige l'eau à les traverser :

SOLS	QUANTITÉ D'EAU RETENUE
Sable siliceux	25 p. 100 du poids total.
— calcaire	29 — —
Terre calcaire fine.	85 — —
Argile pure.	70 — —
Humus.	190 — —

Dans ce tableau, on remarque que la terre calcaire fine retient 85 p. 100 du poids du sol, tandis que le sable calcaire n'en retient que 29 p. 100. L'énorme quantité d'eau retenue par l'humus offre de précieux avantages dans les terrains secs du midi de la France.

D'après Boitel, la dose d'humidité la plus favorable aux plantes est de 25 p. 100 du poids du sol sur une épaisseur de $0^m,30$. Les terres restent fraîches tant qu'elles renferment 15 à 23 p. 100 d'eau sur cette épaisseur : elles deviennent sèches et favorables aux plantes, quand elles conservent moins de 10 p. 100 d'eau sur la même profondeur. Les végétaux jaunissent et finissent par mourir quand le sol n'a plus que 6 p. 100 d'eau.

Les déperditions de l'eau du sol s'accroissent, en plein air, par l'élévation de température, la force du vent et l'état hygrométrique de l'air. Mais, d'après Schlœsing, l'hygroscopicité des terres varie très peu avec la température entre 9 et 35° ; ce qui signifie qu'une terre, supposée en équilibre d'humidité avec l'atmosphère ambiante, gardera sensiblement la même quantité d'eau malgré les variations de température qui surviendront si l'état hygrométrique de l'atmosphère reste constant.

4° *Capillarité.* — Cette propriété a pour effet de faire remonter dans le sol végétal l'eau accumulée dans le sous-sol. Il est juste d'admettre, en effet, que l'imprégnation du sol par l'eau ne suffit pas pour expliquer l'ascension et la filtration des sucs terrestres au niveau des racines, au fur et à mesure que celles-ci s'en emparent.

La physique nous apprend que si l'on plonge dans l'eau des tubes de verre d'un faible diamètre, l'eau s'élèvera dans ces tubes d'autant plus haut que leur diamètre sera plus petit. Ce phénomène, indépendant de la nature du verre, dépend au contraire de l'affinité de l'eau pour le verre et de l'attraction des molécules aqueuses les unes sur les autres. L'expérience eût donné le même résultat si les tubes avaient été d'une autre substance.

Si, au lieu de tubes, on avait expérimenté avec des corps poreux, tels que le sucre, les pierres tendres, les terres plus ou moins légères, etc., l'eau les aurait imprégnés dans toute leur masse, lors même qu'un seul point de leur surface eût été en contact avec l'eau. Ce phénomène de capillarité a donc pour but de provoquer la dissémination *uniforme* de l'humidité dans la masse entière de la couche végétale et de ramener en outre à la surface du sol l'eau d'infiltration.

Cette propriété très importante est subordonnée à la constitution physique de la terre végétale et est, en outre, en rapport avec sa perméabilité. Il y a donc utilité de soumettre cette terre à des cultures spéciales en vue de la maintenir dans un état d'ameublissement tel que son état de perméabilité soit suffisant. Un sol imperméable à l'état inculte, dit Boitel, devient perméable par le travail de la charrue et des autres instruments aratoires.

5° *Hygrométricité*. — La faculté variable que possède le sol d'absorber la vapeur d'eau atmosphérique constitue son *hygrométricité*, laquelle est sous la dépendance de la nature du sol, de son degré de division et de l'état hygrométrique de l'air.

Schubler a étudié cette propriété sur diverses variétés de terre placées dans des conditions identiques de température et d'humidité. Pour cette expérience il s'est servi de 5 grammes de chaque variété qu'il a étendus sur une surface de 36 centimèt. carrés, et les a placés dans une atmosphère renfermant de la vapeur d'eau à une température de 19 degrés. Les résultats de cette expérience ont été consignés de la manière suivante après 12, 24, 48 et 72 heures.

	EAU ABSORBÉE APRÈS			
	12 heures.	24 heures.	48 heures.	72 heures.
	grammes.	grammes.	grammes.	grammes.
Sable siliceux.	0,000	0,000	0,000	0,000
— calcaire.	0,010	0,015	0,015	0,015
Argile pure.	0,185	0,210	0,240	0,245
Terre forte du Jura. . .	0,070	0,095	0,100	0,100
Humus.	0,400	0,481	0,550	0,600

Ces différentes terres se classent donc comme suit d'après leur degré décroissant d'hygrométricité : humus, argile, terre du Jura, sable calcaire et sable siliceux.

De l'examen de ce tableau, eu égard aux propriétés physiques et chimiques de chaque terre, il résulte que le degré de divison du sol, sa pénétration facile par l'air, les façons aratoires et sa richesse en matières organiques, sont autant de facteurs capables d'augmenter l'hygrométricité du sol.

6° *Contraction.* — Certaines terres ont la propriété de diminuer de volume ou de se contracter par la dessiccation (*terres argileuses, imperméables*), tandis que d'autres ne subissent aucune diminution de volume sous la même influence (*terrain sablonneux*). Avant d'examiner la contraction du sol, il convient de dire un mot de sa *dessiccation* dont dépend la première.

La dessiccation de la terre végétale est le résultat de deux phénomènes simultanés : l'évaporation par la surface extérieure et le transport de l'eau vers cette surface (Schlœsing). On a vu que l'évaporation est sous la dépendance de l'état hygrométrique ambiant et de son renouvellement; tandis que le transport de l'eau est un effet de capillarité. Connaissant d'autre part les facteurs capables de favoriser cette dernière, on en conclura qu'une terre caillouteuse, graveleuse ou sablonneuse se desséchera plus vite qu'une autre à éléments fins.

Mais, dit Schlœsing, il ne faut pas croire que cette terre deviendra plus vite impropre à entretenir la végétation. Car, précisément en raison de la facilité relative avec laquelle l'eau y circule, la première pourra encore fournir de l'eau aux racines, quand la seconde, quoique plus humide, ne le pourra pas, parce que la circulation de l'eau y devient plus difficile.

S'il s'agissait de plantes sarclées, un binage fait en temps opportun aurait pour effet de contrarier la capillarité du sol et conséquemment d'en retarder la dessiccation. Les hersages, les labours seraient aussi efficaces dans d'autres circonstances.

C'est donc surtout à la dessiccation qu'est due la contraction de certaines terres (argileuses, argilo-siliceuses, argilo-calcaires, argilo-ferro-siliceuses), grâce à l'action cohésive de l'argile et des humates ou à la ténuité extrême de leurs éléments.

En se desséchant, ces terres se fendillent, se crevassent plus ou moins et provoquent la rupture ou la compression des jeunes racines. Les façons aratoires en sont devenues beaucoup plus pénibles, sinon impossibles. Ces graves inconvénients se répercutent sur la végétation dont l'aspect semble languissant.

7° *Adhérence.* — Lorsqu'une terre s'attache aux instruments aratoires, on dit qu'elle a de l'adhérence (*sols calcaires ferrugineux*). Cette propriété est donc différente de la ténacité.

Schubler a déterminé expérimentalement le degré d'adhérence de différentes natures du sol en procédant de la façon suivante : il suspendait un disque de fer à l'un des plateaux d'une balance, et l'appliquait ensuite sur une terre préalablement mouillée, puis il plaçait des poids marqués sur l'autre plateau jusqu'à ce que le disque se décolle. Cette méthode lui a donné les chiffres suivants :

Adhérence du sable siliceux.	. . . .	0,19
— — calcaire.	. . . .	0,20
— de la terre calcaire.	. . . .	0,71
— — argileuse.	. . . .	0,86
— de l'argile pure.	. . . .	1,32

8° *Pouvoir absorbant.* — La propriété qu'ont les sols arables d'enlever aux sucs terrestres les matières salines et les matières organiques qu'ils renferment et de les retenir dans leurs interstices, constitue le *pouvoir absorbant* de ces sols.

Si l'on filtrait du *purin* sur une couche de terre arable, calcaire ou argileuse, le liquide qui en sortirait serait limpide et inodore.

Une solution ammoniacale, filtrée de la même façon, abandonnerait son ammoniaque à la terre.

Way a attribué à l'argile des propriétés antiseptiques particulières ; les matières qu'elle absorbe ne sont plus exposées à la putréfaction. Il a reconnu en outre qu'une bonne terre peut retenir soixante fois autant de principes fertilisants qu'on lui en donne sous forme d'engrais.

Ubaldini a constaté aussi que les substances isolées de leurs solutions par une terre arable peuvent être ensuite cédées par celle-ci à certains dissolvants et devenir assimilables par la plante. C'est ainsi que le phosphate de soude a la propriété de solubiliser la matière organique azotée du sol arable. Il en est de même des azotates, des sels ammoniacaux et alcalins.

L'absorption varie avec la nature du sol, la concentration de la dissolution et la durée du contact (Boitel).

Les recherches de Brustlein sur le carbonate d'ammoniaque et de Vœlcker sur la potasse, la soude, le phosphate de chaux soluble, etc., le confirment. Les résultats obtenus par Brustlein avec le carbonate d'ammoniaque, en dissolution dans 100 cm. cubes d'eau, sont les suivants :

	QUANTITÉ DE SEL.	ALCALI ABSORBÉ PAR 50 GR. DE TERRE
Terre argilo-calcaire. . . .	0gr,029	0,014
— moins forte.	0 ,029	0,011
— sablo-siliceuse. . . .	0 ,029	0,008

Les conclusions de Vœlcker sont les suivantes :

a. Ce sont surtout les sols argileux et calcaires qui absorbent et retiennent l'ammoniaque, le carbonate de potasse et s pho sphates.

b. Plus les terres sont riches en humus, plus leur pouvoir absorbant est puissant.

c. Quelle que soit leur nature, les sols ne retiennent pas sensiblement les azotates, les sels de soude, particulièrement le sel marin (Girardin et Du Breuil).

Donc grâce à son pouvoir absorbant le sol emmagasine les substances nécessaires à l'alimentation des plantes pour les leur céder ensuite au fur et à mesure de leurs besoins.

D'après J.-L. Beeson, les sels le plus souvent employés dans la fertilisation (sulfate de potasse et d'ammoniaque et super-phosphate de chaux) ont une action assez limitée sur les conditions d'humidité du sol lorsqu'ils sont appliqués à la dose ordinaire, de sorte que leur effet utile doit être surtout attribué aux éléments nutritifs qu'ils contiennent. Le carbonate de soude, le chlorure et le nitrate exercent toutefois un effet appréciable. Ces sels diminuent fortement la proportion d'eau que le sol peut absorber, mais augmentent dans la terre même la faculté de retenir l'humidité. C'est pour cette raison que le nitrate de soude réussit bien dans les sols qui ont besoin d'azote, tout en ayant un faible pouvoir d'imbibition. Un sol très riche en azote et qui se trouve dans ces conditions physiques sera traité par le carbonate ou le chlorure de sodium.

Un sol doué d'un pouvoir d'imbibition trop élevé se trouvera mal d'un apport de nitrate de soude fait pour lui procurer de l'azote ; c'est ce qui explique que dans la Louisiane le nitrate de soude a souvent diminué le rendement de la canne à sucre, tandis que la chaux a donné de bons résultats.

En ce qui concerne les gaz, la terre peut les absorber par suite de réactions chimiques, mais non les condenser (oxydation des terres argileuses, de l'humus aux dépens de l'air atmosphérique).

9° *Échauffement du sol.* — La quantité de chaleur solaire retenue par le sol est très variable, car elle est soumise au pouvoir absorbant du sol pour la chaleur, à sa conductibilité, à son degré d'humidité, à sa coloration, à son exposition, à la température de l'air, à l'altitude, à la latitude, etc.

Schubler a reconnu qu'entre deux lots d'une même terre exposés au soleil, l'un sec et l'autre humide, on peut observer, en faveur du lot sec, une différence de température de 8 degrés dans la couche superficielle. Les terres humides en retenant facilement l'eau sont appelées *terres froides* (terres argileuses, marneuses).

L'évaporation de l'eau du lot humide a provoqué un abaissement de température.

Les terres de couleur foncée absorbent mieux la chaleur que celles de couleurs plus claires. Le Dr Christ dit que, dans les parties élevées de la Suisse, il est d'usage de répandre de la terre noire sur le sol pour faciliter la fonte des neiges et hâter le retour de la végétation.

Un grand nombre d'essais ont démontré que la coloration en noir d'un sol de teinte claire peut accroître de 50 0/0 son pouvoir absorbant de la chaleur.

La culture des primeurs maraîchères se fait ordinairement sur des *ados* dont on a noirci la surface à l'aide de terreau de feuilles ou de couche ou encore de charbon.

Les raisins noirs, demandant plus de chaleur que les blancs pour mûrir, exigent surtout des terres de couleur foncée et bien orientées.

Au point de vue de leur composition chimique, les terres s'échauffent à des degrés différents. Le tableau suivant, dû à Girardin et Du Breuil, dans lequel le *sable calcaire* a été pris comme terre de comparaison parce qu'il possède la plus forte capacité calorifique, le démontre très bien.

	FACULTÉ DE RETENIR la chaleur.
Sable calcaire.	100,0
— siliceux.	95,6
Glaise maigre.	76,9
Terre arable du Jura.	74,3
Gypse.	73,2
Glaise grasse.	71,1

	FACULTÉ DE RETENIR la chaleur.
Terre argileuse.	68.4
Argile pure	66.7
Terre de jardin.	64,8
— calcaire fine.	61,8
Humus.	49,0
Carbonate de magnésie.	38,0

Les terrains sablonneux, de teinte plus ou moins foncée, peuvent acquérir, en été, une température s'élevant jusqu'à 50 degrés et même davantage.

Quant à l'obliquité différente du sol par rapport à celle des rayons solaires, on peut affirmer qu'elle est un obstacle sérieux à l'absorption de la chaleur solaire dans les fortes altitudes. Toutes choses égales d'ailleurs, plus les rayons solaires se rapprochent de la perpendiculaire par rapport à la surface du sol, plus ce dernier emmagasine de chaleur.

Le soleil n'est pas la seule source de chaleur où vient puiser le sol, la combustion des matières organiques peut aussi lui en fournir. Boussingault et Schlœsing ont reconnu successivement que 30 000 kilogr. de fumier, donnés annuellement à un hectare de terre, peuvent produire, par combustion de leur matière sèche, 17 millions de calories, soit à peu près 5 par jour et par mètre carré. En admettant que les effets de cette production de chaleur s'étendent à une couche de 15 centim. d'épaisseur, il en résulterait que les 5 calories dégagées pourraient élever de $\frac{1}{8}$ de degré par jour la température du sol.

Cet accroissement de chaleur, insignifiant dans cet exemple, peut devenir important lorsqu'on emploie de fortes quantités de fumier chaud (*couches des jardiniers*).

10° Refroidissement du sol. — Cette propriété est inversement proportionnelle au poids du sol végétal et à la grosseur de ses particules. Les terres caillouteuses se refroidissent donc moins vite que les terres sablonneuses, et ces dernières moins vite que les terres compactes et à éléments fins (terres argileuses). D'ailleurs le tableau précédent peut fournir des renseignements utiles au sujet de la vitesse avec laquelle le sol se refroidit, sachant que l'humus est, de tous les éléments constitutifs d'une terre, celui qui retient le moins bien la chaleur et conséquemment se refroidit le plus vite.

Conséquences pratiques. — Les diverses propriétés physiques qui viennent d'être examinées n'ont rien d'absolu dans leurs effets ; elles sont soumises à des variations qui dépendent des qualités intrinsèques d'une terre. Ainsi un sol qui garde facilement les eaux d'infiltration, qui se ressuie lentement, serait excellent dans une région sèche et mauvais dans une région pluvieuse ; il exigera, dans chacun de ces cas, des cultures différentes.

L'orientation varie également avec la latitude, l'altitude et le climat. Lorsque ce dernier est doux, l'exposition au midi est ordinairement la meilleure ; tandis que s'il est froid, cette exposition qui paraît excellente *a priori*, peut devenir nuisible. Les plantes de montagnes, celles de la Suisse par exemple, sont couvertes de givre chaque matin, si donc, dès son apparition, le soleil dardait sur elles ses rayons, il en résulterait un brusque dégel capable de tuer ces plantes. L'exposition au nord leur est donc préférable, à cause de ses variations de température moins brusques.

C'est donc sur place et pour chaque terre parfaitement déterminée, que doit se faire l'étude des propriétés physiques, dont l'importance ne doit passer inaperçue à aucun agriculteur soucieux de sa prospérité matérielle.

CHAPITRE IV

LES AMENDEMENTS

Tout sol qui n'offrira pas une composition rentrant dans les limites de celle donnée à la page 197 sera imparfait; ses produits ne parviendront pas à équilibrer les frais de culture qu'il occasionnera, à plus forte raison à procurer des bénéfices. Il importera donc de corriger ses défauts pour lui donner des qualités nouvelles : cette opération constitue les *amendements*.

Les amendements varient avec la nature des terrains. Lorsqu'un sol argileux est trop compact, on l'amende en lui donnant une certaine quantité de *sable* ou de *calcaire*; s'il est trop léger et renferme trop de sable, on lui donne un amendement *marneux*; si enfin sa teneur en calcaire est trop forte, on la corrige à l'aide de l'argile, etc.

En résumé, les principaux défauts du sol arable peuvent porter :

1º Sur sa *composition chimique* et *physique*. On y remédie par un remaniement qui ramène les principes chimiques du sol à se trouver dans les proportions reconnues les plus favorables à la végétation.

2º Sur un *excès d'humidité* ou de *sécheresse*. On amende par le drainage et les arrosages.

3º Sur son *acidité*. On amende par addition de principes qui détruisent cette acidité; par les irrigations ou par les engrais.

Une terre peut donc être amendée soit à l'aide d'éléments *siliceux, calcaires* ou *argileux*, soit par *drainage, arrosages, irrigations* ou même par les *engrais*.

I. Amendements siliceux. — Une terre très compacte, renfermant une trop grande quantité d'argile, est froide et humide. On parvient à corriger ces défauts en y incorporant des cailloux, des graviers ou du sable siliceux. Le sol s'ameublit, perd sa ténacité; il s'échauffe plus facilement et les eaux pluviales surabondantes descendent dans les profondeurs du sous-sol. Le mélange de l'élément siliceux avec certaines argiles est parfois difficile à faire par suite d'une adhérence insuffisante; les labours successifs entraînent alors les cailloux et les graviers au-dessous de la couche végétale. On y remédie en employant de préférence la chaux dont l'action détruit plus activement la ténacité de l'argile.

Une terre très argileuse, renfermant par exemple 70 à 80 p. 100 d'argile, exigera 30 à 40 p. 100 de silice ou 300 à 400 mètres cubes de cailloux, de gravier ou de sable.

Les *labours profonds* et les *défoncements* peuvent aussi, dans certains cas, tenir lieu d'amendements. Les premiers sont utiles quand le sol végétal atteint ou dépasse 40 centimètres, et ont pour but d'amener à la surface 6 ou 7 centimètres de terre neuve qui renferme la majeure partie des éléments utiles (calcaire, parties ténues de la silice, fer) enlevés à la couche arable par les eaux d'infiltration. Ces labours offrent aussi le précieux avantage d'ameublir une plus grande épaisseur de terre dont profiteront les plantes cultivées.

Mais les labours profonds doivent être faits avec discrétion lorsque, par exemple, une couche végétale légère repose sur un sol argileux (Bresse) ou qu'une surface végétale argileuse repose sur du sable calcaire pur. Dans ce cas il y aurait désavantage de mélanger le sol proprement dit, riche en matières humiques, avec le sous-sol qui en est très pauvre ou privé.

Les labours profonds n'ont qu'un effet temporaire; ils demandent à être répétés à chaque rotation de cultures. Les *défoncements* sont beaucoup plus durables, étant donnée la grande épaisseur de terre qu'ils peuvent intéresser (1 mètre et plus). Mais ils ne doivent être entrepris que quand le sol est profond et d'une composition homogène ou que des couches de différente nature (argile, sable, marne) se superposent. Le défoncement suffit, dans ce dernier cas, à corriger l'excès d'humidité provoqué par l'imperméabilité d'une couche argileuse, même de faible épaisseur. Cette dernière, une fois rompue, ne s'oppose plus à la pénétration de l'eau.

II. Amendements calcaires. — Ces amendements ont une importance particulière à cause de leurs effets remarquables sur les plantes cultivées. Ils se font avec la *marne*, la *chaux*, les *plâtras de démolition*, les *sables calcaires*, les *faluns* ou *calcaire coquillier* et les *coquilles* des divers mollusques.

a. *Marne*. — L'apport de cette roche dans une terre constitue le *marnage;* ses effets sont prodigieux sur les sols siliceux. Elle les empêche de se raviner, de perdre leur humus, les ameublit, les rend moins brûlants en été et moins humides en hiver. La marne facilite la décomposition du fumier dont elle fixe les éléments nutritifs au sol pour les besoins de la plante.

Les *marnes argileuses*, c'est-à-dire celles dans lesquelles domine l'argile, donnent plus de paille et les *marnes calcaires* plus de grain. Cependant l'Avoine, dans un marnage récent, paille beaucoup, fleurit tard et graine peu (frère Ogérien).

Comme la marne agit surtout par son élément calcaire, on fera de préférence usage de celle où la chaux domine (*marne calcaire*) . La quantité à employer dépend de la nature du sol, de la profondeur de la couche végétale et de l'humidité plus ou moins grande de cette dernière.

Les terres argileuses demandent plus de marne que les terres siliceuses, les sols humides plus que les terrains secs.

La quantité à employer croit avec l'épaisseur de la couche arable. Il n'est pas nécessaire de donner de la chaux à une terre qui en renferme déjà au moins 4 p. 100. S'il s'agit d'une marne très calcaire, les sols argileux franc-comtois peuvent en recevoir 70 à 80 mètres cubes à l'hectare tous

les vingt-cinq à trente ans ; les sols argilo-siliceux 55 à
70 mètres cubes tous les quinze à vingt ans, et les sols tourbeux, 70 à 80 mètres cubes à intervalles plus rapprochés
(six à dix ans). Ces quantités varient avec la proportion de
carbonate de chaux renfermée dans la marne.

C'est à l'automne et par un temps sec que l'on transporte
la marne dans les champs. On la dispose en tas où, soumise
à l'action de l'air, de l'humidité et du froid de l'hiver, elle
ne tarde pas à se déliter et à se pulvériser. On la répand
ensuite assez uniformément, puis on l'enfouit au printemps
suivant par un simple labour.

Les prairies se ressentent aussi des bons effets de la
marne ; mais on ne doit pas ici la déposer en tas comme
dans les terres labourables ; car les plantes sur lesquelles
se trouveraient ces tas ne tarderaient pas à pourrir. On la
laisse se déliter et se pulvériser en carrière, puis on la répand
immédiatement sur la prairie.

La Franche-Comté est riche en marne calcaire. Tout le
vignoble du Jura qui s'étend de Salins à Saint-Amour repose
sur les marnes du Lias, où la Bresse et le premier plateau
de la chaîne jurassique peuvent s'alimenter.

b. *Chaux*. — Cette substance provient de la calcination de
la pierre calcaire, notamment du calcaire grossier. La calcination a pour effet d'éliminer l'anhydride carbonique et
l'eau du calcaire et de produire de la *chaux vive*, qui s'éteint
au fur et à mesure en se combinant avec de l'eau (*chaux
éteinte*).

On distingue deux espèces de chaux : la chaux *grasse* ou
pure et la chaux *maigre* dont les effets sont différents en
agriculture.

La *première* est la plus économique ; son action est la meilleure. Elle est d'un beau blanc après sa calcination, se
délite facilement sous l'action de l'eau et forme avec elle
une pâte liante.

La *seconde*, encore appelée *chaux argileuse, hydraulique,
marneuse, magnésienne* ou *siliceuse*, est produite par des

pierres de calcaire impur. Les pierres argilo-calcaires ou magnésiennes donnent la *chaux magnésienne*. Les calcaires argileux fournissent la *chaux argileuse* et les calcaires siliceux, la *chaux siliceuse*.

La chaux améliore considérablement les terres argileuses, argilo-siliceuses ou siliceuses.

La chaux grasse est la seule qui doive être employée en agriculture.

La chaux *magnésienne* agit avec activité, mais elle épuise le sol lorsqu'on l'emploie à haute dose sans la faire suivre d'engrais abondants.

La chaux *maigre* se durcit dans le sol et se mélange difficilement avec lui.

La dose moyenne de chaux qui convient au sol est, en général, de 4 mètres cubes ou 40 hectolitres à l'hectare. L'effet de cet amendement, à cette dose, se continue pendant douze ans (Girardin et Du Breuil). Les terres argileuses en demandent à peu près un cinquième de plus que les siliceuses sèches, et il en faut d'autant plus que le sol est plus humide. On l'emploie vive sur les terres humides et éteinte sur les terrains secs et légers.

Effets de la chaux grasse. — La chaux enfouie dans le sol s'hydrate tout en absorbant de l'anhydride carbonique et se trouve ramenée à l'état de carbonate facilement assimilable par les plantes.

Suivant Liebig, la chaux a surtout pour effet d'accélérer la désagrégation des silicates alumineux et alcalins qui se trouvent dans le sol sous forme de feldspath, de mica, d'argile, etc., en mettant à la disposition des plantes les principes alcalins.

D'après Fuchs et Kulmann, lorsque la chaux vive se trouve en contact avec l'argile, elle se combine, sous l'influence de l'humidité, avec une partie de ses éléments et met en liberté, outre de la silice gélatineuse, les alcalis (potasse, soude) que cette argile contenait à l'état de silicates.

La chaux, répandue sur les prairies humides, fait périr la

plupart des plantes nuisibles au développement des plantes fourragères. Elle possède encore d'autres avantages qui ont été signalés dans le cours de cet ouvrage.

Les abondantes récoltes produites par le marnage et le chaulage épuiseraient vite le sol, si l'on ne compensait, par de bonnes fumures, les pertes que ce sol éprouve.

c. *Sables coquilliers, calcaires et coquilles de toute sorte.* — Les premiers sont encore appelés *maerl*, *treaz*, *tangue*, etc.

Le *maerl* se compose surtout de débris de *Lithothamnion* (Algues) et de concrétions calcaires, de coquillages et de débris divers. On le rencontre en abondance à l'embouchure de la rivière de Morlaix, de celle de Quimper, dans la rade de Brest, etc. On l'emploie comme amendement, dans l'arrondissement de Morlaix, de Quimper, à raison de 14 000 kilogrammes à l'hectare dans les terres légères et sèches, et de 28 000 kilogrammes dans les terres fortes et humides.

Le maerl exerce une action bienfaisante sur les sols argilosiliceux de la Bretagne. Son effet se fait sentir pendant une dizaine d'années; il est surtout efficace sur les luzernes, les trèfles, les céréales et favorise beaucoup l'action du fumier.

Les *sables calcaires* ou *faluniers* sont formés par des débris de coquilles fossiles.

Le *treaz*, que l'on récolte sur les plages du Finistère, est un sable marin qui renferme de nombreux débris de coquilles ou même des coquilles entières. On l'emploie aussitôt qu'il a été ramassé, car sous les influences atmosphériques, il perd rapidement ses propriétés fertilisantes. Les cultivateurs des environs de Morlaix s'en servent comme amendement des terrains maraîchers à raison de 40 000 kilogrammes à l'hectare.

La *tangue* est une sorte de sable gris ou jaunâtre qui se dépose dans les parties calmes de l'embouchure des rivières de la Bretagne et de la Normandie.

Le calcaire, l'argile et la silice sont les éléments dominants dans la tangue. La proportion plus ou moins grande d'argile caractérise diverses variétés désignées sous les noms de *tangue grasse*, *tangue légère* et *tangue vive*. La première convient aux sols légers et les deux autres aux terrains forts.

Lorsque la tangue est riche en calcaire on n'en emploie ordinairement que 8 à 16 mètres cubes par hectare tous les quatre à cinq ans ; quand elle est pauvre ou grasse, la quantité est portée à 12-20 mètres cubes.

On rencontre dans de nombreuses localités du littoral de l'Océan et en quantité assez considérable pour pouvoir être exploités, des amas de coquilles d'huîtres, de moules, etc., dont les effets sont aussi satisfaisants que ceux produits par les amendements précédents.

d. Le *falun* ou *calcaire coquillier* forme des dépôts parfois très importants, constitués par des coquilles fossiles, dans les départements d'Indre-et-Loire, de Maine-et-Loire, de la Gironde, des Landes, etc.

L'élément dominant dans le falun est le carbonate de chaux (66-71 p. 100) ; les autres sont la silice (13-25 p. 100), le sable et l'argile (13-20 p. 100), les sels solubles, les phosphates et les matières organiques (2-5 p. 100) et l'eau (12-14 p. 100). Le falun est plus énergique que la marne, à cause des phosphates, des sels solubles et des matières organiques qu'il renferme.

Les quantités à employer varient avec les régions et la composition du sol cultivé.

e. *Plâtrage*. — L'emploi du plâtre (sulfate de chaux) a pour effet d'introduire dans le sol de la chaux et de l'acide sulfurique, substances utiles aux végétaux.

Le plâtre favorise le développement des parties vertes des Légumineuses (Sainfoin, Trèfle, Luzerne, etc.).

On l'emploie en l'incorporant aux engrais ou, au printemps, en le répandant sous forme de poudre, à raison de 400 à 600 kilogrammes par hectare ; dans le second cas on profite d'un temps calme humide et assez chaud.

L'action du plâtre est favorisée par les rosées abondantes

et les pluies légères, mais elle peut être amoindrie ou détruite par les fortes pluies et la sécheresse.

Il est des terres où l'action du plâtre est peu appréciable, tandis que celles qui sont suffisamment riches en chaux en tirent bon profit.

III. AMENDEMENTS ARGILEUX. — On améliore un sol léger, calcaire ou sablonneux, en y ajoutant de l'argile. Mais si le sous-sol est argileux on en ramène l'argile à la surface par des labours successifs et de plus en plus profonds.

Cet amendement présente une certaine difficulté à cause de la compacité et de la ténacité de l'argile fraîche qui s'allie mal avec les autres éléments du sol. On y remédie soit en calcinant l'argile comme le font les Anglais, soit en la laissant exposée pendant longtemps à l'air qui lui fait perdre une partie de sa ténacité et permet de la diviser plus facilement.

Les marnes calcaires, préalablement délitées et plus ou moins émiettées, ainsi que les vases argileuses, peuvent avantageusement suppléer à l'argile.

Les quantités à employer ne peuvent être exactement indiquées car elles sont subordonnées à la composition de la couche arable qui varie souvent, on l'a vu, d'un lieu à un autre.

IV. AMENDEMENT PAR LA REMONTE DES TERRES. — Les terres situées en pente inclinée, dont la déclivité est plus ou moins grande, subissent dans leurs parties supérieures et au profit des parties basses, sous l'effet des fortes pluies, un appauvrissement en calcaire, silice soluble, matières organiques, etc., auquel il importe de remédier de temps en temps. On y parvient par une opération désignée sous le nom de *remonte des terres* et qui consiste à enlever des parties basses leur excès de terre pour le reporter sur les points supérieurs plus ou moins dénudés. Ce travail long, dispendieux et pénible, est fréquent dans les coteaux du Jura.

V. AMENDEMENT PAR ÉCOBUAGE. — Le sol peut aussi être

amélioré par écobuage. Cette opération consiste à brûler la couche superficielle d'une terre inculte ou d'une prairie que l'on veut remettre en culture.

On enlève par mottes cette couche superficielle en prélevant aussi les racines les plus fortes. On les fait sécher puis on les dispose en petits tas, l'herbe en dessous, sur un fagot de bois sec; puis on allume et on recouvre parfaitement chaque tas d'une couche de terre pour concentrer la chaleur en ayant soin de surveiller les feux. Lorsque l'incinération est terminée on étend les tas et on enfoui les cendres par un labour.

Cet amendement produit d'excellents résultats sur les terres incultes, les vieilles prairies et les terrains argileux ou tourbeux. Il ne faut pas négliger les fumures copieuses après l'écobuage pour restituer au sol les matières organiques que l'opération lui a enlevées.

L'écobuage est peu pratiqué surtout en Franche-Comté où les terres calcaires ne le souffriraient pas.

VI. AMENDEMENT PAR DRAINAGE. — Un terrain très humide, sur lequel les eaux pluviales restent stagnantes, est un terrain stérile qui ne produit que des herbes grossières (joncs, prêles, etc.). Les semences agricoles n'y germent pas ou ne donnent que des plantes sans vigueur.

Les *terrains bas*, qui reçoivent les eaux des champs voisins, ceux à *couche végétale mince* reposant sur un banc argileux, ceux enfin à *couche végétale entièrement argileuse* sont toujours très humides et ont besoin, pour devenir productifs, d'être desséchés. On peut arriver à ce résultat soit en exhaussant le sol par des remblais, soit en creusant des puits absorbants assez profonds, ou des fossés dirigés suivant la pente générale du terrain, soit enfin en pratiquant le *drainage* proprement dit.

L'*exhaussement* du sol ne peut se faire que sur une faible étendue à cause des frais énormes qu'il occasionne.

S'il s'agit d'un marais formant bassin, il faudrait avoir recours aux *puits absorbants* creusés jusqu'à la partie inférieure de la couche imperméable, dans lesquels s'écoulent, au moyen de fossés, toutes les eaux du marais.

Si enfin il s'agit d'un sol offrant un écoulement facile, son égouttement peut s'opérer au moyen de tranchées ouvertes ou fermées ou encore de tuyaux en terre cuite appelés *drains*.

Girardin et Du Breuil résument ainsi qu'il suit les avantages que le drainage procure :

« 1° Les terres drainées sont plus faciles à cultiver; on y laboure et on y sème plus tôt au printemps et plus tard à l'automne; elles sont moins humides pendant l'hiver et moins sèches pendant l'été.

2° Par la suppression des raies et fossés d'écoulement, la surface consacrée aux plantes est plus étendue.

3° Les eaux de pluie s'écoulent par filtration et ne se répandent plus à la surface; les terres les meilleures et les engrais ne sont plus entraînés dans les fossés.

4° Les eaux inférieures ne peuvent plus remonter à la surface, soit par la capillarité, soit par la pression qui tend à leur faire reprendre le niveau d'où elles proviennent.

5° Une terre drainée n'est jamais saturée d'eau et les plantes, en conséquence, y poussent avec plus d'énergie et y enfoncent plus profondément leurs racines.

6° La maturité des plantes est avancée de quinze jours environ par le drainage.

7° Le sol, devenu plus poreux, facilite la circulation de l'air nécessaire à la respiration des racines.

VII. AMENDEMENT PAR IRRIGATION. — Les bienfaisants effets de l'eau sur la végétation des sols légers, calcaires ou sableux, ont été déjà signalés. Partout, dans l'Ariège, le Var, la Drôme, les Hautes-Alpes, la Haute-Saône, les Vosges, etc., où se trouvent les plus grandes surfaces irriguées, on a pu se rendre compte de l'accroissement de valeur que la terre acquiert sous l'influence de l'eau. Toutes les fois que la disposition des lieux et le voisinage d'un cours d'eau le permettent, on n'hésitera donc jamais à en profiter quand le besoin s'en fera sentir.

CHAPITRE V

ENGRAIS

On vient de voir que l'on peut accroître la force productive du sol par l'amélioration de ses propriétés physiques et chimiques (amendements); mais cet accroissement s'obtient plus habituellement par l'addition au sol de principes nutritifs pour les plantes, ou en d'autres termes par les *engrais*.

Malgré son importance pratique, la distinction que l'on fait entre les *engrais* et les *amendements* n'a rien d'absolu; la plupart des matières fertilisantes peuvent, en effet, rentrer dans ces deux catégories. Ainsi le *fumier*, si utile aux plantes, rend les sols compacts plus légers et plus perméables et les sols légers plus compacts et plus frais.

Toutes les substances, plus ou moins complexes, quelle que soit leur nature, capables de fournir aux plantes les éléments nécessaires à leur complet développement, constituent les *engrais*.

Ces substances sont donc la base de la culture des terres; c'est par elles que ces dernières conservent leur pouvoir fertilisant et récupèrent les pertes qu'elles ont subies du fait même des récoltes.

On divise les engrais agricoles en deux classes : les *engrais organiques* et les *engrais minéraux*.

A. Engrais organiques. — Ces engrais sont d'origine *végétale* ou *animale*.

Parmi les premiers figurent les *tourteaux* et les *engrais verts* et parmi les seconds, les *gadoues*, la *viande*, le *sang*, le *guano*, les *matières excrémentitielles*, le nitrate de soude en partie et indirectement le sulfate d'ammoniaque.

Le *fumier* est d'origine mixte ; étant donnée son importance, on le placera en première ligne.

1°. *Fumier*. — Cet engrais est un mélange de déjections solides et liquides et de litières répandues dans les écuries et les étables.

D'après Girardin et Du Breuil, voici quelle est approximativement la composition des excréments de nos animaux de ferme.

	VACHE	CHEVAL	PORC	MOUTON
Eau.	79,724	78,36	75.00	68,71
Matières organiques. . .	16,046	19,10	20,15	25,16
Matières minérales, salines ou autres	4,230	2,54	4,85	6,13

En règle générale, les éléments minéraux figurent dans la composition du fumier pour 1/10 environ de son poids sec. Ce sont des sulfates, carbonates, lactates de potasse, des carbonates de chaux, de magnésie, etc.

Les matières organiques sont des acides organiques (acides urique, hippurique, lactique) et un principe très riche en azote : l'*urée*.

Cette urée produit par putréfaction un sel ammoniacal (carbonate d'ammoniaque) très actif dans la décomposition des matières carbonées des litières.

L'*urine* offre une composition variable avec l'animal, son régime et son état de santé. Sa valeur fertilisante est plus élevée, pour le porc excepté, que celle des déjections solides. Il importe donc de la conserver avec soin dans des fosses spéciales où elle s'écoule ordinairement sous forme de *purin*.

Les deux tableaux suivants, dus à Colomb-Pradel, établissent la composition comparative des fumiers et des purins.

I. — FUMIERS

POUR 100 KILOGRAMMES	A	B	C	D	E	F	G
Eau.	66,00	75,40	54,00	77,50	73,00	62,90	80,77
Acide phosphorique. .	0,32	0,44	0,54	0,16	0,36	0,18	0,23
Potasse.	0,58	0,49	2,00	0,40	0,82	0,24	0,46
Azote total.	0,64	0,60	1,00	0,34	0,32	0,28	0,45

A. Fumier mélangé, frais (Wœlker).
B.   —   consommé (Wœlker).
C.   —   de vaches consommé (Muntz).
D.   —   frais. bêtes à cornes (Wolff).
E.   —   de Tromblaine (Grandeau).
F et G. Fumier des environs de Nançy (Colomb-Pradel).

II. — PURINS

POUR 100 KILOGRAMMES	A	B	C	D
Eau	980,21	991,27	982,00	978,00
Matière organique.	10,22	3,41	»	»
Acide phosphorique.	0,52	0,137	0,10	0,45
Potasse	3,55	2,21	4,90	8,44
Azote organique	0,26	0,13	1,50	3,18
Azote ammoniacal	0,22	0,16		

A. Jus de fumier mixte frais (Wœlker).
B. Purin mixte ancien (Wœlker).
C.   —   analysé par Wolff.
D.   —   provenant de la Meuse (Colomb-Pradel).

Il résulte de ces chiffres, d'ailleurs très variables, que les
fumiers contiennent 20 à 45 p. 100 de matières organiques
et minérales, et quelques millièmes d'acide phosphorique,
de potasse et d'azote, et que les purins sont surtout riches
en potasse.

. Colomb-Pradel a recherché aussi par l'analyse les modifications apportées dans la composition des fumiers par suite d'une conservation défectueuse. Voici ses conclusions remarquables :

. Un tas de fumier a été divisé en deux parts égales ; l'une (A) a été abandonnée sans aucun soin sur la terre nue (c'est le cas de la plupart des fumiers de Franche-Comté), l'autre (B) a été mise sur une plate-forme étanche permettant de recueillir les purins dans une fosse cimentée. Au bout de six mois, l'analyse a indiqué la composition suivante pour ces deux lots identiques :

	A	B
	kg.	kg.
Poids du fumier au début de l'expérience.	6 700	6 700
— — à la fin —	3 600	4 800
Eau p. 100.	62	78
Acide phosphorique) Pour 100 de	0.82	0.92
Potasse . . . . . . (matière sèche. . . .	1,28	1.66
Azote total. . . . .)	1,02	1,34

Le fumier bien soigné a donné en outre 620 litres d'excellent purin, alors que le lot A a perdu complètement le sien. De ces recherches les conclusions sont faciles à tirer !

Wolff, estimant l'hectolitre de purin à 0 fr. 40, dit qu'annuellement en France il s'en perd dans les rues et les citernes (!) pour une somme de 260 millions de francs ; ce qui, d'après Dehérain, équivaut au tiers de la valeur du fumier produit. Ces chiffres ont leur éloquence ! Si l'on tient compte en outre que le cultivateur, pour réaliser quelque argent ou payer son fermage, vend du grain, du bétail, du lait, etc., dont les éléments ont été puisés dans le sol par les plantes, on comprendra facilement que ce cultivateur doit se trouver, à un moment donné, dans l'impossibilité de produire une quantité d'engrais capable de compenser ces pertes d'éléments. Voilà comment la terre peut s'appauvrir.

Aussi ne saurait-on jamais trop recommander au cultivateur d'entretenir plus intelligemment le fumier de ses étables et de ses écuries. Pour cela, il n'a qu'à observer les sages conseils formulés par Dehérain de la manière suivante :

1° Le fumier doit être disposé sur une surface imperméable ;

2° Il doit être fortement tassé et fréquemment arrosé par le purin ;

3° La place à fumier devra être disposée de telle sorte que tous les purins qui s'en écoulent arrivent dans une fosse étanche destinée à les recueillir. Cette fosse sera munie d'une pompe à purin ;

4° Autant que possible, les caniveaux des écuries et des étables aboutiront directement à la fosse à purin.

Les principes carbonés ternaires ou quaternaires du fumier sont l'objet de fermentations bactériennes qui les transforment en sels ammoniacaux volatils, puis en nitrates (*ammonisation* et *nitrification*). Lorsque ces fermentations s'effectuent, il s'opère un important dégagement d'azote libre et d'anhydride carbonique, en même temps qu'un accroissement notable de température (70° dans le fumier en tas).

La perte d'azote peut être arrêtée par l'addition au fumier de superphosphates acides qui détruisent les bactéries réductrices des nitrates.

Le fumier est l'engrais le plus complet, le plus durable et le plus apte à améliorer les propriétés physiques du sol. Il agit l'année même de son épandage par ses sels ammoniacaux, et, pendant les années suivantes, par son azote engagé dans des combinaisons plus ou moins complexes et lentement attaquables. Sa décomposition peut être activée par une bonne préparation et par l'addition de chaux aux terres non calcaires. La chaux donne, en effet, de l'intensité à l'ammonisation et à la nitrification.

Il reste un mot important à dire au sujet de l'*épandage* du fumier. Deux méthodes sont en usage : celle des *fumerons* et celle de l'*enfouissement immédiat*. La première, qui consiste à déposer le fumier dans le champ sous forme de petits tas (*fumerons*), est à abandonner pour les raisons suivantes :

La terre recouverte par chaque tas, ayant reçu exceptionnellement les éléments liquides et actifs que ce tas renfermait, provoque un développement plus fort des plantes qui y poussent ; il en résulte une inégalité de végétation et de maturation préjudiciable. Les blés, par exemple, mûrissent plus tard sur les anciennes places des fumerons qu'ailleurs. Mais le préjudice causé porte surtout sur le fumier. Les expériences suivantes, dues à Dehérain, le démontrent.

Ce savant déposait dans un tube de verre de gros calibre un petit tas de fumier ; le tube était en communication d'une part avec l'air atmosphérique et d'autre part avec un récipient renfermant de l'acide sulfurique. En passant dans le tube, pour se rendre au récipient, l'air atmosphérique entraîne avec lui l'ammoniaque dégagée du fumier et celle-ci est absorbée par l'acide sulfurique. Au bout de vingt-quatre heures, l'analyse révèle que les 2/3 de l'ammoniaque renfermée dans le fumier ont déjà disparu ; une vingtaine de jours sont nécessaires pour éliminer le reste.

Dans sa seconde expérience, au lieu de laisser le fumier exposé au contact de l'air, Dehérain le recouvrait d'une couche de terre humide de 5 centimètres d'épaisseur. Dans ce cas l'acide sulfurique du récipient ne renfermait que quelques traces d'ammoniaque ; la terre humide avait à peu près tout retenu.

Il résulte de ces expériences que la pratique des fumerons est condamnable puisque le fumier perd ainsi la plus grande partie de l'azote qu'il renferme. Cet azote, si utile aux plantes et si difficile à immobiliser dans le sol, existe dans le fumier à deux états différents : 1° à l'état de carbonate d'ammoniaque ; 2° à celui d'azote organique. Or, outre l'anhydride carbonique et l'ammoniaque dégagés dans le premier cas, il se perd encore 16 à 20 p. 100 d'azote libre de la matière organique en une quinzaine de jours.

Par l'enfouissement immédiat, cette perte est en grande partie évitée et le fumier a conservé tout son pouvoir fertilisant. Les cultivateurs routiniers objectent, pour justifier la méthode des fumerons, qu'ils n'ont pas le temps d'enfouir leur fumier au fur et à mesure qu'ils le conduisent aux champs et qu'il leur est plus avantageux d'en effectuer le transport avant de procéder à son enfouissement. Il y a certainement erreur de leur part, car nous connaissons des cultivateurs intelligents et actifs qui, en suivant les sages conseils de Dehérain, ont terminé ce travail aussitôt que les premiers.

2. *Tourteaux.* — Les tourteaux sont des résidus de graines dont on a extrait l'huile. Les principaux, employés comme engrais, sont les tourteaux de chènevis, de colza, de ricin, de sésame, de coton, d'arachide. etc.

La composition moyenne des tourteaux est de 5 p. 100 d'azote, 2,5 p. 100 d'acide phosphorique et de 1 p. 100 de potasse. Le tourteau d'arachide est peu riche en acide phosphorique (moins de 1 p. 100), mais il possède 7 p. 100 d'azote s'il provient de graines décortiquées. Dans les tourteaux, l'azote est à l'acide phosphorique comme 3 est à 1. Ces engrais sont beaucoup plus riches que le fumier et ils sont immédiatement assimilables ; ils se décomposent facilement et ne doivent être employés qu'au moment des semailles ou mieux un peu avant. Gasparin conseille de ne jamais les mélanger avec les semences, car celles-ci se couvriraient d'une couche d'huile qui nuirait à leur germination.

L'action des tourteaux employés comme engrais a une durée variable ; celle des tourteaux de chènevis et de caméline, considérés comme engrais *chauds*, ne dure qu'un an : tandis que celle des tourteaux de colza et de lin peut durer deux ans. On range ces derniers parmi les engrais *froids*.

Les tourteaux les plus recommandables par leur activité sont ceux de lin et de colza ; les moins bons sont ceux d'arachide, de chènevis et de sésame.

On peut donner ces engrais, avec chance de succès, à toutes les plantes cultivées ; mais ils réussissent surtout dans les terrains qui n'éprouvent pas le besoin d'un amendement de fumier.

On fait grand usage de tourteaux en Provence, où le fumier de ferme fait à peu près défaut. La quantité employée annuellement en France atteint approximativement une valeur de 62 millions de francs.

C'est surtout par l'azote et l'acide phosphorique qu'ils renferment que les tourteaux deviennent utiles au cultivateur. Aussi croyons-nous nécessaire de reproduire ci-dessus le résultat des analyses de plusieurs tourteaux faites par Soubeiran, Girardin, Meurein, Pierre et Corenwinder.

100 parties d'engrais à l'état normal contiennent :	en azote.	En phosphates représentés en sous-phosphate de chaux des os.
Tourteaux d'Arachide.	6,07	1,20
— de Caméline	5,57	4,20
— de Chènevis	6,20	7,10
— de Colza ordinaire	5,55	6,50
— — du Danube.	4,69	»
— de Cotonnier.	4,08	4,55
— de Faine.	4,55	2,10
— de Moutarde sauvage.	5,00	4,15
— d'Œillette	7,00	6,30
— de Palmiste	2,38	2,43
— de Ricin.	3,83	5,38
— de Sésame.	5,57	3,20
— de Lin.	6,00	4,90

Il ressort de ce tableau que les tourteaux du commerce renferment l'azote et les phosphates en proportions très variables et, conséquemment, que la quantité à employer de l'un quelconque d'entre eux doit être calculée d'après sa richesse en azote et en phosphate.

3º *Plantes marines.* — Certaines plantes, telles que les *Fucus* (fig. 155, 156) ou *Varechs*, sont également employées comme engrais, notamment dans les îles de Noirmoutiers, de Ré, de

Fucus serratus. Thalle dioïque. Des conceptacles unisexués existent
au sommet des branches du thalle.

Jersey, etc., où les déjections des animaux de labour sont séchées puis utilisées comme combustible.

Ces plantes, exposées à la pluie pendant quelque temps, perdent leur sel d'imbibition et, desséchées à la température ordinaire puis enfouies dans le sol, elles se décomposent lentement et tiennent lieu d'engrais. Les bons *Fucus* arrivent, à la suite d'une dessiccation convenable, à ne plus renfermer que 15 à 20 °/₀ d'eau. Ils dosent ordinairement 1 p. 100 d'azote et renferment une assez grande proportion de potasse, de soude et de magnésie.

Employé à la dose de 5 à 6 000 kilogrammes par hectare et par an, cet engrais, près de deux fois plus riche que le fumier, donne d'excellents résultats surtout dans les terrains siliceux ou calcaires du rivage.

4° *Engrais verts.* — Les terres d'un accès difficile, peuvent être fumées par les engrais verts, c'est-à-dire par des plantes à végétation rapide et abondante, que l'on cultive spécialement pour être incorporées au sol qui les a produites :

Les principales plantes utilisées comme engrais verts sont la *vesce*, le *lupin*, le *colza*, le *sarrasin* et le *trèfle*.

Les plantes de la famille des Légumineuses ont, comme

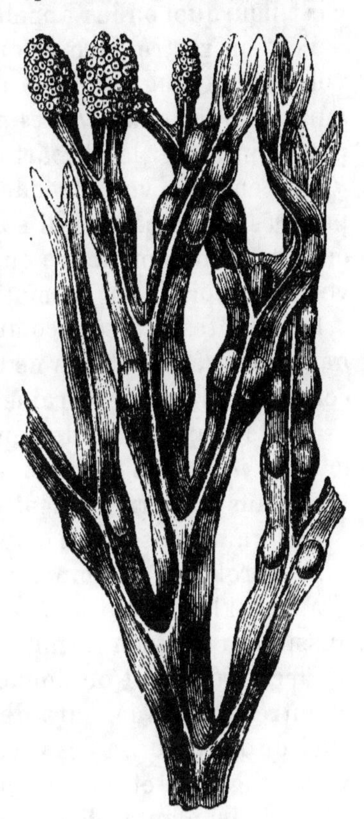

Fig. 156.

Fucus vesiculosus. Thalle dioïque. Des conceptacles unisexués existent au sommet des branches du thalle. Le thalle est pourvu de vésicules pleines d'un gaz, lequel paraît être de l'azote pur.

on le verra plus loin (p. 270), la propriété de porter sur leurs racines des nodosités remplies de bactéries fixatrices d'azote atmosphérique. Ces plantes enrichissent donc le sol d'azote, c'est pourquoi on les appelle *plantes améliorantes*.

Veut-on restreindre ou empêcher les déperditions d'azote, voire même augmenter la quantité de cet élément utile, on aura recours aux *cultures dérobées* d'automne, si appréciées par Dehérain et la plupart des agronomes.

Les engrais verts rendent des services dans les terres pauvres, dans celles qui sont éloignées de la ferme, comme culture complémentaire ou intercalaire, et aussi lorsqu'on veut pourvoir le sol de matière organique.

Les plantes utilisées comme engrais verts varient avec la nature du sol ; les unes ne conviennent qu'aux terrains siliceux, d'autres aux terrains calcaires, etc.

Ainsi le *lupin blanc* demande des terrains peu calcaires et le *lupin jaune* des terrains siliceux. Le *colza* réussit surtout bien dans les terres calcaires.

Dehérain conseille d'employer la *vesce d'hiver* comme culture dérobée d'automne, à raison de 250 kilogrammes de graine à l'hectare. On répand cette graine sur les chaumes aussitôt la moisson terminée, puis on l'enterre par un labour de déchaumage et on donne un coup de rouleau.

Outre que les labours de déchaumage ont pour heureux effet de diminuer la dessiccation du sol, de détruire les mauvaises herbes et de préparer la terre pour les labours d'hiver, la plante, destinée à être enfouie comme culture dérobée, permet non seulement d'éviter les pertes d'azote occasionnées par les eaux d'infiltration, mais aussi d'enrichir ce sol en azote. L'enfouissement d'un hectare de *vesce d'hiver* apporte au sol environ 100 kilogrammes d'azote et souvent davantage. Or 1000 kilogrammes de fumier renferment 5 kilogrammes d'azote ; il faudrait donc 20 000 kilogrammes de fumier pour produire les 100 kilogrammes d'azote.

Si la pratique des cultures dérobées d'automne se généralisait, dit Dehérain, elle exercerait une action décisive sur la fertilité de notre pays. Nous n'employons guère chaque année que 100 millions de tonnes de fumier ; en imaginant que nos 7 millions d'hectares de froment reçoivent tous une culture dérobée de vesce, il suffirait d'une production de 7 tonnes de vesce par hectare pour que nos fumures crussent de moitié !

5º *Gadoues.* — Les résidus de cuisine enlevés chaque matin dans les villes, les boues et autres immondices de la rue constituent les *gadoues*. Mises en tas plus ou moins volumineux, ces gadoues s'oxydent, fermentent et présentent une composition qui se rapproche de celle du fumier de ferme.

6º *Viande, sang, laine, crin et corne.*

La *chair* des animaux morts à la suite d'un accident ou d'une maladie ne peut être utilisée comme engrais que lorsqu'elle se présente dans un grand état de division. Pour arriver à ce résultat, on enterre les cadavres en les recouvrant de chaux vive. Celle-ci se combine avec l'albumine et forme de l'albuminate de chaux qui desséché peut être pulvérisé.

La chair possède environ 4 p. 100 d'azote et seulement 0.4 d'acide phosphorique : c'est donc comme matière azotée qu'on l'emploie, à la dose de 1 000 à 1 200 kilogrammes à l'hectare et par an, notamment sur les terres franches. Son action sur les céréales est particulièrement remarquable.

Aimé Gérard indique un procédé simple et rapide pour convertir en engrais le cadavre d'un cheval ou d'un bœuf. Il suffit de plonger ce cadavre dans une cuve renfermant de l'acide sulfurique à 60 degrés ; l'acide transforme l'animal en une bouillie noire que l'on sature à l'aide de la poudre de nodules de phosphate de chaux ; il en résulte une masse sèche, facile à diviser et qui constitue un puissant engrais azoté.

Chaque commune devrait posséder cette cuve dont l'installation sur un terrain vague, éloignée des habitations, pourrait se faire à peu de frais pour être mise gratuitement à la disposition des cultivateurs. On éviterait ainsi les conséquences souvent dangereuses résultant de l'enfouissement ordinaire d'animaux morts de maladies contagieuses telles que le *charbon*. L'illustre savant Pasteur a démontré que les germes du charbon sont ramenés à la surface du sol par les lombrics ou vers de terre, sans avoir perdu de leur virulence, et qu'alors ils peuvent reproduire la maladie chez les animaux qui se nourrissent des plantes récoltées sur ces foyers de contamination.

Dans certaines campagnes on est encore plus expéditif ; on se contente de jeter les cadavres dans les cavités naturelles du sol, où ils pourrissent et sont entrainés plus tard par les eaux d'infiltration, non sans avoir infesté les environs par leur odeur repoussante. Il résulte de cette habitude primitive et coupable que les eaux de sources, surtout celles des régions calcaires comme le Jura, sont fréquemment polluées par des germes de toute sorte et peuvent occasionner de véritables épidémies.

La Société d'Histoire naturelle du Doubs, sur les conseils de MM. Dr Magnin et Fournier, vient d'émettre un vœu énergique dans le but de faire cesser cette dangereuse habitude.

Le *sang*, qui se corrompt très facilement, est rendu solide par diverses substances (perchlorure de fer, de manganèse, sulfate de fer, chaux), puis desséché à l'étuve et enfin pulvérisé. Le sang est alors devenu un engrais azoté de décomposition rapide et dont les effets sont les mèmes que ceux de la viande.

Laine, crin, poils, corne. — Ces divers débris animaux renferment en moyenne 5 à 10 p. 100 d'azote. Les *chiffons de laine* ont une décomposition si lente dans le sol qu'ils ne sauraient convenir aux plantes à évolution rapide ; ils servent surtout d'engrais à la vigne. Mais on peut activer leur décomposition en les traitant par l'acide sulfurique ; ils fournissent alors une sorte de laine dissoute, connue sous le nom d'*azotine*, dont les effets sur la végétation sont beaucoup plus actifs que ceux des chiffons ordinaires.

Les débris de *cuir* et de *corne*, ainsi que les *crins*, constituent des engrais azotés à décomposition aussi lente que les chiffons. Pour qu'ils produisent de bons effets, il faut leur adjoindre un engrais renfermant de la potasse et de l'acide phosphorique.

L'action fertilisante de ces divers débris animaux, de même que celle du fumier, ne se produit qu'après la transformation en *nitrates* des matières azotées qui forment leur principale valeur.

7° *Guano*. — Ce produit provient de déjections anciennes d'oiseaux pêcheurs. Il formait de riches dépôts au Pérou, au nord du Chili, aux îles Chincha et sur de nombreux îlots, presque épuisés aujourd'hui.

Le guano renferme 5 à 10 p. 100 d'azote, 15 d'acide phosphorique et 2 à 3 p. 100 de potasse.

D'après Dehérain, la composition des différents guanos est loin d'être constante ; les manipulations ayant pour but de faire des mélanges uniformes sont difficiles : le guano, mou et plastique, s'agglutinant aisément, encrasse les appareils. Pour réussir à le triturer, on le traite par l'acide sulfurique, on prépare ainsi le guano dissous. L'acide décompose le carbonate d'ammoniaque, le transforme en sulfate d'ammoniaque ; en outre le phosphate de chaux est attaqué également. Une partie de la chaux forme avec l'acide sulfurique du plâtre qui fait prise et englobe la matière, laquelle est alors devenue assez dure pour pouvoir être broyée. Ainsi transformé, le guano est devenu un mélange de sulfate d'ammoniaque et de superphosphate de chaux, et rentre dans la catégorie des engrais appelés vaguement *engrais chimiques*.

Il existe dans le sud du Chili des dépôts de guano, qui sous l'influence de pluies fréquentes ont subi une fermentation : ce sont des *phospho-guanos*. Leur richesse en azote est faible (2 à 3 p. 100), mais en revanche ils renferment jusqu'à 30 p. 100 d'acide phosphorique.

Le guano s'emploie en couverture ou peu de temps avant l'ensemencement, à cause de son assez grande solubilité. Il réussit mieux en terrain siliceux qu'en terrain calcaire.

8° *Colombine*. — Cet engrais, très voisin du précédent par sa nature, est le produit des déjections accumulées des oiseaux de basse-cour (pigeons, poules, etc.) ; il renferme 4 à 5 p. 100 d'azote et s'emploie à la dose de 1000 à 1500 kg. à l'hectare.

9° *Matières excrémentitielles*. — Les matières excrémentitielles humaines sont utilisées à deux états différents : 1° comme *poudrette ;* 2° comme *engrais flamand*.

La *poudrette* est le produit des déjections humaines séchées à l'air libre et pulvérisées.

Jacquemart ayant fait l'analyse de la poudrette de Paris lui a trouvé la composition suivante :

Eau.	52,5	
Sels ammoniacaux.	3,9 représentant 1,35 d'ammoniaque.
Matières organiques azotées.	18,1 —	0,93 —
— minérales fixes. . .	25,5	
	100,0	2,28

La bonne poudrette dose ordinairement 1,60 à 1,80 p. 100 d'azote et 2 à 4 p. 100 d'acide phosphorique. Employée à la dose de 2500 à 3000 kilogrammes à l'hectare, elle donne de bons résultats dans la culture des Crucifères et des Céréales. Mais, étant donné son état de division, elle se décompose rapidement et il ne faut l'employer qu'au moment des semailles.

L'ensemble des déjections solides et liquides extraites des lieux d'aisances constitue l'*engrais flamand*, la *courte-graisse* ou simplement les *vidanges*. Le nom d'*engrais flamand* vient de ce que dans l'ancienne Flandre, les matières fécales sont d'un usage très courant. Le Var et les Alpes-Maritimes les emploient également dans la culture des plantes à fleurs destinées à la parfumerie.

Cet engrais dose en moyenne 0,7 à 0,8 p. 100 d'azote, 0,2 p. 100 d'acide phosphorique et 0,1 à 0,2 de potasse. On l'emploie à raison de 5 à 6 mètres cubes à l'hectare pour les Céréales et de 10 à 18 mètres cubes pour la culture de la

Betterave ou du Tabac. Comme l'engrais flamand est pauvre en acide phosphorique et en potasse, on y ajoute de l'acide phosphorique pour ces deux dernières plantes et en outre un sel de potasse pour la Betterave.

Avant de vider la fosse d'aisances on la désinfecte à l'aide du mélange suivant :

Pour 3 hectolitres de matières stercorales, on projette dans la fosse, en remuant avec un grand bâton :

 12 kilogr. de poussier de charbon.
 1 — de plâtre en poudre.
 1 — de couperose de basse qualité, en poudre.

Ces trois substances sont intimement mélangées à l'avance. Les matières de la fosse peuvent être ensuite extraites sans qu'il se répande au dehors la moindre émanation désagréable (Girardin).

A la place du charbon, on peut, par raison d'économie, employer d'autres matières, telles que la tourbe, la sciure de bois, les balles de blé ou d'avoine, la terre sèche en poudre, etc.

Raquet conseille le mélange suivant par mètre cube de matière :

 30 kilogr. de balle de blé ou de sciure de bois ;
 60 — de terre en poudre ;
 3 — de plâtre en poudre :
 2 — de sulfate de fer.

Le tout brassé comme dans le cas précédent.

L'usage des matières excrémentitielles comme engrais exige l'installation de fosses d'aisances plus ou moins spacieuses qui sont pour les habitations des foyers malsains et infects, surtout pendant les dépressions atmosphériques. Ces fosses reçoivent en outre les eaux de cuisine et souvent même les eaux pluviales ; la valeur fertilisante des vidanges s'en trouve sérieusement amoindrie. Il serait probablement préférable pour les villes d'adopter le système du *tout à l'égout*, et pour les campagnes d'utiliser un récipient mobile que l'on viderait de temps en temps. On éviterait dans ce cas des infiltrations dangereuses pour la citerne ou le puits voisin.

B. ENGRAIS MINÉRAUX OU CHIMIQUES. — L'introduction des engrais commerciaux dans la culture des plantes agricoles tend chaque jour à se généraliser davantage, malgré tout le mal qu'on a pu en dire. C'est qu'on est convaincu aujourd'hui que le fumier, le plus complet et le meilleur de tous les engrais, ne suffit cependant pas pour rendre à la terre ce que les récoltes lui ont enlevé ; il est nécessaire de lui adjoindre des *engrais complémentaires*.

Les charges et les besoins nouveaux du cultivateur, la concurrence contre laquelle il doit lutter, l'ont obligé à modifier ses anciennes méthodes de culture et à exiger du sol des rendements plus élevés ; d'où nécessité pour lui de faire de la *culture intensive* à l'aide des engrais complémentaires ou chimiques.

Si des petits cultivateurs se refusent encore à reconnaître les avantages considérables qu'ils peuvent retirer de l'emploi du *nitrate de soude*, par exemple, joint à celui des engrais phosphatés et potassiques, il y a tout lieu d'espérer que les résultats encourageants produits par les *champs de démonstration* et par l'organisation de concours entre les cultivateurs et vignerons d'un même département, parviendront à les convaincre.

On a vu précédemment que les végétaux, quels qu'ils soient, ne peuvent se développer et fructifier qu'à la condition de rencontrer dans le sol une alimentation complémentaire de celle que leurs feuilles puisent dans l'atmosphère. Cette alimentation comprend une série de substances minérales dont il a été question et dont les deux plus importantes, *au point de vue des fumures*, sont l'azote et l'acide phosphorique. La potasse, quoique plus répandue et plus abondante dans la couche végétale, fait pourtant assez souvent défaut à la végétation. D'où la nécessité d'engrais minéraux *azotés*, *phosphatés* et *potassiques*, auxquels, selon les besoins des terrains, on ajoutera la *chaux*, la *magnésie*, etc.

Les principaux engrais minéraux ou chimiques peuvent être répartis de la manière suivante :

1° Engrais azotés.	Nitrate de soude. / Sulfate d'ammoniaque.
2° Engrais phosphatés.	Phosphates naturels. / Scories de déphosphoration. / Superphosphates.
3° Engrais potassiques.	Chlorure de potassium. / Sulfate de potassium.

I. Engrais azotés.

1° *Nitrate de soude.* — Cet engrais tire probablement son origine d'anciens bancs de guano. Il forme d'importants gisements dans l'Amérique du Sud, le Pérou, la Bolivie et le Chili. Ces gisements sont recouverts d'un banc d'argile aggluté par du sel marin.

Pour extraire le nitrate, on brise la couche argilo-saline supérieure, puis on place les fragments de *caliche* (mélange de nitrate, de sel marin et de sable) dans de grandes chaudières que l'on porte à l'ébullition. Le nitrate, étant soluble dans l'eau, se sépare de sa gangue que l'on enlève par décantation ; il cristallise par refroidissement, tandis que le chlorure de sodium reste en dissolution dans l'eau.

A l'état pur, le nitrate de soude se présente sous forme de cristaux assez semblables à ceux du sel marin. Mais il n'est jamais pur dans le commerce et renferme du sable, de la terre, etc., qui lui donnent une coloration plus ou moins foncée.

Le nitrate du commerce est vendu avec une garantie de 15/16 d'azote, ce qui signifie que 100 kilogr. de cet engrais doivent contenir 15 à 16 kilogr. d'azote.

Le nitrate étant soluble dans l'eau est entraîné dans le sous-sol par les pluies, les eaux de drainage, d'où il s'écoule ensuite dans les sources, les ruisseaux, les rivières et enfin dans la mer. Il y a donc nécessité de l'importer ou d'en provoquer la formation dans nos terres. Son emploi se fera surtout au printemps, très rarement à l'automne, dans le cas seulement où l'on voudrait activer le développement de blés semés tardivement.

Grandeau résume de la manière suivante les principaux avantages du nitrate.

a. Le nitrate sert directement à l'alimentation de la plante. N'ayant pour cela à subir aucune modification dans la terre, il agit donc beaucoup plus rapidement que les autres engrais azotés d'origine organique, l'action de ces derniers étant subordonnée à leur nitrification préalable.

b. La rapidité avec laquelle le nitrate est absorbé par les végétaux met promptement ceux-ci en état de résister, par leur vigueur et par leur développement, aux intempéries, à l'action des insectes nuisibles et aux parasites.

c. Dans les années à hivers rigoureux ou trop pluvieux, le nitrate employé en couverture, sur les blés et les seigles, permet aux semailles d'automne de réparer le retard produit sous l'influence des conditions climatériques défavorables.

d. Enfin, le nitrate accroit économiquement, d'une manière très notable, le rendement de la plupart des cultures.

Le nitrate convient à toutes les terres, mais son mode d'emploi varie avec leur nature physique et chimique. Ainsi dans les sols argileux, les terres fortes, on peut, en une seule fois, donner la dose totale nécessaire ; tandis que dans les sols légers, il faut fractionner cette dose et l'appliquer à plusieurs reprises.

La quantité à employer peut varier entre 100 (blé) et 300 kilogr. (betterave) à l'hectare, selon les besoins du sol et la plante qu'on veut y cultiver. Il ne faut pas employer le nitrate à dose trop forte car il peut avoir des conséquences fàcheuses ; il peut produire la verse des céréales. De même, appliqué trop tard, il prolonge la végétation et la rend plus sensible aux coups de soleil. L'aspect de la récolte et la connaissance de la fumure employée au début fournissent de précieuses indications sur la nécessité et la quantité de nitrate à donner à un champ.

Quand, par exemple, les blés sont forts, vigoureux et

d'un beau vert, on peut se dispenser de leur donner du nitrate, ou ne leur en donner qu'une faible quantité, à dose fractionnée. Si, au contraire, la récolte ne s'annonce pas bien, il y aura grand avantage d'employer une bonne dose de nitrate, 200 kilogr. et même plus à l'hectare.

Si les plantes empruntent de l'azote à l'atmosphère, c'est exclusivement sous forme d'ammoniaque et de nitrate d'ammoniaque. On sait que l'ammoniaque, dans ce cas, vient de la mer, tandis que l'acide nitrique résulte de la combinaison de l'azote atmosphérique avec l'oxygène sous l'influence des étincelles électriques (éclairs). Or l'acide nitrique, qui est très énergique, rencontrant l'ammoniaque de l'atmosphère, se combine avec elle (nitrate d'ammoniaque) et forme en quelque sorte une poussière qu'entraînent [la neige et la pluie.

Ce phénomène est peu intense dans nos régions, excepté pendant les orages ; mais il l'est beaucoup plus dans les pays chauds, où ces orages sont plus fréquents et plus forts. Les vents marins nous apportent ce puissant élément de fertilisation dont on constate notamment les effets sur la végétation après d'abondantes pluies d'orage.

2° *Sulfate d'ammoniaque*, — Ce sel est extrait des eaux vannes, des eaux d'épuration du gaz d'éclairage et du traitement liquide des matières excrémentitielles. Pur, il contient 21,21 p. 100 d'azote ; mais dans le commerce il ne dose que 20 à 20,6 p. 100 d'azote. Son prix est plus élevé que celui du nitrate (25 à 31 francs les 100 kilogr.), c'est aussi l'engrais le plus riche en azote.

Le sulfate d'ammoniaque est également très soluble et il est entraîné aussi facilement que le nitrate par les eaux de drainage.

Le carbonate de calcium d'un sol humide, en présence du sulfate d'ammoniaque, se transforme en carbonate d'ammoniaque très volatil dans la terre privée d'humus. Il en résulte des pertes assez abondantes en terrains calcaires et poreux, surtout quand le sulfate d'ammoniaque est employé en couverture ou est peu enterré.

14.

On utilise cet engrais dans les terrains humides et argileux, et le nitrate de soude dans ceux qui sont secs et calcaires.

Le sulfate d'ammoniaque se concentre dans les terres sèches, ses dissolutions deviennent trop chargées et il peut nuire aux plantes (Muntz, Dehérain, Mazé).

II. ENGRAIS PHOSPHATÉS. — On nomme ainsi les engrais qui agissent surtout par l'anhydride phosphorique qu'ils renferment. Ces engrais résultent de la combinaison de l'acide phosphorique avec de la chaux, soit seule, soit associée à une ou deux parties d'eau ; d'où les phosphates *tricalciques*, *bicalciques* ou *monocalciques*. Les premiers renferment trois parties de chaux ; ils sont insolubles, et les seconds sont constitués dans la proportion de 1 molécule d'acide phosphorique, 1 molécule d'eau et 2 de chaux.

Les Ardennes, la Meuse, la Somme, le Lot, etc., sont assez riches en phosphates tricalciques. Ces derniers existent dans la terre à l'état de sables, de nodules ou de roches ; ils renferment 45 à 50 p. 100 de phosphates.

Les *phosphates bicalciques* sont ordinairement extraits des os des animaux ; ils portent aussi le nom de *phosphates précipités*.

L'anhydride carbonique du sol agit sur l'acide phosphorique et le transforme en superphosphate soluble.

Les *superphosphates* s'obtiennent en traitant un phosphate naturel tricalcique ou les os par l'acide sulfurique. L'acide s'empare de 2 molécules de chaux qui sont remplacées par deux molécules d'eau. Les superphosphates sont plus ou moins solubles dans l'eau ou dans un acide faible, tel que l'acide citrique du citrate d'ammoniaque.

Les *scories de déphosphoration* ne sont autre chose que des résidus de la fabrication de l'acier. On enlève l'acide phosphorique de la fonte destinée à fournir l'acier à l'aide de chaux en pierres placée dans des appareils appelés *convertisseurs*. L'acide se fixe sur la chaux pour former les *scories* que l'on emploie comme engrais après les avoir pulvérisées,

Donc *phosphates naturels, superphosphates* et *scories* sont les trois principaux engrais phosphatés employés en agriculture.

Quelle que soit leur nature ou leur provenance, les phosphates sont retenus par la terre et ne sont pas entraînés par les eaux de drainage. C'est pourquoi on peut sans inconvénient les employer à l'automne.

Si les phosphates ne font de mal à aucun sol, il ne s'ensuit pas qu'ils puissent convenir indistinctement à tous les sols. Ainsi les phosphates naturels ou fossiles, dont les effets sont faibles ou nuls sur les bonnes terres ordinaires, les terres calcaires, conviennent parfaitement aux terres acides ou tourbeuses, telles que celles de la Bretagne, de la Sologne, etc.

Les scories donnent de bons résultats dans les terres peu calcaires ; celles dans lesquelles cet élément ne dépasse pas 5 à 6 p. 100.

Enfin les superphosphates conviennent aux terres calcaires.

Dehérain résume de la manière suivante l'emploi des engrais phosphatés. Aux défrichements, nous appliquons la poudre de nodules, aux terrains pauvres en calcaire, les scories de déphosphoration, et aux vieilles terres, les superphosphates.

Les phosphates naturels de la Somme titrent 60/80 de phosphate de chaux, et ceux d'Algérie 58/68, c'est-à-dire que sur 100 kilogr., il y a 60 à 80 ou 58 à 68 kilogr. de phosphate de chaux. Leur prix varie avec leur richesse (3 fr. 50 à 6 fr. 50 les 100 kilogr.).

Les scories dosent 12 à 17 p. 100 d'acide phosphorique et 40 à 50 p. 100 de chaux. Leur prix varie entre 4 fr. 50 et 5 fr. les 100 kilogr.

Les superphosphates coûtent plus cher (7 fr. 50 à 8 fr. 50 les 100 kilogr. pour un superphosphate titrant 13/15, c'est-à-dire renfermant 13 à 15 kilogr. d'acide phosphorique soluble p. 100.

Les engrais phosphatés améliorent certaines qualités des

plantes, au même titre que les engrais azotés favorisent leur développement. Sous l'influence des phosphates, la pomme de terre est plus riche en fécule, et la betterave, en sucre ; la vigne donne du meilleur vin et le blé verse moins.

Les phosphates sont comme les auxiliaires du soleil dans le développement de la matière hydrocarbonée, de la cellulose, du sucre ou de la fécule (Raquet, Franc et Gassend).

III. ENGRAIS POTASSIQUES. — Ces engrais renferment des quantités très variables (10 à 50 p. 100) de potasse assimilable. Quoique leur action soit encore assez discutée, il est établi, par expérience, que la potasse est aussi nécessaire à l'alimentation de la plante que l'acide phosphorique. Certaines terres argileuses en renferment souvent d'énormes quantités (32 à 40 tonnes à l'hectare), non engagées dans des combinaisons solubles, mais qui sont attaquées peu à peu par les agents atmosphériques et dissoutes, selon les besoins, par les sucs acides des racines.

Les quantités de potasse enlevées au sol par les récoltes ne sont pas entièrement perdues ; elles se retrouvent en grande partie dans le fumier et surtout le purin, et sont ainsi restituées à la terre.

Néanmoins il sera bon d'essayer les engrais potassiques sur les terrains où la potasse fait défaut (terrains calcaires, tourbeux, gréseux). Ils donnent aussi d'excellents résultats quand la culture est soutenue par les engrais chimiques précédents à l'exclusion du fumier, ou dans les terres peu calcaires après un chaulage ou un marnage.

Les principaux engrais potassiques sont le *chlorure de potassium* et le *sulfate de potasse*.

1° *Chlorure de potassium*. — Cet engrais a des origines différentes ; les cendres de varechs, traitées pour la fabrication de l'iode, en fournissent une bonne quantité, ainsi que les mines de Stassfurth en Allemagne.

Le chlorure de potassium doit toujours être acheté sur analyse. Il est soluble dans l'eau.

2° *Sulfate de potasse.* — Comme le chlorure, cet engrais est aussi extrait des cendres de varechs, des eaux de mer et des mines de Stassfurth. Il est moins soluble dans l'eau et son degré de pureté est également variable ; mais son prix ainsi que celui du chlorure peuvent être facilement déterminés, sachant que la potasse vaut 0 fr. 40 à 0 fr. 50 le kilogramme ou le degré, et la magnésie ainsi que les autres sels, environ 0 fr. 02 [1].

3° *Action relative des engrais.* — On a vu (p. 180) l'action respective des divers éléments nutritifs de la plante dans les cultures en milieu artificiel ; on a pu constater également que quand tous les principes nutritifs sont abondants dans le sol, *à un état qui les rende aptes à nourrir la plante* (Grandeau), on obtient une abondante récolte. Il doit donc y avoir proportionnalité déterminée entre tous ces principes pour que chacun d'eux en particulier puisse être convenablement absorbé par la plante cultivée.

Ainsi, on vient de voir que le sulfate d'ammoniaque, dont l'action est magnifique sur les Céréales et la Betterave, ne réussit pas comme le nitrate dans un sol calcaire, à cause de la double décomposition qui s'opère entre ces deux sels et qui produit du carbonate d'ammoniaque très volatil et du sulfate de chaux dont l'utilité ne se fait pas également sentir pour toutes les plantes cultivées.

De même, quand les nitrates se trouvent en quantité insuffisante, les phosphates sont d'un effet médiocre et la végétation paraît languissante. Ce fâcheux effet se constate surtout après des pluies répétées ou persistantes qui entraînent la plus grande partie des nitrates dans les profondeurs du sous-sol.

De même encore une dose de chlorure de sodium, indifférente par elle-même, peut, en agissant sur le carbonate de potassium du sol, donner naissance à du chlorure de potas-

[1] La *kaïnite* est un sulfate de magnésie et de potasse exploité dans les mines de Stassfurth et les gisements du Vésuve. On la vend dans le commerce comme engrais à base de potasse,

sium qui, absorbé par certaines plantes (Haricot), peut en provoquer le dépérissement par intoxication.

Enfin la présence en excès d'un élément nutritif peut aussi être la source de mécomptes en agriculture. On a maintes fois constaté, en effet, que le blé, semé dans de vieilles luzernes retournées, se porte en tige, grandit démesurément, verse, mûrit mal et est plus sensible à l'action des affections parasitaires. Ces fâcheux résultats proviennent de la grande quantité de sels azotés assimilables accumulée dans le sol par les racines de Luzerne (*plante améliorante*).

Le tableau suivant, dû à Demarty, résume assez bien ce qui vient d'être dit sur les engrais minéraux.

NATURE de l'engrais.	NOM	ÉPOQUE de l'emploi.	QUANTITÉ à l'hectare.	CULTURES très sensibles.	OBSERVATIONS
			kilogr.		
Azoté.	Sulfate d'ammoniaque.	Partie à l'automne et printemps.	150 à 200	Céréales.	Peut être semé à l'automne dans les terres fortes.
	Nitrate.	Printemps.	150 à 250	Céréales et pl. sarclées.	A doses fractionnées en terres légères.
Phosphaté.	Phosphate naturel.	A l'automne.	1 000 à 1 500	Prairies.	Excell. pour terres tourbeuses.
	Scories.	A l'automne.	600 à 1 000	Prairies et cultures diverses.	Pour prairies humides.
	Superphosphate.	A l'automne et printemps.	300 à 400	Toutes cultures.	Peut être employé au printemps en couverture.
Potassique.	Chlorure de potassium. Sulfate de potasse.	Un mois avant le semis ou la plantation.	150 à 200 —	Plantes sarclées. —	Engrais à essayer. —

C. ENGRAIS COMPLETS. — On a essayé de fabriquer des

engrais ayant une composition minérale analogue à celle du fumier, auxquels on a donné le nom d'*engrais complets*.

Le cultivateur ne doit pas faire usage de ces engrais parce qu'ils ne lui permettent pas de donner à la terre, *en quantité convenable*, les éléments dont elle a besoin.

Les engrais complets les plus connus sont les *engrais de Joulie*, ceux de la *Société de Saint-Gobain*, de *Jaille*, de *Lefebvre*, etc.

Il est bien préférable d'acheter séparément les divers engrais chimiques, surtout par l'intermédiaire d'un syndicat et avec *dosages garantis sur facture*.

Le cultivateur qui désire s'approvisonner directement, doit pouvoir calculer la valeur des engrais qu'il achète d'après leur dosage respectif. Quelques opérations très simples, avec les renseignements suivants, lui permettront de contrôler ses factures.

PRIX DU DEGRÉ D'AZOTE :

   1° Dans les engrais organiques. . . . . $1^{fr},60$
   2° Dans le nitrate de soude. . . . . $1^{fr},50$
   3° Dans le sulfate d'ammoniaque. . . . . . $1^{fr},40$

PRIX DU DEGRÉ D'ACIDE PHOSPHORIQUE :

   1° Dans les phosphates naturels . . . . . . $1^{fr},24$
   2° Dans les scories. . . . . $0^{fr},28$
   3° Dans les superphosphates. . . . . $0^{fr},40$

PRIX DU DEGRÉ POTASSIQUE. . . . . $0^{fr},40$ à $0^{fr},50$

La détermination de l'acide phosphorique d'un phosphate naturel s'obtient en divisant le taux en phosphate de chaux garanti par 2,183.

On obtient le dosage en potasse d'un sel potassique en multipliant le degré de pureté par 0,63 lorsqu'il s'agit du chlorure de potassium et par 0,54 quand il s'agit du sulfate de potasse.

TRAVAUX PRATIQUES

1° **Expériences** sur la valeur fertilisante du purin et sur le pouvoir absorbant de la terre arable.

2° **Expériences** sur les engrais complémentaires, à l'aide de cultures démonstratives.

3° **Les élèves** seront exercés à reconnaître un sel ammoniacal, un nitrate, un sel de potasse, à distinguer un superphosphate d'un phosphate.

4° **Visites** aux champs de démonstration.

CHAPITRE VI

LES BACTÉRIACÉES

ASSIMILATION DE L'AZOTE LIBRE. — FERMENTATIONS
NITREUSE ET NITRIQUE. — DÉNITRIFICATION.

Les infiniment petits remplissent un rôle considérable
dans la nature ; aucune des branches de l'activité humaine
ayant trait à l'exploitation des êtres vivants ne peut se soustraire à leur influence. Notre illustre compatriote Pasteur l'a
clairement démontré dans une série de travaux et de décou-
vertes sur les fermentations, les maladies microbiennes, les
vaccins, etc., qui ont révolutionné certaines industries, la
médecine et la chirurgie.

La couche végétale de la terre renferme une multitude de
ces ferments ou microbes, dont chaque espèce a un rôle
déterminé, utile ou nuisible.

Nous examinerons surtout comment certains d'entre eux
parviennent à fixer ce puissant élément de fertilité qu'est
l'azote et aussi comment d'autres agissent sur les débris de
la matière organique pour les rendre assimilables aux
plantes. Mais avant d'aborder ces questions capitales en
agriculture, il convient de jeter un coup d'œil sur la morphologie et la biologie de ces organismes microscopiques.

I. **Les Bactériacées**. — Les *Bactériacées* ou *microbes* sont
des êtres microscopiques, ordinairement incolores, parasites
ou saprophytes, constitués par une ou plusieurs cellules
semblables, globuleuses ou filiformes, et se reproduisant
exclusivement par le moyen de spores.

Par leur reproduction asexuée, l'extrême simplicité de
leur organisation, l'absence ordinaire de chlorophylle, les

Bactériacées font partie des Thallophytes les plus simples. On les a placées à côté des Nostocacées (fig. 157), algues fila-menteuses, avec lesquelles elles forment l'ordre des Cyanophycées. Or, ces dernières (espèces vraies) sont des algues *bleues* tandis que les Bactériacées n'ont pas cette couleur.

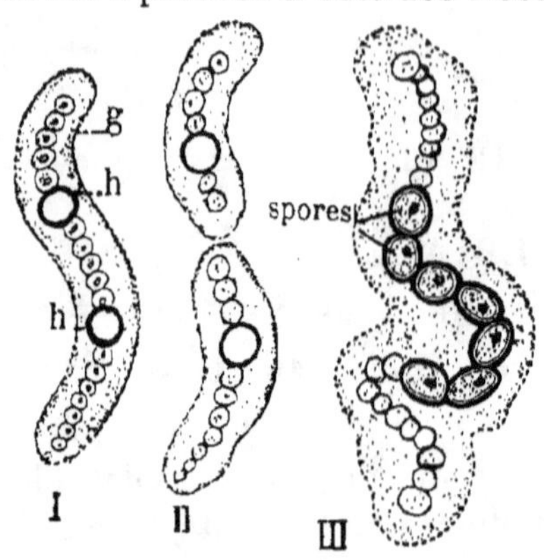

Fig. 157.

Nostocs.

I, filament dans sa gelée *g*, avec des hété-rocystes *h*. — II, le même divisé en deux hormogonies. — III, formation des spores.

Certains botanistes autorisés admettent que les Cyanophycées doivent être séparées des algues pour former une classe indépendante placée tout à la base des plantes à chlorophylle et à côté des Bactériacées avec lesquelles elles ont des rapports assez étroits.

Les genres de la famille des Bactériacées se distinguent

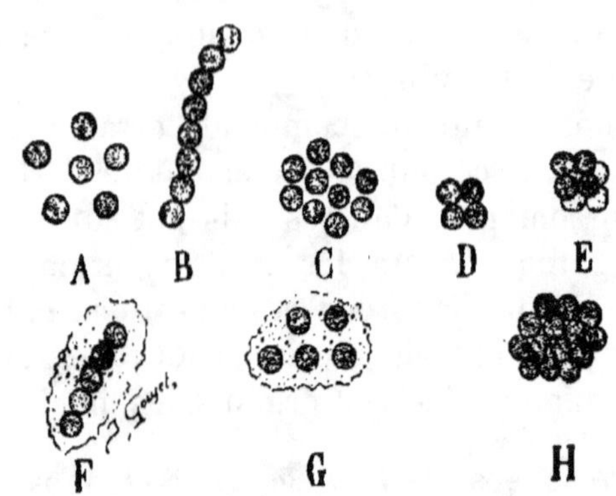

Fig. 158.

Cocci : schéma des principaux types de groupement.

A, micrococcus. — B, streptococcus. — C, staphylococcus. — D, micrococcus tetragenus. — E, sarcine. — F, leuconostoc. — G, ascococcus. — H, zooglées.

assez bien les uns des autres par la constance de leurs

formes respectives. Le tableau suivant fait ressortir ces
formes (fig. 158, 159, 160).

GENRES

Cellules arrondies, d'un diamètre de 1 à 2 μ. . .   *Microcoque.*
—   —   disposées en chaînettes (*Strep-
tocoque*).
Cellules arrondies accumulées en masses irrégulières (*Staphylocoque*).
Cellules elliptiques, d'un diamètre de 2 à 3 μ . . *Bactérie.*
—   allongées en baguettes droites et rigides,
longues de 3 à 5 μ. . . . . *Bacille.*
Cellules en bâtonnets juxtaposés en filaments véritables ou cellules allongées en filaments
simples. . . . . { *Leptotriche.*
                                                           { *Beggiate.*
Cellules allongées en filaments ramifiés . . . . . *Cladotriche.*
—   —   baguettes spiralées ou cour-
bées, courtes. . . . . *Vibrion.*
Cellules allongées en baguettes spiralées plus
longues. . . . . *Spirille.*
Cellules allongées en baguettes spiralées serrées. *Spirochète.*

Lorsqu'une colonie est formée par des microbes reliés par

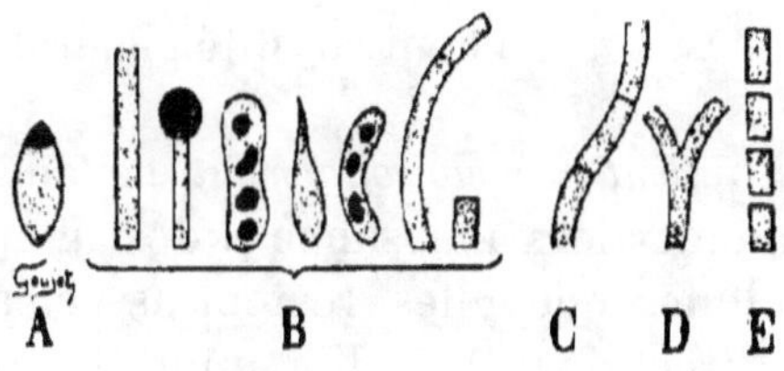

Fig. 159.

Bacilles : schéma des principales formes.

A, bactérium. — B, bacillus. — C. leptothrix, crenothrix, beggiatoa.
D, cladothrix. — E, streptobacille.

leur enveloppe gélatineuse, elle porte le nom de *zooglée*. Si
ces microbes sont des *microcoques*, cette colonie constitue
une *ascocoque*; si ce sont des *Bactéries*, elle forme une *asco-
bactérie*.

Une cellule de Bactériacées comprend : 1° une *masse protoplasmique incolore* (excepté Bactéries vertes ou rouges), *réti-*

culée, dépourvue de leucites, au sein de laquelle existe parfois un corps distinct que l'on peut considérer comme homologue d'un noyau, et 2° une *membrane* d'enveloppe dépourvue de cellulose proprement dite.

Cette membrane ne bleuit pas sous l'action du chloro-iodure de zinc.

Pour étudier en détail la structure d'une Bactériacée, on a recours à des réactifs colorants, tels que le violet de gentiane, l'hématoxyline, le bleu de méthylène, l'éosine, la fuchsine, l'eau iodée, etc.

Les Bactériacées, non associées en colonies gélatineuses

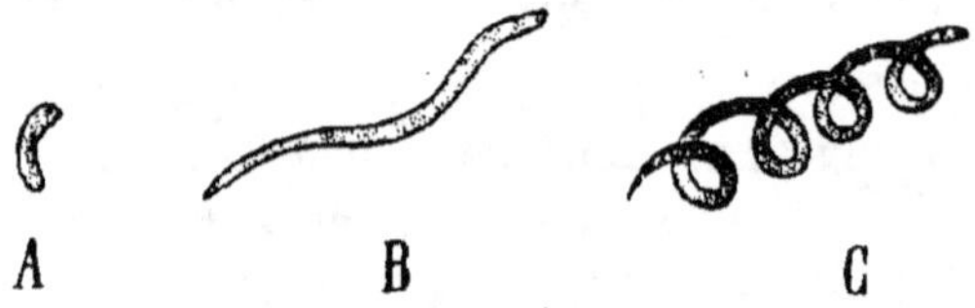

Fig. 160.
Spirilles : schéma des principales formes.
A, vibrio. — B, spirillum. — C, spirochæte.

et pourvues ou non de cils vibratils, sont douées de *mouvements* particuliers, soit de contractilité générale, soit d'oscillation.

Elles se *multiplient* par *cloisonnement,* soit dans une seule direction, donnant alors naissance à des filaments simples lorsque les cellules nouvelles restent associées ; soit dans deux ou trois directions. Quand la multiplication s'effectue dans deux directions, il en résulte une *lame* cellulaire simple (Mériste) ; tandis qu'elle donne un *massif* plus ou moins épais quand elle a lieu dans trois directions (*Sarcine*).

La *multiplication* des Bactériacées est très simple et *endogène* (fig. 161) ; la spore nouvelle se forme par *condensation* de la masse protoplasmique de la cellule (*rénovation*) ; une seconde membrane, interne à la première, se développe ensuite, de sorte que la spore se trouve pourvue d'une double membrane, une *exospore* et une *endospore*.

La multiplication ne s'effectue que quand le milieu dans

lequel vit le microbe devient défavorable, que son alimentation tend à faire défaut, etc.

Propriétés des Bactériacées. — On a divisé les Bactériacées en cinq groupes basés sur leurs propriétés physiologiques respectives.

1° Les Bactériacées *chromogènes* qui sécrètent des principes colorants. Un des exemples les plus curieux est donné par le microcoque miraculeux (*Micrococcus prodigiosus*) qui

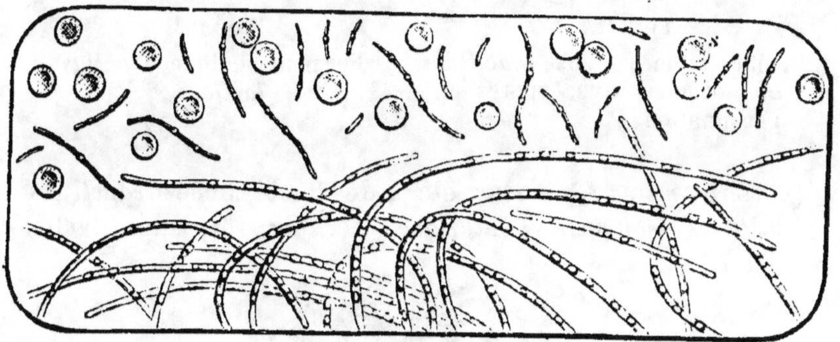

Fig. 161.

Bacilles du charbon (*Bacillus anthracis*) entremêlés avec des globules sanguins (*s*) et formant leurs spores. (Culture dans un bouillon de poule.)

produit sur les hosties et le pain humide des colonies d'un rouge de sang. Cette propriété du microbe, est étroitement liée à la composition du milieu de culture. Si, en effet, on ajoute 5 p. 100 de chlorure de sodium dans le bouillon de culture du bacille pyocyanique (*Bacillus pyocyanus*), ce dernier, qui occasionne la maladie du *pus bleu*, ne colore plus en bleu le bouillon.

Le résultat serait le même si l'on privait d'oxygène le milieu de développement de ce microbe, ou si, au lieu de chlorure de sodium, on employait le sublimé, les acides phénique et borique, le thymol, le naphtol, etc.

2° Les Bactériacées *ferments* qui transforment rapidement certains principes alimentaires en produits déterminés.

Dans ce groupe on rencontre des Bactériacées *oxydantes*

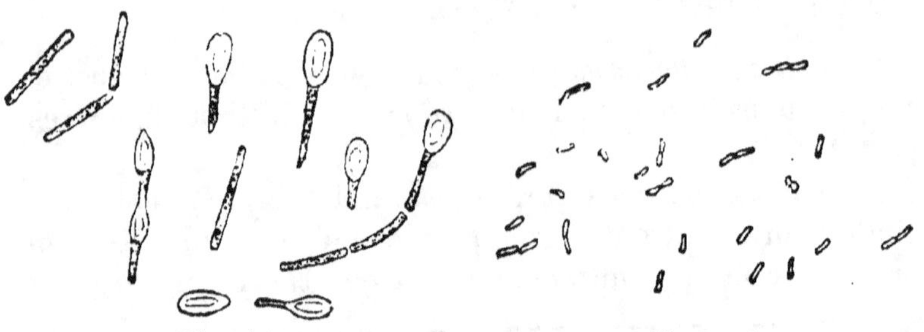

Fig. 162.

Bacilles de la cellulose (*Bacillus amylobacter*) avec spores en germination.

Fig. 163.

Ferment lactique (*Bacillus lacticus*).

(*Bactéries nitreuse, nitrique*, etc.) ; des Bactériacées *réductrices* (*Bactéries dénitrifiante, butyrique*, etc., fig. 162) ; des Bacté-

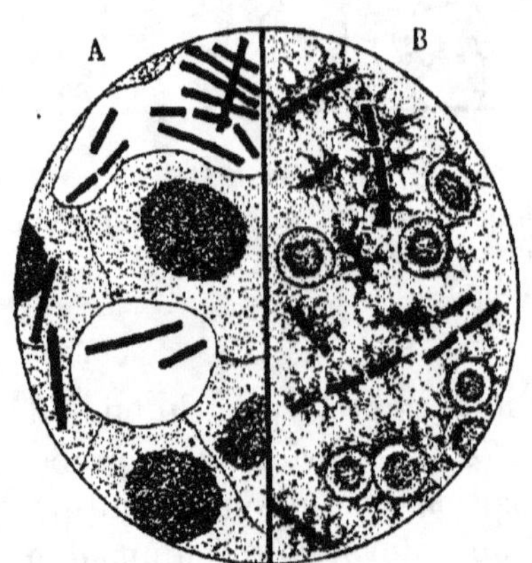

Fig. 164.

Bacillus anthracis (*b*).

A, coupe du foie d'un cobaye charbonneux. — B, préparation du sang d'une souris charbonneuse. — Gr. = 1400 d.

riacées *diastasigènes* ou *hydratantes* (microcoque de l'urine) et des Bactériacées *dédoublantes* (*Bactérie lactique*, fig. 163).

3° Les Bactériacées *pathogènes*, sécrétrices de *toxines*, capables d'engendrer des maladies graves, telles que la

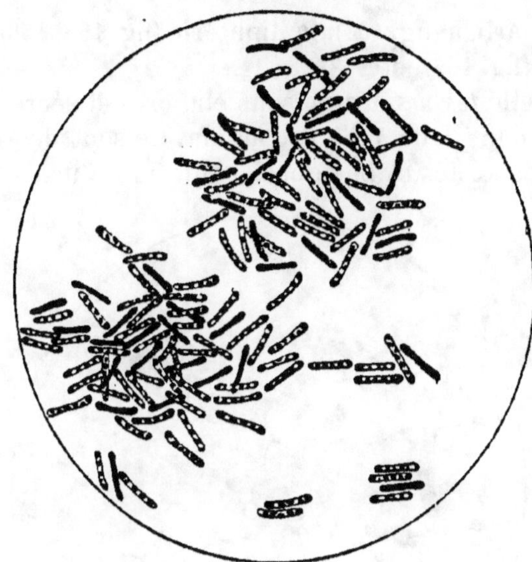

Fig. 165.

Préparation d'une culture de vingt-quatre heures sur sérum
de *bacilles de Löffler* longs, granuleux, enchevêtrés. Gr. $=$ 1200 d.

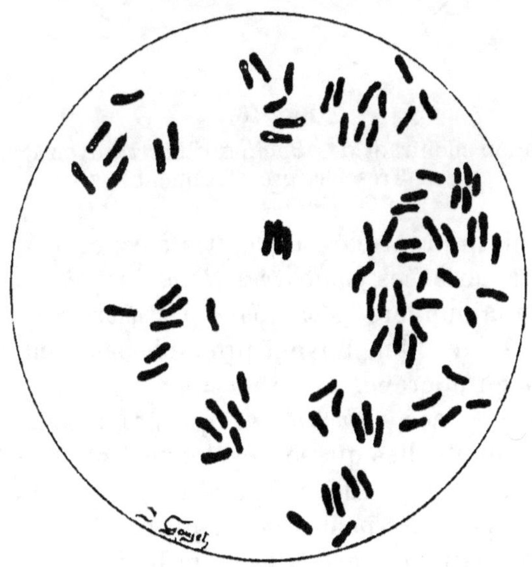

Fig. 166.

Préparation d'une culture de vingt-quatre heures sur sérum
de *bacilles de Löffler* courts, homogènes, non enchevêtrés. G. $=$ 1200 d.

rage, le charbon (fig. 164), la diphtérie (fig. 165, 166), la fièvre typhoïde (fig. 167), etc.

On appelle *toxines* des poisons élaborés et sécrétés par les microbes dans leur milieu d'action. Ce sont des composés organiques azotés et basiques, pourvus ou non d'oxygène,

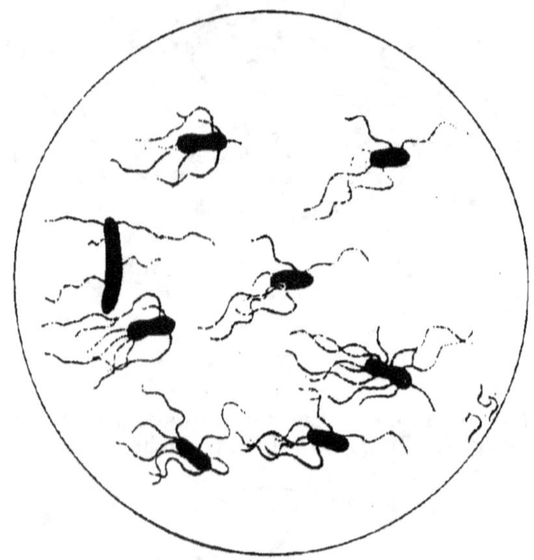

Fig. 167.
Préparation montrant des *Bacilles d'Eberth* avec leurs cils.
(Très fort grossissement.)

et jouissant de propriétés analogues à celles des alcaloïdes.

4° Les bactériacées *photogènes* (*Photobactériacées*) qui produisent de la lumière (*Microcoque phosphorescent*). Les géophiles (vers luisants) doivent probablement leur phosphorescence à un microbe.

5° Les bactériacées *thermogènes* qui produisent de la chaleur, telles que celles qui se développent dans le fumier et dans les tas de foin ou de regain humides. Dans ces derniers la température peut s'élever jusqu'à 90°, et si les oxydations chimiques qui accompagnent toujours cette fermentation sont assez actives, le foin et le regain peuvent s'enflammer.

La *chaleur* agit différemment sur les bactériacées selon qu'elles sont à l'état de *vie active* ou à celui de *spores :* ces dernières sont beaucoup plus résistantes. Ainsi l'ébullition prolongée pendant plusieurs heures ne parvient pas à stériliser une vieille infusion de foin renfermant des spores du bacille subtil ; tandis qu'une infusion fraîche, dans laquelle le ferment est à l'état actif, est complètement stérilisée en quelques minutes à une température de 70°.

Le *froid* le plus intense que l'on ait pu produire est non seulement sans action sur les spores, mais encore sur les bactéries actives.

La température la plus convenable au développement des bactériacées (*température optimum*) est comprise entre 35 et 38°.

Le *saprophytisme* (p. 494) est le mode de *vie ordinaire* et *originel* des bactériacées, tandis que le *parasitisme* n'est au contraire pour elles qu'un régime *facultatif*. Une adaptation progressive à un milieu vivant, où l'alimentation est plus complète et plus abondante, peut amener des microbes à devenir héréditairement parasitaires.

L'*oxygène* agit différemment sur ces infiniment petits. Il peut être indispensable au développement des uns (bactéries *aérobies*) et nuisible aux autres (bactéries *anaérobies*) ; mais entre ces deux cas extrêmes, il existe des états intermédiaires.

Influence du milieu. — Il est établi aujourd'hui que les variations dans la composition du milieu nutritif peuvent produire des changements plus ou moins profonds chez les microbes, à tel point que leur spécification devient difficile à établir. Ces derniers s'adaptent donc très facilement tout en revêtant des *formes* ou en acquérant des *propriétés* capables de caractériser des *variétés* et même des *races* nouvelles.

Au point de vue des *variations de formes* ou du polymorphisme, on peut citer le curieux bacille pyocyanique qui, cultivé dans des bouillons de compositions parfois peu différentes, prend les formes les plus bizarres, ainsi que Guignard et Charrin l'ont démontré (fig. 168). Dans le bouillon de bœuf pur, ce bacille forme à la surface un *voile* gélatineux dans lequel il a sa forme normale tout en colorant le bouillon en bleu. Si l'on ajoute à ce dernier une faible quantité ($0^{gr},50$

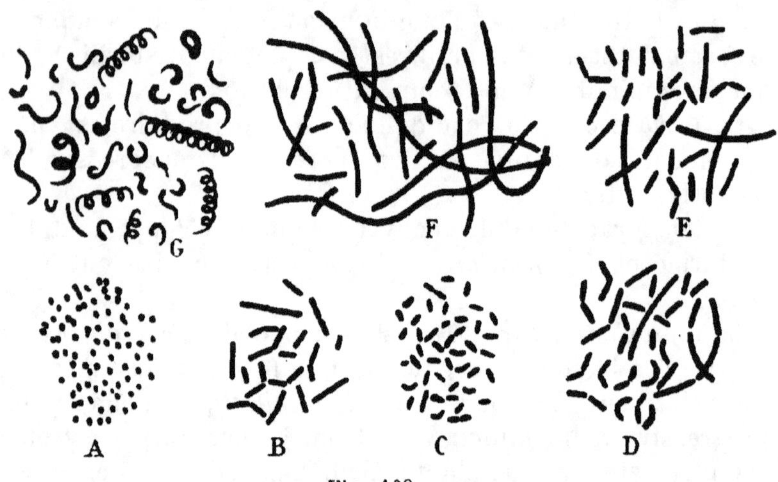

Fig. 168.

Modifications morphologiques du *Bacille pyocyanique*, obtenues par addition d'antiseptiques divers (d'après Charrin et Guignard).

A, culture en bouillon normal. — B, culture de quarante-huit heures en bouillon additionné de 5 p. 1000 d'acide borique. — C, culture de quatre jours en bouillon additionné de 8 p. 1000 d'acide borique. — D, culture de vingt-quatre heures en bouillon additionné de bichromate de potasse (0 gr. 15 p. 100). — E, culture de vingt-quatre heures en bouillon additionné d'acide thymique (0 gr. 50 p. 1000). — F, culture de vingt-quatre heures en bouillon additionné d'alcool (40 cc. p. 1000. — G, culture de huit jours en bouillon additionné de 8 p. 1000 d'acide borique.

p. 1000) d'acide thymique, les microbes s'allongent tout en se groupant en filaments simples. L'alcool, à la dose de 4 p. 100, les allonge encore davantage. Dans du bouillon additionné de bichromate de potassium (15 grammes p. 1000), on voit apparaître les formes spirilles et spirochètes. Le polymorphisme de ce bacille est encore plus complexe ; mais si l'on reportait l'une quelconque de ses formes dans le bouillon pur, il reviendrait à son aspect typique. Il faut donc en conclure que ces formes, obtenues dans des milieux nutritifs différents, si tranchées qu'elles paraissent, ne pos-

sèdent pas la fixité voulue pour créer des variétés différentes de bacille du pus bleu. Mais il est des cas où cette
fixité est beaucoup plus grande et de nature à autoriser la
création de races dérivées, quoique le passage de ces dernières dans de nouveaux milieux *vivants* tende à les ramener à l'espèce initiale. Ainsi le spirille du choléra, cultivé
assez longtemps dans de l'eau peptonisée, perd sa forme
virgule typique, pour acquérir celle filamenteuse, plus
longue et plus ou moins spiralée. Or cette dernière forme
se maintient dans des cultures de composition variée ; mais,
inoculée à un cobaye, elle se perd et le bacille revient à sa
forme typique.

Au point de vue des *variations de propriétés* les résultats
ne sont pas moins importants. Si, par exemple, on ajoute
5 p. 100 de sel marin à un bouillon, le bacille pyocyanique
ne produit plus aucune coloration bleue.

Mais le fait le plus important relatif à ces déviations est
celui qui a trait à la *suppression* ou à l'*apparition* de la virulence[1] d'un microbe. Il suffit, en effet, de faire varier la
composition d'un milieu de culture ou la température
ambiante, pour atténuer ou renforcer cette virulence. Le
bacille du charbon ne sécrète plus de toxine à la température de 42° ou sous l'influence de l'oxygène comprimé.
Ainsi *atténué*, on peut l'inoculer sans danger à des animaux,
et même les amener à résister aux effets d'une forme de
même espèce plus virulente : il y a eu ainsi *vaccination*.

D'après les recherches remarquables de Laurent, il résulte
qu'à l'état normal un bacille vulgaire comme le *Bacillus coli
communis* n'est point parasite pour des plantes vivantes.
Cependant on peut communiquer à ce microbe l'aptitude
parasitaire, lui faire acquérir de la virulence et par suite le

[1] La *virulence* ou nocivité des espèces pathogènes est une propriété physiologique qui, dans la plupart des cas, semble devoir
être attribuée à la production de substances toxiques (ptomaïnes
ou substances albuminoïdes) dont l'action, dit Macé, explique les
effets observés. Dans d'autres cas, cette virulence est en rapport
direct avec le développement et la vitalité de l'espèce.

rendre très dangereux. Il suffit de le cultiver sur des pommes de terre plongées quelque temps dans des solutions alcalines qui diminuent la résistance naturelle du tubercule. On voit la virulence s'exalter rapidement par des passages successifs sur la même espèce de tubercule. Elle peut diminuer d'ailleurs et disparaître par suite de la culture sur d'autres espèces. Il en est encore de même lorsqu'on cultive le microbe sur des milieux non vivants tels que des tubercules tués.

Ainsi atténué le microbe ne recouvre la virulence que sur des tubercules dont la résistance a été diminuée artificiellement afin de rendre au microbe ses propriétés parasitaires.

Dans la nature, la diminution de résistance des végétaux à leurs ennemis cryptogamiques, est fréquente, et doit être le point de départ de la transformation des êtres saprophytes en vrais parasites. Tel est le cas pour la pomme de terre plantée dans un sol qui reçoit de fortes doses de chaux. Dans ce cas la résistance des tubercules est si affaiblie que des germes du *Bacillus coli communis* et du *Bacillus fluorescens putridus* répandus dans l'air, ont pu attaquer les tissus vivants et donner des races nettement parasitaires. Au contraire, les pommes de terre qui ont subi l'influence des doses élevées de sels de potasse, et surtout de phosphate, ont résisté plus ou moins complètement aux races de ce bacille devenues parasites.

La culture intensive, qui implique l'emploi des engrais à des doses supérieures aux besoins immédiats de la plante, peut être considérée comme favorisant les invasions cryptogamiques ; car, tout en exaltant le développement de certaines parties de la plante, en vue des besoins de l'homme, elle en diminue d'autant la résistance aux parasites.

Par leur polymorphisme et leurs propriétés physiologiques différentes, on peut voir combien il est difficile de diagnostiquer les espèces microbiennes. C'est cependant sur l'ensemble de ces données, surtout sur celles qui relèvent de la morphologie, qu'est fondée l'entité spécifique. On comprend dès lors avec quelle facilité les erreurs taxinomiques peuvent se produire, malgré les longues et laborieuses études des savants spécialistes.

Stérilisation. — La détermination des caractères botaniques d'un microbe, ainsi que l'étude de ses effets pathogènes spéciaux, ne peuvent se faire qu'en *isolant* ce microbe. Or, l'isolement ne peut être obtenu que par des *cultures pures* dont l'obtention est difficile, car l'eau, l'air, tous les objets qui nous environnent sont recouverts de poussières microbiennes. Il importe donc, dans les recherches de ce genre, de *stériliser* les récipients, les milieux de culture, etc.

La *stérilisation* a pour effet de détruire par une chaleur suffisante les germes vivants qui peuvent se rencontrer dans un milieu donné. Elle peut être obtenue par les procédés suivants :

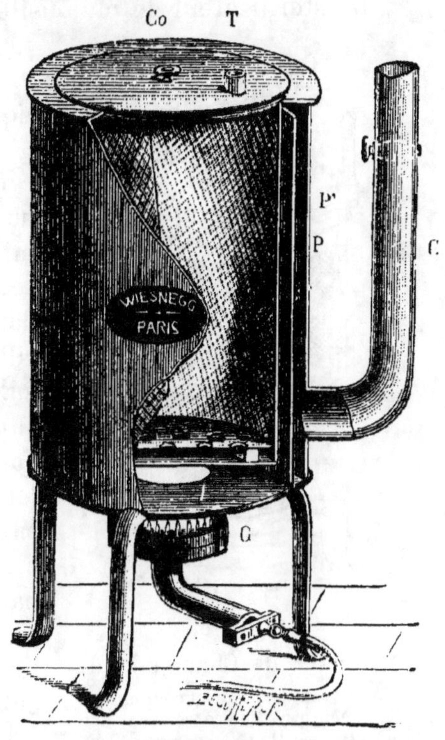

Fig. 169.
Four Pasteur.
C, chemin de dégagement. — Co, couvercle du four. — T, place du thermomètre. — G, couronne à gaz. — P et P', parois doubles.

1° Stérilisation par la chaleur sèche ou humide.

2°   —   filtration.

A. Stérilisation par la chaleur sèche. — La chaleur est le meilleur agent de stérilisation. On l'emploie *à sec*, c'est-à-dire à l'abri de la vapeur d'eau, pour les instruments métalliques, les pipettes en verre, le coton destiné à boucher les orifices des tubes et des flacons (*flambage*). Les aiguilles de platine doivent être portées au rouge toutes les fois qu'il s'agit d'en faire usage.

Le stérilisateur le plus usité pour les objets secs est le *four Pasteur* (fig. 169) ; il ne convient pas pour les substances liquides ou évaporables.

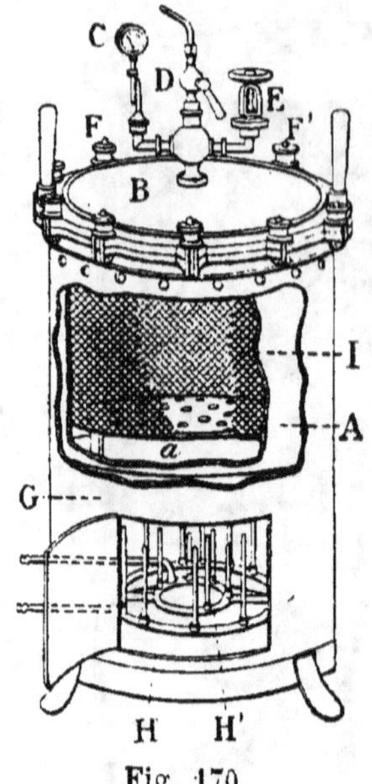

Fig. 170.

Autoclave de Chamberland.

A. marmite cylindrique en cuivre. — B. couvercle en bronze. — C, manomètre. — D, robinet. — E, soupape de sûreté. — FF', bouchons mobiles. — G, boîte en tôle supportant la marmite. — H et H', rampes à gaz. — I, panier à fil de fer destiné à recevoir les objets à stériliser.

B. Stérilisation par la vapeur humide. — Les bouillons et autres milieux nutritifs qui doivent servir à la culture des microbes, doivent être préalablement stérilisés. On les place dans un *autoclave* ou étuve à vapeur d'eau surchauffée que l'on porte, pendant une demi-heure, à une température de 110 à 120°. Mis ensuite à l'abri de la poussière, ces bouillons se conservent parfaitement purs jusqu'au moment où l'on y dépose des bactériacées en vue d'obtenir des cultures déterminées.

L'*autoclave de Chamberland* (fig. 170) est l'appareil le plus répandu et le plus commode de stérilisation par la chaleur humide.

On a vu plus haut que les spores de certaines bactériacées peuvent résister pendant plusieurs heures à des températures très élevées et conserver leur vitalité. Au lieu de les soumettre en une seule fois à ces températures qui pourraient donner des résultats non satisfaisants, on a recours à la *stérilisation fractionnée*. Cette dernière consiste à porter à 100°, pendant quelques minutes, le milieu à stériliser, puis à l'abandonner ensuite à une température de 35 à 38°, et à répéter plusieurs fois de suite cette opération. Si le milieu renfermait, par exemple, des spores du bacille subtil qui résistent longtemps à de hautes températures, celles de 35 à 38° favoriseraient la germination de ces spores et permettraient au microbe d'entrer dans une période de vie active, pendant laquelle sa force de résistance à la chaleur élevée est considérablement diminuée ; c'est alors que la température de 100° le tue infailliblement.

C. STÉRILISATION PAR FILTRATION. — La chaleur peut, dans certains cas, ne pas convenir comme agent de stérilisation, c'est alors qu'on a recours à la filtration. On sait que les eaux pluviales, souillées de tous les germes de l'atmosphère, parviennent à s'en débarrasser totalement en traversant une épaisseur de terrain suffisante sauf dans le cas où une cassure de la roche filtrante ferait communiquer la surface du sol avec la source. C'est sur cette propriété si importante que sont basés le système de l'épandage, la purification des eaux potables des villes et la construction des appareils de filtration. On comprend dès lors le rôle considérable que la filtration joue dans l'hygiène publique.

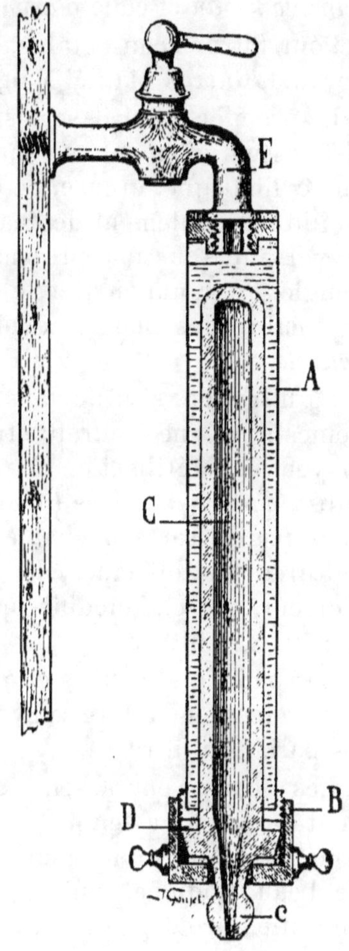

Fig. 171.

Bougie Chamberland avec son armature métallique vissée à un robinet d'eau.

A, cylindre métallique. — B, anneau métallique percé inférieurement d'un trou pour livrer passage à la tétine c de la bougie C. — E, robinet d'eau.

Les principales substances filtrantes usitées sont la *porcelaine de kaolin* et celle d'*amiante*.

Pour filtrer l'eau potable, on fait usage des filtres Chamberland, Garros, Maillé, Maignen, etc.

Le premier, dont il sera seul question ici (fig. 171), consiste essentiellement en une bougie de porcelaine dégourdie, cylindrique, creuse, et ouverte seulement en bas pour faciliter l'écoulement de l'eau qui a pénétré à l'intérieur en traversant, sous une pression convenable, la paroi de cette bougie. Pour augmenter le débit de ce filtre, on augmente le nombre des bougies dont le groupement constitue une *batterie*.

La filtration, si utile dans les usages ordinaires de la vie domestique, ne saurait être considérée comme un bon moyen de stérilisation *à froid* des milieux liquides. Les substances visqueuses (bouillons, glycérines, etc.) ne peuvent pas filtrer convenablement ; et, au point de vue des cultures microbiennes, la filtration peut être une cause d'erreur, car elle modifie profondément la composition des milieux de culture.

Les particules solides et même certains éléments solubles sont retenus ou altérés physiquement ou chimiquement par les parois du filtre.

Les filtres s'encrassent très rapidement et finissent, au bout de quelque temps, par laisser passer les microbes ; il importe donc de les nettoyer à l'aide d'une brosse et avec de l'eau acidulée, puis de détruire les germes par une ébullition prolongée ou la calcination.

Culture des bactériacées. — Les cultures microbiennes sont la base de la science bactériologique. Faire une culture *pure* d'un microbe, c'est obtenir ce dernier, dans un milieu approprié et stérilisé, en l'absence de toutes traces d'éléments étrangers (tissus ou humeurs d'où il provient) et de germes appartenant à d'autres espèces.

Le tableau suivant, dressé à l'aide de l'ouvrage de Cour-

mont, indique les différents milieux de culture usités
aujourd'hui.

   I. Milieux liquides.

     A. Liquides naturels.

       1. Sérum sanguin.
       2. Sang.
       3. Lait.
       4. Urine.
       5. Sérosités naturelles, humeur aqueuse.

     B. Liquides artificiels.

       1. Liqueurs chimiquement définies.
         α. Liquide Pasteur.
         β.   —   Cohn.
         γ.   —   Raulin, etc.
       2. Infusions végétales.
         α. Eau de foin.
         β.   — de levure.
         γ. Décoction de fruits.
         ε.   —   de crottin de cheval.
       3. Infusions animales.
         α. Bouillon de Liebig.
         β.   —   de viande.
         γ.   —   coloré.
         ε. Solution de peptone, etc.

   II. Milieux solides.

     A. Milieux naturels.

       1. Sérum sanguin.
       2. Blanc d'œuf.
       3. Pomme de terre.
       4. Fruits, racines.

     B. Milieux artificiels.

       1. Gélatine.
       2. Gélose.
       3. Mie de pain, etc.

Certaines Bactériacées peuvent être indifféremment cultivées dans les milieux liquides et les milieux solides;
d'autres, au contraire, exigent seulement l'un d'entre eux
(bacille du charbon). Mais quel que soit le milieu, le carbone

alimentaire doit toujours y figurer sous sa forme organique, attendu que les Bactériacées sont ordinairement dépourvues de chlorophylle. Les autres éléments simples et nutritifs peuvent au contraire y figurer sous la forme saline.

Les ferments nitreux et nitrique sont capables de végéter dans un milieu exclusivement minéral.

Lorsque les milieux de culture sont préparés, on procède à leur *ensemencement*, opération assez délicate, variable avec les milieux et dont la description peut être donnée au début d'une séance de travaux pratiques.

II. Assimilation de l'azote libre. — Les végétaux puisent dans le sol et l'atmosphère l'azote dont ils ont besoin. L'assimilation de l'azote atmosphérique est hors de doute aujourd'hui. Boussingault, qui l'a entrevue le premier il y a une cinquantaine d'années, a démontré qu'une exploitation agricole renfermait plus d'azote à la fin de chaque rotation qu'au commencement, tout en tenant compte de l'azote des produits exportés. On sait aussi que la végétation des orêts et des prairies, qui ne reçoivent aucun engrais azoté, se poursuit parfaitement et que leur sol, mis en culture, renferme ordinairement de très grandes quantités d'azote.

On sait aussi que l'atmosphère renferme de l'ammoniaque et de l'acide nitrique (et nitreux) qui sont utilisés par les plantes soit directement, soit par l'intermédiaire des pluies et du sol (Schlœsing). Mais cette atmosphère possède en outre une immense réserve d'azote libre dont le rôle sur la végétation a été étudié par Boussingault, G. Ville, Schlœsing, Müntz, Berthelot, Grandeau, Hellriegel, Wilfarth, Bréal, Winogradsky, Lawes, Gilbert, Pugh, etc. C'est seulement dans ces dernières années et par les travaux de ces divers savants, que l'assimilation de l'azote atmosphérique a été entièrement reconnue.

Hellriegel et Willfarth furent les premiers à montrer que les représentants de la famille des Légumineuses avaient la propriété d'enrichir le sol en principes azotés, même en l'absence de tout engrais.

Les botanistes avaient depuis longtemps signalé l'existence fréquente sur les racines de ces plantes de petits tubercules ou *nodosités* (fig. 172). Hellriegel et Wilfarth reconnurent que ces nodosités renfermaient, surtout à leur périphérie, de nombreux microorganismes appartenant aux Bactériacées. Depuis, on a constaté que l'assimilation de l'azote atmosphérique est la conséquence de la *symbiose* existant entre les racines des Légumineuses et les bactéries installées dans leurs nodosités, ou plutôt que cette assimilation est surtout dévolue aux bactéries.

Les nodosités radicales des Légumineuses (trèfle, luzerne, pois, lupin, etc.) existent aussi bien sur le pivot que sur les radicelles; elles peuvent atteindre un diamètre de 4 à 5 millimètres. On peut les considérer comme des radicelles hypertrophiées et courtes. Les microorganismes logés dans leur parenchyme ont, les uns la forme de baguettes droites ou arquées, les autres celles d'un U ou d'un Y ; tous sont presque immobiles.

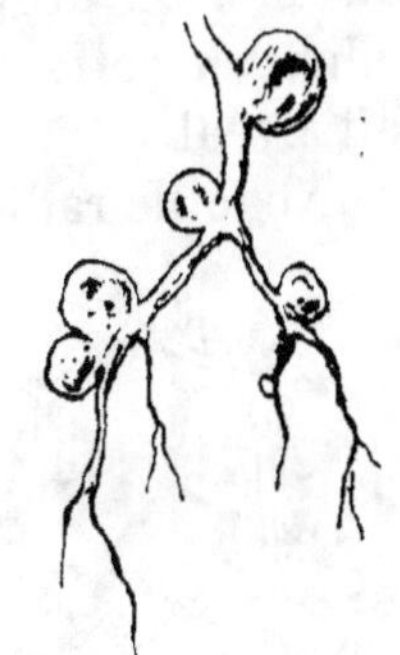

Fig. 172.
Racines d'une Légumineuse avec nodosités.

Pour démontrer que la formation des nodosités est bien l'œuvre de ces microorganismes ou *bacilles radicicoles*, on a recours aux *inoculations*. C'est ce que fit Bréal, dans le laboratoire de Dehérain. Après avoir choisi sur une racine une nodosité bien remplie, il la piqua à l'aide d'une aiguille et l'introduisit aussitôt dans le tissu d'une jeune racine de pois ou de lupin en germination ; puis, plantant, dans du sable stérilisé, la plantule inoculée, associée à une autre graine non inoculée, il constata que la première se développa parfaitement et que ses racines étaient seules chargées de nodosités bactériennes, tandis que la seconde resta languissante et périt. La quantité d'azote contenue dans la plante piquée était bien supérieure à celle que possédait sa graine ; le sujet témoin ne renfermait, à la fin de son existence, que l'azote apporté par sa graine.

On est parvenu à cultiver le bacille des Légumineuses dans du bouillon de graines de haricot, de pois ou de lupin, liquide ou solidifié par de la gélose, auquel on ajoutait un peu de sucre, de chlorure et de bicarbonate de sodium. La culture doit rester au contact de l'air, car le bacille est aérobie. On provoque le développement de nodosités en inoculant de cette culture à de jeunes Légumineuses, comme l'a fait Bréal.

Le bacille radicicole diffère morphologiquement des autres Bactériacées. En suivant son développement dans une nodosité on reconnaît qu'il affecte d'abord la forme de *filaments non cloisonnés* (fig. 173) s'étendant sur plusieurs cellules et portant, çà et là, des *renflements* plus ou moins sphériques dont le bourgeonnement produit les bactéries. En raison de leurs caractères morphologiques, ces dernières semblent occuper une place intermédiaire entre les Bactériacées proprement dites et les champignons; ce qui leur a valu le nom de Rhizobium (*Rhizobium Leguminosarum*). Mais, à cause de leur analogie avec les Bactériacées, dans les nodosités adultes, on leur préfère l'appellation de *Bactéroïdes*.

Fig. 173.
Cellules envahies par les
Rhizobium.

De nombreuses expériences, directes ou indirectes, démontrent le rôle de ces bactéroïdes dans l'assimilation de l'azote atmosphérique.

En 1886, Hellriegel cultiva diverses espèces (Orge, Avoine) dans des vases de verre renfermant 4 kilogrammes de sable stérilisé, auquel il ajouta un mélange de phosphate de potasse, de chlorure de potassium, de sulfate de magnésie et des doses croissantes de nitrate de chaux. Aucune différence appréciable ne se manifesta sur les plantes en expérience durant les premières semaines, parce qu'elles vécurent surtout sur les réserves de leurs graines ; mais un peu plus tard, celles qui avaient reçu du nitrate furent d'un bel aspect, tandis que les autres restèrent languissantes pendant toute la durée de leur évolution ; tous leurs organes, y compris les fruits, se présentèrent sous une forme naine.

Cette expérience démontre d'abord que l'orge et l'avoine ne puisent l'azote dont elles ont besoin que dans les engrais azotés que l'on ajoute au sol.

Si, au contraire, on expérimente sur des Légumineuses, les résultats sont tout différents.

Hellriegel et Wilfarth l'ont démontré d'une manière éclatante. Ces savants disposèrent 42 vases contenant chacun 4 kilogrammes de sable additionné de carbonate de chaux. Dans chaque vase ils déposèrent deux graines de pois en germination et arrosèrent le sable, au fur et à mesure des besoins, avec une dissolution de phosphate de potasse, de chlorure de potassium et de sulfate de magnésie. Trente de ces pots furent abandonnés à eux-mêmes, dix reçurent chacun 25 centigrammes de *délayure de terre* [1] ; les deux derniers pots avaient eu leur sable stérilisé avant l'ensemencement. L'expérience ayant été commencée le 23 mai, donna les résultats suivants :

Pendant les deux premières semaines, aucune différence entre les plantes.

Le 13 juin, les 10 vases ayant reçu la délayure sont d'un beau vert :

Le 13 juin, parmi les autres, quelques pieds sont également beaux, tandis que tous ceux qui restent jaunissent.

Du 15 au 20 juin, les plantes jaunies périssent.

---

[1] Cette *délayure* était obtenue en mélangeant avec de l'eau une quantité de terre ayant porté des Légumineuses l'année précédente. Le mélange, abandonné quelques instants au repos, donnait un dépôt de matières solides et une couche supérieure aqueuse plus ou moins trouble. C'est à l'aide de cette eau trouble que les dix vases furent arrosés.

Au moment de la récolte, les vases arrosés avec la délayure ne donnent pas moins de 16 grammes de matière sèche, le maximum étant de 20 grammes.

Les autres fournissent des résultats très variables et en général mauvais ou nuls.

Si au lieu de pois, on avait semé des céréales, les arrosages à l'aide de la délayure n'auraient donné aucun résultat appréciable.

Si enfin on avait porté cette délayure à l'*ébullition* avant d'en arroser les pois, les 10 vases de l'expériences précédente auraient eu le même sort que les 32 autres.

Ceci prouve donc que la délayure renfermait des bactéroïdes provenant des Légumineuses cultivées l'année précédente.

De ces expériences et de nombreuses autres poursuivies dans le même ordre d'idées, il résulte que les bactéroïdes contenus dans les nodosités des Légumineuses et dans la terre, possèdent bien la merveilleuse propriété de fixer et d'assimiler énergiquement l'azote libre en l'incorporant aux hydrates de carbone ou à d'autres composés organiques de la plante hospitalière.

Les bactéroïdes peuvent être cultivés dans des milieux artificiels (gélose et autres solutions nutritives), et y évoluer comme dans les nodosités. Il s'ensuit donc que l'on peut considérer les bactéroïdes vivant librement dans le sol comme capables d'enrichir ce dernier en éléments azotés. Mais ces microorganismes sont incapables de vivre dans un milieu qui ne recevrait que l'azote libre comme aliment azoté. Il faut que cet azote soit combiné, comme dans les nitrates de préférence, pour qu'ils puissent se développer et fixer l'azote gazeux. Sans azote combiné pas de développement de bactéroïdes.

Les Légumineuses, bénéficiant des substances albuminoïdes ou azotées qui résultent de la fixation de l'azote libre, fournissent à leur tour, aux bactéroïdes, le carbone qui leur est indispensable : cet échange d'éléments nutritifs constitue la symbiose déjà signalée.

De même que tout être organisé, les bactéroïdes disparaissent après une existence plus ou moins longue, les débris de leur organisme se décomposent dans les profondeurs des nodosités et sont utilisés par la plante associée. Il résulte de ce fait que les racines des Légumineuses restées dans le sol, après l'enlèvement des récoltes, sont capables d'enrichir ce sol en principes azotés. Elles s'y décomposent ainsi que leurs nodosités ; les substances albuminoïdes de ces dernières se transforment, sous l'action des ferments du sol, en sels ammoniacaux (nitrites et nitrates) dont l'action fertilisante a été démontrée.

Il est donc fort important de faire alterner la culture des Légumineuses avec celle d'une plante avide de nitrates (Blé, Betterave, etc), pour utiliser les réserves azotées dont les premières ont enrichi la couche végétale.

Multiplicité des variétés de Bactéroïdes. — On a reconnu que les Bactéroïdes des diverses Légumineuses n'ont pas le pouvoir de se développer indistinctement sur toutes les plantes de cette famille. Ainsi les Bactéroïdes du Lupin sont particulièrement favorables au développement de la Serradelle ; tandis que ceux de la Serradelle et du Pois sont sans action sur le Lupin.

De même les graines de *Soja hispida* (Légumineuse originaire du Japon), semées en Europe, donnent naissance à des plantes dépourvues de nodosités, lors même qu'elles sont associées à nos Légumineuses ; tandis que dans son pays d'origine, le *Soja* porte des nodosités radicales. Si l'on sème sur le sol européen un peu de terre du Japon, où le *Soja* a végété, le développement de cette plante devient plus actif, ses graines sont plus lourdes et les racines portent des nodosités.

On peut donc conclure de ces deux exemples, qu'il existe des variétés, sinon des espèces de Bactéroïdes, adaptées chacune à des espèces de Légumineuses déterminées.

Autres organismes fixateurs d'azote. — En présence des amas considérables de produits azotés renfermés dans le sol des pâturages de montagne, où cependant chaque année la végétation est enlevée par les animaux herbivores, on peut se demander si les Légumineuses sont les seules plantes capables d'utiliser l'azote atmosphérique, et s'il n'en existe pas d'autres ayant la même propriété ; ou, en d'autres termes, si certains microorganismes de la couche végétale possèdent le même pouvoir que les Bactéroïdes. Les expériences de Schlœsing fils et Laurent, de Bouilhac, etc., répondent affirmativement à cette question.

Les deux premiers, dans une première série d'essais, firent croître dans des vases renfermant une atmosphère limitée, rigoureusement mesurée, des Topinambours, de l'Avoine, du Tabac et des Pois. Plusieurs vases semblables à ceux qui avaient été ensemencés ne portaient aucune végétation. Dans une seconde série d'essais, à l'Avoine et aux Pois, s'ajoutèrent de la Moutarde, du Cresson, de la Spergule.

Dans la première série d'essais, une fixation d'azote libre se produisit dans presque tous les cas. Elle fut sensiblement plus forte quand la culture porta sur les Pois que lorsqu'on mit en observation d'autres espèces ; mais dans six expériences sur sept, le volume de l'azote gazeux diminua, et l'analyse décela dans les produits obtenus plus d'azote combiné qu'il n'en avait été introduit par les semences (Dehérain).

Parmi les vases non ensemencés, il s'en trouva quelques-uns qui avaient néanmoins fixé de l'azote en assez grande quantité ; il s'était développé à la surface de la terre un tapis de petites plantes vertes (Algues), tandis que sur deux autres vases non ensemencés, où les Algues n'avaient pas poussé, la quantité d'azote fixée était insignifiante ou nulle. La croûte verte, soumise à l'analyse, fit connaître qu'elle renfermait en combinaison tout l'azote disparu, tandis que dans les couches sous-jacentes cet azote faisait défaut.

Les expérimentateurs répandirent ensuite sur le sol des vases une couche de sable calciné dans le but d'empêcher le développement des Algues ; la fixation d'azote n'eut plus lieu aussi bien dans les vases non ensemencés que dans ceux où croissaient des plantes autres que celles de la famille des Légumineuses.

On a reconnu aussi, dans ces derniers temps, que certains Nostocs, qui se rencontrent communément à la surface de la terre végétale, sont capables de fixer l'azote libre de l'air en quantité notable. Mais, les cultures n'ayant pas été faites à l'état de pureté, il restait à savoir si cette fixation est opérée directement par les végétaux en question ou bien si elle n'est pas, comme on l'avait déjà constaté pour certaines Algues vertes, le résultat d'une symbiose avec les Bactéries. Pour résoudre ce problème, dit Guignard, il fallait nécessairement obtenir des cultures pures et rechercher comment une espèce donnée se comporte soit seule, soit en mélange avec des Bactéries.

Sous ce rapport, il y aurait, d'après Bouilhac, des différences entre les Algues d'un même groupe. Le *Nostoc puncti-forme*, par exemple, ne fixe pas l'azote libre en culture pure, mais il en opère la fixation en présence des Bactéries du sol; tandis que le *Schizothrix lardacea*, qui est également une Nostocacée, ne le fixerait ni dans un cas ni dans l'autre, et il en serait de même pour une Algue verte, l'*Ulothrix flaccida*.

Il résulte donc de ce qui précède que certaines Algues, surtout du groupe des Cyanophycées, ont la propriété de fixer l'azote atmosphérique. Il est possible que des Mousses et même aussi des plantes supérieures, autres que les Légumineuses, soient dans le même cas. Cette question n'est qu'effleurée et elle mérite de nouvelles recherches.

III. Fermentations nitreuse et nitrique. — Les matières organiques azotées subissent, dans le sol, des transformations successives pour constituer des sels ammoniacaux sur lesquels s'exercent les ferments nitreux et nitrique. Ces sels ammoniacaux sont convertis en *nitrates* par un phénomène d'*oxydation*, sous l'action successive de ces deux ferments.

Le premier de ces organismes, le *ferment nitreux* ou *Bactérie nitreuse*, produit l'oxydation la plus faible (*nitrosation*); il transforme les sels ammoniacaux en nitrites. Le second, le *ferment nitrique* ou *Bactérie nitrique*, continue la transformation (*nitratation*) en portant l'oxygène sur les nitrites pour en former des nitrates. Ce dernier ferment est tout à fait incapable de provoquer l'oxydation de l'ammoniaque. Les nitrates sont les aliments azotés par excellence des plantes agricoles. Toutefois ces dernières peuvent aussi assimiler directement l'ammoniaque. Bréal l'a démontré de la manière suivante. Il enlevait, à l'aide d'une bêche, une touffe de *Poa annua*, puis en lavait les racines et les immergeait dans un flacon. Au bout de deux ou trois jours, de nouvelles racines se développaient ; avec des ciseaux, il enlevait les anciennes racines terrestres et la plante se trouvait ainsi apte à vivre dans son nouveau milieu. Il introduisait ensuite dans l'eau une faible quantité de sulfate d'ammoniaque, et le lendemain ce sel avait disparu : ce qui prouve que l'ammoniaque avait été assimilée par la plante.

Néanmoins on peut considérer les nitrates comme la dernière métamorphose des matières organiques, et c'est grâce aux ferments précédents, aux *Nitrobactéries*, très répandues dans la couche végétale, que les plantes agricoles peuvent y puiser les nitrates si utiles à leur complet développement.

D'après Belzung, on peut mettre en évidence les fermentations nitreuse et nitrique en faisant usage de la liqueur nutritive suivante, dont on vérifie préalablement la pureté des produits constitutifs :

Sulfate d'ammonium (matière fermentescible). 1 gramme.
Phosphate de potassium. 1   —
Eau ordinaire . . . . 1 litre.

Versant environ 100 centimètres cubes de cette liqueur dans une série de matras de verre à fond plat, on délaye, dans chacun d'eux, environ 0,5 gr. ou 1 gramme de carbonate de magnésium pur, puis, après avoir fermé les matras avec un tampon de ouate ou d'amiante, on stérilise.

L'ensemencement de ces milieux se fait en déposant dans chacun d'eux quelques gouttes d'un mélange de terre arable délayée dans de l'eau distillée.

Les ferments nitreux et nitrique étant aérobies, il est nécessaire de donner à ces cultures le libre accès de l'air atmosphérique.

L'acide nitreux est souvent reconnaissable avant l'apparition de toute trace d'acide nitrique, et celui-ci se constitue, dès le quatrième ou le cinquième jour, sous la forme de nitrate de magnésium.

On reconnait le nitrate, dit Belzung, en traitant quelques gouttes de la culture précédente, après les avoir concentrées par évaporation, par la solution sulfurique de diphénylamine qui donne une coloration bleue sous l'influence du nitrate. Mais auparavant il convient d'éliminer l'acide nitreux en chauffant la préparation avec du chlorure d'ammonium en excès et de l'urée.

Enfin les nitrites sont décelés à leur tour en versant, dans une faible quantité de la culture, environ 3 gouttes d'une solution saturée d'acide sulfanilique et une goutte d'acide chlorhydrique ou acétique au dixième ; puis 3 gouttes d'une solution saturée de naphtylamine. En présence d'un nitrite, il se produit une coloration rouge.

L'acide nitreux et l'ammoniaque ont entièrement disparu au bout d'une quinzaine de jours environ et la culture ne renferme plus que de l'acide nitrique sous forme de nitrates. Les deux ferments oxydants sont localisés dans le dépôt de carbonate de magnésium sous l'aspect d'un voile mince et gélatineux. Pour observer ces ferments au microscope, on dépose, sur une lame porte-objet, une faible quantité de ce dépôt qu'on laisse sécher. On y verse ensuite un peu de vert de malachite ; trente secondes après, on lave et on traite par le violet de Gentiane. La préparation, une fois montée, peut être examinée.

Il est à remarquer que les matras qui n'ont pas été ensemencés et qui ont été exposés à l'air libre, ne renferment, dans leur solution nutritive, que des traces de nitrates apportés par les poussières atmosphériques. Ce qui tend à démontrer que les ferments nitreux et nitrique se rencontrent rarement dans l'atmosphère, tout au moins à l'état

actif. Ces microorganismes étant très sensibles à la dessiccation ne sauraient d'ailleurs conserver longtemps dans l'atmosphère leur activité.

*Conditions d'existence des microorganismes et en particulier
des Bactériacées.* — De même que les plantes supérieures, les
microorganismes ont des besoins vis-à-vis des facteurs ambiants. La connaissance de ces besoins est fort utile à connaître, parce qu'elle nous explique souvent les réactions,
plus ou moins compliquées, qui s'opèrent dans la nature
sous l'influence des êtres inférieurs. La vie de la cellule
végétale dépend de l'accomplissement de ces réactions dont
le signe le plus manifeste consiste dans le dégagement d'une
certaine somme d'énergie. Or cette énergie, dit le Dr Wollny,
est fournie par les transformations qui s'effectuent dans les
organismes inférieurs, où d'abord, grâce au protoplasme
vivant, et par un phénomène de respiration intramoléculaire,
les combinaisons compliquées se résolvent en plus simples,
en donnant comme produit constant de l'anhydride carbonique. A côté de ce processus qui n'exige pas d'oxygène et
qui est dans la plante la cause première de la production
d'énergie, il en est un autre, avec intervention de l'oxygène,
qui est nécessaire (quand l'énergie dégagée uniquement par
les transformations internes est insuffisante) pour satisfaire
complètement aux besoins de la plante. Pour couvrir le
déficit d'énergie, il faut de puissantes oxydations. Mais
le dégagement de force qui en résulte est réglé moins par la
quantité d'oxygène mise à la disposition que par les décom-
positions dans le protoplasme qui excitent et qui gouvernent
l'absorption d'oxygène.

Chez les Bactériacées en particulier, la faible somme
d'énergie dégagée par la respiration intramoléculaire est
suffisante pour l'exercice des fonctions vitales, ou bien ces
organismes ont la faculté d'extraire l'oxygène de certaines
combinaisons et de l'employer pour leur oxydation.

Dans le plus grand nombre des cas, dit Flügge, la respiration intramoléculaire ne suffit pas d'ailleurs d'une manière

durable à satisfaire à la consommation d'énergie des Bactériacées, mais elles peuvent se passer d'oxygène tant qu'il y
a un succédané approprié. Ce succédané est fourni notamment par la fermentation, dans laquelle une forte quantité
de matière se détruit à la surface du milieu nutritif, de
manière à rendre libre une somme d'énergie équivalente à
celle que dégage l'oxydation. La fermentation peut donc suppléer à l'oxydation.

Absorption d'oxygène et fermentation doivent être considérées comme deux faits équivalents quant à leur action sur
la vie des champignons inférieurs.

Outre la respiration, il y a lieu de considérer aussi le processus d'assimilation auquel incombe la tâche de transformer
les aliments absorbés en combinaisons appropriées, soit à
des dédoublements ultérieurs, soit à la croissance et à la
multiplication de l'organisme.

Les exigences nutritives des Bactériacées sont très
diverses ; mais, en général, des matières albuminoïdes, des
combinaisons amidées, des sucres, des sels alcalins, des
acides organiques, sont ce qui convient à la plupart d'entre
elles (Dr Wollny).

D'après Winogradsky, les Bactéries nitrifiantes s'écartent,
sous le rapport de la nutrition, de tous les autres organismes,
en ce qu'elles peuvent assimiler le carbone de l'anhydride
carbonique. Elles peuvent vivre et se multiplier dans des
milieux purement minéraux, même dépourvus de toutes
traces de carbone organique et ne renfermant que de l'anhydride carbonique sous forme de carbonate de magnésium ou
de calcium.

Par cette rare exception, les Nitrobactéries peuvent
être comparées aux plantes pourvues de chlorophylle,
puisque, comme ces dernières, elles puisent leur aliment
de substances minérales. Mais on a vu que les plantes
vertes assimilent l'anhydride carbonique sous l'influence de
la lumière, tandis que les Nitrobactéries l'absorbent aussi
bien la nuit que le jour et sans l'intermédiaire de chloroleucites.

16.

Milieux de culture. — Belzung indique la solution suivante comme milieu de culture :

MATIÈRE FERMENTESCIBLE :

a. Nitrite de potassium, pour le ferment nitrique.	0gr,4
b. Sulfate d'ammonium, — nitreux.	0gr,4
Sulfate de magnésium.	0gr,05
Phosphate de potassium.	0gr,1
Carbonate de sodium.	0gr,6
Chlorure de calcium.	traces.
Carbonate de calcium	excès.
Eau distillée.	100 gr.

La culture se fait à l'air libre, les récipients étant simplement fermés par un bouchon d'amiante.

Le savant professeur ajoute qu'en employant des sels strictement purs et des vases soigneusement lavés aux acides, puis à l'eau distillée, on réalise un milieu entièrement minéral où les Nitrobactéries végètent activement. Celles-ci assimilent l'anhydride carbonique du calcium, tandis que la chaux correspondante sert à neutraliser les acides nitreux et nitrique engendrés au cours de l'oxydation.

Pour isoler les ferments nitreux et nitrique, on a recours à la matière fermentescible, sachant que l'ammoniaque est l'aliment du ferment nitreux et que l'acide nitreux est celui du ferment nitrique, ou en d'autres termes, que l'ammoniaque est nuisible au ferment nitrique et que l'acide nitreux l'est au ferment nitreux.

La présence de l'un de ces composés azotés, à l'exclusion de l'autre, permettra d'isoler le ferment auquel il convient en éliminant l'autre.

Le microcoque nitreux consiste, à l'état adulte, en une cellule ovoïde, d'une longueur de 1-2 μ, sur une largeur de 1 μ ; tandis que la bactérie nitrique, plus petite que le précédent, n'atteint que 0,5 μ à 1 μ de longueur, tout en étant proportionnellement plus allongée.

Phénomènes de la nitrification. — L'action oxydante du microcoque nitreux est beaucoup plus intense que celle de la bactérie nitrique. La transformation d'un poids donné d'azote ammoniacal en azote nitreux exige environ trois fois plus d'oxygène que celle de l'azote nitreux en azote nitrique. La double transformation peut être exprimée par les équations suivantes :

$$2\ AzH^3 + O^6 = Az^2O^3 + 3\ H^2O \text{ (nitrosation)}.$$
$$Az^2O^3 + O^2 = Az^2O^5 \text{ (nitratation)}.$$

Le phénomène de nitrosation, quoique plus énergique que celui de nitratation, ne donne pas naissance, dans la terre arable, à la production de nitrites libres, parce que les deux ferments y coexistent et que les nitrites sont aussitôt transformés en nitrates qu'ils sont constitués.

Mais pour que ces ferments travaillent énergiquement, il leur faut un milieu favorable. La nitrification ne se produit que dans une terre humide non noyée, bien aérée, pourvue de matières azotées, exposée à une température de 10 à 35° (température optimum 37°), et renfermant une petite dose de carbonate de calcium ou de carbonate de potassium (légère alcalinité).

IV. *Dénitrification*. — L'aération de la terre arable, par l'oxygène qu'elle y apporte, est fort utile pour arrêter toute manifestation extérieure de la vie chez les ferments anaérobies dont font partie les *Bactéries dénitrifiantes*. En l'absence d'oxygène, ces bactéries détruisent les azotates ; les unes opèrent la réduction de ces sels en les ramenant à l'état de nitrites ; tandis que les autres, agissant sur les nitrites, fournissent les divers oxydes d'azote, l'azote libre et même l'ammoniaque. On voit par là le danger auquel serait exposée une terre privée d'oxygène (terres fortes submergées).

Les déjections des animaux de ferme et les fumiers frais sont également exposés à l'action réductrice des bactéries dénitrifiantes. Pour le prouver, il suffit de verser une dissolution de nitrate de soude sur du crottin de cheval ; quelques heures après, une fermentation se produit au cours de laquelle l'azote se dégage et le nitrate disparait entièrement. Ce dégagement ne se serait pas produit si l'on avait pris la

précaution de stériliser par la chaleur ou par l'acide sulfurique le crottin additionné de nitrate.

D'après le Dr Stutzer, les bactéries dénitrifiantes seraient
également très sensibles à des solutions de 0,06 à 0,20 d'acide
phosphorique, et le moyen le meilleur et le plus économique
de les détruire consisterait à mélanger les fumiers dans les
étables avec des superphosphates riches.

En résumé, les matières organiques enfoncées dans le sol
sont, au point de vue de leur azote, l'objet des transformations successives suivantes :

1° Fermentation ammoniacale ou *ammonisation* [1] (phénomène d'hydratation) ;

2° Fermentation nitreuse ou *nitrosation* (phénomène d'oxydation des composés ammoniacaux);

3° Fermentation nitrique ou *nitratation* (phénomène d'oxydation ultime).

Malgré leur richesse, les sources où nous puisons l'azote
(nitrates, sulfate d'ammoniaque, etc.) ne suffiraient pas à
fournir aux plantes cet aliment important, si les microorganismes de la terre arable ne nous en fournissaient une
très grande quantité.

Les microorganismes jouent un rôle considérable dans la
nature; « s'ils disparaissaient de notre globe, disait Pasteur
en 1862, la surface de la terre serait encombrée de matière
organique morte et de cadavres de tout genre (animaux et
végétaux). Ce sont eux principalement qui donnent à l'oxygène ses propriétés comburantes; sans eux, la vie deviendrait impossible parce que l'œuvre de la mort serait incomplète. »

TRAVAUX PRATIQUES

1° Étude de milieux contaminés ou renfermant des Bactéries,
avant et après la stérilisation.

---

[1] La fermentation *ammoniacale* consiste dans la production de sels
ammoniacaux aux dépens des matières azotées et sous l'influence
de plusieurs Bactériacées. Ces sels, de même que les nitrates, sont
directement absorbés par les plantes agricoles.

2º Comparer entre eux, par quelques essais, les principaux procédés de stérilisation.

3º Culture des Bactériacées dans des milieux liquides ou solides.

4º Distinction microscopique de quelques Bactéries (Bactéries charbonneuses, typhiques. radicicoles, etc.).

5º Etude microscopique des nodosités des Légumineuses.

6º Culture d'une Légumineuse en milieu stérilisé.

CHAPITRE VII

PROCÉDÉS CULTURAUX

ET SOINS A DONNER AUX PLANTES. — SÉLECTION

On doit s'efforcer de faciliter le rôle des microorganismes utiles et de certaines Bactériacées en particulier, en leur procurant au moins un milieu convenable à leur multiplication et à leur développement. La culture raisonnée du sol en tant que milieu répond à ce desideratum; il y a donc lieu d'en exposer les principes et les méthodes essentielles.

Pour réussir dans la culture des plantes agricoles, il ne suffit pas de confier la graine au sol, il faut encore préparer soigneusement ce sol, le fumer parfaitement, choisir des semences de premier choix, bien constituées et bien sélectionnées, faire succéder les cultures dans un ordre convenable, soigner la plante suivant sa destination, etc.

Ces précautions diverses conduisent logiquement aux travaux suivants :

1° Labours;

2° Choix et sélection des semences;

3° Semis;

4° Soins à donner à la plante;

5° Récoltes;

6° Conservation des récoltes;

7° Rotation et assolements.

§ 1. — Procédés culturaux

1° *Labours*. — On appelle *labour* une opération qui consiste à découper la terre en bandes régulières, de section rectangulaire, et à retourner ces bandes à l'aide d'un instrument appelé *charrue*.

Le labour le meilleur est celui qui expose à l'air la plus grande surface de terre remuée et qui enfouit le mieux les mauvaises herbes. On arrive à ce résultat en inclinant les bandes

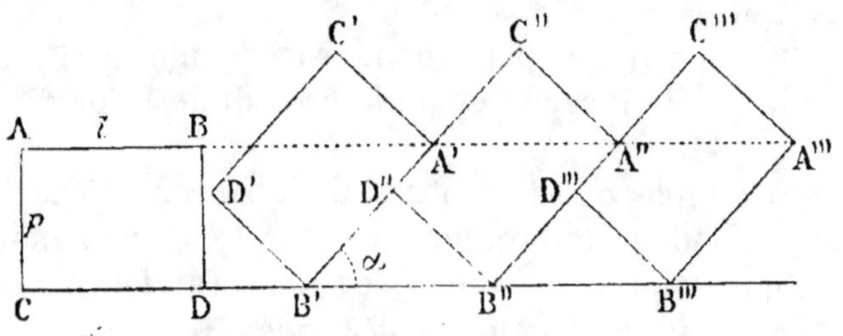

Fig. 174.

de 45°, c'est-à-dire en leur faisant faire un quart et demi de tour. La démonstration suivante le prouve (fig. 174) : soit l la largeur et p la profondeur d'une bande de terre ABCD remuée par chaque coup de charrue. L'angle d'inclinaison D"B'B" ou α dépend du rapport $\dfrac{l}{p}$, c'est-à-dire que plus l sera grand par rapport à p, plus l'angle α sera petit et plus l'inclinaison de la bande sera grande.

Supposons que l prenne successivement les valeurs 3, 4 et 5 et que p conserve toujours une valeur égale à 2. Il en résulte que si la profondeur reste la même, l'inclinaison de la bande sera d'autant plus grande que la largeur augmentera. On commet une erreur en croyant que la façon dont la charrue renverse la bande de terre dépend surtout de la forme de la partie postérieure du versoir ; elle dépend plutôt du rapport qui existe entre l et p.

Aussi les versoirs dont la partie postérieure est contournée de façon à presser sur la bande de terre une fois qu'elle a pris sa position naturelle, sont-ils défectueux. Ils occasionnent un frottement et un tirage inutile et, en lissant la terre argileuse, ils l'empêchent de se diviser sous l'action de l'air (Faucompré).

Dans le labour à 45°, la surface exposée à l'air est proportionnelle à $A'C'' + C''A''$; cette somme est maximum pour $\alpha = 45°$. D'où il résulte que $A'C'' = C''A''$; le triangle $A'C''A''$ est donc isocèle et puisque $C''A'' = p$ on a donc $A''C'' = p$. Dans le triangle rectangle $A'C''A''$ on a $\overline{A'A''}^2 = \overline{A'C''}^2 + \overline{C''A''}^2 = 2\,p^2$, et comme $A'A''$ est égal à l, on peut écrire $l^2 = 2p^2$, d'où $l = p\,\sqrt{2}$ et $\dfrac{l}{p} = \sqrt{2}$.

Ce qui démontre que pour incliner les bandes à 45°, il faut et il suffit que la largeur égale le produit de la profondeur par $\sqrt{2}$ ou 1,41.

Si, par exemple, on se proposait de labourer à 15 centimètres de profondeur, la largeur à donner à chaque bande, de manière que son inclinaison soit de 45°, serait fournie par la formule $l = p\,\sqrt{2}$ ou $l = 0,15 \times \sqrt{2} = 0^{m},21$.

Le labour n'a pas seulement pour effet de déplacer latéralement la terre de manière à diminuer sa compacité et à permettre aux gaz d'y pénétrer plus facilement; il a encore pour but de remuer la couche arable de façon que ses parties les plus profondes soient amenées à la surface pour être remplacées par celles de cette dernière. De cette façon, la couche superficielle du sol qui, par suite de son exposition à l'air et à la lumière, est toujours plus riche en principes organiques décomposés et assimilables, que celle située au niveau des racines, apporte à ces dernières de nouveaux aliments.

Il y a lieu de considérer dans les labours la *forme* et la *profondeur*.

La première comprend trois sortes de labours : le labour ordinaire ou *à plat*, le labour en *planches* et le labour en *billons*.

Le premier labour, qui convient aux terrains légers, donne au sol une surface plane et unie. Le second, propre aux terrains offrant quelque humidité, consiste à diviser toute la largeur d'un champ en planches plus ou moins larges, séparées entre elles par des sillons. Enfin le labour en billons, que l'on pratique dans les terres fortes et humides, consiste à diviser la surface du champ en petites planches très bombées et comprenant seulement 4 ou 5 raies séparées entre elles par un sillon profond destiné à l'écoulement des eaux.

Quelle que soit la forme de labour adoptée, il ne conviendrait pas de l'effectuer en temps de pluie, lorsque la terre est trop détrempée, car alors il se formerait de grosses mottes difficiles à briser, le sol durcirait et rendrait fort difficile la circulation de l'air et des gaz fertilisants.

En ce qui concerne la *profondeur*, variable avec la nature de la couche végétale, du sous-sol et celle des récoltes, on distingue les labours *superficiels* de 8 à 12 centimètres, les labours *ordinaires* de 13 à 18 centimètres, — ceux de 18 sont les meilleurs, — les labours *profonds* de 19 à 25 centimètres et les labours de *défoncement* de 26 centimètres et davantage.

La profondeur d'un labour demande à être judicieusement interprétée pour produire exactement le résultat que l'on désire obtenir. Lorsqu'il s'agit, par exemple, de modifier la couleur ou d'autres caractères d'un terrain à l'aide du sous-sol, il faut opérer progressivement et n'en amener, chaque année, que quelques centimètres à la surface. Si ce sous-sol était coloré par le protoxyde de fer, il serait imprudent de l'entamer, car le protoxyde, exposé à l'air, se transformerait en sexquioxyde en absorbant, au préjudice des racines, une grande partie de l'oxygène de l'air renfermé dans la couche végétale. Cette fâcheuse opération serait capable d'amener une certaine stérilité de la terre. Mais lorsque la couche arable est épaisse, il y a toujours avantage à la fouiller le plus possible, sans attaquer le sous-sol. Cette opération augmente le volume de terre meuble; l'air, les engrais et les racines y pénètrent plus facilement; enfin la culture de certaines plantes à racines pivotantes (Betterave, Luzerne, etc.), ainsi que celle de la pomme de terre, produisent des récoltes beaucoup plus importantes.

La charrue Dombasle et le Brabant simple ou double peuvent être indifféremment employés en plaine. Ces deux systèmes permettent de remuer le sol à une profondeur de 20 et 22 centimètres.

2° *Façons superficielles.* — Outre le labour, le sol, pour être convenablement préparé et entretenu, nécessite diverses opérations, désignées sous le nom de *façons superficielles*, qui précèdent et suivent les labours ou même se donnent sur les plantes en végétation. Ces façons sont le *déchaumage*, le *rhabillage*, le *binage*, le *sarclage*, le *hersage* et le *roulage*.

Le *déchaumage*, comme son nom l'indique, se fait après moisson. Il consiste à extirper les chaumes des Céréales par un labour très peu profond, il détruit en outre les mauvaises herbes en provoquant la germination de leurs graines. C'est une façon très importante qui nettoie bien le sol et le met en état de recevoir une culture dérobée d'automne. Le déchaumage se fait économiquement à l'aide du scarificateur.

Le *rhabillage* est une façon de printemps qui consiste soit en un hersage donné à un blé en sol argileux, soit en un roulage en sol léger.

Le *binage* est une opération qui se fait à bras, à l'aide d'une *binette* ou à la *houe* à cheval. Lorsqu'il fait humide, il faut biner souvent pour détruire les mauvaises herbes, et plus souvent encore quand il fait sec, pour combattre la sécheresse. « Un binage vaut un arrosage, » dit un vieux proverbe. En effet, quand la couche superficielle du sol se dessèche, ses particules tendent à puiser dans celles qui sont plus profondes et avec lesquelles elles sont en contact, l'humidité qui leur fait défaut, et, de proche en proche, la dessiccation se produit. Mais lorsque, par un binage, on ameublit la couche superficielle, celle-ci ne peut plus réparer ses pertes d'humidité aux dépens des particules de la couche profonde du sol avec laquelle elle n'a plus d'adhérence. Il en résulte donc une croûte superficielle qui est comme un écran interposé entre l'action desséchante des rayons solaires et la couche humide inférieure.

D'après Faucompré, le binage des Céréales semées en lignes augmente la récolte de 5 à 6 hectolitres de grains à l'hectare.

Le *sarclage* consiste en un arrachage des mauvaises herbes

à la main ou au moyen du sarcloir. On confond souvent cette opération avec le binage, alors que ce dernier a surtout pour but un ameublissement de la couche superficielle. En même temps qu'on effectue le sarclage on a ordinairement l'habitude de dédoubler ou de *démarier* les plantes semées en lignes ou à la volée, telles que le Maïs, la Betterave, etc.

Le *hersage* succède ordinairement au labour. On l'emploie dans les circonstances suivantes : 1° comme complément du labour pour pulvériser la terre ; 2° pour débarrasser un champ des longues racines de plantes vivaces ; 3° pour briser la croûte superficielle des terres emblavées ou plantées en pommes de terre ; 4° pour ouvrir le gazon des prairies, à seule fin de favoriser la pénétration de l'air et des engrais ; 5° pour enterrer les semences à la profondeur convenable et les distribuer plus également à la surface du champ.

S'il s'agit de graines fines, il sera bon, avant de les confier à la terre, de faire trois ou quatre binages, alternés avec des roulages, afin de bien pulvériser la terre et la rendre plus homogène. Les semis de pâture ne réussiraient pas sans cette précaution.

Les sols compacts exigent plus de hersages que les sols légers.

La herse en bois qu'emploient encore bon nombre de cultivateurs n'a ni résistance ni puissance. Il y a grand avantage à l'abandonner définitivement pour la remplacer par la herse d'acier, articulée ou non, dont l'action est beaucoup plus énergique.

Le *roulage* est aussi une opération complémentaire du labour ; il a pour effet de briser les mottes et d'augmenter la capillarité du sol en le tassant suffisamment. On pratique encore le roulage au printemps, après les gelées d'hiver, pour comprimer la terre sur les racines des Céréales, appliquer plus intimement la base du chaume sur le sol dans le but de favoriser le développement de racines et de bourgeons adventifs (*tallage*), et préparer la terre, comme on l'a vu plus haut, à recevoir des semences fines.

Le roulage, au point de vue de l'ameublissement du sol, est surtout nécessaire dans les terres fortes, argileuses, pour briser les mottes qui résistent au hersage. Cette opération n'est bonne, dans ces terres, qu'autant qu'elles se trouvent dans un état convenable d'humidité ; trop humides, elles adhèrent au rouleau ou bien les mottes s'aplatissent sans se briser ; trop sèches, elles résistent également à l'action du roulage. Un rouleau trop pesant est plus nuisible qu'avantageux sur les terres argileuses en état d'humidité.

Les rouleaux en bois sont ordinairement trop longs et ont un poids trop faible pour produire des résultats satisfaisants. Les rouleaux articulés de fonte, formés de plusieurs tronçons cylindriques et creux, sont bien préférables aux précédents, lorsqu'il s'agit, par exemple, d'aplanir les surfaces à faucher, de favoriser la levée d'un semis fait en été ; ils ne présentent pas les inconvénients des rouleaux en bois dans les tournants d'un champ.

Le rouleau *Crosskill* est le plus énergique de tous. Cet instrument se compose ordinairement de 21 disques en fonte, indépendants, fortement dentés et mobiles sur un axe commun.

L'emploi de ce rouleau trouve sa justification dans les considérations suivantes énoncées par Raquet, Franc et Gassend :

« Après avoir semé une Céréale de printemps, s'il vient à faire sec, il faut la rouler ; s'il tombe une pluie battante, il faut la herser. Le rouleau Crosskill s'impose en automne dans la culture du blé en sol calcaire, léger ; sinon, le sol trop creux absorbe trop d'eau. Souvent aussi le Crosskill, au printemps, fait mieux sur les Céréales que le rouleau ordinaire, car avec le tassement du fond, il laisse à la surface une petite couche de terre meuble qui fait couverture. »

En résumé, la préparation convenable du sol nécessite une série d'opérations qu'on ne doit jamais négliger, qui se donnent à l'aide d'instruments judicieusement combinés et en temps opportun.

Si, par exemple, une terre se trouvait au printemps sans avoir reçu les façons d'automne et d'hiver, il faudra y passer l'extirpateur deux ou trois fois avant de lui donner un engrais. Si ce dernier consiste en fumier, on l'enterrera aussitôt par un labour que l'on fera suivre de plusieurs façons superficielles (hersage, roulage). De cette façon la terre se trouvera en état de recevoir une récolte si exigeante qu'elle soit. La germination se fera parfaitement; les racines pivotantes, par exemple, prendront une forme régulière en s'enfonçant facilement dans le sol dont l'homogénéité est assurée.

De même on ne doit jamais abandonner une terre à elle-même, en été, après l'avoir labourée; il faut la herser, la rouler et la débarrasser, au besoin, des mauvaises herbes qui tendraient à l'envahir.

§ 2. — Choix et sélection des semences

On a vu (p. 41) que l'on doit toujours donner la préférence aux semences les plus grosses, les mieux conformées, les plus lourdes individuellement, possédant une valeur culturale suffisante. Cette question a été suffisamment étudiée pour qu'il ne soit pas nécessaire d'y revenir longuement. Mais il en est une autre, non moins importante, à laquelle l'agriculteur ne réfléchit pas assez, car d'elle dépend beaucoup l'importance des rendements d'une récolte : cette question est la *sélection des semences*.

La sélection est le choix raisonné des reproducteurs dans le but d'obtenir l'amélioration des produits de la race, ou, en d'autres termes, et pour les plantes en particulier, elle a pour objet d'établir un choix de végétaux capables de perpétuer, dans une race ou une espèce nouvelle, certaines particularités d'organisation.

Les caractères les plus distinctifs de l'espèce se transmettent toujours héréditairement lorsque cette espèce est définitivement fixée et que les conditions de milieu sont toujours identiques à elles-mêmes ou peu variables. Il en résulte donc que les reproducteurs ou autrement dit les parents, doivent transmettre à leurs descendants les caractères et les propriétés qui les individualisent. La transmission est d'autant plus parfaite que les ascendants immédiats se ressemblent davantage. Mais, comme dans la nature, les caractères communs entre parents diffèrent toujours quelque peu entre eux, il en résulte, pour les descendants, quelques déviations ou variations nouvelles, utiles ou inutiles. C'est sur les variations utiles que doit s'exercer la sélection.

On distingue la sélection *naturelle* et la sélection *artificielle*.

a. La *sélection naturelle* peut être définie : la loi de conservation des variations favorables et d'élimination des déviations inutiles.

Les êtres vivants, animaux ou végétaux, ont subi naturellement, sous l'influence du temps et du régime, des variations dans les diverses parties de leur organisation. Les causes capables d'engendrer des variations utiles sont notamment la lutte pour l'existence, les croisements et le besoin d'une diversité de constitution et de structure.

Il est logique d'admettre que les individus qui seront capables d'acquérir le maximum de variations utiles, seront les mieux armés dans la lutte pour la vie. Ils transmettront, par hérédité, à leurs descendants, ces caractères qui leur ont assuré la supériorité dans la concurrence vitale ou en quelque sorte la survivance du plus apte, tout en les perfectionnant de génération en génération et en éliminant insensiblement ceux qui leur sont inutiles. Mais il ne s'ensuit pas que les êtres les plus parfaits doivent seuls exister dans la nature. Les formes inférieures, à évolution limitée, peuvent s'y maintenir aussi pendant un temps plus ou moins long grâce à une adaptation spéciale et à des besoins moins nombreux. Il y a même coexistence entre les êtres perfectionnés et les êtres inférieurs, à leur profit réciproque, par suite de la *divergence des caractères individuels*. Plus les êtres organisés différeront entre eux par leur structure, leurs habitudes, leur régime, plus il leur sera facile de vivre en société dans une même région. L'espace n'est-il pas toujours au plus fort sinon au plus apte? Les êtres les mieux armés peuvent donc se disperser, envahir d'autres régions et conséquemment acquérir des caractères nouveaux. Ce sont, en effet, les espèces végétales les plus communes et les plus répandues qui varient le plus.

C'est grâce à la sélection naturelle, sélection lente, inconsciente et impossible à mesurer, que tous les échelons des deux règnes organiques de la nature ont été édifiés ; sans elle la vie serait restée localisée dans les formes les plus simples et les plus inférieures et l'homme lui-même n'aurait jamais existé.

b. La *sélection artificielle*, basée sur les mêmes principes que la précédente, est la seule méthodique. Entre les mains de l'expérimentateur habile elle produit des effets remarquables. Il convient donc de l'étudier avec quelques détails.

La sélection artificielle comprend deux modalités assez bien distinctes : elle est *progressive* ou *conservatrice*.

On fait de la sélection *progressive* lorsqu'on essaie d'obtenir des types nouveaux par la reproduction entre sujets possédant des caractères respectifs semblables. C'est ainsi qu'une variété peut devenir une sous-race et même une race si ses particularités nouvelles deviennent fixes et se transmettent par hérédité.

On fait au contraire de la sélection *conservatrice* quand on choisit, pour la reproduction, des individus possédant le plus exactement possible les caractères que l'on veut conserver. Pour atteindre ce résultat, il faut éliminer avec soin les individus qui tendent à s'éloigner de ce desideratum ou à se rapprocher de l'un des ascendants auquel ils retourneraient infailliblement par atavisme.

C'est par la sélection conservatrice qu'on est parvenu à conférer la fixité aux nombreuses races ou variétés agicoles ou horticoles.

Dans la pratique, les deux modalités précédentes de la sélection artificielle sont inséparables.

Avant d'aborder les méthodes et les résultats pratiques de cette sélection, il convient d'en énoncer les règles suivantes, formulées par Cornevin :

1º Conjuguer les formations et les aptitudes similaires ;

2º Éviter les dysharmonies ;

3º Combattre les effets de l'atavisme en éliminant tous les individus qui s'écartent du type à créer ;

4º Mettre les sujets dans des conditions les plus favorables à la conservation de leurs caractères spéciaux ;

5º Apporter une grande persévérance dans la sélection et la poursuivre toujours dans le même sens.

Méthodes de sélection. — La première consiste à sélectionner les reproducteurs par des fécondations artificielles (voy. p. 431), comme on le fait en horticulture. Pour cela on choisit deux plantes présentant les qualités que l'on désire obtenir, on les féconde entre elles ; les graines qui en résultent sont ensuite sélectionnées d'après les règles précédentes et, au bout d'un certain nombre de générations, on arrive à obtenir la fixation des qualités cherchées.

Cette méthode, quoique excellente, n'est généralement pas suivie en agriculture, parce qu'elle semble trop longue. On lui préfère les suivantes, plus simples, que l'on combine entre elles.

1º Sélection des porte-graines ;

2º Sélection des graines sur les porte-graines.

A. *Sélection des porte-graines.* — Cette sélection est subordonnée à des règles spéciales qui dépendent du sujet et du but à atteindre.

Veut-on, par exemple, sélectionner des graines de Betterave dans le but d'obtenir des Betteraves riches en sucre ou excellentes fourragères ? Voici comment Gain conseille de procéder :

On choisit à l'automne non pas les Betteraves les plus grosses, mais celles qui présentent la plus forte densité possible. Pour cela, on en jette un certain nombre dans de l'eau salée, les plus denses tombent au fond. L'analyse et l'expérience ont prouvé que les Betteraves les plus denses sont aussi les plus riches en sucre. On choisit donc les

Betteraves qui tombent au fond de l'eau. A l'aide d'une petite sonde, on fait un trou et on prélève un peu de pulpe de chacune de ces Betteraves. Le trou est bouché par une cheville de bois. L'analyse chimique indique quelles sont, entre toutes ces Betteraves, les plus sucrées; les plus riches en sucre seulement sont mises à part et plantées l'année suivante comme semenceaux ou porte-graines. Les graines que fourniront ces plantes sélectionnées auront de bonnes aptitudes à produire des plantes riches en sucre.

En récoltant, plusieurs années de suite, les graines provenant de ces Betteraves, fécondées entre elles, on finira par réaliser le résultat cherché.

Si, au contraire, on voulait obtenir des Betteraves fourragères se distinguant par leur volume et leur poids, il suffirait de récolter les graines à employer sur les individus les plus réguliers et à racines les plus développées.

La précocité d'une plante s'obtient également par l'usage de graines récoltées chez des individus de même espèce à maturité hâtive.

Mais une plante n'est bien sélectionnée qu'autant qu'elle satisfait aux trois conditions suivantes :

1° Être productive ;

2° Donner des produits de qualité irréprochable ;

3° Être adaptée au milieu où elle doit être cultivée.

Ces conditions sont lentes à se réaliser et nécessitent souvent de longues et patientes expériences. Mais la plante sélectionnée peut convenir à une région et pas du tout à une autre. On l'a constaté pour les blés améliorés ou à grand rendement qui nous viennent presque tous du Nord. Étant très beaux, ces blés séduisent, on les cultive un peu partout ; ils donnent d'assez beaux résultats pendant deux ou trois ans, puis dégénèrent et sont à abandonner. En les adoptant on ne s'était pas rendu compte des conditions de milieu dans lesquelles ils se trouvent dans leur pays d'origine, conditions nécessaires au maintien de leurs qualités propres.

Le pouvoir d'adaptation d'une plante à une région donnée ne peut être déterminé que par des cultures successives.

Rien ne le révèle autrement. Le cultivateur devra donc essayer cette plante sur une faible étendue pendant plusieurs années de suite pour s'assurer si la nouvelle adaptation qu'il lui donne n'en trouble pas les qualités.

Ce qui vient d'être dit au sujet des plantes herbacées est également vrai pour les plantes ligneuses. On sait, en effet, que les plantes provenant de marcottes, de boutures ou de greffes ne donnent ordinairement que des porte-graines de qualité médiocre. En sylviculture, les sujets provenant de graines produites par des arbres nés de bourgeons adventifs ou de souche sont défectueux ; ils pivotent mal et leur tige n'atteint pas les dimensions fournies par les sujets provenant de porte-graines nés de semis.

B. Choix des graines sur les porte-graines. — L'expérience a démontré que toutes les graines d'une plante sélectionnée ne possèdent pas au même degré la faculté d'engendrer des individus également vigoureux et productifs. On a vu que les graines les plus grosses, les plus denses individuellement et, en général, les plus récemment récoltées, sont les meilleures. Les deux premières conditions dépendent de la quantité de graines laissées au producteur et de leur situation sur les rameaux ou les inflorescences. Les recherches de Zolla et de Castex le démontrent pour les Céréales en particulier, en même temps qu'elles mettent en évidence des caractères nouveaux au moyen desquels on parvient à reconnaître les graines les plus avantageuses. Dans leurs recherches, ces deux expérimentateurs ont étudié les effets d'un triage très soigné des semences et d'un plus grand écartement des lignes de semis avec l'emploi de ces semences *triées.*

Semences triées. — A l'aide d'un trieur mécanique ils ont fait une sélection ayant pour effet d'éliminer soit les graines de petites dimensions, soit les graines étrangères. Cette première opération leur a permis de constater que

100 graines triées pèsent 6^{gr},10 et que
100 graines non triées pèsent 3^{gr},55.

Le résultat du triage est déjà très remarquable.

Le sol auquel ils ont confié les deux sortes de graines était riche et profond ; il avait reçu un labour d'automne et un autre avant les semailles effectuées le 3 avril. Sa surface était divisée en trois parcelles et chacune de celles-ci était partagée en deux parties égales et semées à l'aide du semoir. Voici quels ont été les résultats :

1° Les semences triées ont été répandues à l'écartement de $0^m,25$ et les semences ordinaires à celui de 0,18.

L'excédent de récolte obtenu à l'hectare avec les semences triées, a été

	GRAINS	PAILLE
Pour la 1re parcelle.	318 kilogr.	668 kilogr.
— 2e —	223 —	210 —
— 3e —	603 —	488 —
Moyenne.	381 kilogr.	455 kilogr.

Il y a donc eu supériorité des semences triées.

2° L'expérience, répétée avec l'Orge, a donné, avec les semences de choix, un excédent de récolte de 185 kilogrammes de grain et de 114 kilogrammes de paille. Ici l'écartement était de $0^m,18$ pour les deux qualités de graines.

Dans une troisième expérience, faite encore sur l'Orge, Zolla et Castex ont recherché les effets de l'écartement. Ce dernier a été porté de $0^m,18$ à $0^m,25$. L'économie de semences réalisée de ce fait a été de 28 p. 100, c'est-à-dire supérieur au quart.

Les semences ordinaires ($0^m,25$ entre les lignes) ont donné 1185 kilogrammes de grains et 1964 kg. de paille ;

Les semences triées ($0^m,25$ entre les lignes) ont donné 1421 kg. de grains et 2 000 kg. de paille.

Les semences triées ont donc encore fourni un excédent remarquable, 236 kg. de grain et 36 kg. de paille, surtout pour le grain.

Cette dernière expérience montre que l'écartement de $0^m,25$ n'est pas aussi avantageux. toutes proportions gardées, que celui de 0^m,18 ; elle confirme néanmoins la supériorité des semences triées.

Le trieur à alvéoles est préférable à tous les autres parce qu'il élimine les graines étrangères, ainsi que les grains trop petits ou mal venus.

Place des grains sur l'épi. — Outre la sélection mécanique précédente, on peut aussi employer la sélection *méthodique*. Cette dernière peut être faite par des femmes et des enfants convenablement exercés. Elle consiste, pour le Blé, par exemple, à parcourir le champ avant moisson, à choisir sur les pieds les plus beaux et les plus vigoureux, les épis les plus longs et les mieux remplis. Ces épis ainsi coupés, on enlève, avec des ciseaux, la base et le sommet de chacun d'eux dont les grains sont, par expérience, moins beaux et moins productifs, pour ne conserver que ceux du centre de l'épi. Ces derniers sont égrenés à la main et semés sur un bon sol convenablement préparé. On admet que 10 litres de ces grains donnent, l'année suivante, une récolte suffisante pour emblaver un hectare. Répétant, sur la nouvelle récolte, les mêmes opérations qu'au début, on parvient, au bout de quelques années, à exalter et à fixer suffisamment les qualités productives de la semence.

Zolla et Claudel ont obtenu, pour l'Orge semée en lignes à 0^m,18, les rendements suivants rapportés à l'hectare :

Semences provenant du milieu des épis, 1 900 kg. de grains ;

Semences provenant des deux extrémités de l'épi, 1 440 kg. de grains ;

Castex et Zolla, ayant remarqué que si les grains les plus gros sont les meilleurs au point de vue de leur utilisation, il n'est pas du tout certain que ces mêmes grains soient les plus prolifiques, entreprirent une série de recherches dans le but de choisir et de reconnaître facilement, parmi les graines déjà sélectionnées, celles qui ont la plus grande puissance productrice. Il est assez naturel de penser, dit Castex, que la grosseur de l'embryon est en raison directe

de la puissance productive du grain. La substance embryonnaire est, en effet, constituée aux dépens des réserves de
matières protéiques et amylacées du grain ; si l'embryon
est volumineux, ces substances de réserve sont déjà solubilisées en plus grande partie, au profit de cet embryon. Le
travail de solubilisation, sous l'influence des diastases, qui
s'effectue durant la germination est ainsi moins important
et la jeune plante qui possède déjà ses réserves organisées
en tissus, est plus apte à un prompt développement. Le
brin de semence issu d'un tel embryon sera vraisembla-
blement plus vigoureux et dans la suite plus productif.

La grosseur de l'embryon se vérifie aisément par des
coupes longitudinales et transversales du grain ; mais ce
procédé, appliqué à des graines de semence, serait désas-
treux. Castex a donc cherché des caractères extérieurs
capables de révéler la grosseur de l'embryon. Il a reconnu
que, d'une façon constante, les dimensions de l'embryon se
traduisent extérieurement sur le grain par la plus ou moins
grande étendue *d'une petite zone ovalaire, ridée*, que le grain
présente dans l'*une de ses extrémités*, justement celle près de
laquelle l'embryon se trouve placé.

C'est là un fait important qui permettra d'opérer une sélection plus parfaite et une fixation plus rapide des variétés de
froment à grand rendement.

Détermination pratique du rendement. — Le rendement d'une
plante est en raison *directe* de son poids et en raison *inverse*
de la surface qu'elle occupe.

Supposons une plante sarclée (Pomme de terre, Betterave, etc.). Soit P le poids de la récolte à l'hectare, p celui
d'une touffe, n le nombre de plantes à l'hectare et s la surface occupée par une touffe ; le poids P de la récolte sera
donné par l'équation (1) $P = pn$, et le nombre de pieds par
$n = \dfrac{10\,000}{s}$, d'où, en remplaçant n par sa valeur dans (1),
on a $P = p\,\dfrac{10\,000}{s} = \dfrac{p \times 10\,000}{s}$. C. q. f. d.

Le nombre 10 000 est la valeur de l'hectare exprimé en
mètres carrés.

On peut déterminer approximativement la surface occupée par une touffe en abaissant des perpendiculaires des points extrêmes de ses ramifications.

Renouvellement des semences. — Les cultivateurs pensent que la même plante, cultivée pendant plusieurs années, perd ses qualités. Ils commettent une erreur et le renouvellement des semences n'a pas de raison d'être. De nombreuses expériences ont **réfuté** cette erreur. Les semences d'une variété, convenablement sélectionnées et confiées à un sol bien préparé et bien fumé, ont toujours donné d'excellents rendements, sans que l'on ait été obligé de les renouveler. Il est évident que si l'année a été mauvaise, que les plantes aient eu à en souffrir, les graines ne présenteront plus les qualités requises pour être employées comme semences. C'est dans ce cas seulement que l'on doit recourir au renouvellement.

<h2 style="text-align:center">§ 3. — SEMIS</h2>

L'époque à laquelle doivent se faire les semis est variable ; elle est sous la dépendance du climat, de la nature du terrain, du temps qu'il fait et des exigences spéciales de la plante. On se trouve ordinairement bien de suivre l'habitude du pays. Mais en général il faut semer le blé le plus tôt possible en automne pour lui permettre d'acquérir la force de résister aux rigueurs de l'hiver ; les blés semés les premiers procurent généralement les meilleurs rendements. Cette Céréale se sème plus tôt dans les terrains légers que dans les terrains frais. Le contraire a lieu au printemps. A cette saison, il faut néanmoins se hâter pour éviter l'envahissement des mauvaises herbes (Sanves) qui commencent à se développer vers 12 degrés. Les Avoines, germant à une température moins élevée, sont déjà assez grandes quand la Moutarde et la Ravenelle sortent de terre, un hersage énergique peut alors en débarrasser le sol.

A la fin de l'été, dit de Gasparin, on ne doit semer qu'après que les semences des plantes adventices, favorisées par le retour de l'humidité, auront germé et couvert la terre et qu'on aura pu les détruire complètement par un labour.

Pour le semis à la volée, l'époque la plus convenable est celle où la plante confiée à la terre pourra se développer librement sans avoir à redouter la concurrence de plantes étrangères.

La plus importante semaille d'automne, celle qui tient le plus de place dans la plupart des exploitations, est celle du froment. C'est en octobre qu'elle a lieu dans le Nord, et en novembre ou en décembre dans le Midi, la Corse et l'Algérie. On tomberait dans une grave erreur, dit Malpeaux, si l'on croyait qu'il y a dans chaque contrée une époque fixe pour les semailles de froment. Pour déterminer l'époque convenable pour les semis de cette Céréale, il suffit, dans chaque situation agricole particulière, de considérer la température moyenne et de chercher à quelle date correspond le minimum nécessaire de 6° centigrades. Cette période est la limite extrême après laquelle, à l'automne, et avant laquelle au printemps, la réussite des semis ne serait plus que problématique. Il peut arriver que la saison soit exceptionnellement sèche et rende la terre impossible à travailler; cet état fâcheux recule l'époque de la semaille et compromet beaucoup les résultats que l'on espérait. C'est ce que de Vilmorin a constaté dans des expériences poursuivies pendant cinq années consécutives, et desquelles il conclut que bien souvent l'avantage appartient aux semis faits après l'hiver sur ceux qui ont été exécutés tardivement à l'arrière-saison.

. La plupart des agronomes conseillent donc de cesser les semis dès la fin de novembre dans le Nord et l'Est de la France, pour les reprendre en janvier et en février, en n'employant naturellement que des variétés appropriées à l'époque choisie. Les variétés les plus recommandables pour février sont le blé de Bordeaux, le Bordier, le blé de Noé et le Chiddam blanc de mars.

Quantité de semence à employer. — La quantité de semences

nécessaires varie avec les diverses zones agricoles et, dans chaque zone, avec la qualité du sol, sa préparation, l'époque de la semaille, la puissance du *tallage* s'il s'agit d'une Céréale, etc.

Le major Hallet a reconnu que plus on sème tard plus il faut de semence. D'après lui, si en septembre il faut 100 de semence pour le froment, en octobre il en faut 133 et en novembre 200.

En général, il faut d'autant plus de semence que la Céréale *talle* moins. Faucompré donne les chiffres suivants, pour le Blé et l'Avoine, adoptés dans le versant occidental du Jura :

	BLÉ	AVOINE
Région de la plaine. .	240 litres.	300 à 350 litres.
Moyenne montagne. .	350 à 400 —	400 à 500 —
Haute montagne. . .	400 à 450 —	600 à 700 —

Ce sont là des proportions très fortes qui s'expliquent par la préparation insuffisante du sol, le mode de semaille et la rudesse du climat. On peut facilement les réduire, sans compromettre le rendement, en préparant mieux le sol, en améliorant les semences, en les semant de bonne heure et en lignes et enfin en adoptant un outillage plus perfectionné.

Exécution des semis. — Deux procédés sont en vigueur : 1° le *semis à la volée*; 2° *le semis en lignes.*

a. *Semis à la volée ou à la main.* Ce procédé est le plus communément employé en France. Son importance est capitale pour les Céréales, car la récolte peut être très compromise si les graines ne sont pas répandues et enterrées régulièrement. On sait, en effet, que le Blé semé trop épais produit beaucoup de paille et peu de grain ; si, au contraire, la quantité de semence employée est insuffisante, les épis sont plus beaux, mais les places laissées nues causent une perte réelle sur la récolte. Un bon semeur peut éviter ces inconvénients pour le froment qui, en raison de sa densité, peut être répandu assez facilement; mais la difficulté est plus grande pour l'Orge et l'Avoine, et surtout pour les petites graines, telles que celles de Trèfle, de Luzerne, de Lin, de Graminées fourragères, etc.

Voici, d'après Faucompré, comment se font les semailles à la volée en Franche-Comté.

Soit à semer le champ A B C D (fig. 175), qui a 12 mètres de large.

On le partage en deux parties égales, ayant 6 mètres, par une dérayure, ou bien une ligne ja-lonnée E F.

Le semeur place la semence dans un sac sur son épaule gauche; il dispose l'ouverture du sac sous son bras gauche.

Il commence par semer la première planche de 6 mètres E B C F. Pour cela, il en suit le milieu, et, de la main droite, il jette une poignée tous les deux pas, alternativement à droite, à gauche; il revient ensuite sur ses pas et fait de même.

Il passe alors à l'autre planche de 6 mètres A E F D, qu'il sème de la même manière.

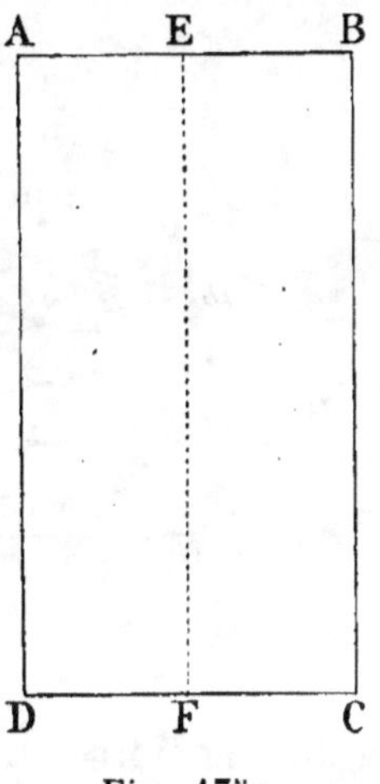

Fig. 175.

Ce procédé est défectueux pour les raisons suivantes :

1º Le semeur ne sème que d'une main, par suite, s'il y a du vent, il doit semer contre lui, soit en allant, soit en revenant.

2º Chaque planche est semée indépendamment de sa voisine, aussi la ligne de séparation E F reçoit moins de semence que les parties voisines.

3º Le semeur opère à l'œil, à peu près sans aucun calcul; l'habitude le fait réussir à mettre à peu près la quantité voulue, mais si on lui demande de semer une autre quantité, il ne saura comment s'y prendre.

4º Le semeur ne suit pas une ligne déterminée, ainsi il peut très bien s'écarter du milieu, et alors la semaille sera irrégulière.

5° Le poids de la semence pèse toujours sur la même épaule, ce qui fatigue beaucoup le semeur.

Dans les environs de Paris, dans la Brie, la Beauce, le Nord, on emploie un procédé perfectionné (*semaille à la volée à double croisement*) que Faucompré décrit de la manière suivante.

b. *Semaille à la volée à double croisement.* — Dans la semaille à double croisement, la semence est placée dans un grand

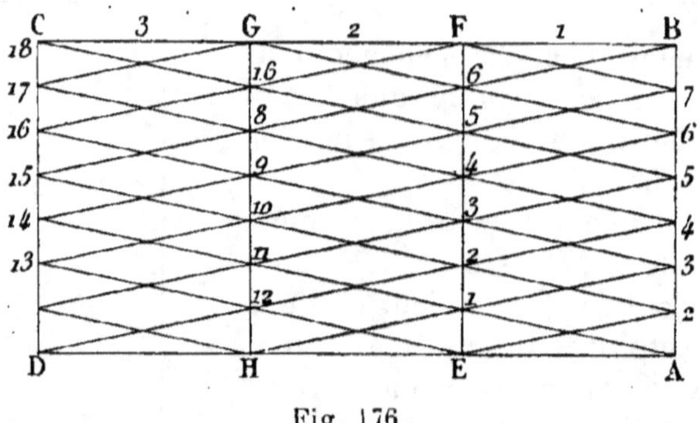

Fig. 176.

tablier semoir attaché aux reins et au cou de l'opérateur.

Celui-ci sème alternativement de la main droite et de la main gauche, en plaçant son tablier sur le bras gauche quand il sème de la main droite et vice versa.

On commence à semer le champ par la droite si le vent vient de droite à gauche et réciproquement; on est ainsi toujours aidé par le vent.

Soit à semer le champ A B C D (fig. 176) qui a 12 mètres de large de A en D. Je le partage par des jalons en planches d'environ 4 mètres que je désignerai par les gros chiffres 1, 2, 3.

Ainsi la planche A B F E sera la planche 1.

—   E F G H   —   2.
—   G H D C   —   3.

Supposons que le vent vient de droite à gauche, alors je commence par la planche 1. Je me place en A, le semoir replié sur le bras gauche et garni de semence. Je suis la ligne A B, et je sème une demi-poignée tous les deux pas, exactement lorsque le pied droit pose à terre.

Pour engrainer le champ, je ne sème qu'une demi-poignée sur la planche 2, et mes jets de semence qui se font sur le côté, à ma gauche, sont A. 1, 2. 2, 3. 3, 4. 4, 5. 5, 6. 6, 7. 7, — ces jets de semence ne sont pas rectilignes, ce sont exactement des arcs de parabole. — Arrivé en B, le champ est engrainé; alors je reviens sur mes pas de B en A; j'ai placé le semoir sur mon bras droit et je sème de la main gauche, mais sur deux planches; mes jets de semence s'arrêteront donc à la ligne G H et seront B. 8, 7. 9, 6. 10, 5. 11, 4. 12, 3. 11, 2. E; les poignées sont alors entières.

Arrivé en A, la planche 1 est terminée, car elle a reçu une demi-poignée en allant et une demi-poignée en revenant; la planche 2 n'a reçu qu'une demi-poignée.

Je passe en E, je sème de la main droite sur les planches 2 et 3; arrivé en F, je passe en G et, comme la planche 3 a reçu une demi-poignée avec la planche 2, il n'y a plus, pour terminer, qu'à suivre G H et à semer une demi-poignée pour dégrainer, ce que je fais par les jets G. 17, 16. 16, 8. 15, etc., Arrivé en H, j'ai terminé le champ.

Quoique d'une exécution difficile, le semis à la volée permet, dans cette seconde méthode, de faire varier à volonté la quantité de semence employée. Soit Q, le nombre de litres de grains nécessaire à l'hectare, P, la longueur du pas du semeur rapportée au mètre, r, la valeur de la poignée de graine exprimée en litres et L, la largeur métrique de la planche.

Le nombre de poignées à répandre à l'hectare est égal à $\frac{Q}{r}$, et la surface s, recouverte par une poignée de graines

$$= \frac{10\,000}{\frac{Q}{v}} = \frac{10\,000\,r}{Q}.$$

Cette surface peut aussi s'exprimer d'une autre façon, sachant qu'on jette une poignée tous les deux pas; elle est égale à un rectangle ayant pour dimensions L et 2P dont la surface sera L × 2P.

On aura donc

$$\frac{10\,000\,V}{Q} = L.\,2\,P.$$

ou encore

$$L = \frac{10\,000\ V}{2\ PQ} = \frac{5\,000\ V}{PQ}.$$

Cette formule permettra de déterminer la largeur, L, de chaque planche à semer, connaissant la valeur, P, du pas du semeur, celle de sa poignée de grains ou v et la quantité de semence, Q, à répandre à l'hectare.

Exemple. — Le pas d'un semeur est égal à $0^m,70$, sa poignée vaut $0^l,10$ et la quantité de semence à répandre à l'hectare est égale à 220 litres. On demande quelle devra être la largeur de la planche à engrainer à chaque jet.

En remplaçant, dans la formule précédente, les lettres par leur valeur respective, on a

$$L = \frac{5\,000 \times 0.10}{0,70 \times 220} = 3^m,24.$$

et la longueur des jets sera égale à $3^m,24 \times 2 = 6^m,48$.

Si, au lieu de répandre 220 litres, le semeur portait la quantité à 250, on arriverait aussi aisément à déterminer la largeur nouvelle de chaque planche, sans faire varier le pas et la valeur de la poignée du semeur. On aurait alors

$$L = \frac{5\,000 \times 0.10}{0,70 \times 250} = 2^m,85.$$

S'il s'agissait de graines fines, difficiles à lancer, au lieu de faire varier L, ou la largeur des planches, on devrait s'appliquer à diminuer le volume de semence à répandre à chaque pincée. On déterminerait d'abord, à l'aide de la formule, la valeur de v, rapportée au kilogramme, dans laquelle Q représenterait le poids de la graine à répandre à l'hectare.

Partant de $L = \dfrac{5\,000\ V}{PQ}$, on aurait successivement

$$5\,000\ V = PLQ$$

et

$$V = \frac{LPQ}{5\,000}.$$

Une fois que v est connu, on s'exerce à ne prendre, à chaque pincée, qu'un poids de graine égal à v.

Si l'on se proposait, pour le Trèfle par exemple, de déterminer la valeur de chaque pincée, sachant que l'on répand 20 kilogr. de cette graine à l'hectare et en faisant L = 1 m. et P = $0^m,70$, on aurait

$$V = \frac{1 \times 0,70 \times 20}{5\,000} = 0^{ks},0028 \text{ ou } 2^{gr},8.$$

Profondeur des semis. — La profondeur à laquelle doit être enterrée une graine ne doit pas excéder 6 à 8 fois son diamètre ; d'où il résulte que les grosses graines doivent être recouvertes d'une couche de terre plus épaisse que les petites. D'ailleurs cette couverture varie avec la nature physique du sol : plus la terre est compacte ou forte, moins la graine doit être enterrée. En se basant sur les dimensions des graines les plus employées, ainsi que sur le degré de compacité du sol, voici quelle sera, pour chacune d'elles, l'épaisseur de la couche de terre qui doit les recouvrir.

Blé	26 à 40 millimètres.
Seigle.	13 à 26 —
Orge.	26 à 52 —
Avoine.	20 à 56 —
Vesces	26 à 40 —
Maïs	40 à 52 —
Betteraves.	20 à 26 —
Trèfle, Luzerne	7 à 13 —
Sarrasin.	26 à 60 —

Certains cultivateurs ont encore l'habitude de répandre la semence sur le champ aussitôt après le labour. Cette pratique est défectueuse, surtout dans les terres fortes, car les graines s'amassent irrégulièrement dans les dépressions des raies et se gênent dans leur développement. Il est vrai qu'avec la herse de bois dont ces cultivateurs disposent, ils ne pourraient enterrer suffisamment les graines s'ils avaient appliqué un hersage préalable. C'est encore une raison pour les décider à faire l'acquisition d'une herse de fer articulée qui leur permettra d'unir leur champ avant d'exécuter le semis et d'enterrer parfaitement ce dernier par un second hersage.

c. *Semis en lignes.* — Ces semis, exécutés avec de bons soins, dit Boitel, ont sur les semis à la volée des avantages incontestables. Ils permettent de réaliser l'économie d'un bon tiers de semence en moins. Avec le semoir on peut régler mathématiquement la quantité à semer à l'hectare, enterrer la graine à une profondeur uniforme et en outre la placer dans de bonnes conditions de germination. Le semis en lignes facilite aussi le sarclage soit à la main soit à la houe à cheval.

De nombreuses expériences de semis en lignes ont été faites dans les trois zones culturales du Doubs. En 1892-1893, 16 champs de démonstration ont été ensemencés en blé, moitié en lignes et moitié à la volée. Le résultat a été le suivant :

	GRAIN	PAILLE
Semis en lignes.	1 588 kilogr.	2 687 kilogr.
— à la volée.	1 282 —	2 227 —
Excédent en faveur du semoir.	306 kilogr.	460 kilogr.

L'année suivante, 21 champs ayant subi la même opération, ont produit, à l'hectare, pour les

	GRAIN	PAILLE
Semis en lignes.	2 563 kilogr.	5 929 kilogr.
— à la volée	2 328 —	5 352 —
Différence en faveur du semoir.	235 kilogr.	577 kilogr.

L'économie moyenne de semence a été de 63 kilogrammes; si donc, à la valeur de cette semence on ajoute l'excédent de récolte, on arrive, par l'emploi du semoir, à une économie totale de 80 francs en moyenne à l'hectare. Le cultivateur n'a donc plus à hésiter ; il doit acheter cet instrument. Le semeur à six socs de Lapparent, du prix de 250 francs, répond très bien aux besoins de la petite culture.

Ensemencement des prairies naturelles. — On a montré (p. 44) le danger auquel s'expose le cultivateur qui fait usage des fonds de grenier, et l'avantage sérieux que lui procure l'achat des graines sélectionnées et par espèce séparée. Il n'est pas nécessaire, pour créer une prairie naturelle, de faire entrer, comme autrefois, un grand nombre d'espèces distinctes ; trois ou quatre Graminées et deux ou trois Légumineuses suffisent parfaitement, à la condition de les grouper de façon que leurs exigences s'harmonisent avec la nature du sol.

Si le sol est pauvre en potasse, par exemple, on choisira le Paturin, le Brôme des prés, la Crételle et la Fléole, tandis que sur un sol riche on pourra installer le Fromental, la Flouve, le Phalaris bleuâtre, etc. (Gain.)

Comme les graines employées dans la création d'une prairie sont de dimensions différentes, il y a lieu de les grouper en deux lots constitués, l'un par les grosses graines, l'autre par les petites, et d'en faire deux semis successifs.

On sèmera les grosses graines les premières, puis on hersera ; ensuite les petites, que l'on fera suivre d'un roulage.

Parmi les graines du 1ᵉʳ *semis* figurent :

1° *Graminées :*
Brômes, Dactyle, Fromental, Houlque, Fétuque, Ray-grass, etc.

2° *Légumineuses :*
Trèfle violet, Trèfle jaune, Luzerne, Minette, Sainfoin, Pimprenelle, etc.

Et parmi les graines de 2ᵉ *semis* :

1° *Graminées :*
Agrostis, Avoine jaunâtre, Canche, Crételle, Fléole, Flouve, Paturin, Vulpin des prés, etc.

2° *Légumineuses* :
Trèfle blanc, Trèfle hybride, Lotiers, etc.

§ 4. — Soins d'entretien des plantes

La plante, une fois confiée à la terre, demande, pour se développer normalement, des soins nombreux et attentifs, généraux ou spéciaux, en rapport avec la nature des produits qu'elle fournit. Ces soins peuvent être groupés de la manière suivante :

A. *Soins généraux*.
 1. Assainissement des surfaces.
 2. Façons d'entretien.
  α. Hersage.
  β. Roulage.
  γ. Binage.
  ε. Sarclage.
 3. Arrosage.
 4. Traitement des maladies.

B. *Soins spéciaux*.
 1. Buttage.
 2. Repiquage.
 3. Elagage.
 4. Taille.

A. Soins généraux. — Quelle que soit l'espèce cultivée, qu'il s'agisse d'une plante herbacée ou d'une plante ligneuse, il importe de la placer dans des conditions telles que toutes ses parties constitutives puissent se développer sans contrainte.

L'*assainissement* du sol est une des premières conditions à réaliser. Les fonctions des racines ne peuvent s'effectuer dans un sol submergé ou trop humide ; c'est par le drainage, dont il a été question (p. 224) ou le creusement, à la bêche de préférence à la charrue, de rigoles d'écoulement qu'on remédie à cet inconvénient.

Les façons *superficielles* ou *d'entretien* (hersage, roulage, binage et sarclage) ayant été comprises dans les façons préparatoires, et exposées page 290, il n'y a pas lieu d'y revenir ici.

Ces diverses façons ont pour effet essentiel d'entretenir la couche végétale dans un parfait état d'ameublissement et de la débarrasser des mauvaises herbes qui s'y développent spontanément. Les plus nuisibles de ces dernières sont les

Chardon des champs (*Cirsium arvense*) ;

Nielle (*Lychnis githago*) ;

Chiendent (*Triticum repens*) ;

Moutarde des champs (*Sinapis arvensis*) ;

Ravenelle (*Raphanus raphanistrum*) :

Folle avoine (*Avena fatua*) ;

Avoine à chapelet (*Avena elatior L*) :

Vulpin des champs (*Alopecurus agrestis*) ;

Renoncule des champs (*Ranunculus arvensis*) ;

Gernotte (*Bunium bulbocastanum*) ;

Ail des vignes (*Allium vineale*) :

Muscaris, etc.

Toutes ces plantes doivent être enlevées avant d'avoir fructifié.

Destruction des Sanves. — En ce qui concerne la destruction des Sanves (Moutarde et Ravenelle), dont le développement est quelquefois si intense qu'elles finissent par étouffer les Céréales dans lesquelles elles végètent, on avait autrefois recours aux méthodes suivantes :

1° Arrachage à la main (pour les petites surfaces) ;

2° Hersage au début de la végétation :

3° Suppression des sommités fleuries, à l'aide de la faux ou de machines spéciales appelées *essanveuses*.

Ces procédés sont reconnus aujourd'hui insuffisants et ne peuvent offrir toutes les garanties désirables surtout pour les récoltes futures, car ces Crucifères ont la propriété de donner des fleurs axillaires quand leurs sommités ont été coupées.

Bonnet, viticulteur rémois, fut un des premiers à reconnaître l'influence heureuse des sels de cuivre sur la désorganisation des plantes de la famille des Crucifères.

Duclos, chimiste à Meaux, a aussi entrepris une série d'expériences dans l but de rechercher la résistance des Sanves et la valeur des agents destructeurs à employer. Il a essayé successivement les

Nitrate de cuivre en solution, dans la proportion de 2 litres par hectolitre;

Sulfate de cuivre à 6 p. 100, en répandant la solution à raison de 100 litres par hectare;

Sulfate de fer à 15 p. 100;

Cette dernière solution a semblé donner les meilleurs résultats.

Stender, de l'Institut agronomique de Breslau, est arrivé à considérer comme supérieur, au point de vue technique, le traitement par la solution de sulfate de fer, contenant 13 à 15 de sulfate de fer p. 100, pulvérisé au moment où les Sanves ont quatre ou cinq feuilles, à raison de 4 hectol. par hectare.

Ce savant a aussi étudié l'action corrosive de la solution à 15 p. 100, employée à la dose précédente sur la plupart des plantes repiquées. Voici les résultats obtenus :

Aucun dommage sur : Céréales, Lupin bleu, Trèfle rouge, Colza, Pavot, Carotte.

Dommage modéré sur : Pois, Lin, Serradelle.

Gros dommage sur les autres Légumineuses, Sarrasin, Navet, Moutarde blanche, Pomme de terre, Betterave. Ces plantes ne supportent pas le sulfate de fer et ne doivent pas être soumises aux pulvérisations (*Progrès agricole de Lyon*).

3. *Arrosages*. — Après les remarquables appréciations de Dehérain (p. 167) sur l'influence des irrigations sur la végétation et l'étude des fonctions d'absorption (p. 149) et de chlorovaporisation (p. 165), on comprend facilement que les arrosages doivent exercer la même action bienfaisante que les irrigations. Mais il est des règles à observer dans la pra-

tique des arrosages que l'on ne saurait passer sous silence, car d'elles dépend le succès de l'opération.

La *température* de l'eau employée influe considérablement sur certaines fonctions physiologiques de la plante. Si cette eau est trop froide, elle abaisse la température des racines, ralentit leur faculté d'absorption ; alors la tige doit nécessairement en souffrir, car elle perd, par transpiration et chlorovaporisation, plus d'eau qu'elle n'en reçoit. Si au contraire elle se trouvait à une température moins élevée que les racines, l'effet ne serait plus le même, et l'équilibre de pression de la sève brute, entre les deux membres de la plante, s'établirait facilement.

En général, les eaux froides ne sont pas bonnes pour les arrosages à cause de l'inconvénient précédent ; et, toutes les fois qu'on n'aura qu'elles à sa disposition, il sera bon de les échauffer en les exposant suffisamment à l'air avant de les employer.

L'*heure* de la journée a aussi son importance. Il est reconnu que les arrosages les meilleurs sont ceux que l'on fait à partir du moment où la chaleur va décroissant, c'est-à-dire depuis 3 heures et demie ou 4 heures du soir.

La décroissance de la température de la tige s'effectue presque aussi vite que celle du milieu ambiant, tandis que les racines conservent plus longtemps leur chaleur en raison du faible rayonnement de la couche de terre qui les recouvre. Lorsque l'eau d'arrrosage, plus froide que les racines, arrive à leur contact, elle condense les gaz de leurs tissus et, de ce fait, favorise l'absorption de l'eau. Les pertes subies par la transpiration diurne se réparent donc pendant la nuit, de sorte que le lendemain matin, alors que la température atmosphérique recommence à s'élever, la plante a profité de l'eau d'arrosage et est en état de supporter de nouveau l'ardeur du soleil.

Les plantes cultivées comme légumes herbacés (Salades, Epinards, etc.) réclament des arrosages multiples, lesquels deviendraient préjudiciables aux plantes cultivées pour leurs fruits.

L'eau d'arrosage doit être donnée exclusivement aux racines les plus jeunes, à celles qui sont encore pourvues de poils absorbants, et non aux parties aériennes de la plante sur lesquelles elle pourrait occasionner quelques accidents. Ainsi l'eau répandue sur de jeunes plantes exposées au soleil, peut former à la surface des feuilles des gouttelettes assez comparables à des lentilles et qui, vis-à-vis des rayons solaires, remplissent le même rôle ; il en résulte des brûlures locales, des taches plus ou moins circulaires qui déprécient beaucoup certains légumes.

Cependant les jardiniers et les horticulteurs répandent, vers le milieu du jour, l'eau en pluie fine à la surface des feuilles. Cette opération, surtout propre aux serres, constitue le *bassinage* ; elle a pour but d'enlever les poussières tombées sur les feuilles et peut aussi favoriser la coloration des pommes et des poires lorsqu'on l'effectue peu de temps avant leur maturité.

Enfin, c'est par des bassinages convenablement répétés que l'on parvient à entretenir dans les serres ce degré d'humidité sans lequel certaines plantes exotiques ne pourraient être cultivées.

4. *Maladies.* — Malgré tous les soins que l'on donne aux plantes, dans le but de les rendre vigoureuses et productives, il peut arriver qu'elles viennent à dépérir par suite d'accidents climatériques ou d'une affection parasitaire. Il importe donc à l'agriculteur de se mettre en garde contre toutes les causes capables de compromettre ses récoltes, de redoubler de vigilance à l'époque de l'année où ces accidents peuvent se manifester et d'employer judicieusement les moyens préventifs ou curatifs que lui recommande la science. Cette importante question sera examinée en détail sous le titre *Maladies des plantes agricoles* (p. 498).

B. Soins spéciaux. — Outre les soins généraux dont il vient d'être question, certaines plantes, telles que les Pommes de terre, les Betteraves, le Maïs, le Tabac, la Vigne, les arbres fruitiers ou forestiers, etc., demandent des soins *particuliers* sans lesquels elles perdraient leurs qualités respectives.

1. *Buttage*. — Malgré Mathieu de Dombasle qui prétendait que le produit des Pommes de terre buttées était inférieur d'environ 17 p. 100 à celui des Pommes de terre non buttées, il est acquis aujourd'hui que si le *buttage* de ce précieux tubercule n'accroît pas la proportion du rendement, il procure tout au moins une sérieuse économie de main-d'œuvre en facilitant l'arrachage. L'expérience a plusieurs fois démontré, disent Girardin et Du Breuil, que cette économie, jointe à l'avantage que procure l'arrachage à la charrue, lequel équivaut à un labour et simplifie les frais de préparation du sol pour l'ensemencement des Céréales, compense et au delà la perte que l'on peut éprouver dans le rendement.

Le buttage se donne aussi à d'autres plantes telles que le Tabac, le Chou, etc. ; il a surtout pour effet de consolider la plante en enterrant la partie inférieure de sa tige.

2. Certaines plantes (Tabac, Chou, etc.) doivent être semées sur couche ou sous châssis pour assurer la germination de leurs graines. Lorsque les jeunes plantes ont acquis une taille suffisante on les arrache pour les *transplanter* à demeure fixe. Dans cette dernière opération, qui porte le nom de *repiquage*, on supprime préalablement l'extrémité de la racine principale pour provoquer le développement de racines latérales plus abondantes (*chevelu*) dans le but d'assurer la reprise de la plante, de lui donner plus de fixité et de lui permettre de puiser en plus grande quantité, dans la terre, les sucs nourriciers. Le pivot des jeunes arbres de semis subit la même opération lors de leur transplantation.

Transplantation des plantes ligneuses. — Pour transplanter une plante ligneuse il faut creuser un trou suffisamment large pour permettre aux racines les plus jeunes et les plus importantes au point de vue de l'absorption, d'y prendre place.

Il est nécessaire de replanter l'arbre aussitôt qu'il a été déterré. Mais au préalable on doit effectuer l'*habillage* de cet arbre. Cette opération consiste à couper nettement les racines qui prennent une mauvaise orientation ainsi que celles qui portent des plaies accidentelles. Une plaie remplacée par des sections nettes et unies, se cicatrise beaucoup plus vite.

La suppression de quelques racines entraîne fatalement la diminution des surfaces absorbantes. La reprise du sujet en serait compromise si l'on ne réduisait, à leur tour, les surfaces de consommation ou, en d'autres termes, si l'on n'équilibrait les fonctions d'absorption et de transpiration. On arrive à ce résultat en supprimant quelques branches de la tige.

En mettant un arbre en place, il faut prendre la précaution de remplir le trou avec de la bonne terre mélangée de gazon et d'engrais à décomposition lente. Lorsque le sol est léger et par conséquent sensible à la sécheresse, on aura soin d'enfouir le collet de l'arbre à dix centimètres au-dessous du sol. Si, au contraire, ce dernier est humide, le collet devra se trouver au niveau de la surface.

Dans le cas où la plantation serait exposée à des inondations, il faudra avoir recours à la *plantation sur butte*, qui consiste à planter des arbres sur des monticules de 30 à 35 centim. de haut sur 2 mètres de large et de forme conique. C'est dans ces amas de terre rapportée que doivent se trouver les racines. Pour préserver ces monticules de l'érosion des eaux on les entoure de quartiers de gazon.

Enfin, s'il s'agit de sujets greffés, il faudra veiller à ce que la greffe ne soit pas enterrée. Le contact de la terre provoquerait le développement de racines adventives de nature à *affranchir* cette greffe.

D'autres plantes (Carotte, Betterave, Maïs, etc.) se sèment en ligne dans le champ même où doivent s'accomplir toutes les phases de leur développement. Mais quand les individus ont atteint une hauteur convenable, il faut les éclaircir ou les *démarier*, c'est-à-dire créer entre ceux qui sont conservés un espace suffisant pour leur permettre de se développer normalement. L'*éclaircissement* ou *démariage* rentre donc aussi dans la catégorie des soins spéciaux.

3. — La suppression de branches gourmandes, mutilées ou défectueuses (*élagage*), celle de certains rameaux herbacés ou ligneux (*taille*), pratiquées dans le but de rehausser l'élégance ou de rétablir l'harmonie de la charpente d'un arbre ou d'un arbuste, ou encore de favoriser le développement de nouveaux rameaux ou des fruits, sont autant d'opérations très importantes qui appartiennent à la plupart des branches de la culture des plantes (horticulture, sylviculture, viticulture, etc.). On se contentera de les exposer sommairement ici, en réservant les détails opératoires pour les séances de travaux publics.

a. *Elagage*. — L'élagage a pour but de supprimer certaines branches qui par leur position sur l'arbre ou leur mauvais état seraient de nature à compromettre l'existence de cet arbre ou à en déprécier la valeur.

Les arbres isolés ou en petits massifs, où la lumière pénètre facilement, se chargent de branches gourmandes qui sont l'origine d'autant de nœuds. Or l'existence de ces derniers sur les arbres destinés à être utilisés comme bois d'œuvre, compromet leurs qualités essentielles et en diminue la valeur marchande. Il faut donc couper ces branches nuisibles aussitôt que cela est possible.

Les branches mortes doivent être supprimées ; étant incapables de se souder aux parties contiguës et vivantes de la plante, elles y resteraient enfoncées comme de véritables chevilles et déprécieraient beaucoup les qualités industrielles du tronc. Les trous dont les planches de sapin sont percées proviennent ordinairement de branches mortes.

Lorsqu'une branche est mutilée et incapable de se refaire, il faut la couper, non à rez-tronc à cause de la cicatrice qu'elle laisserait, mais à une certaine distance de sa base et de préférence au voisinage d'un rameau. Cette précaution a pour effet d'attirer la sève dans le tronçon et de l'empêcher de mourir. L'élagage des arbres âgés donne de mauvais résultats ; il est des essences qui ne le supportent pas (Peuplier, Charme, Erable, Hêtre, Saule, Résineux, etc.).

En sylviculture il se fait surtout dans les taillis sous futaie. Pour le Chêne, en particulier, il comprend les opérations suivantes :

1° Préparation de brins pour le recrutement de la futaie ;

2° Taille des baliveaux ;

3° Rectification du branchage des modernes et des anciens.

Les entailles larges et profondes doivent être évitées sur tous les arbres sur pied. Il en résulterait des plaies d'une cicatrisation difficile, qui retiendraient les eaux pluviales et deviendraient autant' de foyers d'infection (champignons parasitaires). Toute entaille doit être recouverte d'un engluement à base de résine et non de goudron pour isoler les tissus vivants du contact immédiat de l'air atmosphérique.

b. *Taille*. — Tailler un arbre c'est le soumettre à un ensemble d'opérations, n'importe à quelle époque de sa végétation, dans le but d'équilibrer ses branches ou d'en faire naître d'autres.

Pour que la taille soit bien exécutée, dit Bellair, il faut qu'elle repose sur la connaissance de la physiologie végétale, c'est-à-dire sur la connaissance du fonctionnement des organes végétaux.

La taille a pour but de :

1° Donner et conserver aux arbres fruitiers une forme régulière en répartissant convenablement et proportionnellement la sève dans toutes leurs parties, pour y maintenir l'équilibre ;

2° Provoquer la fructification des arbres naturellement peu disposés à cet acte ;

3° Maintenir l'arbre en bon état de production ;

4° Obtenir des fruits plus beaux, meilleurs et souvent plus hâtifs ;

5° Prolonger quelquefois l'existence de l'arbre.

L'importance de la taille ressort nettement de ces résultats multiples ; aussi croyons-nous utile de résumer ici les règles qu'en a données Bellair.

Il convient tout d'abord de définir quelques termes usités dans la pratique.

L'*œil* ou *bourgeon* ou encore *bouton* est le rameau à l'état rudimentaire, c'est-à-dire non développé. Il peut être *à bois* ou *à fruit*, et même l'un et l'autre (vigne); latéral ou terminal. Un œil à fruit diffère par sa forme et sa grosseur d'un œil à bois.

L'œil ne se développe ordinairement en rameau que dans sa deuxième année ; si son développement s'opère l'année même de sa formation, le rameau produit s'appelle *prompt-bourgeon, bourgeon anticipé, sous-bourgeon* ou *faux bourgeon*.

Le bourgeon développé porte le nom de *rameau* ; lorsque ce dernier est âgé de plus d'un an il constitue une *branche*.

Une distinction doit être faite aussi entre ce que l'on appelle en horticulture les *yeux stipulaires*, les *yeux latents* et les *yeux adventifs*.

Les *yeux stipulaires* ou sous-yeux sont de très petits yeux supplémentaires qui existent à la base et ordinairement de chaque côté de l'œil principal et même à la base de chaque rameau. Les sous-yeux ne se développent en général qu'à la suite d'une opération faite à l'œil principal.

Les *yeux latents*, encore plus petits que les précédents, prennent naissance « sur le vieux bois à la suite d'une amputation ou d'une déviation de sève ».

Enfin on appelle *yeux adventifs* ceux qui naissent sans ordre apparent partout où se porte la sève, ainsi que près des plaies et des coupes. Ces yeux adventifs sont fort utiles aux arbres fruitiers sur lesquels ils peuvent prendre naissance.

Dans la pratique de la taille il ne faut pas perdre de vue que les fruits ne viennent abondamment que sur les branches et les arbres de vigueur moyenne, et que chaque essence fruitière possède un mode particulier. Ainsi le rameau fruitier de la Vigne est *annuel*, puisque les raisins ne se forment que sur celui de l'année ; tandis que chez le Pêcher ce rameau est *bisannuel*, c'est-à-dire que les pêches ne viennent que sur les rameaux de l'année précédente.

Enfin le Pommier et le Poirier ont leurs rameaux à fruit *vivaces ;* chez ces arbres, en effet, les fruits naissent toujours sur des rameaux ayant au moins deux ans.

Différentes sortes de tailles. — Il existe la *taille d'hiver* et la *taille d'été.*

La première s'effectue pendant le repos de la végétation (de novembre à fin mars) ; l'époque la plus favorable est celle qui suit les froids rigoureux de l'hiver. Toute taille faite au début de l'hiver doit être exécutée loin de l'œil pour éviter le desséchement de ce dernier. De même celle qui précède la période active de la végétation, c'est-à-dire celle qui débute en mars, doit être effectuée avant le développement apparent des rameaux, car il pourrait en résulter une perturbation dans la marche de la sève et des blessures accidentelles aux bourgeons floraux.

En général, pour les fruits à noyau et la Vigne, il est préférable d'attendre un adoucissement de température.

La *taille d'été* s'effectue pendant le cours de la végétation (avril à septembre) ; elle est subordonnée à des conditions spéciales inhérentes à la nature et aux dimensions du sujet.

Instruments nécessaires à la taille :

1º *Serpette ;* 2º *sécateur ;* 3º *scie égoïne.*

La *serpette* est le meilleur de tous les outils, surtout quand son manche remplit bien la main de l'opérateur et que sa lame a une longueur de 8 centimètres et une largeur de 2 à 3 centimètres.

Le *sécateur,* quoique plus expéditif que la serpette, présente l'inconvénient d'écraser un peu le bois près des plaies.

La *scie* se compose d'un manche et d'une lame, de préférence articulées entre eux comme dans un couteau de poche. Les dents de la lame sont alternes, rapprochées et bien évidées pour activer le débit, et la lame doit se terminer en pointe.

Toutes les fois que l'on fait usage de la scie, il faut parer les plaies qu'elle produit à l'aide de la serpette, c'est-à-dire les polir.

Opérations de la taille d'hiver.

1º Émondage.	8º Recépage.
2º Élagage.	9º Dressage.
3º Écimage.	10º Palissage en sec.
4º Rabattage.	11º Arcure.
5º Coupe du rameau.	12º Torsion.
6º Rapprochement.	13º Cassement.
7º Ravalement.	14º Éborgnage.

Opérations de la taille d'été.

1º Entaille.	6º Taille en vert.
2º Incisions.	7º Palissage en vert.
3º Ébourgeonnement.	8º Éclaircissage des fruits.
4º Pincement.	9º Effeuillage.
5º Courbure.	10º Cueillette des fruits.

A. OPÉRATIONS DE LA TAILLE D'HIVER. — 1º L'*émondage* a pour effet de débarrasser l'arbre de toutes ses branches mortes, des Mousses, des Lichens et autres végétaux qui se sont développés sur le tronc et les branches.

2º L'*élagage* dont il a déjà été question plus haut (p. 319) s'applique surtout aux arbres de plein vent.

3º L'*écimage* est une opération qui a pour but de couper soit la tête du sujet pour l'empêcher de s'élever plus haut, soit les extrémités des branches latérales pour augmenter leurs ramifications.

4º Le *rabattage* est un écimage sévère pratiqué sur la tige non loin du sol.

5º La *coupe du rameau* est l'opération la plus faible, car elle ne porte que sur le rameau de l'année précédente, rameau que l'on coupe en ne laissant à sa base que quelques yeux. Le nombre des yeux conservés varie d'une espèce à l'autre : pour le Poirier et le Pommier, il faut laisser trois yeux à fruit ; pour le Pêcher, deux yeux à bois et six ou huit fleurs.

6º Le *rapprochement* ne se fait que pour redonner de la

vigueur aux sujets affaiblis, ou reconstituer leur charpente dans de meilleures conditions.

En ne s'effectuant que sur le bois ancien, le rapprochement semble réduire et limiter la végétation près du centre de l'arbre.

Bellair conseille de faire cette opération près des coudes. des nœuds et des enfourchures, car, dans ces endroits, il y a toujours des yeux latents qui sortiront, poussés par l'affluence de la sève.

7° Le *ravalement*, plus énergique que le précédent, consiste à couper toutes les branches d'un sujet jusque près du tronc, en ne laissant de chacune d'elles qu'un talon court sur leur *empattement*. Cette opération ne s'effectue que quand un arbre possède une charpente défectueuse et qu'on veut lui en donner une autre, ou que ses branches à fruits sont épuisées.

Pour pouvoir être ravalé, un arbre doit encore être vigoureux ; sinon il lui serait impossible de produire de nouveaux rameaux. Néanmoins l'opération peut être tentée sur des sujets déjà âgés, après que l'on a eu soin de râcler les vieilles écorces dans le but de provoquer le développement de bourgeons adventifs.

Par le ravalement, « on peut changer la variété d'une espèce en greffant chacun des rameaux employés à la reconstitution de la charpente ».

8° Le *recépage* est la suppression radicale, à 6 ou 8 centimètres du collet, des parties aériennes d'un arbre. C'est donc l'opération la plus énergique qu'on puisse lui faire subir. Elle a pour effet de concentrer la sève dans ses racines ; aussi ne doit-on la pratiquer qu'au début de la végétation, sous peine de faire périr la plante. A cette époque, de nombreux bourgeons se développent sur la partie recépée et absorbent une bonne partie de cette sève dont l'excès ferait périr les racines.

On peut, avec le recépage comme avec le ravalement, changer, par la greffe en couronne ou en fente, la variété d'une espèce.

Tous les arbres fruitiers, excepté le Pêcher, peuvent subir le recépage.

9° Le *dressage*, dit Bellair, consiste à donner aux branches la direction qui constitue la forme de l'arbre. Il s'applique aux branches charpentières dont la direction doit autant que possible être rectiligne, « sans courbes inutiles qui nuiraient à la bonne répartition de la sève ».

Le dressage s'applique aussi bien aux arbres en espalier qu'à ceux en plein carré. Mais, lorsqu'il s'agit des premiers, dont les formes sont contraintes et subordonnées au goût de l'opérateur, il est bon de dresser un croquis de la forme à obtenir sur le mur ou sur le treillage auquel l'espalier doit être attaché.

Le dressage des formes libres nécessite préalablement la possession, dans l'esprit, du port de l'arbre arrivé à son développement définitif. L'opérateur doit ici savoir *équilibrer* une branche, c'est-à-dire lui donner de la vigueur si elle est naturellement faible ou la contenir si elle est trop vigoureuse ; il doit en outre pouvoir en faire naitre d'autres aux endroits voulus.

10° Le *palissage en sec* est une opération qui se combine ordinairement avec la précédente, et qui ne s'applique qu'aux arbres en espalier, à la Vigne et au Pêcher. Il consiste à fixer sur le support, au moyen de liens appropriés, certaines branches du sujet.

11° L'*arcure* a pour but d'incliner une branche ou un rameau vers le sol, en lui faisant décrire un demi-cercle et en le maintenant dans cette position au moyen d'attaches. Cette disposition favorise la mise à fruit du rameau en ralentissant en lui la marche de la sève. Quand les bourgeons à fruit sont formés, on redresse la branche et on la supprime pour la remplacer après fructification. L'arcure est donc une opération temporaire.

12° La *torsion* se rapproche de l'arcure, mais elle en diffère en ce qu'au lieu d'intéresser un rameau entier, elle ne s'applique qu'à une portion de rameau et même à des brindilles.

De même que l'arcure, elle a pour but de provoquer la formation des bourgeons fructifères en modifiant et en ralentissant la marche de la sève élaborée.

La torsion ne s'applique qu'aux arbres vigoureux, surtout à ceux produisant des fruits à pépins. Elle s'effectue pendant la période active de la végétation, principalement au printemps.

13° Le *cassement* a pour effet d'affaiblir les rameaux *ligneux* sur lesquels on le pratique. Il est partiel ou complet, et se fait en automne ou en hiver. Dans les deux cas, il faut toujours laisser quatre ou cinq yeux sur le tronçon basilaire du rameau cassé. Le cassement d'hiver se fait sur les rameaux trop longs et celui d'automne sur ceux qui n'ont pas été ou ont été insuffisamment pincés.

Pour casser un rameau, on pose le tranchant de la serpette sur le côté opposé à l'œil et le pouce au-dessus de l'œil, puis au moyen d'un prompt tour de main le rameau est incliné et brisé (Bellair).

Le *cassement partiel* est réservé aux rameaux les plus forts ; l'extrémité cassée est laissée pendante à l'arbre. De cette façon la sève se trouve ralentie puisqu'une partie peut encore passer dans la portion cassée ; les yeux de la partie basilaire du rameau profitent alors de cet état particulier et se développent plus activement.

14° L'*éborgnage* consiste en la suppression, au moment de la taille, des yeux inutiles que l'on devrait enlever plus tard pendant le cours de leur développement. C'est une opération délicate qui se fait à la serpette sur les arbres à fruits à pépins. « Sur les branches de charpente en voie de développement, elle a pour but de réserver à des distances calculées la quantité d'yeux strictement nécessaire à la formation des branches fruitières nouvelles. » (Bellair.)

· B. Opérations de la taille d'été. — 1° L'*entaille* est une opération printanière qui consiste à faire un cran dans le bois au-dessus d'une branche faible ou d'un œil pour lui donner de la vigueur, ou au-dessous d'une branche forte pour l'affaiblir.

On a recours à l'entaille pour corriger les défectuosités de la charpente d'un arbre.

2° Faire une *incision* à un arbre, c'est ouvrir simplement l'écorce de cet arbre ou lui en enlever un lambeau, sans porter atteinte au bois.

On distingue l'*incision longitudinale*, l'*incision transversale* et l'*incision annulaire*.

a. L'incision *longitudinale*, comme son nom l'indique, se pratique dans le sens de la longueur du tronc ou d'une branche. Elle a pour but de débrider la sève et d'en activer la marche en diminuant la compression exercée par l'écorce sur le cylindre central. Les sujets chétifs ou déjà âgés se trouvent bien de cette opération qui leur permet de fabriquer une plus grande épaisseur d'aubier, tissu conducteur par excellence de la sève brute, et de croître en épaisseur.

L'incision longitudinale ne doit pas être continue, elle doit être interrompue de distance en distance pour éviter des déchirures organiques parfois dangereuses.

b. L'*incision transversale* est un diminutif de l'entaille et s'applique aux rameaux trop faibles pour être entaillés. La serpette agissant au-dessus d'un œil pénètre seulement le tissu de l'écorce jusqu'à l'aubier.

c. L'*incision annulaire* ayant été examinée (p. 175), il est inutile d'y revenir ici. On se bornera à ajouter que la largeur de l'anneau d'écorce enlevé varie entre 1 centimètre et 5 millimètres, selon la grosseur du rameau.

L'instrument à l'aide duquel on opère est une pince dite *coupe-sève*.

3° L'*ébourgeonnement* consiste à supprimer des bourgeons foliaires sur un arbre en végétation. Cette opération a pour but : 1° de modifier le cours de la sève au profit des fruits et des organes conservés ; 2° de déterminer la position des branches en réservant sur la tige, et au détriment des autres, les bourgeons qui doivent procurer les branches cherchées ; 3° de régler l'extension d'un arbre, c'est-à-dire la pousse des bourgeons prolongeant ses branches charpentières ; 4° de fournir aux fruits une plus grande quantité d'air et de lumière ; 5° d'équilibrer les diverses branches d'un arbre (Bellair).

L'ébourgeonnement se fait en plusieurs fois et assez tôt. Les vieux arbres subissent cette opération avant les adultes. Il est préférable de ne pas la faire sur les sujets faibles, ou récemment plantés.

4° Le *pincement* consiste à couper, à l'aide des ongles, l'extrémité herbacée d'un bourgeon. Ce dernier cesse alors de s'allonger, la sève s'y concentre et provoque le développement des bourgeons axillaires du rameau pincé.

Pour qu'un bourgeon puisse être pincé, il faut qu'il ait acquis une consistance semi-ligneuse sans laquelle la sève pourrait l'abandonner. L'opération se pratique toujours au-dessus d'un œil appelé *œil de pincement*. Celui-ci se développe fréquemment et produit un bourgeon anticipé qu'il faut pincer à son tour (second pincement).

La pratique du pincement, ainsi que la détermination de l'époque à laquelle il convient de l'effectuer, dépendent plus de l'expérience que de règles spéciales.

5° La *courbure* consiste à donner aux branches les courbes de la forme à laquelle on destine les arbres.

Pour pouvoir être courbés, il est nécessaire que les rameaux soient devenus suffisamment ligneux, sans quoi ils se rompraient. On les maintient dans la position voulue à l'aide de ligatures appropriées.

6° *Taille en vert*. — Toutes les fois qu'après l'ébourgeonnement et le pincement, de nouvelles parties de la plante sont devenues inutiles, on les supprime par la taille en vert qui se fait à l'aide du sécateur. Le Pêcher est l'un des arbres fruitiers sur lesquels cette taille s'effectue le plus souvent. Le Poirier ne la supporte que modérément et tard (août) ; si on la faisait trop tôt, les boutons à fruits se porteraient à bois et se développeraient immédiatement.

D'après Bellair, on pratique la taille en vert dans les cas suivants :

α. Sur une branche fructifère, quand elle n'a pas conservé

le fruit qu'elle portait après la floraison et que les branches remplaçantes ne se développent pas avec assez de rapidité;

β. Sur les branches ou les rameaux, dès que ces organes ont une tendance à prendre la tournure et l'aspect de gourmands;

γ. Sur les rameaux, qui à la suite d'un premier pincement ont donné trois ou quatre bourgeons anticipés, au lieu d'un seul. Dans ce cas, la taille se fait au-dessus du premier bourgeon anticipé inférieur;

δ. Sur les branches fruitières âgées et décrépites, lorsqu'un bourgeon se développe à leur base : on taille au-dessus de ce bourgeon.

7° Le *palissage en vert* consiste à fixer, sur leur soutien, au moyen de liens, les branches fruitières et les bourgeons des espaliers.

Cette opération permet d'établir une certaine symétrie entre les diverses ramifications d'un arbre et de placer les fruits dans des conditions telles que leur maturité en est avancée.

8° L'*éclaircissage des fruits*, comme son nom l'indique, est la suppression d'une certaine quantité de jeunes fruits dans le but de soulager l'arbre ou d'augmenter les qualités recherchées des fruits épargnés.

Un arbre trop faible ou trop chargé de fruits réclame l'éclaircissage.

9° L'*effeuillage* consiste à enlever d'un arbre ou d'une autre plante, les feuilles qui nuisent aux fruits en les masquant à l'action des rayons solaires. Cette opération est délicate et ne doit pas être faite trop tôt, car, tant que les fruits n'ont pas acquis leur taille définitive, ils continuent à recevoir des feuilles des éléments nutritifs. Une chute prématurée des feuilles, occasionnée par une maladie cryptogamique ou toute autre cause, indique très bien l'action qu'exercent les organes verts de la plante sur le développement du fruit.

L'*épamprement* de la vigne, par exemple, ne s'effectue que peu de temps avant la vendange; il a spécialement pour effet d'obtenir une maturation et un coloris plus parfaits du raisin.

Les cultivateurs qui ont recours aux feuilles de certaines plantes-racines, récoltées par effeuillage, pour l'alimentation des animaux de la ferme, font souvent une très mauvaise opération. Outre que ces feuilles sont très pauvres en éléments nutritifs, leur suppression prive la plante en végétation d'organes fort importants et les racines sont beaucoup moins riches en sucre et en autres substances alimentaires.

10° Les *récoltes* et leurs *procédés de conservation*, que l'on examinera après l'étude des fruits (p. 463 et suivantes), varient avec la nature des espèces. Parmi ces dernières, il en est dont les fruits ne se récoltent qu'après maturité complète (Prunes, Cerises, etc.) et d'autres dont les fruits achèvent de mûrir après avoir été cueillis (Pommes, Poires, etc.).

Les différentes opérations relatives à chacune des deux tailles étant connues, il ne reste plus qu'à les appliquer aux diverses espèces fruitières en se conformant, pour chacune de ces dernières, à des règles appropriées à leur nature respective. Ces règles seront examinées en séances de travaux pratiques.

§ 5. — ROTATIONS ET ASSOLEMENTS

A. ROTATIONS. — On appelle *rotation* l'ordre suivant lequel se succèdent les récoltes.

On sait que les plantes agricoles ont des exigences diverses sous le rapport du sol, du climat et du mode de culture : il s'agit donc de déterminer celles de ces plantes qui, placées dans les mêmes conditions de milieu, donnent les produits les plus rémunérateurs, et de ne s'attacher qu'à leur culture en les faisant se succéder dans un ordre convenable, pendant un temps plus ou moins long (deux ans ou davantage), après lequel elles reparaissent dans le même ordre. C'est ainsi qu'après la Betterave vient le Blé, et après ce dernier, l'Avoine. La succession de ces trois plantes constitue une rotation triennale, c'est-à-dire que la culture de chacune d'elles reviendra tous les trois ans.

On pourrait, il est vrai, cultiver la même plante, plusieurs années de suite, dans le même champ, à la condition de fournir à ce dernier, après chaque récolte, les éléments fertilisants qui lui ont été enlevés. Mais cette méthode présenterait quand même des inconvénients. S'il s'agissait du Blé, par exemple, les mauvaises herbes qui l'envahissent habituellement et qui mûrissent avant lui, finiraient par rendre sa culture impossible, surtout dans les climats où cette Céréale ne se récolte qu'à la fin d'août. Le cultivateur n'aurait plus alors le temps de préparer le sol pour les semailles d'octobre.

Règles de la rotation. — La succession des récoltes comporte des règles que tout cultivateur doit connaître. Ces règles sont les suivantes :

1º A une plante à racines traçantes (Céréales) doit succéder une plante à racines pivotantes (Betteraves, Carottes, etc.).

Le sol ayant été épuisé par la première seulement dans ses parties superficielles, pourra encore alimenter la seconde dont les racines s'enfoncent plus profondément.

2º Aux plantes *salissantes* doivent succéder les plantes *nettoyantes.*

On appelle *plantes salissantes* celles qui, comme les Céréales, ne permettant pas certaines façons superficielles, donnent aux plantes nuisibles la faculté de se développer, et *plantes nettoyantes* (Pommes de terre, Choux, Navets, Carottes, Maïs, etc.) celles qui, pendant leur végétation, sont sarclées ou binées.

A côté de ces deux catégories, on peut en placer une troisième, celle des *plantes étouffantes* (Vesces, Pois, etc.) qui, par leur mode de végétation, nuisent au développement des mauvaises herbes.

On comprend facilement que la culture d'une plante nettoyante permette de débarrasser le sol de toutes les plantes nuisibles, annuelles ou vivaces, qui y auront été apportées par la culture précédente d'une plante salissante.

3° A la plante qui puise plus particulièrement dans le sol certains éléments, il faut faire succéder une autre plante avide des éléments négligés par la première.

On a remarqué, disent Girardin et Du Breuil, qu'en général les produits du Blé, du Lin, du Trèfle, de la Luzerne diminuaient dans une forte proportion, quelque soin qu'on prît de fumer convenablement le sol, lorsqu'on faisait succéder ces diverses espèces immédiatement à elles-mêmes ou à certaines autres espèces de plantes. De même, le Froment ne donne souvent que de chétifs produits après les Pommes de terre et la Betterave. On attribuait autrefois ces insuccès à de l'*antipathie* qu'éprouveraient certaines plantes pour d'autres. Il y avait là une erreur, car dès qu'on replace le sol dans des conditions convenables, cette antipathie présumée disparaît. C'est donc à l'état dans lequel une plante laisse le sol qui l'a portée, et non à d'autres causes, qu'il faut attribuer ces insuccès.

Si une plante affectionne plus particulièrement les engrais phosphatés, il ne faudra pas la faire suivre par une autre avide des mêmes éléments. C'est pourquoi, par exemple, les Crucifères et les Céréales qui aiment les engrais phosphatés peuvent succéder à la Pomme de terre et au Lin qui consomment surtout des engrais potassiques.

4° A une plante qui redoute beaucoup un insecte ou certains parasites végétaux, on fera succéder une autre plante non exposée aux mêmes dangers.

Cette succession s'impose dans le cas où la plante aurait eu à souffrir de l'un de ces ennemis, car ce dernier se réfugie dans le sol et peut renouveler ses attaques l'année suivante.

Dans une rotation, disent Raquet, Franc et Gassend, il faut aussi tenir compte de l'époque de la récolte, de l'époque de la semaille et de la délicatesse de la plante dans sa jeunesse : c'est en s'inspirant de ces considérations qu'il est parfois plus avantageux de mettre après la Betterave une Céréale de printemps au lieu d'une Céréale d'automne ; qu'il est bon de mettre une plante sarclée ou binée, comme l'OEillette, assez délicate pendant les deux premiers mois qui suivent la semaille, après une autre plante sarclée, comme la Pomme de terre, ou tout au moins très étouffante, comme la **Vesce d'hiver**.

B. Assolements. — On appelle *assolements* la division des terres d'une ferme en parties égales entre elles (*soles*) et au nombre des années qui forment la durée d'une rotation.

Si, par exemple, la première partie est une *jachère* ou occupée par une plante sarclée pendant la première année, elle pourra l'être par du Blé pendant la deuxième et par de l'Avoine pendant la troisième.

Dans un assolement alterne de quatre ans ou quatriennal alterne, on pourrait également disposer les récoltes de la façon suivante : 1° racine sarclée et fumée, 2° Céréales de printemps, 3° Trèfle ou fourrage annuel, 4° Blé.

Il est d'usage, dans un assolement *alterne*, que les plantes destinées à l'alimentation des animaux de ferme succèdent à celles qui servent à l'alimentation de l'homme ou aux plantes industrielles.

En supposant que l'étendue d'une ferme comprenne trois soles, voici comment on peut combiner la rotation des cultures :

	SOLES		
	N° 1.	N° 2.	N° 3.
1re année.	Jachère ou plante sarclée.	Blé.	Avoine.
2e année	Blé.	Avoine.	Jachère ou plante sarclée.
3e année	Avoine.	Jachère ou plante sarclée.	Blé.

Ce système *triennal*, introduit en Gaule par Charlemagne, comprenait toujours une année de *jachère* pendant laquelle on laissait reposer la terre, tout en lui donnant un certain nombre de façons destinées à la débarrasser de ses mauvaises herbes et à l'ameublir.

Aujourd'hui on remplace la jachère par une culture sarclée qui, tout en préparant suffisamment le sol, fournit au cultivateur une bonne récolte de plus.

Néanmoins il est des cas où l'on ferait bien de recourir momentanément à la jachère ; quand, par exemple, les récoltes nettoyantes sont impuissantes à débarrasser le sol des plantes nuisibles qui l'ont envahi, ou quand il s'agit de donner à une terre trop dure et trop tenace un degré d'ameublissement convenable.

Principes des assolements. — Un assolement n'est bon et avantageux qu'autant qu'il est basé sur les considérations suivantes :

1º Les *débouchés* doivent être faciles. Il ne suffit pas de récolter, il faut encore pouvoir écouler les produits dans les meilleures conditions possibles.

Si une ferme est à proximité d'un centre de consommation, on y cultivera des plantes utilisées par ce centre. Si au contraire la ferme a des débouchés difficiles, on augmentera l'étendue des prairies naturelles et artificielles pour se livrer à l'engraissement du bétail, et on ne gardera que les meilleures terres pour les Céréales. En présence de la concurrence étrangère, la culture du blé, en particulier, est si peu rémunératrice pour le cultivateur de notre région (Franche-Comté), qu'on ne saurait trop l'engager à restreindre les surface emblavées, de manière à ne récolter que sa semence et sa consommation, et à accroître le plus possible, au contraire, la production des fourrages qu'il transformera en viande ou en lait. L'élevage et le commerce du bétail lui rendront l'aisance.

2º Les agents producteurs, notamment le sol et le cultivateur, doivent avoir les aptitudes nécessaires.

On sait que l'influence du sol peut varier, non seulement d'une ferme à l'autre, mais encore dans la même exploitation. Il est donc nécessaire d'adopter un système de culture et de rotation qui s'adapte aux diverses exigences du sol.

Tout cultivateur qui ne veut pas courir à la ruine doit aussi subordonner l'exploitation de ses terres à ses ressources matérielles, au nombre de bras et au capital dont il dispose, ainsi qu'à la force productive de sa ferme.

3° Il faut tenir compte de la quantité d'engrais produite annuellement et normalement par une ferme, ainsi que des plantes cultivées antérieurement.

On commettrait une faute grave si, tout en disposant de peu d'engrais, on cultivait, dans une terre épuisée, des plantes industrielles qui exigent beaucoup d'engrais et en produisent peu. La faute serait encore plus grave si on cultivait successivement dans la même terre, plusieurs plantes épuisantes.

Les considérations précédentes font clairement ressortir l'importance des rotations et des assolements judicieusement interprétés. Tout cultivateur qui veut être à la hauteur de sa tâche, doit donc s'instruire, suivre les conseils que lui fournissent la science et l'expérience et connaître parfaitement les plantes qu'il cultive, tant en elles-mêmes que dans leurs rapports avec le sol.

TRAVAUX PRATIQUES

1° Sélection de porte-graines.

2° Choix des graines sur les porte-graines.

3° Expériences culturales et comparatives pour montrer : 1° l'avantage des semences triées ; 2° celui des semences sélectionnées.

On ne saurait trop insister sur l'importance de la sélection des graines agricoles, considérée au point de vue de la valeur du rendement. Il importe que les élèves soient parfaitement au courant des divers procédés de sélection. Quelques semenceaux cultivés, chaque année, au jardin de botanique agricole (Betteraves, Céréales, etc.) tiendront lieu de sujets d'expériences.

4° Montrer la supériorité du semoir mécanique sur les semis à la volée, en permettant aux élèves d'assister à des opérations pratiques faites par un cultivateur intelligent des environs. Constater : 1° l'économie de semence réalisée; 2° la régularité du semis et de l'enterrement des graines, etc.

5° Emploi du sulfate de fer pour la destruction des *Sanves* (Moutarde et Ravenelle).

Cette expérience est faite dans une portion de champ emblavé, avec l'autorisation préalable du propriétaire.

6° Leçons pratiques d'élagage et de taille (taille d'hiver, taille d'été).

QUATRIÈME PARTIE

REPRODUCTION DE LA PLANTE

La généralité des végétaux supérieurs, dont font partie les plantes agricoles, peuvent se reproduire suivant deux moyens différents : 1° par *multiplication* ; 2° par *fécondation*.

CHAPITRE PREMIER

REPRODUCTION PAR MULTIPLICATION

Cette reproduction consiste à obtenir de nouveaux individus à l'aide de l'un des membres ou de tronçons d'un individu de même espèce plus ancien.

Une portion déterminée d'une plante, placée dans des conditions convenables, a donc la propriété de donner naissance à une nouvelle plante, par la formation des autres portions complémentaires. Ce qui fait voir que les divers membres de la plante possèdent une indépendance réciproque et qu'en eux siège virtuellement le pouvoir expansif de produire les autres membres constitutifs de cette plante.

La reproduction par multiplication peut être *naturelle* ou *artificielle* suivant qu'elle s'accomplit pendant la végétation normale de l'individu ou qu'elle est provoquée par des opérations spéciales de l'homme.

Cette reproduction comprend : 1° le *bouturage*, 2° le *marcottage* et le *greffage*.

A. Bouturage. — Le bouturage est une opération qui consiste à produire une plante nouvelle au moyen d'un fragment détaché, appelé *bouture*, d'une autre plante.

La *bouture*, placée dans des conditions spéciales, doit donc émettre des racines ou des bourgeons adventifs, pour donner naissance à un individu semblable à celui dont elle dérive.

Tous les organes végétatifs de la plante peuvent être bouturés. Dans la pratique, les parties que l'on bouture sont les suivantes :

1° Des rameaux ligneux d'espèces à feuilles caduques ou d'espèces à feuilles persistantes.

2° Les rameaux herbacés d'espèces à feuilles persistantes ou caduques.

3° Les racines (*Paulownia*).

4° Les feuilles et les fragments de feuille (*Begonia, Camellia*, etc.).

La réussite d'une bouture est d'autant plus certaine qu'elle est moins âgée ; aussi ne bouture-t-on ordinairement que les rameaux d'un an d'espèces à bois mou (Vigne, Peuplier, Saule, etc.).

Quelle que soit la nature de la bouture, son enracinement ne s'effectue qu'autant qu'elle reste fraîche et saine et qu'elle se trouve placée dans des conditions satisfaisantes de lumière, d'air, de chaleur et d'humidité.

La lumière diffuse est préférable à l'action directe des rayons solaires, parce qu'elle modifie l'élaboration de la sève.

L'air ne doit être ni vif, ni agité, ni trop sec.

La chaleur du sol favorise le développement des racines.

Enfin l'humidité du sol et de l'atmosphère est un obstacle utile à l'évaporation des liquides aqueux de la bouture.

Selon leurs exigences spéciales, leur délicatesse ou leur rusticité, les boutures se plantent dans le sable fin, la terre de bruyère ou la terre ordinaire bien ameublie.

Pratique du bouturage. — Le bouturage est soumis à des

règles pratiques que l'on peut résumer de la manière suivante :

1° Choisir un rameau d'un an bien conformé, provenant d'une pousse verticale et non d'un rameau latéral ;

2° Le couper inférieurement sous un nœud et supérieurement au-dessus d'un bourgeon en lui donnant une longueur variant entre 0ᵐ,10 et 0ᵐ,20 ;

3° Planter les boutures en les inclinant et en ne laissant hors de terre qu'un ou deux yeux ; excepté pour la Vigne et d'autres espèces à bois tendre qui demandent à avoir tous leurs yeux cachés ;

4° Choisir un endroit frais et humide, exposé au nord de préférence ;

5° Bouturer à l'automne quand le sol a une fraîcheur moyenne et au printemps lorsqu'il est trop humide ;

6° Pour le bouturage de printemps, préparer les boutures en décembre, les mettre en petites bottes et les placer en jauge dans des tranchées, en les disposant verticalement le sommet en bas, puis recouvrir de terre et laisser ainsi jusqu'au printemps.

Reprise de la bouture. — Grâce aux substances nutritives qu'elle renferme, la bouture, une fois plantée, ne tarde pas à entrer en activité. Tandis qu'une partie de ces substances sert à la nourrir, l'autre est utilisée à la formation des organes nouveaux. La sève se porte surtout vers la région blessée dont elle provoque la cicatrisation par la formation d'un bourrelet appelé vulgairement *callus*.

Stoll pense que les cellules situées à la périphérie de ce bourrelet se comportent comme de véritables poils radicaux en absorbant les sucs terrestres qui arrivent à leur contact, jusqu'à ce que les racines soient développées. Ces dernières ne sont pas produites par le bourrelet ; elles ne font que le traverser et ce d'autant moins vite que ce bourrelet est plus épais. Néanmoins il a été reconnu qu'une bouture, pourvue d'un bourrelet, s'enracine plus promptement qu'une autre bouture qui en serait dépourvue.

Différentes sortes de boutures : Schribaux et Nanot distinguent :

I. LES BOUTURES PAR RACINES ;

II. LES BOUTURES PAR RAMEAUX, qui comprennent :

1° Les boutures simples ;
2° Les boutures à crossette ;
3° Les boutures à talon ;
4° Les boutures écorcées ;
5° Les boutures par plançons ;
6° Les boutures semées.

III. LES BOUTURES PAR FEUILLES.

I. BOUTURES PAR RACINES. — Le Néflier du Japon, le Paulownia et d'autres espèces se multiplient facilement par racines. On n'a qu'à planter des fragments de ces dernières, ayant environ 0^m,15 de longueur, en ne laissant sortir de terre que deux à trois centimètres de la bouture.

II. BOUTURES PAR RAMEAUX.

1° *Bouture simple.* — Cette bouture se compose d'un rameau de l'année, ayant 20 centimètres de longueur et terminé par un bourgeon à chacune de ses extrémités. On l'enterre de manière à ne laisser émerger qu'un ou deux yeux.

2° *Bouture à crossette.* — Diffère de la précédente en ce qu'elle est munie à sa base d'un tronçon de bois plus âgé, dans le but d'empêcher la dessiccation pendant le transport que l'on peut faire subir aux boutures.

3° *Bouture à talon.* — On obtient cette bouture par arrachement du rameau, de telle sorte qu'un lambeau de même bois (*talon*) reste adhérent à sa base.

4° *Bouture écorcée* — Cette bouture, surtout propre à la vigne, se prépare en enlevant, à la base du rameau et sur deux faces opposées, une lanière d'écorce d'environ cinq centimètres de longueur.

5° *Bouture par plançons.* — Se compose d'un rameau de 3 à 5 ans, d'une longueur de 2 à 3 mètres, à ramifications coupées, et dont l'extrémité inférieure est aiguisée en pointe. On enfonce cette bouture dans le sol à une profondeur de 50 centimètres. C'est ainsi que le Peuplier, le Saule, etc., peuvent être multipliés en sol humide.

6° *Bouture semée.* — Ce procédé consiste à semer des tronçons de rameaux de un à deux centimètres de longueur et pourvus d'un œil. Il est peu satisfaisant dans la pratique ordinaire et ne s'effectue guère que lorsqu'il s'agit de multiplier des vignes très rares dont on ne possède que quelques sarments. Les boutures doivent être semées sur couches.

III. Boutures par feuilles. — Les feuilles de certaines plantes (Begonia, Ficus elastica ou Caoutchouc) ont la propriété de produire des racines lorsqu'on les enterre. Celles de Begonia donnent en outre des bourgeons, soit à la base de leur pétiole, soit sur leur limbe; tandis que celles de Caoutchouc ne donnent ordinairement que des racines. Aussi lorsqu'on veut multiplier cette dernière plante, est-il nécessaire de laisser un fragment de rameau adhérent à la base du pétiole.

Les blessures faites volontairement à certaines boutures ont pour but de faciliter le développement des racines adventives.

B. Marcottage. — Le marcottage est une opération qui consiste à provoquer la formation de racines adventives sur un point déterminé d'un rameau qu'on détache ensuite du pied-mère quand il peut se suffire à lui-même.

La *marcotte* diffère donc de la bouture par ce fait seul qu'elle n'est séparée de la plante qui l'a produite que quand elle est suffisamment pourvue de racines.

On a recours au marcottage pour multiplier les essences à bois dur (Pommier, Cognassier, etc.); mais en principe, les végétaux que l'on peut bouturer se marcottent encore mieux.

Les marcottes sont choisies généralement parmi les rameaux de l'année, sains et vigoureux ; on peut s'adreser, avec avantage, à des rameaux de deux ans à la condition que leur reprise soit assurée.

On peut marcotter en toute saison, excepté pendant les gelées ; mais le printemps est sans contredit la saison la plus favorable. A cette époque de l'année, la terre humide est chauffée par un soleil de plus en plus chaud, la sève circule plus activement et fait naître plus rapidement sur les marcottes leurs membres complémentaires.

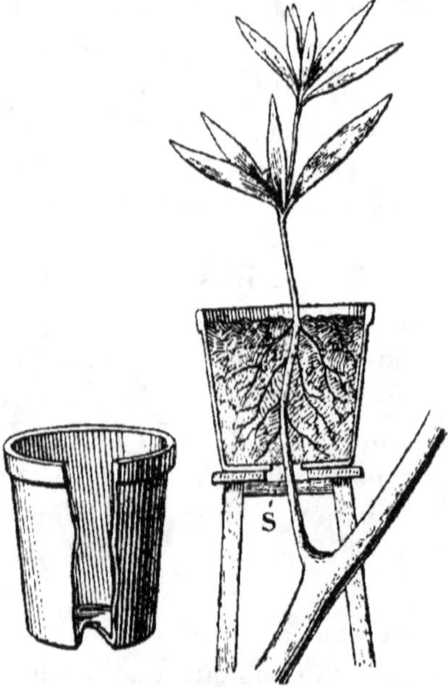

Fig. 177.

Marcottage du Laurier-Rose.

Pratique de la marcotte. — Prenons comme exemple la Vigne. On choisit de préférence un rameau bien développé à la base du pied-mère : on creuse une petite tranchée de 20 centimètres de profondeur environ, dans laquelle on couche le rameau en le recourbant, puis on le recouvre en partie de terre après en avoir préalablement redressé l'extrémité. Cette dernière est fixée à un tuteur. Cette multiplication de la vigne porte le nom de *provignage*, et les marcottes, celui de *provins*.

Un an ou deux après cette opération, la marcotte a produit, grâce à son contact avec le sol, des racines adventives en quantité suffisante pour lui permettre de vivre d'une vie indépendante. On l'isole alors du pied-mère (*sevrage*), non pas brusquement, mais progressivement, en pratiquant, vers son point d'attache, une incision de plus en plus profonde.

Dans le cas où le rameau à marcotter serait trop éloigné du sol (Laurier-rose, fig. 177) pour pouvoir y être couché, on aurait recours à un vase rempli de terre que l'on fixerait sur le pied-mère, à la hauteur voulue, et dans lequel on engagerait le rameau à marcotter de façon que sa partie basilaire y soit enterrée sur une longueur d'environ vingt centimètres.

Différentes sortes de marcottages :

I. MARCOTTAGE NATUREL (Drageons, stolons, coulants) ;

II. MARCOTTAGE ARTIFICIEL.

a. Marcottage par cépée.
b. Marcottage en serpenteaux ou en arceaux.
c. Marcottage simple et marcottage compliqué.
d. Provignage ou couchage.

I. MARCOTTAGE NATUREL. — Ce marcottage est fréquent dans la nature, notamment chez les plantes rampantes (Véronique officinale, Épervière piloselle, Fraisier, etc.). On conçoit dès lors avec quelle rapidité ces plantes se multiplient spontanément. Les unes émettent des rameaux grêles (*stolons*), couchés sur le sol, qui produisent fréquemment sur toute leur longueur de nombreuses racines adventives. D'autres, telles que le Saule, le Coudrier, le Charme, le Robinier, etc., fournissent à des distances parfois éloignées de la tige principale, des bourgeons adventifs qui, en se développant, constituent les *drageons*.

Enfin les stolons du Fraisier se distinguent spécialement des autres par les rosettes de feuilles qu'ils portent de distance en distance, en dessous desquelles partent les racines. Ces stolons portent le nom de *coulants*.

II. MARCOTTAGE ARTIFICIEL.

a. Marcottage par cépée. — On a vu précédemment (p. 324)

que pour concentrer la sève dans les racines d'un arbre on pratiquait le *recépage*. On soumet à la même opération un sujet que l'on veut marcotter et qui est dépourvu de rameaux inférieurs. Il se développe alors une *cépée*, c'est-à-dire un ensemble de jeunes rameaux que l'on enterre à leur base sous un monticule de terre, pour leur faire produire des racines (Cognassier, Groseilliers, Pommiers paradis et doucin).

b. *Marcottage en serpenteaux ou en arceaux.* — Lorsqu'une plante a la propriété de fournir des rameaux très longs (plantes sarmenteuses) on peut, à l'aide de chaque rameau, obtenir plusieurs marcottes. Il suffit, pour arriver à ce résultat, de choisir un long rameau flexible, de l'incliner, de le coucher une première fois dans le sol, à peu de distance de sa base ; de le relever ensuite et de le recoucher une seconde fois, et ainsi de suite jusqu'à son extrémité qui est relevée une dernière fois. Il est nécessaire de ménager quelques yeux sur la portion aérienne de chaque arceau. Lorsqu'on juge les racines adventives suffisamment développées, on sépare les marcottes obtenues à l'aide du sécateur.

c. *Marcottage simple et marcottage compliqué.* — On appelle marcotte *simple* celle dont la portion enterrée n'a subi aucune mutilation volontaire (fig. 178).

La marcotte *composée*, au contraire, est celle dont la partie souterraine a été *incisée* (fig. 179), *tordue* ou *étranglée*. De ces diverses mutilations il résulte des plaies plus ou moins apparentes qui se couvrent d'un bourrelet très favorable à l'émission des racines.

Le marcottage compliqué convient aux essences réfractaires au marcottage simple (Magnolia, Orme, Jasmin, Laurier-tin, etc.).

d. *Provignage ou couchage.* — Il a déjà été question de cette opération plus haut (p. 342) sous sa forme la plus simple.

La Vigne, étant une plante sarmenteuse, peut aussi subir le marcottage en serpenteaux, ainsi que le *marcottage chinois*. Bellair décrit ce dernier de la manière suivante :

Il est fait choix d'un très long sarment (2 mètres à 2^m,50), puis on creuse à proximité une rigole de 15 centimètres de profondeur et d'une longueur égale à celle du sarment. Celui-ci est pris et couché tout au fond de la rigole ; il est maintenu horizontalement au moyen de brins d'osier pliés et piqués à cheval sur lui. Lors de l'ascension de la sève, presque tous les yeux de ce long sarment s'ouvrent et donnent des rameaux ; on commence alors à jeter quelque peu de terre fine tout au fond de la rigole, qui sera comblée

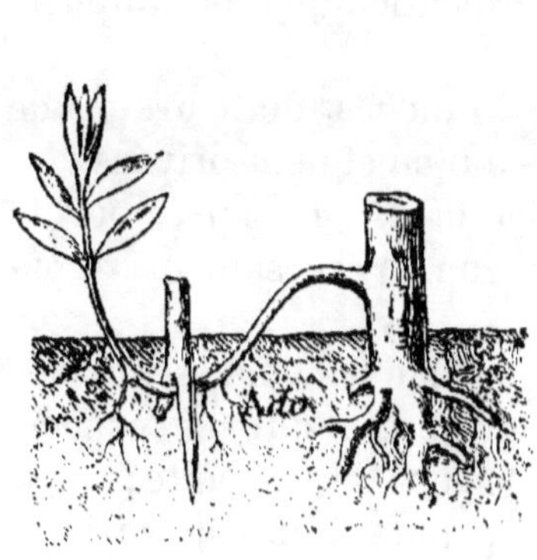

Fig. 178.
Marcottage d'une branche
de Saule.

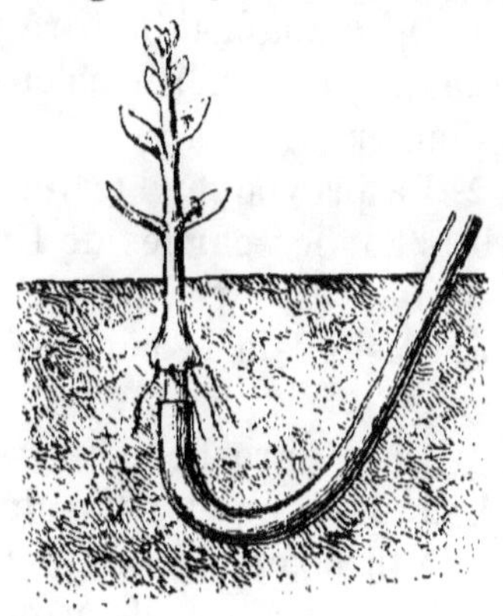

Fig. 179.
Développement accéléré des racines adventives par incision
annulaire du rameau enterré.

définitivement quand les jeunes pousses auront dépassé 20 centimètres de haut. Dans le courant de l'année, les racines se développent à la base de chaque pousse, et à l'automne on a, bonnes à planter, autant de marcottes jumelles qu'il s'est développé de rameaux sur le sarment couché.

Le vin produit par les *provins* est abondant, mais de qualité médiocre.

C. GREFFAGE. — Le greffage est une opération qui consiste à souder deux plantes ou deux tronçons de plantes entre eux, de telle manière que la cicatrisation des surfaces mises en contact, une fois opérée, les deux plantes, ainsi unies, puissent se prêter un mutuel appui et vivre en commun.

Cette définition a l'avantage de faire préjuger l'influence réciproque du *sujet* et du *greffon*.

L'opération du greffage terminée constitue la *greffe ;* l'opérateur est appelé *greffeur ;* la plante qui reçoit la greffe est le *sujet*, et la plante ou le fragment de plante que l'on greffe sur le sujet est appelé *greffon*.

D'après Baltet, le greffage a pour but :

1° De changer la nature d'un végétal en modifiant le bois, le feuillage, la floraison ou la fructification qu'il était appelé à donner ;

2° De provoquer l'évolution de branches, de fleurs ou de fruits sur les parties de l'arbuste qui en étaient privées ;

3° De restaurer un arbre défectueux ou épuisé, par la transfusion de la sève nouvelle d'un arbre sain et vigoureux ;

4° De rapprocher sur la même souche les deux sexes des végétaux dioïques, afin de faciliter la fécondité de l'espèce, ou de transformer complètement le sexe de la plante ;

5° De conserver, de propager un grand nombre de variétés d'arbres d'utilité et d'agrément qui ne peuvent être reproduites par aucun autre procédé de multiplication.

Avant d'examiner les principaux procédés de greffage ainsi que les conditions de succès de cette opération, il est utile de dire un mot sur l'influence réciproque du sujet et du greffon. L'analyse sommaire que nous allons faire des savantes et importantes expériences de L. Daniel répond pleinement à cette question.

1. Influence réciproque du sujet et du greffon. — Cette influence a été méconnue jusqu'à ces dernières années comme étant à la fois contraire à la théorie et à l'expérience.

Van Tieghem dit, en effet, que la greffe est un moyen précieux de fixer et de conserver toutes les variations introduites dans l'œuf, précisément parce que ce moyen est hors d'état d'introduire la moindre variation nouvelle.

Weismann affirme également que toute variation ne peut se transmettre par hérédité que quand elle est d'origine sexuelle.

C'est à L. Daniel que revient le mérite d'avoir établi nettement, par des expériences comparatives, l'influence réciproque du sujet et du greffon.

D'après ce savant, l'influence peut se manifester dans la greffe de deux manières :

1° Elle peut être due à un changement dans la nutrition générale des deux plantes croisées ;

2° Elle peut être l'effet d'une réaction mutuelle des protoplasmes qui constituent l'appareil végétatif spécial à chacune d'elles.

a. *Variations de nutrition générale.* — Ces variations peuvent intéresser le sujet ou le greffon ou les deux à la fois. Elles sont causées par le *bourrelet* et les différences entre la valeur des appareils absorbant et assimilateur des deux plantes, et elles sont étroitement liées aux variations du milieu ambiant (air et sol).

† *Variations de nutrition générale du sujet.* — Parmi les nombreux exemples donnés par Daniel, on ne citera que les suivants :

1. *Greffe d'Aubergine et de Tomate.*

α. *Aubergine longue violette sur Tomate rouge grosse hâtive.* — Ces deux variétés atteignent des dimensions sensiblement égales et demandent toutes deux une abondante fumure.

La reprise s'effectue facilement avec production d'un faible bourrelet ; le sujet et le greffon ont une taille normale.

β. *Aubergine naine hâtive sur Tomate rouge grosse hâtive.* — La soudure est excellente dès le début, mais le bourrelet est énorme parce que le greffon appartient à une variété plus faible que le sujet. Le greffon et le sujet restent petits.

γ. *Solanum ovigerum (Poule-aux-œufs) sur même Tomate*. — Le développement du sujet et du greffon est intermédiaire à ceux des deux greffes précédentes, parce que la Poule-aux-œufs a une taille intermédiaire aux deux Aubergines.

Daniel en conclut que ces greffes montrent bien que, suivant les capacités respectives des appareils assimilateurs du greffon et du sujet, une diminution de taille peut se produire dans le sujet.

2. *Greffe de Chou cabus sur Navet (Chou cabus sur Navet rond à collet rose)*. — Le sujet et le greffon provenaient de semis faits en août. La greffe a permis de constater que le tubercule n'apparaît pas dans le sujet en octobre ou novembre, comme cela se produit dans les témoins. La tuberculisation ne s'effectue qu'en avril suivant, à l'époque où le greffon forme lui-même ses réserves.

Ces divers exemples montrent nettement que le greffon commande la nutrition du sujet et par suite son développement.

†† *Variation de nutrition générale du greffon.*

α. *Greffe de Haricots* (Haricots sur eux-mêmes). — Daniel est parvenu à greffer des Haricots en employant le procédé de la greffe sur germination. Ses conclusions ont été les suivantes :

La taille de la greffe reste toujours petite, les fleurs moins nombreuses et plus ramassées en tête. C'est la conséquence du bourrelet cicatriciel dont les effets sont plus prononcés que dans les plantes ligneuses et qui amènent le greffon à l'état de souffrance par manque d'eau quand le sujet souffre au contraire d'un excès de liquide.

Ces variations sont plus marquées encore quand il s'agit de variétés bien tranchées, greffées entre elles; par exemple, dans la greffe du Haricot de Soissons sur Haricot nain Parisienne ou autre.

β. *Greffe de Laitue et de Salsifis*. — La greffe ne réussit pas lorsque la racine du Salsifis est âgée; le contraire a lieu

lorsque cette racine est jeune. Mais le greffon monte directement et rapidement à graines ; il ne pomme plus, parce
que le sujet ne lui fournit pas en quantité suffisante l'eau et
les sels nutritifs qui lui sont nécessaires.

γ. *Greffe de Choux entre eux.* — On obtient constamment,
dit Daniel, un léger retard dans le développement des greffons, en plaçant le Chou cabus, dit de *Mortagne*, sur lui-
même. Mais ce retard finit toujours par se compenser si la
greffe est faite en temps opportun, c'est-à-dire au début du
mois d'avril par exemple.

Le bourrelet n'existe pas ou à peine, et la taille des Choux
greffés est égale à celle des Choux non greffés.

On obtient un résultat tout autre avec le Chou de Saint-
Brieuc greffé sur Chou nantais, variété plus petite. La taille
des greffons est restée plus petite ; les feuilles moins vertes,
moins vigoureuses, et leur saveur a considérablement
changé, pendant qu'elles devenaient très cassantes. Elles
ont été atteintes de chlorose, et sont beaucoup plus sensibles
aux attaques des insectes que celles des greffons.

Un phénomène identique se produit quand le sujet est
moins vigoureux que le greffon.

Ces quelques exemples font clairement ressortir l'influence
du bourrelet et de la nature du sujet sur la manière d'être
du greffon. Chez les plantes herbacées, le bourrelet a pour
effet de concentrer la sève élaborée : il en résulte une diminution de taille du greffon et une amélioration possible de
saveur, à la condition toutefois que les sels du sol arrivent
en quantité suffisante à ce greffon.

Ces mêmes effets, dit Daniel, ne se retrouvent pas dans
la plante ligneuse ou semi-ligneuse greffée sur elle-même,
mais ils apparaissent dès que le greffon appartient à une
variété plus vigoureuse que le sujet.

En résumé, il est impossible aujourd'hui de ne pas reconnaître l'influence de nutrition générale réciproque qui existe
entre le sujet et le greffon.

b. *Variations dues aux réactions propres du sujet et du greffon.*

— Sous ce titre, Daniel tend à démontrer que non seulement la greffe produit des variations de nutrition générale, mais encore un mélange plus ou moins marqué des caractères des variétés ou des espèces associées.

† *Influence spécifique du greffon sur le sujet.*

α. *Greffe d'Helianthus lætiflorus sur Helianthus annuus.* — L'*Helianthus lætiflorus* est une sorte de petit Soleil vivace tandis que l'*H. annuus* est le grand Soleil que l'on cultive communément dans les jardins.

Le premier a des rhizomes très développés (30-35 centi-mètres) dont l'extrémité se renfle en tubercules propaga-teurs de l'espèce.

Le second est une plante annuelle dont la tige, beaucoup moins ligneuse que celle d'*H. lætiflorus,* renferme une moelle abondante.

La greffe de ces deux plantes s'est comportée d'une façon très curieuse. Tandis que les *Soleils annuels* témoins étaient morts depuis longtemps déjà, les Soleils greffés, portant l'*H. lætiflorus,* vivaient encore à la fin d'octobre et restaient aussi verts que le greffon. Ce dernier a déterminé un accroissement notable de la taille du sujet dont la tige était devenue deux fois et demie plus grosse que dans les témoins, et les racines, très développées, possèdent un che-velu inextricable.

Chez *H. annuus* les poils persistants n'existent plus et l'épiderme a pris une teinte vert sombre comme chez *H. lætiflorus.* Les modifications internes, dit Daniel, étaient aussi curieuses. Étant donnée la grosseur anormale de la tige du sujet, on aurait pu s'attendre à lui trouver la struc-ture ordinaire d'un tubercule, c'est-à-dire à la voir formée de parenchyme gorgé d'inuline. Il n'en était rien : l'inuline manquait et la tige était presque entièrement formée d'un bois très dur.

Ce phénomène de transformation peut s'expliquer si l'on tient compte de ce fait qu'une plante vivace se tuberculise ou se lignifie dans le but de résister aux rigueurs de l'hiver et conserver la vie. Comme l'inuline ne peut émigrer dans *H. annuus* qui n'en renferme pas normalement, les substances de réserve, au lieu de se localiser sous la forme d'inuline, produisent du tissu ligneux. Il y a donc eu suppléance entre la tubérisation et la lignification.

†† *Influence spécifique du sujet sur le greffon.*

α. *Greffe des Solanées.* — Ces greffes sont d'une réussite facile et peuvent fournir d'intéressants résultats d'influence.

Le greffage entre elles d'un certain nombre de variétés de Tomates (*Tomate jaune ronde*, à fruits jaunes, lisses et sphériques sur *Tomate rouge grosse hâtive*, *T. reine des hâtives*, *T. rouge naine hâtive*) a produit ce résultat curieux de faire grossir les fruits du greffon et d'en modifier la forme. On sait que les Tomates précédentes employées comme *sujets* ont un fruit différent de celui de la *T. jaune ronde* par la couleur et la forme. Or, le même pied greffé portait des fruits aplatis, jaunes et côtelés, des fruits ronds, lisses et jaunes, c'est-à-dire des fruits ayant la forme typique de la variété greffon, d'autres ayant celle de la variété sujet, puis des formes intermédiaires.

D'autres greffes, également faites par Daniel, montrent clairement que la grosseur du fruit des plantes herbacées peut être augmentée par la greffe, de la même façon et par le même phénomène de nutrition générale, que dans les arbres fruitiers ; elles montrent en outre que la greffe exerce une influence manifeste sur les caractères propres du fruit des espèces et des variétés.

c. *Moyen de séparer les influences de nutrition générale et les influences de nature spécifique.* — Les influences capables d'engendrer les deux catégories de variations précédentes sont souvent si mélangées qu'il devient difficile, dans la greffe ordinaire, d'attribuer à chacune d'elles la part d'action qui lui revient. Or cette répartition s'établit facilement à l'aide de la *greffe mixte* imaginée par Daniel.

La greffe *mixte* consiste à laisser à demeure des pousses

feuillées au sujet, de façon à permettre à ce dernier d'élaborer et d'assimiler indépendamment du greffon. L'association, ainsi établie, peut se maintenir si l'on empêche le sujet, par une taille rais nnée, de se débarrasser du greffon en le privant de sève brute.

Ce procédé de greffage a permis à Daniel de répartir les résultats respectifs dus aux influences précédentes et de dresser, en particulier, le tableau suivant qui résume une expérience de greffe du *Haricot noir de Belgique* et du *Haricot de Soissons gros*.

HARICOT DE SOISSONS gros non greffé.	GREFFE MIXTE du Haricot noir sur le Haricot de Soissons	GREFFE ORDINAIRE du Haricot noir sur le H. de Soissons.	HARICOT NOIR . de Belgique non greffé.
Taille 4^m,50.	Taille 0^m,40.	Taille 0^m,25.	Taille 0^m,40.
Feuilles très nombreuses et très larges.	Feuilles comme celles du témoin.	Feuilles moins nombreuses, moins vertes et moins vigoureuses.	Feuilles nombreuses et vigoureuses.
Fleurs blanc jaunâtre.	Fleurs, les unes violettes, les autres panachées de blanc et de violet.	Fleurs toutes violettes.	Fleurs toutes violettes.
Inflorescences longues, ayant une vingtaine de fleurs, produisant 3-5 fruits.	Une inflorescence longue à 9 fleurs panachées ; les autres courtes et semblables à celles du témoin. L'inflorescence longue a donné 3 fruits.	Infloresc. courtes, à 2-3 fleurs, donnant 1-2 fruits.	Infloresc. courtes, à 3-5 fleurs donnant 2-3 fruits.
Fruit parcheminé à goût particulier désagréable.	Fruit à demi parcheminé à goût prononcé de la gousse de Soissons.	Fruit un peu parcheminé à goût rappelant un peu celui du Soissons.	Fruit à gousse tendre. sans parchemin.à goût très agréable.
Graine blanche.	Graine violet noir.	Graine violet noir.	Graine violet noir.

La comparaison de ce tableau fait voir que :

1° La taille du greffon est plus grande dans la greffe mixte, d'où résistance plus grande et diminution des effets nuisibles de la greffe au point de vue de la nutrition générale des deux plantes ;

2° L'action spécifique réciproque des deux individus est augmentée ;

3° La composition se trouve modifiée et cette modification retentit sur les éléments reproducteurs.

Cet exemple, dit Jurie, donne la preuve que l'on peut créer un hybride de greffe avec hérédité des caractères acquis.

II. Influence indirecte du sujet sur la postérité du greffon. — Il reste maintenant à savoir si les variations que l'on vient de constater sont transmissibles, c'est-à-dire si les caractères acquis dans la greffe sont héréditaires, et enfin quels sont ceux dont la transmission est le plus certaine.

Daniel a donné à cette question une telle ampleur de détails précis, que nous n'hésiterons pas à reproduire quelques-unes de ses expériences ainsi que les conclusions qu'elles fournissent.

a. Transmission des variations de nutrition générale. — Reprenons comme exemples les greffes de Haricots et de Navets. On a vu que le bourrelet qui résulte de l'opération produit une diminution sensible de la taille et de la vigueur du greffon.

α. En semant comparativement les graines de Haricots greffons et celles des témoins dans les mêmes conditions de sol, de climat et d'exposition, Daniel a constaté que les Haricots issus du greffon conservaient une taille plus petite. Sans pousser plus loin l'expérience, on peut tirer cette conclusion importante que, dès la première année, le caractère produit par la greffe est devenu transmissible.

β. *Greffe de Navet long à collet rose sur Chou cabus.* — Malgré la délicatesse de cette greffe, les Navets se sont formés au sommet de la tige du sujet en acquérant une saveur caractéristique : ils étaient plus sucrés et moins âcres que les Navets témoins.

Les graines de ces Navets, semées comparativement avec celles des témoins, ont permis de reconnaître la transmission de la diminution de taille, une augmentation de volume des tubercules des Navets greffés comparés à ceux des greffons, volume cependant inférieur à celui des témoins. L'amélioration de la saveur s'est maintenue pendant deux générations, mais elle a disparu à la troisième, par suite, sans doute, d'hybridations possibles.

b. *Transmission de caractères spécifiques*. — L'influence de la greffe peut s'étendre aux graines produites par le greffon, et celles-ci donner naissance à des individus possédant à la fois des caractères spécifiques du sujet et du greffon.

α. *Greffe d'Alliaire officinale sur Chou vert*. — On sait que ces deux plantes, de la famille des Crucifères, appartiennent à deux genres différents entre lesquels l'hybridation ne se produit pas.

L'Alliaire, ainsi que son nom l'indique, possède une saveur d'Ail très prononcée ; ses tiges feuillées, au nombre de six à sept, sont élancées et grèles et son inflorescence est allongée.

Des graines provenant de greffons et de témoins ont produit les résultats suivants :

Les plantes issues des graines de greffons possédaient une trentaine de tiges plus trapues et à bois moins développé, des feuilles plus vertes et plus larges, moins espacées entre elles ; des racines plus grosses, se ramifiant comme celles des Choux et ayant une tendance à se tuberculiser ; enfin la saveur d'ail était moins forte.

Daniel conclut de ces faits que la variation engendrée par la greffe d'une plante inférieure en qualité sur une plante qui lui est supérieure, peut amener une amélioration marquée dans ses descendants.

β. *Greffe de Navet sur Alliaire.*

Cette greffe, opérée dans les mêmes conditions, a fourni les résultats suivants :

Les Navets greffés ont donné des plantes peu tuberculeuses et moins savoureuses, tandis que les Navets témoins sont restés identiques à la variété à laquelle ils appartenaient.

D'où il résulte que la greffe d'une plante supérieure sur une plante inférieure peut produire la disparition partielle de ses qualités alimentaires.

γ. *Greffes de bourgeons à fleurs de Chou-rave sur Chou de Mortagne.*

Le Chou-rave est seul ici à avoir les racines tuberculeuses, mais le Chou de Mortagne a le pouvoir de résister au froid.

On conçoit, dit Daniel, quelle importance en agriculture peut avoir une telle création qui permettrait, dans les hivers rigoureux, de posséder un fourrage vert arrivant au moment où les foins finissent de se consommer et où les fourrages verts actuels peuvent manquer à la suite des gelées.

Ce Chou, Daniel l'a obtenu ; il résiste à des froids de 15 degrés au-dessous de zéro et ses qualités fourragères sont remarquables, ainsi que l'ont prouvé plusieurs analyses.

Le domaine viticole de la France, reconstitué par la greffe, se présente, dit Jurie, avec des influences de nutrition générale bien franchement marquées. Nous y trouvons très exactement les faits signalés plus haut : variations de dimensions de l'appareil végétatif du greffon et du sujet ; variations dans la grosseur des parties alimentaires, leur saveur et leur composition chimique ; variations sur les organes reproducteurs ; enfin résistance relative de deux plantes aux parasites.

Quoi qu'il en soit, dans tous les exemples cités ci-dessus, dit judicieusement le vieil et habile expérimentateur, Chauvelot, et dans beaucoup d'autres passés sous silence, entre autres le fameux Néflier de Bronvaux, plus que centenaire, près de Metz, la variation spécifique s'est effectuée ; il y a eu mélange des caractères du greffon et du sujet; parfois même, après leur fusion, ces caractères se sont disjoints et se sont maintenus séparés sur un même greffon, qui peut ainsi acquérir certains caractères spéciaux de plantes associées. Les *hybrides de greffe* sont donc bien une réalité produite par la réaction mutuelle des protoplasmes différents du sujet et du greffon. Il est probable, ajoute Sahut, que dans le cas du Néflier de Bronvaux il y ait en plus un cas de dimorphisme ou de dichroïsme qui se serait produit simultanément; il expliquerait ce phénomène curieux, tel qu'il a été décrit, et le retour, par atavisme, de chacun des types originaires, en passant par plusieurs formes intermédiaires.

En résumé, dit Daniel, la greffe est un moyen précieux de perfectionnement systématique des végétaux qui devra être employé quand on voudra créer des plantes nouvelles, supérieures aux espèces actuelles, à un point de vue utilitaire donné.

Cette conclusion est, selon Jurie, pleine de promesses pour la viticulture de l'avenir ; mais, pour Sahut, elle comporte des restrictions. « Pour ce qui concerne la viticulture, dit-il, et pour l'obtention de nouveaux cépages, j'ai plus de confiance dans les cas de dimorphisme ou de dichroïsme qui se produisent souvent et surtout dans des semis résultant d'hybridations intelligemment faites. »

L'avenir seul donnera raison à qui de droit !

III. **Matériel du greffage.** — Les outils nécessaires à l'opération du greffage, sont les suivants :

1. Sécateur;
2. Scie ;
3. Serpette ;
4. Greffoir ;
5. Ciseau à greffer ;
6. Gouge à greffer ;
7. Métrogreffe.

Ces outils doivent être simples, commodes, munis de lames bien acérées et tenus en parfait état de propreté.

Sans énumérer les divers usages auxquels ces instruments sont destinés, tout au moins en ce qui concerne les quatre premiers, nous dirons seulement que le *ciseau à greffer* sert à fendre les fortes tiges, que la *gouge* est employée dans les greffages en approche et que le *métrogreffe* a pour but d'assurer la coïncidence du greffon et du sujet dans les procédés de greffage où ces deux parties doivent être nettement juxtaposées.

IV. Ligatures. — Les meilleures ligatures, dit Baltet, sont celles qui ne peuvent s'allonger ni se retirer sous les influences hygrométriques, et qui sont douées d'une certaine élasticité leur permettant de se prêter à l'accroissement en diamètre du sujet.

Les différentes ligatures usitées sont :

1. La *laine filée* ;

2. Le *coton filé* ;

3. Les *feuilles desséchées* du Rubanier d'eau, des Massettes à larges feuilles ou à feuilles étroites ;

4. Le *raphia* (excellente ligature fournie par certains Palmiers : *Sagus vinifera* et *S. tædigera*).

5. L'*écorce de Tilleul* (*tille*) ;

6. La *natte d'emballage*, les *ficelles effilochées*, la *filasse* ;

7. Les *Osiers* (pour les vieux arbres). Cette ligature manque d'élasticité.

V. — Engluements. Pour mettre certaines plaies à l'abri des germes de l'air, on les recouvre d'un mastic onctueux ou *engluement*.

Les divers engluements employés doivent, pour être bons, présenter des qualités spéciales. Ils ne doivent pas dessécher la plaie, ni la brûler, ni enfin couler ou se fendiller sous l'action de l'air ; ils doivent donc être malléables, onctueux et suffisamment liquides.

Un engluement défectueux peut compromettre le succès de la greffe.

Les principaux engluements sont :

1° L'*onguent de Saint-Fiacre* ;

2. Le *mastic chaud* ;

3. Le *mastic froid* (Ex. mastic Lhomme).

L'*onguent de Saint-Fiacre* n'est autre chose qu'un mélange de terre glaise et de bouse de vache, dans la proportion de deux tiers de la première pour un tiers de la seconde.

Le *mastic chaud*, comme son nom l'indique, s'emploie à une température tiède ou peu élevée. Il comprend ordinairement une combinaison de poix noire ou blanche, de cire jaune, de résine et de suif, auxquels on ajoute quelquefois du saindoux, des cendres fines ou de l'ocre. Le tout est fondu par la chaleur.

Le *mastic froid* est d'un emploi plus commode et plus répandu que le chaud. La chaleur de la main suffit pour le rendre plastique et malléable.

Les mastics froids doivent leur état permanent de liquéfaction au mélange de la résine et de l'alcool qui en forment la base. A ces deux éléments on ajoute de la colophane ou du suif pour empêcher ces mastics de couler sous l'action de la chaleur solaire.

VI. Choix du sujet et du greffon. 1° *Sujet*. — Le sujet peut être une plante complète ou seulement un fragment de plante. L'obtention du sujet complet est lente et souvent difficile : on la réalise par semis, marcottage ou bouturage. Les soins que réclament les sujets dans l'un de ces trois procédés de multiplication, joints au travail de préparation pour le greffage, constituent leur *éducation*.

2° *Greffon*. — Le greffon peut être une plante complète, un œil ou un rameau. Quelle que soit sa nature, il doit être rustique, vigoureux et sain. Les greffons les meilleurs sont ordinairement ceux que fournissent les parties centrale et moyenne des rameaux.

VII. Procédés de greffage. — Les procédés de greffage sont trop nombreux pour pouvoir être tous décrits dans cet ouvrage. On se limitera donc aux principaux, auxquels les autres peuvent se rattacher plus ou moins directement.

Néanmoins nous croyons intéressant, pour le lecteur, de reproduire ci-après la liste des procédés énumérés et exposés très clairement par Ch. Baltet.

I. Greffage par approche.
    a. Greffage par approche de côté.
        1. Greffe par approche en placage.
        2.   —   —   en incrustation.
        3.   —   —   à l'anglaise.
    b. Greffage par approche en tête.
        1. Greffe en tête à l'anglaise.
    c. Greffage par approche en arc-boutant.
        1. Greffe en arc-boutant avec œil.
        2.   —   —   avec rameau.

II. Greffage par rameau détaché.
    a. Greffage de côté sous écorce.
        1. Greffe sous écorce par rameau simple.
        2.   —   —   avec embase.
        3.   —   —   à l'anglaise.
    b. Greffage en couronne.
        1. Greffe en couronne ordinaire.
        2.   —   —   perfectionnée.
    c. Greffage en placage.
        1. Greffe en placage ordinaire.
        2.   —   —   à l'anglaise.
        3.   —   —   en couronne.
        4.   —   —   avec lanière.
    d. Greffage en incrustation.
        1. Greffe en incrustation en tête.
        2.   —   —   de côté.
    e. Greffage dans l'aubier.
        1. Greffe dans l'aubier en tête.
            α. Greffe avec biseau plat.
            β.   —   —   de biais.
        2. Greffe dans l'aubier de côté.
            α. Greffe avec entaille droite.
            β.   —   —   oblique.
    f. Greffage en fente.
        1. Greffe en fente ordinaire.
            α. Greffe en fente simple.
            β.   —   —   double.

    2. Greffe en fente terminale.
       α. Greffe terminale, ligneuse.
        —   —   herbacée.
    3. Greffe en fente sur bifurcation.
   g. Greffage à l'anglaise.
     1. Greffe anglaise simple.
     2.   —   —   compliquée.
     3.   —   —   au galop.
       α. Greffe au galop, simple.
       β.   —   —   double.
     4. Greffe anglaise à cheval.

  III. Greffage par œil ou bourgeon.
    a. Greffage par écusson.
     1. Ecussonnage sous l'écorce ou par inoculation.
       α. Ecussonnage ordinaire.
       β. Ecussonnage par incision cruciale.
       γ.   —   —   renversée.
     2. Ecussonnage en placage.
     3.   —   combiné.
    b. Greffage en flûte.
     1. Greffe en flûte ordinaire.
     2.   —   —   avec lanières.

I. Greffage par approche. — Cette greffe consiste à unir ou à souder deux plantes voisines par leurs tiges et leurs branches, au moyen d'entailles correspondantes.

Le greffon n'est détaché du pied-mère que lorsque sa soudure au sujet est complète. Pour maintenir le contact entre le sujet et le greffon et en faciliter la soudure, on a recours à une ligature et à l'engluement s'il y a lieu.

La greffe par approche, la plus anciennement connue, s'effectue spontanémennt dans la nature entre plantes en contact par leur tige, leurs rameaux et même par leurs fruits.

On a recours à elle pour former des haies fruitières, combler les vides qui peuvent exister dans la charpente d'un arbre, etc.

Elle s'effectue pendant toute la durée de la sève, le sujet et le greffon pouvant être à l'état herbacé ou ligneux, et sans que l'on soit obligé d'effeuiller le dernier.

Greffe par approche en placage (fig. 180). — On pratique sur le greffon une entaille (A) de manière à en détacher un lambeau d'écorce et d'aubier ; et, sur le sujet, une rainure à fond plat (*b*) de dimensions égales à l'entaille du premier. On réunit les deux parties au moyen d'une ligature (*c*). L'engluement n'est pas nécessaire.

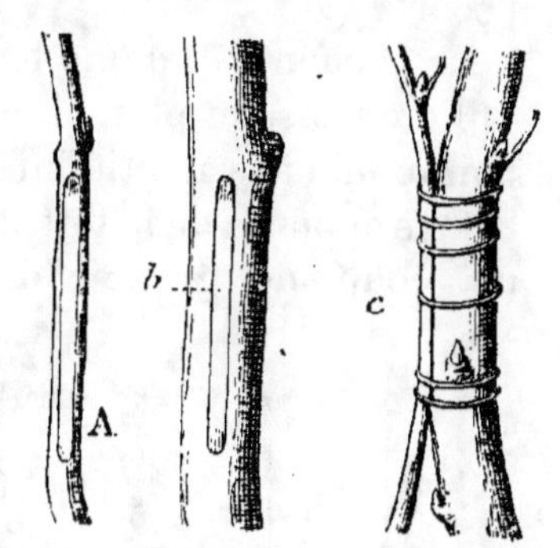

Fig. 180.
Greffe par approche en placage (Baltet).

Dans ce procédé, comme dans les autres du même groupe, on procède au sevrage de la greffe lorsque la soudure est assurée. Cette opération se fait en deux temps : 1° on retranche, s'il y a lieu, la tête du sujet au-dessus de la greffe ; 2° on coupe progressivement le rameau-greffon au-dessous de son point de soudure.

II. Greffage par rameau détaché. — Dans ce greffage, le greffon est un rameau ou une fraction de rameau de l'année, tandis que le sujet est ordinairement une plante complète.

a. Greffage de côté sous écorce. — Cette greffe s'opère quand le sujet est en végétation active, soit à la montée de la sève (*œil poussant*), soit à la fin (*œil dormant*), c'est-à-dire de juillet à septembre.

Dans le premier cas, le greffon provient d'un rameau de l'année précédente ; dans le second, il est prélevé sur un rameau de l'année courante. S'il s'agit d'une plante à feuilles caduques, le greffon sera effeuillé au moment du greffage ; mais si la plante est à feuilles persistantes, ces dernières devront être conservées au greffon.

Greffe sous écorce à l'anglaise ou *greffe Baltet* (fig. 181). — A l'endroit où l'on veut faire cette greffe, on donne transversalement sur le sujet un coup de greffoir en biais, de haut en bas (*a*), assez profond pour pénétrer l'aubier; puis un trait longitudinal perpendiculaire au premier, qui ne tranche que l'écorce (*b*).

Le greffon (G), d'une longueur de 10 à 20 centimètres, est taillé en biseau plat, allongé et aminci jusqu'au liber vers la pointe dans sa moitié inférieure, un œil doit se trouver sur la face opposée de la tête du biseau. A cette dernière on donne un coup de greffoir de bas en haut (*d*) parallèlement

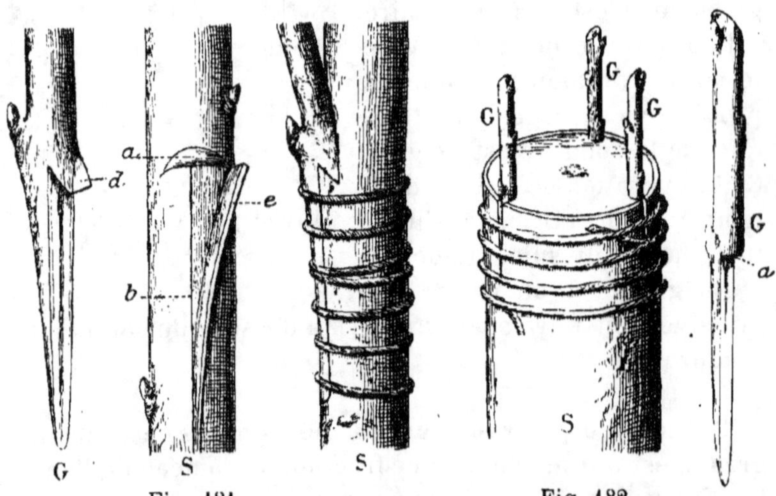

<table>
<tr><td>

Fig. 181.

Greffe sous écorce à l'anglaise
(Baltet).

</td><td>

Fig. 182.

Greffe en couronne ordinaire
(Baltet).

</td></tr>
</table>

à l'axe, de manière à fendre l'aubier en long sur une faible longueur.

Pour l'assemblage, on fait glisser le greffon sous l'écorce du sujet (S), préalablement soulevée (*c*), de manière à ce qu'il vienne s'accrocher dans l'incision (*a*) par sa languette (*d*); puis on ligature sans engluer.

Cette greffe offre beaucoup de solidité.

b. *Greffage en couronne.* — Ce greffage diffère du précédent en ce qu'il s'opère en tête du sujet et que, sans fendre cette dernière, on insère le greffon entre l'aubier et l'écorce. Il en résulte donc un avantage pour la santé du sujet, car une plaie faite au bois, même jeune, se guérit toujours difficilement.

Ce greffage s'applique avantageusement à de nombreux arbres et arbustes. Il s'effectue au printemps, quelques semaines après l'étêtage ou *ébottage* du sujet.

Les greffons, récoltés en hiver et conservés convenablement, sont des tronçons de rameaux de 5 à 12 centimètres de longueur pourvus de 2 ou 3 yeux. Ils doivent être employés avant d'avoir bourgeonné.

1. *Greffe en couronne ordinaire* ou *greffe Théophraste* (fig. 182).

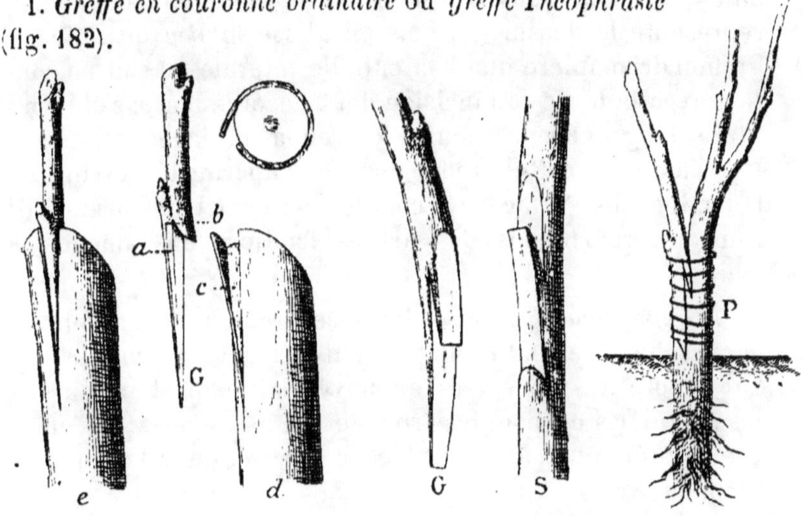

Fig. 183.

Greffe en couronne perfectionnée (Baltet).

Fig. 184.

Greffe en placage à l'anglaise (Baltet).

Soit un sujet (S) dont la tête est coupée horizontalement et sur laquelle on veut insérer un certain nombre de greffons, nombre qui est proportionnel au diamètre du sujet, on fend l'écorce de ce dernier sur une longueur de 7 à 8 centimètres, en trois points équidistants, par exemple. On soulève l'écorce de part et d'autre de ces incisions, à l'aide de la spatule du greffoir, puis on y introduit les greffons (G) taillés en bec de flûte et pourvus supérieurement d'une encoche (*a*) de manière à obtenir la disposition représentée par le dessin (S).

2. *Greffe en couronne perfectionnée* ou *greffe Du Breuil* (fig. 183).

Cette greffe diffère de la précédente en ce que le sujet (S) est taillé obliquement, que le bec de flûte du greffon (G) est entaillé latéralement (*a*) d'un côté seulement et que la languette de ce greffon forme un angle aigu (*b*) pour pouvoir s'appliquer parfaitement sur le biais de la coupe du sujet.

Pour placer le greffon, on pratique une incision longitudinale (*c*), on ne soulève qu'un côté de l'écorce, comme le représente le dessin (*d*), puis on glisse le bec de flûte du greffon de manière que son entaille latérale (*a*) soit en contact avec la lèvre de l'incision dont l'écorce n'a pas été soulevée. La gravure (*e*) montre le greffon en place.

A l'aide de cette greffe, dont la supériorité ressort de l'étendue des surfaces en contact, on peut transformer les rameaux gourmands des arbres fruitiers en rameaux à fruits.

c. *Greffage en placage.* — Dans ce greffage, le greffon est rapproché purement et simplement du sujet, soit en tête, soit sur le côté. Ce procédé est employé, par les horticulteurs et les pépiniéristes, pour les arbres et arbustes verts ; il s'effectue de préférence à la montée de la sève, dans la serre ou en plein air.

Greffe en placage à l'anglaise (fig. 184).

On taille le greffon suivant le modèle (G), puis on prépare le sujet (S) de la même façon, mais en sens inverse, et on fixe les deux parties comme le montre le dessin (P).

d. *Greffage en incrustation.* — Le greffon est taillé en coin triangulaire assez court ; il porte deux ou trois yeux et est incrusté sur le sujet dans une rainure de même forme capable de recevoir exactement le coin du greffon.

Ce greffage peut être appliqué à toutes les plantes ligneuses (arbres et arbustes). L'époque la meilleure correspond à mars et avril.

Greffe en incrustation, en tête (fig. 185). — On taille le greffon en biseau triangulaire, suivant sa représentation en G et G', puis portant ce greffon sur le sujet, à l'endroit où il doit être fixé, on en dessine les contours du biseau pour y creuser

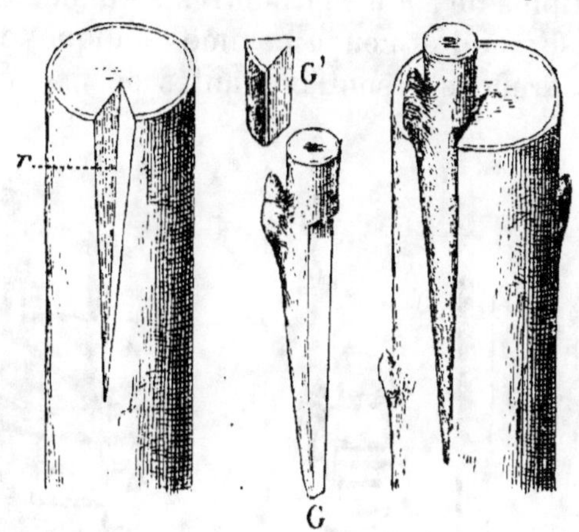

Fig. 185.
Greffe en incrustation en tête (Baltet).

ensuite la rainure en coin (*r*) destinée à recevoir le biseau triangulaire du greffon. Enfin on ligature et on englue.

e. *Greffage dans l'aubier*. — Ce greffage peut être pratiqué en tête ou de côté. Dans les deux cas, le greffon doit être taillé en biseau plat ou en biseau de biais, avant d'être introduit dans l'aubier au contact du liber.

Greffe avec biseau plat (fig. 186). — Le greffon, préparé comme l'indiquent les dessins (G, profil, et G', face), est introduit dans la fente (F) du sujet (S); de sorte qu'après ligature et engluement, la greffe a l'aspect du dessin (D).

f. *Greffage en fente*. — Dans ce greffage, le sujet est coupé transversalement à l'endroit où on veut placer le greffon. Ce dernier est un tronçon de rameau pourvu de deux ou trois yeux ; sa longueur varie avec l'âge du sujet, c'est-à-dire que le greffon sera d'autant plus court que le sujet sera plus jeune.

Ce greffage est pratiqué couramment dans la multiplication des plantes ligneuses à feuilles caduques.

Greffe en fente double (fig. 187). — Se pratique sur des sujets ayant plus de 5 à 6 centimètres de diamètre.

Le sujet est fendu et coupé comme l'indique le dessin (S) et les deux greffons y sont implantés de manière que les

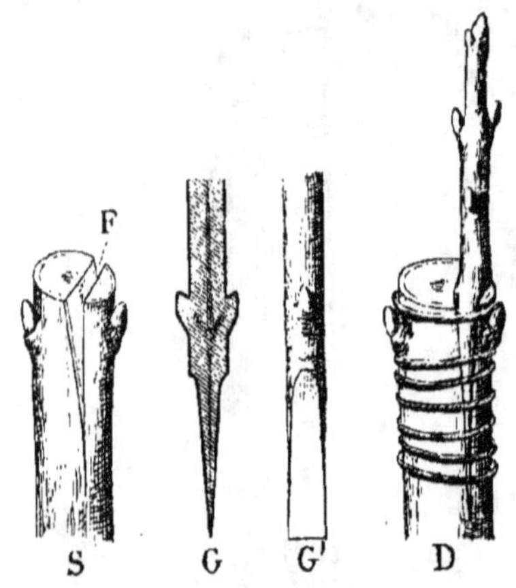

Fig. 186.

Greffe en tête dans l'aubier avec
biseau plat (Baltet).

Fig. 187.

Greffe en fente double
(Baltet).

bords internes des deux écorces se correspondent parfaitement. Mais au préalable, chaque greffon est taillé, à sa partie inférieure, en lame de couteau sur une longueur de 5 centimètres environ ; sa partie supérieure est tranchée obliquement au-dessus du troisième œil. Lorsque les deux greffons sont placés (S), on ligature et on englue.

Dans la *greffe en fente simple*, propre aux jeunes sujets, on n'implante qu'un greffon.

Les *greffes en fente terminale, ligneuse* ou *herbacée*, ne comportent pas l'étêtage du sujet et le greffon est pourvu de son bourgeon *terminal*.

Ces greffes peuvent être appliquées aux Noyers, Chênes et résineux. La *greffe terminale herbacée* permet même de changer l'espèce ou la variété. C'est ainsi que l'on parvient facilement à changer des *Pins sylvestres* en *Pins Laricio* ou en *Pins d'Autriche*.

g. *Greffage à l'anglaise* ou *greffe par copulation*.

Ici le sujet et le greffon doivent avoir le même calibre, excepté pour la *greffe anglaise au galop*, et être taillés sous le même angle pour pouvoir coïncider parfaitement. Les sections en contact peuvent porter des languettes et des crans dans le but d'augmenter leur fixité réciproque. Dans ce greffage le sujet est toujours étêté, et le greffon doit avoir trois ou quatre bourgeons et être vigoureux.

1. *Greffe anglaise simple* (fig. 188). — Sujet et greffon doivent

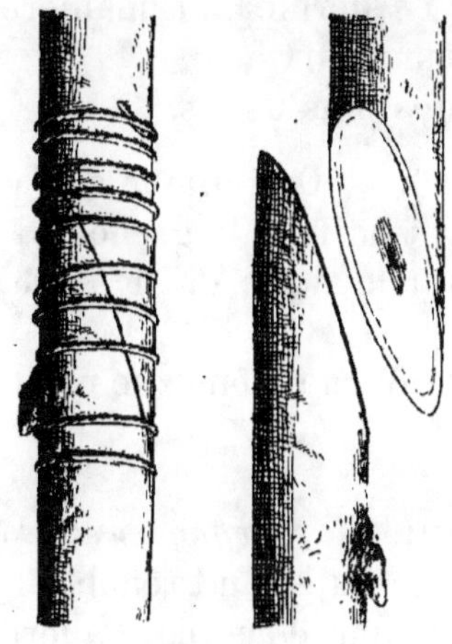

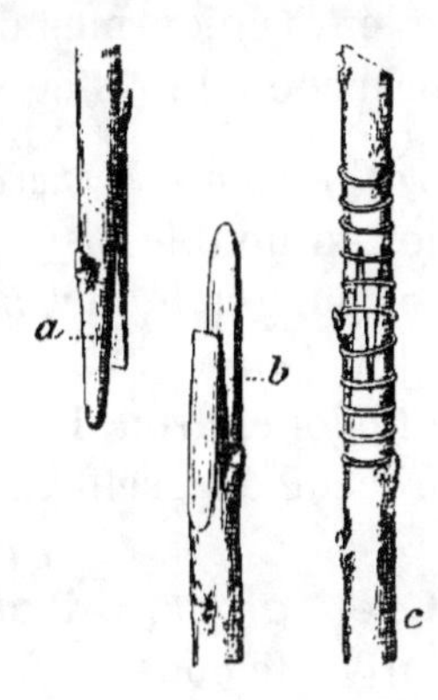

Fig. 188.

Greffe anglaise simple
(Baltet).

Fig. 189.

Greffe anglaise compliquée
(Baltet).

avoir même diamètre. On les taille en biseau assez allongé, sans encoche et le mieux possible, à seule fin que leur application se fasse très exactement ; puis on ligature et on maintient la greffe immobile à l'aide d'un tuteur. La figure 188 indique les détails de l'opération.

C'est par ce procédé que Daniel est parvenu à greffer certaines Monocotylédones sur elles-mêmes, telles que la

Vanille et le *Philodendron*. Ce magnifique résultat « montre que la greffe des Monocotylédones, même dépourvues de couches génératrices, ne doit plus être considérée comme impossible ».

2. *Greffe anglaise compliquée* (fig. 189). — Une fois que le greffon et le sujet ont été taillés en bec de flûte allongé, on pratique une fente longitudinale vers le tiers du biseau, à partir de l'extrémité libre et entre cette dernière et la moelle (*a* et *b*). Quand ce travail est terminé, on applique le greffon sur le sujet en ayant soin de faire pénétrer la dent (*a*) dans le cran (*b*), puis on ligature et on englue (*c*).

Si le greffon était moins large que le sujet, il faudrait le rapprocher de l'un des bords de ce dernier, de manière à mettre leurs épidermes dans le même plan.

Ce procédé de greffage est l'un des plus usités.

3. *Greffe anglaise à cheval* (fig. 190). — On taille le sommet du sujet en double biseau plat (S) et on fend le greffon (G) à sa base, puis on le met à cheval sur le sujet, on ligature et on englue (A).

Le Rhododendron, le Camellia, la Vigne même, se prêtent à ce procédé de greffage.

III. **Greffage par œil ou bourgeon**. — a. *Greffage en écusson*. — Ce procédé consiste à fixer sur le sujet un greffon muni d'un seul bourgeon adhérent à une lame d'écorce. La forme que l'on donne à cette lame rappelant vaguement celle d'un *écusson d'armoiries*, a valu à cette greffe le nom qu'elle porte.

Le milieu des rameaux d'un an bien constitués, est la région que l'on préfère pour le prélèvement des écussons. Le sommet végétatif du bourgeon se trouvant dans l'amas de tissu cellulaire sous-jacent à l'écorce soulevée, il y a lieu d'effectuer avec précaution l'enlèvement de la quantité de bois nécessaire, sans altérer le bourgeon. Le dessin (*a*) (fig. 191) indique, par une ligne ponctuée (*gg'*), la direction que doit suivre la lame du greffoir pour obtenir l'écusson (ε).

Pratiquant ensuite sur l'écorce du sujet (S) (fig. 192) deux incisions en croix (*b*, *c*), on soulève cette écorce pour y introduire le greffon (S'), puis on ligature (S") à l'aide d'un lien souple et élastique.

Il est nécessaire de surveiller les ligatures pour les refaire si elles viennent à se rompre ou les distendre si elles compriment trop la greffe.

b. *Greffage en flûte ou en sifflet.* — Dans ce greffage (fig. 193), le greffon est constitué par un anneau cortical libérien com-

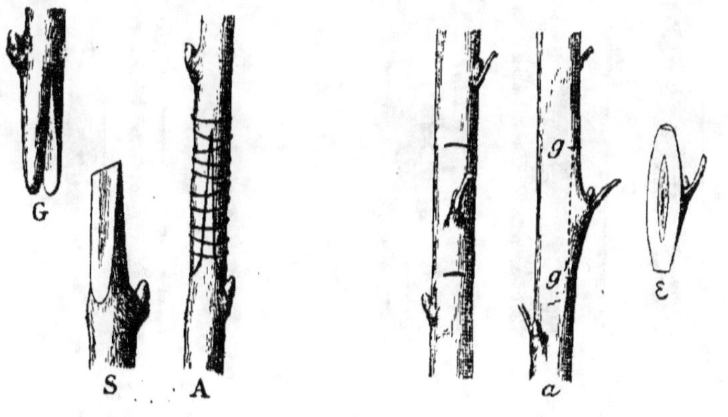

Fig. 190.
Greffe anglaise à cheval (Baltet).

Fig. 191.
Préparation de l'écusson (Baltet).

plet, pourvu de bourgeons, que l'on introduit par glissement sur un sujet de même diamètre, après lui avoir enlevé un anneau d'écorce de même dimension.

Si la greffe se fait sur le parcours d'un rameau ou d'une tige, la mise en place du greffon ne peut s'opérer qu'après avoir ouvert longitudinalement l'anneau d'écorce qui le constitue (G).

Préparation de l'écusson sous l'eau. — On a toujours recommandé de lever rapidement l'écusson, d'éviter de l'humecter et de le poser le plus vite possible sur le sujet, pour éviter le contact de l'air. Ces précautions ne peuvent être observées lorsqu'on veut aller vite (pépiniériste multiplicateur) et découragent les débutants. Elles s'expliquent d'ailleurs difficilement en présence de certaines plantes qui, après la section du greffon, laissent échapper des produits liquides capables de se solidifier à l'air ou de former des *encres* par oxydation du tanin, toutes substances de nature à compromettre le succès de la greffe. Ces considérations suggérèrent à Daniel l'idée d'opérer *sous l'eau* la levée de l'écusson. « De cette façon, les produits nuisibles ne peuvent se former et la surface absorbante conserve sa netteté. »

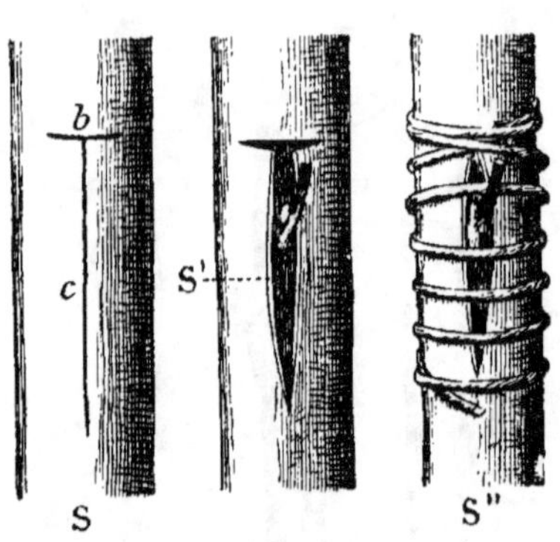

Fig. 192.

Greffe en écusson (Baltet).

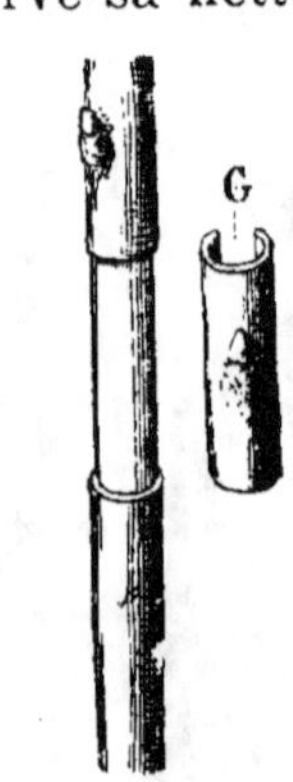

Fig. 193.

Greffe en flûte ordinaire (Baltet).

Nous croyons intéressant de reproduire quelques-unes des expériences entreprises par Daniel.

Une première fois, ce savant a écussonné dix Eglantiers. Il a placé sur les trois rameaux laissés à chaque Eglantier deux écussons, l'un préparé à l'air libre, l'autre sous l'eau. Il a posé chaque catégorie d'écussons tantôt à la base du rameau, tantôt à 15 centimètres de cette base, de façon que les différences de pousses, s'il y en avait, ne pussent être attribuées à la position particulière du greffon sur le rameau-sujet.

Or, il a constaté que les écussons, préparés sous l'eau, ont repris au moins aussi vite que les autres. « Donc le contact de l'eau n'est point à craindre dans l'écussonnage du Rosier. »

Les résultats ont été les mêmes à *œil poussant* qu'à *œil dormant*. La greffe à *œil poussant*, que l'on réussit moins bien en général, donne de meilleurs résultats en opérant sous l'eau.

Dans une seconde expérience, Daniel a choisi le *Lilas*. Il a placé ses écussons un peu différemment. Sur chaque rameau-sujet il a posé trois écussons à 15 centimètres environ les uns des autres. L'écusson, préparé à l'air, était placé entre les deux autres préparés sous l'eau. Ces derniers sont devenus plus gros, plus avancés et plus vigoureux que les premiers.

En répétant cette expérience sur des rameaux de Poirier, à une période où la sève élaborée est trop visqueuse, l'écussonnage ne réussit pas. Or, les écussons préparés à *l'air libre* n'ont pas repris, tandis que *tous les autres ont réussi*.

Enfin Daniel a écussonné l'Abricotier sur le Pêcher en employant la même méthode comparative. Il a posé des écussons à la fois sur du bois de deux ans et sur pousses de l'année.

Dans la première série, les écussons sont morts, mais ceux qui avaient été préparés sous l'eau ont vécu plus longtemps. Dans la seconde série, les écussons préparés *sous l'eau ont seuls réussi*.

C'est donc à l'air qu'il faut attribuer la non-réussite de l'écusson et non à l'eau dont l'action nuisible est désormais réfutée.

VIII. Marche de la cicatrisation. — Il y a lieu de considérer deux stades dans la cicatrisation de la greffe ou l'union définitive du greffon au sujet : 1° *l'union provisoire* ; 2° *l'union définitive*.

1° *Union provisoire.* — Lorsque la greffe est terminée, il s'opère tout d'abord une réunion grossière entre ses deux parties au moyen d'une substance unissante formée par les débris de membranes déchirées, les protoplasmes et autres contenus cellulaires. Cette substance unissante se résorbe

partiellement ensuite et met en communication les tissus
du greffon avec ceux du sujet, puis des « méristèmes locaux
indépendants des couches génératrices normales » se forment dans la moelle et le parenchyme cortical.

2° *Union définitive.* — Les assises génératrices libéro-
ligneuse et péridermique se multiplient pour constituer
deux méristèmes qui finissent par se mettre en contact et se
souder entre eux. C'est par l'activité de ces deux assises que
s'opère solidement l'union du greffon au sujet. Aussitôt
après, il survient, dans les tissus de cicatrisation, une différenciation des éléments conducteurs qui mettent en communication plus ou moins régulière le bois et le liber du
greffon avec ceux du sujet.

Le bourrelet, plus ou moins volumineux, qui se produit au
niveau des surfaces de contact résulte de la persistance, à
l'état parenchymateux, d'un excès de méristème. Enfin ce
dernier se couvre d'une couche mince de liège, par subérification de ses cellules périphériques.

Il est à remarquer que le greffon *seul*, au voisinage de son
point de soudure, a la propriété de fabriquer de *l'amidon* en
assez grande quantité. Cette production d'amidon, par déshydratation des sucres du greffon, est probablement une conséquence de la solution de continuité qui existe entre les
libers.

IX. **Degré de parenté des plantes greffées.** — Le succès
d'une greffe dépend, non seulement de l'habileté de l'opérateur, de la saison, de la vigueur des parties mises en contact, etc., mais encore du degré d'affinité qui existe entre
les individus réunis. L'affinité entre espèces est d'autant plus
intime que ces espèces sont plus rapprochées dans la classification. Aucun caractère, morphologique ou anatomique,
n'est capable de fournir un criterium *certain* de détermination
de l'affinité. Les lois d'affinités spécifiques sont presque
entièrement inconnues et les faits acquis sont surtout le
résultat d'observations pratiques. Néanmoins, il est reconnu

aujourd'hui que les plantes capables d'être greffées entre elles doivent appartenir à la même famille. Il ne s'ensuit pas pour cela que deux genres quelconques d'une famille puissent être greffés entre eux. Il existe souvent entre genres et même entre espèces voisines des antipathies que l'on n'est pas encore parvenu à expliquer.

Ainsi le Poirier réussit sur Cognassier, le Lilas sur le Troëne, le Cognassier sur l'Aubépine, etc., sans que la réciproque soit possible ; et, fait aussi bizarre au point de vue des *apparences*, le Châtaignier peut être greffé sur le Chêne et ne peut pas l'être sur le Marronnier d'Inde.

La greffe réussit assez fréquemment entre genres appartenant à des sous-tribus ou à des tribus différentes d'une même famille, tels, par exemple, que le Fenouil (*Cicutées*) et la Carotte (*Laserpitiées*), le Panais (*Angélicées*) et la Carotte, le Carthame (*Flosculeuses*) et le Soleil (*Radiées*), etc. Mais, dans ce cas, il peut arriver que le greffon ne fructifie pas, tandis que la fructification s'effectuera pour la Giroflée greffée sur le Chou-vert ou pour la Laitue de printemps greffée sur le Salsifis, etc.

Enfin le greffage des végétaux à feuilles caduques sur ceux à feuilles persistantes qui, au dire de Baltet, a presque toujours résisté aux expériences qui en ont été faites, a été obtenu par Daniel. Ce savant est parvenu, par son procédé remarquable de greffage *mixte*, à greffer le Laurier-cerise (feuilles caduques) sur le *Cerasium avium* ou Merisier (feuilles persistantes).

X. Les parasites de la greffe. — Cette question importante sera traitée plus loin (p. 646).

TRAVAUX PRATIQUES

1° Leçons pratiques de bouturage et de marcottage. (Ces leçons sont faites au jardin.)

2° Exécution des principaux procédés de greffage. (Greffes à l'anglaise, en fente, en couronne, en écusson, etc.)

Ayant inauguré, cette année, cet enseignement pratique, nous avons pu constater qu'il a vivement intéressé nos élèves.

CHAPITRE II

REPRODUCTION PAR FÉCONDATION

Dans tout ce qui précède il n'a été question que de la plante considérée dans sa vie végétative ou *conservatrice*, car la reproduction par multiplication ne s'exerce, en effet, que sur des organes non différenciés. Il reste maintenant à étudier comment et par quels moyens la plante parvient normalement à assurer sa postérité, c'est-à-dire à engendrer spontanément des individus capables de perpétuer l'espèce à laquelle elle appartient. C'est par différenciation de certaines de ses parties constitutives ou formation d'organes nouveaux, appelés *organes reproducteurs*, résultat d'un long travail organique, que la plante a le pouvoir de se créer une descendance.

Chez les végétaux supérieurs les organes reproducteurs, ordinairement très apparents, constituent la *fleur*.

Nous étudierons la fleur au point de vue : 1° de sa *morphologie générale*, 2° de la *morphologie de ses diverses parties constitutives* et du *développement des organes sexuels*; 3° de la *formation des œufs*.

I. **Morphologie générale de la fleur.** — a. *Fleur complète* (fig. 194). — Une fleur complète comprend quatre verticilles distincts dont les parties respectives sont caractérisées par leur aspect, leur forme et leur position. Ce sont le *calice*, la *corolle*, l'*androcée* et le *gynécée*. Ces verticilles, dont chaque partie alterne avec celles du verticille inférieur ou supérieur, sont portés par un *pédoncule* plus ou moins long, dont l'extrémité supérieure, élargie, constitue le *réceptacle*. Quand le pédoncule fait défaut la fleur est dite *sessile*.

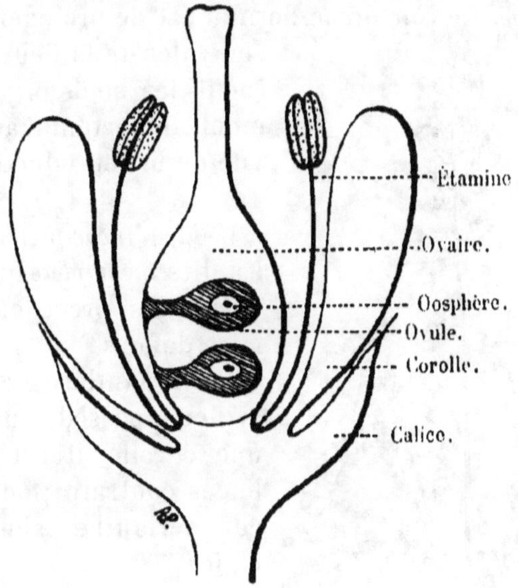

Fig. 194.

Ensemble schématique d'une fleur.

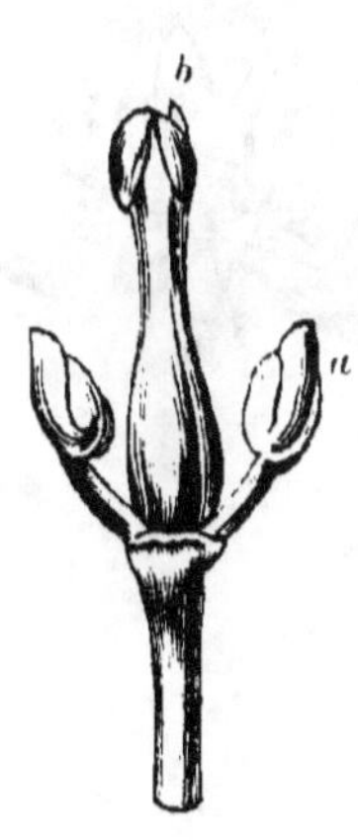

Fig. 195.

Frêne (*Fraxinus excelsior*).

a, étamines. — *b*, pistil. — Fleur hermaphrodite nue ou achlamydée.

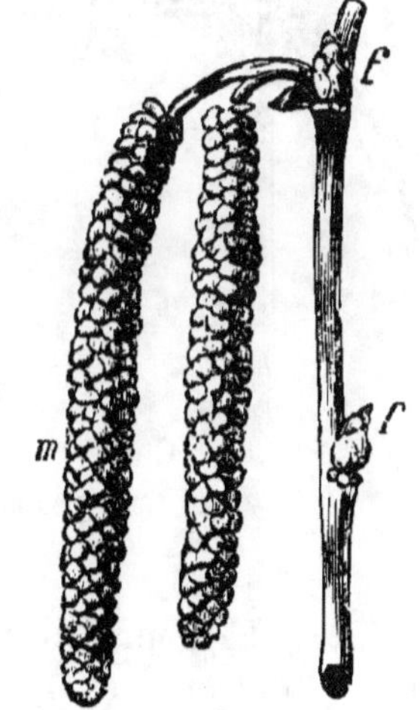

Fig. 196.

Noisetier.

m, mâles. — *f*, *f*, fleurs femelles.

Le calice et la corolle réunis portent le nom de *périanthe* ou *périgone*. Le rôle de ce dernier est de protéger les parties centrales de la fleur qui constituent les seuls organes réellement importants au point de vue de la reproduction.

b. *Fleur incomplète*. — Une fleur est dite *incomplète* quand un des verticilles précédents vient à faire défaut.

Le périanthe est *double* quand la fleur possède un calice et une corolle; il est *simple* dans le cas contraire; on admet que ce périanthe simple est le calice.

Quand le périanthe fait défaut la fleur est *nue* ou *apérianthée*

Fig. 197.
Chanvre (*Cannabis sativa*).
A, pied mâle. — B, fleur mâle.

(Frêne, fig. 195); mais il peut se faire que des feuilles plus ou moins différenciées par la forme, la couleur et la position (bractées), viennent y suppléer (Carex).

Les *bractées* se rencontrent toujours au voisinage de la fleur, soit à la base (Mouron), soit au sommet du pédoncule (Composées, Ombellifères), ou en tout autre point de ce dernier.

Dans le *Tilleul*, le pédoncule floral suit la nervure médiane de la bractée pour s'en isoler vers le milieu. Chez de nombreuses Ombellifères (Persil, Carotte, etc.), et les Composées (Artichaut, Chardon, etc.), les bractées forment un cercle à la base de la fleur, qu'on appelle *collerette* ou *involucre* (fig. 200). Chez le Chêne, les petites bractées ou écailles se soudent de bonne heure en une *cupule* (fig. 201) dans laquelle est engagée la base du gland. Chez les Graminées (Blé, Avoine, Seigle, Ivraie, etc.), on rencontre à la base de chaque épillet deux petites bractées opposées appelées *glumes*,

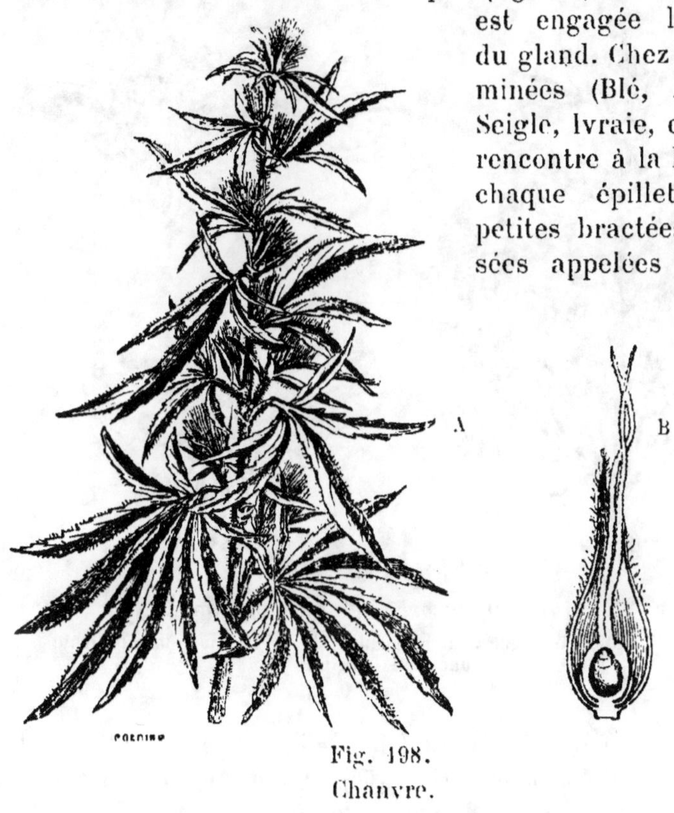

Fig. 198.

Chanvre.

A, pied femelle. — B, fleur femelle.

et autour de chaque fleur de l'épillet d'autres bractées plus petites encore, les *glumelles* ou vulgairement *balles* (fig. 202, 203).

L'*androcée* se compose de parties distinctes (*étamines*) qui sont l'appareil reproducteur *mâle*; tandis que le *gynécée* ou *pistil* est l'appareil *femelle*.

La réunion des deux sexes constitue l'*hermaphrodisme*, et toute fleur qui les possède est dite *hermaphrodite*. Si l'un d'eux vient à manquer, la fleur est *unisexuée*, et si tous deux font défaut, la fleur est *stérile*.

Enfin, quand les fleurs sont unisexuées et qu'elles coexis-

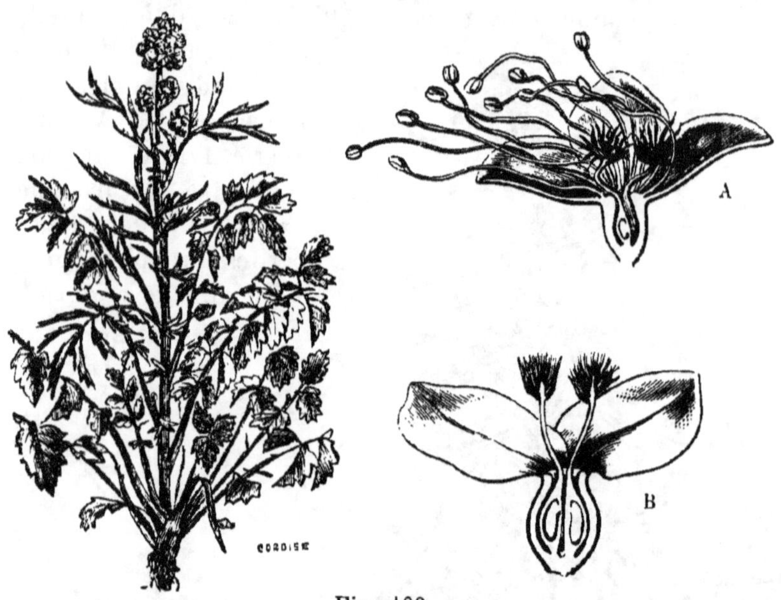

Fig. 199.

Poterium sanguisorba. Plante polygame.

A, coupe longitudinale d'une fleur hermaphrodite. — B, coupe longitudinale d'une fleur femelle.

tent sur le même individu (Maïs, Noyer, Melon, etc.), cet individu est dit *monoïque* (fig. 196). Quand au contraire une plante ne porte que des fleurs unisexuées, mâles ou femelles, elle est *dioïque* (Saule, Chanvre, fig. 197, 198, etc.), et *polygame* lorsqu'elle possède en même temps des fleurs unisexuées et des fleurs hermaphrodites (Erable, fig. 199).

Il est à noter aussi que le réceptacle peut produire, ordinairement entre l'androcée et le gynécée, des petites émergences glandulaires, libres ou réunies, les *nectaires*, dont l'ensemble porte le nom de *disque floral* (fig. 204). C'est grâce

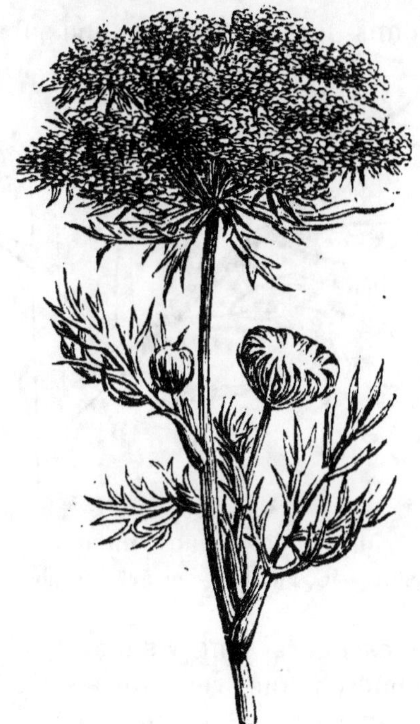

Fig. 200.

Daucus carota. Involucre et involucelle.

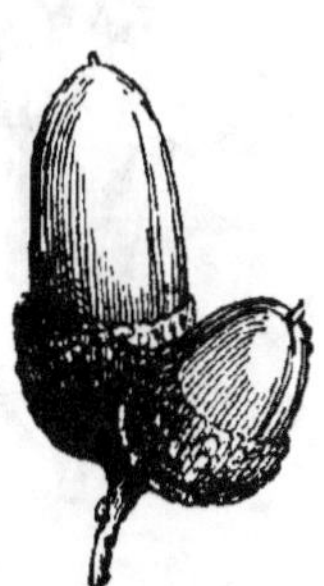

Fig. 201.

Deux fruits de Chêne.

La cupule résulte de la soudure
des deux bractées latérales de la
fleur solitaire, lesquelles forment
un bourrelet autour de l'ovaire.

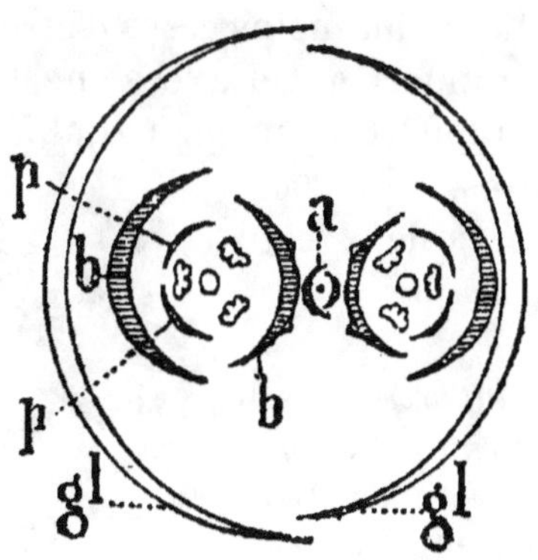

Fig. 202.

**Diagramme d'un épillet
de *Graminée.***

gl, gl, glumes. — *a,* fleur stérile.
b, b, glumelles. — *p, p,* glumellules.

à la présence dans les nectaires, d'une substance sucrée

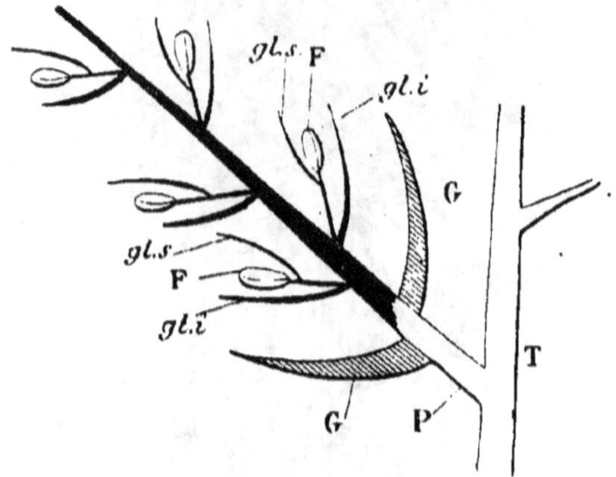

Fig. 203.
Un épillet à cinq fleurs.
P, pédoncule de l'épillet. — G, glumes. — *gl.i* et *gl.s*, glumelles. — F, fleur.

ou *nectar*, que les fleurs sont visitées par les insectes.

Toute fleur dont chaque verticille est symétrique par rapport à l'axe floral est dite *régulière* ou *actinomorphe* (Chou, fig. 205, Ravenelle, Lis, etc.). Quand au contraire un verticille au moins cesse d'être symétrique par rapport à cet axe et ne l'est plus que par rapport à un plan (Labiées, Légumineuses, fig. 206, etc.), la fleur est *zygomorphe*.

c. *Inflorescences.* — On appelle *inflorescence* l'ordre suivant lequel les fleurs se groupent sur une plante.

L'inflorescence

Fig. 204.
Agrimonia Eupatoria. Réceptacle doublé d'un disque glanduleux.

Fig. 205.
Inflorescence de Chou.

est *uniflore* (fig. 207) quand les fleurs sont solitaires.

c'est-à-dire séparées les unes des autres par un certain nombre de feuilles normales (Tulipe, Mouron, Violette, etc); elle est *pluriflore* quand les fleurs sont groupées sur un même pédicelle floral plus ou moins ramifié (Vigne, Groseillier, Lamier, etc.).

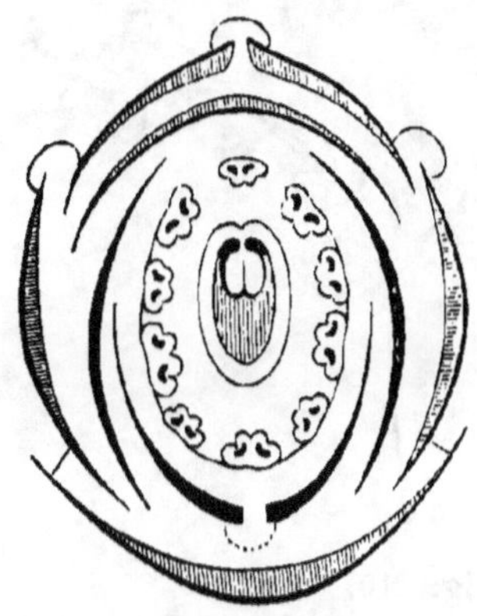

Fig. 206.

Diagramme d'une fleur Papilionacée.

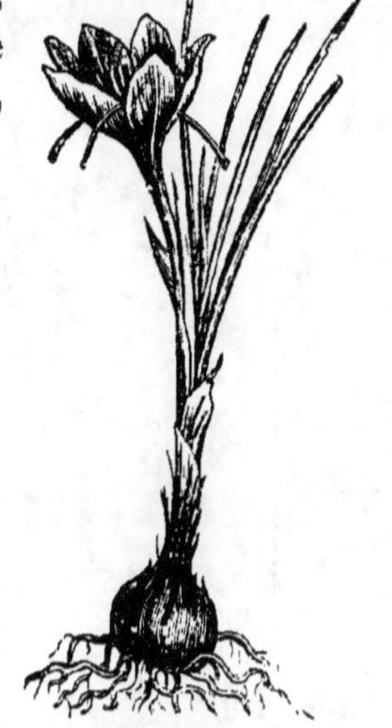

Fig. 207.

Fleur solitaire (Croccus).

Les inflorescences peuvent être, en outre, *définies* ou *indéfinies*. Dans le premier cas, elles sont composées d'axes déterminés, c'est-à-dire arrêtés dans leur croissance végétative par l'existence d'une fleur à leur extrémité. Dans le second cas, les inflorescences sont *axillaires* et par conséquent situées à l'aisselle de feuilles normales, et ne peuvent en aucun cas arrêter la croissance des divers rameaux de la plante, lesquels se terminent tous par un bourgeon à bois.

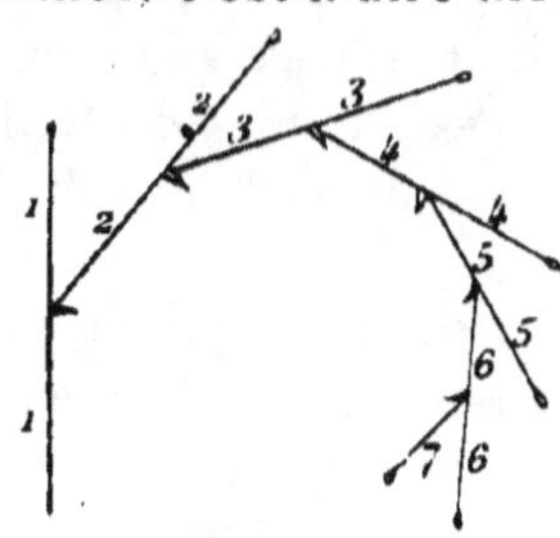

Fig. 208.

Inflorescence scorpioïde.

Les inflorescences définies, désignées sous le nom collectif de *cymes*, peuvent se subdiviser en *cymes unipares* et en *cymes bipares*.

La cyme est *unipare* quand de l'aisselle de la bractée

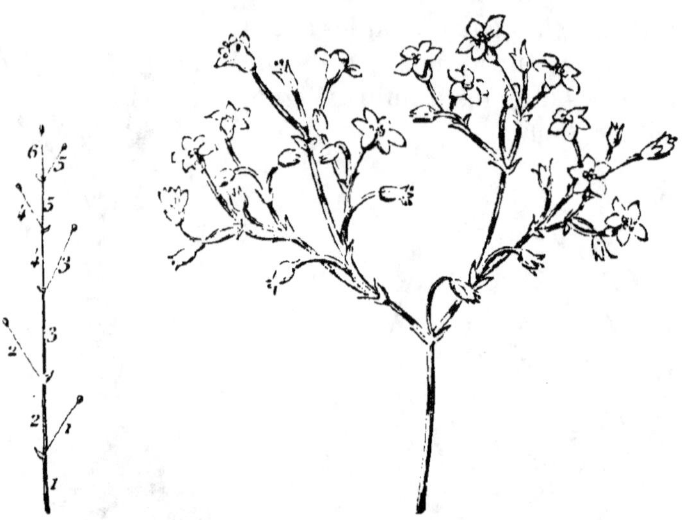

Fig. 209.   Fig. 210.

Cyme unipare.   Inflorescence en cyme bipare (*Gypsophylle*).

florale de l'axe primaire naît une fleur, que de la bractée de
cette fleur, il en naît une seconde, et ainsi de suite, de telle

sorte que l'inflorescence peut affecter la
forme d'une queue de scorpion, d'où le
qualificatif spécial de *scorpioïde* (fig. 208)
donné aux inflorescences définies du Myo-
sotis, de la Pulmonaire, de la Bourrache,
etc. (fig. 209).

La cyme est *bipare* (fig. 210) quand, au
lieu d'une seule bractée florale, il y en a
deux opposées qui fournissent, par le même
processus, chacune une fleur (Petite Cen-
taurée, Céraiste, etc.).

La forme fondamentale de l'inflorescence
indéfinie est la *grappe* qui, par diverses

Fig. 211.

Une grappe
simple.

modifications, engendre l'*épi*, le *corymbe*, l'*ombelle* et le *capitule.*

La *grappe* comprend un pédicelle principal muni de

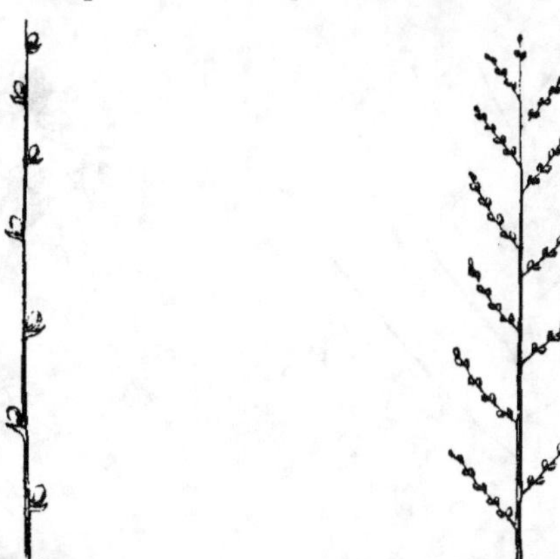

Fig. 212.
Schéma d'un épi.

Fig. 213.
Schéma d'un épi composé.

pédicelles secondaires (grappe *simple* (fig. 211) : Groseillier), lesquels, à leur tour, peuvent porter des pédicelles tertiaires, etc. (grappe *composée* Vigne).

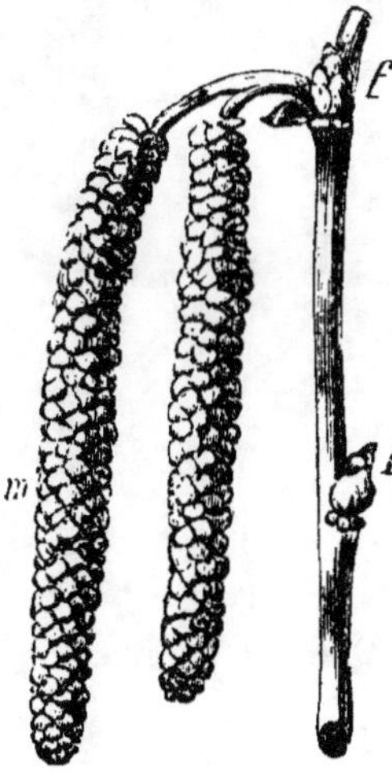

Si dans une grappe les pédicelles secondaires, tertiaires, etc., font défaut, les fleurs deviennent alors sessiles et viennent s'insérer sur l'axe primaire ; une telle inflorescence constitue l'*épi* qui peut être *simple* (fig. 212) (Plantain) ou *composé* (fig. 213), c'est-à-dire formé d'épis simples ou *épillets* (Seigle, Blé, etc.).

Les fleurs de Noyer, de Noisetier, etc., ne sont autre chose que des épis simples et unisexués nommés *chatons* (fig. 214).

Le *corymbe* (fig. 215) diffère de la grappe en ce que les pédicelles secondaires atteignent sensiblement le

Fig. 214.
Noisetier.
m, mâles. — *f. f*, fleurs femelles.

même niveau tout en naissant en des points différents du

pédicelle primaire (Abricotier, Poirier, etc., fig. 216).

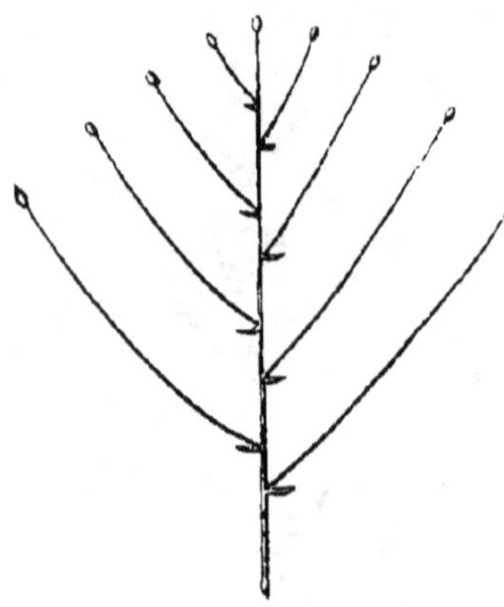

Fig. 215.
Schéma d'un corymbe.

Fig. 216.
Corymbe (Prunier).

Si les pédicelles secondaires, sensiblement égaux, partaient tous, en divergeant, du sommet du pédicelle primaire,

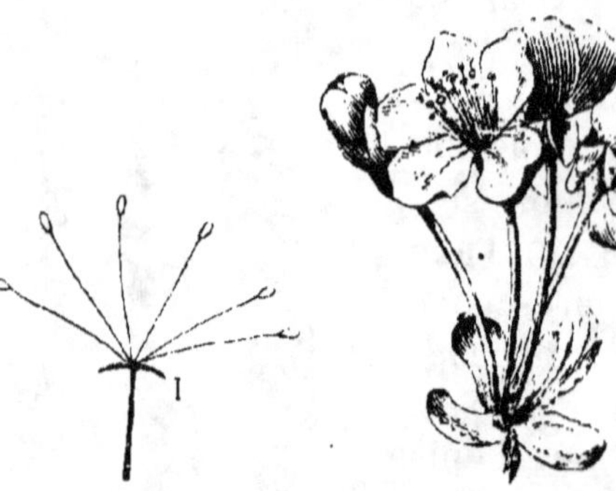

Fig. 217.
Ombelle simple.

Fig. 218.
Ombelle simple
(Cerisier).

Fig. 219.
Schéma d'une ombelle
composée.
i, ombellule. — I, ombelle.

on aurait l'*ombelle* (fig. 217, 218) (Pimprenelle, Cerisier, Carotte, Ciguë, Persil, etc.).

Les pédicelles secondaires peuvent être en outre terminés par une petite ombelle ou *ombellule* (fig. 219) (Persil, Carotte).

Le *capitule* est une inflorescence dans laquelle les fleurs sont sessiles et groupées sur le réceptacle qui termine un

Fig. 220.
Pàquerette (fleurs en capitule).

pédicelle unique. Le capitule est en quelque sorte une ombelle simple dans laquelle les pédicelles secondaires ont disparu. La famille des Composées (Pissenlit, Artichaut, l'Àquerette, fig. 220) est caractérisée par une telle inflorescence.

On appelle *thyrse* une inflorescence en grappe de forme ovoïde, dans laquelle les pédicelles secondaires de la région moyenne du pédicelle primaire se sont allongés de façon à devenir plus longs que ceux de la base et du sommet (Lilas).

Ces diverses inflorescences peuvent être résumées de la manière suivante :

I. Inflorescences définies ou à développement centrifuge . .	Cyme unipare, scorpioïde : **Myosotis. Pulmonaire.**	
	Cyme bipare : Céraiste, petite Centaurée.	
II. Inflorescences indéfinies ou à développement centripète.	Grappe .	simple . . Groseillier.
		composée. Vigne.
	Thyrse.	Lilas.
	Epi . . .	simple. . . Plantain.
		composé . Blé.
	Chaton.	Noyer. Saule, Noisetier.
	Corymbe.	Abricotier, Poirier.
	Ombelle .	simple. . . Pimprenelle, Cerisier.
		composée. Persil, Carotte.
	Capitule.	Pissenlit, Pâquerette.

Floraison et épanouissement de la fleur. — Ces deux termes sont confondus à tort dans la pratique. La *floraison* ou *anthèse* est l'époque où les fleurs se développent apparemment, ou mieux celle où les plantes fleurissent. L'*épanouissement*, au contraire, est un phénomène en vertu duquel les boutons floraux s'ouvrent et étalent toutes les parties de la fleur.

L'époque de la *floraison* est variable. Chez les plantes *annuelles* elle a lieu l'année même du développement de l'individu et chez les végétaux *bisannuels* pendant la seconde année. Elle est généralement variable chez les végétaux ligneux. On a vu, en effet (p. 321), que le rameau fruitier de la Vigne est annuel, que celui du Pêcher est bisannuel et que sur ceux des Pommier et Poirier les fleurs n'apparaissent que quand les rameaux ont au moins deux ans.

L'époque de la floraison, ainsi que l'abondance des fleurs, sont sous la dépendance du milieu ambiant, de la culture et des opérations (taille, greffage) auxquelles on peut soumettre la plante. Un même végétal, cultivé dans un sol pauvre et sec, donne plus de fleurs que dans un sol riche. La culture peut être dirigée dans le but de faire varier les habitudes de certaines plantes. C'est ainsi qu'on est parvenu à obtenir, pour les Rosiers en particulier, les *espèces remontantes* qui fleurissent deux fois dans la même année.

On peut aussi hâter la floraison sous l'influence de la chaleur et de l'humidité, et obtenir ainsi des fleurs toute l'année. Cette opération de serre, qui constitue le *forçage*, peut provoquer une décoloration de la fleur, en arrêtant le développement des pigments.

On obtient, par exemple, le forçage du Lilas en serre, en réalisant une température constante de 22 degrés environ et une atmosphère suffisamment humide. Au bout de trois semaines environ les fleurs sont épanouies et d'une couleur ordinairement blanche. Si l'on abaissait la température, la floraison s'effectuerait plus lentement et les fleurs ne perdraient pas entièrement leur couleur normale.

L'absence de lumière n'exerce aucune action sur la floraison. Si, en effet, on disposait une plante de telle sorte que tous ses organes aériens fussent exposés aux radiations solaires, à l'exception de ses boutons floraux, ces derniers n'en seraient nullement contrariés; ils achèveraient de se développer et s'épanouiraient comme s'ils eussent été à la lumière. Les sépales seuls sont plus délicats et pâlissent quand ils sont normalement verts.

Il ressort de cette expérience que si l'on veut empêcher une plante de fleurir, il ne faut pas la mettre à l'obscurité, mais dans une chambre à basse température (*frigidarium*).

La durée de l'épanouissement est aussi très variable. Elle est courte pour les plantes dont les fleurs s'ouvrent à peu près en même temps (Prunier, Poirier), longue par persistance des fleurs (Orchidées) ou par renouvellement de ces dernières (Bourse-à-Pasteur).

Il est des fleurs qui s'ouvrent le matin et se ferment le soir (Belle-de-Jour, Nénuphar blanc, etc.); tandis que d'autres s'ouvrent le soir et se ferment le matin (Belle-de-Nuit, Pavots, Graminées).

Linné est parvenu à dresser une liste de plantes dont l'épanouissement particulier correspond aux heures successives de la journée; il a donné à cette liste le nom *d'horloge de Flore*.

Voici, d'après Duchartre, une série diurne d'épanouissements dans nos contrées :

Calystegia sepium		3 heures du matin.
Tragopogon pratense.	4 à 5	—
Chicoracées en général.	5	—
Plusieurs Solanum	6	—
Nymphæa alba, Laitues.	7	—
Anagallis arvensis.	8	—
Calendula arvensis.	9	—
Mesembryanthemum pluviale. . . .	9 à 10	—
— nodiflorum. . .	10 à 11	—
Ornithogalum umbellatum, Pourpier.	11	—
La plupart des Mesembryanthemum.	midi	
Scilla pomeridiana.		2 heures du soir.
Silene noctiflora	5 à 6	—
Mirabilis Jalapa	6 à 7	—
Cereus grandiflorus	7 à 8	—
Pharbitis hispida.	10	—

Enfin certaines fleurs (Pàquerette, Chicorée) ont la propriété de se fermer à l'approche de la pluie, ce qui leur a valu d'être appelées *fleurs météoriques*.

2. Morphologie des diverses parties de la fleur. — 1° CALICE

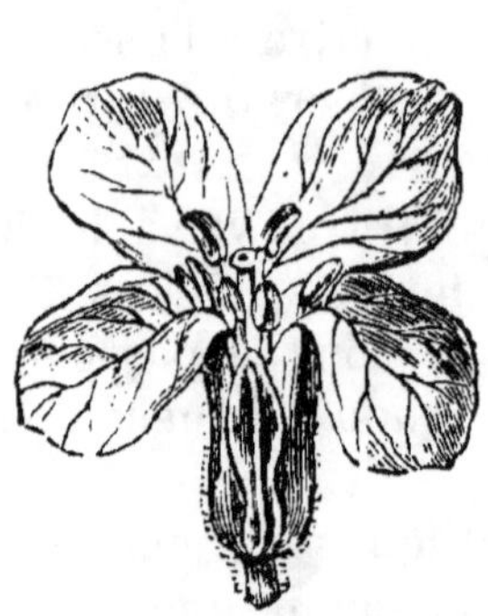

Fig. 221.
Fleur de Giroflée.
Calice dialysépale.

Fig. 222.
Fleur de serpolet.
Calice gamosépale.

— Le calice est le verticille le plus externe de la fleur ; il est formé de parties libres ou plus ou moins soudées entre elles nommées *sépales*.

Lorsque les sépales sont indépendants les uns des autres, le calice est *polysépale* ou dialysépale (Pavot, Giroflée, fig. 221) ; dans le cas contraire il est *monosépale* ou *gamosépale* (fig. 222) (Lamier, Campanule). Dans ce dernier cas, le calice se compose d'une partie inférieure ou *tube* et d'une partie supérieure ou *limbe*. Le tube peut être *cylindrique* (OEillet), *urcéolé* (Silène), *vésiculeux* (Alkékenge, fig. 223), *infundibuliforme* (Jusquiame), etc.

La concrescence de plusieurs sépales peut constituer un *éperon* (Capucine).

Le nombre des sépales est variable ; il y en a deux dans le Pavot, quatre dans les Crucifères, cinq dans les Renoncules, etc.

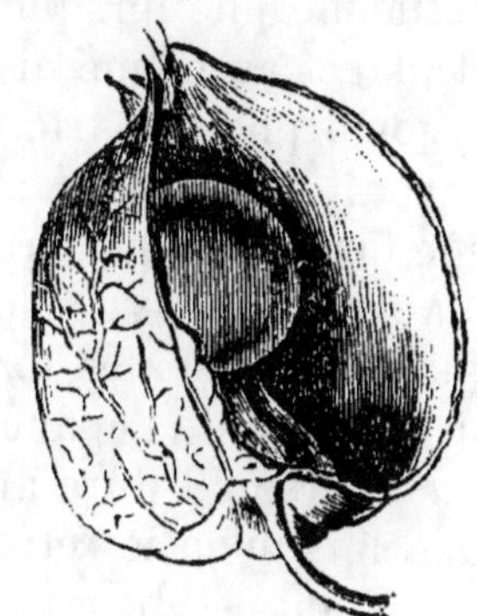

Fig. 223.

Fruit de Coqueret (*Physalis Alkekengi*, Solanées), enveloppé par un sac qui provient du calice accrescent.

Le calice est ordinairement vert, mais il est des fleurs où

Fig. 224.
Fleur d'Aconit Napel.
Le sépale postérieur s'arrondit en casque.

Fig. 225.
Fleur de Fraisier montrant le calice et le calicule.

Les dépendances stipulaires des cinq sépales forment un calicule, lequel présente cinq folioles.

il prend la teinte de la corolle (Jacinthe, Tulipe, Dauphinelle, Fuchsia) ; on dit alors qu'il est *pétaloïde*. Il est très petit dans la Vigne et forme des poils ou des soies dans les Synanthérées.

22.

Le calice peut être *actinomorphe* ou *zygomorphe* ; il est actinomorphe lorsque ses sépales sont équidistants, égaux et placés au même niveau (Renoncule, Fraisier, etc.) ; il est zygomorphe dans le cas contraire (Sauge, Lamier) ; dans l'Aconit (fig. 224) il a l'aspect d'un capuchon et présente une forme très bizarre dans l'Aristoloche.

Au point de vue de la durée, le calice peut être *fugace* quand ses sépales tombent de bonne heure, ordinairement au moment de l'épanouissement de la corolle (Pavot) ; il est *caduc* lorsqu'il dure aussi longtemps que la corolle ; *persistant*, lorsqu'on le retrouve sur le fruit développé. Un calice persistant est dit *marcescent* quand il se dessèche ou se flétrit sur le fruit (Pommier), et *accrescent* quand il s'accroît en même temps que le fruit (Alkékenge).

La direction que prennent les sépales est également variable : ils sont dressés (Crucifères), étalés (Hellébore) ou *réfléchis* (Renoncule bulbeuse, Cerisier).

Certaines fleurs (Potentille, Fraisier, etc.), ont un calice surnuméraire, plus petit, appelé *calicule* (fig. 225), dont les segments alternent avec ceux du calice.

La structure d'un sépale est ordinairement la même que celle d'une feuille ordinaire.

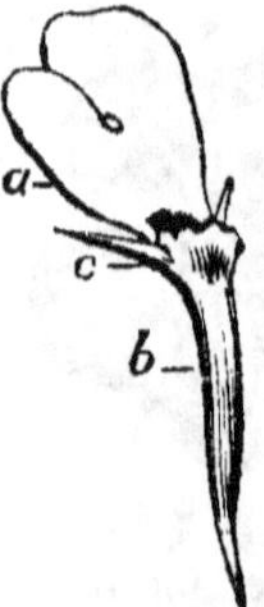

Fig. 226.
Pétale de *Lychnis vespertina*
(Caryophyllée).

a, limbe. — *b*, onglet.

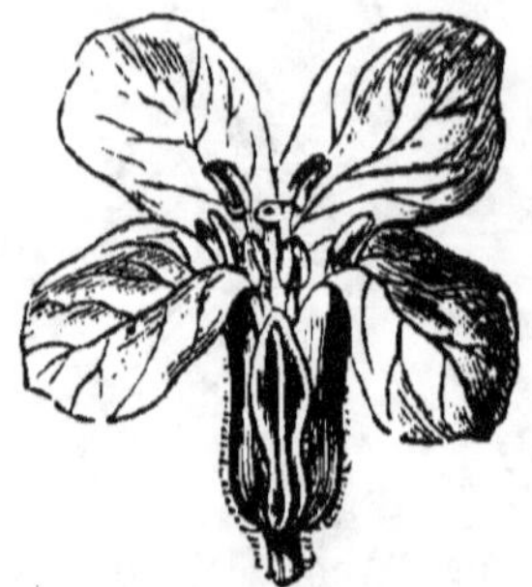

Fig. 227.
Fleur de Giroflée.
Corolle dialypétale.

1º COROLLE. — La corolle est le verticille situé entre l'androcée et le calice. De même que ce dernier, elle est formée de feuilles différenciées, libres ou plus ou moins soudées entre elles, nommées *pétales* (fig. 226).

Les pétales sont ordinairement plus grands que les sépales; colorés de teintes plus ou moins vives, ils donnent à la fleur son éclat et sa beauté.

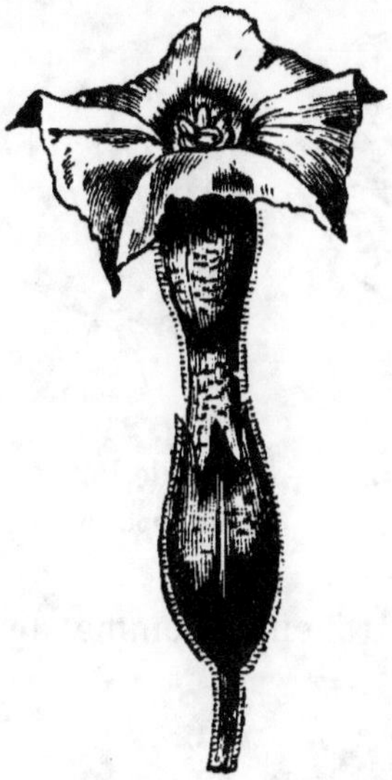

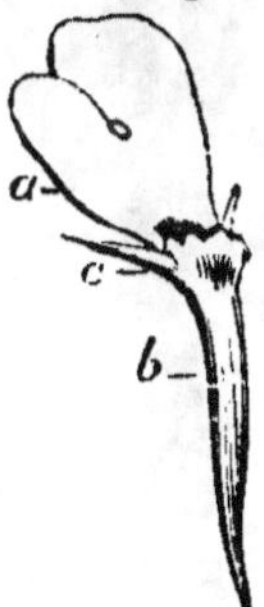

Fig. 228.

Fleur de tabac.

Corolle gamopétale.

Fig. 229.

Fleur de Vigne vue en coupe longitudinale. Les pétales sont soudés au sommet et se détachent ensemble.

Une corolle à pétales complètement indépendants est dite

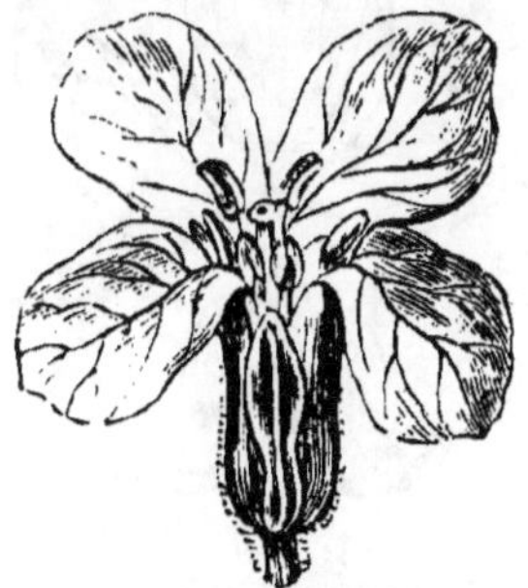

Fig. 230.

Pétale de *Lychnis vespertina* (Caryophyllées).

a, limbe. — *b*, onglet.

Fig. 231.

Fleur de Giroflée.

Corolle cruciforme.

dialypétale ou *polypétale* (fig. 227) (Renoncule, Chou,); elle est, au contraire, *gamopétale* ou *monopétale* (fig. 228), quand les

Fig. 232.
Fleur d'OEillet.
Corolle caryophyllée.

Fig. 233.
Fleur de *Rosa canina*.
Corolle rosacée.

Fig. 234.
Fleur de Pois.
Corolle papilionacée.

pétales sont plus ou moins soudés entre eux (Pomme de terre, Lamier, Nielle, Tabac, etc.). Les pétales sont soudés par le sommet dans la Vigne (fig. 229).

Un pétale *libre* se compose ordinairement de deux par-

Fig. 236.
Fleur de Liseron.
Corolle campanulée.

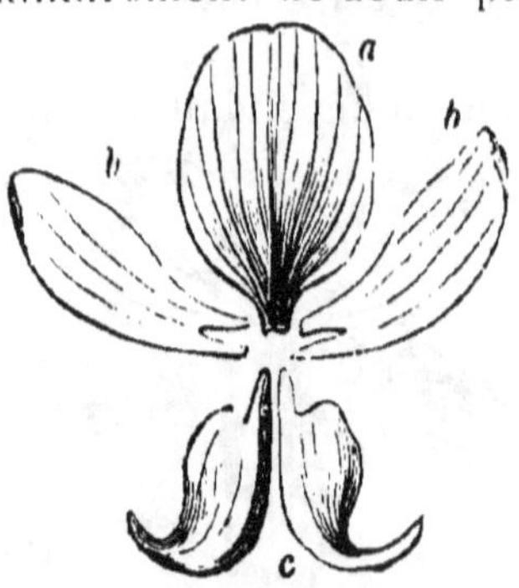

Fig. 235.
Corolle de Pois.
a, étendard. — *b*, *b*, ailes. *c*, carène.

ties, l'une inférieure, plus ou moins allongée, étroite, nommée *onglet*, l'autre plus large et aplatie, nommée *lame* (fig. 230) ou limbe.

Une corolle gamopétale comprend aussi plusieurs parties successives : 1° une partie inférieure, étroite et tubuleuse, appelée *tube*; 2° une partie supérieure, plus ou moins étalée et apparente, appelée *limbe* et 3° la *gorge* qui se trouve entre les deux précédentes et qui indique le point où le tube commence à s'évaser pour constituer le limbe.

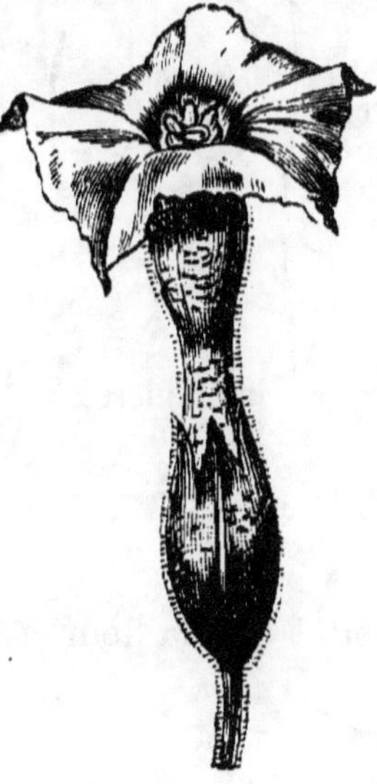

Fig. 237.

Fleur de Bourrache.

Corolle rotacée.

Fig. 238.

Fleur de Tabac.

Corolle infundibuliforme.

De même que le calice, la corolle peut être *régulière* (Lilas, Campanule) ou *irrégulière* (Lamier, Digitale).

On donne à la corolle des noms différents en rapport avec les formes particulières qu'elle peut affecter :

1. Corolle dialypétale. . .

régulière. .

cruciforme (fig. 231) (pétales en croix) : Colza, Navette.

caryophyllée (fig. 232) (5 pétales à onglet long, entourés d'un calice tubuleux) : Œillet.

rosacée (fig. 233) (pétales disposés en rosace) : Églantier, Pommier.

irrégulière.

papilionacée (fig. 234) [5 pétales inégaux : un supérieur (*étendard*), deux latéraux (*ailes*) et deux infér. (fig. 235) (*carène*)] : Trèfle, Pois, Haricot.

II. Corolle gamopétale .

régulière. .
- *campanulacée* (fig. 236) (pétales soudés en cloche) : Campanule.
- *rotacée* (fig. 237) (en forme de roue) : Bourrache.
- *infundibuliforme* (fig. 238) (en forme de coupe plus ou moins conique) : Liseron.
- *hypocratériforme* (fig. 239) (en forme d'entonnoir) : Lilas.

irrégulière.
- *personée* (fig. 240) (en forme de masque) : Muflier.
- *labiée* (fig. 241, 242) (qui a une ou deux lèvres) : Sauge.
- *ligulée* (fig. 243) (en languette) : diverses composées.

Aussitôt que la fleur est fécondée, la corolle se flétrit, se

Fig. 239.
Fleur de Lilas.
Corolle hypocratériforme.

Fig. 240.
Fleur de Muflier.
Corolle personnée.

Fig. 241.
Fleur de Sauge.
Corolle bilabiée.

dessèche et disparait; elle est très rarement marcescente (Campanule). Outre son rôle protecteur des organes essentiels de la fleur contre l'eau et le froid, la corolle peut aussi, dans certains cas, assurer la fécondation de la fleur (Aristoloche).

La structure des pétales diffère peu de celle des sépales ; leur limbe comprend les épidermes inférieur et supérieur avec stomates peu nombreux, un mésophylle homogène, sans palissades, largement méatique, dans lequel la chlorophylle est remplacée par des principes colorants xanthiques

Fig. 242.

Fleur de Bugle (*Ajuga reptans*).

Corolle unilabiée.

Fig. 243.

Demi-fleuron de *Lactuca virosa*.

Corolle ligulée à cinq dents.

ou cyaniques; puis des nervures constituées comme celles
d'une feuille ordinaire.

Préfloraison. — On donne ce nom à la disposition relative

Fig. 244.

Préfloraison
à 5 sépales.

Fig. 245.

Préfloraison tordue
à 3 sépales.

Fig. 246.

Préfloraison imbriquée
à 5 sépales.

des sépales et des pétales dans le bouton floral. La préfloraison varie, non seulement avec les espèces, mais parfois aussi entre les sépales et les pétales d'une fleur. Elle peut présenter les cas suivants :

valvaire (fig. 244) : les pièces florales se touchent bord à bord sans se recouvrir (Vigne).

tordue (fig. 245) : chaque pièce est recouvrante d'un côté et recouverte de l'autre (Pomme de terre, Iris).

indupliquée : les bords des pièces se replient en dedans.

rédupliquée :   —   —   — en dehors.

chiffonnée : les pièces sont repliées irrégulièrement sur elles-mêmes (Pavot).

simple (fig. 246) : une pièce est entièrement recouvrante, une autre voisine entièrement recouverte et les autres recouvrantes d'un côté et recouvertes de l'autre (Cochléaire).

quinconciale (fig. 247) : deux pièces sont recouvrantes, deux recouvertes et une recouvrante d'un côté et recouverte de l'autre (Fraisier, Poirier, Rosier).

vexillaire (fig. 248) : la pièce supérieure (étendard) recouvre les deux latérales (ailes) qui, à leur tour, recouvrent les deux inférieures (carène): Papilionacées.

cochléaire (fig. 249) : pièce supérieure recouverte, une autre recouvrante et les autres recouvrantes d'un côté et recouvertes de l'autre (Violette).

Préfloraison. — *imbriquée.*

Dans la fleur du *Géranium*, le calice est à préfloraison *imbriquée*, et la corolle, à préfloraison tordue.

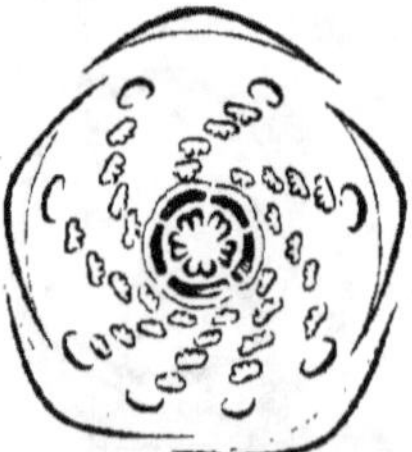

Fig. 247.
Préfloraison quinconciale.
Calice de *Nigella arvensis*
(Renonculacées).

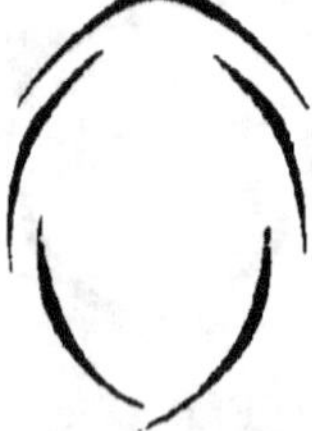

Fig. 248.
Préfloraison
vexillaire.

Fig. 249.
Préfloraison
cochléaire
à 5 sépales.

3° ANDROCÉE. — L'androcée comprend l'ensemble des *éta-*

mines; il est, à partir de l'extérieur, le troisième verticille d'une fleur complète.

Une *étamine* comprend typiquement trois parties (fig. 250) : un cordon plus ou moins grêle et allongé, le *filet;* un double renflement terminal, l'*anthère*, et enfin une portion intermédiaire entre les deux parties précédentes, le *connectif* qui est en quelque sorte le trait d'union entre le filet et l'anthère.

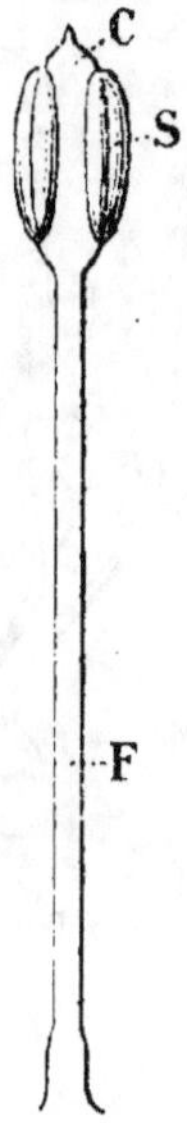

Les étamines présentent de nombreuses variations quant à la forme, à la structure, à l'aspect, au nombre, etc.

a. *Filet.* — Le filet a une longueur variable; il peut être de même longueur que la corolle (Crucifères), plus court (Muguet) ou plus long (Fuchsia, Ombellifères). Il est ordinairement cylindrique, mais il peut s'aplatir (Ornithogale, Gouet, etc.); lorsqu'il fait défaut, l'étamine est dite *sessile;* l'anthère s'insère alors directement sur le réceptacle.

Quelquefois le filet est pourvu d'un appendice qui se prolonge dans l'éperon de la corolle (Pensée) ou affecte la forme d'un tire-bouchon (Ail). Il peut aussi se ramifier (étamines *composées*) : ex. Ricin (fig. 251), Mauve, Guimauve.

Fig. 250.

Étamine isolée.

F. filet. — S, sacs polliniques. — c, connectif.

Fig. 251.

Étamines ramifiées du Ricin.

b. *Anthère.* — L'anthère se compose de quatre sacs polliniques chez les Angiospermes, deux de chaque côté du connectif, mais la cloison séparatrice de chaque paire latérale se résorbe finalement, de sorte qu'il n'y a plus qu'une loge, c'est-à-dire deux pour chaque anthère. Cependant le nombre *initial* des sacs polliniques peut se réduire à deux, soit continus (Mauve), soit divisés transversalement (Laurier). Le Gui possède de nombreux sacs polliniques.

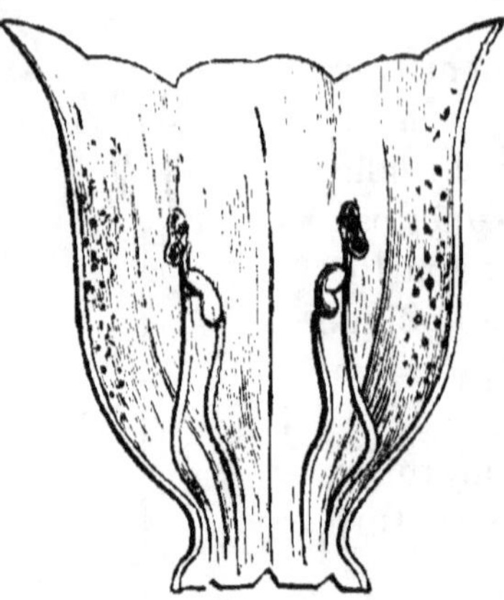

Fig. 252.

Fleur de Digitale fendue en long.

Quatre étamines didynames.

c. *Connectif*. — Cet organe peut revêtir des formes très différentes. Ordinairement très petit et très étroit, il s'allonge en un long filament terminal garni de barbes dans le Laurier-Rose où il forme une sorte de balancier qui se termine d'une part par une loge fertile et d'autre part par un renflement stérile (Sauge), etc.

d. *Staminodes*. — Dans quelques fleurs, certaines étamines peuvent s'arrêter dans leur développement et se réduire à un organe, plus ou moins apparent et stérile, que l'on désigne sous le nom de *staminode*. Exemple : le verticille extérieur de l'androcée dans l'Erode (Erodium cicutarium), les deux étamines latérales des Orchidées, les filaments pétaloïdes des Passiflores, etc. La fleur peut même devenir *femelle* par avortement des anthères, et alors les étamines sont réduites à de courts rudiments staminoïdaux (Lychnis).

Fig. 253.

Androcée de Giroflée.

Six étamines tétradynames.

Nombre et dimensions des étamines. — Les étamines peuvent avoir des dimensions relatives différentes, et varier aussi quant à leur nombre. Ces variations étant assez constantes dans les groupes naturels, peuvent servir à caractériser des genres et des familles. Ainsi la fleur de la plupart des Labiées et

Scrofulariées possède quatre étamines, deux grandes et deux petites (étamines *didynames*, fig. 252); celle des Crucifères possède six étamines, quatre grandes et deux petites (étamines *tétradynames* fig. 253); celle des Molènes, cinq étamines dont deux plus longues, etc.

Le nombre des étamines est le plus souvent compris entre un et dix. Les Dycotylédones, dont la fleur est construite sur le type *pentamère*, ont ordinairement cinq étamines (Composées, Solanées, etc.). Il peut y en avoir dix, sur deux verticilles (Caryophyllacées, Papilionacées) ou quatre, par avortement de la cinquième (Labiées) ou un très grand nombre (*polyandrie* : Renonculacées, Rosacées).

Fig. 254.
Diagramme d'une fleur d'*Orchis*.

a. a, a, périanthe externe. — b, b, c, périanthe interne. — c, labelle. — d, étamine unique. — e, ovaire.

Dans les Monocotylédones, dont la fleur est construite sur le type *trimère*, il y a trois étamines (Graminées), ou six sur deux verticilles (Liliacées) ou enfin une seule (Orchidées) (fig. 254), les deux autres étant remplacées par des staminodes.

L'androcée est *isostémone* lorsqu'il n'est représenté que par un seul verticille d'étamines en nombre égal à celui des pétales (Vigne); il est *diplostémone* lorsqu'il possède deux verticilles d'étamines en nombre double de celui des pétales (Légumineuses, Caryophylla-

Fig. 254 *bis*.
Fleur de *Tamarinus Indica* (Tamarin) coupée en long. Calice, corolle, androcée et pistil sont unis en tube à la base.

cées); il est *méristémone* quand les étamines sont ramifiées (Malvacées), et enfin *polystémone* quand les étamines sont très nombreuses (Renonculacées, Rosacées).

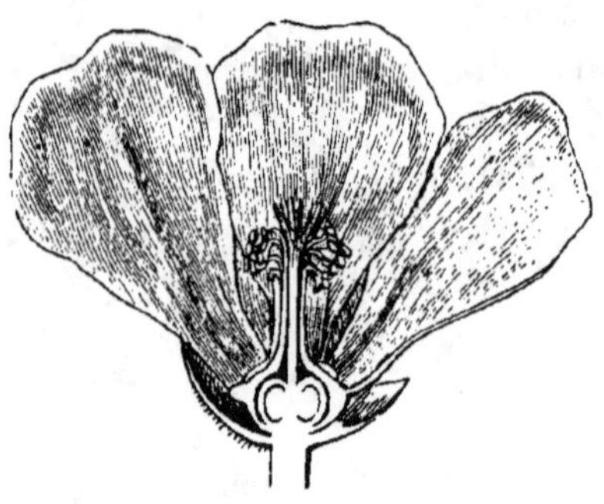

Fig. 255.

Fleur de Mauve avec étamines soudées par leurs filets.

Soudure des étamines. — Les étamines peuvent être plus ou moins différemment soudées entre elles ou aux autres verticilles (fig. 254 *bis*).

Elles peuvent être soudées par les filets, soit à la base (Malvacées), soit au sommet (Fumariacées). Quand toutes les étamines

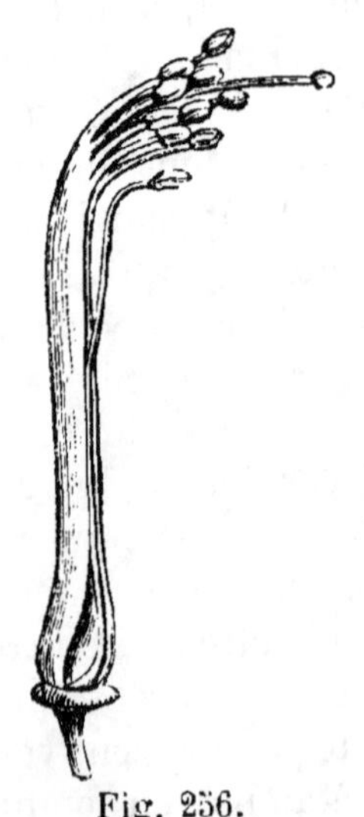

Fig. 256.
Étamines diadelphes
du Haricot.

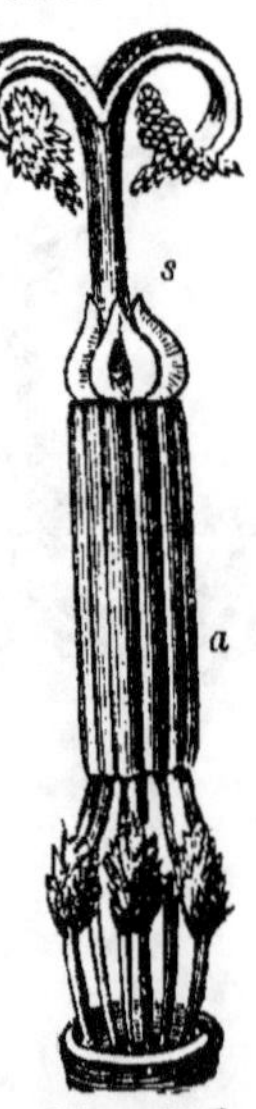

Fig. 257.
Étamines des Composées
ou Synanthérées.

a, anthères soudées en un tube
qui enveloppe le style *s*.

sont soudées par leurs filets, de manière à ne constituer

qu'un seul faisceau, on dit qu'elles sont *monadelphes* (Cytise,

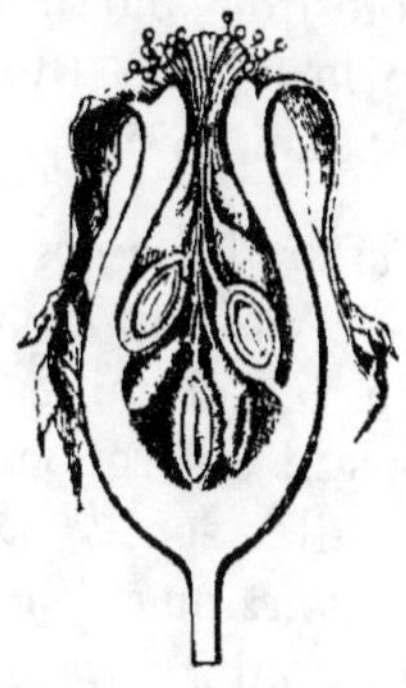

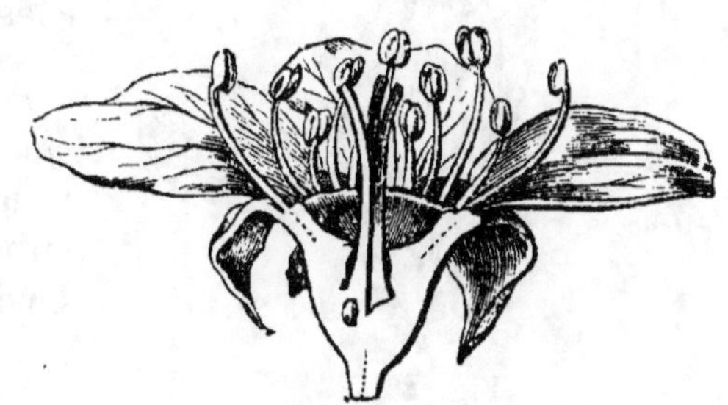

Fig. 258.

Fleur de *Rosa canina* coupée en long. Le calice, la
corolle et l'androcée sont
soudés dans leur région
basilaire et forment un
tube, lequel est porté par
une excavation prove-
nant d'une invagination
de l'extrémité du pédi-
celle floral.

Fig. 259.

Fleur de Coignassier coupée en long.
Le pistil est soudé le long de la face
dorsale des carpelles avec le tube
formé par l'union des étamines, des
pétales et des sépales. Les carpelles
sont unis ensemble par le tube externe et l'on a l'apparence d'un
ovaire infère.

Malvacées, fig. 255). Lorsqu'elles forment
deux faisceaux, elles sont *diadelphes* (fig. 256)
(Papilionacées, Polygalacées, Fumariacées);
enfin elles sont *polyadelphes* lorsqu'elles constituent trois faisceaux ou davantage (Hypé-
ricacées, Tilleul, Ricin).

Les étamines peuvent rester libres par
leurs filets et se souder par leurs anthères
(Violette, Balsamine, Synanthérées, fig. 257).

Enfin, dans la généralité des Gamopétales, les étamines sont plus ou moins soudées à la corolle par leurs filets (Borraginées, Solanées). Dans le Prunier, le calice,
la corolle et les étamines sont soudés
ensemble à leur base de manière à former
une sorte de cupule. La concrescence, fréquente entre le

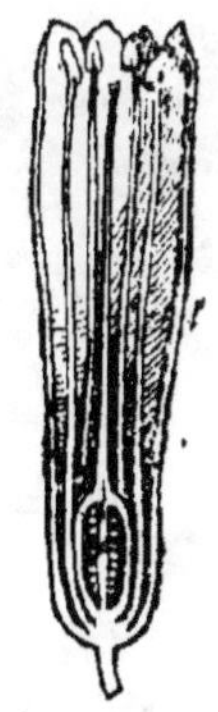

Fig. 260.

Fleur d'Aloès (Li-
liacées) cou-
pée en long.

calice et la corolle, forme cette cupule où l'androcée se confond avec le périanthe et ne s'en isole qu'à partir du bord de la cupule (Rosacées, fig. 258, 259).

Fig. 261.

Fleur de Cerisier coupée en long. Le calice, la corolle et l'androcée sont soudés dans leur région inférieure et forment une coupe.

Position relative des étamines. — Par rapport au gynécée, les étamines se subdivisent en trois catégories : elles sont *hypogynes*, *périgynes* ou *épigynes*.

Elles sont *hypogynes* lorsqu'elles s'insèrent plus bas que le pistil (fig. 260) (Renonculacées, Crucifères); elles sont *périgynes* lorsqu'elles s'insèrent sur le bord d'une sorte de coupe

Fig. 262.

Étamines de Renoncule.

a, filet. — *b*, anthère. — *c*, connectif.

Fig. 263.

Étamine d'*Azalea* (Ericacées),

Déhiscence poricide.

formée par le périanthe; dans ce dernier cas, l'ovaire est placé plus bas (Poirier, Cerisier, fig. 261, Églantier; enfin, elles sont *épigynes* quand elles sont fixées à la partie supérieure de l'ovaire (Ombellifères, Rubiacées).

Déhiscence des anthères. — La façon dont une anthère mûre s'ouvre pour laisser échapper le *pollen* constitue la déhiscence de cette anthère.

La déhiscence s'effectue différemment selon les végétaux; c'est ainsi que l'on distingue :

1° La déhiscence *longitudinale* (fig. 262) qui se produit suivant une fente allant du sommet à la base de l'anthère et intéressant les deux loges finales (Graminées).

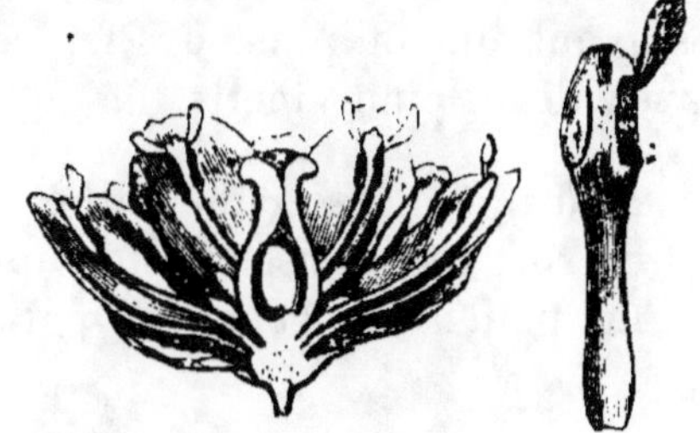

Fig. 264.

Fleur d'Épine-Vinette (Berbéridacées).

Déhiscence valvulaire. A droite, étamine isolée.

2° La déhiscence *poricide* qui consiste dans la formation

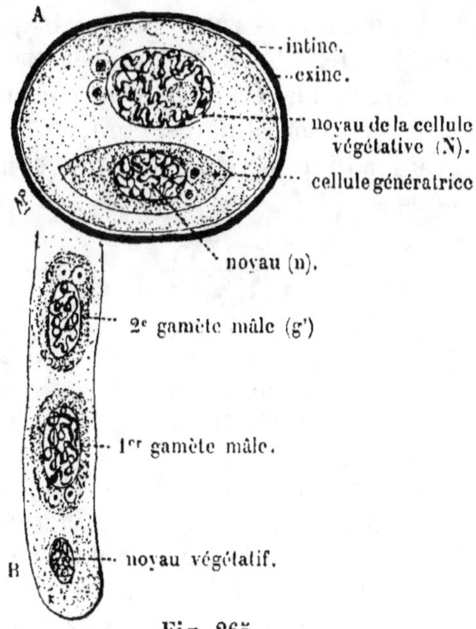

Fig. 265.

A, Grain de pollen. — B, Extrémité du tube pollinique.

de pores placés au sommet de l'anthère et en nombre égal

à celui des loges (Azalée, Éricacées (fig. 263), Pomme de terre).

3° La déhiscence *valvulaire*, dans laquelle l'anthère s'ouvre suivant une ou plusieurs fentes transversales, en forme de valvules (Épine-Vinette (fig. 264), Camellia).

Pollen. — Lorsqu'une anthère, arrivée à maturité, s'ouvre, il en sort une poussière fine appelée *pollen*.

Le pollen est constitué par des grains très petits, de

Fig. 266.
Grain de pollen
de Graminée.

Fig. 267.
Grain de pollen de *Po-
lygala vulgaris.*

Fig. 268.
Pollen tubuleux de Zos-
tère (*Zostera marina*).

dimensions et de formes variables, mais présentant des caractères fixes dans plusieurs familles (Caryophyllacées, Portulacées, Paronychiacées, Linacées, Géraniacées, Polygalacées, Malvacées, Ombellifères, etc.).

Chaque grain adulte (fig. 265) comprend une enveloppe

Fig. 269.
Pollen cubique
du *Basella ru-
bra.*

Fig. 270.
Grain de pollen de
Cucumis (Cucur-
bitacées).

Fig. 271.
Grain de pollen de
Salsola Kali (Ché-
nopodiacées).

externe (*exine*), une interne (*intine*) et un liquide intérieur de nature protoplasmique, divisé en deux masses inégales par une cloison en forme de verre de montre. La masse la plus volumineuse constitue la *cellule végétative*, et l'autre la *cellule génératrice*. Ces deux cellules ont une destinée différente, ainsi qu'on le verra au sujet de la fécondation.

Par sa consistance, ses accidents superficiels, sa couleur, l'exine est la membrane la plus importante au point de vue de la distinction morphologique des pollens (fig. 266 à 297).

On pourra, avec intérêt, étudier, à sec puis dans l'eau, les pollens suivants :

1° *Pour leur grande taille* : Nigella, Nymphéacées', Viola, Linacées, Géraniacées, Malvacées, Onothéracées.

Fig. 272.
Grain de pollen d'*Oxalis* (Géraniacées).

Fig. 273.
Grain de pollen de *Polygonum*.

Fig. 274.
Grain de pollen de *Turnera* (Turnéracées).

2° *Pour leur forme* : Thalictrum, Cariophyllacées, Grossulariacées, Onothéracées, Malvacées.

Fig. 276.
Grain de pollen de Lythrum (Lythrariacées).

Fig. 277.
Grain de pollen de *Colchicum autumnale*.

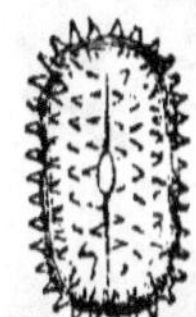

Fig. 278.
Grain de pollen d'Echinops (Composées).

3° *Pour leur couleur* : Papaver, Reseda odorata, Æsculus hippocastanum, etc.

4° *Pour les accidents superficiels de l'exine* (pores, plis, sculptures diverses).

a. Nymphéacées et Malvacées.

b. Geranium et Pelargonium.

c. Crucifères et Renonculacées.

d. Ombellifères, etc.

Les grains de pollen des Orchidées méritent une mention spéciale. Ils sont agglomérés en deux masses (*pollinies*) supportées chacune par un pédicule fixé sur une base commune et glanduleuse nommée *rétinacle* (fig. 295).

Les grains de pollen des Gymnospermes comprennent au

Fig. 279.

Grain de pollen de *Passiflora cœrulea* (Passiflorées).

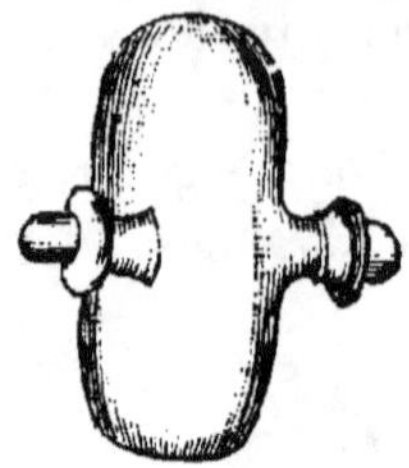

Fig. 280.

Grain de pollen de *Morina longifolia* (Dipsacées).

Fig. 281.

Grain de pollen d'*Hibiscus* (Malvacées).

moins deux cellules dont les noyaux sont isolés par une

Fig. 282.

Grain de pollen de *Mimulus moschatus* (Scrofulariacées).

Fig. 283.

Grain de pollen de *Thunbergia* (Acanthacées).

Fig. 284.

Grain de pollen de *Gaudichaudia* (Malpighiacées).

cloison persistante. Ceux du Pin sont munis de deux

Fig. 285.

Grain de pollen de *Crepis* (Composées).

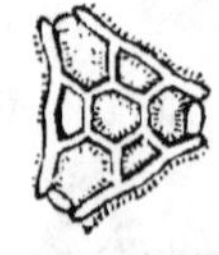

Fig. 286.

Grain de pollen de *Tragopogon* (Composées).

Fig. 287.

Grain de pollen de *Vernonia* (Composées).

ampoules remplies d'air, creusés entre l'exine et l'intine. Cette disposition augmente le volume du grain et en facilite la dispersion.

Origine, développement et structure des étamines. — Si, dans un bouton floral encore jeune, on désire constater l'état de développement de l'androcée, on remarque que chaque éta-

Fig. 288.

Grain de pollen de *Sonchus* (Composées).

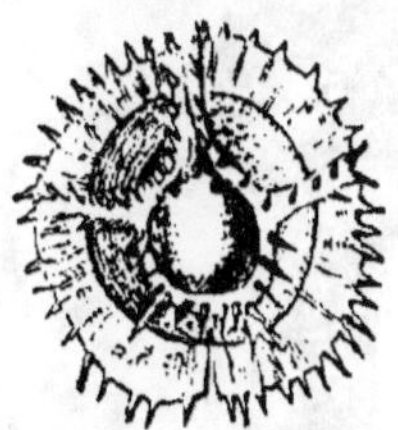

Fig. 289.

Grain de pollen de *Cichorium Intybus* (Composées).

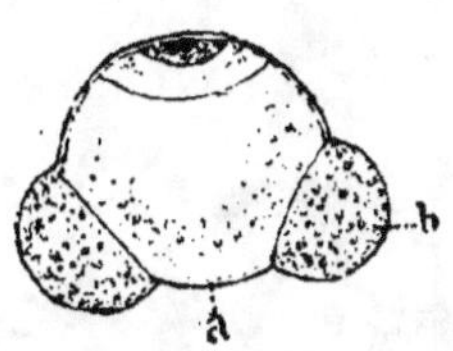

Fig. 290.

Pollen cloisonné de Pin sylvestre.

mine apparait comme un simple mamelon qui est le rudiment de l'anthère. Un peu plus tard le filet apparaît à son

Fig. 291.

Pollen cloisonné d'If (*Taxus baccata*).

Fig. 292.

Pollen composé d'*Epacris* (Epacridées).

Fig. 293.

Pollen composé de *Mimosa* (Légumineuses-Mimosées).

tour et ne se distingue de l'anthère que par un faible étranglement basilaire. L'anthère ne tarde pas à se creuser de sillons longitudinaux, deux latéraux et un médian un peu plus fort. Si, à partir de ce moment, on fait des coupes transversales dans la région médiane de l'anthère, on constate, à des *stades différents* de développement, les transformations suivantes (fig. 298) :

1º Un épiderme plus ou moins différencié et quatre petits groupes de cellules plus volumineuses que les voisines, séparés de l'épiderme (par une assise parenchymateuse

(assise sous-épidermique). Cette dernière se dédouble et
fournit deux nouvelles assises : l'*externe* produira la paroi

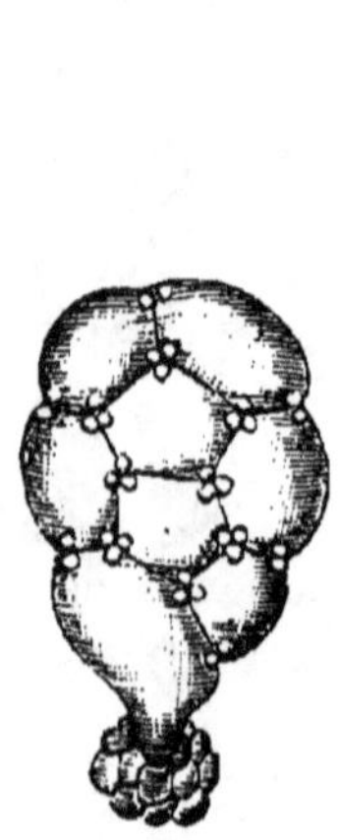

Fig. 294.
Pollen composé
d'*Inga* (Légu-
mineuses).

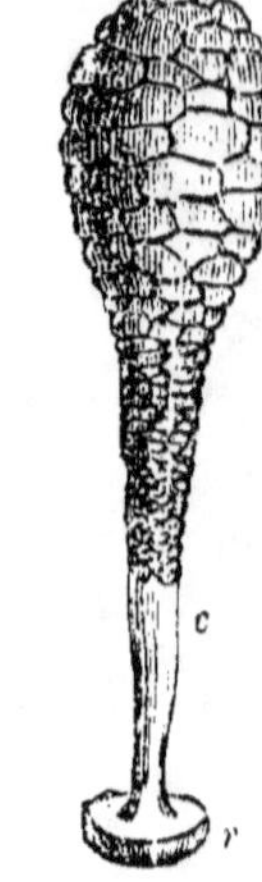

Fig. 295.
Pollen composé d'Or-
chidée.

r, rétinacle. — c, caudicule.

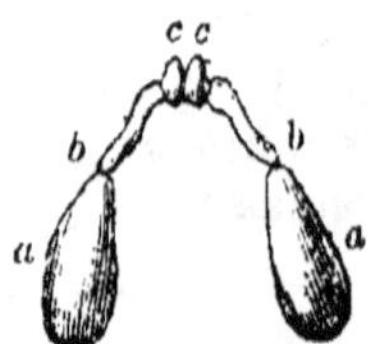

Fig. 296.
Pollen d'*Asclepias*
(Asclépiacées).

aa , massues. — bb, caudi-
cules. cc, rétinacle.

parenchymateuse des sacs polliniques, et l'*interne* donnera

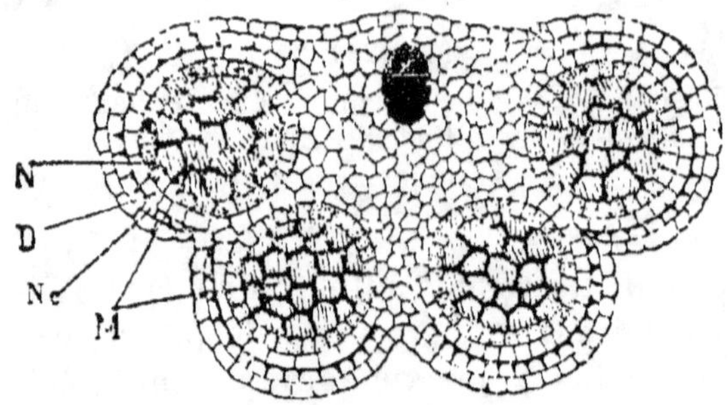

Fig. 298.
Coupe transversale d'une jeune anthère montrant ses quatre sacs
polliniques.

M, cellules mères des grains de pollen. — N et D, assises nourricières.
Nc, assise mécanique.

naissance aux quatre groupes précédents ou futures cellules-
mères du pollen.

2° La *paroi des sacs polliniques* issue, comme on vient de le voir, de l'*assise sous-épidermique*, subira plusieurs cloisonnements tangentiels successifs, de manière à constituer une couche parenchymateuse plus ou moins épaisse (5 assises dans le Lis Martagon). Chacune des cellules de ce tissu se cloisonnant ensuite radialement et horizontalement, il en résulte une multiplication cellulaire dans chaque assise.

3° De ces diverses assises, la *plus interne* est appelée *assise nourricière*, à cause des réserves nutritives qu'elle renferme abondamment. Cette assise et celle qui lui est sus-jacente auront plus tard leur contenu résorbé par les grains de pollen issus des cellules-mères.

L'assise la *plus externe* deviendra ensuite l'*assise fibreuse* ou *mécanique*, dont la face *interne* ou *externe* se lignifiera et s'épaissira plus ou moins, tandis que l'autre face restera mince. Il est à remarquer que la lignification enveloppe complètement chaque cavité pollinique, sauf en regard des sillons latéraux de l'anthère.

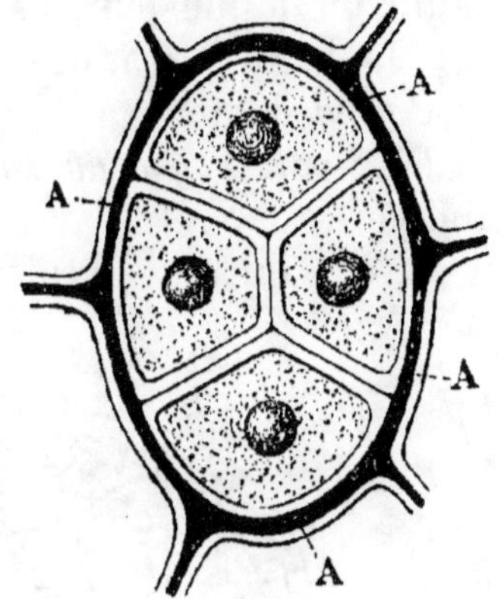

Fig. 299.

Cloisonnement d'une cellule-mère en quatre grains de pollen ou microspores.

4° Reprenant les cellules-mères des grains de pollen (fig. 299), on constate que chacune d'elles se divise simultanément en quatre cellules-filles qui s'isolent les unes des autres par des cloisons (Dicotylédones). Ces cellules-filles, ainsi associées, augmentent de volume en puisant leurs éléments constitutifs dans le protoplasme et dans l'assise nourricière; chacune d'elles devient un grain de pollen dont l'isolement définitif s'opère par gélification et résorption des membranes *pectiques* qui les unissaient en tétrades.

Les sacs polliniques prennent naissance en même temps que les grains de pollen deviennent indépendants.

En résumé, l'anthère, arrivée à maturité, comprend, de l'extérieur à l'intérieur (fig. 300) :

a. Un *épiderme* continu, muni de quelques stomates.

b. Une *assise de déhiscence* ou à *bandes lignifiées*, composée d'une ou de plusieurs assises de cellules.

c. La *paroi interne* des sacs polliniques constituée par l'assise précédente.

d. Le *parenchyme du connectif* unissant les divers sacs polliniques.

Au centre de ce dernier parenchyme se trouve le faisceau

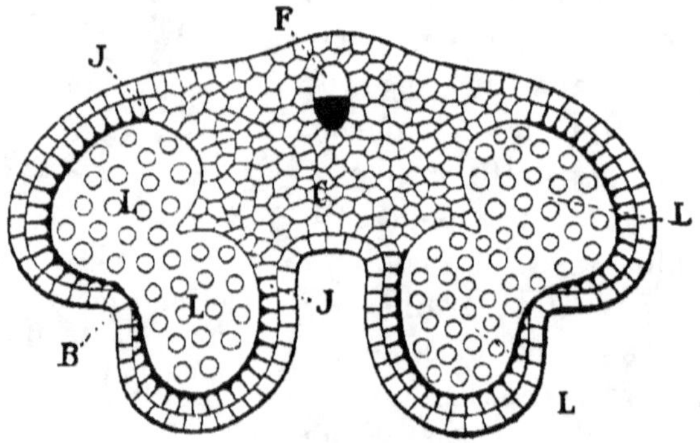

Fig. 300.

Coupe transversale d'une anthère mûre.

L, loge renfermant les grains de pollen. — J, assise mécanique.
F, faisceau libéro-ligneux du connectif.

libéro-ligneux (liber en dehors et bois en dedans) du *filet* de l'étamine.

On a vu, plus haut, les divers modes de déhiscence de l'anthère ; il reste à dire un mot sur le mécanisme même de cette déhiscence. Ici interviennent les inégalités d'épaississement de l'assise mécanique, desquelles résultent **des** inégalités de raccourcissement. Sous l'effet de la dessiccation, les membranes restées minces se contractent plus **vite** que les autres, il en résulte une rupture finale des premières qui s'opère suivant des lignes répondant aux divers modes de déhiscence.

4° GYNÉCÉE. — Le *pistil* ou *gynécée* est le verticille central de la fleur; il comprend un ensemble de feuilles différenciées, appelées *carpelles*. De tous les verticilles floraux, c'est le pistil qui présente le plus de diversité.

Un carpelle complet (fig. 301) comprend l'*ovaire*, le *style* et le *stigmate*. Quand le style fait défaut le stigmate est *sessile* et repose directement sur l'ovaire (Pavot).

Ovaire. — L'ovaire, placé à la base de l'organe, présente une cavité close constituée par une feuille capillaire dont les bords du limbe se sont repliés et soudés entre eux (fig. 302). La ligne de soudure porte le nom de *suture ventrale* par opposition à la *suture dorsale* qui est représentée par la nervure médiane du carpelle. Une telle disposition constitue les pistils à *carpelles fermés* : on verra plus loin en quoi consiste celle des pistils à *carpelles ouverts.*

Style. — Le style est une petite colonne située dans le prolongement de la nervure médiane du carpelle et qui peut atteindre 30 centimètres de longueur (Cierge) ou être très courte et même manquer (Renoncule, Pavot, etc.). Il peut être inséré latéralement (Fraisier) ou inférieurement (pistil *gynobasique* : Borraginées).

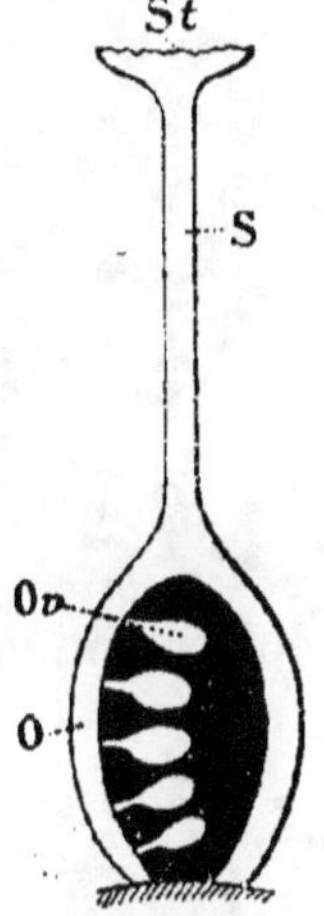

Fig. 301.

Ensemble du pistil.

St, stigmate. — S, style. — Ov, ovule. — O, ovaire.

Lorsque le style est plus court que les étamines, la fleur est dite *brévistyle* ; quand au contraire il est plus long que les étamines, la fleur est dite *longistyle*. Ces deux états peuvent se rencontrer dans la même espèce (Primevère, fig. 303).

Stigmate. — Le stigmate est l'extrémité libre du style. Il est représenté par une dilatation ovoïde, lobée ou aplatie, couverte de délicates aspérités imprégnées d'une sécrétion plus ou moins visqueuse indispensable à l'acte de la fécondation.

Ovules. — Les ovules sont de petites formations que l'on

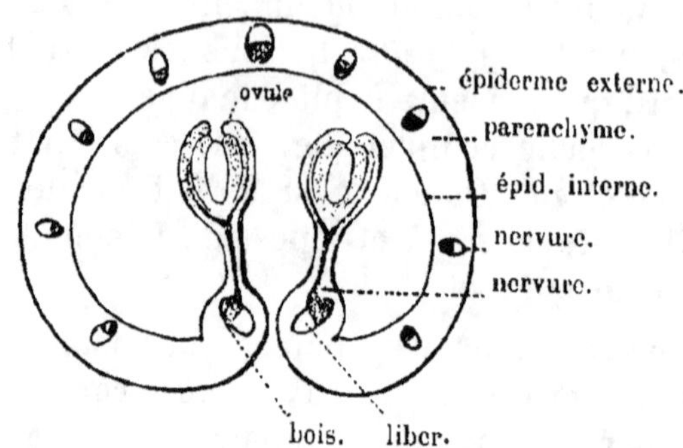

Fig. 302.

Ovaire, formé par un seul carpelle coupé en travers.

peut considérer comme homologues des sacs polliniques et

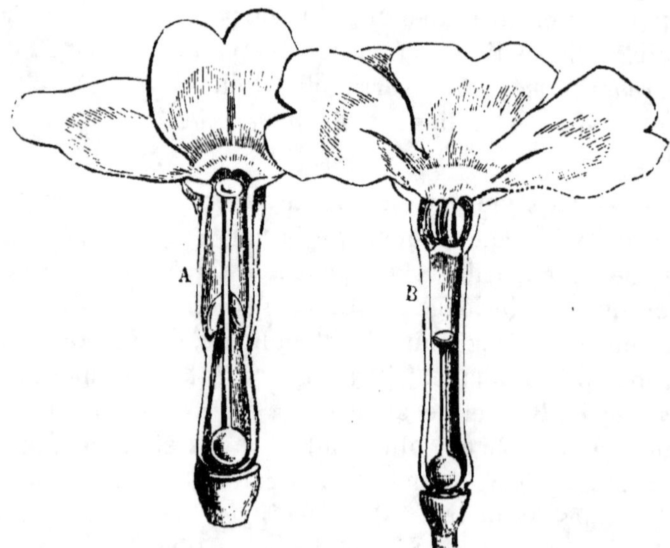

Fig. 303.

Primevère officinale. Fleurs hétérostylées dimorphes.

A, fleur longistyle ou dolichostylée. — B, fleur brévistyle ou brachistylée.

aussi comme des rudiments des futures graines. Les ovules
apparaissent sur les bords de la feuille carpellaire soudés

entre eux et ils sont rattachés à l'axe de la fleur par des faisceaux libéro-ligneux plus ou moins saillants dans l'ovaire. Ces faisceaux marginaux des carpelles constituent donc le *placenta* sur lequel sont fixés les ovules. En règle générale la placentation est *marginale* ; mais il est des cas exceptionnels où les ovules prennent naissance sur une étendue plus ou moins grande de la face interne de l'ovaire ; on a alors une placentation *diffuse* (Pavot, Nénuphar).

Pistils à carpelles fermés ou à carpelles ouverts. — Dans la généralité des Angiospermes, le pistil est à ovaire fermé. Cette forme a été décrite plus haut ; elle est de règle dans les pistils *spiralés* chez lesquels les carpelles sont en nombre souvent considérable, indépendants les uns des autres (Magnolia, Renoncule). Elle s'observe aussi dans la majorité des pistils *verticillés* chez lesquels les carpelles naissent tous simultanément autour d'un même centre et en nombre fixe.

Dans les pistils verticillés, les carpelles, très rapprochés les uns des autres, ont une tendance à se souder superficiellement (pistil *gamocarpelle*) ; mais s'ils conservent une indépendance manifeste, le pistil est *dialycarpelle* (Renonculacées, Pivoine, Fraisier, fig. 305, C, etc.)

L'ovaire est *composé* quand le pistil est gamocarpelle.

Lorsque, au lieu de se replier, les carpelles se mettent en contact et se soudent avec leurs voisins par leurs bords contigus, l'ovaire reste uniloculaire et le pistil est dit à *carpelles ouverts*.

Les nervures marginales des carpelles ainsi soudés se trouvent rapprochées deux à deux de chaque côté de la ligne de soudure. Si ce rapprochement devient assez intime pour permettre aux faisceaux de ces nervures respectives de se confondre en un seul ayant la même orientation que celui de la nervure médiane de chaque carpelle, le pistil devient *gamocarpelle uniloculaire*.

Le nombre des carpelles d'un ovaire composé uniloculaire se détermine extérieurement soit à l'aide des styles quand

ils sont libres, ou des stigmates, ou enfin des lobes stigmatiques. Mais si la fusion est complète, il faut avoir recours
aux coupes transversales de l'organe, qui permettent de
déterminer le nombre des lignes de placentation des ovules
ou celui des faisceaux libéro-ligneux de chaque nervure
médiane carpellaire.

Placentation. — La placentation chez les Angiospermes est

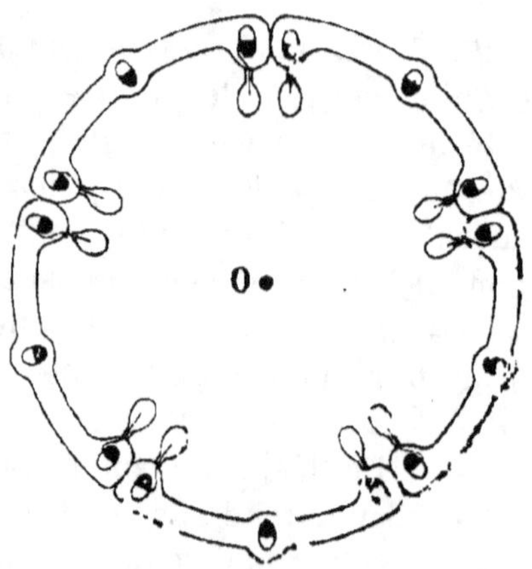

Fig. 304.

Coupe transversale d'un ovaire à cinq carpelles formant une loge
(*Placentation pariétale*).

le mode d'insertion des ovules. Si l'on se propose de la déterminer par rapport à l'ensemble du pistil, on se trouvera en
présence des principales variations suivantes :

Dans un pistil gamocarpelle uniloculaire, les ovules
sont toujours insérés sur la face interne de la paroi ova-
rienne suivant la direction des placentas (Violette, Réséda,
etc.). La placentation est alors *pariétale* (fig. 304).

Les Primulacées présentent un cas particulier de placentation que l'on peut rattacher au précédent. Chez ces plantes,
les ovules sont insérés sur une sorte de massue centrale
qui parait être le prolongement du pédicelle floral. Mais il
n'en est rien, car les placentas sont constitués par une pro-

tubérance basilaire de chacun des cinq carpelles. En se

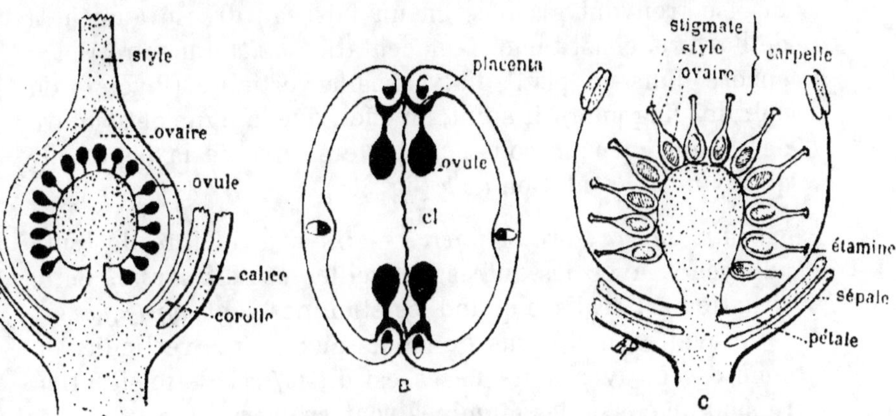

Fig. 305.

A. Coupe longitudinale d'une fleur de Primevère montrant
la *placentation centrale.*

B, ovaire à deux lobes des Crucifères (Giroflée), *cl,* cloison. — C, fleur du Fraisier
avec *n,* carpelles indépendants.

soudant entre elles, ces protubérances constituent la

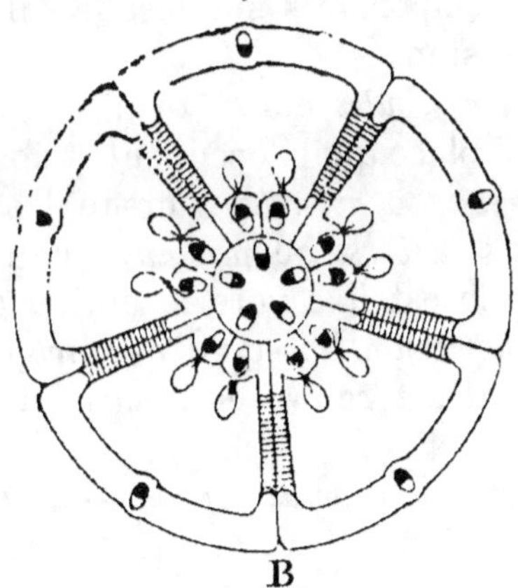

Fig. 306.

Coupe transversale d'un ovaire de Lin à cinq carpelles
et à cinq loges (*Placentation axile*).

colonne centrale placentaire caractéristique (placentation
centrale, fig. 305 A).

Dans un pistil gamocarpelle à *carpelles fermés*, les placentas, se trouvant groupés en un faisceau dressé au centre de l'ovaire, constituent la placentation *axile* qui se retrouve encore dans un pistil dialycarpelle verticillé (Pivoine) ou spiralé (Magnolia). Il suffit, en effet, que la ligne de soudure de chaque carpelle soit tournée vers l'axe de la fleur pour qu'il y ait placentation *axile* (fig. 306).

Ovaire supère ; ovaire infère. — Un ovaire libre de toute adhérence avec les autres verticilles est dit *supère*. Cette situation est réalisée quand les étamines sont *hypogynes*.

Un ovaire soudé plus ou moins aux autres verticilles ou concrescent avec leurs bases est dit *infère*. Cette situation répond au cas où les étamines sont *épigynes*.

Il est des fleurs dans lesquelles l'ovaire est *demi-infère*, c'est-à-dire libre seulement dans sa moitié supérieure (Courge turban).

Ovules. — On a vu plus haut que les ovules peuvent être considérés comme des graines rudimentaires. Ce sont donc des organes fort importants sur lesquels il est nécessaire de s'arrêter un instant.

La *disposition des ovules* dans l'ovaire est très variable ; elle dépend de la place qu'ils occupent et dont ils disposent.

L'ovule est *dressé* ou *ascendant* lorsqu'il s'attache vers la base de l'ovaire ; *renversé* ou *pendant*, quand il est fixé au sommet. Si l'ovule est fixé vers le milieu de l'ovaire, par exemple, il est *horizontal* lorsqu'il est dirigé normalement, *ascendant* quand il est relevé et *pendant* dans le cas contraire.

Description et conformation de l'ovule. — Un ovule comprend essentiellement trois parties : le *nucelle*, les *téguments* et le *funicule*.

On a vu que les ovules prennent naissance sur les bords de la feuille carpellaire soudés entre eux ; ils apparaissent sous la forme de petites excroissances (fig. 307). Chacune de ces dernières est le résultat d'une multiplication active de certaines cellules sous-épidermiques ; elle reçoit un faisceau libéro-ligneux provenant de la nervure contiguë au placenta. Chaque excroissance ne tarde pas à se différencier,

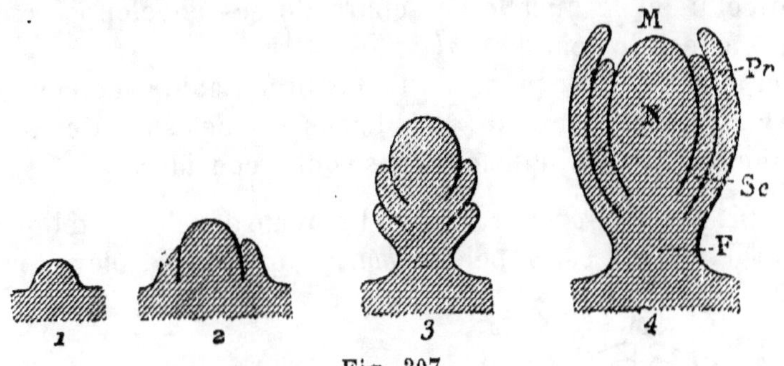

Fig. 307.

Développement de l'ovule.

Pr, primine. — Sc, secondine. — M, micropyle. — N, nucelle. — F, funicule.

en prenant un volume plus grand dans ses régions moyenne et supérieure et en mettant ainsi en évidence le *funicule*. Bientôt après un bourrelet annulaire (*tégument*), constitué par l'épiderme et des cellules parenchymateuses sous-jacentes, part du sommet du funicule et s'élève peu à peu autour d'une masse centrale qui est le *nucelle*. Ce tégument laisse au sommet du nucelle une ouverture que l'on appelle *micropyle*. Au lieu d'être unique (Gamopétales), le tégument est ordinairement *double*. Il comprend alors un tégument *externe* ou *primine* et un tégument *interne* ou *secondine*. Celui-ci se développe le premier et ne comprend que deux assises de cellules ; tandis que le tégument externe comprend toujours, entre ses deux épidermes, une couche plus ou moins épaisse de cellules de parenchyme.

La primine et la secondine concourent donc ensemble à constituer le micropyle qui comprend alors deux régions : l'*exostome* formé par la primine et l'*endostome*, par la secondine.

Le faisceau libéro-ligneux du funicule émet un ensemble de petits faisceaux qui s'engagent dans le ou les téguments, jamais dans le nucelle, en s'orientant de façon à avoir le liber en dehors et le bois en dedans. L'endroit où l'épanouissement fasciculaire se produit est sensiblement le même que celui où le nucelle se sépare de ses enveloppes : ce point a reçu le nom de *chalaze*.

On appelle *hile* le point d'attache du funicule avec l'ovule.

Avant de décrire le *nucelle*, disons un mot sur la conformation des ovules. Plusieurs cas sont à considérer :

1° *Ovule orthotrope* (fig. 308). — Un ovule développé tel qu'il vient d'être dit est appelé *orthotrope* quand il s'élève per-

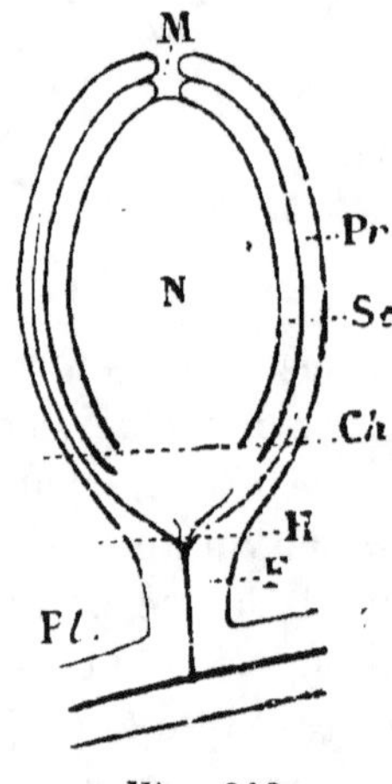

Fig. 308.

Ovule droit ou orthotrope

M, micropyle. — N, nucelle. — Pr, primine. — Se, secondine. — Ch, chalaze. — H, hile. — F, funicule. — Pl, placenta.

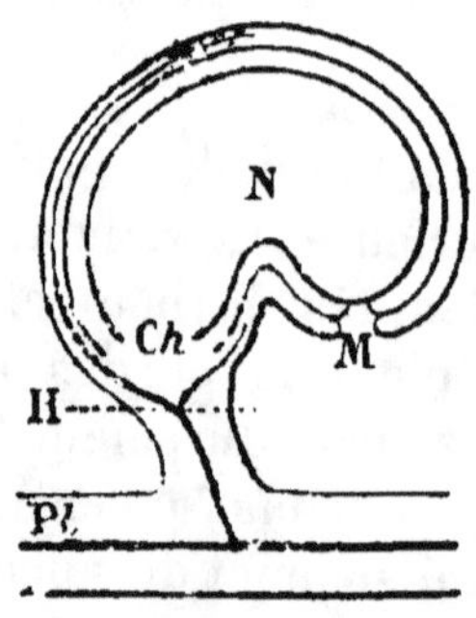

Fig. 309.

Ovule campylotrope.

N, nucelle. — M, micropyle. — Ch, chalaze. — H, hile. — Pl, placenta.

pendiculairement à la surface du placenta et quand son hile et son micropyle sont opposés l'un à l'autre et situés à chaque extrémité de son axe de symétrie (Sarrasin, Oseille, etc.)

Les ovules orthotropes sont rares. L'ovule subit ordinairement, dans le cours de son développement, des incurvations ou déformations plus ou moins profondes qui ont pour effet de rapprocher le micropyle du hile. C'est ainsi que se forment les ovules *campylotropes* et les ovules *anatropes*.

2º Dans l'ovule *campylotrope* (Giroflée), le corps du nucelle et les téguments se recourbent en totalité par suite d'un accroissement plus actif d'un côté de l'ovule. Ce dernier se trouve ainsi voûté en arc plus ou moins convexe et le micropyle est rapproché du hile (fig. 309).

3º Dans l'ovule *anatrope* (Violette), le nucelle ne subit

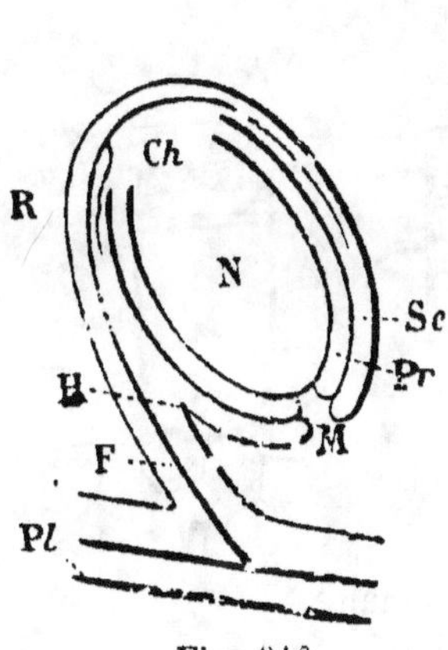

Fig. 310.

Ovule anatrope.

R, raphé. — *Ch*, chalaze. — M, micropyle. — H, hile. — F, funicule.

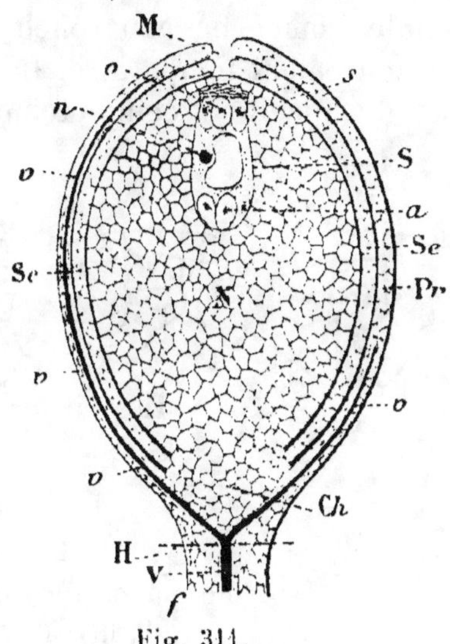

Fig. 311.

Coupe longitudinale d'un ovule.

M, micropyle. — S, sac embryonnaire. — *o*, oosphère. — *s*, synergides. — *a*, antipodes. — N, nucelle. — *Pr*, primine. — Se, secondine. — *Ch*, chalaze. — II, hile. — *r, r, v*, faisceau vasculaire. — *n*, noyau secondaire.

aucune déformation, l'ovule se retourne entièrement par suite d'une flexion du funicule au voisinage du hile (fig. 310). Le micropyle se rapproche du hile et ce dernier se trouve très éloigné de la chalaze. Quant au funicule, il fait corps avec l'ovule, sur lequel il forme une saillie longitudinale nommée *raphé*. Dans les ovules anatropes, l'ovule parait suspendu à l'extrémité du funicule.

L'ovule est *épinaste* quand, placé horizontalement au début, il se recourbe vers le bas, et *hyponaste* lorsqu'il se recourbe vers le haut.

NUCELLE. — a. *Angiospermes*. — Si l'on fait une coupe longitudinale (fig. 311) et médiane dans le nucelle d'une angiosperme, on constate que cet organe se compose de deux parties très inégales et très différentes quant à leur fonction dans l'organisation de la graine. La plus volumineuse, qui constitue la presque totalité du nucelle, comprend un massif de cellules homogènes et parenchymateuses ayant une existence ordinairement temporaire. La seconde, située vers le sommet du nucelle et complètement immergée dans sa masse,

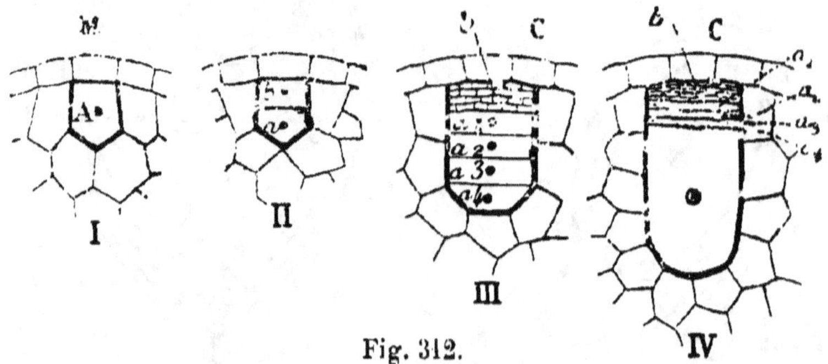

Fig. 312.

Formation du sac embryonnaire.
I, II, III et IV, états successifs.

est représentée par le *sac embryonnaire*, centre des phénomènes intimes de la fécondation.

Le sac embryonnaire renferme : 1° à son pôle supérieur. un groupe de trois cellules nues, l'une d'elles est l'*oosphère* et les deux autres, entre lesquelles elle se trouve, sont les *synergides*; 2° à son pôle inférieur, trois autres cellules appelées *cellules antipodes*, et 3° vers son milieu, le *noyau secondaire* très volumineux.

On peut se rendre compte de l'origine de ces divers éléments en suivant progressivement le développement du sac embryonnaire (fig. 312).

De très bonne heure, on distingue sous le micropyle, dans l'assise sous-épidermique du nucelle, une cellule plus volumineuse que les autres et plus riche en substance proto-

plasmique A. Cette cellule se divise en deux autres suivant
un plan perpendiculaire à son axe II. La cellule fille supérieure, sous-épidermique, est aplatie et l'autre est allongée.
La première produit ensuite, par un petit nombre de divisions, un groupe de cellules qui constituent la *calotte b*, III,

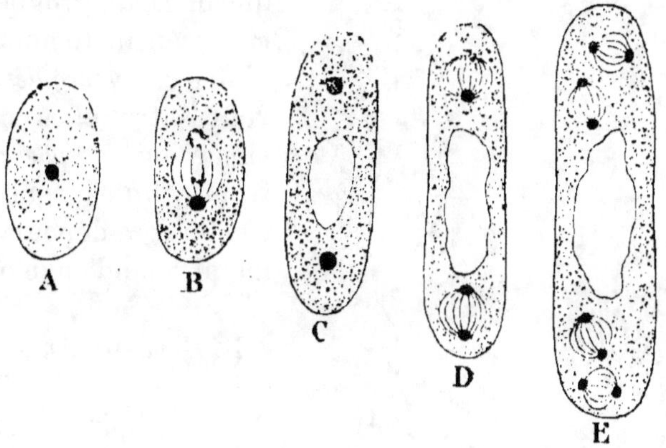

Fig. 313.
Développement de l'oosphère.
A, B, C, D, E, états successifs.

dont le rôle est protecteur. La seconde cellule fille donne
naissance au sac embryonnaire. Pour cela, elle se divise en
trois ou quatre cellules nouvelles dont une produira le sac
embryonnaire, tandis que les autres seront comprimées sous
la calotte et disparaîtront ensuite. Le noyau central du sac
embryonnaire se divise une première fois et produit deux
noyaux qui se dirigent respectivement vers chaque pôle du
sac (fig. 313). Chacun de ces noyaux subit successivement
deux divisions qui donnent naissance à quatre nouveaux
noyaux, de telle sorte que le noyau primitif du sac en a produit huit autres répartis en deux groupes de quatre ou
tétrades.

Un noyau d'un groupe, frère de celui de l'oosphère, se
rapproche du centre du sac où il vient se fusionner avec un
noyau congénère des antipodes, également déplacé pour
constituer le *noyau secondaire*, point de départ de l'*albumen*

de la graine (n_1 et n_2, fig. 314). Ces deux noyaux sont les noyaux *polaires* de Guignard. Il reste donc dans chaque groupe trois noyaux, ou plutôt trois cellules nues. Celles du groupe inférieur, appelées *cellules antipodes*, ne tardent pas à s'envelopper d'une membrane ; tandis que deux du groupe supérieur voisin du micropyle, appelées *synergides*, reçoivent entre elles la troisième ou *oosphère*. Ces trois cellules sont nues, c'est-à-dire dépourvues de membrane d'enveloppe.

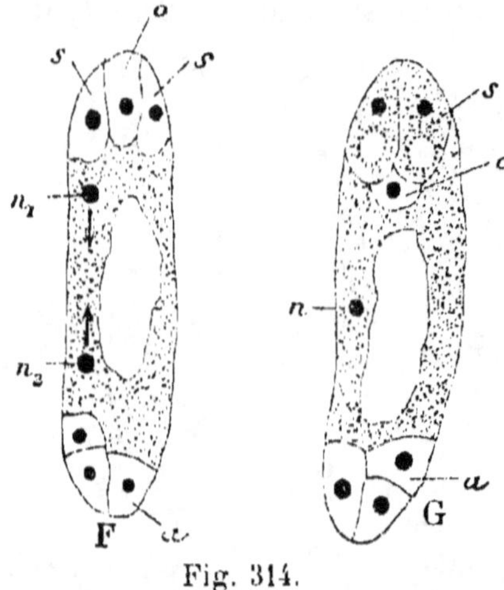

Fig. 314.

Développement de l'oosphère.

s. s, synergides. — *o,* oosphère. — n_1, n_2, noyaux polaires. — *n,* noyau secondaire. — *a,* antipodes.

B. *Gymnospermes.* — On sait que dans le Pin, le Sapin, l'Épicéa, etc., le carpelle unique consiste en une simple écaille sur la face dorsale de laquelle sont placés deux ovules. Chaque écaille est insérée entre deux bractées et la superposition spiralée de ces dernières constitue ce que l'on appelle un *cône*.

L'ovule des Gymnospermes (fig. 315, 316) diffère de celui des Angiospermes par les caractères suivants : existence constante d'un tégument unique (*primine*); micropyle large (*chambre pollinique*); sac embryonnaire enfoncé plus profondément dans le nucelle, rempli d'un tissu particulier appelé *endosperme* et renfermant quelques grandes cellules ou *corpuscules* (1 à 20). Chaque corpuscule produit, par segmentation inégale, une petite cellule supérieure qui, à la suite de deux bipartitions, en engendre quatre autres constituant la *rosette*. L'autre partie inférieure du corpuscule, la plus volumineuse, se divise à son tour pour former une autre petite cellule supérieure, la *cellule de canal*, et une inférieure, volumineuse, l'*oosphère*.

Modes de représentation de la fleur. — On a vu, dans l'étude des diverses parties de la fleur, que chaque verticille était sujet à des variations dans le nombre et la disposition de ses pièces constitutives. Néanmoins il est à remarquer que dans la plupart des familles végétales et les groupements

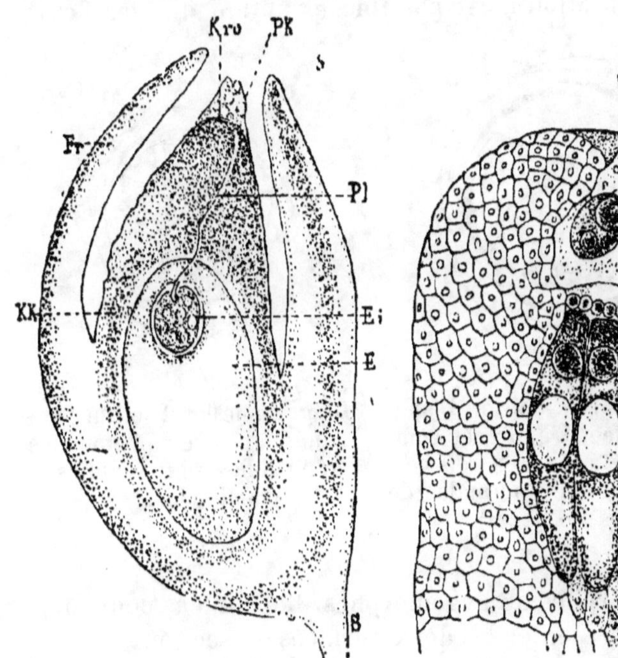

Fig. 315.

Coupe longitudinale dans un ovule de l'Epicéa.

Fr, tégument unique. — s, funicule. — KK, nucelle. — Kro, extrémité du nucelle couverte de grains de pollen PK. — Pl, tube pollinique. Le nucelle KK renferme le sac embryonnaire E, rempli d'un tissu appelé *endosperme*. Le sac embryonnaire montre vers son sommet un corpuscule Ei.

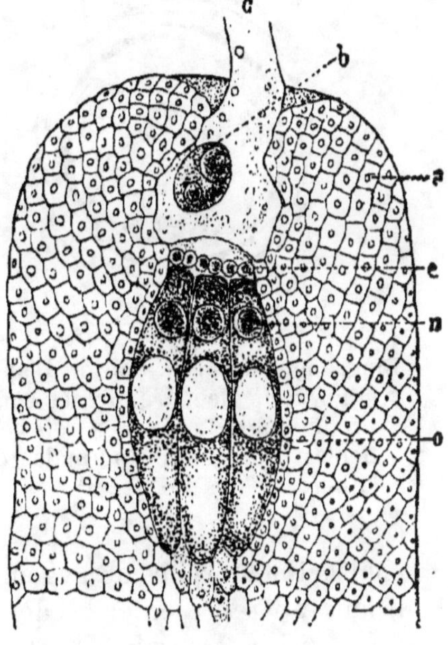

Fig. 316.

Coupe longitudinale du sommet d'un endosperme de Gymnosperme.

a, tissu de l'endosperme, trois corpuscules o, surmontés chacun de la rosette c. Dans chaque corpuscule, on voit l'oosphère n.

les plus naturels, il existe une grande constance dans le nombre des pièces florales ainsi que dans la régularité de leur disposition respective.

Pour comprendre et interpréter la composition des types

floraux, on a recours à des représentations convention-
nelles, telles que *projections verticales, projections horizontales*
ou *diagrammes* et *formules florales.*

La *projection verticale* s'obtient en faisant une coupe longitudinale de la fleur suivant son plan de symétrie. Une
telle représentation n'est possible qu'autant que les fleurs

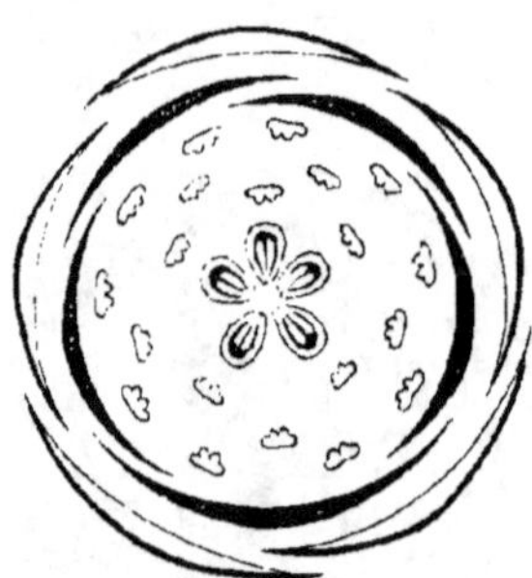

Fig. 317.

Diagramme floral du Poirier. Disposition verticillée. L'androcée comprend vingt étamines en trois verticilles (structure normale de
l'androcée des Rosacées).

Fig. 318.

Diagramme floral de Lin commun. Les cinq étamines
épipétales sont réduites à
des staminodes.

sont actinomorphes ou zygomorphes. Dans le cas contraire,
il faudrait représenter les deux surfaces de section.

Le *diagramme* ou *projection horizontale* est une figure
schématique qui présente l'avantage de représenter, sur un
plan horizontal, tous les verticilles floraux en observant la
position respective de leurs diverses parties constitutives
(fig. 317).

Quand la fleur est axillaire, c'est-à-dire placée à l'aisselle
d'une bractée, le diagramme permet d'indiquer en même
temps la conformation de la fleur et sa position par rapport
à l'axe de la plante (fig. 318). La fleur possède alors un côté
inférieur ou antérieur faisant face à la bractée et un côté
supérieur ou postérieur placé en regard de l'axe de la plante.

La *formule florale* exprime la composition de la fleur à
l'aide de chiffres et de lettres. Ainsi S représente un sépale.

P un pétale, E une étamine, C un carpelle. Si chaque verticille du périanthe comprend quatre pièces, on les représente dans la formule de la manière suivante : $4S + 4P$. Le coefficient indique donc le nombre de pièces dont se compose un verticille floral. On place entre crochets, [ ], les pièces qui sont unies entre elles ou concrescentes à la base avec celles d'un autre verticille.

Lorsqu'une étamine, par exemple, est opposée à un pétale, on place à droite de la lettre E et au bas, l'indice p (E_p). Si un carpelle est ouvert, on fait suivre la lettre C de l'exposant o (C^o).

Si enfin les pétales ou les étamines sont disposés sur plusieurs verticilles, on accentue une fois la lettre qui représente les pièces du second verticille, deux fois celles du troisième verticille, etc.

Nous donnons, comme exemples, les quelques formules (F) suivantes :

Tulipe : $F = 3S + 3P + 3E + 3E' + [3C]$.
Jacinthe : $F = [3S + 3P + 3E + 3E'] + [3C]$.
Primevère : $F = [5S] + [5P + 5E_p] + [5C^o]$.
Poirier : $F = [5S + 5P + 5E + 5E' + 5.2E_p + 5C]$.

Métamorphose des organes floraux. — Les fleurs et leurs parties, dit Duchartre, ne sont pas constituées par des formations foncièrement différentes des organes végétatifs : de simples modifications se produisant quelquefois par transitions insensibles, plus souvent aussi sans nuances intermédiaires, ont métamorphosé ces organes et spécialement les feuilles en organes reproducteurs.

On rencontre la preuve de ce fait dans tous les verticilles floraux. Ainsi dans la Pivoine à fleurs blanches, les segments foliaires deviennent de moins en moins nombreux à mesure que l'on s'élève sur la plante, et les feuilles sont simples sous le calice. Celles destinées à devenir les sépales tendent à perdre leur limbe en même temps qu'elles s'élargissent à leur base d'insertion. L'existence du limbe n'est révélée à la fin que par un court et mince filet fixé au fond d'une échancrure. Les pétales de cette fleur ne diffèrent des sépales proprement dits que par des dimensions plus grandes et leur coloration propre.

Ce premier exemple indique que les sépales et les pétales ne sont que des feuilles normales métamorphosées.

Le Nénuphar blanc, le Cerisier, etc., ainsi que les fleurs

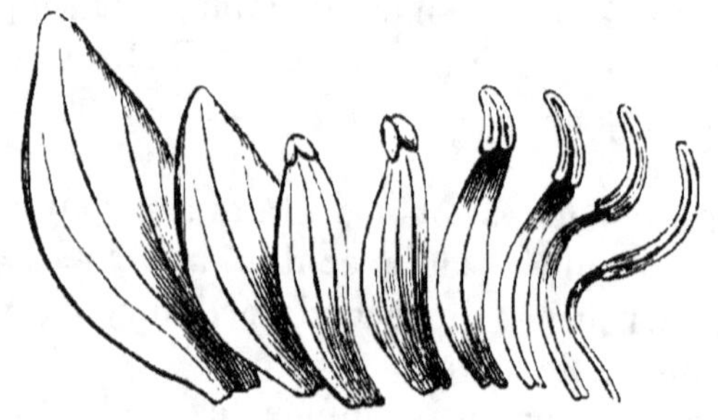

Fig. 319.

Nymphæa alba. Passage du pétale à l'étamine.

appelées *doubles*, nous renseignent également sur la provenance des étamines et des carpelles.

Dans le Nénuphar blanc, la corolle se compose d'environ dix-huit pétales dont les dimensions diminuent insensiblement à mesure qu'on approche des nombreuses étamines. Il arrive même un moment où un rudiment d'anthère apparaît à la partie supérieure et ventrale de certains pétales ; à partir de ce point on remarque que le limbe des pétales se rétrécit de plus en plus pour constituer un filet et que les loges symétriques de l'anthère s'allongent insensiblement ; de telle sorte qu'entre les étamines normalement représentées et les pétales ordinaires on peut rencontrer plusieurs formes de transition (fig. 319).

Par un phénomène de *régression*, c'est-à-dire opposé au précédent (*progression*), il peut arriver que toutes les étamines d'une fleur ou seulement un certain nombre, se présentent à l'état de pétales. C'est le cas des fleurs *pleines* ou *doubles* et *semi-doubles*. La fleur est *pleine* ou entièrement *double* quand toutes les étamines se sont pétalisées (Rosiers horticoles, Camellias, etc.); elle est *semi-double* quand la corolle, polypétale ou gamopétale, possède au moins deux verticilles et qu'il reste des étamines à l'état normal.

Les fleurs entièrement doubles ont encore été appelées fleurs *neutres*; la dégénérescence complète du gynécée et de l'androcée les a rendues stériles. De telles fleurs peuvent se produire normalement chez quelques plantes (Cerisier, Trèfle), mais on peut aussi les obtenir artificiellement par des cultures et des soins spéciaux (Camellia, Rosier, Œillet, Lis, etc.).

En langage horticole, cette opération s'appelle *doublage des fleurs*. Elle a pour effet de favoriser, par une stimulation de nutrition, la multiplication des pétales au détriment des verticilles reproducteurs, dans le but d'augmenter la valeur ornementale d'une plante.

Le *doublage* des fleurs entraine fatalement leur impuissance à se reproduire par fécondation. Dès lors on ne peut les multiplier que par bouturage, marcottage ou greffage.

Enfin le gynécée n'échappe pas davantage lui-même aux métamorphoses régressives constatées chez les autres verticilles. Malgré son état si profondément différencié, état qui semble l'isoler du reste de la fleur, il trahit parfois, dans certaines monstruosités florales, son origine foliaire. C'est ce que l'on constate sur le Cerisier à fleurs doubles. Le pistil de cette plante révèle nettement son origine par les portions de limbe qui semblent parfois se détacher de sa masse.

Dans d'autres cas, la fleur *entière* peut être remplacée par un amas de feuilles vertes (*chlorantie*), indiquant ainsi du même coup l'origine foliaire de toutes les parties constitutives de la fleur.

III. Fécondation de la fleur et formation des œufs. — La fécondation est l'acte par lequel un des deux noyaux mâles, issus de la cellule génératrice du grain de pollen, se fusionne avec le noyau femelle de l'oosphère;

Ce phénomène important comporte les faits préparatoires suivants :

1° Déhiscence de l'anthère ;

2° Pollinisation ;

3° Germination du grain de pollen et progression du tube pollinique jusqu'à l'ovule.

1° La déhiscence de l'anthère a été examinée page 403.

2° *Pollinisation.* — La pollinisation est le passage du grain de pollen de l'anthère sur le stigmate. Il y a deux cas à considérer : 1° celui où la pollinisation s'effectue entre les organes reproducteurs d'une même fleur (pollinisation *directe* ou *autofécondation*) ; 2° celui où le pollen d'une fleur, transporté sur le stigmate d'une autre fleur, vient féconder les ovules de cette dernière (pollinisation *indirecte* ou *fécondation croisée*).

a. *Pollinisation directe.* — La pollinisation directe est l'exception, malgré la réunion des sexes dans la même fleur. La nature, dit Darwin, emploie nombre de moyens (*dichogamie, dimorphisme*, etc.) pour empêcher cette union qu'il qualifie d'*illégitime*. Il y a lieu de remarquer, en effet, que la parenté des cellules sexuées n'est pas sans influence sur le phénomène de la fécondation. De nombreuses expériences, faites sur des animaux et des végétaux, ont démontré clairement que l'union de cellules trop proches parentes est préjudiciable à la conservation de l'espèce.

Néanmoins la pollinisation directe n'est pas douteuse chez les fleurs *cléistogames* ou fermées (Laurier, Violette, etc.) ; elle est assez fréquente aussi chez celles dont la maturité du pollen coïncide avec celle des ovules (Haricot, Pois, Luzerne, etc.).

b. *Pollinisation indirecte.* — De ce qui vient d'être dit il résulte que la pollinisation indirecte est la plus commune. Chez les plantes monoïques, dioïques et dichogames elle est de règle générale.

On appelle plante *dichogame* celle dans les fleurs de

laquelle le pollen n'arrive pas à maturité en même temps que les ovules. La *dichogamie* peut se produire de deux manières. Quand les étamines sont adultes avant le pistil, la fleur est dite *protandre* (nombreuses Composées, Ombelli-

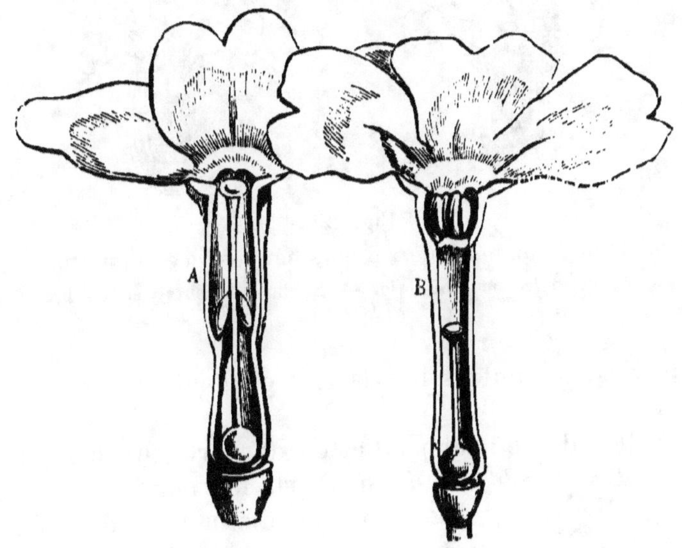

Fig. 320.
Primevère officinale. Fleurs hétérostylées dimorphes.
A, fleur longistyle ou dolichostylée. — B, fleur brévistyle ou brachistylée.

fères, Campanulacées, Geranium, etc.). Quand au contraire le pistil est apte à être fécondé avant la maturité du pollen, la fleur est dite *protogyne* (Hellébores, plusieurs Graminées, etc.). On conçoit dès lors que l'autofécondation soit rendue impossible dans de semblables fleurs.

A côté de ces cas, il en est d'autres où l'on voit les deux modes de fécondation s'effectuer concurremment. Tels sont, par exemple, ceux fournis par les plantes dont les fleurs sont *hétérostylées* (Lin, Primevère (fig. 320, 321), etc.), c'est-à-dire pourvues chacune de styles de longueur différente. Ainsi les Primevères possèdent des fleurs de deux formes différentes : les unes ont un style plus court que les étamines (*brachystyles* ou *brévistyles*) et les autres l'ont plus long (*macrostyles, dolichostyles* ou *longistyles*).

Les fleurs de la Salicaire sont trimorphes : les unes sont

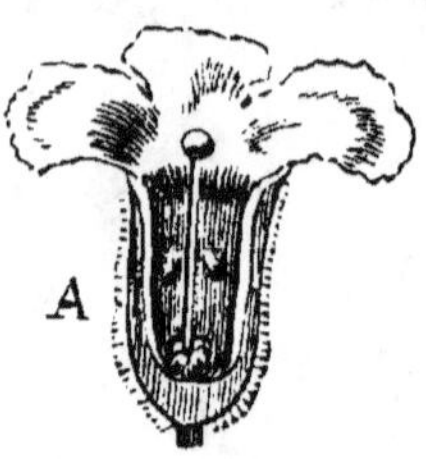
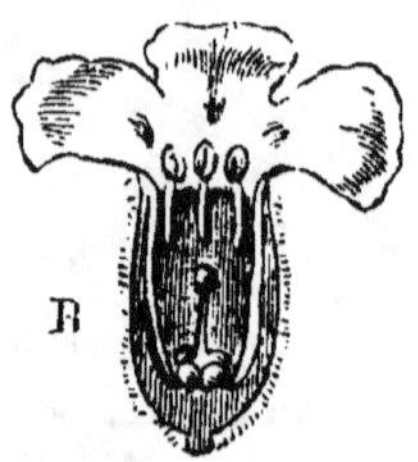

Fig. 321.

Pulmonaria angustifolia. Fleurs hétérostylées dimorphes.

A, fleur dolichostylée ou longistyle. — B, fleur brachystylée ou brévistyle.

longistyles, les autres brévistyles et d'autres ont le style moyen.

Le pollen d'une fleur peut être transporté sur le stigmate d'une autre par les *insectes* ou par le *vent*. D'où la distinction de plantes *entomophiles* et *anémophiles*.

Fig. 322.

Fleur de Sauge.

Corolle bilabiée.

Les fleurs nectarifères et odoriférantes (Labiées) sont ordinairement entomophiles, c'est-à-dire visitées par les insectes. Les fleurs apétales, unisexuées, appartiennent pour la plupart aux plantes anémophiles (Pin, Hêtre, etc.), qui sont en même temps des plantes *sociales* très riches en pollen.

La disposition relative des étamines et du pistil est telle dans certaines fleurs (Sauge, fig. 322. Aristoloche, Clématite, etc.) que tout insecte ne peut y pénétrer sans frôler de son dos ou de ses pattes l'un de ces organes reproducteurs et assurer la fécondation de la fleur.

Les agents les plus actifs de la fécondation croisée sont certainement les insectes, que l'odeur et le nectar des fleurs attirent plus encore que leur éclat. Sans eux de

nombreuses fleurs resteraient stériles, surtout celles cultivées en serre (Orchidées, fig. 323). Aussi pour remédier,
partiellement au moins, à leur insuffisance, l'homme a-t-il
recours à la *fécondation arti-
ficielle*.

3° Fécondation artificielle. —
La fécondation artificielle est
une opération qui consiste
à transporter du pollen d'une
fleur sur le stigmate d'une
autre fleur. Cette opération
délicate peut, lorsqu'elle est
convenablement faite, donner des résultats merveilleux,
soit par la création de variétés nouvelles, soit par la
production de fruits en plus
grande abondance, notam-
ment chez les plantes dioïques (Dattier), soit enfin par
l'obtention d'hybrides (p.441).
La fécondation artificielle
exige des connaissances phy-
siologiques et anatomiques sans lesquelles elle ne serait
plus qu'une opération empirique. Il faut, en effet, savoir
reconnaître l'époque où le pollen a acquis une maturité suffisante, ainsi que celle où le pistil est en état de recevoir le
pollen. Elle exige en outre certaines précautions sans lesquelles les résultats seraient nuls ou entachés d'erreur.

L'exemple suivant, fourni par la Vigne, donnera une idée
de la méthode opératoire employée et conseillée par Castel
dans la fécondation artificielle de cette plante.

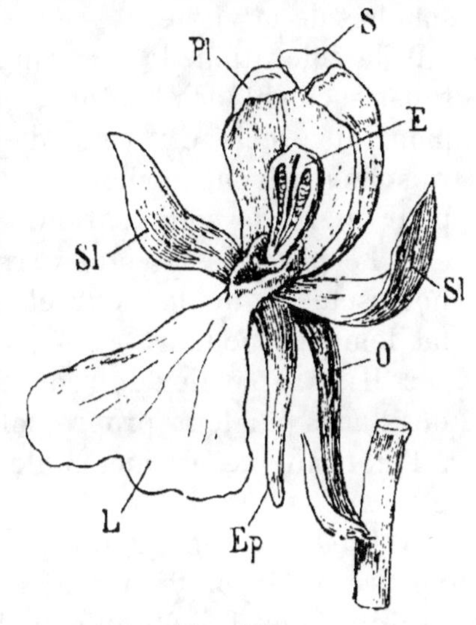

Fig. 323.

Fleur d'Orchidée.

E, étamines. — O, ovaire. — E*p*,
éperon. — S*l* et S, sépales. — P*l* et L,
pétales.

Conseils pratiques sur la fécondation artificielle de la vigne. —
Pour opérer dans les conditions les plus favorables, la fécondation artificielle d'une grappe doit avoir lieu la veille ou
l'avant-veille du jour qui précède l'épanouissement de ses

premières fleurs. Quand dans une vigne les grappes des plants les mieux exposés commencent à fleurir, on peut polliniser toutes les grappes du même cépage des autres souches de la vigne.

A la coloration de la grappe et à un état particulier de grossissement des boutons, on reconnaît facilement que le moment précis est venu d'opérer l'hybridation. Diverses raisons motivent le choix de cette époque toute particulière pour opérer la pollinisation.

1° Le pistil de la vigne arrive à l'état adulte avant l'épanouissement de la fleur et se laisse, en ce moment, très facilement féconder.

2° Il n'y a pas lieu de redouter une fécondation antérieure des fleurs par leur propre pollen ; leur pollen, étant encore à l'état pâteux, est incapable de les féconder (fleurs protogynes).

3° Il est, de plus, avantageux d'opérer sur une souche qui ne présente point encore de grappes épanouies, dans la crainte que les ébranlements communiqués à la souche pendant les opérations de la fécondation, ne répandent le pollen de leurs fleurs déjà épanouies sur le pistil des fleurs dont on enlève les anthères.

On doit toujours choisir, sur la plante prise comme mère, la grappe la plus belle et la mieux formée, qui doit de préférence ne pas encore porter de boutons en fleurs, ou du moins ne présenter au plus que cinq ou six boutons floraux épanouis.

Il faut préalablement fixer le sarment qui porte cette grappe à un tuteur spécial.

Si la grappe choisie porte déjà quelques fleurs épanouies, il y a lieu de la presser légèrement en la faisant glisser entre le pouce et l'index de la main droite, pour provoquer l'éclatement des boutons sur le point de s'épanouir. Cette précaution empêche encore la fécondation directe de fleurs dans lesquelles les pétales se fissurent avant de tomber, circonstance qui hâte la maturation du pollen.

Les instruments nécessaires à l'opération sont des *ciseaux à pointe effilée* et une *pince à hybrider* à mors plats, ayant une section rectangulaire de un millimètre de largeur.

A l'aide des premiers on enlève les fleurs déjà épanouies ; si la grappe est forte, on supprime son extrémité, puis on procède à son cisellement.

A l'aide de la pince on enlève les anthères ; pour cela on enlève la corolle à une hauteur suffisante de manière que, par un mouvement de torsion, on détache les anthères en même temps que la corolle. Il faut éviter de blesser le pistil.

Cette opération est facile sur un grand nombre de cépages français et d'espèces américaines dont le bouton est allongé en forme d'olive.

Quand on a ainsi traité toutes les fleurs de la grappe, on doit les examiner pour le cas où il resterait encore des anthères. Il ne reste plus qu'à féconder avec le pollen du cépage choisi comme père.

Comme il arrive souvent que l'on a à polliniser plusieurs grappes d'une même souche, il est bon de distinguer ces grappes à l'aide de bouts de laines de couleurs différentes.

Récolte du pollen. — On détermine les souches à l'avance. On choisit de préférence un temps sec pour la cueillette de leurs grappes, au moment où elles n'ont encore qu'un très petit nombre de boutons épanouis (une dizaine environ). On enferme chaque grappe dans un tube à essai, ayant ordinairement 20 à 24 millimètres de diamètre sur 16 centimètres de longueur. Pour permettre aux petites grappes de se conserver plus longtemps fraîches dans l'atmosphère saturée d'humidité des tubes, il convient de remplir entièrement ces derniers et d'éviter de les tenir à la main ou de les exposer au soleil. L'extraction du pollen des anthères s'obtient à l'aide d'une aiguille à dissection. Mais pour permettre aux anthères d'achever leur maturation, on les place, pendant deux jours environ, dans un verre de montre, que l'on ferme ensuite à l'aide d'un second verre de mêmes dimensions. Le pollen se conserve facilement pendant quinze jours dans cet état, et même beaucoup plus longtemps si l'on a pris la précaution de disposer les anthères sur une seule couche, de vernisser et de luter les verres de montre.

Plusieurs verres, ainsi préparés, sont rangés sur une planchette au-dessus d'un cristallisoir renfermant de la chaux vive. Le tout est recouvert d'une cloche lutée avec du suif et placé à l'abri de la lumière et des variations de température.

Au moment d'opérer la pollinisation, on secoue vivement les verres pour provoquer la déhiscence des anthères ; puis à l'aide d'un pinceau fin d'aquarelle, on transporte le pollen sur les stigmates. Il est prudent d'abriter la souche au moment de l'opération pour éviter l'action du vent. Aussitôt après on recouvre la grappe avec un sac en papier transparent, très mince (papier à calquer) ; on fixe les sacs au cep pour éviter le ballottement. Leur emploi protége les grappes contre l'action nuisible d'une pluie qui surviendrait dans les vingt-quatre heures suivantes.

En observant ces précautions, la fécondation artificielle s'opère parfaitement ; le stigmate ne tarde pas à noircir, signe de succès, et huit jours après les grains commencent à grossir. Environ dix jours après, on enlève les sacs que l'on remplace par d'autres en taffetas enduit, pour protéger les grappes contre les insectes et les oiseaux.

La fécondation artificielle peut être compromise par une vigueur trop grande du pied-mère ou une invasion cryptogamique (mildew).

On parvient à atténuer la vigueur du pied-mère en supprimant l'extrémité du rameau portant les grappes ou en ne laissant sur ce rameau que la grappe à féconder.

La pollinisation doit être faite de préférence le matin ou le soir.

4° *Germination du pollen et fécondation proprement dite.* — Les grains de pollen, retenus à la surface du stigmate, ne tardent pas à germer grâce à l'action du liquide stigmatique (fig. 324). C'est à travers l'une des parties minces de l'exine que sort le *tube* ou *boyau pollinique*. Ce tube est constitué par l'allongement de la cellule végétative (p. 404) dont l'alimentation est fournie par les réserves nutritives contenues dans le grain et par celles que le tube rencontre sur son passage. Un grain de pollen peut émettre plusieurs tubes (Malvacées), mais l'un d'eux seulement, plus vigoureux, prend l'avance

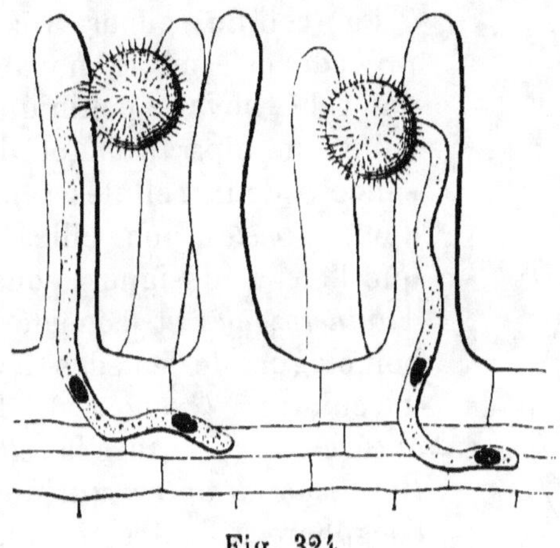

Fig. 324.

Papilles du stigmate avec grains de pollen en germination.

sur les autres qui ne tardent pas à s'arrêter dans leur développement.

La longueur qu'un tube peut atteindre est variable et subordonnée à la distance qu'il a à parcourir ; elle est, par exemple, de 10 centimètres dans le Safran et de 35 centimètres dans le Cierge (Cactées). La rapidité avec laquelle le tube franchit cette distance dépend à la fois des dimensions du style et de la nature de la plante. Un ou deux jours sont suffisants pour le Safran, tandis que pour le Cierge, il faut un mois et davantage.

Chez les Gymnospermes, le tube pollinique met plus d'un an à arriver aux corpuscules, par suite d'un arrêt assez long dans le nucelle.

Lorsque le style est creux, le tube pollinique s'engage dans la cavité qui lui est offerte, la parcourt sur toute sa longueur et, longeant ensuite un placenta, il pénètre dans un ovule par le micropyle. Si le style est plein, le tube pollinique le franchit en passant au travers des cellules plus au moins amollies à son contact. Chaque ovule ne reçoit qu'un tube (fig. 325).

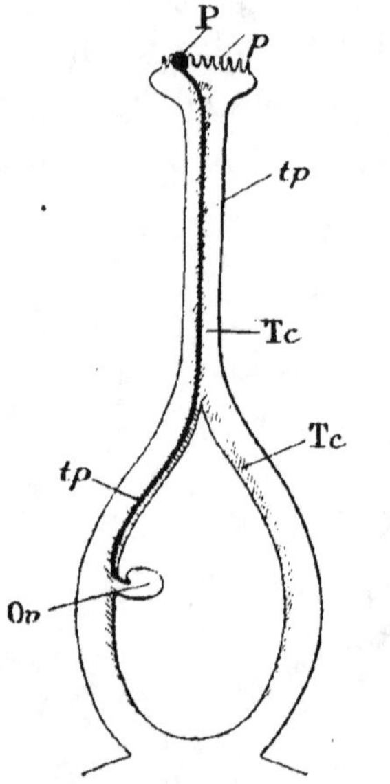

La cellule génératrice (p. 404) précède ou suit le noyau végétatif dans le boyau pollinique. Elle y subit une bipartition et donne naissance à deux cellules semblables, à deux *gamètes* non ciliés (fig. 326), que l'on a désignés sous le nom d'*anthérozoïdes* et considérés comme homologues de ceux des Cryptogames vasculaires (Fougères). Le gamète antérieur représente la *cellule génératrice mâle définitive* qui doit s'unir à l'oosphère ; l'autre se fusionne au noyau secondaire du sac embryonnaire (Lis Martagon) ou se résorbe.

Pendant que s'opère cette bipartition, le noyau végétatif s'allonge et s'amincit et finit par se résorber (fig. 327).

Fig. 325.

Marche du tube pollinique dans le style.

P, pollen. — *p*, papilles stigmatiques. — *tp*, tube pollinique. — *ov*, ovule. — Tc, tissu conducteur.

Gymnospermes. — Ce qui vient d'être dit s'applique spécialement aux Angiospermes. Chez les Gymnospermes, qui sont dépourvues de stigmate et de style, le pollen vient s'amasser dans la chambre pollinique où il germe après un temps variable. Le tube pollinique entraîne, par sa germination, la désorganisation des cellules supérieures du nucelle, puis celles du sac embryonnaire ; il s'accole ensuite à la rosette qui est dissociée par la cellule du canal, et pénètre dans le sac où il vient féconder l'oosphère.

Chez les Pinées (Pin, Epicéa) où les corpuscules sont séparés les uns des autres, un tube pollinique est nécessaire à chaque corpuscule. Chez les Cupressées (Genévrier, Cyprès), où les corpuscules sont accolés entre eux, un seul tube pollinique peut, par une division préalable de ses gamètes,

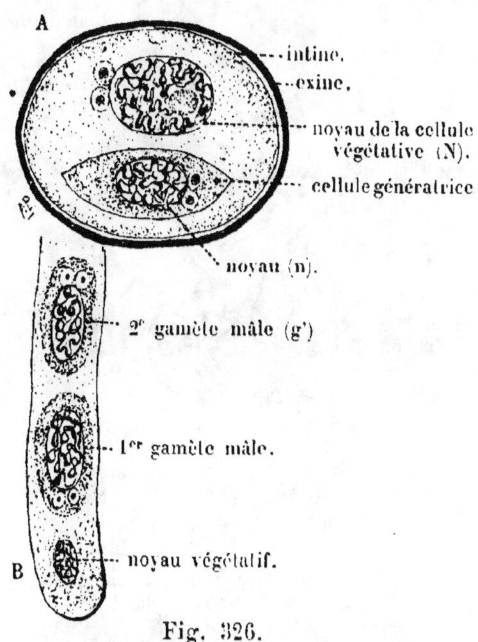

Fig. 326.

A, Grain de pollen. — B, Extrémité du tube pollinique.

recouvrir deux corpuscules et les féconder simultanément.

Le second gamète du tube qui, chez les Angiospermes, vient se fusionner avec le noyau secondaire, disparaît chez les Gymnospermes, avant l'acte de la fécondation, car il n'est d'aucune utilité.

Les Gymnospermes possèdent donc, après la fécondation, autant d'œufs que leur ovule renfermait de corpuscules et fournissent, par là, un même nombre d'embryons (*polyembryonie*), mais un seul de ces embryons arrive à maturité.

Aussitôt que la fécondation est opérée, l'oosphère devenue un œuf, s'entoure d'une membrane cellulosique, la vie de la fleur se concentre exclusivement sur l'ovaire qui deviendra le *fruit* et sur les ovules qui produiront les *graines*. Toutes les parties visibles de la fleur, excepté l'ovaire, se flétrissent

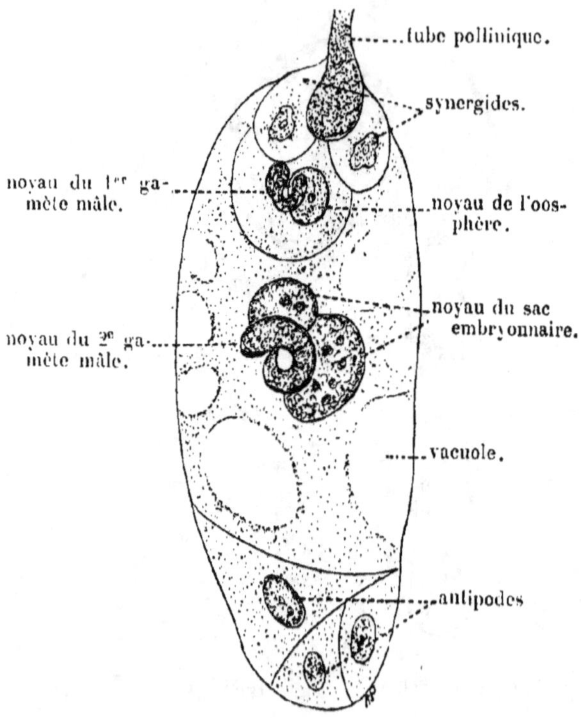

Fig. 327.

Sac embryonnaire au moment de la fécondation.

ensuite et finissent par disparaître, sauf dans les cas où le calice seul est persistant.

Dès ce moment, l'ovaire commence à grossir et l'on dit vulgairement que le fruit est *noué*.

5° *Coulure*. — On appelle *coulure* l'avortement de la fleur. La coulure se produit toutes les fois que l'ovaire n'a pas été fécondé. Le raisin de Corinthe semble présenter une curieuse exception à cette règle générale : les grains de raisin peuvent se développer malgré l'absence de toute fécondation, mais ces grains restent petits et sont dépourvus de pépins.

Les plantes cultivées les plus exposées à la coulure sont les arbres fruitiers à noyau, les Céréales et surtout la Vigne.

Nous croyons utile de résumer ce que Foëx dit sur la coulure de la Vigne.

Le phénomène résulte de trois causes distinctes : 1° de la constitution anormale de la fleur ; 2° d'une végétation trop vigoureuse ; 3° des intempéries.

1° *Coulure résultant de la constitution anormale de la fleur.* — Les fleurs hermaphrodites de la Vigne, à corolle se détachant par la base, sont les seules capables d'être fécondées. Les fleurs devenues naturellement mâles, par avortement du pistil, très odorantes et chez lesquelles les filets staminaux sont longs, sont stériles. Il en est de même des fleurs anormales, appelées *avalidouïres* dans le Languedoc, *déflouraïres* dans la Provence et *coulardes* dans les autres centres viticoles.

Ces dernières fleurs, étudiées par Marès et par Planchon, sont caractérisées « par une corolle persistante, s'ouvrant en étoile, comme celle des Ampelopsis, des étamines emprisonnées sous les pétales épais et creux ». Le filet de ces étamines est trop long par rapport au stigmate, le pollen est stérile et la déhiscence de l'anthère est imparfaite. Comme le pistil présente une constitution normale, il s'ensuit que la fleur peut, dans ce cas particulier, être considérée comme femelle et capable d'être fécondée ; mais cette fécondation est fort rare.

Le *Terret* (ancien cépage languedocien) et certains *Vitis Riparia* présentent cette constitution anormale.

D'autres Vignes, telles que le *Gamai*, la *Clairette*, l'*Herbemont* peuvent devenir stériles par suite d'un phénomène de *chlorantie* (pétalisation des carpelles ou des étamines).

Foëx dit que ces anomalies se produisent généralement dans les terres fortes, argilo-calcaires, à sous-sol humide, et qu'elles peuvent devenir héréditaires par l'emploi de boutures récoltées sur des individus ayant subi la coulure. Il est donc logique de rejeter d'une plantation nouvelle ces boutures défectueuses. Le greffage de sarments provenant d'étalons non exposés à la coulure sur des souches coulardes, peut amener la disparition de l'anomalie.

2° *Coulure résultant d'une végétation très vigoureuse.* — On sait qu'un développement trop actif et trop abondant des parties végétatives d'une plante surtout ligneuse, nuit à la production fruitière de cette plante et favorise la chlorantie. On a vu d'ailleurs quelles sont les opérations à effectuer pour favoriser le développement des fleurs et conséquemment des fruits. On évitera la stérilité des fleurs en réduisant le nombre des rameaux foliaires et en forçant la sève à se concentrer sur les bourgeons floraux. Pour la Vigne en particulier, « l'allongement de la taille, l'arcure, le pincement et l'incision annulaire » donnent des résultats absolument satisfaisants.

3° *Coulure déterminée par les intempéries.* — Des pluies persistantes, des vents vifs et secs ainsi que des froids anormaux, survenant à l'époque de la floraison, sont autant de causes capables de provoquer la coulure.

Les pluies persistantes entraînent le pollen hors de la fleur ou empêchent sa germination. Les vents vifs et secs paralysent les fonctions des rameaux herbacés et les froids anormaux nuisent à la fécondation, en ce sens que le grain de pollen ne peut émettre son tube au moment psychologique par suite du manque de chaleur nécessaire à ce phénomène.

On parvient à atténuer le mauvais effet des intempéries soit en ne donnant au sol, au moment de la fleur, aucune façon superficielle capable de refroidir ce sol, soit à l'aide d'abris spéciaux. Ces derniers sont excellents, mais malheureusement leur emploi dans la grande culture est impossible et trop dispendieux.

IV. **Hybridation**. — L'acte par lequel le pollen d'une espèce ou d'une variété a fécondé le pistil d'une espèce ou d'une variété différente constitue l'*hybridation*. Les individus produits par les graines résultant d'une telle fécondation sont désignés sous le nom général d'*hybrides*. Mais il y a lieu de faire une distinction entre les hybrides proprement dits et les *métis*. Les premiers résultent d'une fécondation croisée entre deux *espèces* distinctes ; tandis que les seconds sont le résultat du croisement de deux *variétés* ou de deux *races* d'une même espèce. On confond à tort ces deux termes dans la pratique.

a. *Hybrides*. — Les caractères distinctifs des hybrides résultent de la *fusion* ou de la *superposition* des caractères respectifs de leurs parents. Il n'y a rien d'absolu dans la plupart de ces caractères qui, parfois, relèvent plus de la mère de l'hybride que du père ou du père que de la mère. A ce sujet les opinions ont été très partagées. Linné croyait que l'hybride ressemblait à sa mère par les organes reproducteurs et à son père par l'appareil végétatif. Herbert et de Candolle admettaient tout le contraire ; tandis que Lecoq posait comme règle générale qu'un hybride tient plus de la mère que du père. Certains botanistes ont créé, dans de nombreuses familles végétales, des listes interminables d'hybrides. D'autres, au contraire, affirment que les hybrides spontanés sont rares. Nous réservons notre opinion sur cette question, mais néanmoins nous n'hésitons pas à nous ranger parmi ceux qui se refusent encore à admettre la fertilité des hybrides comme apte à transmettre héréditairement leurs caractères propres. Si, en effet, un *très petit nombre* d'hybrides sont capables d'engendrer des descendants par semis de leurs graines, il a été reconnu que ces descendants perdaient leurs caractères particuliers, dès la seconde génération, et se rapprochaient de plus en plus des parents de l'hybride initial. L'hybride ne possède donc ni fixité ni permanence, et retourne infailliblement à l'un de ses parents ou aux deux réunis par un mélange de ses caractères.

b. *Métis*. — La fécondation croisée entre variétés de même

espèce, rendue nécessaire dans les cas de dichogamie ou d'hétérostylie, ou encore d'unisexualité des fleurs, donne naissance à des métis.

Les métis diffèrent des hybrides en ce que leurs produits sont presque toujours féconds, que les caractères ancestraux sont généralement transmissibles et que l'on arrive parfois à conférer la fixité à d'autres caractères nouveaux. Darwin attribuait aux métis une supériorité marquée sur leurs parents, tant au point de vue de la hauteur des tiges, de la précocité, du poids du corps, de la floraison que des graines.

On distingue les métis *dérivés* et les métis *combinés*. Soit un métis $A \times B$ (A et B sont les variétés qui l'ont produit) ; si une nouvelle variété C vient à féconder ce métis, on aura le métis *dérivé* $[(A \times B) \times C]$. Un métis combiné résulte de la fécondation de deux métis : $(A \times B) \times (C \times D)$.

Le métis dérivé est supérieur au métis *direct*. En représentant par 100 la valeur d'un métis dérivé, celle du métis direct le sera par 87 et celle de ses ascendants immédiats, par 74.

La fixité des métis est difficile à obtenir. De Vilmorin a mis six ans pour fixer le blé Dattel. Malgré les soins dont sont entourées de telles productions, il arrive parfois que les résultats réalisés sont très différents de ceux que l'on espérait obtenir ; c'est ainsi que l'on est arrivé à créer des variétés ayant déjà existé. L'insuccès tient souvent à peu de chose, tant la variabilité d'un métis peut être mobile ou désordonnée.

Pour que deux plantes A et B puissent s'hybrider, il faut qu'il existe entre elles des affinités suffisamment rapprochées. Mais si A est fécondé par B, il ne s'ensuit pas que B le soit par A : cette bizarrerie n'est point rare et tient sans doute à des détails d'organisation. Quoi qu'il en soit, il est démontré que le croisement entre variétés d'une même espèce est plus facile et beaucoup plus fréquent qu'entre espèces d'un même genre. Le croisement entre genres d'une même famille est très rare ; il peut produire des hybrides *bigénériques* (*Catleya* $\times$ *Sophronitis* : Orchidées).

Comme la fécondation naturelle (autofécondation) se produit encore assez fréquemment, il suffit qu'elle se soit accomplie pour rendre impossible toute hybridation. Cette remarque est une preuve nouvelle de la rareté des hybrides spontanés.

La fécondation artificielle (p. 431) est l'opération fondamentale de l'hybridation. Son importance en agriculture, en horticulture, etc., n'échappe à personne. Grâce à elle, le cultivateur parvient à produire des formes plus belles, plus productives, plus hâtives et plus rustiques que celles qu'il a en sa possession. L'horticulteur crée des variétés nouvelles se recommandant par l'élégance de leur feuillage ou de leurs fleurs. Mais il importe surtout que les parents d'un hybride soient vigoureux, bien conformés, suffisamment rapprochés par l'ensemble de leurs points communs et que l'un d'eux au moins possède le caractère que l'on veut exalter et fixer. Comme la *qualité* se modifie très difficilement, on devra l'exiger des parents.

En présence des ravages occasionnés par le phylloxera et les parasites végétaux, les viticulteurs se sont efforcés, par croisements de vignes américaines entre elles ou avec des cépages européens, de créer de nouveaux types capables de résister à ces diverses affections, de s'adapter facilement aux différents sols, et en outre de fournir de meilleurs produits. Millardet, Grasset, Foëx, Couderc, Bouschet père et fils, Franc, etc., ont enrichi les vignobles français de nombreux hybrides *américo-américains* ou *franco-américains* qui ont largement contribué à la reconstitution de nos vignobles.

V. Développement de l'ovule en graine et de l'ovaire en fruit après la fécondation. — On a vu, page 437, qu'aussitôt l'œuf formé, l'activité de la plante se concentre sur l'ovaire, lequel deviendra le *fruit*, tandis que les ovules donneront les *graines*, et l'œuf, *l'embryon*. Étudions ces diverses transformations.

1° Développement de l'ovule en graine. — a. *Angiospermes*.

— Le noyau de l'œuf se divise en deux autres, puis une cloison transversale divise l'œuf lui-même en deux cellules superposées. La *supérieure* produit généralement un cordon transitoire appelé *suspenseur* et l'*inférieure* engendre l'*embryon* par des cloisonnements successifs (fig. 328).

Le suspenseur comprend ordinairement de nombreuses

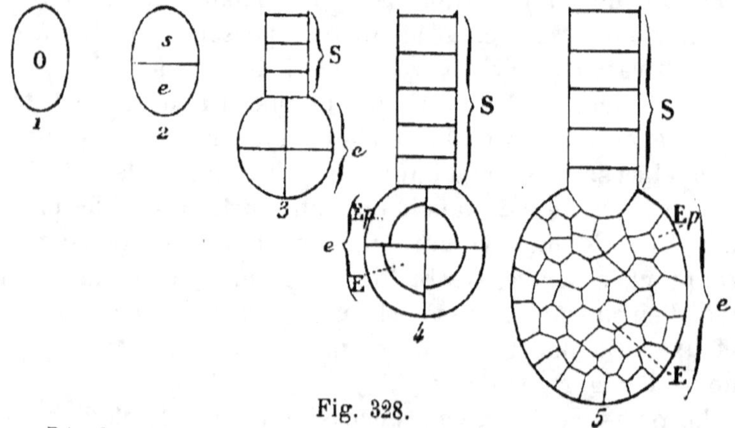

Fig. 328.

Développement de l'œuf en embryon. Stades successifs.

1, cellule-œuf. — 2, division de cette cellule en deux autres. — S, suspenseur provenant de la cellule *s*. — 3, *c*, rudiment de l'embryon. — Ep, assise externe. — E, massif interne.

cellules et affecte une forme variable ; la plus commune est celle d'une cordelette à deux rangées de cellules ; il supporte l'embryon, peut concourir à sa nutrition et vient se fixer au sommet du sac embryonnaire dans la région du micropyle. Son existence n'est que passagère, car, tôt ou tard, il est résorbé par l'embryon.

Le suspenseur fait défaut chez *Corydalis cava*, certaines Orchidées, etc.

A l'origine, l'embryon est représenté par un petit massif de cellules homogènes qui est le rudiment de la *tigelle*. Peu après, une petite saillie (Monocotylédones) ou deux (Dicotylédones) se dessinent à la partie supérieure de la tigelle : ce sont les *cotylédons*, entre lesquels va se former la *gemmule* ; puis à la base de la tigelle, la *radicule* apparaît sous l'aspect d'un petit cône. Cette radicule placée à l'extrémité de la tigelle, semble lui faire suite (Dicotylédones), tandis qu'elle se trouve à l'intérieur de la tigelle, vers sa base, chez les Monocotylédones.

La *cellule mère d'albumen*, vaste cellule qui comprend le noyau secondaire du sac embryonnaire, le protoplasme restant du sac et sa membrane cellulosique, entre en cloi-

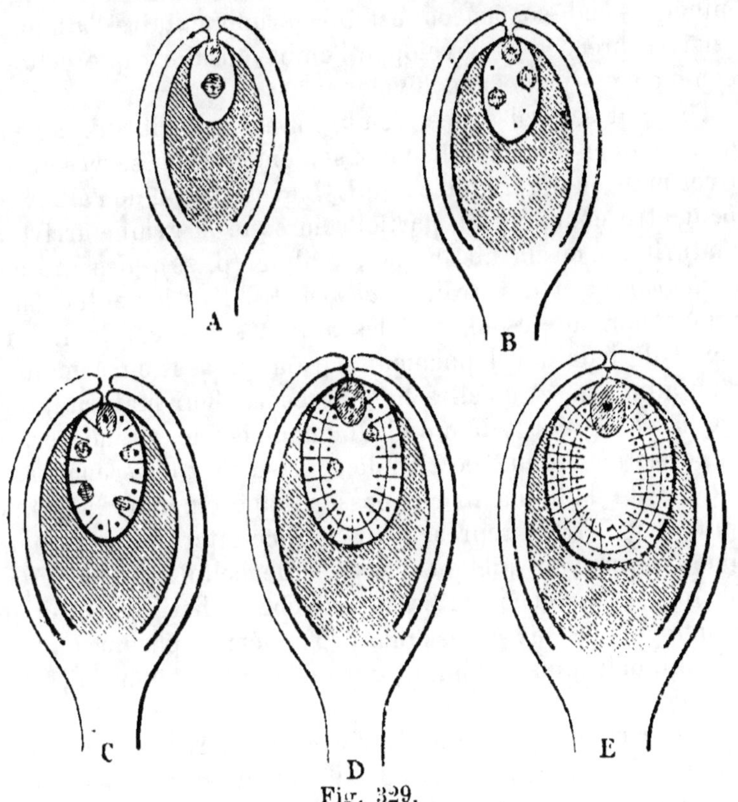

Fig. 329.

Formation de l'albumen dans le sac embryonnaire.
A, B, C, D, E, stades successifs.

sonnement (B) à peu près en même temps que l'œuf, et produit un parenchyme homogène, appelé *albumen*, nourricier de l'embryon (fig. 329). Les cloisons de l'albumen se forment de moins en moins nettes à partir de la périphérie, de sorte que dans ses parties profondes les protoplasmes cellulaires restent souvent confondus (E).

L'embryon est ordinairement plongé dans la masse de l'albumen ; il est placé latéralement dans le Blé. Chez la Vesce, le Pois, et autres Viciées, l'albumen est rudimentaire et n'est représenté que par une mince couche de protoplasme périphérique : tandis que chez le Trèfle, et les autres Légumineuses où le suspenseur est nul ou rudimentaire, l'albumen est très précoce et enveloppe l'embryon alors que celui-ci commence à peine à se développer.

Pendant sa croissance, l'embryon se nourrit aux dépens de l'albumen dont il épuise non seulement les réserves nutritives mais en digère les cellules. La résorption de l'albumen peut être complète ou partielle lorsque la graine arrive à maturité, d'où la distinction, établie (p. 15), des graines *exalbuminées* et des graines *albuminées*. Il y a lieu de faire remarquer que les unes et les autres sont semblables au début de leur développement par la possession commune d'un albumen, et qu'elles ne diffèrent, à leur maturité, que par la résorption totale de l'albumen chez les premières, et la persistance d'une portion de ce tissu chez les secondes.

Ce reste d'albumen peut passer inaperçu dans la graine mûre, car il n'est représenté, à la face interne du tegmen, que par une ou quelques assises de cellules (Crucifères, Composées, Labiées, etc.). Cette couche se distingue ordinairement des assises situées plus profondément par un contenu albuminoïde plus abondant qui lui a valu le nom d'assise *protéique*.

Chez certaines plantes (Nymphéacées) on remarque encore une couche persistante du nucelle, appelée *périsperme*, entre l'albumen et les téguments. Ce périsperme est la partie périphérique du nucelle qui a échappé à la digestion de l'albumen. Comme ce dernier, il jouit de propriétés nutritives pour l'embryon.

Les deux téguments de l'ovule peuvent subsister dans la graine (Crucifères) ou se réduire à un seul par disparition de la secondine (Gamopétales). On a alors, dans le premier cas, les ovules *bitegminés* et dans le second, les ovules *uni-tegminés*.

b. *Gymnospermes*. — Aussitôt après la fécondation, l'ovule commence à se différencier en graine ; son nucelle est résorbé peu à peu par l'embryon, de telle sorte qu'il n'en reste que le tégument unique à la maturité de la graine. L'endosperme, devenu très volumineux, occupe toute la cavité du nucelle et n'est qu'en partie digéré par les embryons avant leur maturité. Ces derniers résultent du cloisonnement d'un groupe de douze cellules (*proembryon*) produites par division de l'œuf.

TRAVAUX PRATIQUES

1º Étude macroscopique et dissection de fleurs appartenant à des plantes agricoles.

2º Coupes transversales et longitudinales : 1º dans l'ovaire ; 2º dans une anthère.

3º Étudier et dessiner le pollen de quelques plantes agricoles.

4º Fécondation artificielle de plantes agricoles cultivées en pots ou en pleine terre.

CHAPITRE III

FRUITS. — LEUR CONSERVATION

Après la fécondation, l'ovaire se différencie par maturation de ses carpelles, et devient le *fruit* appelé aussi *péricarpe*.

On distingue les fruits *simples, multiples* ou *agrégés* et les fruits *composés*.

Les premiers ne comprennent qu'une seule pièce provenant soit d'un pistil formé d'un seul carpelle (fruit *apocarpé* : Haricot), soit d'un pistil à plusieurs carpelles concrescents (fruit *syncarpé* : Oranger).

Les seconds proviennent d'un pistil dialycarpelle, c'est-à-dire composé de carpelles indépendants les uns des autres (fig. 330, 331) (Fraisier, Renoncule).

Ces deux premières catégories de fruits sont produites par une *seule fleur*.

Fig. 330.

Fruit multiple de Renoncule.

Les fruits *composés* sont produits au contraire par les fruits de plusieurs fleurs soudés entre eux, de manière à ne constituer qu'une seule masse (Figue, fig. 332, Ananas, Mûrier, fig. 334, Conifères, fig. 333).

Structure du péricarpe. — Abstraction faite des développements ultérieurs qui peuvent se produire après la fécondation, on peut admettre que le péricarpe doit posséder l'organisation de l'ovaire. Sans revenir sur la structure de ce dernier, il convient néanmoins de signaler les particularités suivantes : 1° Certains ovaires *uniloculaires* peuvent devenir *plu-*

riloculaires par formation de fausses cloisons ou d'intersection

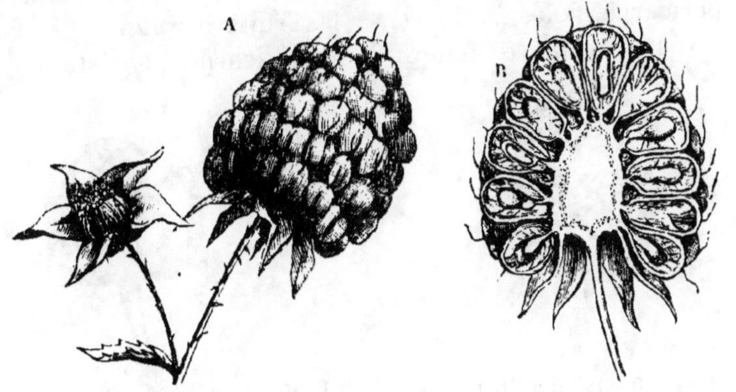

Fig. 331, A et B.

A, fruit multiple du Framboisier. — B, coupe du fruit.

de loges (*Glaucium flavum, Coronilla emerus, Raphanus*, etc.);

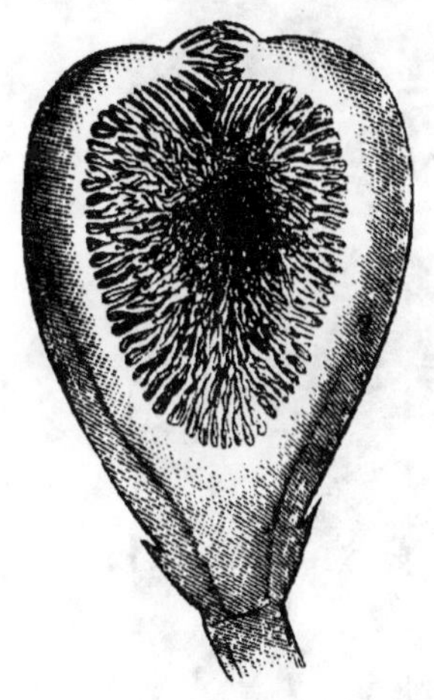

Fig. 332.
Fruit composé du *Figuier*.

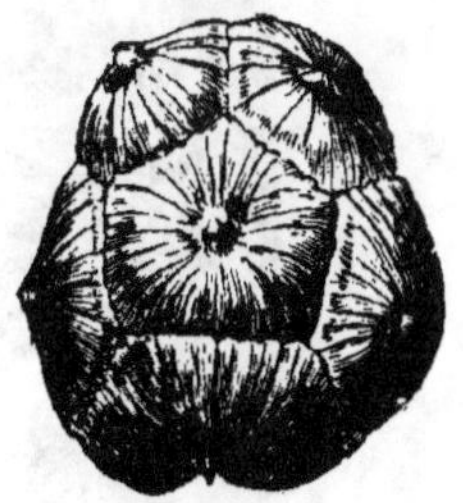

Fig. 333.
Fruit composé du *Cyprès*.

2° D'autres ovaires (*Quercus, Cocotier, Garance*, etc.) subissent en mûrissant une réduction du nombre de leurs loges par suite d'un arrêt de développement de certaines de leurs parties.

Il y a lieu de distinguer dans l'étude de la structure du péricarpe, 1° les fruits *secs*, 2° les fruits *charnus*.

D'une manière générale, le péricarpe consiste en un

Fig. 334.
Fruit composé de Mûrier.

Fig 335.
Fruit composé de Chèvrefeuille.

ensemble d'assises de parenchyme limité extérieurement et

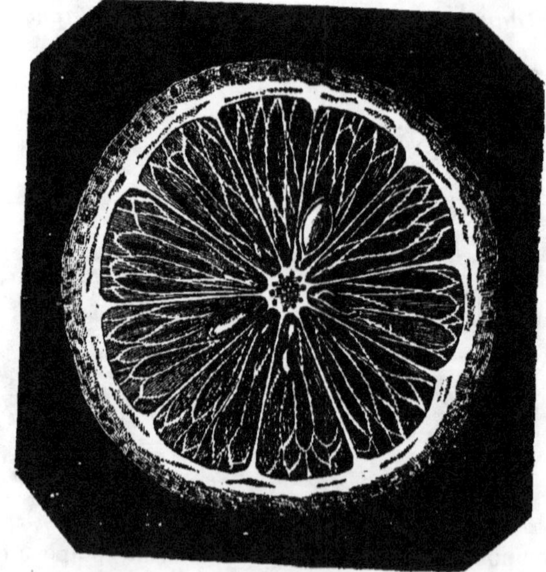

Fig. 336.
Orange. Fruit provenant de dix carpelles formant dix loges.

intérieurement par un épiderme. L'épiderme *externe* est simple, jamais stratifié; l'*interne*, au contraire, peut être recouvert de poils gorgés d'éléments nutritifs (Citron, Orange, fig. 336), ou simplement stratifié (Muguet) ou à la fois stratifié et sclérifié (Amande, Prune, Cerise).

Un fruit est dit *sec*, quand sa lame parenchymateuse est mince, à cellules vides, mortes et souvent sclérifiées. Tels sont les *akènes*, les *caryopses* et les *capsules* dont il sera question plus loin.

Un fruit est dit *charnu* quand le parenchyme de son péri-

Fig. 337.
Baies de
Groseillier.

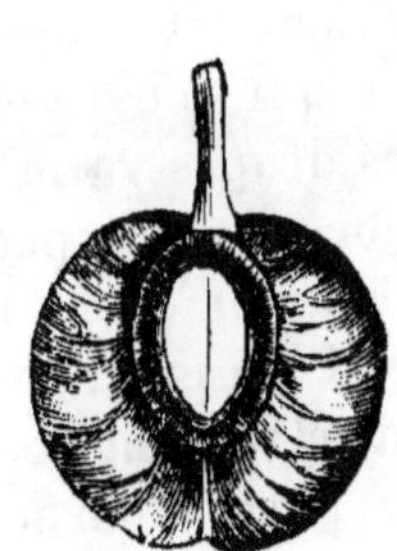

Fig. 338.
Drupe à un noyau
coupée en long.

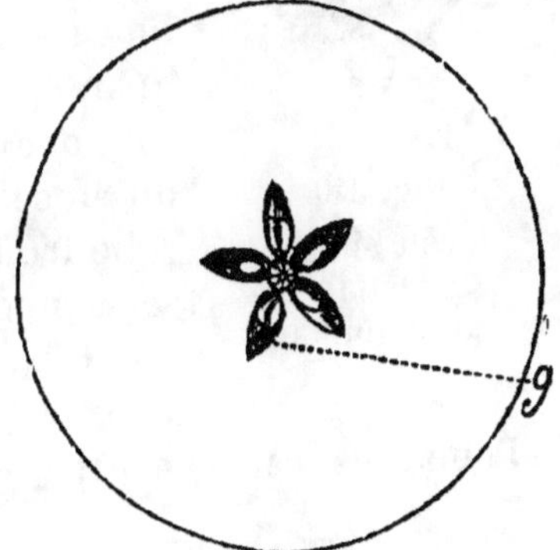

Fig. 339.
Faux fruit de Pommier
(coupe transversale).

g, sarcocarpe.

carpe, bien développé, devient totalement ou partiellement mou et plus ou moins succulent. Parmi les fruits charnus on distingue les *baies* (fig. 337, 340) (Raisin) et les *drupes* (fig. 338) (Cerise).

Le péricarpe d'une *baie* comprend une cuticule nette et un parenchyme sous-jacent ordinairement collenchymateux dans ses parties périphériques et succulent dans ses parties plus profondes.

Le péricarpe des *drupes* se différencie assez nettement en trois couches, correspondant aux divers tissus constitutifs des carpelles. L'épiderme extérieur prend le nom d'*épicarpe ;* l'intérieur, celui d'*endocarpe*, et le mésophylle, celui de *méso-carpe*.

Le mésocarpe est ordinairement collenchymateux à la périphérie et parenchymateux succulent plus profondément. Il peut renfermer des cellules scléreuses (*cellules pierreuses*)

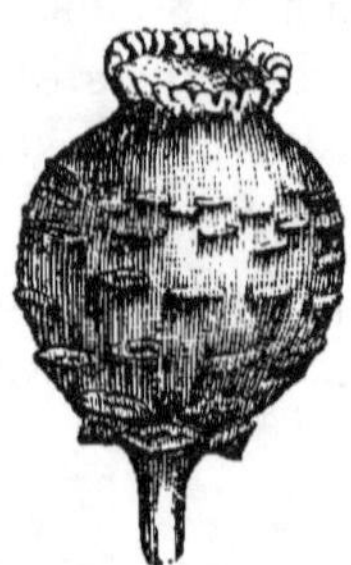

Fig. 340.

Fruit simple
(baie)
de Nénuphar.

isolées ou groupées en nodules (Poire). Le noyau de la Prune, de la Cerise, constitué par la moitié interne du mésocarpe et l'endocarpe, est particulièrement riche en fibres et en cellules scléreuses.

Les baies sont indéhiscentes, c'est-à-dire que les graines ne peuvent sortir du fruit qu'après sa décomposition.

Une exception est offerte par la baie du Muscadier qui s'ouvre en deux valves.

Le fruit des drupes varie beaucoup dans sa composition et son aspect.

Celui du Prunier et de l'Amandier est apocarpé et d'origine supère ; celui des Pomacées est syncarpé et d'origine infère.

La partie charnue de la Pomme (*sarcocarpe*) (fig. 339) provient probablement de la concrescence du périanthe, de l'androcée et d'une partie du péricarpe.

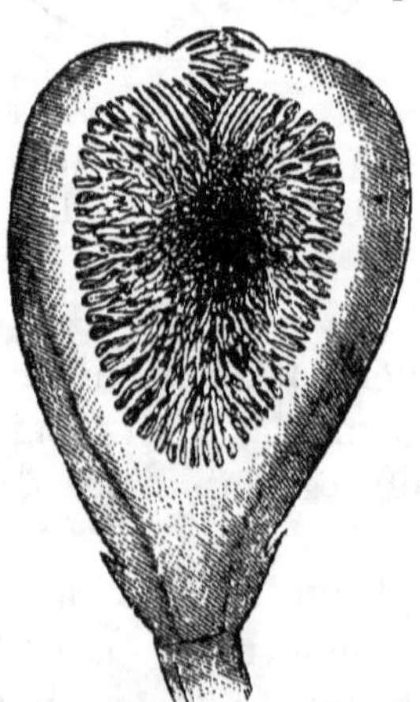

Fig. 341.
Fruit composé du Figuier.

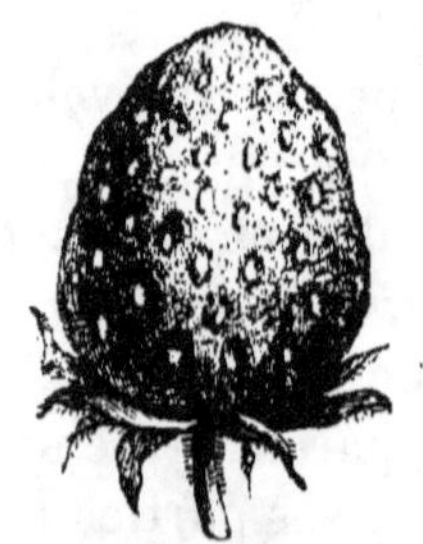

Fig. 342.
Fraise (fruit multiple).

La Noix est aussi considérée comme une drupe déhiscente ; le *brou* qui la recouvre pendant sa jeunesse est constitué par l'épicarpe et le mésocarpe.

Dans l'Orange ou *hespéridie*, l'épicarpe et le mésocarpe sont représentés par la peau, l'endocarpe l'est par cette mince membrane qui recouvre la partie comestible ; enfin cette dernière est constituée par des cellules fusiformes émanant de l'endocarpe sous la forme de poils succulents.

On a donné à certains autres fruits des noms spéciaux. C'est ainsi que le fruit du Figuier (fig. 341) a été désigné sous le nom de *sycone*, de l'Ananas, sous celui de *sorose*, etc.

Annexes du fruit. — Le fruit peut être accompagné de quelques parties de la fleur, accrues en même temps que lui et qui constituent les *annexes*.

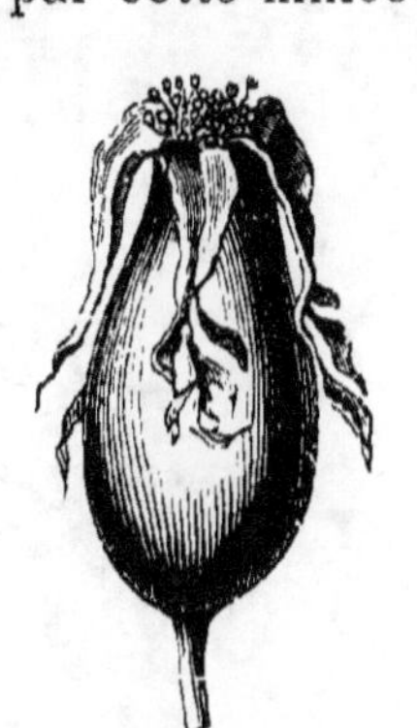

Fig. 343.
Cynorrhodon ou faux fruit du Rosier. Fruit entier.

Dans la *fraise*, le calice et le calicule sont persistants et le réceptacle floral, considérablement développé et devenu succulent, représente la partie comestible (fig. 342).

Dans le *Rosier*, le fruit ou *cynorrhodon* (fig. 343, 344) est formé par une coupe, rouge à la maturité, dans laquelle sont les akènes inclus.

Dans le *Charme* (fig. 345), le fruit repose sur un involucre de bractées ; dans l'*Ananas*, les baies, les bractées et l'axe de l'inflorescence sont groupés en une seule masse charnue succulente.

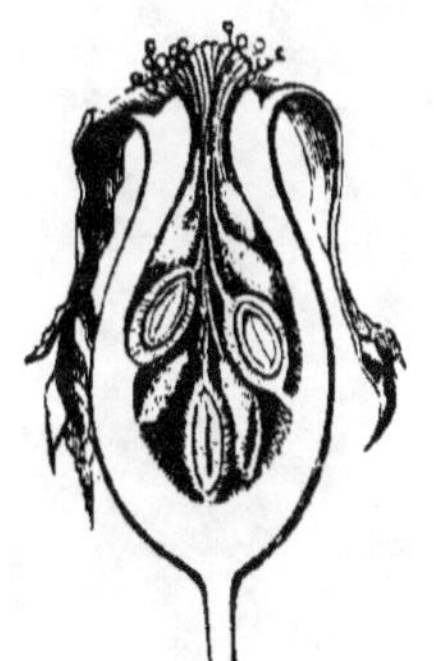

Fig. 344.
Fleur de *Rosa canina* coupée en long. Le calice, la corolle et l'androcée sont soudés dans leur région basilaire et forment un tube, lequel est porté par une excavation provenant d'une invagination de l'extrémité du pédicelle floral.

Le style persiste sur quelques fruits ; il affecte la forme

d'un bec plus ou moins crochu chez le Géranium et d'une aigrette chez le Pissenlit (fig. 346), etc.

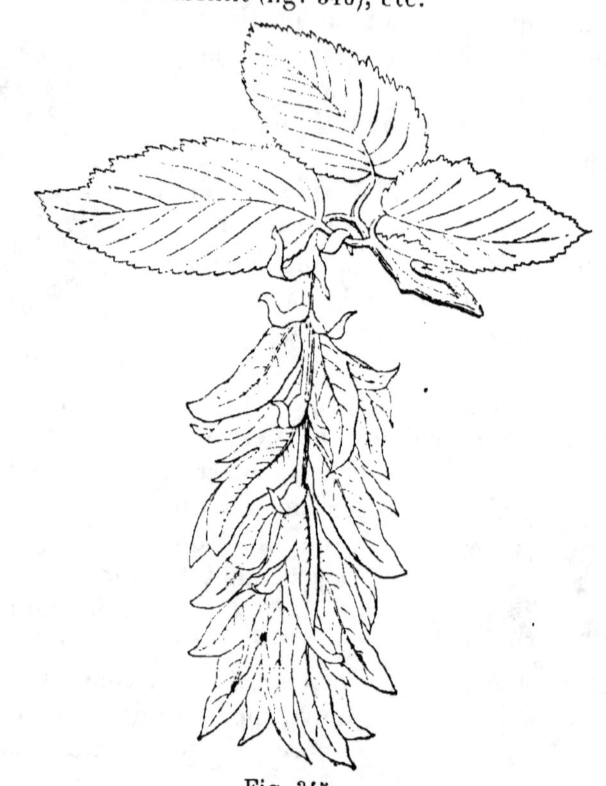

Fig. 345.

Charme (*Carpinus Betulus*).

Fruit. La cupule produit en avant une écaille dure à trois lobes ; elle est très ouverte en arrière.

Déhiscence. — La déhiscence est l'acte par lequel le péricarpe s'ouvre spontanément pour mettre les graines en liberté.

Elle n'a lieu que chez les fruits secs, très rarement chez les fruits charnus ; il existe aussi des fruits secs indéhiscents (akène, fig. 347, caryopse, fig. 348, samare, etc.).

Le *caryopse* diffère de l'*akène* en ce que la graine est entièrement soudée au péricarpe, et non distincte de ce dernier.

Chez les fruits secs apocarpés, la déhiscence est longitudinale et s'effectue suivant une seule ligne qui correspond aux bords soudés du carpelle (Hellébore) ou suivant deux lignes, l'une correspondant à la précédente, et l'autre à la nervure médiane (Haricot, fig. 349).

Chez les fruits syncarpés, la déhiscence est *transversale* (Mouron des champs), *poricide* (Pavot) ou *longitudinale*. Dans ce dernier cas, le fruit se divise en un certain nombre de pièces (*valves*) et répond à trois modes différents : déhiscence *loculicide, septicide* ou *septifrage*.

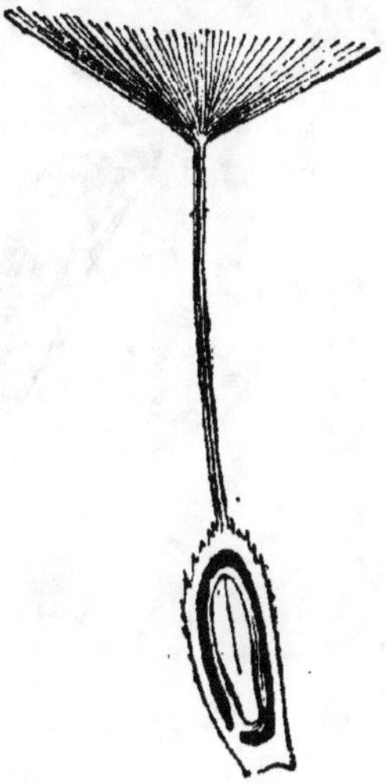

Quand la déhiscence se produit suivant la nervure médiane de chaque carpelle, elle est dite *loculicide* (fig. 350, 351), (Violettes, Liliacées, Marronnier d'Inde, etc.). Dans ce cas chaque valve comprend deux moitiés de carpelles différents.

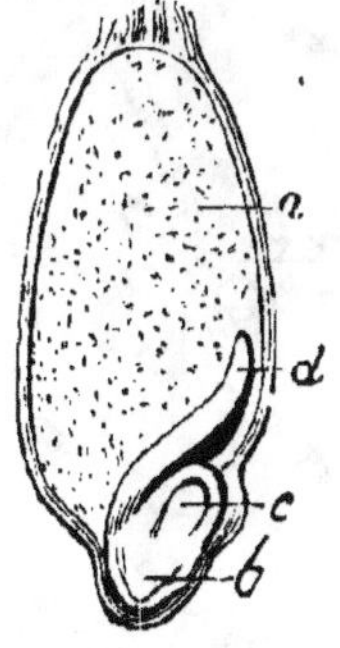

Fig. 346.
Pissenlit. Coupe
longitudinale du fruit.

Fig. 347.
Fruit (akène) coupé en long
(*Bluet*).

Fig. 348.
Fruit de Blé coupé en long
(Caryopse.)

Quand la déhiscence s'effectue suivant la suture des bords capillaires, elle est dite *septicide* (fig. 352, 353). Elle est alors précédée d'un dédoublement des cloisons (Fruits à placentation axile : Tabac, Colchique, Digitale, etc.).

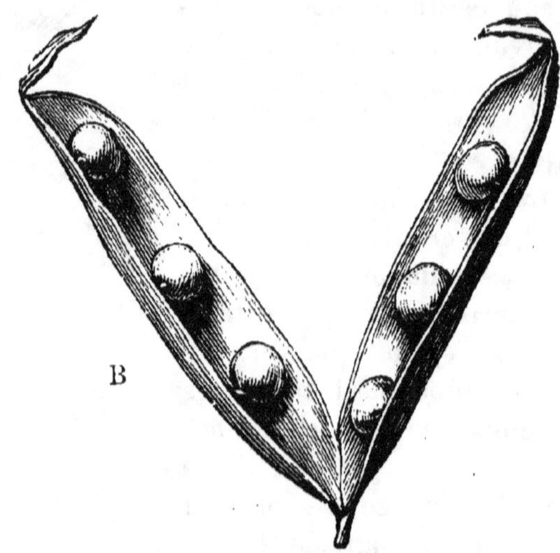

Fig. 349.
Fruit ou *gousse* de Pois (Légumineuses).

Enfin la déhiscence est *septifrage* (fig. 354, 355, 356) quand

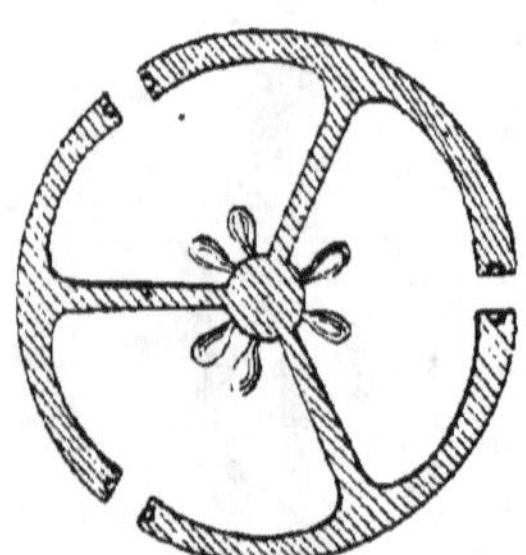

Fig. 350.
Déhiscence loculicide.

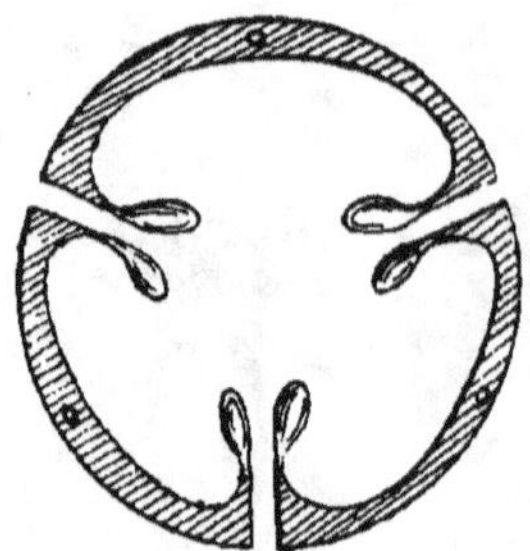

Fig. 351.
Déhiscence loculicide.

la capsule s'ouvre par un certain nombre de fentes rapprochées deux à deux du bord externe des cloisons, de telle sorte que ces dernières persistent intactes à leur place respective (Datura).

Dans la déhiscence *transversale*, appelée aussi *pyxidaire*, il

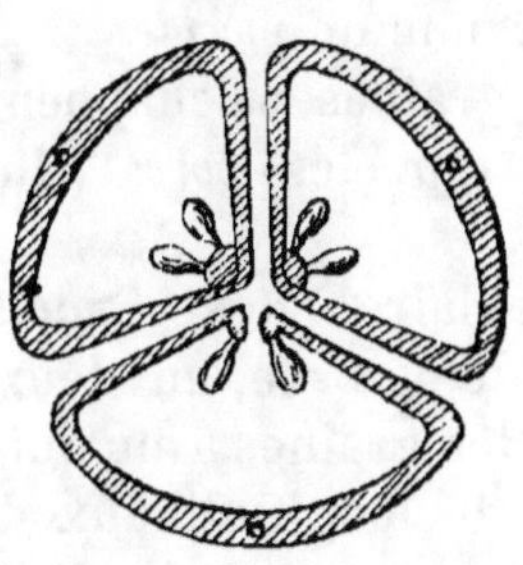

Fig. 352.
Déhiscence septicide.

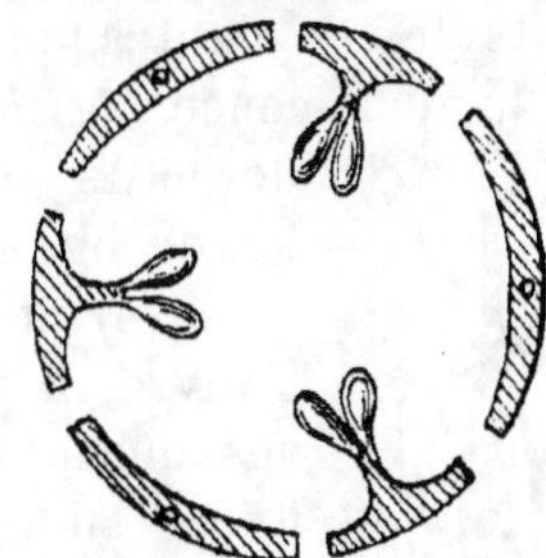

Fig. 353.
Déhiscence septicide.

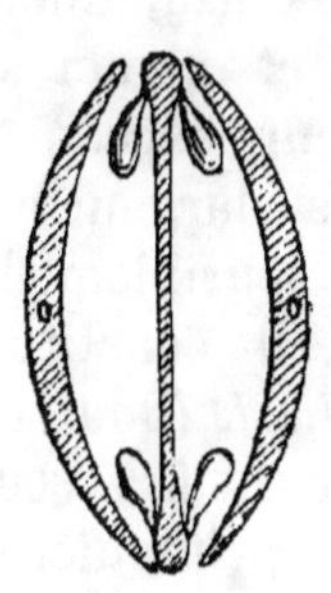

Fig. 354.
Déhiscence septifrage.
Silique.

Fig. 355.
Déhiscence
septifrage.

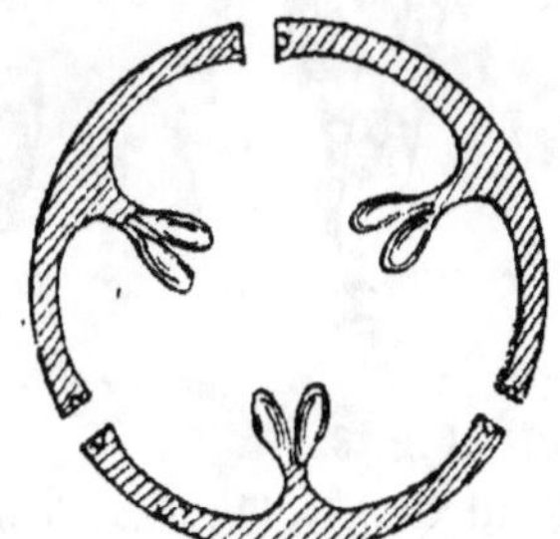

Fig. 356.
Déhiscence
septifrage.

Fig. 357.
Pyxide, fruit du Mouron
(*Anagallis arvensis*).

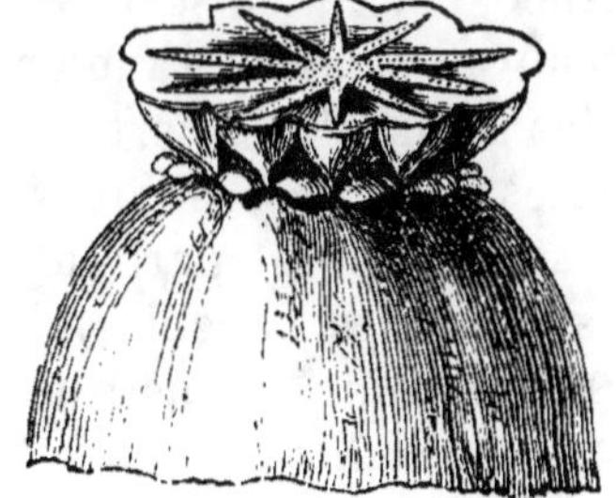

Fig. 358.
Fruit de Pavot (*Papaver somniferum*).
Déhiscence poricide.

se produit une seule fente circulaire permettant à la moitié
supérieure du péricarpe de se soulever à la manière d'un

couvercle à charnière (Plantain, Mouron rouge (fig. 357), etc.).
Les fruits de ces plantes portent le nom de *pyxides*.

Dans la déhiscence *poricide*, les graines s'échappent par
de petits orifices appelés *pores* (Muflier,
Pavot, fig. 358).

Le fruit biloculaire des Crucifères
s'ouvre, à partir de sa base, en deux valves, mettant ainsi les graines à nu qui sont
fixées sur les bords longitudinaux de la
cloison médiane. Lorsque ce fruit est beaucoup plus long que large, il porte le nom
de *silique* (Giroflée, fig. 359, Colza, Chou,
etc.), et quand sa
longueur excède à
peine sa largeur ou
lui est sensiblement
égale, il constitue
une *silicule* (Bourse-
à-Pasteur, fig. 360,
Drave printanière,
Thlaspi, etc.

Fig. 359.
Fruit de Giroflée.
Silique.

Fig. 360.
Fruit de Bourse-à-
Pasteur. Silicule.

Dans la Ravenelle
(Crucifère), le fruit, étranglé de distance
en distance, est indéhiscent ; il se rompt
au niveau de ces étranglements pour
mettre les graines en liberté.

Follicules, gousses, siliques et pyxides
sont des exemples particuliers de la
grande section des capsules, dont tous les
autres représentants constituent les *capsules proprement dites.*

La classification des fruits peut être résu-
mée de la manière suivante dans le tableau
de la page suivante.

Fig. 361.
Polyakène; fruit
de Ravenelle
(Crucifères).

Maturation des fruits charnus. — Les fruits
charnus, encore verts, renferment du *tanin*, qui leur donne

une grande âpreté et certains *acides* dont les principaux
sont les acides *malique* (Pomme, Sorbe), *citrique* (Orange,
Citron) et *tartrique* (Raisin). L'*amidon* existe également dans
les corps chlorophylliens et donne à certains fruits, même
avant leur maturité (Banane), une consistance farineuse.

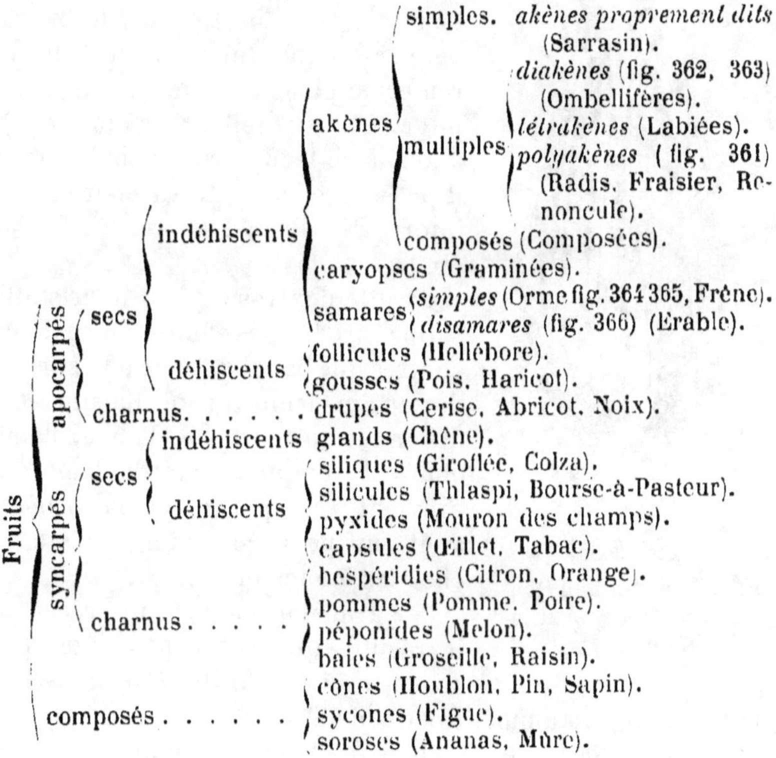

La maturation est un phénomène de *résorption* et d'*oxydation*. Sous l'action de la lumière et de la chaleur, il y a résorption complète de l'amidon, plus ou moins complète du tanin
et de la chlorophylle et particlle des acides organiques. Il en
résulte donc, pour la plupart des fruits, un accroissement
de richesse en acides.

D'autre part, l'oxygène, absorbé par la respiration du
fruit, tend à prendre insensiblement la place du tanin et des

principes acides, avec une intensité d'autant plus forte que
les radiations solaires sont plus lumineuses et plus chaudes.
Les acides non entraînés dans ce phénomène produisent
du *saccharose* qui, par hydratation, se transforme en *sucre
interverti* (mélange composé d'un nombre égal de molécules
de dextrose ou glucose et de fruc-
tose ou lévulose). Ici, deux cas
peuvent se produire : 1° le fruit ne
renferme plus, à la fin, que du sucre
interverti (Groseille, Raisin, etc.) ;
2° ou, avec le dextrose et le fructose,
il possède encore du saccharose non
interverti (Prune, Abricot, Pêche,
etc.).

C'est le dextrose qui, par cristallisation, produit les efflorescences blanchâtres que l'on distingue à la surface
de certains fruits (Prune, Raisin, etc.).

Dans le péricarpe de l'olive, l'amidon est remplacé par de *l'huile* qui
provient, en partie, de la *mannite*
dont on peut constater l'existence
chez les jeunes olives.

Des transformations qui précèdent
il résulte qu'on n'a pas intérêt à
laisser certains fruits trop longtemps
sur l'arbre, notamment ceux d'été et d'automne qui, sous
l'action de l'air, de la chaleur et de la lumière, perdent
rapidement leurs acides organiques et surtout leur tanin.
Ce dernier préserve les fruits du blettissement qui est le
prélude de la fermentation alcoolique et conséquemment de
la pourriture.

La conservation des fruits est plus longue lorsque ces fruits
ont été cueillis avant leur complète maturité. Lorsqu'ils
ont été récoltés dans de telles conditions, on dit qu'ils ont
été *entrecueillis*. L'époque où cette opération doit être faite
est d'une détermination délicate ; elle est variable avec le

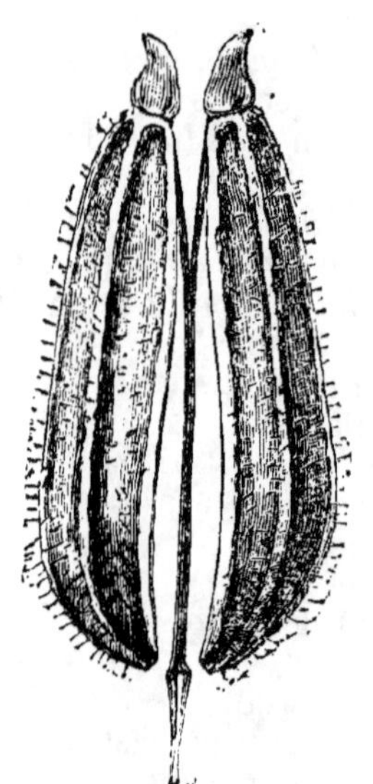

Fig. 362.

Fruit (diakène) du *Pim-
pinella anisum* (Om-
bellifères).

sol, le climat, l'orientation, l'espèce à laquelle appartient le fruit, etc., et, dans une même région, avec les conditions

Fig. 363.
Fruit (diakène) de la Pistache de terre (*Arachis hypogea*, Légumineuses). Le fruit est ouvert.

ambiantes dans lesquelles s'est effectué le développement du fruit.

Au point de vue général, tous les fruits gagnent à être entrecueillis.

Il est bon de faire la cueillette des pêches quatre à douze

Fig. 364.
Samare, fruit d'Orme.
(Urticacées).

Fig. 365.
Samare ou fruit de l'Orne (*Fraxinus Ornus*, Oléacées). Coupé en long.

jours avant leur entière maturité suivant les espèces, et celle des poires et surtout des pommes, plusieurs semaines avant.

Entre ces époques extrêmes, il est toute une série de fruits dont la récolte se fait à des dates intermédiaires. Ceux d'hiver peuvent, sans inconvénient, rester plus longtemps sur l'arbre, car à l'époque où se fait leur maturation, l'oxydation est beaucoup plus faible et le soleil moins ardent.

Certains indices, dit Ed. Couturier, peuvent approximativement guider l'horticulteur. D'abord la grosseur du fruit, puis le gonflement du pédoncule dans les poires ; il y a

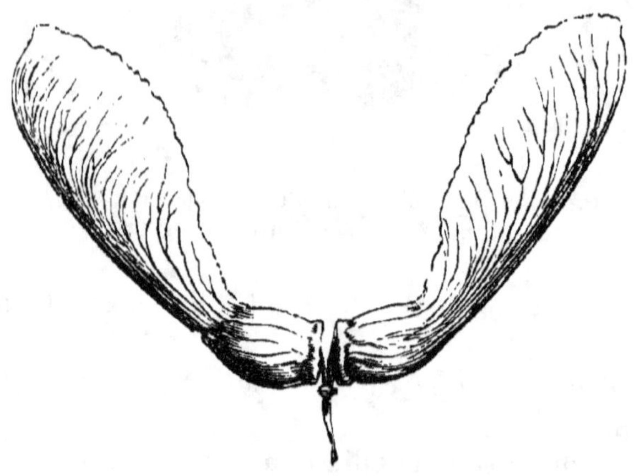

Fig. 366.

Disamare, fruit d'*Acer platanoides* (Sapindacées).

encore des fruits qui se détachent seuls de l'arbre, des insectes qui commencent à les attaquer et qui sont autant d'avertissements auxquels on doit prêter attention.

Pour plus de certitude encore, on commence par cueillir les plus beaux fruits, qui sont ordinairement les plus avancés et par conséquent les plus exposés aux dégâts des insectes et surtout des limaces et limaçons. On cueille le second choix après, en laissant encore sur l'arbre le dernier choix. Il arrive souvent que celui-ci, pendant les deux ou trois semaines qui précèdent sa récolte, devienne un bon second choix, grâce à la sève nourricière dont il a seul profité.

La cueillette des fruits charnus exige de grandes précautions. Elle ne doit se faire que par un temps beau et sec, entre dix heures du matin et quatre heures du soir, à l'abri de toute humidité. Il faut éviter de meurtrir un fruit, car il ne se conserverait pas.

Avant d'indiquer la manière de disposer les fruits dans le

fruitier, disons un mot sur la façon la plus avantageuse suivant laquelle doit être aménagé ce dernier.

Fruitier. — Il y a désaccord sur les dispositions à prendre pour l'installation du fruitier. Les uns préconisent les caves suffisamment aérées ; d'autres les sous-sols avec des ouvertures à l'ouest et à l'est ; ceux-ci les veulent obscurs ; ceux-là soutiennent qu'ils doivent être clairs et aérables. Ed. Couturier se range parmi ces derniers. Pour lui, le fruitier doit être propre, clair, sec et froid sans cependant que sa température descende à zéro ; la meilleure serait celle comprise entre 2 et 4 degrés au-dessus de zéro. Si l'on voulait, dit cet habile praticien, à peu près régler la maturité des fruits à mesure des besoins, on pourrait les transporter dans des endroits où la température serait proportionnellement élevée.

Le fruitier doit donc être garanti contre la gelée et la chaleur ; il doit être aéré facilement et parfaitement clair. Sans être plus nécessaire que l'obscurité, la lumière n'est cependant pas nuisible ; elle est même avantageuse pour la rentrée et le rangement des fruits. Le renouvellement de l'air vicié par la fermentation qui se produit dans le fruit nécessite aussi l'aménagement de fenêtres.

E. Ouvray ne partage pas cette opinion en considérant que les trois agents de l'oxydation sont l'air, la chaleur et la lumière. Un fruitier, dit-il, sera donc d'autant plus favorable à la conservation des fruits : poires, pommes ou raisins, que l'air ne sera pas renouvelé, que la température ne dépassera pas 5 ou 6 degrés, et qu'il sera très peu éclairé. C'est pourquoi les caves creusées dans le roc réunissent merveilleusement ces conditions de conservation ; tandis que les fruitiers établis dans les appartements sont défectueux par leur température variable.

Ces deux opinions, quoique différentes, présentent chacune des avantages si l'on sait tenir compte des conditions d'aménagement dont on peut disposer.

Une fois les fruits débarrassés de l'humidité qui les

recouvre, on les transporte au fruitier en les groupant par espèces sur des rayons d'une largeur convenable, disposés sur les côtés et sur le milieu de la pièce. Les fruits ne doivent pas se toucher et demandent à être visités chaque jour ; ceux dont la maturité est terminée, ainsi que ceux qui ont une tendance à s'altérer seront enlevés et consommés.

Pour éliminer l'excès d'humidité dégagée par les fruits, dit Jacques Bonhomme, on place dans le local une petite table dont le dessus est garni d'une feuille de plomb ; celle-ci a ses bords relevés de quelques centimètres, de façon à former d'un côté une sorte de gouttière. On place quelques cristaux de *chlorure de calcium*, non de la chaux, dans l'encaissement formé par la feuille de plomb ; au bout de peu de temps, le sel se liquéfie et tombe dans un pot de grès placé sous le déversoir ; on ajoute d'ailleurs de la matière si c'est nécessaire. On recristallise ensuite cette dissolution en la portant à l'ébullition.

Pour se débarrasser des miasmes qui se dégagent, on fait usage d'alcool déposé sur des vases plats. Ce liquide s'évapore très vite et purifie l'air.

On pourrait encore conserver les pommes et les poires en les disposant par lits superposés dans des caisses ou des fûts défoncés d'un côté, en ayant soin de séparer chaque lit d'une couche de sciure de bois ou de sable fin bien desséchés.

Les armoires et les commodes peuvent aussi tenir lieu de fruitiers.

Les raisins, récoltés également par un beau temps, dont tous les grains sont absolument intacts, peuvent être conservés de plusieurs manières ; soit en les suspendant ou en les disposant sur des tablettes sur lesquelles on a préalablement répandu une légère couche de chaux recouverte elle-même d'un lit de Fougères bien sèches, soit en laissant à chaque raisin un tronçon du rameau qui le porte, tronçon que l'on plonge dans des flacons ou des appareils spéciaux remplis d'eau additionnée de poudre de charbon. Ce dernier procédé, dit Couturier, permet au raisin de conserver plus

longtemps une belle apparence, mais c'est au détriment de
sa qualité.

Conservation des fruits desséchés. — Les personnes qui n'auraient pas de fruitier à leur disposition ou qui se trouveraient
gênées par une abondante récolte, feront bien d'avoir
recours à la *dessiccation* des fruits qui, si elle est faite convenablement, conserve à ces derniers leur saveur, leur beauté
et souvent leur état primitif.

La dessiccation peut être faite de trois manières différentes : 1° au soleil, 2° au four ou à l'étuve, 3° à la chaleur
artificielle dans des appareils appelés *évaporateurs*.

Les deux premières sont trop lentes et ne donnent pas
toujours de bons résultats. La troisième est incontestablement la meilleure. Quel que soit l'évaporateur employé dans
ce dernier cas, il comprend toujours une chambre de
séchage placée sur un calorifère destiné à produire dans la
chambre un courant continu d'air chaud dont la température
varie entre 63 et 147°.

D'après Pabst, le courant d'air chaud a pour effet de
coaguler l'albumine du fruit et de produire du glucose en
provoquant une combinaison de l'amidon soluble avec un
équivalent d'eau. Un fruit séché rapidement à l'évaporateur
est en outre débarrassé des poussières organiques et des
insectes capables de l'altérer, et il peut se conserver indéfiniment s'il est empaqueté aussitôt après sa dessiccation.
Les frais de transport sont aussi considérablement allégés,
grâce à la réduction de poids des fruits. Ainsi 100 kilogrammes des fruits suivants se réduisent, de ce fait, pour
les

Prunes ou pruneaux.	à	40 kg.
Poires.	à	15 —
Pommes.	à	14 —
Pêches.	à	20 —
Abricots.	à	16 —
Raisins	à	40 —
Figues.	à	45 —

Le temps nécessaire à ce séchage est relativement très court ; il n'est que de 5 à 6 heures pour les abricots, 6 ou 8 pour les prunes et 2 heures à peine pour les pommes.

Avant d'être séchées, les pommes et les poires doivent être pelées ; cette opération n'est pas indispensable pour les prunes, les pêches et les abricots.

Comme un fruit pelé et exposé à l'air noircit assez rapidement par oxydation, on le soumet, avant de lui faire subir la dessiccation, à l'action blanchissante des vapeurs sulfureuses, dans des apppareils spéciaux appelés *boîtes à blanchir*.

Les fruits charnus, notamment les pommes et les poires, sont un aliment sain et agréable, que l'on est particulièrement heureux de consommer en hiver. Leur écoulement est toujours facile et très rémunérateur si l'on a su, par des soins attentifs et raisonnés, les conserver frais et succulents.

TRAVAUX PRATIQUES

1º Etude de l'épicarpe, du mésocarpe et de l'endocarpe dans les fruits suivants : Noix, Cerise, Raisin, Orange, Pomme, etc.

2º Observer, au jardin botanique, la déhiscence des fruits de quelques plantes (Pavot, Mouron rouge, Tulipe, Tabac, Crucifères, Légumineuses, etc.).

3º Etudier la limite de la paroi du fruit dans le Froment.

CINQUIÈME PARTIE

MALADIES DES PLANTES AGRICOLES

Les plantes agricoles sont exposées à des affections plus ou moins graves dont les effets peuvent être attribués : 1° à des *végétaux ;* 2° à des *animaux ;* 3° à des accidents *météoriques, physiologiques* ou à d'*autres causes.*

Nous adopterons, dans cette étude, un plan synthétique et concis, en réunissant pour chaque plante agricole les maladies et accidents qu'elle peut éprouver.

CHAPITRE PREMIER

CARACTÈRES GÉNÉRAUX DES CHAMPIGNONS

§ 1. — VÉGÉTAUX NUISIBLES AUX PLANTES AGRICOLES.

La classe des Champignons forme, avec celle des Algues, l'embranchement des Tallophytes, ainsi appelés parce que leur appareil végétatif, au lieu de constituer un type morphologique déterminé, affecte, suivant les espèces, des formes variées qui ont reçu chacune le nom de *thalle.*

Les Algues sont des Thallophytes ordinairement *colorés* par des pigments verts, rouges, bleus, etc., tandis que les Champignons sont des Thallophytes *incolores*, c'est-à-dire dépourvus de toute substance pigmentaire.

La classe des Algues ne nous intéressera que par une de ses familles, celle des Bactériacées, dont les principaux caractères ont été étudiés, p. 253, et sur lesquels on ne reviendra qu'incidemment. Les Bactéries peuvent envahir les divers organes des végétaux vivants et y provoquer des altérations graves (maladie du Sorgho à sucre, gangrènes de la Pomme de terre, etc.). Mais c'est surtout aux Champignons qu'il faut attribuer les maladies épidémiques des plantes agricoles.

A. Appareil végétatif des champignons. — *a*. L'appareil végétatif ou *thalle* des champignons est ordinairement très

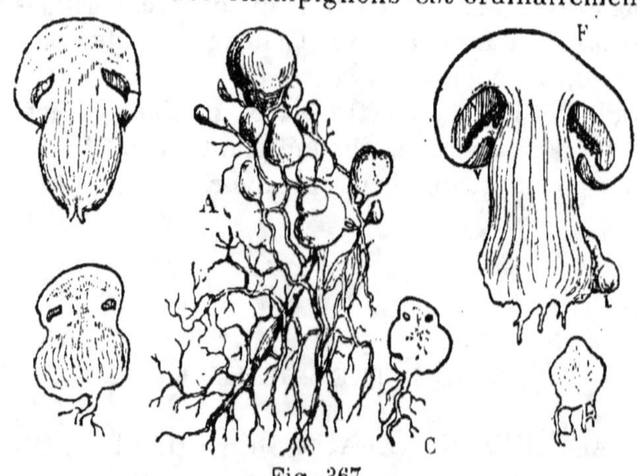

Fig. 367.

Champignon de couche. Formation des appareils sporifères sur le thalle ou mycélium A.

simple ; il est constitué par des filaments comparables à des tubes continus ou cloisonnés en cellules, simples ou plus ou moins ramifiés (fig. 367-368).

Le thalle est *homogène* lorsque ses filaments restent libres (Aspergillus) ; il est *hétérogène* quand ses filaments se ramifient par places pour former une lame, un tubercule ou un cordon, qui va s'agrandissant à sa périphérie. Ces parties associées du thalle portent le nom de *stroma* ou *strome*, et celles où les filaments ou *hyphes* sont moins enchevêtrés, sont plus nettement visibles, celui de *mycélium* ou *mycèle*. Si ce stroma, dérivé du mycélium *primaire,* émet ensuite, sur quelques-uns de ses points, des filaments libres, s'enfonçant ordinairement dans le milieu nutritif, ceux-ci constituent un mycélium *secondaire.*

Lorsque les conditions de milieu sont de nature à entraver les fonctions physiologiques d'un champignon, il s'opère dans le stroma une accumulation des éléments nutritifs du thalle en même temps qu'un durcissement de sa masse, une coloration brune, noire ou rouge et une cutinisation des parois des cellules périphériques ; le thalle se dessèche plus ou moins et passe à l'état de la vie latente. Sous cette forme il constitue un *sclérote* (*Coprinus stercorarius, Claviceps purpurea* (fig. 367 *bis*), etc.).

Si au lieu de se condenser en sclérote, le stroma s'allonge en cordons rameux bruns, semblables à des radicelles, il porte le nom de *rhizomorphe* (*Agaricus melleus*).

On conçoit que de telles productions (stroma, sclérote, etc.) doivent présenter une grande compacité. Examinées en coupes microscopiques, elles rappellent, en effet, la structure d'un parenchyme homogène des végétaux supérieurs ; mais elles ne sont, en réalité, qu'un *pseudoparenchyme*, parce qu'au lieu d'être d'origine cellulaire, elles sont d'origine filamenteuse.

La *membrane cellulaire* fongique présente une composition variable. Elle peut être formée de

Fig. 367 *bis*.
Epi de Seigle ergoté.
Ergot, E.

cellulose et de substances pectiques ou de cellulose et de callose : dans ce cas elle *bleuit* sous l'action du chlor -iodure de zinc ; ou, plus fréquemment, être formée de callose et

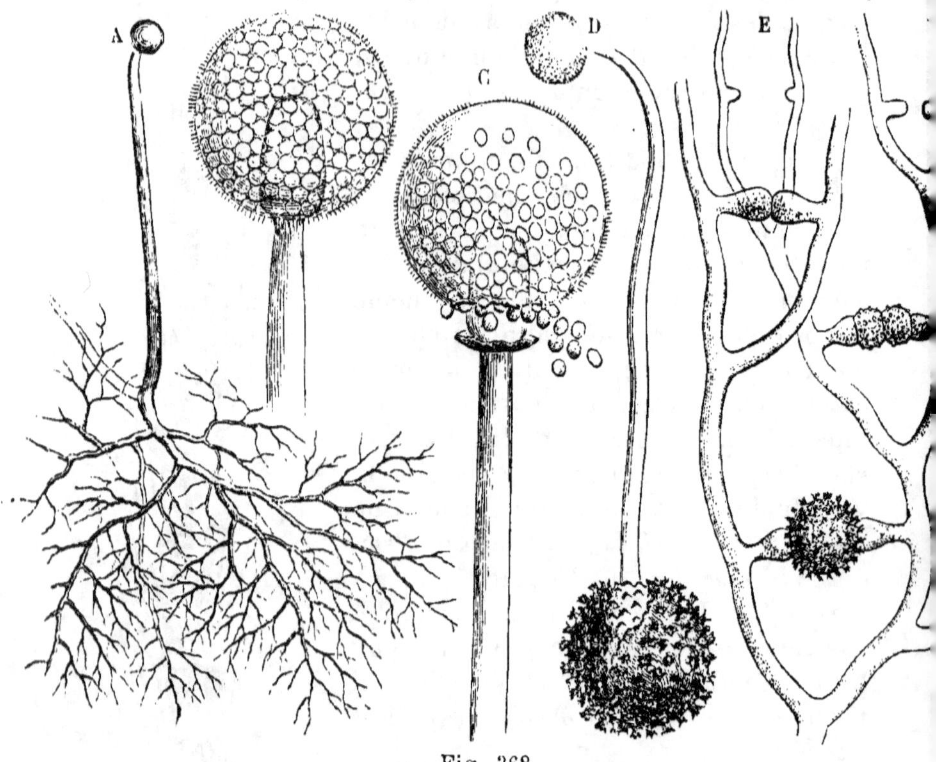

Fig. 368.

Mucor Mucedo.

A, thalle ramifié portant un filament terminé par un sporange. — B, sporange grossi avec sa columelle. — C, sporange ouvert laissant sortir ses sporangiospores. — D, œuf ou zygospore germant dans l'air humide en un filament terminé par un sporange. — E, plusieurs filaments grossis de thalle montrant trois phases successives de la formation d'un œuf.

de substances pectiques qui lui permettent de résister à l'action colorante du chloro-iodure de zinc.

Le *contenu* des filaments est représenté fondamentalement par du protoplasme pariétal renfermant un ou plusieurs noyaux. Comme la chlorophylle fait défaut, il ne saurait y avoir d'*amidon proprement dit*, sauf dans quelques sclérotes, ceux par exemple du *Claviceps purpurea*, où l'on rencontre des corpuscules hydrocarbonés transitoires, se colorant en bleu ou en rouge par l'iode. Ces corpuscules se produisent dans des leucites incolores, par transformation de matières de réserve. Parmi ces dernières figurent du *glycogène*, hydrate de carbone se colorant en rouge brun en présence de l'iode, des *corps gras*, des *sucres* tels que le *tréhalose* et la *mannite*, etc.

b. *Reproduction*. — Les Champignons peuvent se reproduire de deux manières : 1º par voie *asexuée*, 2º par voie *sexuée*.

1º La reproduction *asexuée* s'opère généralement au moyen de petits corps désignés collectivement sous le nom de *spores*. Mais ces dernières peuvent avoir un mode de formation et une manière d'être particuliers ; elles peuvent aussi revêtir des formes spéciales en rapport avec l'âge du Champignon et le point où elles se développent. C'est pourquoi nous distinguerons dans la reproduction asexuée, les divisions suivantes :

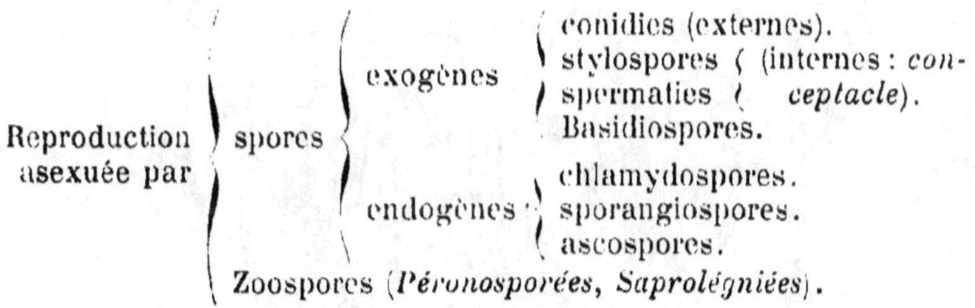

α. *Spores*. — Les spores peuvent être unicellulaires ou plus ou moins cloisonnées, d'origine *exogène* ou *endogène* suivant qu'elles naissent en dehors ou à l'intérieur d'une cellule mère.

Spores d'origine exogène. — Le même thalle peut, suivant les conditions de milieu, porter simultanément ou successivement des spores exogènes de forme, d'origine et de fonctions différentes, auxquelles on a réservé les noms de *spores proprement dites, conidies, stylospores, spermaties* et *basidiospores*.

1. Les *spores proprement dites* sont constantes quant à leur existence et à leurs caractères spéciaux. Les autres, ou *spores accessoires*, peuvent au contraire faire défaut et varier avec les espèces.

On a groupé les spores accessoires sous la dénomination de *conidies*.

2. Les *conidies* (fig. 369) se produisent sur les filaments

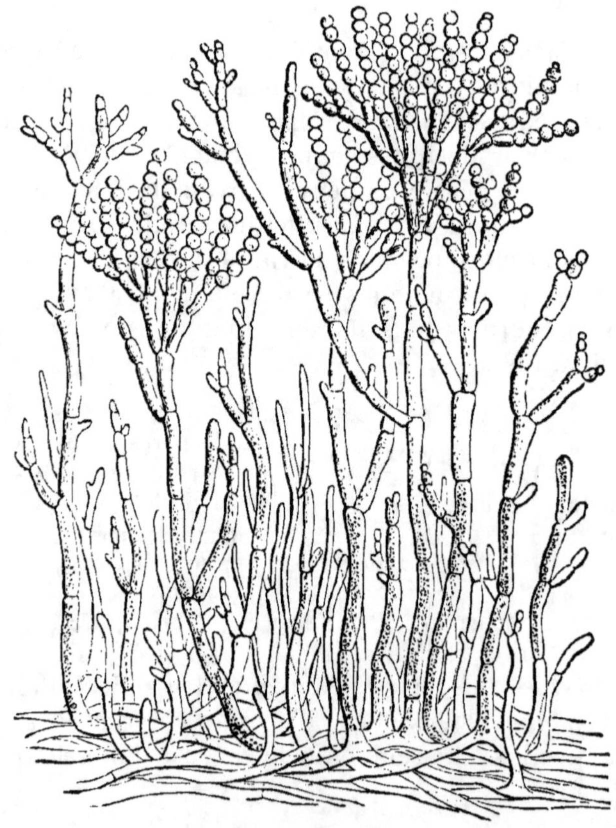

Fig. 369.

Pénicille. Les filaments forment à leurs extrémités des chapelets de conidies.

fertiles ou sur le mycélium jeune de champignons. Si, par exemple, on suit leur développement sur les filaments d'un champignon ascomycète, on constate que ce développement peut s'opérer de deux manières : 1° l'extrémité d'un filament ou d'une de ses ramifications se renfle en une cellule ovoïde ou sphérique qui s'isole du reste par une cloison ; il en naît une autre en dessous, par le même processus, puis une troisième, etc. La formation des conidies est donc isolée ou successive.

2° Lorsque la première conidie s'est formée, il en naît une seconde en dessous par *étranglement* du filament et non par formation d'une cloison, puis une troisième à la suite d'un second étranglement, etc. ; l'ensemble de ces conidies ressemble à une sorte de chapelet.

3. *Stylospores.* — Quelques Champignons, arrivés à un certain état de développement, peuvent produire, dans des *conceptacles* plus ou moins ovoïdes ou *pycnides*, des spores très nombreuses supportées chacune par un petit pédicule ou *stérigmate*, en raison duquel elles ont reçu le nom de *stylospores*.

4. *Spermaties.* — Les spermaties sont de très petits corpuscules ayant l'aspect de petits bâtonnets droits ou arqués, ovoïdes ou sphériques, ou encore courbés en U, l'une de leurs extrémités peut être très grêle, et l'autre, renflée. Les spermaties sont produites successivement à l'extrémité et sur les côtés de filaments spéciaux enfermés dans des conceptacles qu'on a appelés *spermogonies*.

5. Les *basidiospores* sont des spores formées à l'extrémité de cellules mères spéciales ou *basides* (fig. 370). Chacune de ces dernières porte ordinairement un petit nombre de *basidiospores*, assez fréquemment 4.

Spores d'origine endogène. — 1. Chez les Ascomycètes, les spores ou *ascospores* naissent à l'intérieur de cellules mères spéciales appelées *asques* ou *thèques* (fig. 371). Ces dernières prennent naissance sur un filament quand le thalle est entièrement filamenteux, sur un stroma ou sur un sclérote quand ces formations existent. Avant de fructifier, le filament se

ramifie, le plus souvent, un très grand nombre de fois, s'en-
chevêtre, se pelotonne et constitue une sorte de tubercule
qui, à la fin, devient un appareil sporifère appelé *périthèce*

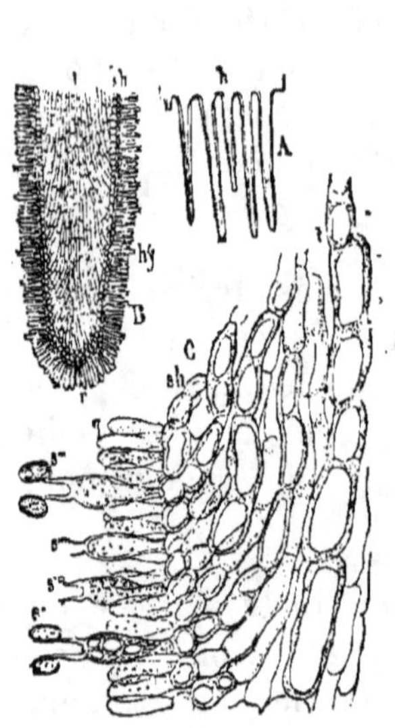

Fig. 370.

Champignon de couche.

B, lamelle sporifère grossie et recouverte par l'hyménium *hy*. — C, portion
de lamelle grossie avec basides ou basidiospores.

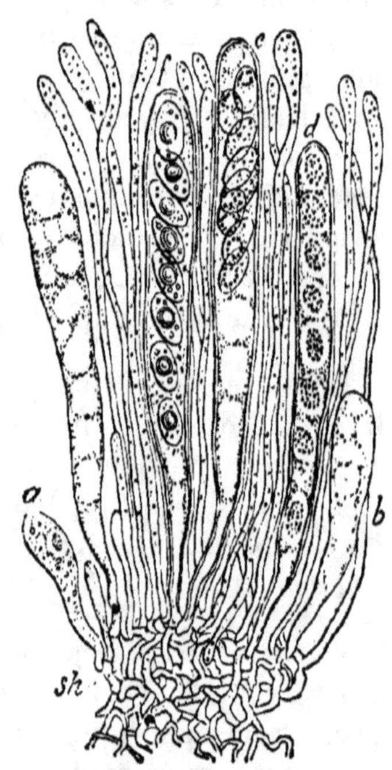

Fig. 371.

Portion grossie de l'hyménium
des Pézizes.

a, b, d, e, f. phases successives
du développement d'un asque.

ou quelquefois *oogone*. C'est de la partie interne pseudo-
parenchymateuse de cet appareil que partent les filaments
dont les ramifications ultimes deviendront les asques. Ces
derniers peuvent être séparés les uns des autres par des
cellules stériles ou *paraphyses*. L'ensemble des asques et
des paraphyses constitue l'*hymène* ou *hyménium*.

L'asque affecte ordinairement la forme d'une massue. Ses
deux demi-noyaux conjugués se fusionnent tout d'abord en
un noyau complet qui, une fois reconstitué, produit, par

bipartitions successives, un nombre variable de noyaux autour de chacun desquels le protoplasme de l'asque viendra se condenser, pour engendrer un nombre correspondant d'*ascospores* après formation d'une membrane enveloppante propre à chacune d'elles.

Un asque renferme le plus souvent 8 ascospores, mais il est des cas où il y en a 2, 4, 9 ou 16.

2. Le *plasmode* ou appareil végétatif des Myxomycètes

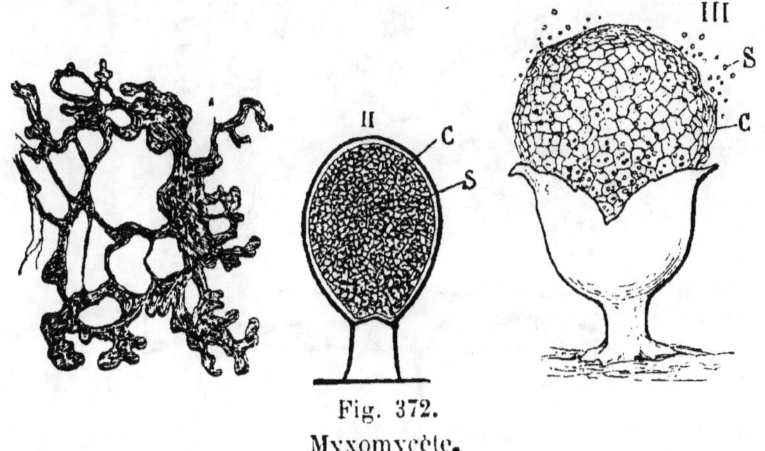

Fig. 372.

Myxomycète.

I, plasmode. — II, un sporange ; les sporangiospores S sont enfermées dans le réseau du capillitium C. — III, un soprange ouvert, les sporangiospores S s'échappent du capillitium C.

(fig. 372) et de toutes les Mucorinées, produit, par condensation ou fragmentation de sa masse protoplasmique nue, des conceptacles fructifères, globuleux, oblongs ou ovoïdes, stipités ou sessiles, nommés *sporanges*. A leur maturité, ces derniers renferment un très grand nombre de spores ou *sporangiospores* pourvues chacune d'une membrane de cellulose et disséminées dans les mailles d'un réseau filamenteux désigné sous le nom de *capillitium* (*Arcyria incarnata*). Les sporangiospores s'échappent à leur maturité par distension des mailles du capillitium.

3. Outre leur reproduction sexuée, certaines Mucorinées (Oomycètes) ont le pouvoir de produire des spores dans leur filament continu, par condensation locale du protoplasme

et isolement par des cloisons transversales. Les spores endogènes ainsi formées ont reçu le nom de *chlamydospores*.

b. *Zoospores*. — Les zoospores sont des spores capables de se déplacer dans un milieu liquide, grâce à leurs *cils vibratiles*. Ces derniers, généralement au nombre de 2, sont dirigés en avant, ou l'un en avant, l'autre en arrière.

Les zoospores naissent sur le thalle dans des renflements

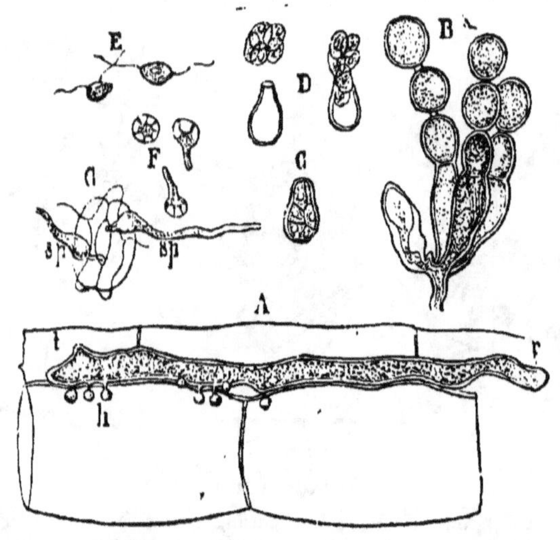

Fig. 373.

Cystopus candidus (Péronosporacées).

A, branche du thalle s'allongeant par son sommet *t*, entre les cellules médullaires de la plante hospitalière et y enfonçant ses suçoirs *h*. — B, rameaux conidiens, conidies en chapelets. — C, D, germination de l'oospore en un zoosporange. — E, zoospores libres. — F, germination des zoospores. — G, une zoospore en germination pénétrant dans un stomate.

particuliers ou *zoosporanges*. Les Péronosporées (fig. 373) et les Saprolégniées en fournissent des exemples remarquables.

2° La reproduction *sexuée* ou par le moyen d'*œufs* peut être exposée de la manière suivante :

Reproduction sexuée. .

- isogame : zygospores (Mucorinées).
- hétérogame
  - *anthéridie* ou *pollinode* (Péronosporées, Saprolégniées).
  - *anthérozoïdes* (Monoblépharitacées).

La reproduction est dite *isogame* quand les deux gamètes ou cellules reproductives présentent la même forme et la même taille ; elle est dite *hétérogame* quand les gamètes sont différents l'un de l'autre, de taille et d'aspect.

Le gamète ordinairement le plus petit est appelé gamète mâle ou *anthérozoïde*, et l'autre, gamète femelle ou *oosphère*. Les anthérozoïdes se forment dans une cellule spéciale ou *anthéridie* et l'oosphère dans une autre appelée *oogone*.

1. Les œufs des Mucorinées se forment par *isogamie*. Lorsque les conditions de milieu deviennent défavorables, deux rameaux du thalle s'allongent en se dirigeant l'un vers l'autre ; arrivées en contact, leurs extrémités s'isolent du reste du filament par une cloison et constituent chacune une cellule ou gamète. Les membranes de contact des deux gamètes se gélifient et leurs contenus se fusionnent. Il en résulte un œuf ou *zygospore* qui s'accroit, grâce aux éléments nutritifs des deux filaments générateurs, multiplie ses noyaux et épaissit considérablement sa membrane d'enveloppe. Cette dernière, dans le *Mucor mucedo* (fig. 368), par exemple, comprend, de l'intérieur à l'extérieur, une couche cartilagineuse, une médiane cellulosique et une troisième verruqueuse et primitive.

2. Les œufs des Péronosporées (fig. 375) se forment par *hétérogamie*. Le gamète femelle ou *oogone*, de forme sphérique, situé à l'extrémité d'un rameau, renferme une *oosphère* constituée par du protoplasme et des noyaux en nombre variable. Entre cette oosphère et l'enveloppe de l'oogone, il existe du protoplasme inactif, que l'on a appelé *périplasme*, qui servira d'aliment à l'œuf.

L'*anthéridie* ou gamète mâle, appelée encore *pollinode*, située également à l'extrémité d'un autre filament et plurinucléée, vient s'appliquer contre l'oogone ; une résorption des parois en contact se produit et le contenu de l'anthéridie s'allonge en tube pour pénétrer dans l'oogone où une partie de sa masse, renfermant un seul noyau, vient se fusionner avec l'oosphère. Le noyau anthéridien s'unit à un seul noyau de l'oosphère ; les autres sont rejetés dans le périplasme. La fécondation opérée, l'œuf s'entoure d'une membrane différenciée en deux couches : l'externe est

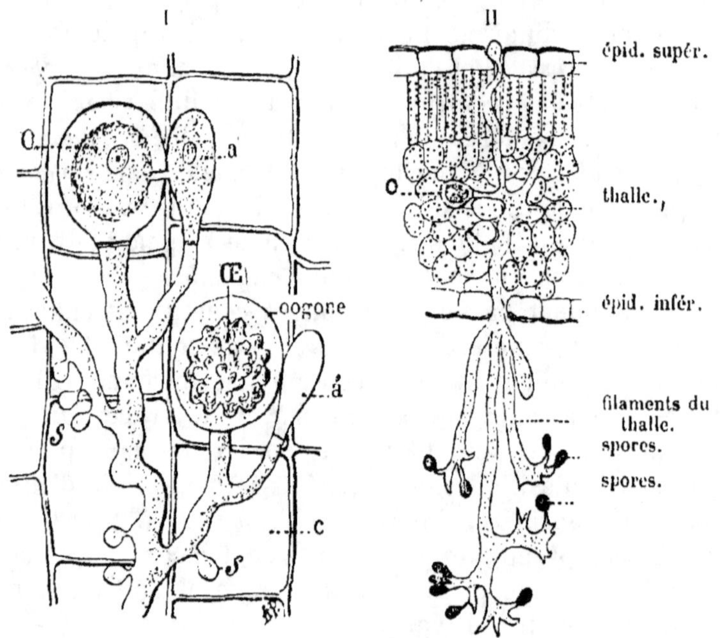

Fig. 374-375.

I. *Cystopus candidus.* — S, suçoirs dans les cellules *c* du parenchyme du chou. — O, oosphère — *a*, gamète mâle. — *a'*, anthéridie vide. — Œ, œuf. — II. coupe d'une feuille de Vigne atteinte de Mildiou. — O, œuf.

épaisse, brune et plus ou moins mamelonnée, l'interne est mince.

Chez les Saprolégniacées, la fécondation s'opère suivant le même processus, mais l'oogone peut renfermer plusieurs oosphères qui nécessitent, pour leur fécondation, un nombre égal d'anthéridies.

Il est à remarquer ici que le contenu des anthéridies forme une seule masse et ne se différencie pas en *anthérozoïdes*.

3. Les Monoblépharitacées sont les seules de la classe des Champignons à présenter cette particularité de former leurs

œufs par *oosphères* et *antherozoïdes*. Ces deux organes sont groupés sur le même filament ; l'oogone, très gros, peut être terminal ou placé en dessous de l'anthéridie. Les anthérozoïdes ne possèdent qu'un seul cil, droit et postérieur.

B. **Division systématique de la classe des champignons**. — 1. Thalle de consistance gélatineuse (*plasmode*), cloisonné et dissocié après chaque cloisonnement : cellules mobiles, éparses, sans couche cellulosique . . . . *Myxomycètes.*
2. Thalle revêtu d'une couche cellulosique, immobile.
  a. Thalle continu, à filaments non cloisonnés, produisant des œufs par isogamie ou hétérogamie. . . . . *Oomycètes.*
  b. Thalle cloisonné, cellulaire.
    α. Spores endogènes, à l'intérieur de cellules mères ou asques. . . . . *Ascomycètes.*
    β. Spores exogènes, à l'extrémité de cellules mères ou basides. . . . . *Basidiomycètes.*

1º **Myxomycètes**. — Cet ordre a été divisé en trois familles de la manière suivante par Van Tieghem :

Plasmode { fusionné. Spores. { internes. . . . . . . *Trichiacées.*
          {   { externes . . . . *Céraliacées.*
          { agrégé. . . . . *Acrasacées* .

Le thalle ou *plasmode* (fig. 376) des Myxomycètes est doué de mouvements *amiboïdes*, c'est-à-dire qu'il émet des prolongements soit dans les mailles du réticule qu'il forme, soit vers l'extérieur. Il change à chaque instant de forme et de place.

Une spore en germant, rejette au dehors son contenu protoplasmique qui s'accroît ensuite et constitue un *myxamibe* (fig. 376 *bis*), puis après avoir acquis une certaine dimension, s'arrête et se divise en deux moitiés qui se séparent, se déplacent, croissent, puis se divisent à leur tour chacune en deux autres moitiés. A un moment donné, le thalle a donc produit un très grand nombre de myxamibes isolés qui se déplacent en tous sens dans les interstices du milieu nutritif et hospitalier.

A un certain moment les myxamibes se rapprochent et

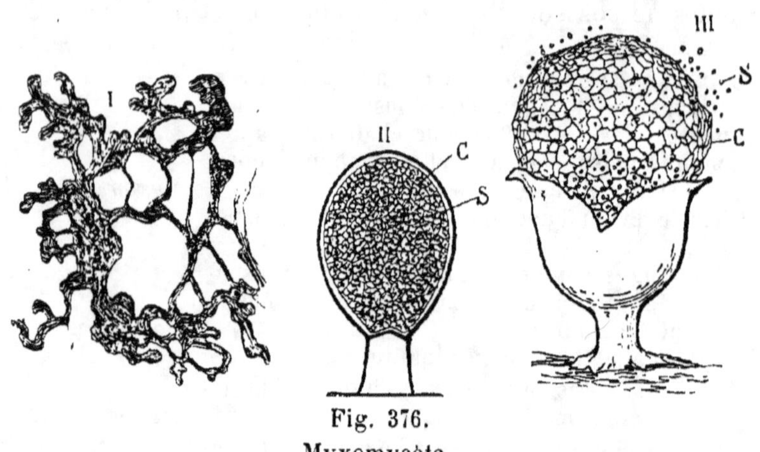

Fig. 376.

Myxomycète.

I, plasmode. — II, un sporange ; les sporangiospores S sont enfermées dans le réseau du capillitium S. — III, un sporange ouvert, les sporangiospores S s'échappent du capillitium S.

s'unissent pour constituer un plasmode qui, plus tard, se concentre en un ou plusieurs sporanges pédicellés ou sessiles, comme il a été dit, p. 475.

Les Myxomycètes vivent sur les débris de végétaux en décomposition.

2° Oomycètes. — On peut diviser cet ordre en sept familles, en se basant sur les caractères mentionnés dans le tableau analytique suivant :

Œuf formé par.	isogamie	zoospores .	se fusionnant. . . .	*Vampyrellacées.*
			ne se fusionnant pas.	*Chytridiacées.*
		spores . .	endogènes.	*Mucoracées.*
			exogènes.	*Entomophthoracées.*
	hétérogamie	sans anthérozoïdes. .	spores exogènes. . .	*Péronosporacées.*
			zoospores endogènes.	*Saprolégniacées.*
		avec anthérozoïdes.		*Monoblépharitacées.*

Les Oomycètes ont le thalle ordinairemeut filamenteux, non cloisonné, c'est-à-dire à structure continue. Ils se distinguent de tous les autres Champignons par leur propriété de donner des œufs par isogamie (fig. 377) ou hétérogamie.

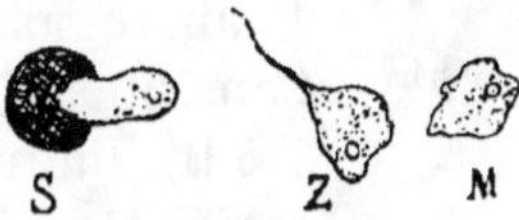

Fig. 376 *bis*.

S, spore germant. — Z, zoospore. — M, myxamibe.

Les *Vampyrellacées* sont des Champignons parasites sur les plantes aquatiques, notamment sur les Algues.

Les *Chytridiacées* vivent en parasites sur des plantes et des animaux aquatiques, des Champignons et parfois sur des végétaux terrestres (Anémone, Mercuriale, Chou, Vigne, etc.).

Le genre *Plasmodiophora*, placé par Van Tieghem dans cette famille, et par d'autres mycologues dans les Myxomycètes, pourrait très bien figurer comme groupe de transition entre les derniers et les Chytridiacées.

Les *Mucoracées* comprennent les moisissures, dont le *Mucor mucedo* offre un exemple typique.

Les *Entomophthoracées* sont des Champignons parasites sur plusieurs insectes, rarement sur des plantes (prothalle des Fougères).

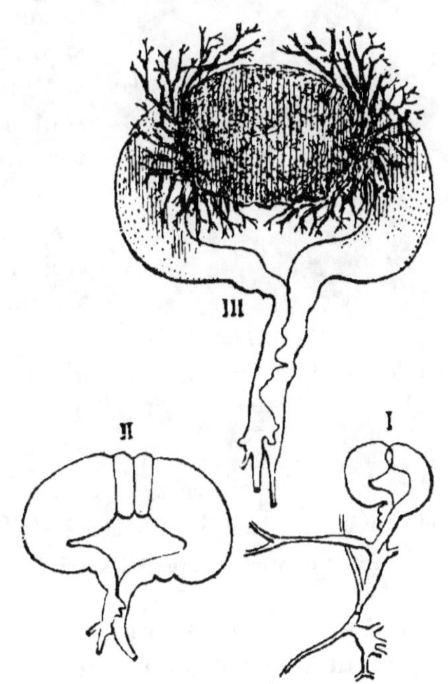

Fig. 377.

Formation de l'œuf chez une Moisissure (*Phycomyces*).

I, rapprochement des deux gamètes. — II, leur fusion. — III, grossissement de l'œuf par isogamie.

Les *Péronosporacées* sont des parasites redoutables des Phanérogames (Pomme de terre, Caméline, Navet, Vigne (fig. 378 II), Laitues, Crucifères, Sarrasin, etc.)

Les maladies principales occasionnées par ces Champignons seront étudiées plus loin.

Les *Saprolégniacées* sont pour la plupart des Champignons saprophytes ; quelques représentants de la tribu des Pythiées sont parasites sur des plantes vivantes.

Les *Monoblépharitacées* forment une très petite famille dont les trois représentants sont exclusivement aquatiques.

3° Ascomycètes. — Van Tieghem a divisé cet ordre en quatre familles de la manière suivante :

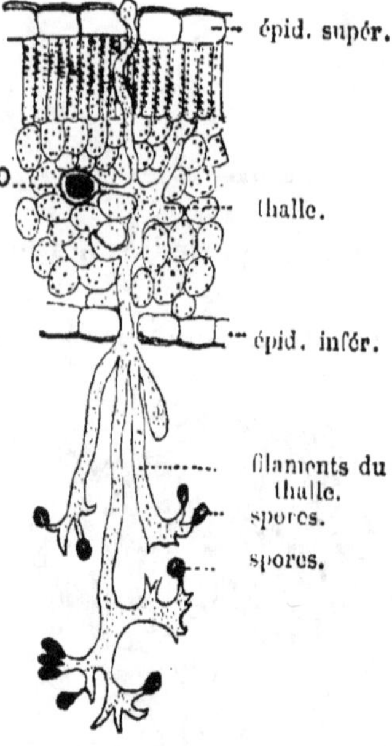

Fig. 378.

Feuille de Vigne attaquée par le Mildiou.

Thalle { indépendant { externe. . . . . *Pézizacées.*
{ Hymène. . } interne. Périthèce { s'ouvrant au sommet. *Sphériacées*
{ indéhiscent . . . . . *Périsporiacées.*
{ Vivant en symbiose avec des Algues. . . . . *Lichens[1].*

Les Ascomycètes se rapprochent des Oomycètes par les genres auxquels on attribue le pouvoir de produire des œufs.

Leur thalle est ordinairement filamenteux et cloisonné, parfois dissocié (Levures).

On a vu (p. 473) que les *ascospores* naissent à l'intérieur de

---

[1] Il nous semble préférable de placer les Lichens hors des champignons. Il y a d'ailleurs des Lichens dont le champignon est un Basidiomycète.

cellules mères ou *asques,* groupés ordinairement dans un appareil fructifère nommé *périthèce.*

Suivant les conditions de milieu, les Ascomycètes peuvent aussi produire diverses sortes de *conidies.*

Quelques-uns, comme les Erysiphe, produisent des *œufs* par hétérogamie sans anthérozoïdes.

Les *Pézizacées,* qui comprennent près de 5 000 espèces,

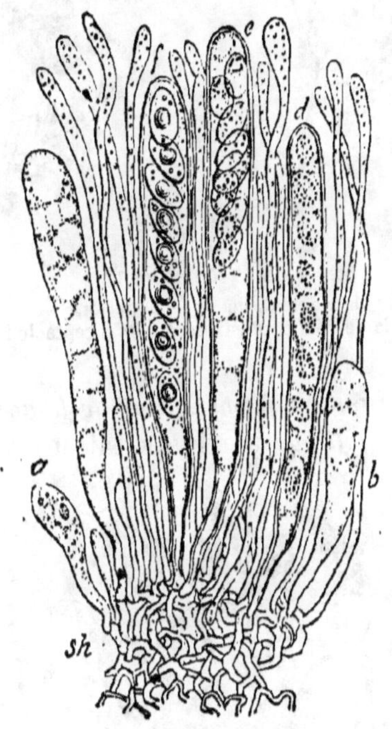

Fig. 379.

Portion grossie de l'hyménium des Pézizes.

a, b, d, e, f, phases successives du développement d'un asque.

offrent un périthèce très variable. Cet appareil est très simple chez les Levures et très compliqué chez les Morilles, les Pézizes (fig. 399-380), etc.

Les *Levures* (fig. 381), ainsi que d'autres Ascomycètes (Aspergillus, etc.) et quelques Moisissures (Mucor racemosus, etc.) sont les agents de la *fermentation alcoolique.*

D'autres Moisissures (Aspergillus, Penicillium (fig. 382),

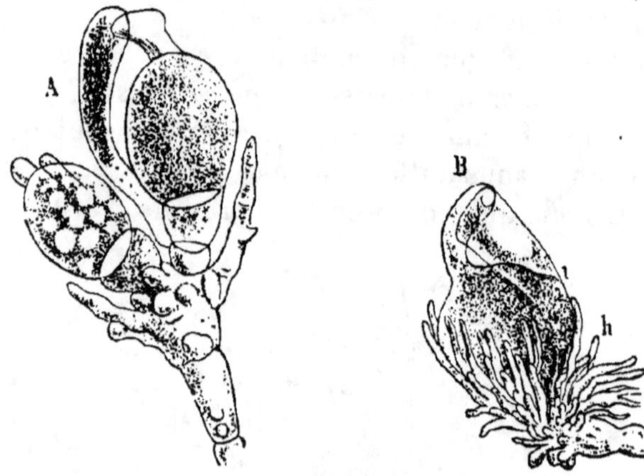

Fig. 380.

Peziza confluens.

Appareil copulateur : A, au moment de la fécondation. — B, après la fécondation ;
en *h* se forment les filaments qui constitueront le réceptacle fructifère (Tulasne).

etc.) produisent aussi la *fermentation gallique* (transformation
du *tanin* en *acide gallique* par hydratation). .

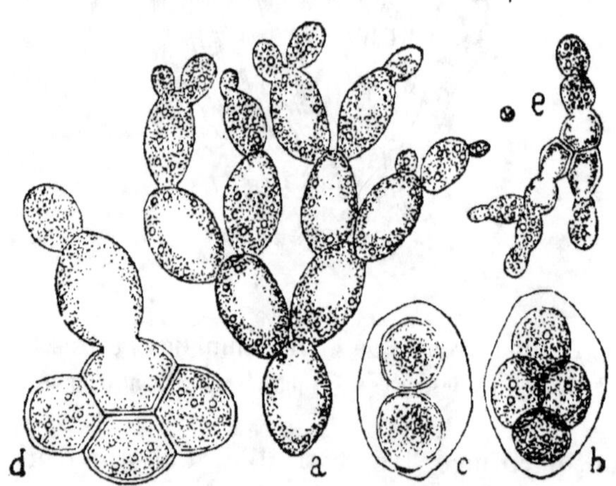

Fig. 381.

a, colonies de cellules produites par bourgeonnement. — *b*, *c*, formation de spores.
d, *e*, spores germant.

Certaines Pézizacées vivent en parasites sur des plantes

phanérogames (Ombellifères, Composées, arbres fruitiers, etc).

Parmi les *Sphériacées*, qui comprennent plus de 6 500 es-

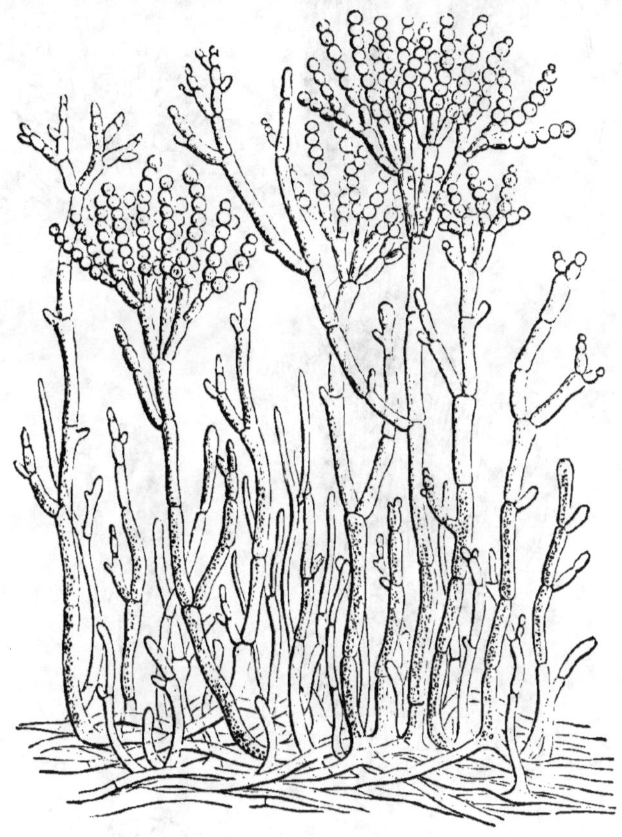

Fig. 382.

Pénicille. Les filaments forment à leurs extrémités des chapelets de conidies.

pèces, il en est qui sont saprophytes et d'autres parasites, soit sur des animaux (Chenilles, Coléoptères, etc.), soit sur des végétaux (Claviceps (fig. 383-390), Epichloe, Nectria, etc).

Les *Périsporiacées* renferment de nombreuses espèces parasites sur des végétaux supérieurs (Sphærotheca, Erysiphe, Oïdium, etc).

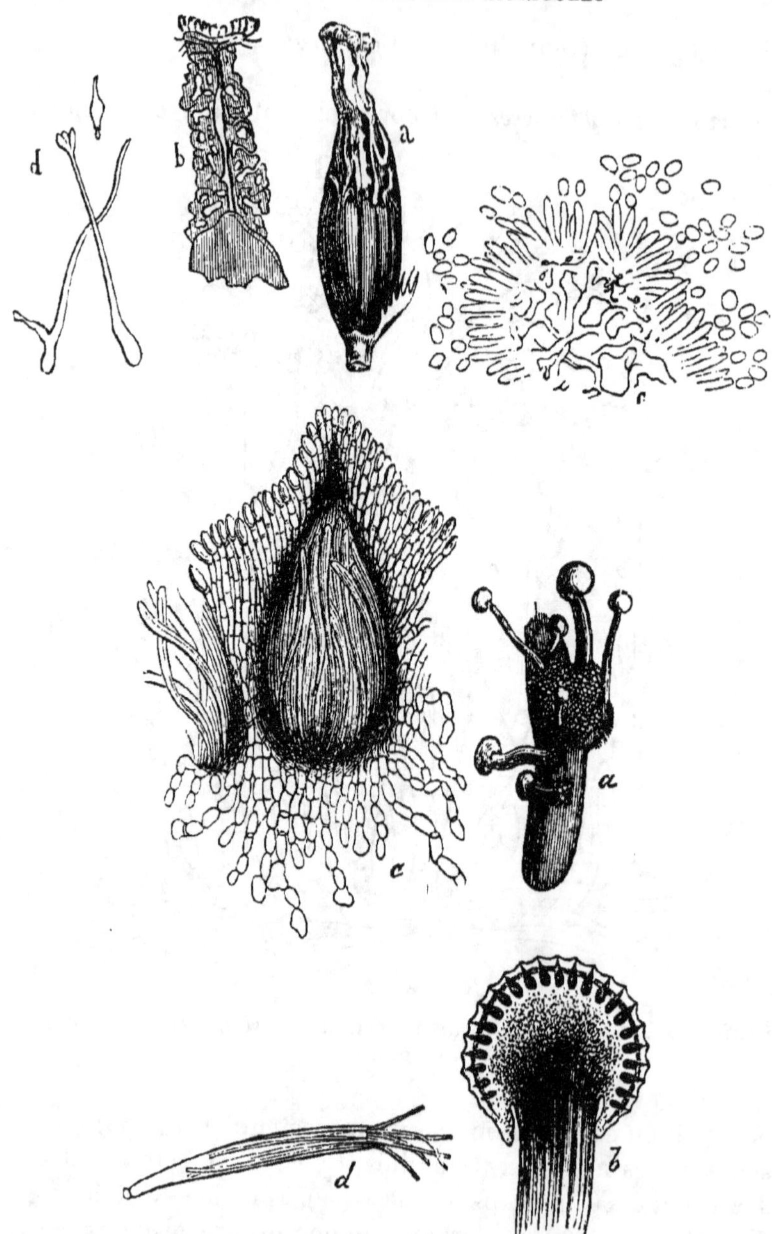

Fig. 383 à 390.

Claviceps purpurea.

a, *b* (en haut). sommet de l'ovaire attaqué. — *c*, coupe transversale d'une portion
occupée par la sphacélie. — *d*, conidies germant. — *a*, développement du *Claviceps* sur l'Ergot (plus bas) ; *b*, tête du *Claviceps*, coupe longitudinale. — *c*, coupe
longitudinale d'un périthèce. — *d*, ascospores sortant de l'asque.

Les *Lichens* (fig. 391-392) sont des individualités doubles

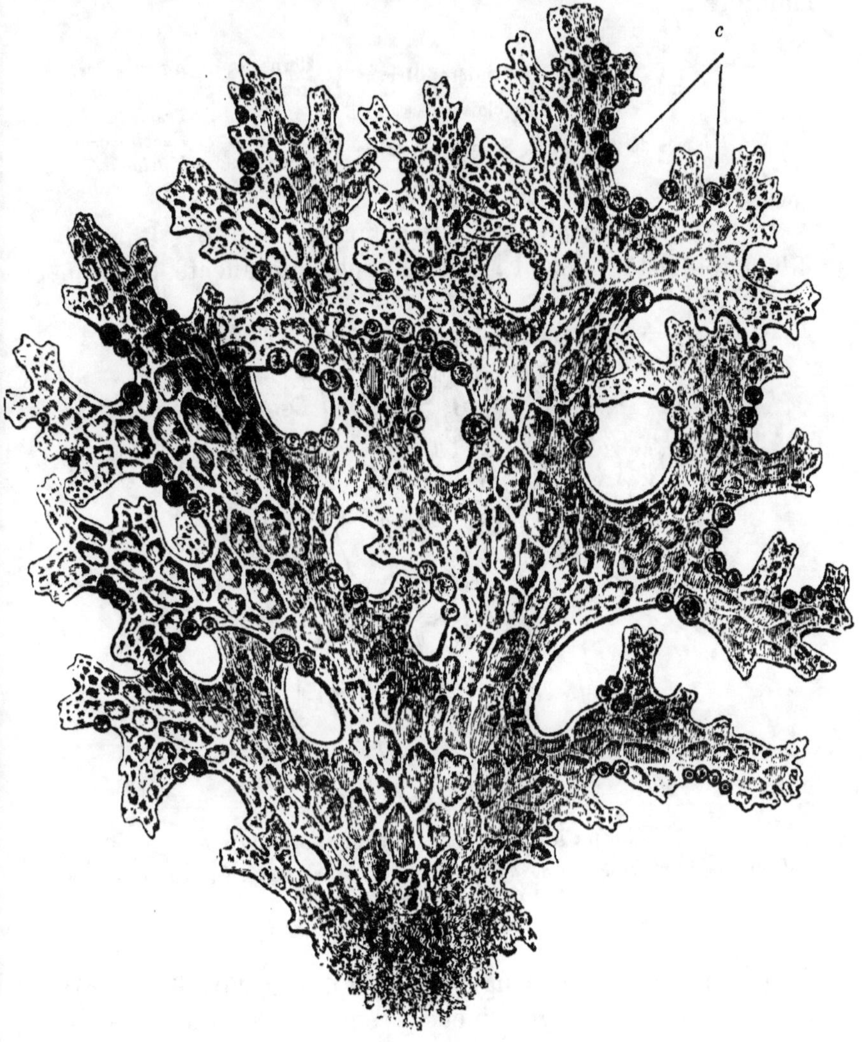

Fig. 391.

Lichen foliacé (*Sticta*) montrant de nombreuses petites coupes *c*, ou *apothécies*
à sa surface.

produites par l'association d'une Algue et d'un Champignon.
Cette association constitue une véritable *symbiose* ainsi qu'on
l'a fort bien démontré.

4° BASIDIOMYCÈTES. — Van Tieghem divise cet ordre en cinq familles :

Basides	formées directement	entières. Hymène	externe . . .	*Agaricacées.*
			interne . . .	*Lycoperdacées.*
		cloisonnées		*Trémellacées.*
	issues de probasides. Spores en nombre	déterminé . .		*Pucciniacées.*
		indéterminé .		*Ustilagacées.*

L'ordre des Basidiomycètes comprend : 1° des Champignons supérieurs dont l'appareil sporifère affecte la forme

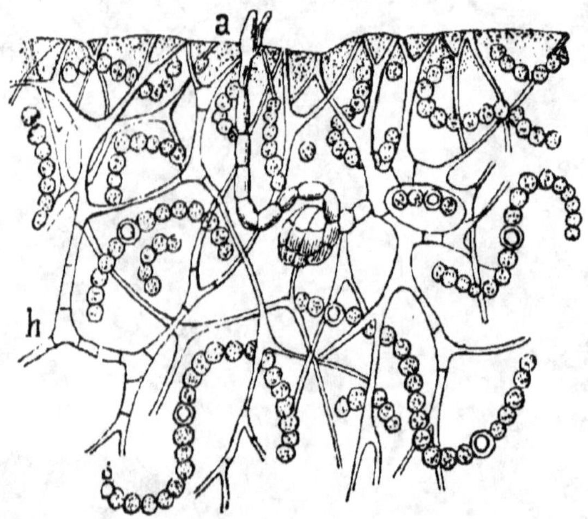

Fig. 392.

Coupe à travers un Lichen (*Collema*).

h, filaments du champignon ou *hyphes*, entremêlés avec des chapelets de petites cellules vertes ou *gonidies* (Algues).

d'un chapeau (Agaricus (fig. 393), Boletus (fig. 394), Hydnum); 2° des Champignons gélatineux (Trémelle) (fig. 395) et 3° des Champignons inférieurs, tous parasites (Pucciniacées, Ustilagacées).

Les Agaricacées, dont le nombre des représentants dépasse 10 000, vivent ordinairement dans la terre ou sur des végétaux morts; il en est cependant qui sont parasites facultativement (Exobasidium, Hydnum, Polyporus (fig. 396-397).

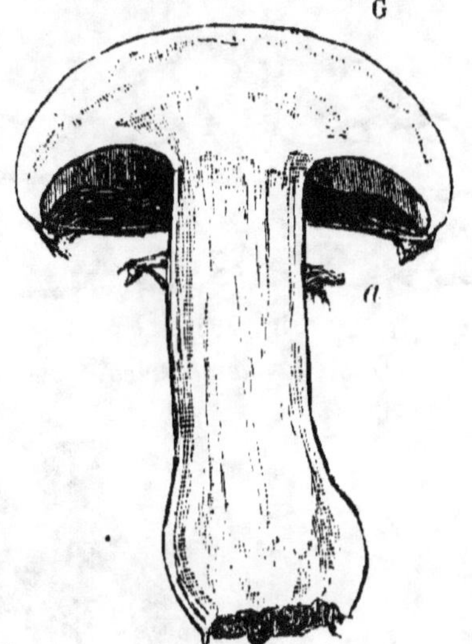

Fig. 393.

Agaricus (Psalliota) campestris.

G, chapeau. — *a*, anneau, débris du voile.

Fig. 394.

Boletus Satanas 1/4.

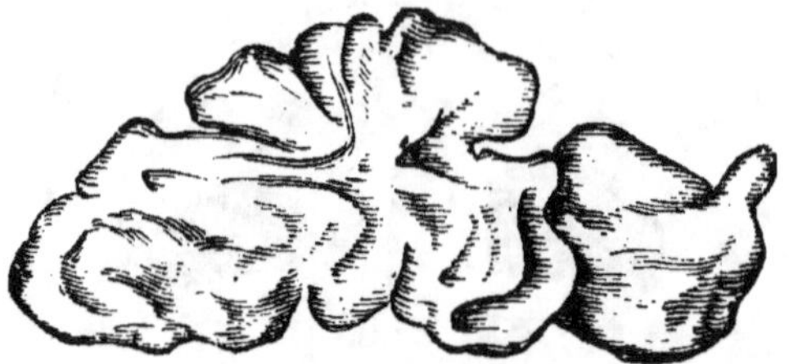

Fig. 395.
Tremella mesenterica.

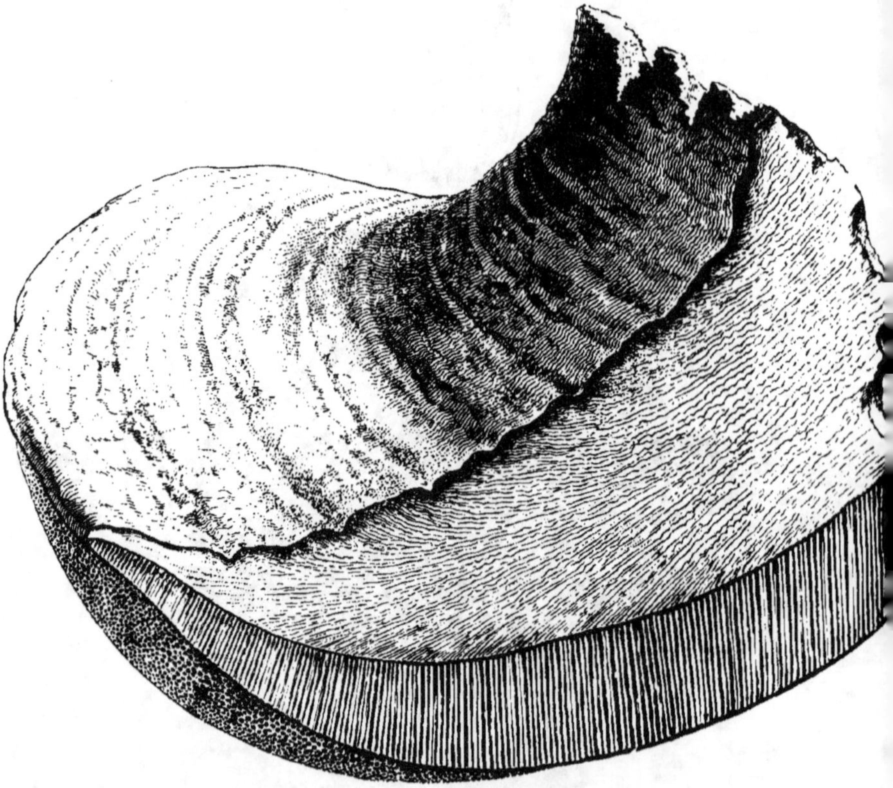

Fig. 396.
Polyporus fomentarius (coupe longitudinale).

Merulius, Marasmius, Armillaria, Fusicladium, Macrosporium, etc.)

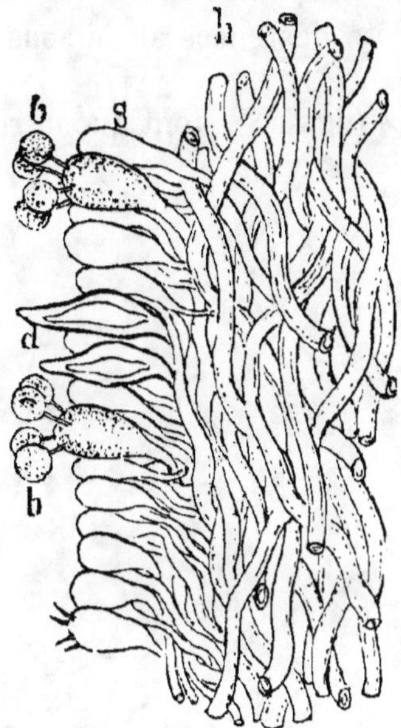

Fig. 397.

Polyporus igniarius. Coupe longitudinale de la région hyméniale.

b, basides avec basidiospores. — *d*, cystides. — *h*, hyphes. — *s*, hyménium

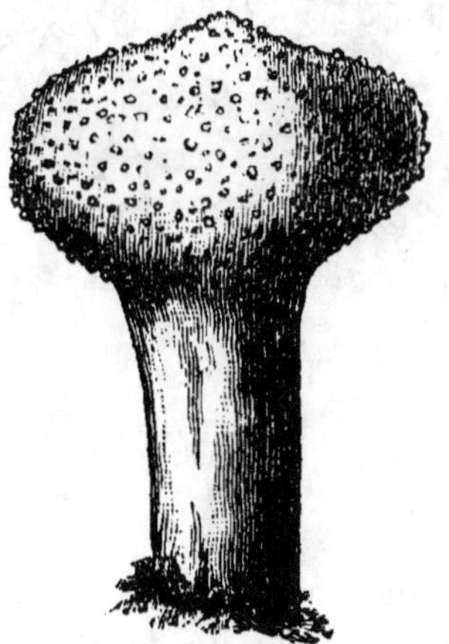

Fig. 398.

Lycoperdon (Basidiomycète).

Les **Agaricacées** ont leur hymène *nu*; par leurs basides

indivises, elles ont été désignées aussi sous le nom d'Hymé-
nomycètes.

Les *Lycoperdacées* (fig. 398), dont aucun représentant n'est

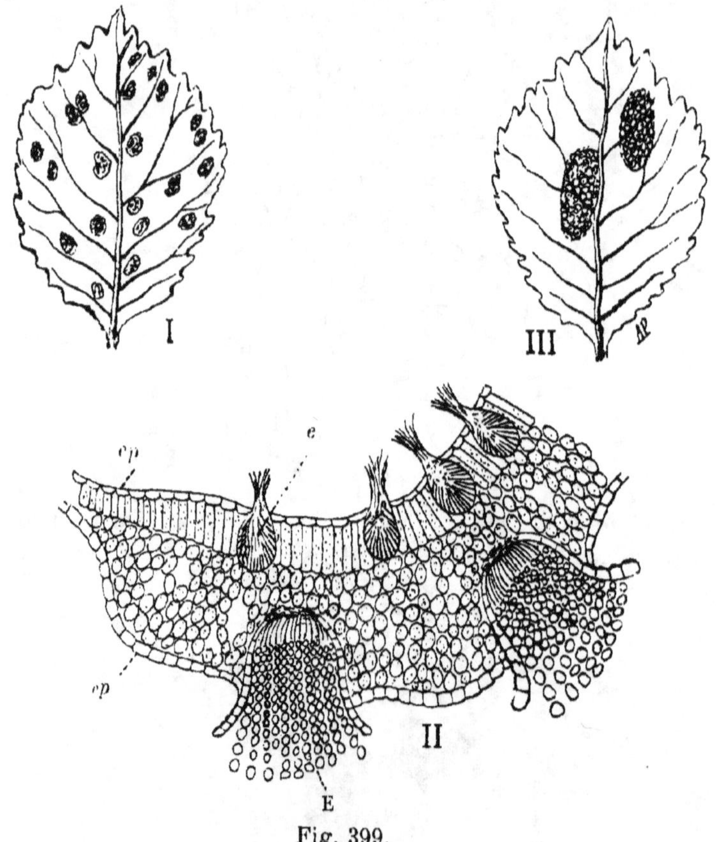

Fig. 399.

I, face supérieure d'une feuille d'Epine-vinette avec de nombreux amas d'*écidioles*.
— II, coupe de la même feuille. — *e*, écidioles. — E, écidie. — III, face inférieure
de la même feuille avec deux amas d'*écidies*. — *ep, ep*, épidermes.

parasite, sont caractérisées par leur appareil sporifère *clos*.
Leurs basides se forment dans des lacunes du pseudo-paren-
chyme central. Cette particularité leur a valu le nom de
Gastromycètes.

Les *Trémellacées* sont des Basidiomycètes ordinairement
gélatineuses, dont les basides sont cloisonnées *transversale-*

ment ou *longitudinalement*. Elles vivent rarement en parasites sur des végétaux Auricularia).

Les *Pucciniacées* (fig. 399-400) et les *Ustilagacées* seront

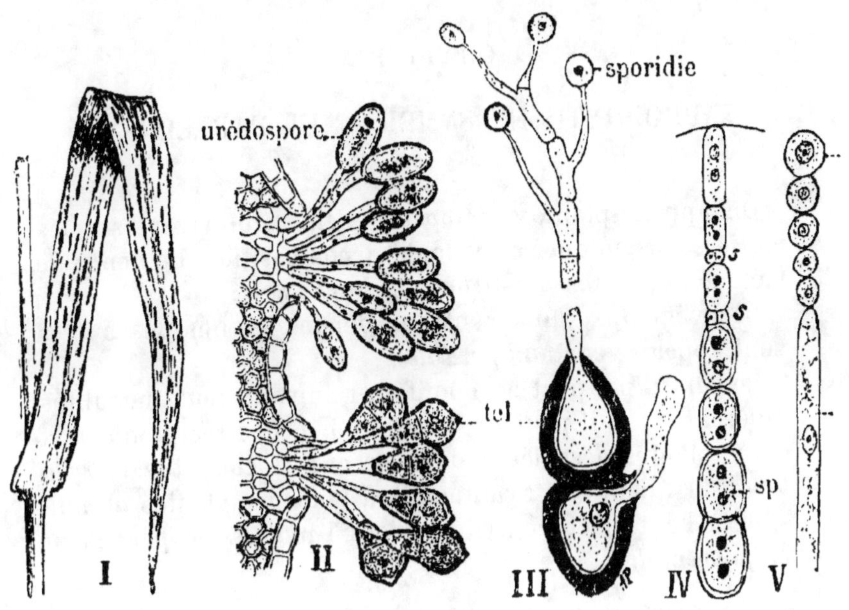

Fig. 400.

I, feuille de Blé avec taches de rouille sur ses deux faces. — II, coupe de la même montrant les téleutospores *tel* et les urédospores. — III, germination d'une téleutospore. — IV, grossissement d'un filament d'*écidie*. — *s, s*, cellules stériles. — *s, p*, spores à deux noyaux, en haut, le fond de l'écidie. — V, grossissement d'un filament d'écidiole avec spores qui s'en détachent au sommet.

exposées plus loin (p. 520) quant à leurs caractères morphologiques et biologiques, en même temps que les maladies redoutables qu'elles occasionnent chez les plantes agricoles.

CHAPITRE II

SAPROPHYTISME, SYMBIOSE ET PARASITISME

On appelle plantes *saprophytes* celles qui vivent sur les matières organiques en voie de décomposition. Le genre de vie de ces plantes constitue le *saprophytisme*.

Les végétaux qui vivent aux dépens les uns des autres sont appelés végétaux *parasites*.

Le *parasitisme* peut se manifester suivant deux modalités différentes : 1° il peut procurer un bénéfice réciproque aux deux plantes associées; dans ce cas, il constitue la *symbiose*; 2° il peut être avantageux à l'une des plantes et nuisible à l'autre, et constituer alors l'*antibiose* ou *parasitisme proprement dit*.

1° SAPROPHYTISME ET SYMBIOSE. — Le saprophytisme paraît être en rapport avec l'absence de tout pigment chlorophyllien dans les organes aériens de la plante, absence qui la met dans des conditions spéciales d'existence. Il y a lieu de remarquer que le manque de chloroleucites n'est pas nécessairement une cause de saprophytisme (Orchidées et Broméliacées *épiphytes*).

On a vu (p. 261) que le saprophytisme est le mode de vie ordinaire et originel des Bactériacées, tandis que le parasitisme n'est au contraire pour elles qu'un régime facultatif. Une adaptation progressive à un milieu vivant, où l'alimentation est plus complète et plus abondante, peut amener les Bactéries à devenir héréditairement parasitaires.

Nous croyons pouvoir étendre cette remarque à tous les parasites reconnus aujourd'hui ou tout au moins à leurs ancêtres. C'est pourquoi nous avons placé le saprophytisme avant le parasitisme. D'ailleurs cette manière de voir rencontre une certaine justification chez les *saprophytes facultatifs* dont l'évolution complète comporte un cycle parasitaire et un autre saprophyte. Ainsi parmi les Entomophthoracées, l'*Entomophthora radicans* qui s'attaque à la Piéride du Chou, développe son thalle très rapidement, consomme en quelques jours le corps d'un insecte et fructifie ensuite. Il en est de même pour l'Empuse de la Mouche dont les spores, une fois formées, germent sur le cadavre de l'insecte et produisent des spores secondaires, plus petites que les premières. si de nouvelles victimes leur font défaut.

Le parasitisme, le saprophytisme ou la symbiose, disent Constantin et d'Hubert, étant souvent dus à une même cause, qui est l'absence de chlorophylle, il peut, dans quelques cas, se produire une substitution entre ces genres de vie, en apparence si différents.

Le Champignon de couche (Agaricacées) donne un exemple nouveau de remplacement possible entre le symbiotisme et le saprophytisme. On sait, en effet, que ce Champignon vit en société avec les racines des Graminées avec lesquelles il produit des *mycorhizes*. Il forme bien une symbiose avec ces Graminées qui se distinguent de leurs voisines par une plus grande taille et une teinte verte beaucoup plus intense. Les *ronds de sorcières*, cercles parfois très grands que l'on remarque dans les prés et les pâturages, en sont des exemples typiques. Ces cercles sont très verts à leur périphérie, grâce aux éléments nutritifs azotés résultant de la décomposition des fructifications du Champignon dont profitent les Graminées, tandis qu'à leur face interne l'herbe est jaunie et morte. Or cet Agaric peut aussi se développer en saprophyte sur du fumier où son mycélium est beaucoup plus puissant que dans le premier cas.

L'association entre les racines d'une plante supérieure (Chêne, Hêtre, Châtaignier, Pin, etc.) et certains Champignons filamenteux encore peu connus, produit un état particulier des racines qui a valu à celles-ci le nom de *mycorhizes*. Or d'après les recherches de Frank, annotées par

L. Mangin, ainsi que celles d'autres observateurs, il résulte que le Champignon trouve dans les tissus externes des jeunes racines les aliments et l'abri dont il a besoin, tout en fournissant à la plante hospitalière des éléments nutritifs et de l'eau. Pour le Hêtre et le Pin en particulier, la présence des mycorhizes leur permet d'employer pour leur nutrition certains matériaux de l'humus qu'ils seraient incapables d'utiliser en l'absence de ces Champignons.

Les conditions de vie des saprophytes sont très variées : l'eau, la terre, l'humus, les pierres, les rochers, les matières organiques végétales et animales en décomposition, les excréments, etc., sont autant de substratums capables de recevoir ces végétaux. L'ombre, même l'obscurité, une température douce et humide leur sont particulièrement favorables.

Les Moisissures (Mucoracées) telles que les *Mucor racemosus*, *M. mucedo*, *Phycomyces nitens*, *Penicillium crustaceum*, etc., qui se développent sur les fruits pourris et le pain humide offrent des exemples remarquables, faciles à obtenir, de Champignons saprophytes.

Certaines d'entre elles (*Penicillium crustaceum*), ainsi que l'*Armillaria mellea* deviennent parasites quand les conditions de milieu sont favorables.

Enfin la plupart des Champignons, malgré leurs nombreux représentants parasites, peuvent être considérés comme saprophytes.

2° PARASITISME PROPREMENT DIT OU ANTIBIOSE. — Les végétaux parasites sont pour la plupart dépourvus de chlorophylle; il en est cependant qui en possèdent (Gui. Mélampyre, Rhinanthe, etc.). Néanmoins on peut dire que l'absence de corps chlorophylliens dans une plante place cette dernière dans des conditions d'infériorité par rapport aux autres plantes, parce qu'il lui est impossible d'assimiler le carbone de l'air et d'opérer la synthèse des substances protoplasmiques. Force lui est donc d'emprunter ces éléments nutritifs à des individus vivants, végétaux ou animaux : d'où son parasitisme.

Une plante peut être parasite à divers degrés, suivant qu'elle provoque ou non dans la plante hospitalière, des troubles ou des déformations plus ou moins profonds.

Constantin et d'Hubert ont établi les divisions suivantes :

1° Parasitisme facultatif,

2°   —   nécessaire,

3°   —   partiel,

4°   —   total.

5° Parasites sur un seul hôte ou *monophytes.*

6°   —   par migration ou *diphytes.*

7°   —   sur divers hôtes.

1. *Parasitisme facultatif.* — Lorsqu'un parasite peut vivre en saprophyte ou être cultivé et fructifier dans un milieu artificiel approprié, il est dit *parasite facultatif* (Gui, Orobanche, Bactéries pathogènes, etc.).

Les graines de Gui et d'Orobanche peuvent germer en l'absence de plante nourricière et vivre à l'état libre.

Les Bacilles du choléra, du charbon (Bactériacées pathogènes) peuvent être aussi cultivés sur des milieux nutritifs artificiels.

Ces plantes peuvent donc reprendre une vie autonome parce que leur dégradation parasitaire est encore peu avancée.

2. *Parasitisme nécessaire.* — Le parasitisme est nécessaire lorsque les essais de culture libre sont infructueux. Ainsi il a été impossible jusqu'à ce jour de constituer un milieu nourricier artificiel pour les *rouilles* (Pucciniacées); ces dernières ont donc un parasitisme absolu et *nécessaire.*

3. *Parasitisme partiel.* — Le parasitisme est partiel lorsque la plante hospitalière ne fournit au parasite qu'une partie des aliments (sels minéraux) dont il a besoin. Il l'est encore pour une plante parasite dont quelques parties sont en contact avec des composés organiques inertes (humus) qu'elle peut absorber et assimiler (Truffe).

Il est évident qu'une suppression brusque des relations

existant entre de tels parasites et leur hôte peut causer la mort des premiers. Néanmoins il est établi que ces parasites se nourrissent à peu près comme des plantes autonomes.

4. *Parasitisme total.* — Les parasites de cette catégorie tirent entièrement leur alimentation de la plante hospitalière sans laquelle ils seraient incapables de vivre (*Phytophthora infestans* ou maladie de la Pomme de terre, brunissure de la Vigne, etc.).

5. *Parasites sur un seul hôte* ou *monophytes*. — Les parasites *monophytes* sont ceux dont toutes les phases évolutives s'accomplissent sur la même plante hospitalière (Mildew).

6. *Parasites par migration* ou *diphythes*. — Les parasites sont *diphytes* quand ils subissent certaines de leurs phases de développement sur un hôte déterminé, et les autres phases complémentaires sur un second hôte différent du premier (Rouille des Céréales).

7. *Parasites sur divers hôtes.* — Les parasites de cette catégorie sont ceux qui peuvent vivre et fructifier sur plusieurs plantes différentes. Ainsi le *Gui*, les *Cuscutes*, les *Orobanches*, les *Mélampyres*, etc., peuvent se développer sur des plantes très éloignées dans la classification. Il en est de même de l'*Armillaria mellea* qui attaque aussi bien les arbres fruitiers que la Vigne, le Pin et le Sapin.

§ 2. — ÉTUDE SOMMAIRE DE QUELQUES MALADIES DES PLANTES AGRICOLES CULTIVÉES EN FRANCE.

Dans cette étude, nous exposerons méthodiquement les plantes agricoles atteintes de maladies parasitaires, en commençant par les Gymnospermes. Les Angiospermes qui leur font suite, débuteront par les Monocotylédones ; celles-ci seront suivies des Dicotylédones qui comprendront : 1° les Apétales ; 2° les Dialypétales et 3° les Gamopétales.

Le tableau suivant donne une idée d'ensemble des maladies examinées.

PLANTES HOSPITALIÈRES	NOM DU PARASITE	MALADIES

I. — GYMNOSPERMES

CONIFÈRES (Pin, sapin, épicéa, mélèze, etc.	Bacillus Pini (Bactériacées).	Tumeur du Pin d'Alep.
	Lophodermium Pinastri (Ascomycètes)	Rouge du pin.
	Fusicoccum abietinum (Ascomycètes).	Maladie des branches de sapin.
	Dematophora nelatrix (Ascomycètes).	
	Armillaria mellea (Basidiomyc).	Pourridié.
	Peridermium elatinum (Urédinées).	Balais de sorcière et Chaudrons.
	Polyporus variés (Basidiomyc.).	Altération du bois.
	Bostrichus et Tomicus (Coléoptères).	Roulure des arbres résineux
	Bombyx du Pin (Lépidoptères).	Ecoulement de résine.

II. — ANGIOSPERMES

A. — MONOCOTYLÉDONES

1° Céréales.	Ustilago divers (Ustilaginées).	Charbon.
	Tilletia divers —	Carie.
	Urocystis divers —	Charbon des tiges de seigle.
	Puccinia divers (Urédinées).	Rouille.
	Ophiobolus graminis (Ascomycètes).	Maladie du pied de blé.
	Claviceps purpurea —	Ergot.
	Erysiphe graminis —	Meunier blanc.
	Alucite des céréales (Lépidoptères).	
	Teigne des grains —	
	Anguillula tritici (Nématodes).	Maladie vermiculaire du blé et du seigle.
	Tylenchus devastatrix —	
	Cephus pygmæus (Hyménoptères).	
	Charançon (Calandra granaria). Coléoptères.	
2° Liliacées.		
Ail	Pleospora herbarum (Ascomycètes).	Maladie de l'ail.
Oignon . .	Peronospora Schleideni (Oomycètes).	Mildiou de l'oignon.
	Urocystis cepulæ (Ustilaginées).	Charbon de l'oignon.

B. — DICOTYLÉDONES

α. — Apétales.

Ch anvre . .	Cuscute et Orobanche.	
Houblon . .	Sphærotheca castagnei (Ascomycètes).	Blanc du houblon.
	Cuscute.	

PLANTES HOSPITALIÈRES	NOM DU PARASITE	MALADIES
	Sclerotinia Libertiana (Ascomycètes).	Mal. des sclérotes du mûrier
Mûrier . .	Nectria cinnabarina —	Chancre du mûrier,
	Rosellinia aquila —	Rhizoctone du mûrier.
	Dematophora necatrix —	Pourridié.
	Armillaria mellea (Basidiomyc.).	
	Polyporus hispidus —	Altération du bois.
	Bacterium Mori (Bactériacées).	Mal. bactérienne du Mûrier.
Figuier . .	Dematophora necatrix.	Pourridié.
	Armillaria mellea.	
	Maladie bactérienne.	Jaunisse.
Betterave .	Phoma tabifica (Ascomycètes).	Maladie des pétioles.
	Cercospora beticola —	Maladie des betteraves.
	Pleospora putrefaciens (Ascomycètes).	Pourriture du cœur.
	Entyloma leproideum (Ustilaginées).	Tumeur de la betterave.
ARBRES FORESTIERS	Dematophora necatrix (Ascomycètes).	Pourridié.
	Armillaria mellea (Basidiomyc.).	
	Nectria ditissima (Ascomycètes).	Chancre du frêne, du chêne, du hêtre, etc.
Châtaignier	Sphærella muculæformis (Ascomycètes).	Maladie des feuilles.
	Polyporus sulphureus (Basidiomyc.).	Altération du bois.
Noyer . . .	Marsonia Juglandis (Ascomycètes).	Antrachnose du noyer.
	Armillaria mellea (Basidiomyc.).	Pourridié.
		Altération du bois.
	Polyporus divers —	Erinose.
	Teigne mineuse de la feuille.	Action du froid.
	Chenille des fruits.	Influence des plaies.

2. — Dialypétales,

PLANTES HOSPITALIÈRES	NOM DU PARASITE	MALADIES
LÉGUMINEUSES.	Bactéries du haricot.	Graisse.
Haricot . .	Colletotrichum Lindemuthianum (Ascomycètes).	Antrachnose du haricot.
	Sclerotinia Libertiania (Ascomycètes).	Maladie des sclérotes du haricot.
Pois	Ascochyta Pisi —	Antrachnose du pois.
	Erysiphe communis —	Blanc des pois, du trèfle, de la luzerne.
Trèfle . . .	Peronospora trifoliorum (Oomyc.).	Mildiou du trèfle, de la luzerne, etc.
Luzerne .	Rhizoctonia violacea (Ascomycètes).	Rhizoctone de la luzerne.
	Cuscute (Cuscutacées).	Trèfle, luzerne, etc.
CRUCIFÈRES .	Cystopus candidus (Oomycètes).	Rouille des Crucifères.
Chou . . .	Phoma Brassica (Ascomycètes).	Pourrit[re] des pieds de chou.
Navet, etc.	Plasmodiophora Brassicæ (Myxom.).	Hernie du chou, du navet, etc.

PLANTES HOSPITALIÈRES	NOM DU PARASITE	MALADIES
ROSACÉES Rosier...	Erysiphe du rosier (Ascomycètes).	Oïdium du rosier.
	Phragmidium subcorticum (Urédin.).	Rouille du rosier.
	Pucerons (Hémiptères).	
AMYGDALÉES	Puccinia prunorum (Urédinées).	Rouille du prunier.
	Polystigma rubrum (Ascomycètes).	Taches des feuilles.
	Coryneum Beijerinckii —	Taches des arbres à noyau
	Exoascus Pruni —	Pochettes du prunier.
Prunier...	Monilia fructigena —	Rot brun des fruits à noyau.
	Dematophora necatrix —	Pourridié.
	Armillaria mellea (Basidiomyc.).	
	Scolytes.	
	Exoascus deformans (Ascomycètes).	Cloque du pêcher.
	Sphærotheca pannosa —	Blanc du pêcher.
Pêcher...	Coryneum Beijerinckii —	Taches des arbres à noyau.
	Dematophora necatrix —	Pourridié.
	Puccinia prunorum (Urédinées).	Rouille du pêcher.
	Monilia fructigena (Ascomycètes).	Rot brun des fruits à noyau.
	Coryneum Beijerinckii —	Taches des arbres à noyau.
Abricotier.	Dematophora necatrix —	Pourridié.
	Agaricus melleus (Basidiomyc.).	
	Puccinia prunorum (Urédinées).	Rouille de l'abricotier.
	Exoascus deformans (Ascomycètes).	Cloque de l'amandier.
Amandier.	Coryneum Beijerinckii —	Taches des arbres à noyau.
	Dematophora necatrix —	Pourridié.
	Gui (viscum album) (Loranthacées).	
	Gnomonia erythrostoma (Ascomycètes).	Mal. des feuilles du cerisier.
	Exoascus deformans —	Cloque du cerisier.
	Coryneum Beijerinckii —	Taches des arbres à noyau.
	Fusicladium cerasi —	Taches noires des cerises.
Cerisier...	Monilia fructigena —	Rot brun des fruits à noyau.
	Dematophora necatrix —	Pourridié.
	Armillaria mellea (Basidiomyc.).	
	Polyporus fulvus —	Altération du bois.
	Puccinia cerasi (Urédinées).	Rouille du cerisier.
POMACÉES	Fusicladium dendriticum (Ascomycètes).	Gale et crev. des pommes.
	Nectria ditissima —	Chancre du pommier.
	Dematophora necatrix —	Pourridié.
	Armillaria mellea (Basidiomyc.).	
Pommier.	Gymnosporangium clavariæforme (Urédinées).	Rouille du pommier.
	Gui (Viscum album) (Loranthacées).	
	Erineum malinum (Acariens).	Erinose du pommier.
	Schizoneura lanigera.	Puceron lanigère.
	Fusicladium pirinum (Ascomycètes).	Gale et crevasse des poires.
Poirier...	Fumago vagans —	Fumagine.
	Nectria ditissima —	Chancre du poirier.

PLANTES HOSPITALIÈRES	NOM DU PARASITE	MALADIES
Poirier . .	Dematophora necatrix	Pourridié.
	Armillaria mellea (Basidiomyc.).	
	Gymnosporangium sabinæ (Urédinées) .	Rouille du poirier.
	Erineum pirinum (Acariens).	
	Phytoptus piri. —	Cloque du poirier.
	Cemyostoma scitella (Microlépidoptères).	Tache noire du poirier.
	Stromatinia Linhartiana (Ascomycètes).	Avorte. des jeunes coings.
	Phyllosticta Cydoniæ —	Maladie des feuilles.
	Fusicladium dendriticum —	Gale et crevasse des coings.
Cognassier.	Dematophora necatrix —	Pourridié.
	Armillaria mellea (Basidiomyc.).	
	Gymnosporangium Juniperinum (Uréd.).	Rouille du cognassier.
	Œcidium cydoniæ (Urédinées).	— —
RIBÉSIACÉES	Glæosporium Ribis (Ascomycètes).	Mal. des flles du groseillier.
	Microsphæra Grossulariæ —	Blanc du groseillier.
	Cronartium ribicolum (Urédinées).	Rouille du groseillier.
Groseillier.	Puccinia grossulariæ —	— —
	Polyporus (Basidiomyc.).	Altération du bois.
AMPÉLIDÉES	Plasmopara viticola (Oomycètes).	Mildew ou mildiou.
	Erysiphe Tuckeri (Ascomycètes).	Oïdium.
	Guignardia Bidwellii —	Black Rot.
	Coniothyrium diplodiella —	Rot blanc.
	Sphaceloma ampelinum —	Antrachnose maculée.
	Dematophora necatrix —	Pourridié.
	Armillaria mellea (Basidiomyc.).	
	Septoria ampelina (Ascomycètes).	Mélanose.
	Phylloxera vastatrix.	
	Altise (Altica ampelophaga).	
	Cigarier (Rhynchites Betuleti).	
	Cécidomie (Cecidomya œnophila).	
Vigne . . .	Erinose (Phytoptus vitis).	
	Ecrivain (Adoxus vitis).	
	Pyrale (Tortrix Pilleriana).	
		Brunissure.
		Apoplexie.
		Rougeot.
	Cochylis (Cochylis ambiguella).	Echaudage.
		Coulure et millerandage.
		Chlorose.
		Court-nouée ou cabuchage

γ. — Cyamopétales.

PLANTES HOSPITALIÈRES	NOM DU PARASITE	MALADIES
SOLANÉES Pomme de terre . .	Bacillus amylobacter (Bactériacées).	Gangrène humide.
	Micrococcus albidus —	

PLANTES HOSPITALIÈRES	NOM DU PARASITE	MALADIES
Pomme de terre . .	Bacillus subtilis (Bactériacées.)	Gangrène humide.
	Pseudocommis vitis (Myxomycètes).	Gangrène sèche.
	— — —	Frisolée.
	Spongospora solani —	Ramollissement des tubercules.
	Phytophtora infestans (Oomycètes).	Maladie de la pomme de terre.
	Rhizoctonia Solani (Ascomycètes).	Rhizoctone de la pomme de terre.
Tomate . .	Bactéries (Bactériacées).	Maladie bactérienne des tomates.
	Phytoptora infestans (Oomycètes).	Maladie de la tomate.
	Cladosporium fulvum (Ascomycètes).	— —
Tabac	Alternaria tenuis.	Maladie du tabac.
	Bactérie.	Nielle des feuilles de tabac.
OLÉACÉES	Capnodium elæophilum (Ascomycètes).	Noir de l'olivier.
	Cycloconium oleaginum —	Taches des feuilles de l'olivier.
Olivier. . .	Polyporus fulvus (Basidiomyc.).	Altération du bois.
	Bacilles (Bactériacées).	Tumeurs bactériennes de l'olivier.

I. — GYMNOSPERMES (*Conifères*).

A. **Parasites végétaux.**

1. TUMEUR DU PIN D'ALEP.

a. *Caractères extérieurs.* — Tumeurs affectant la forme de tubercules ligneux, d'abord lisses, puis plus ou moins crevassés, atteignant parfois la grosseur d'un œuf de poule, situées sur les branches de la plante hospitalière. Ces tumeurs sont creusées de lacunes plus ou moins ramifiées.

b. *Parasite.* — Le parasite est un bacille désigné par Vuillemin sous le nom de *Bacillus Pini*, qui forme, à l'intérieur des tumeurs, des zooglées globuleuses (p. 255).

2. Lophodermium pinastri (Rouge du Pin).

a. *Caractères extérieurs*. — Les aiguilles de Pins malades se couvrent de taches brunes et tombent. La maladie sévit surtout sur les pépinières dont les jeunes sujets, vers la fin de l'été, prennent une teinte jaunâtre, puis rouge (fig. 401).

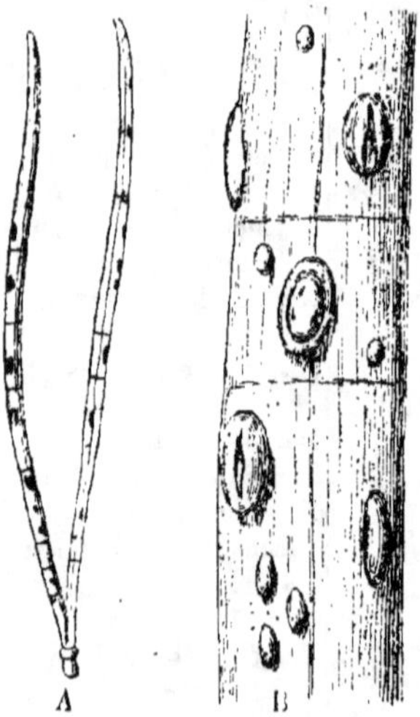

b. *Description sommaire du parasite*. — Le parasite est un champignon ascomycète, connu sous le nom de *Lophodermium Pinastri*. Les taches brunes des feuilles qu'il provoque deviennent rougeâtres, puis se dessèchent.

Sous sa forme de *spermogonies*, le champignon a reçu le nom de *Leptostroma Pinastri*.

L'année suivante de nouveaux appareils reproducteurs ou *périthèces* se développent. Ils sont répandus en des points pâles fréquemment bordés d'une mince ligne noire.

Les *asques* de *Lophodermium Pinastri*, renfermés dans ces périthèces, sont subcylindriques et contiennent des ascospores longues, filiformes et légèrement renflées en massue.

Fig. 401.

Pin attaqué par le *Lophodermium Pinastri*.

A, aiguilles couvertes de périthèces. — B, les gros conceptacles, la plupart ouverts, sont des périthèces, les autres sont des spermagonies (Tulasne).

c. *Traitement*. — Cette maladie, connue sous le nom de *rouge du Pin*, est grave, mais elle peut être traitée directement. Bartet et Vuillemin ont reconnu que la *bouillie bordelaise* était très efficace. Deux arrosages, le premier donné au commencement de juin, le second un mois après, ont guéri complètement des plants de deux ou trois ans.

3. Fusicoccum abietinum (Maladie des branches du Sapin).

a. *Caractères extérieurs.* — Les tiges des jeunes plants et les rameaux des sujets adultes présentent des anneaux d'écorce de quelques centimètres de longueur complètement desséchés (fig. 402). Leurs extrémités sont limitées par des bourrelets comparables par leur forme à ceux que produit l'incision annulaire. Les aiguilles des rameaux atteints ne tardent pas à brunir et à se dessécher.

b. *Description sommaire du parasite.* — Le mycélium du champignon se compose de filaments noirs, plus ou moins ramifiés, qui s'étendent jusque dans les assises périphériques du cylindre central. La présence du champignon n'est pas apparente au début ; ce n'est que l'année suivante, au commencement de l'été, que les bourrelets commencent à se dessiner et les feuilles à jaunir.

Sous l'écorce nécrosée apparaissent des sortes de petits mamelons, incolores et acuminés à leurs extrémités (*pycnides*).

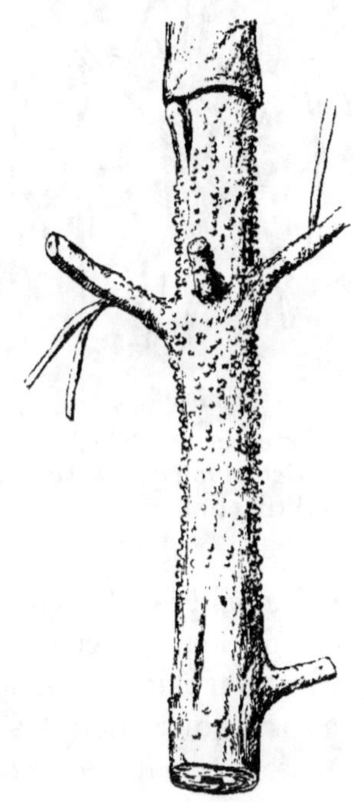

Fig. 402.

Rameau de Sapin envahi par le *Fusicoccum abietinum* (Prillieux).

Traitement. — Couper et brûler les branches malades avant la dispersion des spores, c'est-à-dire à la fin de l'été ou au début de l'automne.

4. Dematophora necatrix (Pourridié).

a. *Caractères extérieurs.* — Ce champignon ascomycète est remarquable par ses diverses formes mycéliennes et ses appareils reproducteurs.

Viala résume de la manière suivante la morphologie de ce redoutable parasite :

a. Le mycélium du *D. necatrix* (fig. 403), qui provient des conidies ou d'autres branches mycéliennes d'origines diverses, se présente sous forme de flocons blancs neigeux qui enlacent les organes attaqués de couches épaisses, plus ou moins continues et facilement reconnaissables. Ils constituent le *mycélium blanc* ou vulgairement le *blanc* des horticulteurs.

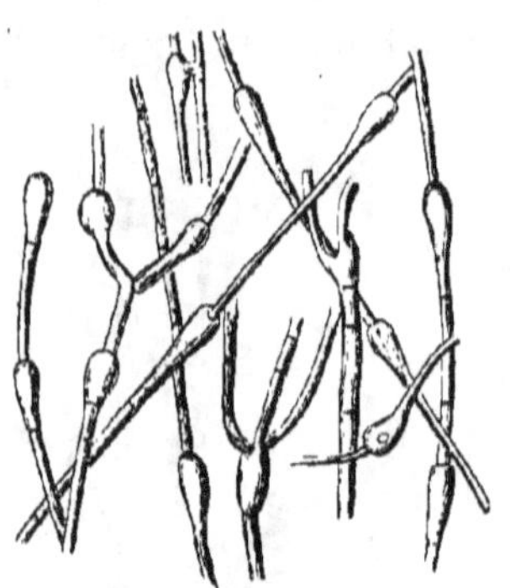

Fig. 403.

Filaments mycéliens du *Dematophora necatrix* (Prillieux).

b. Les flocons blancs finissent par se teinter successivement et font place à un *mycélium brun* ou gris souris, qui conserve le même aspect floconneux.

c. Au moment où a lieu le brunissement des flocons blancs, on voit, dans leur intérieur et sur leur parcours, des parties qui se condensent en fils rhizomorphiques blancs, entourés de quelques flocons brunâtres qui relient les diverses régions des masses blanches : ce sont les *cordons rhizoïdes.*

d. Ces cordons rhizoïdes se condensent de plus en plus à leur centre et s'entourent d'une écorce noire, formant ainsi de vrais cordons rhizomorphiques qui ne présentent aucune différence, à la simple vue, avec les cordons homologues de l'*Agaricus melleus.* Ces cordons, nommés *Rhizomorpha subterranea,* ne se rapportent pas à une espèce de champignon, mais simplement à une forme particulière de l'organe végétatif de plusieurs champignons. A la façon de ceux de l'*A. melleus,* ils rampent comme des racines, à la surface des organes attaqués et dans les couches voisines du sol.

e. Toutes ces formes mycéliennes sont extérieures aux plantes attaquées, soit à leur surface, soit dans le sol. Des filaments déterminés pénètrent sous le liber jusqu'à la couche génératrice, s'y étalent en nappes plus ou moins étendues et plus ou moins épaisses, blanchâtres à l'intérieur, plus ou moins roussâtres à l'extérieur, et constituent, comme pour l'*A. melleus*, la forme rhizomorphique nommée *Rhizomorpha subcorticalis*.

f. De l'extérieur ou du liber, les plus petits filaments mycéliens pénètrent la couche génératrice et le bois et envahissent en tous sens le tissu intérieur qu'ils décomposent. Quoiqu'il n'y ait pas de différence morphologique entre le mycélium intracellulaire et certaines parties des autres formes mycéliennes, Viala l'a désigné sous le nom de *mycélium interne.*

g. Sur le mycélium blanc ou brun, immergé dans des liquides non aérés, se manifeste une fragmentation cellulaire avec isolement, condensation du protoplasme et production de cellules appelées ici *chlamydospores.*

h. Le mycélium interne produit parfois, à la surface des organes attaqués, des masses pseudoparenchymateuses, des *sclérotes*, qui émergent en partie des tissus de la plante hospitalière.

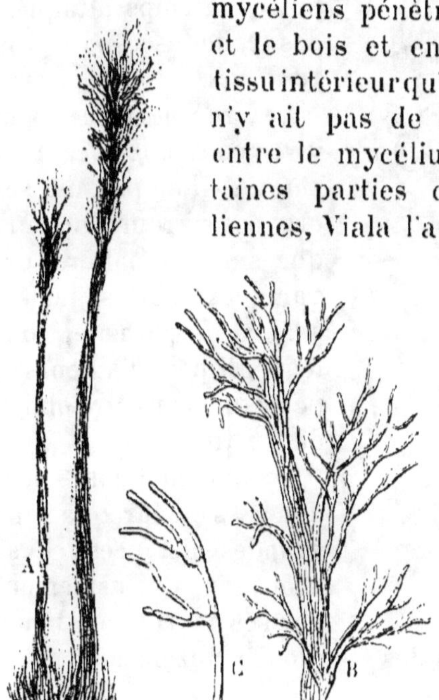

Fig. 404.

Dematophora necatrix.

A, faisceaux de conidiophores. — B. extrémité d'un de ces faisceaux vu à un plus fort grossissement. — C, un rameau encore plus grossi (Prillieux).

i. Ces sclérotes donnent naissance, dans la nature, au collet de la plante, dans les couches les plus superficielles du sol, aux *conidiophores* ou appareils à conidies, qui sont l'organe *le plus commun* de reproduction du champignon (fig. 404).

j. Ces mêmes sclérotes se transforment aussi, dans certaines conditions de milieu, en *pycnides*.

k. Sur le collet de la plante, au milieu et dans la région des conidiophores, se forment, sur les organes depuis longtemps attaqués, des fruits ascosporés ou *périthèces*.

Le *D. necatrix* peut vivre en *saprophyte* et en *parasite*. Il ne produit ses organes reproducteurs que sur des matières organiques mortes, jamais à l'état de parasite, sous lequel il peut d'ailleurs se perpétuer sans être obligé de fructifier.

Le champignon peut donc s'étendre à de grandes distances et se propager exclusivement par ses mycéliums blanc et brun, ainsi que par des cordons rhizoïdes.

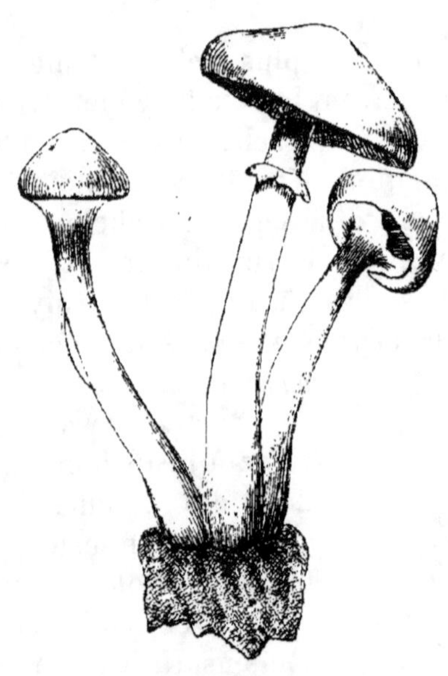

Fig. 405.
Armillaria mellea.

5. Armillaria mellea ou Agaricus melleus (Pourridié).

Ce champignon supérieur, de l'ordre des Basidiomycètes, peut, de même que le précédent, causer de sérieux dégâts.

Son appareil fructifère (fig. 405), appelé vulgairement *champignon*, apparaît dans la première quinzaine d'octobre. Il est d'assez grande taille et son chapeau peut atteindre 12 à 14 centimètres de diamètre. Ce chapeau a une teinte jaune miel quand il est jeune, d'où son qualificatif de *melleus*; et, en vieillissant, il devient fuligineux, c'est-à-dire couleur de fumée.

Comme les autres Agaricinées dont il fait partie, il possède des lamelles rayonnantes en dessous du chapeau. Son

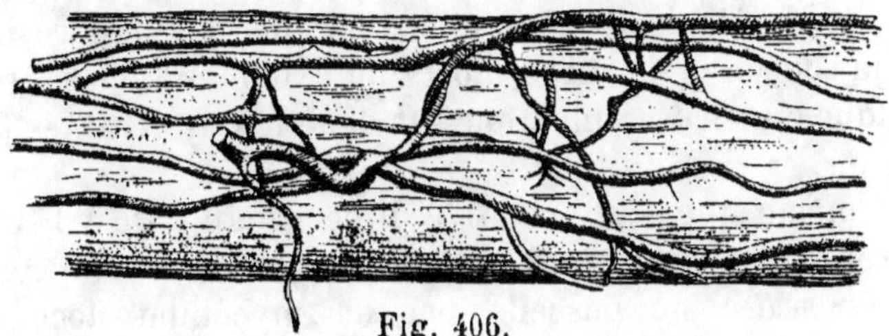

Fig. 406.

Rhizomorphe externe d'*Armillaria mellea* (Prillieux).

pied porte en outre un anneau (débris du voile) un peu audessous du chapeau. Malgré son odeur forte et un peu

Fig. 407.

Armillaria mellea.

R, rhizomorphe subcortical (Prillieux).

vireuse et sa saveur souvent désagréable, ce champignon est comestible, car la cuisson lui fait perdre son âcreté. Il est plus apprécié en Autriche qu'en France où on ne le rencontre sur aucun marché, sauf en Gascogne.

L'*Armillaria mellea* croît en touffes plus ou moins grosses dans les forêts de feuillus et dans celles de bois résineux sur la souche des arbres morts ou exploités ; on le trouve quelquefois en fructification sur des plantes vivantes (Marronnier).

De même que le *D. necatrix*, il ne fructifie qu'à l'état de saprophyte et ne devient dangereux que par son mycélium.

L'*A. mellea* ne possède pas de mycélium floconneux externe, mais il a des rhizomorphes *souterrains* (fig. 406) et *subcorticaux* (fig. 407) qui sont aussi vivaces et aussi longs que ceux du *D. necatrix*. Ces rhizomorphes sont brun foncé extérieurement, diversement ramifiés et « jamais entourés de filaments avec renflements en poire (fig. 403) comme ceux du *D. necatrix* (Viala) ».

Lutte. — Tout résineux ou tout arbre fruitier attaqué par un champignon à rhizomorphes est un arbre perdu à brève échéance. Pour les résineux en particulier, les aiguilles des branches terminales prennent une teinte rouge, ce qui est un signe de désorganisation de la chlorophylle ; leurs tissus sont envahis souvent par d'autres champignons parasitaires ; les bourgeons donnent, chaque année, des accroissements de plus en plus faibles ; les racines, siège de l'affection, perdent leur couche génératrice qui fait place au rhizomorphe subcortical ; et, si à ce mal terrible s'ajoute l'invasion des insectes, la mort de l'arbre ne tarde pas à arriver.

Le développement des rhizomorphes du *D. necatrix* et de l'*A. mellea* n'est nullement en rapport avec la nature du sol et l'influence des agents atmosphériques. Ces formes mycéliennes sévissent partout avec la même intensité, qu'il s'agisse d'un sol pauvre ou d'un sol riche, d'un terrain humide ou d'un terrain sec.

Étant donnée la région de la racine où certaines de ces formes mycéliennes se localisent, il n'existe aucun remède préventif ou curatif. Tous nos efforts doivent se borner à enrayer l'invasion du parasite.

Il faut extirper et brûler les souches et les racines des arbres atteints ainsi que des sujets voisins, même s'ils ne présentaient aucun symptôme de maladie ; il suffit qu'ils se trouvent dans le rayon où le champignon étend son appareil végétatif.

Il faut en outre creuser un fossé tout autour de l'éclaircie faite et en rejeter la terre vers le centre, pour couper toutes les racines qui tendraient à franchir cette limite.

Il y aurait un moyen radical, mais malheureusement peu pratique : ce serait de ne laisser aucune souche dans les exploitations de forêts de résineux et de veiller avec soin à l'enlèvement de tous les châblis des forêts d'essences feuillues. On sait, en effet, que ces bois morts sont les seuls substratums où les deux parasites précédents fructifient à l'état de saprophytes.

Avant de reboiser ces éclaircies, il sera bon d'en laisser le sol improductif pendant deux ou trois ans, sans négliger de le remuer de temps en temps. Cette sage mesure permettra aux racines qui auront été oubliées, de se décomposer en entraînant avec elles toute trace mycélienne de ces champignons.

6. PERIDERMIUM ELATINUM (Balais de sorcière et chaudrons.)

a. *Caractères extérieurs.* — Les jeunes pousses envahies par ce parasite ont un aspect très anormal ; au lieu de se diriger horizontalement, dit Prillieux, ces pousses font flèche et simulent de petits arbres nains, de forme singulière, implantés sur des branches de Sapin, d'où leur nom de *balais de sorcière* (fig. 408).

On rencontre également sur le tronc, à des niveaux différents, ainsi que sur les branches, des tumeurs, quelquefois très grosses, renflées en forme de tonneau, que l'on a appelées *chaudrons.*

Chez le Sapin, les aiguilles des pousses attaquées sont plus courtes et plus larges que les autres des parties saines ; elles sont éparses et non distiques et ont une teinte jaunâtre.

Parasite. — C'est le mycélium du **P.** *elatinum* qui, en pénétrant à l'intérieur de la plante hospitalière, détermine, au

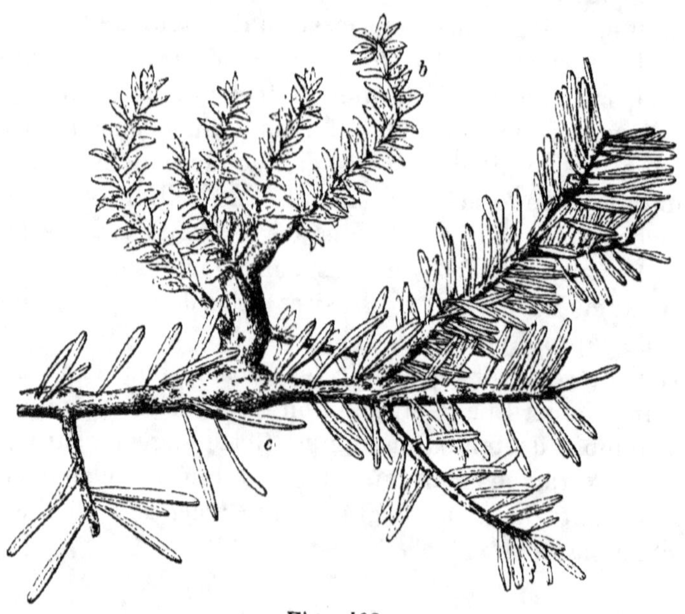

Fig. 408.

Balai de sorcière (b) produit par le Peridermium elatinum. — c, chaudron
(Prillieux).

niveau de son siège, les développements anormaux précédents.

Les chaudrons sont produits par le bois et l'écorce de l'hôte.

Vers le mois d'août, à la face supérieure des aiguilles malades, apparaissent d'abord des *spermagonies* sous forme de petits points orangés, puis des *æcidies* le long de la nervure médiane de la face inférieure, dont les æcidiospores sont rouge orangé.

Traitement. — Le seul moyen capable d'enrayer en partie l'invasion du parasite, serait de détruire les *balais de sorcière* avant la chute de leurs feuilles, c'est-à-dire vers la fin de septembre.

7. **Polypores** variés produisant l'*altération du bois*.

Les polypores sont des champignons supérieurs de l'ordre des Basidiomycètes, caractérisés par un hymène *tubulé* et non lamelleux. Les tubes serrés, placés sous le chapeau, sont tapissés par les basides.

Ces champignons peuvent causer de sérieux dommages dans les forèts et les vergers. Profitant d'une plaie faite à l'arbre, ils enfoncent leur mycélium dans le bois, en désorganisent les tissus sains et produisent des foyers d'altération qui, s'avançant vers la périphérie, atteignent la couche génératrice et en arrètent les fonctions essentielles.

Les espèces parasites des résineux sont, d'après Prillieux, les *Polyporus annuus*, *P. Pini*, *P. Hartigii*, *P. borealis*, *P. vaporarius* et *P. Schweinitzii*, dont les caractères distinctifs ont été établis de la manière suivante par Quélet.

I. **Mesopus.** — Stipe central, chapeau entier.

1. *Polyporus Schweinitzii.* — Stipe épais, très court, souvent nul, rouillé. Chapeau plan ou en coupe (1 à 2 décim.), concrescent, incrustant ou difforme, épais, spongieux, puis subéreux, *hérissé tomenteux, bosselé, fauve puis brun.* Chair safranée puis brune. Pores amples, variés, déchirés, *sulfurin verdoyant.* Le champignon peut aussi affecter la forme d'une croùte de peu d'épaisseur.

II. **Apus.** — Champignons sessiles, lignicoles, variables.

Spongiosi. — Spongieux aqueux, puis fermes, élastiques, annuels.

2. *Polyporus borealis.* — Coussinet spongieux, compact puis subéreux, hérissé, *blanc,* jaunissant avec l'âge. Chair *blanche* à fibres parallèles. Pores adnés, inégaux, sinueux, flexueux, déchirés, blancs.

Placodermi. — Chapeau revètu d'une croùte unie, non zonée mais sillonnée concentriquement. Persistant.

3. *Polyporus fulvus* ou *P. Hartigii* (fig. 409). — Champignon compact, très dur, subéreux ligneux, en coussinets demi-ronds (1 à 2 décim.) formant 2 ou 3 bourrelets cotonneux, *fauve blan-*

chissant, puis brunâtre, crevassé, fendillé; marge arrondie.
Intérieur zoné, brun, à fibres résistantes, divergentes. Pores
courts, très petits, ronds, d'un jaune cannelle pâle, et couverts
d'une pruine jaune cendré. Chair couleur *fauve*.

4. *Polyporus Pini* ou *P. pinicola*. — Champignon subéreux
ligneux, en forme de coussinet ou de sabot de cheval, bossu et

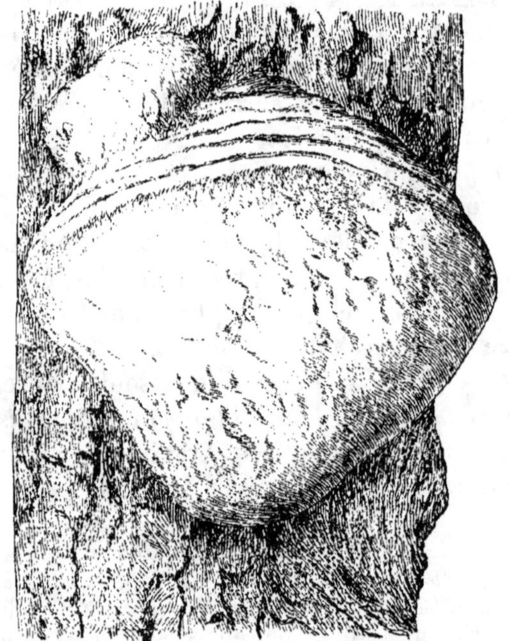

Fig. 409.
Réceptacle de *Polyporus Hartigii* (Prillieux).

rugueux, fauve noircissant avec la marge moitié jaune et moitié
rouge cinabre. Chair blanche, devenant rouge brunâtre pâle
au contact de l'air. Pores petits, obtus, pâle jaunâtre (bien stratifiés). Odeur *acidule*.

5. *Polyporus annosus*. — Champignon ligneux, pérennant,
convexe aplani, *rugueux tuberculeux, fauve rougeâtre, soyeux*
l'été, *recouvert d'une croûte rigide, glabre brune, noircissant*
au printemps suivant: intérieur sec, *blanc;* marge blanchâtre
ou grisâtre. Pores oblongs, obtus, blancs, puis ocracé pâle.
Souvent retourné et dépourvu de chapeau. Lorsque ce champignon se développe sur les racines ses réceptacles ressemblent
à des plateaux de formes très variables.

III. Resupinatus. — Chapeau nul. Retourné complètement. Pores naissant directement du mycélium sans hyménophore, rarement stratifiés.

6. *Polyporus vaporarius.* — Champignon étalé, mycélium floconneux, blanc, rampant dans le bois. Pores *grands*, alvéolaires, *villeux, blancs puis pâles*, formant une couche unie, ferme et persistante.

Le *Polyporus annosus* attaque surtout le Pin et l'Épicéa. Il débute par les racines et peut s'élever très haut sur la tige en décomposant le bois. Sa marche est parfois très rapide. Hartig cite un arbre qui, au printemps, donnait une pousse de 60 centimètres et ne montrait aucune apparence de maladie et qui en septembre était mourant et avait perdu toutes ses feuilles (Prillieux).

La maladie peut se propager de proche en proche, soit par les spores, soit par le contact d'une racine envahie par le mycélium. La présence du mycélium provoque dans le bois, au début, des changements de coloration, celui de l'Epicéa devient gris lilas, et celui du Pin, rougeâtre. Le bois devient ensuite jaune brun, se couvre de petites taches noires puis devient blanchâtre en se décomposant.

Outre ses *basidiospores*, le *P. annuus* produit aussi des *conidies* dont les conidiophores ressemblent à de petites massues.

Traitement. — On recommande de creuser un fossé assez éloigné des sujets malades pour enlever toutes les racines capables de propager l'affection. On conseille aussi de mélanger des arbres feuillus aux résineux. Ce mélange s'oppose à l'extension du mal.

Le *Polyporus Pini* attaque le Mélèze, le Pin et quelquefois l'Épicéa ; il produit sur le Pin la *pourriture rouge*. Ses attaques sont moins graves que celles du *P. annuus.* Il n'envahit pas les racines et ne se développe que dans le bois parfait de la tige ou des rameaux.

Un arbre envahi par ce champignon peut vivre encore pendant plusieurs années, mais il perd toute sa valeur marchande par suite de l'altération du bois.

Le *Polyporus Hartigii* ou *P. fulvus* attaque les résineux et surtout le Sapin, en pénétrant ordinairement dans le bois par les tumeurs occasionnées par le *Peridermium elatinum*.

Le bois de Sapin envahi par le *P. Hartigii* prend d'abord une teinte jaune sale, ses parties malades sont souvent limitées par une ligne brunâtre ; il perd sa force de résistance et se brise facilement.

Traitement. — Il faut abattre tous les arbres atteints, ainsi que ceux du voisinage sur lesquels on remarque des *balais de sorcière* ou des *chaudrons*.

Le *Polyporus borealis* se rencontre surtout sur l'Épicéa et

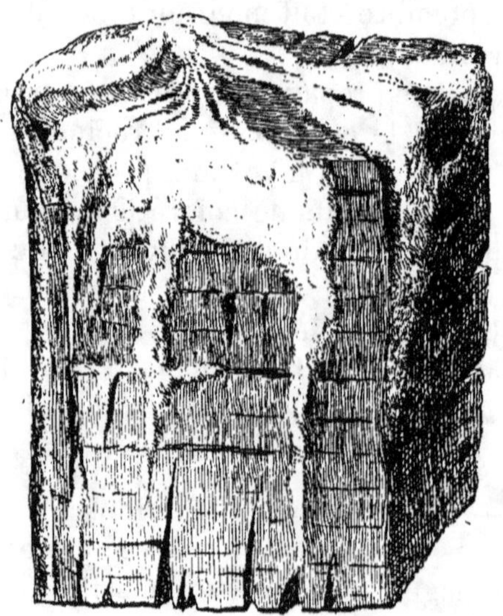

Fig. 410.

Bois envahi par le *Polyporus vaporarius* (Hartig).

le Sapin, chez lesquels il produit de profondes altérations du bois de la tige.

Le *Polyporus vaporarius* (fig. 410), parasite du Pin sylvestre et de l'Épicéa, pénètre fréquemment à l'intérieur du bois à la faveur des plaies produites à la base du tronc. Il y occasionne des crevasses verticales et horizontales qui s'agrandissent sous l'effet de la dessiccation, et enlèvent au bois toute sa consistance.

Ce champignon peut aussi se développer sur les bois de charpente. Son mycélium s'y étend à leur surface sous forme de lames, parfois très grandes, qui rappellent celui du *Merulius lacrymans*.

Le *Polyporus Schweinitzii* peut envahir le bois parfait des racines et de la tige des Pins âgés, où il produit des dégâts comparables à ceux du *P. vaporarius*

B. **Parasites animaux**.

1. BOSTRICHES ET TOMIQUES. — Nous n'aborderons pas ici la classification plus ou moins complexe de la tribu à laquelle on rattache le genre *Bostrichus*, et nous n'essayerons pas non plus d'expliquer les raisons qui ont fait abandonner le terme générique *Bostrichus*, attribué par certains entomologistes à tout un groupe de petits insectes, tels que les *Bostriche typographe, B. sténographe, B. du Mélèze, B. calcographe, B. curvidenté*, etc., pour le remplacer par celui de *Tomicus* (en français *Tomique*). Nous ne mentionnerons que les caractères absolument distinctifs d'un insecte que nous avons étudié récemment dans le département du Doubs où il occasionne d'assez sérieux dégâts. Cet insecte est le *Tomique curvidenté* ou *Bostriche curvidenté* (*Tomicus curvidens*). Sa taille varie entre $1^{mm}.5$ et 3 millimètres ; son corps est noir avec les antennes et les pattes jaunâtres ; les élytres sont tronquées à leur extrémité postérieure et la troncature de chacune d'elles est armée de cinq à sept dents courbées en crochets. La femelle a de longs poils jaunes sur le front.

Les ravages de cet insecte consistent en galeries creusées entre bois et écorce, notamment dans la couche génératrice qu'elles divisent considérablement et dont elles paralysent les fonctions.

Cet insecte, ainsi que la plupart de ceux précités, n'attaque ordinairement que les plants maladifs et dépérissants ; ceux, par exemple, qui sont envahis par l'*Agaricus melleus* ou le *Dematophora necatrix*.

Il en est d'autres (insectes *xylophages*) qui creusent leurs galeries dans le bois (*Sirex juvencus*, Bostriche disparate, B. monographe, etc.).

Traitement. — Lorsque l'invasion de ces insectes est intense, il faut abattre les arbres atteints et en extirper les souches, comme pour le *pourridié*. Mais la détermination des sujets à sacrifier ne peut être faite efficacement qu'au moment où l'insecte fait son apparition. Il faut brûler les écorces et sortir le plus rapidement possible de la forêt les arbres abattus, tout en exerçant une surveillance continue sur les sujets du voisinage.

2. BOMBYX DU PIN (*Lasiocampa Pini*). — Ce bombyx est un papillon qui peut atteindre 5 à 6 centimètres d'envergure. Sa coloration est variable, brun roussâtre ou gris souris ; on remarque constamment sur ses ailes une tache blanche, semi-lunaire, et une bande tranversale de couleur fauve bordée de deux lignes sinuées foncées.

Les chenilles de cet insecte sont rougeâtres au début et grises ou rousses plus tard, avec deux taches d'un bleu d'acier sur le cou ; elles ont, de plus, le corps couvert de poils épars ou groupés en pinceaux.

Ce sont les chenilles qui attaquent le Pin dont elles dévorent les aiguilles.

Traitement. — 1° Détruire, en hiver, les chenilles qui se cachent au pied des arbres, en se servant d'un linge pour éviter l'irritation causée par leurs poils urticants ;

2° Au printemps, empêcher l'ascension des chenilles sur les arbres en enveloppant leur tige d'anneaux de papiers enduits de goudron ;

3° En été, détruire les papillons posés sur le tronc, à l'abri du vent ;

4° Creuser un fossé de quelques centimètres de profondeur autour de chaque groupe d'arbres envahis, en ménageant dans ce fossé quelques trous un peu plus profonds dans lesquels les chenilles viendront se réfugier et où il sera facile de les détruire ;

5° L'échenillage est une opération nécessaire que l'on doit faire sur toutes les plantes envahies.

C. **Maladies attribuées à d'autres causes.**

1. Roulure des arbres résineux. — En sciant les troncs des Conifères, disent d'Arbois de Jubainville et Vesque, on y voit quelquefois un cylindre intérieur se détacher complètement de la partie périphérique du bois ; le tissu qui avait réuni ces deux parties s'est dissous, et il n'en reste que quelques débris brunâtres. Parfois les Champignons paraissent la cause de cette destruction du tissu intermédiaire. D'autres fois, c'est à la suite d'une formation de résine que les cellules se dissolvent. Enfin on a encore vu le cylindre central se détacher à des endroits où le tissu ligneux normal avait été remplacé par un parenchyme à grandes cellules. Ce dernier résultat peut être dû à des causes très variées, qu'il faudra peut-être chercher dans la nature du sol.

2. Écoulement de résine. — En dehors de la pratique du *résinage*, qui peut compromettre l'existence des arbres lorsque les plaies produites sont trop profondes ou trop larges, les animaux, le vent, les insectes et certains Champignons peuvent provoquer un écoulement anormal de la résine.

Les chenilles du *Tortrix zebeana* produisent sur le Mélèze des renflements du bois où la résine s'accumule et arrête la marche de la sève. Des canaux résinifères anormaux se produisent sur les points attaqués par les chenilles et les cellules avoisinant ces canaux paraissent se transformer en résine.

La présence de l'*Agaricus melleus* est ordinairement signalée par un abondant écoulement de résine de la souche et des principales racines.

L'écoulement de résine est donc le signe d'une affection dont on ignore encore la nature réelle.

II. — ANGIOSPERMES

MONOCOTYLÉDONES

A. Parasites végétaux.

1º Céréales. — 1. USTILAGO (variés). — Plusieurs champignons de ce groupe vivent en parasites sur les Céréales, chez lesquelles ils produisent la maladie appelée *charbon*.

a. Jusqu'à ces dernières années on a attribué à une seule espèce (*U. segetum*) le charbon du Froment, de l'Orge et de l'Avoine. Mais Brefeld, Jensen et Rostrup ont reconnu que l'on réunissait ainsi plusieurs espèces exclusivement aptes à infecter chaque Céréale.

Rostrup est parvenu à caractériser les espèces suivantes que l'on avait confondues avec l'*U. segetum*.

1º *Ustilago Avenæ* : Champignon très commun sur l'Avoine, ressemblant beaucoup au charbon de l'Orge (*U. Hordei*). Ce Champignon a les spores finement ponctuées globuleuses ou ovoïdes courtes, produisant à la germination un *promycélium* (p. 522) cloisonné portant des *sporidies*.

2º *Ustilago perennans* : Parasite sur *Avena elatior*. Se rapproche beaucoup du précédent. Son mycélium est vivace dans les rhizomes de la plante hospitalière ; ses spores sont ovoïdes lisses ou très peu rugueuses ; son promycélium est très resserré au niveau des cloisons transversales.

3º *Ustilago Jensenii*. — Parasite très répandu au Danemark sur *Hordeum distichum*. Ses spores, rondes et lisses, ont une teinte brun noir ; son promycélium est assez épais et cloisonné 3 ou 4 fois à son extrémité.

4º *Ustilago Hordei*. — Parasite sur l'Orge ; transforme les épis en une poudre noire. Spores finement ponctuées, émettant un promycélium peu cloisonné, allongé, sans sporidies.

5º *Ustilago Tritici*. — Parasite sur le Froment. Promycélium rameux, cloisonné comme celui d'*U. Hordei*.

Les pieds de Céréales attaqués par ces divers champignons, ne paraissent pas se différencier de ceux qui sont sains, tant que leur inflorescence n'est pas développée. C'est, en effet, dans le parenchyme des glumes que le champignon commence à évoluer, produisant dans les organes envahis une substance molle, blanchâtre, constituée par le mycélium, lequel émet ses spores à l'intérieur des tissus. Ces spores forment une poussière noirâtre que le vent emporte. La présence d'*Ustilago* entraîne toujours l'avortement des organes floraux et produit une altération profonde de la structure des épillets (fig. 411). Dans l'*Avoine*, par exemple les bractées florales sont gonflées, moins développées et plus nombreuses; l'épanouissement de la panicule est incomplet, sa base restant enfermée dans la gaine. Dans l'*Orge distiche*, il y a turgescence et soudure congénitale des diverses bractées florales (fig. 412).

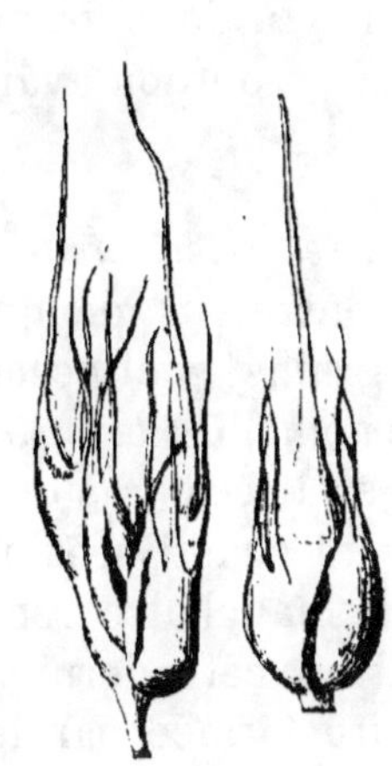

Fig. 411.
Épi de Blé atteint du charbon (Prillieux).

Fig. 412.
Épillet d'Orge atteint du charbon (Tulasne).

Le Blé est moins exposé à l'attaque de l'*Ustilago* que l'Orge et surtout l'Avoine. Néanmoins toutes ses variétés peuvent contracter le *charbon*, mais à des degrés divers. Les Blés barbus sont moins fréquemment atteints que les Blés non barbus et les Blés d'hiver moins que les Blés de mars.

Les spores d'*Ustilago* sont formées par condensation locale du contenu des cellules des filaments du thalle; il en résulte des chapelets de spores qui sont mises en liberté par destruction de la paroi de ces filaments.

Les spores en germant ne produisent pas immédiatement
un thalle; elles émettent d'abord un filament cloisonné transversalement appelé *promycèle* ou *promycelium*, duquel se détachent latéralement des *sporidies* qui, par germination, produiront le thalle du champignon.

Traitement. — La chaleur et l'humidité étant favorables à
la germination des spores, on fera bien d'employer à l'automne des semences précoces, de drainer les champs humides et d'éviter l'emploi de fumier frais dans les terres qui
doivent recevoir les Céréales. Une solution de sulfate de
cuivre, à 0,5 p. 100, est capable de détruire les spores du
charbon en quatorze heures; il y a donc grand avantage à
tremper les semences dans cette solution avant de les employer.

b. Charbon du maïs. — *Caractères extérieurs.* — Les grosses
tumeurs (fig. 413) que l'on rencontre sur quelques épis, à la
place d'un certain nombre de grains, sont occasionnées par
un Champignon connu sous le nom d'*Ustilago Maydis.* Ce sont
les fleurs femelles qui, envahies par ce parasite, se sont ainsi
hypertrophiées. Ces tumeurs sont constituées par une membrane d'enveloppe grisâtre ou blanchâtre renfermant une
pulpe marbrée de veines noirâtres; cette dernière fait place,
à la fin, à une poussière noire formée par les spores du
Champignon.

Spores. — Les spores sont hérissées de fines pointes; elles
germent comme celles des Céréales précédemment étudiées,
en produisant un promycèle cloisonné et muni de sporidies.
Ces dernières se multiplient ensuite par bourgeonnement.

Les dégâts occasionnés par le charbon du Maïs sont rarement importants, excepté cependant quand les années
sont humides.

c. Charbon du millet. — *Caractères extérieurs.* — A la place de
la panicule naît un corps pointu, de forme conique, jaune grisâtre, finement strié et recouvert d'une fine membrane. Ce
corps renferme des fragments de l'inflorescence ainsi que

des masses noirâtres formées par les spores soudées plus ou
moins ensemble.

Le charbon du Millet est une maladie fort grave dans les

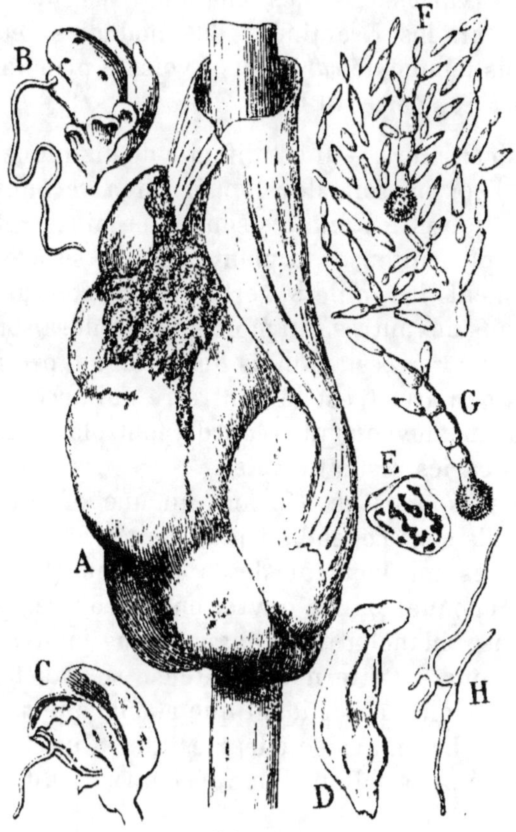

Fig. 413.

A, tumeur charbonneuse d'une tige de Maïs. — B, jeune ovaire malade entouré
de ses bractées tuméfiées. — C, le même vu en coupe longitudinale. — D, bractée
malade. — E, la même vue en coupe transversale (Tulasne). — F, germination
d'une spore dans un milieu nutritif produisant des sporidies en grand nombre. —
G, germination dans l'eau pure. — H, germination d'une sporidie (Brefeld).

régions où le Millet fait l'objet d'une culture importante à
cause de ses invasions régulières.

Spores. — Les spores de ce parasite sont irrégulières, de
forme globuleuse allongée; leur surface brune porte de très

petites saillies. Elles germent en produisant un promycèle où les sporidies sont remplacées par des tubes de germination.

2. TILLETIA (variés). — Les champignons de ce genre produisent sur les Graminées des maladies redoutables connues sous le nom de *caries*, dont voici la principale :

Tilletia caries ou carie du Blé.

Caractères extérieurs. — Il est difficile de distinguer la carie avant que l'épi ne soit développé. On a reconnu cependant que la tige et les feuilles sont plus minces et ont une teinte verte plus intense; la plante semble se dresser plus vigoureusement; les épillets, vert bleuâtre, sont un peu plus écartés les uns des autres. Au moment de la floraison l'ovaire commence déjà à grossir, tandis que celui qui est sain reste encore stationnaire. C'est le contraire qui arrive ensuite : les grains sains, devenus plus lourds, font ployer l'épi, alors que les épis cariés restent droits.

Les grains malades ne décèlent aucune désorganisation extérieure; ils sont cependant plus courts et plus arrondis que les autres au moment de la moisson (fig. 414). Si, avant cette époque, on les ouvre, on les voit remplis d'une masse pâteuse, blanchâtre, dégageant une mauvaise odeur de poisson pourri. Cette masse pâteuse se transformera en une poussière noire, assez identique à celle que renferme la Vesse-de-loup. La mauvaise odeur est due à un dégagement de triméthylamine résultant d'une décomposition des matières azotées du parasite.

Spores. — Les spores de *Tilletia caries* prennent naissance à l'extrémité de filaments ramifiés du mycélium. Leur mode de formation diffère donc de celui des *Ustilago*. Ces spores sont rattachées en grand nombre à des rameaux communs par de courts pédicelles qui se résorbent au moment de la maturation des spores.

On a distingué, dit Prillieux, deux espèces de *Tilletia* d'après leurs spores mûres, le *T. Tritici* ou *T. caries* et le *T. levis*. Les spores du premier sont globuleuses et munies à leur surface

d'épaississements réticulés; tandis que celles du second
sont globuleuses, elliptiques, très allongées, ovoïdes ou

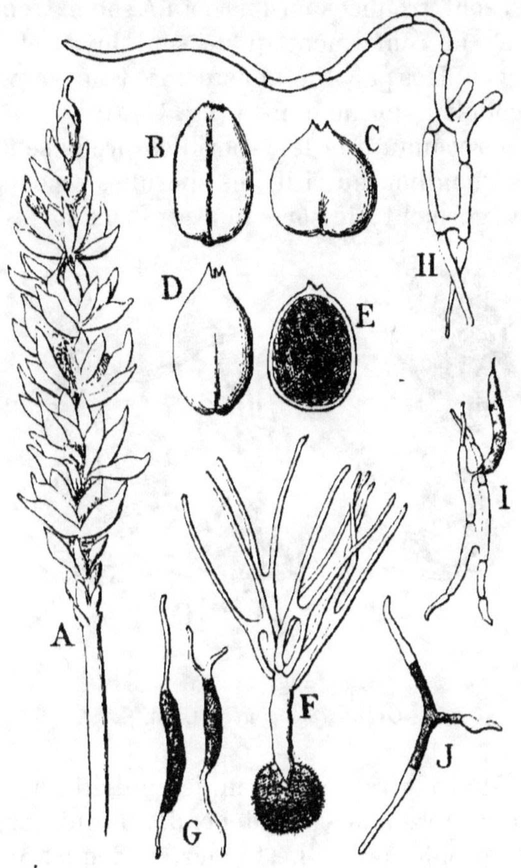

Fig. 414.

Tilletia caries.

A, épi de Blé carié. — B, grain de Blé sain. — C, D, grains cariés. — E. grain
carié coupé longitudinalement (Prillieux). — F, spore de *Tilletia* germant et produisant un promycèle terminé par un faisceau de sporidies (Tulasne). — G, sporidie
secondaire germant. — H, couple de sporidies germant en produisant un filament
cloisonné. — I, couple de sporidies germant en produisant une sporidie secondaire.
— J, sporidie isolée produisant une petite sporidie secondaire (Brefeld).

obtuses et à surface lisse. L'odeur fétide est la même dans
les deux cas. Ces deux *Tilletia* ont été souvent confondus,
malgré le caractère superficiel de leurs spores.

Les spores germent (fig. 414, F) en donnant un promycèle irrégulièrement cloisonné, dont les sporidies, allongées et très grêles, sont groupées en faisceau à son extrémité libre. Ces sporidies ne renferment qu'un seul noyau et elles sont souvent accouplées par une anastomose transverse donnant à chaque couple la forme d'un II (fig. 414, I).

Brefeld a reconnu que les sporidies produisent, en germant dans un milieu nutritif, des sporidies secondaires qui, à leur tour, germent; de sorte que ces deux sortes de spori-

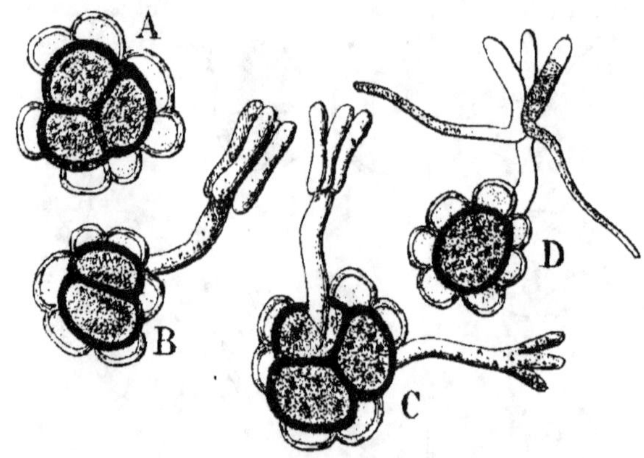

Fig. 415.
Urocystis occulta (Wolff).

dies peuvent produire, dans un milieu nutritif, un mycélium capable de vivre d'une vie indépendante qui constitue un véritable saprophytisme. Le fumier sur lequel on jette des épis cariés peut tenir lieu de milieu nutritif, et propager la carie dans les champs de Céréales où on l'aura enfoui.

Le traitement de la carie comporte les mêmes précautions que celui du charbon.

3. Urocystis (variés). — Les *Urocystis* se rapprochent des *Tilletia* par le mode de germination des spores, mais ils en diffèrent par l'agglomération de ces spores qui forment des groupes dans lesquels les spores centrales sont seules fertiles (fig. 415). Ces dernières sont plus volumineuses que les

stériles et ont la membrane d'enveloppe plus épaisse.

Deux espèces méritent de fixer l'attention : l'*Urocystis occulta* qui s'attaque surtout au Seigle et l'*Urocystis Cepulæ* qui occasionne chez l'Oignon une maladie que nous examinerons plus loin.

Urocystis occulta (Charbon des tiges du Seigle).

Caractères extérieurs. — Les tiges du Seigle, surtout à leur entre-nœud supérieur, se fendent sur le côté, en laissant échapper une poussière noire formée par les spores du parasite. L'épi lui-même peut être envahi ou rester indemne et sécher, alors que les parties végétatives sont profondément altérées, déformées et contournées.

Caractères internes. — Le champignon se développe dans le tissu cellulaire, entre les faisceaux libéro-ligneux, sous forme de lignes blanchâtres et inégales au début, noires à la fin.

Les groupes de spores, constituant la poussière noire, comprennent chacun 2-4 spores fertiles et grosses, entourées d'autres plus petites et stériles.

Les spores en germant donnent un promycèle terminé par un faisceau de sporidies allongées (fig. 415, B, C, D) à la façon de celles des *Tilletia*. Ces sporidies peuvent entrer en germination immédiate et infester une plante voisine.

La maladie porte le nom de *charbon des tiges du Seigle.*

Les parasites précédents, étant *monophytes*, subissent les diverses phases de leur développement sur le même hôte. Les maladies qu'ils engendrent en sont d'autant plus redoutables.

4. Puccinia (variés). — Les parasites de ce groupe sont au contraire *dioïques* ou *diphytes* (p. 498). Les phases successives du développement du *P. graminis*, qui produit la *rouille des Céréales,* sont les suivantes :

1° *Sur le Blé.* — Au commencement de l'été (juin-juillet), une spore, venue de l'Épine-Vinette (second hôte nécessaire), produit, par germination à travers un stomate, un thalle intercellulaire et même intracellulaire par places qui se répand dans toute la tige feuillée.

Ce thalle produit deux sortes d'organes reproducteurs : 1°

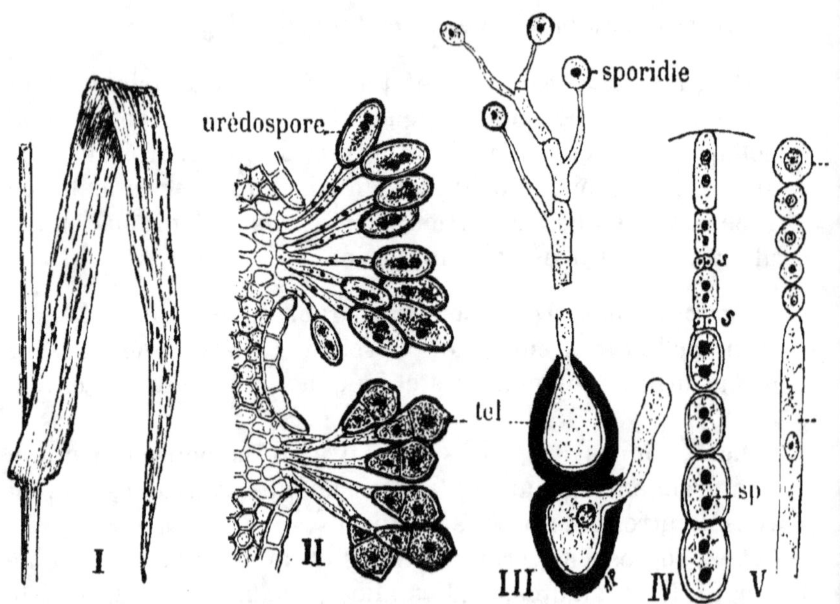

Fig. 416.

I, feuille de Blé avec taches de rouille sur ses deux faces. — II, coupe de la même montrant les téleutospores *tel* et les urédospores. — III, germination d'une téleutospore. — IV, grossissement d'un filament d'*écidie*. — *s, s*, cellules stériles. — *s. p*, spores à deux noyaux, en haut, le fond de l'écidie. — V, grossissement d'un filament d'écidiole avec spores qui s'en détachent au sommet.

les *urédospores* ou spores d'été, et 2° les *téleutospores* ou spores d'hiver (fig. 416).

Les *urédospores* sont formées par l'extrémité renflée de filaments périphériques du thalle, disposés en plages longitudinales sous l'épiderme foliaire. A l'origine, la partie filamenteuse renflée renferme deux noyaux qui se divisent chacun en deux autres, puis une cloison se forme et constitue deux cellules superposées également binucléées. L'inférieure produit un *pédicule* en s'allongeant, et l'autre, une *spore* ou *conidie* d'un rouge orange. Ce sont ces spores ou *urédospores* qui, après avoir déchiré l'épiderme, constituent les files pulvérulentes de la *rouille orange*. Transportées par le vent, elles peuvent propager la maladie sur le Blé.

Une rouille *noire* apparaît ensuite, vers la fin de l'été, sur les feuilles du Blé. Elle est constituée par des spores piriformes, pédicellées et divisées, par une cloison transversale, en deux cellules superposées et binucléées. Les noyaux conjugués de chaque couple, appartenant à deux lignées différentes, se fusionnent ensuite en un seul très gros, en même temps que la membrane de la spore s'épaissit et se cutinise. « Cette fusion qui rappelle la fusion des deux noyaux originels de l'albumen, apparaît comme une rénovation de la cellule correspondante, de nature à accroître sa provision d'énergie et à la rendre apte à parcourir les développements (multiplication répétée de noyaux, cloisonnements) qu'elle est appelée à effectuer dès le début de la germination, en vue de constituer les spores proprement dites, germes de thalles nouveaux (Belzung). »

Ces spores d'automne sont appelées *téleutospores* ou *probasides*. Elles sont pourvues d'une double membrane : l'interne ou endospore est mince, l'externe ou exospore est très épaisse, brune et cutinisée. Cette dernière est creusée de deux spores ; celui de la cellule supérieure est apical ; celui de l'inférieure est latéral et situé au-dessous de la cloison séparatrice.

Les *téleutospores* germent sur le sol, au printemps suivant, en émettant par chaque pore un filament limité par l'endospore. Ce filament a reçu le nom de *baside*, d'où celui de *probaside* donné à la téleutospore. Le noyau qu'il renferme se divise en quatre autres qui se séparent les uns des autres par une cloison ; il en résulte donc une baside quadricellulaire, dont chaque cellule donne, par germination latérale, une sporidie.

2° *Sur l'Épine-Vinette* (fig. 417). — On admet généralement que les sporidies ne peuvent germer que sur l'Épine-Vinette.

En raison de leur grande ténuité, le vent les transporte
très facilement. Celles qui tombent sur l'Épine-Vinette germent aussitôt en donnant un tube qui pénètre entre les

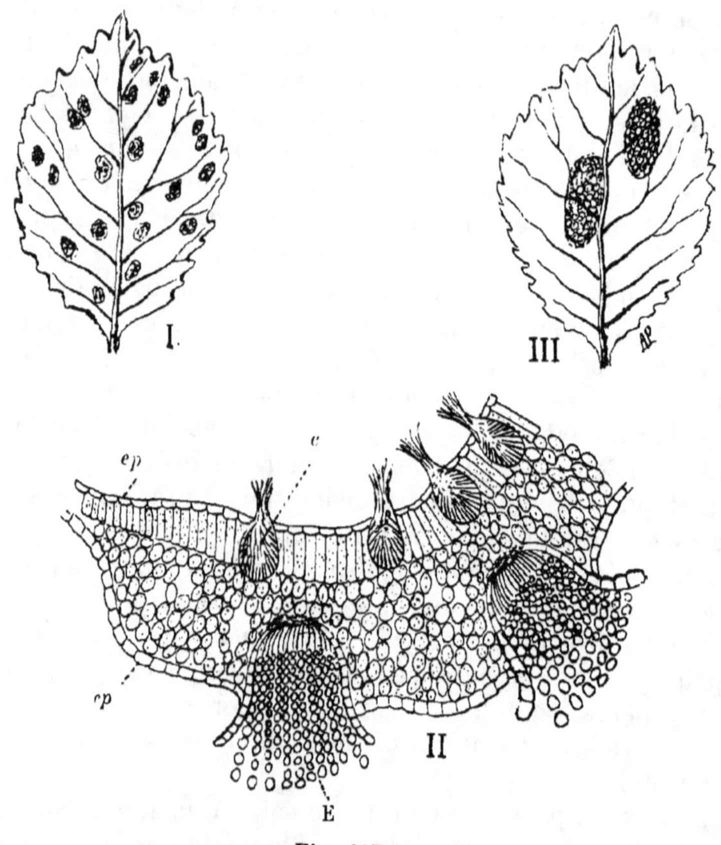

Fig. 417.

I, face supérieure d'une feuille d'Épine-vinette avec de nombreux amas d'*écidioles*.
— II, coupe de la même feuille. — *e*, écidioles. — E, écidie. — III, face inférieure
de la même feuille avec deux amas d'*écidies*. — *ep, ep*, épidermes.

cellules du parenchyme, se ramifie et se cloisonne pour
constituer le thalle. Au bout de quelques jours le thalle
produit deux sortes de fructifications, les unes sur la face
supérieure (*écidioles*), les autres sur la face inférieure de la
feuille (*écides* ou *æcidium*).

Les *écidioles* ont la forme de petites bouteilles dont le col

est garni de paraphyses ou poils stériles. Les filaments de
ces fructifications produisent des conidies uninucléées ou
écidiolispores, capables de propager la maladie sur l'Épine-
Vinette.

Les *écides* affectent la forme de coupes ; les spores qu'elles
renferment (*écidiospores*) sont plus grosses que les précédentes,
binuclées, rouges et disposées en chapelets. Elles ne se développent que si elles tombent sur le Blé. Alors recommencent
les phases que l'on vient d'examiner.

Sous la forme d'*urédospores*, le parasite constituait la
maladie désignée autrefois sous le nom d'*Uredo ;* tandis que
sous sa forme d'*écidiospores*, il représentait une maladie,
propre à une autre plante hospitalière, que l'on appelait *Æcidium*.

Les diverses phases évolutives du *Puccinia Graminis* peuvent
être résumées de la manière suivante :

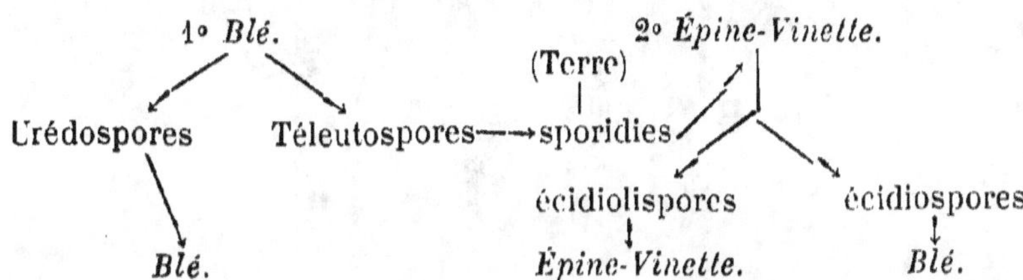

Avant les recherches d'Ericksonn on distinguait ordinairement, sur les Céréales, trois espèces de *rouille* se rap-
portant au genre *Puccinia*, qui, pour accomplir le cycle complet de leurs formes, passent des Céréales sur d'autres
plantes nourricières.

Ce sont : 1° la *Rouille linéaire* (*Uredo linearis*) ;

2° la *Rouille tachetée* (*Puccinia rubigo-vera*);

3° la *Rouille de l'Avoine* (*Puccinia coronata*).

La première (*Uredo linearis*), dont la forme à téleutospores
est le *Puccinia graminis*, vient d'être examinée.

La seconde (*Puccinia rubigo-vera*) est très commune sur le
Froment, bien qu'elle attaque l'Orge et le Seigle. Elle forme
de petites pustules ovales et non linéaires, sur les tiges et

les feuilles des Céréales et apparaît dès le commencement du printemps.

Les spores sont ordinairement globuleuses et non ovales ou oblongues.

Les téleutospores se forment en petites touffes sous l'épi-

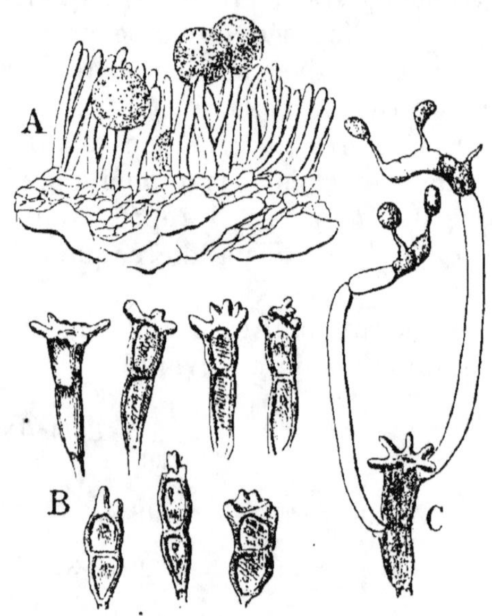

Fig. 418.

Puccinia coronata.

A, forme *Uredo*. — B, forme *Puccinia*. — C, téleutospore germant (Plowright).

derme qui ne se fend pas pour les mettre en liberté ; elles sont aplaties et ont un pédicelle très court ; elles sont en outre accompagnées de paraphyses qui n'existent pas dans le *P. graminis*.

Le *P. rubigo-vera* produit ses écidioles et ses écides sur les plantes de la famille des Borraginées (Buglosse, Vipérine, etc.).

La troisième (*Puccinia coronata*) est propre à l'Avoine et n'a pas la gravité des deux précédentes (fig. 418).

Les téleutospores portent à leur sommet des petites dents

disposées en couronne, caractère qui a valu au parasite le qualificatif *coronata*.

Le champignon produit ses écides sur les feuilles de plantes appartenant à la famille des Rhamnées (Bourdaine, Nerprun, etc.).

D'après les récentes recherches d'Ericksonn, il n'y aurait pas seulement trois espèces de rouille, mais *douze* espèces principales ; chacune étant absolument spéciale à une Céréale déterminée et ne pouvant être inoculée qu'à cette Céréale.

D'après le même savant, l'Épine-Vinette ne peut servir de passage de ces différentes formes d'une Céréale à une autre.

Le phénomène serait donc beaucoup plus compliqué qu'on ne l'a supposé. En tout cas cette question nécessite encore de nouvelles expériences en présence des contradictions qu'elle a soulevées.

On ne connaît pas de remède efficace pour le traitement des rouilles. Il est de même impossible de se mettre à l'abri de leur irruption malgré un choix judicieux des variétés de Céréales employées et aussi la meilleure culture ; parce qu'à côté de ces plantes cultivées il existe un nombre considérable de Graminées sauvages atteintes de l'une des formes de *Puccinia*.

On conseille cependant comme traitement *préventif* contre les maladies parasitaires et les maladies cryptogamiques des Céréales, d'additionner de *sulfate de fer* les fumiers, terreaux et autres engrais utilisés.

Comme traitement *curatif* de la rouille, répandre à la volée, sur la Céréale attaquée, 200 kilogrammes de chaux en poudre par hectare, dès l'apparition de la maladie.

5. Ophiobolus graminis (Maladie du pied de Blé ou *piétin*).

Caractères extérieurs. — Entre-nœuds inférieurs des chaumes présentant des plaques brunes, plus ou moins grandes, sous les gaines foliaires qui les recouvrent (fig. 419). Points

noirs très petits dans les espaces laissés par les plaques
brunes. Le chaume se dessèche prématurément par suite
de la mort de son entre-nœud inférieur.

Caractères internes. — Cellules épidermiques et du parenchyme cortical brunes
en face des taches externes. Faisceaux
libéro-ligneux, surtout liber, altérés et
brun foncé, par la présence du mycélium.

Mycélium ramifié et cloisonné, incolore
à l'intérieur de la tige, brun à l'extérieur;
produisant, pendant l'hiver suivant, des
périthèces noirs, après un séjour plus ou
moins long de pieds malades dans du sable
humide.

Asques claviformes renfermant chacun
8 spores allongées, arquées, bacillaires et
quadricellulaires.

Traitement. — Arracher et brûler les
éteules dans le champ après moisson.
Répandre à la volée, 100 kilogr. de chaux en poudre par
hectare, dès l'apparition de la maladie.

Fig. 419.
Chaume de Blé
attaqué à sa
base par *Ophio-
bolus graminis*
(Prillieux).

6. CLAVICEPS PURPUREA (Ergot).

Caractères extérieurs. — Corps noir violacé, allongé et
faiblement arqué, se produisant dans l'épi des Céréales,
surtout du Seigle, à la place des grains (fig. 420).

Description sommaire du parasite. — Le thalle se développe
dans l'ovaire de la plante hospitalière et recouvre de bonne
heure le pistil d'un pseudoparenchyme blanchâtre. Les filaments, pénétrant dans l'ovaire, ne tardent pas à se substituer
à cet organe. Sous cet état, le parasite porte le nom de *sphacélie.*

Cette dernière porte ordinairement à son sommet la partie
supérieure de l'ovaire et les styles. A la surface de la sphacélie les filaments du thalle dirigent leurs extrémités radia-

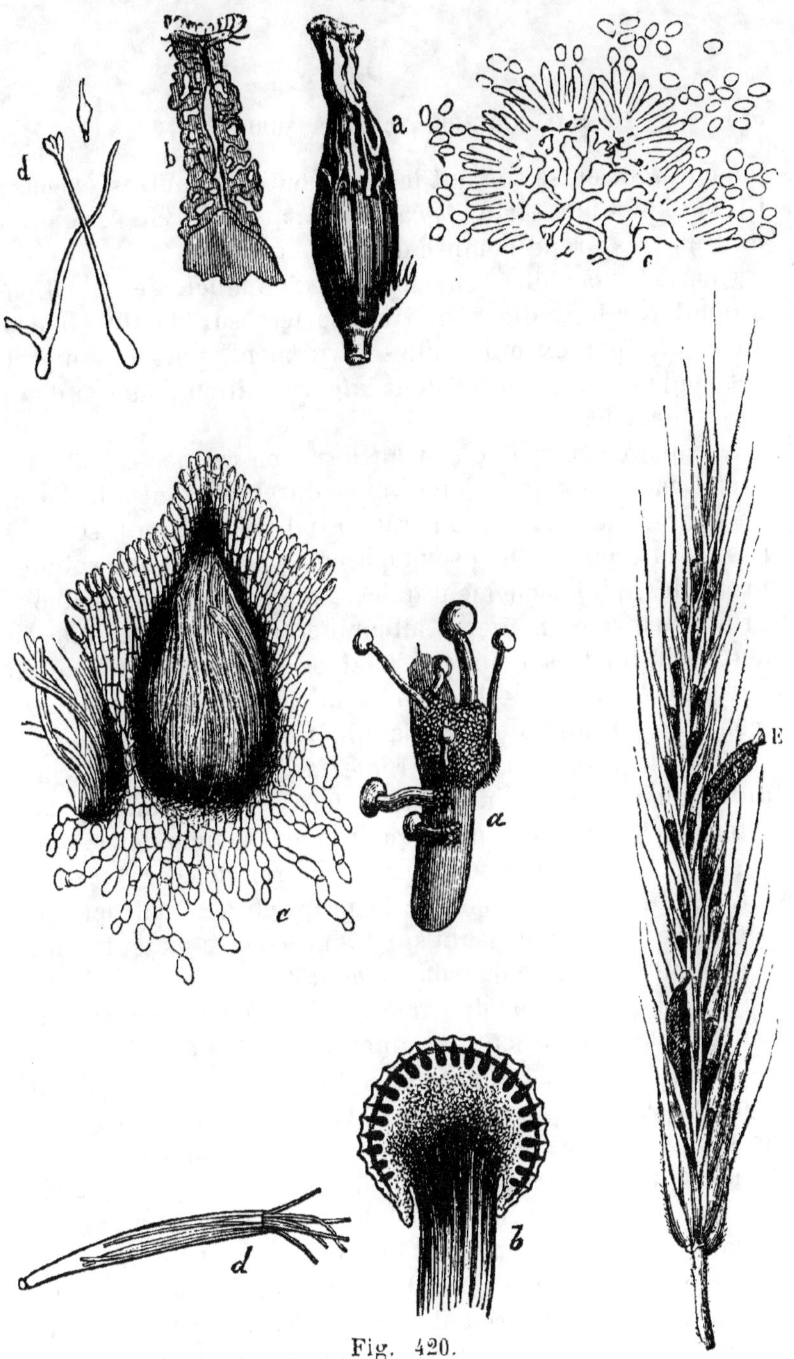

Fig. 420.

Claviceps purpurea.

a, *b* (en haut), sommet de l'ovaire attaqué. — *c*, coupe transversale d'une portion occupée par la sphacélie. — *d*, conidies germant. — *a*, développement du *Claviceps* sur l'Ergot (plus bas) ; *b*, tête du *Claviceps*, coupe longitudinale. — *c*, coupe longitudinale d'un périthèce. — *d*, ascospores sortant de l'asque. — E, ergot.

lement, tout en se serrant les uns contre les autres, et constituent ainsi une sorte d'*hymène* qui, au début de l'été, produit un très grand nombre de *conidies*.

Quand les conidies, enveloppées d'un mucilage ou *miellat* produit par le thalle, sont transportées sur d'autres pieds de Seigle, par exemple, elles y germent, puis produisent des conidies secondaires dont la germination donnera d'autres sphacélies.

Lorsqu'une sphacélie se transforme en *sclérote* (ergot), elle prend une teinte noir violacé et se durcit surtout à la base. Le sclérote adulte, devenu très grand (2-3 centim.), se compose d'une masse de pseudoparenchyme dont les cellules profondes, plus lâchement unies, renferment une substance granuleuse avec matières albuminoïdes, leucites et une ou deux gouttelettes d'huile. L'analyse chimique y révèle en outre du *tréhalose*, de l'*ergotinine* (alcaloïde), de l'*ergostérine* (composé ternaire) et des sels minéraux.

C'est par l'*ergotinine* qu'il renferme que l'ergot peut produire, ou plutôt produisait autrefois, ces épidémies redoutables d'*ergotisme* qui provoquait, chez l'homme et les animaux, la gangrène ou sphacèle des extrémités.

L'ergotinine jouit aussi de la propriété de contracter les petites artères en agissant sur les nerfs vaso-moteurs : d'où son emploi en médecine comme *hémostatique*.

Un ergot, placé sur du sable humide, à une température convenable, entre en germination au bout de quelques semaines environ. Le pseudoparenchyme sous-jacent à la couche noire périphérique produit, par multiplication locale de ses cellules, des saillies qui, en se développant insensiblement, parviennent à rompre la couche périphérique et à prendre, au dehors, la forme de petits champignons purpurins et pourvus d'un pied violacé.

Ces petits organes nouveaux sont les réceptacles fertiles du parasite ; ils renferment à la périphérie de leur tête une quantité de *périthèces* en forme de bouteilles dont les asques sont allongés et pourvus chacun de 8 ascospores filiformes. Ce sont ces ascospores qui propagent la maladie.

Pour se mettre à l'abri de *l'ergotisme*, il faut enlever les épis ergotés que l'on vendra au pharmacien, enfouir dans le sol, par un coup de charrue, les ergots tombés de l'épi pendant la moisson et laisser inculte, pendant quelques années, le champ dans lequel le parasite s'est montré.

On ne connaît encore aucun moyen d'arrêter le développement du *Claviceps*.

7. ERYSIPHE GRAMINIS (Meunier blanc).

Caractères extérieurs. — Les gaines et les feuilles des Céréales portent des taches isolées ou des plages plus ou moins grandes, blanches au début, gris roussâtre à la fin, constituées par un revêtement d'aspect floconneux.

Description sommaire du parasite. — Mycélium sus-épidermique muni de suçoirs en forme d'ampoules, enfoncés dans les cellules superficielles de la plante hospitalière.

Conidiophores dressés perpendiculairement à l'épiderme, renflés à leur base, simples et pourvus chacun de 6-8 conidies.

« Quand il fructifie en produisant des files de conidies, l'*Erysiphe graminis* a été décrit sous le nom d'*Oïdium monilioides*. C'est sous cette forme qu'on le trouve sur les feuilles vivantes du Froment (Prillieux). »

Les périthèces se développent plus tard, vers la fin de la végétation de l'hôte ; ils sont subsphériques, immergés dans la masse des filaments enchevêtrés du thalle. Ces fructifications tombent sur le sol à l'automne, où les ascospores, lisses, incolores, achèvent de se former ; elles germent dans l'air humide.

L'*Erysiphe graminis*, commun sur certaines Graminées (Chiendent, Dactyle, Ray-grass, etc.), peut envahir les Céréales (Froment, Orge, Seigle) en même temps que d'autres parasites (rouille, anguillule de la Nielle, *septoria Tritici*, etc.) et se confondre avec ces derniers.

Traitement. — En cas d'invasion grave, heureusement

rare, du *Meunier blanc*, on aura recours au soufrage des Céréales.

B. **Parasites animaux.**

1. *Alucite des Céréales* (Sitotroga cerealella).

Papillon d'environ 10 millimètres de longueur, corps et ailes supérieures jaune clair un peu grisâtre ; ailes inférieures grises. Les quatre ailes sont frangées et pointues à l'extrémité. Trompe un peu enroulée, bien visible ; palpes grands et relevés.

La femelle pond ses œufs sur les épis, un seul par grain, vers la pointe, entre les balles enveloppantes. Dans les greniers, elle dépose ses œufs dans le sillon du grain.

OEufs petits, blancs puis rouges.

Chenille capillaire, d'un millimètre environ de longueur, rouge vif au début, blanche ensuite avec une tête brune et 16 pattes. Perce le grain d'un trou dans lequel elle pénètre, se dirige vers l'embryon et s'en nourrit.

Grains envahis cèdent, partiellement ou totalement, sous la pression des doigts ; grains sains sont durs partout.

Lutte. — Les différents moyens proposés sont incommodes, ou inefficaces, ou dispendieux. Le plus simple et le moins onéreux réside dans le choc mécanique, proposé par Doyère. Il a pour effet de tuer les insectes logés dans les grains, à l'aide d'une machine appelée *tue-teignes*. Cette machine, que nous ne décrirons pas ici, tient du tarare et de la machine à battre.

2. *Teigne des grains* (Tinea granella).

Papillon long de 6-7 millimètres, d'une couleur cendré argenté ; tête couverte de longs poils jaunâtres ; corselet noir en avant, pourvu de taches brunes, irrégulières, ainsi que les ailes supérieures ; ailes inférieures brunes, pieds annelés de brun.

Chenille polyphage, blanc sale, tête fauve marron, prothorax portant en-dessus une tache fauve clair, longue de 8-9 millimètres ; vivant dans un étui à paroi soyeuse, reliée à des grains de Blé par des fils de soie.

La chenille perce les grains de Blé ramassés au grenier et se nourrit de leur contenu ; ses ravages peuvent devenir importants si, quand apparaissent les premiers papillons, on n'y porte remède, malgré le rôle important de trois insectes utiles, grands destructeurs de la *Teigne des grains*. Ces insectes sont deux Hyménoptères appartenant aux genres *Hemiteles* et *Campoplex*, et un Acarien connu sous le nom de *Sphærogyna ventricosa*.

Aussitôt que la Teigne sera reconnue dans un tas de Blé, on fera bien de vendre ce dernier le plus tôt possible. Si la vente est difficile, on aura recours à deux ou trois pelletages énergiques, consistant à lancer le grain par pelletées contre un mur pour tuer la chenille de la Teigne.

3. *Cephus pygmeus* (Cephe pygmée).

Insecte du groupe des Hyménoptères (vulgairement mouches à quatre ailes), d'une longueur de 9 millimètres environ ; corps allongé, noir luisant, muni de taches jaune citron à l'insertion des ailes, sur la partie postérieure du thorax et sur les quatre derniers segments abdominaux. Pieds jaunes rembrunis aux genoux et aux tarses.

La femelle pond un seul œuf dans chaque chaume de Seigle, au nœud le plus élevé. Dix jours après, la larve éclôt et dévore la moelle du tube dans lequel elle s'enfonce, traverse les nœuds et vient se loger la tête en bas, au pied de chaque chaume ; elle est un peu au-dessus du collet au moment de la moisson, où elle se tisse un cocon pour passer l'hiver et se transformer en chrysalide.

Le travail de la larve provoque l'avortement des grains de Seigle ; les épis deviennent blancs, rigides et sont plus élevés que les autres.

Lutte. — Déchaumer, mettre les chaumes en tas et les brûler.

L'écobuage, pratiqué en hiver, détruit aussi la plus grande partie des parasites enfermés dans leur cocon.

4. *Calandra granaria* (Charançon).

Le *Charançon* est un très petit Coléoptère (2-3 millimètres de long) dont le corps est brun noir, le corselet creusé de petites cavités, les élytres striés et l'abdomen volumineux. La bouche est armée d'une trompe pointue et effilée, et les antennes sont insérées à la base de la trompe.

La femelle pond un œuf dans la rainure de chaque grain, qui éclôt au bout de 3-8 jours et produit une larve. Cette dernière se creuse un trou dans le grain dont elle dévore toute la farine.

L'insecte parfait est aussi nuisible que la larve en rongeant les grains à l'extérieur.

La génération d'une seule femelle, d'avril en septembre, peut détruire plus de 6 000 grains de Blé.

Lutte. — Il est difficile de combattre la larve qui, on vient de le voir, est logée à l'intérieur des grains.

En ce qui concerne l'insecte parfait, nous signalerons les deux moyens de destruction suivants comme capables de donner de bons résultats.

1° Imprégner la surface de quelques planches de *goudron de bois* ou de *houille* et placer ces planches dans le grenier à Blé, non loin des tas. Quelques heures après on voit les charançons s'enfuir dans toutes les directions, incommodés sans doute par l'odeur du goudron.

2° Placer à côté du tas de Blé envahi par l'insecte, un autre petit tas de Blé humecté légèrement, auquel on ne touche pas, tandis que l'on soumet l'autre tas à quelques pelletages fréquents. Les charançons, troublés par ce travail, se réfugient dans le petit tas où on les détruit à l'aide d'eau bouillante.

5. *Maladie vermiculaire du Blé* (Anguillula Tritici).

Caractères externes et internes. — Les feuilles s'épaississent et les grains, avortés et raccourcis, présentent à leur sommet deux ou trois petites pointes irrégulières.

Les grains atteints sont remplis d'une substance blanc

grisâtre et pulvérulente. Cette substance, examinée au microscope, se montre formée d'un nombre prodigieux d'anguillules (8 à 10 000 par grain) à l'état de vie latente. On sait que ces animaux, déshydratés par la dessiccation, ont le pouvoir de revenir à la vie au contact de l'eau.

Les anguillules reviennent à la vie dans le sol, quand le grain, une fois semé, commence à s'imprégner d'humidité. Venant ensuite se loger dans les gaines foliaires, ces anguillules percent la cuticule épidermique à l'aide de leur aiguillon buccal, déterminent une irritation des cellules superficielles de la feuille et par suite l'épaississement de cette dernière. D'autres larves, logées dans l'épi naissant, provoquent à leur tour une hypertrophie locale du parenchyme, en forme d'excroissance arrondie, qui constitue le *grain niellé*. Ces larves meurent après en avoir engendré une multitude d'autres qui se dessèchent ensuite dans le grain où elles constituent une bonne partie de la matière pulvérulente dont nous avons parlé plus haut.

Lutte. — Éviter d'employer comme semence les grains niellés ou, tout au moins, détruire les anguillules avant de semer. Pour cela, on conseille de laisser séjourner le Blé pendant vingt-quatre heures dans une solution formée de 1 partie d'acide sulfurique et de 150 d'eau. Malgré cette précaution, nombre de grains attaqués ont perdu leur faculté germinative, ce qui nécessite une augmentation de la quantité de semence à employer.

Il sera prudent aussi de détruire par le feu les criblures provenant de localités infestées, plutôt que de les jeter sur le fumier.

Enfin comme les anguillules ne peuvent vivre que sur le Blé, on arrivera plus rapidement à la destruction par des rotations de cultures différentes.

6. *Maladie vermiculaire des Seigles* (Tytenchus devastatrix). Cette anguillule a été signalée par L. Mangin, comme causant de sérieux dommages dans les Seigles de la Sarthe.

Le pied de cette Céréale développe très peu de racine et

devient très gros (Seigle *oignonné*) ; la plante ne s'accroît pas et ne fructifie pas.

Le savant professeur a découvert une quantité innombrable d'anguillules, appartenant à l'espèce *Tytenchus devastatrix*, dans les tissus hypertrophiés et plus ou moins altérés des tiges de Seigle.

Il conseille de circonscrire les régions malades, en empiétant sur les régions saines d'environ un mètre, par un fossé un peu plus profond que la profondeur la plus grande à laquelle pénètrent les racines du Seigle ; la terre du fossé sera rejetée vers le centre. Brûler ensuite tous les pieds arrachés et amoncelés compris dans l'enceinte. Laisser le sol inculte jusqu'à l'automne suivant, et y planter des Pommes de terre, des Légumineuses, c'est-à-dire des végétaux inhospitaliers pour l'anguillule.

2° **Liliacées**. Ail. — *Pleospora herbarum* (Maladie de l'Ail).

Caractères extérieurs. — Bulbes atteints de pourriture.

Description sommaire du parasite. — Le *Pleospora herbarum* est un champignon ascomycète capable de se reproduire par *conidies* et par *ascospores*.

Son mycélium cloisonné pénètre à l'intérieur des caïeux de l'Ail ; il s'y répand progressivement et provoque l'altération du parenchyme. Les conidies, assez abondantes, forment de petites masses cloisonnées et affectent la forme de cônes minuscules ; leurs conidiophores portent ordinairement des renflements à leur sommet et en d'autres points (fig. 421).

Sous sa forme conidienne le parasite constitue un *Macrosporium*, et c'est sous cette forme qu'il envahit l'Ail, ainsi que l'ont constaté Prillieux et Delacroix sur des Aulx venant du Gers.

En abandonnant aux intempéries atmosphériques des Aulx attaqués par un *Macrosporium*, on peut constater sur le mycélium la formation de périthèces de *Pleospora herbarum*. Ces périthèces sont noirs et plus ou moins globuleux : leurs asques, de formes variables, renferment ordinairement huit ascospores, jaunâtres ou brunes, muriformes, c'est-à-dire divisées par des cloisons transversales et longitudinales.

Lutte. — Nous avons reconnu que les ascospores sont capables de passer l'hiver en terre et de germer au printemps suivant. La maladie peut donc réapparaître sur l'Ail dans le même potager, lors même que les planches d'Ail n'occupent pas le même emplacement. On devra donc s'abstenir de cultiver cette plante, pendant deux ou trois ans, dans le potager où elle a contracté la maladie.

OIGNON. 1. *Peronospora Schleideni* (Mildiou de l'Oignon).

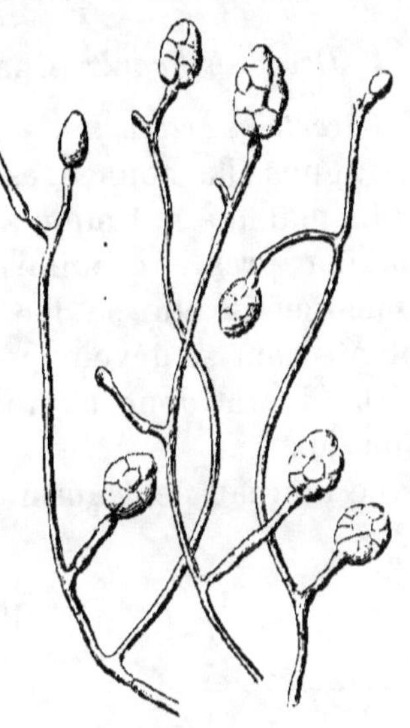

Fig. 421.

Macrosporium sarcinula (Prillieux).

Caractères extérieurs. — Feuilles couvertes de taches jaunâtres, quelquefois noirâtres, plus ou moins desséchées ; tiges languissantes et jaunes. Plante parfois entièrement recouverte d'un duvet velouté grisâtre.

Description sommaire du parasite. — Mycélium à filaments non cloisonnés, répandu à l'intérieur de l'hôte ; produisant à travers les stomates un ou plusieurs conidiophores dont les ramifications sont terminées par des conidies piriformes, très grandes (42-50 µ).

Œufs globuleux se formant sur les taches des feuilles, à la place des conidiophores.

Le parasite est quelquefois accompagné du *Macrosporium* signalé chez l'Ail, dont l'action destructive s'ajoute à la sienne.

Traitement. — Essayer la *bouillie bordelaise*, telle qu'on l'emploie pour la Vigne, dès le début du développement de l'Oignon, et renouveler une ou deux fois l'opération.

2. *Urocystis Cepulæ* (Charbon de l'Oignon).

Caractères extérieurs. — Feuilles, gaines et bulbes sillonnés de lignes charbonneuses noirâtres et longitudinales.

La maladie s'attaque surtout aux jeunes plantes de semis dès leur première feuille et se propage ensuite sur les autres. Quelquefois elle se localise sur la première feuille et la plante peut se développer normalement.

On devra donc éliminer du repiquage tous les plants douteux.

Le Poireau peut aussi être attaqué par l'*Urocystis*.

DYCOTYLÉDONES

α. **Apétales.**

1° CHANVRE (*Cuscute et Orobanche*). — a. *Cuscute*. — Les Cuscutes ont les tiges filiformes, jaune verdâtre ou rougeâtres ; elles sont dépourvues de feuilles, leur fruit est capsulaire, parfois charnu ; leurs graines sont dépourvues de cotylédons et leur embryon est enroulé en spirale dans l'albumen.

Ces plantes se nourrissent en parasites au moyen de suçoirs.

Certaines plantes agricoles (Trèfle, Luzerne, Chanvre, Houblon, etc.) sont attaquées par diverses espèces ou variétés de Cuscutes. Ainsi le *C. europæa* vit en parasite sur le Chanvre, le *C. viciæ* sur la Vesce, les *C. epithymum, Trifolii, arvensis* sur le Trèfle et d'autres Papilionacées, le *C. epilinum* sur le Lin, etc.

Par son mouvement révolutif, la tige de Cuscute se met en contact avec la plante hospitalière, autour de laquelle elle s'enroule et dans laquelle elle enfonce ses suçoirs (fig. 422). Ces derniers, émergences du péricycle de la tige, soulèvent l'épiderme et pénètrent dans la plante hospita-rᵒ. Leur extrémité a un aspect thalliforme ou, en d'autres termes, elle s'épanouit en émettant des prolongements filamenteux. Ainsi installée chez son hôte, la Cuscute perd ordinairement la base de sa tige qui la mettait en rapport avec le sol, et vit désormais complètement en parasite. Elle ne tarde pas à épuiser et à faire périr la plante nourricière, qu'elle abandonne alors pour faire de nouvelles victimes. Ainsi se forment dans les champs de Trèfle, de Luzerne, etc., ces larges surfaces dénudées où l'on ne rencontre plus qu'un lacis inextricable de tiges de Cuscute portant leurs glomérules floraux. Ces derniers renferment de nombreuses graines ordinairement très petites, dont la dispersion contribue pour la plus large part à l'envahissement et à la multiplication du parasite.

Traitement. — Faucher parfaitement la surface envahie par la Cuscute avant la fructification de cette dernière, c'est-à-dire dans le courant de juin. Ramasser le produit de la coupe dans un sac, l'emporter et le brûler quand il sera suffisamment sec. Étendre ensuite

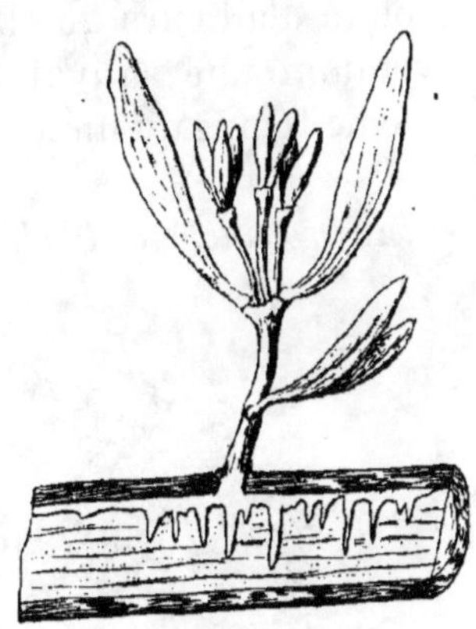

Fig. 422.

Coupe longitudinale d'un rameau de Sapin montrant les suçoirs intra-ligneux d'une racine sous-corticale de Gui (H. Schacht).

sur la surface fauchée un lit de 10 à 15 centimètres de balle de Blé ou de paille et y mettre le feu, en ayant soin de mouiller légèrement la matière combustible. Les pieds superficiels de Cuscute sont ainsi brûlés facilement et ceux de la plante hospitalière sont intacts.

Au lieu d'employer ce moyen, on pourrait avoir recours au suivant : arroser la surface fauchée à l'aide d'une dissolution formée de 4 kilogrammes de sulfate de fer dans 100 litres d'eau. Mais il y a lieu de faire remarquer que ce procédé est capable de tuer les bonnes plantes. Le premier est donc préférable.

Comme mesure préventive on ne saurait trop recommander de n'employer que des graines pures (p. 37) et d'exiger du vendeur toutes les garanties désirables.

Les fourrages cuscutés ne doivent pas être donnés en nourriture aux animaux domestiques, car les graines de Cuscute que ces animaux rejettent avec leurs excréments, ont encore conservé toute leur faculté germinative. Il est connu d'ailleurs que la Cuscute peut nuire au bétail en provoquant une salivation abondante et de l'inappétence en même temps qu'un arrêt de la rumination.

b. *Orobanche et Phelipœa.* — Les représentants de ces deux genres, de la famille des Orobanchées, sont parasites, herbacés, sans chlorophylle. Les feuilles ordinaires font défaut et sont remplacées par des écailles. La base renflée de leur tige sert de suçoir.

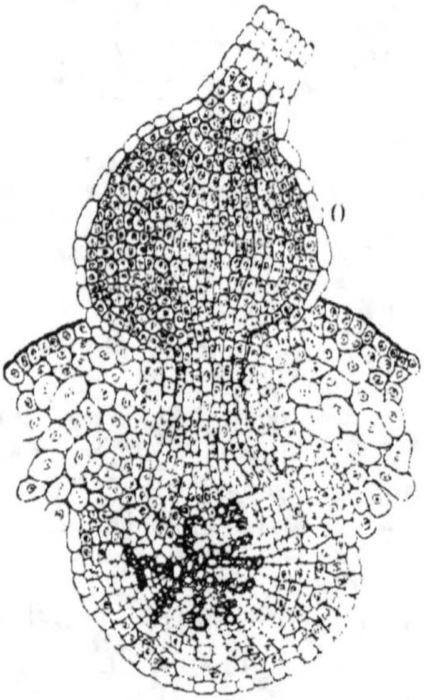

La graine des Orobanches, dont l'embryon est rudimentaire, sans distinction de radicule, de tigelle, etc., germe sur le sol en produisant un organe simple, radiciforme, qui, arrivé au contact d'une racine de plante hospitalière, produit un renflement (fig. 423) duquel partent des prolongements qui s'enfoncent en une seule masse, comme un coin, et viennent s'épanouir plus ou moins au contact des faisceaux libéro-ligneux. Les bourgeons floraux se forment à la partie supérieure du renflement, sortent de terre pour produire

Fig. 423.

Coupe transversale d'une jeune plante, pratiquée au niveau où elle est envahie par une Orobanche. O (*Orobanche speciosa*) (L. Koch).

les fleurs qui donneront plus tard une grande quantité de graines.

Les Orobanches épuisent beaucoup les plantes aux dépens desquelles elles vivent. L'Orobanche rameuse ou *Phelipæa ramosa* occasionne souvent de grandes pertes dans les récoltes de Chanvre. Ce parasite tue les jeunes pieds sur lesquels il s'installe.

Pour en enrayer l'action, il faut arracher tous les pieds d'Orobanche avant la maturité de leurs graines. Si les Orobanches devenaient très nombreuses, il y aurait lieu de suspendre, dans le champ, pendant deux ou trois ans, la culture du Chanvre ou de toute autre plante attaquée, et de la remplacer par celle d'une plante réfractaire (Maïs, Pomme de terre, Haricot, etc.), dont les binages répétés détruiraient facilement le parasite.

2° HOUBLON. — *Sphærotheca Castagnei* (Blanc du Houblon). — Outre la Cuscute qui peut lui causer de sérieux dommages, le Houblon est attaqué par un champignon ascomycète désigné sous le nom de *Sphærotheca Castagnei*.

Caractères extérieurs. — Les feuilles et souvent aussi les inflorescences femelles sont couvertes de taches ressemblant à des toiles d'araignée. Il en résulte un arrêt dans les fonctions de la feuille et dans le développement des fleurs : d'où anéantissement parfois complet de la récolte.

Description sommaire du parasite. — Mycélium à filaments cloisonnés, répandu sur les deux faces de la feuille, produisant des *conidies* par cloisonnements successifs. Ces conidies, disposées sur une seule file, restent fixées aux conidiophores. *Périthèces* petits, sphériques, munis d'appendices bruns, inégaux et filiformes, ne renfermant qu'un asque pourvu de 8 ascospores.

Traitement. — Essayer les soufrages.

3° MÛRIER. — 1. *Sclerotinia Libertiana* (Maladie des branches du Mûrier).

Caractères externes et internes. — Feuilles des rameaux attaqués accusent au début un léger changement de couleur. Affection commençant toujours par un bourgeon axillaire ; toute la partie du rameau située au-dessus de ce bourgeon, ne tarde pas à mourir, son écorce se détruit ensuite à partir du point d'attaque.

Sur le bois altéré, disent Prillieux et Delacroix, au-dessous des fibres, se trouvent des corps noirs et durs, adhérant souvent soit aux fibres, soit au bois. Ce sont des sclérotes encore entourés, en certains endroits, des filaments du parasite qui a corrodé le bois et l'écorce et causé cette maladie des branches du Mûrier.

Ces sclérotes paraissent identiques à ceux du *Sclerotinia Libertiana* qui attaque les Topinambours, les Carottes, les Haricots, les Fèves, etc.

Placés sur du sable humide, ces sclérotes ont produit une Pézize de couleur fauve possédant assez exactement les caractères du *Sclerotinia*.

2. *Nectria cinnabarina* (Chancre du Mûrier).

Caractères externes et internes. — Le mycélium s'étend exclusivement dans le bois qu'il corrode et désorganise ; les feuilles tombent prématurément ainsi que l'écorce. Des petits coussinets de stroma, de 1-2 millimètres de diamètre, couverts de très nombreuses conidies, apparaissent à travers l'écorce. Sous cette forme, la plus fréquente, le parasite a reçu le nom de *Tubercularia vulgaris*.

Périthèces d'un rouge vif, globuleux, d'un aspect granuleux, renfermant des asques et des paraphyses.

Ascospores linéaires, 2-cellulaires.

Le *Nectria cinnabarina* est très commun comme saprophyte. A l'état de parasite il tue assez rapidement les plantes auxquelles il s'attaque (Mûrier, Tilleul, Marronnier d'Inde, Erable, etc.).

3. *Rosellinia aquila* (Pourridié ou maladie des racines du Mûrier).

Caractères externes et internes. — Plaques blanches cotonneuses à la surface des racines, formant plus tard une croûte ou quelquefois des cordons anastomosés, noirâtres à l'extérieur, blanchâtres à l'intérieur. Les feuilles jaunissent, se dessèchent sans tomber ; l'arbre meurt infailliblement plus ou moins vite.

Le mycélium pénètre : 1° dans l'écorce de la racine, s'étend dans la couche cambiale en détruisant cette dernière et en formant un pseudo-parenchyme ; 2° dans le bois et surtout les rayons médullaires.

Les plaques externes prennent un aspect velouté, grisâtre en se couvrant de conidies. Les conidiophores sont bruns à leur base, cloisonnés et ramifiés. Sous sa forme conidienne, le parasite a reçu des noms divers (*Sporotrichum fuscum* Link, *Trichosporium fuscum* Sacc.).

Les périthèces noirs, sphériques, ombiliqués à leur partie supérieure, prennent naissance parmi les touffes des conidiophores. Ils renferment des asques et des paraphyses. Les asques possèdent à leur partie supérieure un épaississement qui bleuit par l'iode. Les ascospores, ovales et fuligineuses, renferment une ou deux gouttelettes réfringentes.

De même que l'*Agaricus melleus*, le *Rosellinia aquila* ne fructifie qu'à l'état de saprophyte.

La lutte contre ce redoutable parasite comprend les même précautions que pour le *Dematophora necatrix* et l'*Agaricus melleus* qui sont aussi des ennemis du Mûrier.

4. *Polyporus hispidus* (Altération du bois).

Ce Polypore est, par son appareil fructifère, en forme de coussinet, un champignon de grande taille (12-15 centimètres), de couleur brun jaunâtre.

Les coussinets sont convexes, mous et couverts à leur face supérieure de poils agglutinés en lames brunes et denticulées. Le champignon noircit et durcit en vieillissant et reste adhérent à l'arbre.

Le mycélium pénètre à l'intérieur du bois qu'il désorga

nise et fait pourrir au centre en produisant une cavité (arbre *creux*).

De même que pour les autres Polypores, l'infection se produit par la germination d'une spore dans une plaie de la plante hospitalière.

On atténuerait beaucoup les dégâts du *P. hispidus* si l'on prenait la précaution d'enduire les plaies de taille et autres à l'aide d'un engluement résistant ou de goudron.

5. *Bacterium Mori* (Maladie bactérienne du Mûrier).

Caractères externes et internes. — Feuilles portant à leur face inférieure des taches d'un brun noir. Ces taches se dépriment sur les rameaux et se creusent, comme des chancres, quelquefois jusqu'à la moelle.

La maladie débutant à l'extrémité d'un rameau, la brûle et la courbe, tout en arrêtant le développement de ce rameau.

Les bactéries se multiplient abondamment dans les parties malades et étendent leur action sur les tissus sains contigus, si une couche de liège ne vient y mettre un terme en s'opposant à l'œuvre de ces infiniment petits.

4° FIGUIER. — *Dematophora necatrix* et *Armillaria mellea* (Pourridié). (Voy. p. 505 et suivantes.)

5° BETTERAVE. — 1. *Maladie bactérienne* (Jaunisse).

« Au début de la jaunisse, disent Prillieux et Delacroix, les feuilles semblent avoir perdu un peu de leur turgescence normale; les pétioles sont moins rigides et la pointe du limbe s'abaisse vers le sol. En même temps, dans toutes ces feuilles, dans celles de la périphérie d'abord, puis, peu après, dans celles du cœur, le limbe se montre très finement marqueté de vert et de blanc, comme dans la *mosaïque* des feuilles du Tabac. Cette apparence est encore plus nette quand on observe les feuilles par transparence; les parties décolorées, surtout sur les feuilles très jeunes, sont translucides.

« Progressivement, la différence de couleur entre les petites taches blanches et vertes du limbe devient moins marquée, les unes et les autres prennent une nuance jaunâtre et la feuille finit par se dessécher ; elle a alors une teinte indécise qui varie du jaune au grisâtre.

« Sur les pieds fortemement attaqués, à partir de juillet, les racines ne grossissent plus ; bien que leur teneur en sucre reste normale, la perte normale peut atteindre 50 p. 100 de la récolte. »

L'examen microscopique des régions décolorées de la feuille montre de nombreuses bactéries logées dans les cellules. Ces bactéries sont en forme de tonnelet et se déplacent rapidement dans le liquide cellulaire.

Traitement préventif. — Il a été démontré que les feuilles sèches, abandonnées dans le champ, pouvaient transmettre la maladie l'année suivante. On fera donc bien d'enlever tous les débris de Betterave et, si on le peut, d'attendre un ou deux ans de plus que d'ordinaire avant de replanter des Betteraves dans le champ.

On fera bien aussi de n'employer que des graines récoltées sur des semenceaux absolument sains.

2. *Phoma tabifica* (Maladie des pétioles):

Caractères externes et internes. — Pétioles des grandes feuilles perdent leur consistance et se courbent vers le sol ; feuilles jaunissent plus ou moins et se dessèchent. Tache blanchâtre, grande, desséchée, bordée de brun, à la face supérieure du pétiole et parfois aussi du limbe. Épiderme de cette tache se crevasse assez souvent.

Le parenchyme envahi brunit ainsi que les faisceaux libéro-ligneux. L'affection, s'étendant au collet de la Betterave, entraîne la mort de toutes les jeunes feuilles qui noircissent à leur tour tout en se couvrant « d'un velouté brun verdâtre, où les spores en massues retournées de la forme *Alternaria* se trouvent mélangées à des conidies de *Cladosporium* et de *Macrosporium* (Prillieux) ».

Le mycélium s'étend à l'intérieur de tous les tissus morts et produit, à la surface des taches épidermiques, des pycnides brunâtres, globuleux, percés d'un petit trou au sommet et ayant, à l'œil nu, l'aspect de ponctuations brunâtres (fig. 424). Ces pycnides renferment des stylospores ovoïdes ;

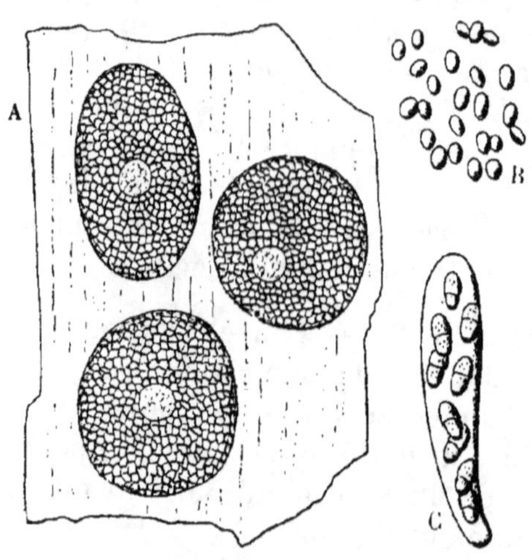

Fig. 424.

A, trois pycnides de *Phoma tabifica*. — B, stylospores renfermées dans ces pycnides. C, asque de *Sphærella tabifica* (Prillieux).

leur existence caractérise la forme du parasite désignée sous le nom de *Phoma tabifica*, et dont la forme parfaite à *périthèces* serait représentée par le *Sphærella tabifica*.

Lutte. — Il y a avantage sérieux d'enlever les feuilles envahies par le parasite à mesure qu'elles se courbent vers le sol. Cette précaution permet de restreindre l'invasion et de diminuer le préjudice causé.

3. *Cercospora beticola* (Maladie des Betteraves).

Caractères extérieurs. — Sur les feuilles existent des petites taches (2-3 millimètres), rondes, sèches, grises, pouvant se réunir et former des taches beaucoup plus grandes, limitées par une bordure d'un rouge brun.

Description sommaire du parasite. — Mycélium interne, produisant sur les taches des conidies très longues, cloisonnées et effilées au sommet, portées sur des conidiophores bruns disposés en touffes.

Lutte. — Enlever rapidement les feuilles de Betterave sur lesquelles on aperçoit ces taches.

La maladie ne présente ordinairement pas de gravité.

4. *Pleospora putrefaciens* (Pourriture du cœur).

Caractères extérieurs. — Feuilles adultes recouvertes d'une couche brun olive et d'aspect velouté.

Description sommaire du parasite. — Mycélium interne, formé par des filaments à cloisons rapprochées, produisant, à l'extérieur de la feuille de Betterave, des conidiophores bruns, terminés par une seule conidie en massue, cloisonnée transversalement, quelquefois aussi longitudinalement, et effilée. Sous cette forme, le Champignon a été appelé *Sporidesmium exitiosum*.

D'autres filaments bruns se cloisonnent à leur extrémité pour former chacun une seule spore ellipsoïde, 1-2 cellules, petite, que l'on a rapportée à la forme *cladosporium*.

Plus tard, à l'automne, des périthèces se forment à l'intérieur des feuilles malades; leurs asques contiennent chacun huit ascospores cloisonnées transversalement et longitudinalement.

Prillieux dit que ces asques ressemblent beaucoup à celles du *Pleospora herbarum*.

Le *Pl. putrefaciens* ne cause pas de dommages sérieux à la Betterave, et il n'est pas le seul à occasionner la pourriture du cœur de cette plante. On a vu, en effet, que le *sphærella tabifica* produit la même affection, sous une forme même plus grave.

Traitement. — Enlever les feuilles malades comme on l'a conseillé pour le *Phoma tabifica*.

6° ARBRES FORESTIERS.

La plupart des arbres forestiers peuvent être attaqués par le *Dematophora necatrix*, l'*Armillaria mellea* et divers *Polypores*, et subir, de ce fait, des dégâts plus ou moins graves (voir p. 505 et suiv.).

Le Frêne, le Chêne, le Hêtre, etc., peuvent aussi porter

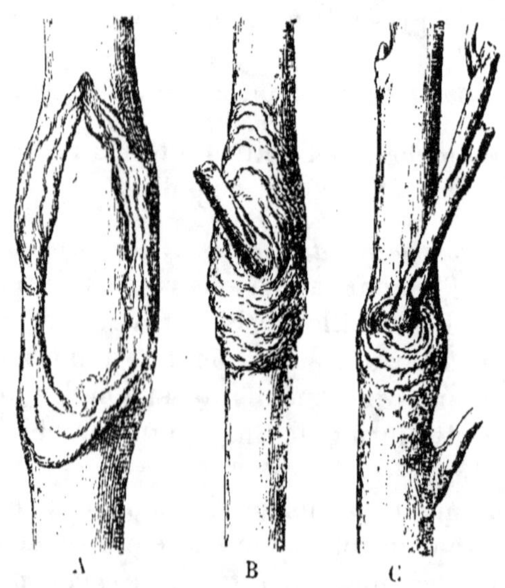

Fig. 425.

Chancre du Pommier (*Nectria ditissima*) (Prillieux).

A, chancre ayant détruit tous les tissus de l'écorce sur un côté du rameau et mettant le bois à nu. — B, chancre développé à la base d'une pousse détruite. — C, chancre ayant encore en son centre le jeune rameau pincé et par la plaie duquel le champignon a envahi l'arbre.

des ulcérations ou chancres occasionnés par un champignon ascomycète, désigné sous le nom de *Nectria ditissima*.

Nectria ditissima (Chancre des arbres).

Caractères extérieurs. — 1° Au début, l'affection n'est rendue évidente que par de simples taches ovalaires sur lesquelles l'écorce se déprime ; 2° à un état plus avancé, des lignes plus ou moins concentriques apparaissent autour de ces

taches, lesquelles font penser à des fissures, puis la partie
centrale se dénude et s'ulcère : ainsi apparaissent les
chancres (fig. 425).

L'écorce tend à se restaurer autour de ces chancres par
un bourrelet qui ne tarde pas à être envahi à son tour par
le parasite.

Sur les arbres adultes ou âgés, les chancres sont ordinairement latéraux; mais sur les jeunes sujets ou les petits
rameaux ils peuvent devenir circulaires. Dans le premier
cas, les chancres entraînent le dépérissement des parties
du végétal situées au-dessus d'eux; tandis que dans le
second cas, ils provoquent rapidement la mort des mêmes
parties.

Description sommaire du parasite. — Dans les coupes microscopiques pratiquées dans la région de l'écorce formant les
bords d'un chancre, on remarque un mycélium abondant
dans les espaces intercellulaires avec prolongements pénétrant à l'intérieur des cellules. Ce mycélium s'engage aussi
dans le bois et même dans les vaisseaux qu'il désorganise et
tue rapidement. Il forme plus tard, dans ces parties attaquées, des amas de pseudoparenchyme ou stromas qui, en
s'accroissant, finissent par se faire jour au dehors sous forme
de coussinets tuberculeux. C'est sur ces derniers que se
forment les conidies et ce sont eux que l'on a appelés *Tubercularia minor*, alors que l'on ignorait les rapports existant
entre cette forme et le *Nectria ditissima*.

Les conidies sont de plusieurs sortes; les unes, très
grandes (60-70 μ), sont cloisonnées transversalement; les
autres, petites (5-6 μ), sont 1-cellulaires. En germant, les
grandes produisent quelquefois autant de tubes qu'elles ont
de cellules constitutives; tandis que les petites, d'après
Hartig, ne produisent chacune qu'un tube, mais s'unissent
par groupes, comme les sporidies des Ustilaginées.

Plus tard, les stromas des coussinets donnent naissance
à de petits corps ovoïdes ou périthèces, rouge brique, nombreux et visibles à l'œil nu. Les asques sont ordinairement

claviformes, et sont séparés les uns des autres par des para-physes composées de cellules en forme de massue et terminées par un ou deux filaments. Les ascospores, au nombre de huit par asque, sont divisées en deux cellules par une cloison transversale.

Conidies et ascospores germent facilement dans une atmosphère humide. Leurs tubes de germination pénètrent dans la plante hospitalière à la faveur de petites blessures ou de dépressions de l'écorce, et propagent de nouveau la maladie.

Traitement. — Le traitement peut être préventif ou curatif.

1° *Préventif*. — Nettoyer l'écorce des arbres, enlever toutes les petites branches attaquées par le parasite et recouvrir, à l'aide d'un bon mastic, la surface nue.

2° *Curatif*. — Malgré la grande difficulté que l'on éprouve à détruire le *Nectria*, il y a avantage à gratter et à ruginer l'écorce et le bois malades, en enlevant même un peu des tissus sains. Les débris produits par cette opération sont recueillis avec soin et brûlés.

On badigeonne ensuite les parties nettoyées à l'aide de la solution suivante.

Sulfate de fer. . . . . 50 kilogr.
Acide sulfurique à 53° B . . . . 1 litre.
Eau chaude. . . . . 100 —

La bouillie bordelaise produirait aussi de bons résultats.

La préparation de la première mixture demande des précautions pour éviter les atteintes corrosives de l'acide sulfurique. On mélange d'abord ce dernier avec le sulfate de fer, puis on ajoute l'eau chaude peu à peu en remuant assez doucement.

CHATAIGNIER. — 1. *Sphærella maculæformis* (Maladie des feuilles).

Caractères extérieurs. — Les feuilles se couvrent, surtout dans les années pluvieuses et humides, de nombreuses petites taches brunes et desséchées (fig. 426), jaunissent, brunissent et tombent prématurément. Les fruits avortent et la récolte peut être anéantie.

Description sommaire du parasite. — 1° Sous l'épiderme des petites taches existe un stroma qui produit, à sa surface externe, de nombreuses coni- dies, septées, droites ou arquées qui s'échappent par rupture de l'épiderme.

Cette forme caractérise le *cylin- drosporium castanicolum.*

2° Dans ces mêmes stromas, au- dessous des conidiophores, se for- ment plus tard des conceptacles plus ou moins sphériques ou sper- mogonies, dont les spermaties sont très petites, incolores et bacil- laires.

Cette forme à spermogonies ap- partient au *Phyllosticta maculæfor- mis.*

3° On remarque en outre, sur les feuilles tombées et mortes,

Fig. 426.

Feuille de Châtaignier por- tant des taches produites par le *Phyllosticta ma- culæformis* (Prillieux).

des taches renfermant des périthèces dont les asques se sont développés pendant la morte saison. Ces dernières fructifications caractérisent le *sphærella maculæformis.*

2. *Polyporus sulphureus* (Pourriture rouge du bois).

Caractères de la maladie. — Le bois envahi par le mycélium prend une teinte rouge brun clair, se désorganise, devient plus léger, très cassant et se crevasse suivant les rayons médullaires et les couches annuelles. Ces crevasses se rem- plissent de filaments mycéliens enchevêtrés ensemble et ormant une sorte de feutrage blanchâtre.

Description du champignon (d'après Quélet).

« *P. Sulphureus.* — Rameux, cespiteux. chapeaux très larges imbriqués, ondulés, jaune citrin, lavés de rouge incarnat. Chair jaunâtre puis blanchissant et s'ouvrant comme tout le champignon. Pores petits, plans, sulfureux, à la fin lacérés. Il n'y a souvent aucun stipe, d'autres fois ils affectent la forme de massue en faisceau. Spore globuleuse, obovale, blanche. »

Outre ses basidiospores, le *P. Sulphureus* produit aussi des conidies globuleuses; lesquelles ont été observées, par de Seynes, sur le mycélium intraligneux et dans des réceptacles spéciaux.

Le *P. Sulphureus* pénètre dans la plante hospitalière par les solutions de continuité de l'écorce, les plaies ainsi que les rameaux brisés.

NOYER. — A. PARASITES VÉGÉTAUX. — 1. *Marsonia Juglandis* (Antrachnose du Noyer).

Caractères extérieurs. — Taches arrondies sur les deux faces de la feuille (fig. 427), gris brunâtre sur la face inférieure, brun fauve sur la face supérieure. Ponctuations visibles à la loupe sur la face inférieure. Des taches de même teinte, mais déprimées, existent aussi sur les jeunes rameaux.

Sur les fruits, les ulcérations sont plus grandes et plus brunes.

Description sommaire du parasite. — Chaque tache est le siège du développement de conidies nombreuses, incolores, arquées, terminées par un petit prolongement en forme de bec, et divisées transversalement en deux cavités par une cloison.

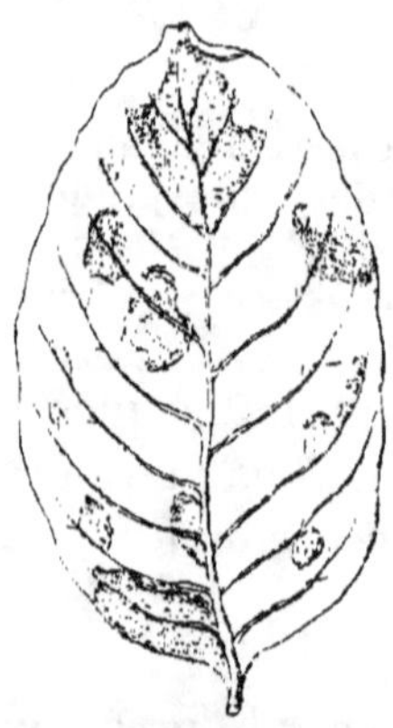

Fig. 427.
Foliole de Noyer envahie par le *Marsonia Juglandis*.

Le *M. Juglandis* est considéré comme la forme conidienne du *Gnomonia leptostyla*.

Dégâts. — Les taches développées sur les feuilles et les jeunes rameaux nuisent beaucoup aux fonctions de ces organes. Celles des fruits les empêchent de grossir et diminuent considérablement la récolte.

Traitement. — On a essayé la bouillie bordelaise dans l'Isère, où elle paraît avoir donné d'excellents résultats. Mais l'opération, purement préventive, est difficile et onéreuse, étant données les dimensions des arbres.

2. *Armillaria mellea* (voy. p. 508).

3. Polyporus (*P. sulphureus, squamosus, cinnabarinus, igniarius, fomentarius et hispidus*).

Ces divers *Polypores* se comportent tous à peu près de la même façon vis-à-vis de l'arbre qu'ils attaquent ; ce sont des parasites de blessures, c'est-à-dire qu'ils pénètrent à l'intérieur de l'hôte à la faveur d'une plaie quelconque.

« Dans cette plaie, disent Prillieux et Delacroix, leur spore germe sur un tissu ligneux mort depuis un certain temps déjà. Le mycélium issu de cette germination se répand d'abord assez lentement dans ce tissu mort ; puis il sécrète un liquide acide, renfermant aussi une diastase qui, de proche en proche, corrode les tissus encore en activité. La voie est dès lors préparée aux filaments mycéliens qui absorbent par osmose les particules ainsi solubilisées de la substance de l'hôte et s'en nourrissent.

« Ensuite, lorsqu'une portion étendue de bois est détruite et ne renferme plus de substances capables de nourrir le champignon parasite, celui-ci, obéissant à cette loi qui régit, en somme, tous les êtres organisés, ne tarde pas à produire des organes de reproduction qui assurent la perpétuité de l'espèce. »

Le plus commun et le plus nuisible de ces Polypores, pour le Noyer, est le *P. hispidus* ; les autres se rencontrent sur d'autres arbres ou sont plus rares (p. 549).

Traitement. — Enlever les champignons le mieux possible

jusqu'aux tissus ayant une apparence saine, et recouvrir la plaie, ainsi que toutes celles qui peuvent exister sur l'arbre, d'un bon engluement.

B. PARASITES ANIMAUX. — Ces parasites sont beaucoup moins redoutables que les précédents. Parmi eux on peut citer l'Acarien de l'Erinose et la Chenille rongeuse des fruits.

1. *Erinose.* — Cette affection très bénigne des feuilles est surtout caractérisée par un revêtement blanc grisâtre constitué par les cellules de l'épiderme inférieur allongées en longs poils 1-cellulaires, à la suite d'une irritation locale occasionnée par la piqûre d'un Acarien, le *Phytoptus tristriatus.* Les petites galles sphériques, vert jaunâtre, que l'on rencontre aussi sur les feuilles, sont dues au même parasite.

On signale un autre Acarien, le *Phytoptus Juglandis*, comme produisant des accidents analogues. Il s'agit peut-être de la même espèce.

2. *Chenille des fruits.* — Cette chenille, larve du *Carpocapsa pomomana* (Lépidoptère), s'installe dans l'amande de la noix dont elle arrête le développement ultérieur et provoque souvent la chute prématurée.

C'est la même larve qui creuse ces galeries que l'on rencontre si fréquemment dans les pommes.

C. MALADIES DUES A D'AUTRES CAUSES. — *Froid et plaies.* — Un refroidissement brusque, survenant en hiver, peut produire sur le tronc des gélivures dont la cicatrisation est parfois difficile. Des parasites variés envahissent l'arbre par ces solutions de continuité et y déterminent assez souvent des affections graves. Un écoulement brunâtre, très complexe et encore mal défini, d'origine probablement parasitaire, se produit au niveau de ces ulcérations et des autres plaies (branches coupées ou cassées, blessures faites par la charrue, etc.).

Prillieux et Delacroix conseillent d'employer comme badi-

geonnage des plaies, préalablement bien nettoyées, la mixture suivante :

Sulfate de fer. . . . .   50 parties.
Eau.   100   —
Acide sulfurique à 66°.   1   —

Le tableau analytique suivant permet d'embrasser d'un
seul coup d'œil la liste des parasites dont il vient d'être
question, au sujet du Noyer, ainsi que de quelques autres
moins importants.

A. Parasites sur les feuilles.
  † Taches brunes et desséchées.
    Feuilles tombant prématurément.   *Sphærella maculæformis*.
  †† Taches grisàtres à la face infér.,
    formées par une agglomération de
    poils. . . . .   *Erinose*.

B. Sur le tronc et les rameaux.
  †. Taches brunes, déprimées, sur les
    jeunes rameaux. . . . .   *Sphærella maculæformis*.
  ††. Champignons à chapeau de
    grande taille. Hyménium com-
    posé de

  a. Lames labyrinthiformes. . . .   *Dædalea cinnabarina*.
  b. De pores. Chair du chapeau.
    1. Brune.
      * Spores blanches. Champi-
        gnon ayant une consistance
        ligneuse. . . . .   *Polyporus igniarus*.
      ** Spores brunes.
        Champignon charnu ou spon-
        gieux. . . . .   *P. hispidus*.
        Champignon ayant la con-
        sistance du liège. . . . .   *P. fomentarius*.
    2. Rouge cinabre. . . . .   *P. cinnabarinus*.
    3. Blanche.
      * Champignon pourvu d'un
        pied noir, ayant une teinte
        jaune clair et des écailles
        brunes . . . .   *P. squamosus*.
      ** Champignon sessile, ayant
        une teinte jaune soufre. . .   *P. sulphureus*.

C. Sur les racines.
    Lame blanche sous l'écorce, émet-
    tant des rhizomorphes souterrains
    et subcorticaux . . . .   *Armillaria mellea.*

D. Sur les fruits.
    + Taches brunes, grandes. . . . .   *Sphærella maculæformis.*
    ++ Galeries dans le péricarpe et ma-
    tière ordinairement pulvérulente
    dans l'amande, avec présence
    d'une larve . . . .   *Carpocapsa pomomana.*

β. **Dialypétales.**

LÉGUMINEUSES

1° Haricot. — 1. *Bactéries du haricot* (Graisse).

Caractères externes et internes. — Sur la gousse, apparition
de taches de dimensions variables, plus vertes, comparables
à « une macule qu'aurait produite une grosse goutte de
graisse ou d'huile ». Taches moins brillantes sur quelques
variétés de Flageolets, le haricot Petit-Suisse, teintées
irrégulièrement, dès le début, de rouge brique sur les bords.
Sur le haricot Bagnolet, le Flageolet Chevrier la tache se
ramollit plus vite et laisse exsuder, surtout si la saison est
pluvieuse, un liquide visqueux, renfermant de nombreuses
bactéries. Tégument des graines marbré de brun clair.

« Si les taches sont peu nombreuses, dit Delacroix, si l'été
se maintient sec, le mal gagne peu en profondeur, et les
graines restent saines pour la plupart.

« En dernier lieu, les parties atteintes des gousses se
ramollissent complètement ; la partie papyracée profonde,
que sa structure fibreuse protège longtemps contre la destruction, est elle-même en partie désorganisée. Le tout
forme alors un putrilage verdâtre, envahi secondairement
par des saprophytes variés, moisissures ou bactéries ».

Les *bactéries* se rencontrent à l'état pur sur les jeunes
taches. Elles sont peu mobiles, arrondies aux extrémités.

En cultures âgées, les bactéries modifient leur forme initiale ; tantôt elles s'unissent en files simples, peu allongées ; tantôt, au contraire, elles forment de longs filaments enroulés, semblant dépourvus de cloisons.

Traitement. — Il n'existe encore aucun traitement connu préventif ou curatif. On ne peut que se mettre à l'abri de la contamination, en ne semant que des graines parfaitement choisies, exemptes de toute tache et provenant, autant que possible, d'une région où la maladie n'existait pas.

2. *Colletotrichum Lindemuthianum* (Antrachnose du Haricot).

Caractères extérieurs. — Sur les gousses, la maladie débute par des petites taches à peu près régulières, de couleur pourpre noir, s'atténuant sensiblement vers les bords. Ces taches grandissent, tout en se creusant à partir du centre, et ont une marge persistante et plus pâle. Des ponctuations rouge clair apparaissent sur les taches déprimées (fig. 428). Les graines ne se développent pas et le Haricot reste vide.

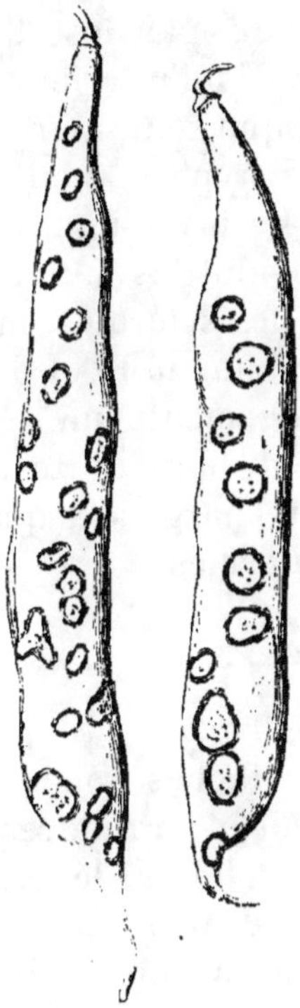

Description sommaire du parasite. — Filaments mycéliens cloisonnés, traversant les parois cellulaires et pouvant même remplir les cellules, dans lesquelles ils forment des petits coussinets entourés de poils septés, noirâtres et peu nombreux. Ces coussinets sont couverts de conidies incolores, courtes et

Fig. 428.

Gousses de Haricot attaquées par le *Colletotrichum Lindemuthianum* (Prillieux).

arrondies aux extrémités. Les poils périphériques des coussinets caractérisent le genre *Colletotrichum*.

Traitement. — Prendre les mêmes précautions que pour la *graisse* du Haricot.

3. *Sclerotinia Libertiana* (Maladie des sclérotes).

On a déjà vu ce parasite s'attaquer au Mûrier (p. 547); le Maïs, la Carotte, le Chanvre, le Topinambour, le Haricot, etc., peuvent aussi être envahis.

Les Haricots forcés sous bâches, dit Prillieux, ont, à partir du sol, leurs tiges couvertes comme d'une couche de ouate par les filaments du Champignon qui pénètrent aussi à l'intérieur des tissus. La moelle et la surface épidermique sont alors le siège de formation des sclérotes dont les hyphes tuent assez rapidement la plante hospitalière.

Le mycélium, en s'étendant à la surface du sol humide, envahit les individus voisins et propage ainsi la maladie.

Des sclérotes, mis en terre, produisent, sous l'influence de l'humidité et d'une température convenables, des prolongements qui s'évasent à leur partie supérieure et deviennent, hors de terre, les apothécies. L'hymène de celles-ci est chargé d'asques allongés en massue et de paraphyses filiformes.

2° Pois. — 1. *Ascochyta Pisi* (Antrachnose du Pois).

Caractères extérieurs. — Feuilles, tiges et gousses portant des taches rongeantes, circulaires ou elliptiques, jaune brun et ordinairement zonées sur les feuilles; plus petites, plus claires, légèrement déprimées et à bords plus foncés sur les fruits.

Les accidents dus à ce parasite se confondent facilement à première vue, avec ceux que produit l'antrachnose du Haricot (p. 563).

Description sommaire du parasite. — Mycélium à filaments cloisonnés, répandus dans les tissus de l'hôte, ramassés en stroma dans les taches et y produisant des pycnides sphériques, percées d'une ouverture vers l'extérieur par laquelle s'échappent les stylopores; ces dernières sont munies d'une cloison transversale et comprennent alors deux petites cavités.

2. *Erysiphe communis* (Blanc ou oïdium des Pois).

Caractères extérieurs. — Feuilles et tiges recouvertes d'efflorescences pulvérulentes et blanches, semblables à de très fines toiles d'araignée.

Description sommaire du parasite. — Mycélium sus-épidermique, muni de suçoirs s'enfonçant dans les cellules épidermiques (p. 537), produisant des conidies qui se détachent une fois mûres, au lieu de rester en place comme dans l'*E. graminis*.

Périthèces sphériques, brun noirâtre. Ascospores au nombre de 4-8 par asque.

L'oïdium du Pois apparaît surtout sur les cultures tardives de cette plante, dont il peut sérieusement compromettre la récolte.

Traitement. — Quelques soufrages sont un spécifique sûr.

3° Trèfle. — *Peronospora Trifoliorum* (Mildiou du Trèfle, de la Luzerne, etc.).

Caractères externes. — Face inférieure des feuilles couverte de petites touffes, très fines, veloutées, de duvet blanchâtre ou gris lilas.

Ce duvet est constitué par les conidiophores dont les conidies sont elliptiques et gris lilas.

Plusieurs Légumineuses (Trèfle, Luzerne, Mélilot, etc.) sont exposées à l'invasion du Mildiou.

« Quand le mal se déclare dans un Trèfle ou une Luzerne, dit **Prillieux**, on peut considérer la coupe comme perdue ; les feuilles attaquées se décolorent, se dessèchent et tombent et il convient de la faucher au plus tôt et avant la formation des œufs. »

Le Peronospora de la Laitue (*Bremia Lactucæ* Reg.), qui attaque surtout les Laitues cultivées sur couche, est très redouté des maraîchers.

4° Luzerne. — 1. *Rhizoctonia violacea* (Rhizoctone de la Luzerne).

Caractères extérieurs. — Dans les champs de Luzerne apparaissent des vides circulaires ; les pieds jaunissent, se fanent, les tiges se décolorent et les feuilles sèchent. Le pivot des racines est couvert, jusqu'à une certaine profondeur, d'un tissu dense constitué par des filaments violets du mycélium.

Description sommaire du parasite. — Le mycélium se développe surtout dans les parties les plus charnues de la racine ; il envahit ensuite les radicelles et, s'étendant à travers le sol, il atteint les racines des plantes voisines, déterminant ainsi les taches circulaires que l'on a remarquées.

Le mycélium produit des sclérotes de deux tailles différentes : les uns, gros et veloutés (corps *tubéroïdes* de Duhamel), les autres petits, foncés et lisses (corps *miliaires* de Tulasne). La véritable nature des derniers a été méconnue, dit Prillieux ; leur assimilation à des périthèces n'est pas encore démontrée.

D'autres observateurs ont cru distinguer aussi une forme conidienne correspondant à la Rhizoctone violette. Il paraît plus exact de dire qu'on ne connaît pas encore les fructifications de ce parasite.

La Rhizoctone violette peut attaquer aussi le Safran, la Pomme de terre, la Betterave, la Carotte, le Trèfle, etc. Pour la Luzerne et le Trèfle c'est surtout dans les sols humides que la maladie se fait le plus sentir.

Traitement. — Isoler les taches en creusant autour un fossé assez profond pour arrêter l'extension du mycélium. Nettoyer parfaitement le sol afin d'en éliminer les plantes spontanées capables de propager la maladie. Remplacer la culture de la plante attaquée par celle d'une autre plante réfractaire (Céréales, etc.).

2. *Cuscute.* — Ce parasite cause des dégâts parfois importants dans les Trèfles et les Luzernes (voy. p. 544).

CRUCIFÈRES

CHOU ET NAVET. — 1. *Cystopus candidus* (Rouille des Crucifères).

Caractères extérieurs. — Toutes les parties de la plante,
plus ou moins gonflées et déformées, peuvent être couvertes
d'amas pulvérulents et d'un blanc d'ivoire.

Description sommaire du parasite. — En faisant une coupe
microscopique au niveau d'une tache, on constate que les
filaments mycéliens sont intercellulaires, pourvus de suçoirs
enfoncés dans les cellules de l'hôte. Les conidiophores voisins de l'épiderme, sont en forme de massue et terminés par
un chapelet de conidies blanches, rondes et fixées les unes
aux autres (fig. 429). Ces conidies produisent des zoospores par germination.

Les zoospores, pourvues de deux cils vibratiles, pénètrent
chez l'hôte par les stomates, s'y arrondissent, s'entourent
d'une membrane cellulosique et germent à leur tour.

Le *C. candidus* possède également la propriété de produire
des œufs (fig. 430) par hétérogamie (p. 476). Ces œufs donnent, par germination, des zoospores identiques à celles
des conidies.

La Caméline, le Cresson, etc., peuvent être également
attaqués par ce parasite.

Comme le tube germinatif des Zoospores ne peut traverser
que des membranes très minces, il s'ensuit qu'il ne peut
s'implanter que dans des végétaux très jeunes : c'est ce qui
explique pourquoi la maladie ne se propage pas directement
et n'attaque que des pieds isolés.

2. *Phoma Brassicæ* (Pourriture des pieds de Chou).

Caractères extérieurs. — Tiges, surtout celles des Choux
moelliers, portant de grandes taches arrondies, confluentes,
pâles au centre et brunes sur les bords, couvertes de ponctuations noires.

Ces taches sont le siège d'ulcérations profondes qui dégénèrent en pourriture.

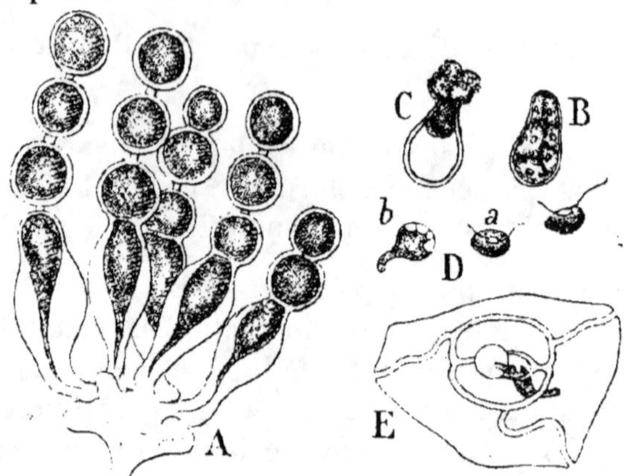

Fig. 429.

Cystopus candidus.

A, filaments conidiophores portant des conidies à leur extrémité. — B, conidie en voie de germination renfermant des zoospores. — C, zoospores sortant d'une conidie. — a, zoospores libres pourvues de cils vibratiles. — b, zoospores germant. — E, zoospore en germination pénétrant à travers l'ostiole d'un stomate (de Bary).

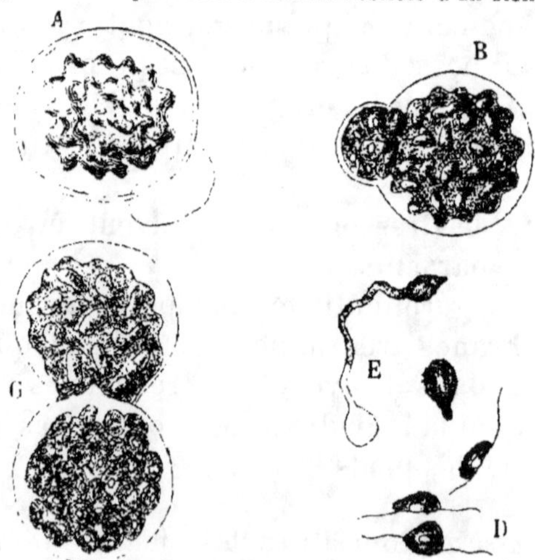

Fig. 430.

Cystopus candidus.

A, œuf renfermé dans l'oogone. — B, œuf en voie de germination ; l'épispore se rompt et le contenu de l'œuf (zoospores) en sort enveloppé de l'endospore C. — D, zoospores biciliées isolées. — E, zoospores en voie de germination (de Bary).

Les ponctuations noires représentent des conceptacles ou pycnides, à parois épaisses, dont les stylospores sont petites, hyalines, oblongues et arrondies aux extrémités.

Traitement. — Arracher et brûler les Choux à mesure qu'ils contractent la maladie.

3. *Plasmodiophora Brassicæ* (Hernie du Chou).

Caractères extérieurs. — Renflements charnus, anormaux,

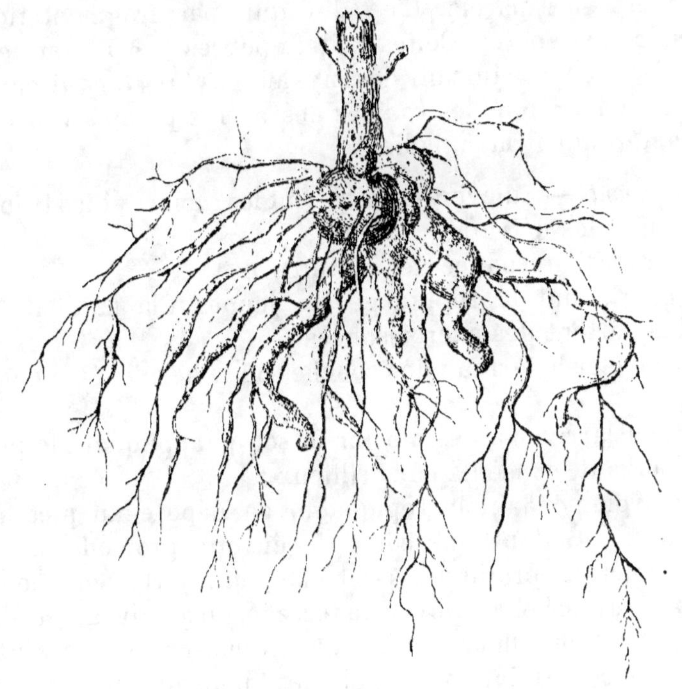

Fig. 431.

Chou portant sur ses racines et le bas de sa tige des tumeurs produites par le *Plasmodiophora Brassicæ* (Woronine).

de taille et de forme variables, sur le pivot et les racines secondaires (fig. 431).

Cette maladie, à laquelle sont aussi exposés le Colza, la Rave, le Navet, le Radis, etc., provoque la pourriture rapide des racines et la mort de la plante.

Si l'on examine une coupe microscopique pratiquée dans une jeune hernie, on constate que certaines cellules sont remplies d'un plasma incolore, granuleux (*plasmodium* ou *plasmode*), tandis que d'autres contiennent de nombreux corpuscules, également incolores, qui sont les spores du *Plasmodiophora*.

En vertu de sa motilité, le plasmode se déplace, non seulement dans la cellule, mais encore hors de la cellule dont il traverse les parois. C'est lui qui, par fragmentation, engendre les spores. Celles-ci, très petites (1,6 μ), germent dans le sol en produisant des myxamibes (p. 479) qui envahissent à leur tour les racines des autres plantes voisines et y déterminent la maladie.

Traitement. — Enlever parfaitement les racines et les troncs de Chou et les détruire.

Observer l'alternance des cultures.

Rejeter avant le repiquage les jeunes Choux dont les racines portent des excroissances.

Renouveler le terreau des couches où la hernie a été constatée.

On peut arriver à désinfecter le sol en appliquant le procédé suivant, conseillé par Prillieux :

Après ou pendant le repiquage, on dépose au pied de chaque plant, dans une sorte de cuvette profonde de 6 à 10 centimètres, pratiquée à cet effet, une forte poignée de chaux vive que l'on recouvre de terre jusqu'au niveau du sol.

Sur 600 choux-fleurs et choux ordinaires traités ainsi, aucun n'a été atteint par la maladie; tandis que celle-ci agit avec intensité sur les pieds non chaulés.

ROSACÉES

Rosier. — 1. *Sphærotheca pannosa* (Blanc ou oïdium du Rosier).

Caractères extérieurs. — Feuilles, jeunes pousses et boutons couverts d'un feutrage blanc.

Description sommaire du parasite. — Mycélium sus-épidermique muni de suçoirs s'enfonçant dans les cellules épidermiques de l'hôte. Conidiophores portant chacun une file de 8-10 conidies en chapelet (*Oïdium leucoconium* Desm.). Périthèces formés dans l'épaisseur du mycélium, ne renfermant qu'un seul asque subovoïde portant des appendicules sinueux (caractère du *Sphærotheca*).

Traitement. — Maladie plus fréquente dans les serres qu'en pleine terre, se produisant, dans ce dernier cas, quand le sol ou l'engrais employé ne conviennent pas aux Rosiers. Une atmosphère trop humide ainsi que de brusques variations de température, donnent de l'intensité à la maladie. Cette dernière se combat efficacement par le soufrage comme l'oïdium de la Vigne.

Les variétés Gloire de Dijon, Maréchal Niel, Géant des batailles, etc., sont très sensibles à l'oïdium.

2. *Phragmidium subcorticium* (Rouille du Rosier).

Caractères extérieurs. — Jeunes tiges, bourgeons, pétiole et limbe des feuilles portant des taches, jaunes au début de l'été, brunes, puis noires plus tard.

Les taches jaunes sont des écides remplis d'écidiospores : ces dernières, à l'automne, font place aux téleutospores (rouille noire).

Lutte. — Quoique cette maladie ne soit pas si dangereuse, elle n'en est pas moins désagréable à cause des taches qu'elle détermine. Pour en éviter l'invasion, il faudra enlever avec soin, dès le début, toutes les parties atteintes.

3. *Pucerons et Fourmis*. — Parmi les premiers, le *Puceron lanigère* (*Schizoneura lanigera* Hausm.) est un des plus grands ennemis du Rosier et du Pommier. On le rencontre surtout sur les jeunes rameaux et les branches où il forme des amas floconneux et blanchâtres dus à des colonies d'individus.

De même que le Phylloxera, le Puceron lanigère se présente sous deux formes, l'une qui vit sur les parties aériennes de la plante ; l'autre, sur les racines. Ces deux formes sont aptères, c'est-à-dire dépourvues d'ailes. Leur corps est piriforme, composé de treize anneaux, sur lesquels des glandes sont disposées sur quatre lignes longitudinales, deux dorsales et deux latérales. Ce sont ces glandes qui sécrètent la matière cireuse produisant le duvet blanc bleuâtre dont l'insecte est couvert pendant l'hiver. L'armure buccale se compose de quatre stylets logés dans la lèvre inférieure modifiée en rostre. Tous les Pucerons rejettent, par l'anus, un liquide sucré nommé *miellat* dont les fourmis sont très friandes.

Le Puceron est ordinairement asexué, c'est-à-dire qu'il se reproduit sans fécondation ; il est en outre vivipare. Quinze jours environ après leur naissance, les jeunes pondent à leur tour ; de telle sorte que, pendant l'été, on compte jusqu'à douze générations successives. Une de ces dernières, qui a lieu à l'automne, se compose d'individus ailés qui contribuent beaucoup à étendre l'invasion. On voit enfin apparaître, avant l'hiver, une génération d'individus sexués qui donnent naissance à des pucerons aptères de forme et de couleur différentes : 1° les *mâles*, petits et verdâtres ; 2° les *femelles*, plus grosses et jaunâtres. Ces dernières renferment un seul œuf (œuf d'hiver). D'après le Dr Keller, de Zurich, cet œuf devrait plutôt être appelé *œuf d'automne*, parce qu'il éclorait non après l'hiver, mais en automne de la même année.

Le Puceron passe la mauvaise saison sur les racines et sous l'écorce de l'arbre, ainsi que dans les plaies qu'il produit ; il réapparaît en mai pour continuer son œuvre de dévastation. Sur les branches il produit des galles, des chancres et des plaies ; sur les racines, des galles assez semblables à celles occasionnées par le phylloxera. Ces divers accidents, toujours graves, ajoutés à la perte de sève produite par la succion de l'insecte, déterminent un dépérissement rapide de l'arbre. Le mal est plus grave sur les racines que sur les parties aériennes. Les petites racines se décomposent sous l'action irritante des galles, et comme elles sont le siège de l'absorption de la plante, celle-ci languit, jaunit, croît lentement, ne fructifie plus ou presque plus et devient beaucoup plus sensible à l'envahissement des autres parasites.

Tout arbre envahi par le Puceron lanigère l'est aussi par les Fourmis qui sont attirées par le miellat sécrété par le premier. Leur présence serait sans danger pour l'arbre si ces insectes n'avaient le fâcheux inconvénient de sécréter un liquide acide spécial, l'acide formique, qui brûle les feuilles, les déforme comme le fait un champignon, l'*Exoascus deformans*, qui produit la cloque du Pêcher.

Lutte. — Pour se débarrasser des Fourmis, il faut entourer le tronc de l'arbre d'une bande de ouate ou de coton cardé. Les Fourmis ne traversent jamais cette matière qui offre en outre l'avantage d'empêcher la migration du Puceron allant des branches aux racines et inversement.

Un grand nombre de remèdes ont été indiqués pour combattre le Puceron lanigère, mais tous ne sont pas également bons, surtout ceux consistant en poudres :

1° Le jus de tabac en solution très faible donne d'excellents résultats, mais épargne le Puceron souterrain ;

2° La naphtaline, dissoute à froid dans l'essence de pétrole et appliquée au pinceau, a été conseillée pour les jardins ; tandis que pour les vergers, il serait préférable d'employer un mélange de naphtaline brute et de chaux, additionné d'huile lourde de goudron (*Revue horticole*) ;

3° Mais ce qui serait le plus efficace, d'après Cuénot, ce serait tout simplement l'ébouillantage des racines, de la tige et des rameaux, accompagné d'un brossage énergique de l'écorce des parties aériennes ; de l'eau de savon bouillante sera encore plus recommandable.

La meilleure époque pour combattre le Puceron lanigère est de fin mars à la mi-avril, époque où l'adulte n'a pas encore quitté son abri et où les jeunes ne sont pas éclos.

AMYGDALÉES

Prunier. — *A.* Parasites végétaux. — 1. *Puccinia Pruni* (Rouille du Prunier).

Caractères extérieurs. — Feuilles portant à leur face inférieure des taches brunâtres ou brun cannelle, arrondies, isolées ou confluentes. Les feuilles fortement attaquées jaunissent et brunissent.

Description sommaire du parasite. — Mycélium intercellulaire produisant des amas d'urédospores à la face inférieure de la feuille où ils déterminent les taches caractéristiques. Sur la même face, se forment ensuite les téleutospores dont la germination reproduira la maladie l'année suivante.

On remarquera que, contrairement au *Puccinia graminis* qui est diphyte, le *P. Pruni* est monophyte, c'est-à-dire qu'il ne produit pas la forme *Æcidium* ou plutôt qu'on ne lui connaît encore que les formes *Uredo* et *Puccinia* qui se développent sur le même hôte, le Prunier.

Traitement. — Il est fort heureux que cette rouille ne soit généralement pas nuisible, car on ne lui connaît encore aucun traitement curatif.

Pour éviter l'apparition de la rouille, il faudra enlever et brûler les parties atteintes.

La bouillie bordelaise, appliquée au début de la végétation, donne de bons résultats : elle détruit les germes des spores avant leur pénétration dans la plante hospitalière.

2. *Polystigma rubrum* (Taches orangées des feuilles).

Caractères extérieurs. — Sur les feuilles, taches orangées ou rouges, brillantes, plus épaisses que le limbe intact, visibles sur les deux faces, surtout sur l'inférieure où elles portent en outre des petites ponctuations.

Description sommaire du parasite. — Le mycélium intercellulaire forme des stromas qui, en se développant, désorganisent et détruisent le parenchyme foliaire.

Une coupe microscopique, faite au niveau d'une tache, montre un stroma renfermant des conceptacles ou spermogonies, à parois épaisses, rouges, dont les spermaties sont filiformes, amincies et ordinairement courbées en crochet à une de leurs extrémités. Sous cette forme, le parasite a reçu le nom de *Libertella rubra*.

Sur les feuilles tombées, également plongés dans le stroma, apparaissent les périthèces dont les asques, allongés en forme de massue, renferment huit ascospores. Ces dernières propageront la maladie l'année suivante.

Traitement. — Enlever et détruire les feuilles atteintes. Enfouir par un labour celles qui couvrent le sol des pépinières avant l'épanouissement des nouvelles feuilles.

3. *Coryneum Beyerinckii* (taches des arbres à noyau).

Caractères extérieurs. — Dès le printemps, les bourgeons et les jeunes feuilles se couvrent de taches rouges ou roses, qui se dessèchent et brunissent ensuite et se détachent parfois de la feuille en formant de petits trous. Les taches des pétioles sont irrégulières et non circulaires comme celles des feuilles.

Parasite. — Au début de l'été, des petits points noirs, constitués par des amas de conidies, apparaissent à la face supérieure des taches, et, dans le courant d'octobre suivant, on distingue des pycnides également développés sur les taches desséchées. Sous sa forme à pycnides, Vuillemin nomme le champignon *Phyllosticta Beyerinckii*.

Ce savant ayant reconnu, au milieu des pycnides, l'existence de périthèces sur des fruits à noyau desséchés, a donné à ces fructifications le nom d'*Ascospora Beyerincki*; il les a considérées comme étant la forme parfaite de *C. Beyerinckii.*

Traitement. — On conseille l'emploi, en arrosages sur le

organes malades, d'une solution de sulfate de fer, à raison
de 100 grammes par 10 litres d'eau.

On pourra aussi répandre au pied de chaque arbre, suivant son âge et sa vigueur, 100 à 150 grammes de sulfate de
fer en poudre. Cette dernière opération doit être faite dès le
commencement d'avril.

4. *Exoascus Pruni* (Pochettes ou lèpre du Prunier).

Caractères extérieurs. — Les jeunes Prunes prennent un

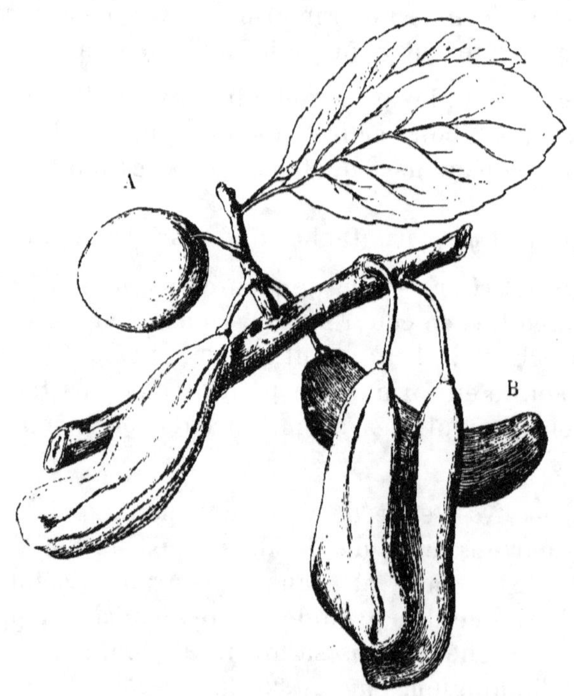

Fig. 432.
Prunes attaquées par l'*Exoascus Pruni*.
A, fruit intact. — B, quatre fruits transformés en pochettes (Prillieux).

développement monstrueux, elles se transforment en
pochettes pâles, jaunâtres, allongées et parfois aplaties à la
façon des gousses. Plus tard, ces pochettes changent de

couleur ; l'efflorescence blanchâtre qui les recouvre devient jaune, puis brune (fig. 432).

Description sommaire du parasite. — Ces déformations des prunes sont dues au développement du mycélium d'un champignon désigné sous le nom d'*Exoascus Pruni*. Les filaments mycéliens se ramifient et se cloisonnent transversalement. Les cloisons sont plus épaisses que les parois latérales des filaments.

Le mycélium peut passer l'hiver dans les jeunes rameaux et envahir les fruits l'année suivante.

Les asques sont formés à la surface des pochettes par des hyphes qui viennent aboutir à la cuticule épidermique, y arrondissent leur extrémité et prennent en grandissant la forme d'une massue (asque). Les ascospores peuvent aussi propager la maladie.

Lutte. — Enlever et détruire les pochettes avec tout le jeune bois qui les porte.

5. *Monilia fructigena* (Rot brun des fruits à noyau).

Caractères extérieurs. — Champignons s'attaquant aux fruits qu'il couvre d'une moisissure jaunâtre et momifie plus ou moins par dessiccation de leurs parties charnues.

Description sommaire du parasite. — La pulpe des fruits malades est parcourue en tous sens par les filaments mycéliens, lesquels forment sous l'épicarpe des stromas émettant à travers l'épiderme des filaments conidiophores. Les conidies, une fois mûres, germent en produisant, selon le milieu nutritif, soit des filaments mycéliens, soit un promycèle producteur de sporidies.

Les fruits tués et tombés sur le sol se couvrent, au printemps suivant, de nouvelles conidies qui contribuent également à la propagation de la maladie.

Traitement. — Ramasser soigneusement et détruire les fruits attaqués. Détacher de l'arbre, au fur et à mesure, ceux qui ont une tendance à s'altérer.

Asperger, au printemps, les arbres ayant été attaqués l'année précédente, à l'aide de la bouillie bordelaise.

6. *Dematophora necatrix* et *Armillaria mellea* (Pourridié ou blanc des racines). (Voy. p. 505.)

7. *Polyporus fulvus* (Carie du tronc). (Voy. p. 513.)

B. Parasites animaux. — 1. *Scolytus rugulosus* (Coléoptère). Ce scolyte est l'insecte qui a ravagé, en 1897, plus de 30 000 pruniers du Lot-et-Garonne.

Les Pruniers malades se dégarnissent de feuilles à partir du sommet des jeunes rameaux, les fleurs se détachent ou tout au moins les fruits tombent avant leur complète évolution ; les racines restent saines. Un écoulement de gomme très abondant vernisse la surface des branches et du tronc et s'échappe par de petites perforations au voisinage des bourgeons (Prillieux et Delacroix).

Il est probable que la mise à fruit très précoce adoptée maintenant dans la culture des Pruniers les prédispose à souffrir de l'insecte en question. Dès lors, des insectes qui, dans l'état ordinaire des choses, ne s'établissent que sur des arbres mourants, ont pu agir sur le Prunier en véritables parasites. L'écoulement gommeux abondant, résultant des lésions produites par ces insectes, a amené chez les Pruniers qui en étaient atteints un dépérissement très rapide et la mort en moins d'une année.

En conséquence, le traitement à employer comporte deux indications nettes :

1° La destruction des insectes pour éviter l'envahissement des arbres indemnes ;

2° L'emploi d'une méthode rationnelle et de tous les soins nécessaires pour maintenir le Prunier en parfait état de végétation.

Insectes. — Les insecticides sont d'une efficacité incertaine. Détruire les larves par le feu pendant l'hiver. Pour cela, abattre les arbres morts ou mourants, brûler entièrement les branches moyennes. Écorcer les troncs et les plus grosses branches et brûler les écorces ; griller convenablement les troncs écorcés.

Les mesures de destruction ne sont efficaces que si elles sont *généralisées*.

Traitement des arbres sains. — Assurer une végétation aussi parfaite que possible par tous les soins culturaux nécessaires. Ne pas ménager les engrais, azotés surtout. Par une taille raisonnée, éviter de pousser à une production fruitière excessive les sujets délicats.

Éviter de mettre les plants nouveaux dans les trous produits par l'arrachage des arbres morts (*Progrès agricole et viticole*).

2. *Chematobia brumata* (Lépidoptères).

Quand la larve (*chenille verte*) de ce papillon est très répandue, elle peut compromettre sérieusement la récolte en s'attaquant aux feuilles qu'elle dévore. Il en résulte une cause d'affaiblissement pour la plante qui, au lieu de fructifier, utilise ses réserves à la formation de nouvelles feuilles (voy. p. 649).

3. *Phytoptus similis* et *P. phlœocoptes* (Acariens).

Ces deux parasites, non dangereux, produisent des galles sur les feuilles ou sur les bourgeons.

Les galles du *P. similis* ont la forme de petits cratères ou de petites vésicules déprimées ; elles sont couvertes de poils roides et entourées d'un bourrelet en forme d'anneau. Elles existent surtout sur le bord de la feuille, rarement ailleurs.

Les galles du *P. phlœocoptes* sont rouges et se rencontrent surtout sur les branches et les rameaux, notamment sur les cicatrices laissées par les écailles des bourgeons.

Remède. — Enlever et brûler les feuilles ainsi que les rameaux portant des galles. Recourir aux soufrages répétés dès l'apparition des galles.

C. MALADIES DUES A D'AUTRES CAUSES. — 1. *Plomb* des arbres fruitiers.

Les feuilles des arbres fruitiers, Pruniers, Cerisiers. Pêchers, Abricotiers, prennent quelquefois une teinte pâle avec reflet métallique rappelant la couleur du plomb. Ces feuilles se crevassent et se brisent facilement, leur durée est moins longue que celle des feuilles saines. Les fruits se développent mal et tombent prématurément. Les prunes deviennent gommeuses; les pêches et les abricots se dessèchent, se rident, se crevassent tout en se couvrant de taches blanches, et tombent.

L'éclat métallique et la pâleur du feuillage sont dus à l'existence anormale d'une petite couche d'air entre l'épiderme supérieur et le mésophylle. Les cellules parenchymateuses sont gonflées et peu adhérentes entre elles.

On ne connaît pas encore la cause de cette affection ni le traitement approprié.

2. *Brûlure.* — Cette maladie est caractérisée par le dépérissement des jeunes rameaux. Le Poirier y est plus sensible encore que le Prunier.

Ballet conseille de bonifier le sol en le drainant ou en l'amendant, sans avoir recours au fumier. Si l'arbre n'est pas trop âgé on le déplante en hiver pour en rafraîchir les racines et on le replante dans de meilleures conditions.

PÊCHER. — 1. *Exoascus deformans* (Cloque du Pêcher).

Caractères extérieurs. — Limbe des feuilles irrégulièrement bosselé surtout à sa face supérieure (fig. 433). En ces points la teinte verte disparaît pour faire place à une teinte d'abord jaunâtre, puis rougeâtre et le limbe s'épaissit. Les feuilles se dessèchent et tombent.

Description sommaire du parasite. — Les bosselures sont dues à une hypertrophie des tissus et à une multiplication active des cellules. Mycélium intercellulaire, cloisonné et très ramifié. Filaments d'épaisseur très inégale, à cellules déformées et plus ou moins anguleuses. Hyphes dissociés et fragmentés sous la cuticule épidermique, à cellules plus ou moins globuleuses, produisant plus tard les asques.

Ascospores au nombre de 8 par asques, se multipliant par bourgeonnement dans l'eau. Prillieux dit que, placées dans des conditions convenables, ces spores peuvent germer sur

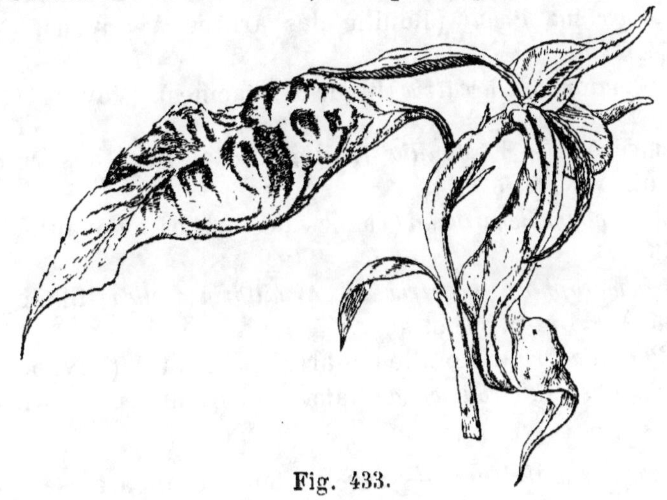

Fig. 433.

Pousse de Pêcher atteint de la Cloque (*Exoascus deformans*) (Prillieux).

les jeunes feuilles et émettre un tube qui donnera naissance au mycélium. Il y a lieu de remarquer cependant que les essais d'infection artificielle à l'aide des spores n'ont pas encore réussi.

Le Champignon se propage d'une année à l'autre par son mycélium vivace logé dans les bourgeons.

Il ne faut pas confondre cette cloque du Pêcher avec les déformations analogues occasionnées par les piqûres des fourmis (p. 573) attirées sur l'arbre par le miellat sécrété par les pucerons ou une cochenille, le *Lecanium persicæ*.

Traitement. — En ce qui concerne l'*Exoascus*, on conseille d'asperger vigoureusement les feuilles et les jeunes rameaux à l'aide de la solution suivante :

> Sulfate de cuivre. . . . . 8 à 10 kilogr.
> Eau. . . . . 100 litres.

On fera très bien aussi d'enlever les feuilles cloquées, tombées ou non, et de les brûler.

2. *Sphærotheca pannosa* (Blanc du Pêcher). (Voy. p. 570.)

3. *Coryneum Beyerinckii* (Taches des arbres à noyau). (Voy. p. 575.)

4. *Puccinia Pruni* (Rouille des arbres à noyau). (Voy. p. 574.)

5. *Dematophora necatrix* (Blanc des racines). (Voy. p. 505.)

ABRICOTIER. — 1. *Monilia fructigena* (Rot brun des fruits à noyau). (Voy. p. 577.)

2. *Coryneum Beyerinckii* (Taches des arbres à noyau). (Voy. p. 575.)

3. *Dematophora necatrix* et *Armillaria mellea* (Blanc des racines). (Voy. p. 505 et suiv.)

4. *Puccinia Pruni* (Rouille des arbres à noyau). (Voy. p. 574.)

5. *Phyllosticta circumcissa* (Maladie des feuilles de l'Abricotier).

Caractères extérieurs. — Sur les feuilles apparaissent des taches arrondies, brunes, devenant rougeâtres et faisant trou à la fin. Feuilles tombant prématurément.

Parasite à périthèces punctiformes et à ascospores elliptiques.

Cette maladie, signalée en 1886 dans le midi de la France, a, au dire de Machado, anéanti complètement la récolte des Abricots de la région où il a constaté la maladie. C'est surtout en Australie où elle est connue sous le nom de *Shot hole fungus*, qu'elle exerce ses ravages.

Traitement. — Enlever et détruire les feuilles atteintes. Au printemps, asperger les jeunes feuilles à l'aide de bouillie bordelaise.

AMANDIER. — 1. *Exoascus deformans* (Cloque de l'Amandier). (Voy. p. 581.)

2. *Coryneum Beyerinckii* (Taches des arbres à noyau). (Voy. p. 575.)

3. *Dematophora necatrix* et *Armillaria mellea* (Blanc des racines). (Voy. p. 505 et suiv.)

4. *Gui* (Viscum album). (Voy. p. 589.)

CERISIER. — 1. *Gnomonia erythrostoma* (Maladie des feuilles du Cerisier).

Caractères extérieurs. — Nombreuses et grandes taches jaunâtres, puis brunes sur les feuilles adultes, se desséchant à la fin; pétioles recourbés en crosse; feuilles persistantes quoique sèches (fig. 434). Jeunes feuilles portant de petites taches brunes, se desséchant rapidement. Fruits profondément déformés ou détruits de bonne heure. Maladie se déclarant ordinairement dans le courant de juin.

Description sommaire du parasite. — Mycélium intercellulaire, à filaments ramifiés, gros et variqueux, pénétrant dans le pétiole et le maintenant fixé au rameau. Spermagonies apparaissant sur les taches, sous forme de ponctuations brunes, renfermant des spermaties filiformes, longues et un peu arquées.

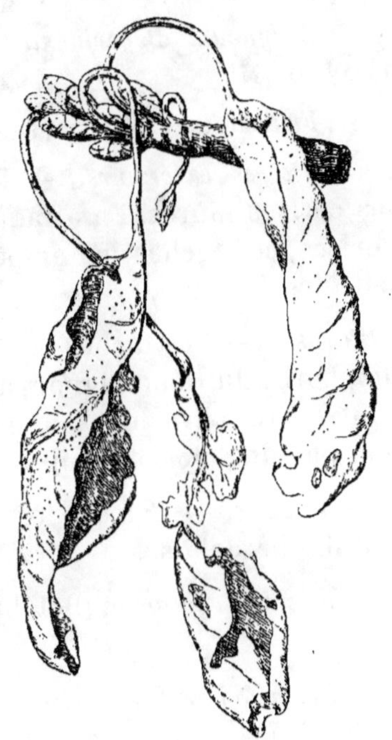

Fig. 434.

Feuilles de Cerisier détruites par le *Gnomonia erythrostoma* (Frank).

Les périthèces, enfoncés dans le mésophylle, se développent à l'automne sur les feuilles sèches et persistantes; ils se distinguent sous la forme de points noirs disséminés à la face inférieure de la feuille, et sont pourvus d'un col rouge brun, émergeant de l'épiderme. Asques allongés, renfermant 8 ascospores allongées, ayant la forme de petites massues et renfermant une ou deux gouttelettes brillantes. Paraphyses nulles.

Traitement. — Enlever de l'arbre toutes les feuilles malades, ainsi que celles tombées à terre, et les brûler. Cette opération se fait en automne ou en hiver.

2. *Exoascus deformans* (Cloque du Cerisier). (Voy. p. 581.)

3. *Coryneum Beyerinckii* (Taches des arbres à noyau). (Voy. p. 575.)

4. *Fusicladium Cerasi* (Taches noires des cerises).

Caractères extérieurs. — Taches d'un noir verdâtre sur les cerises mûres. En attaquant de bonne heure les jeunes cerises, ces taches les empêchent de grossir et provoquent leur dessiccation.

Parasite. — Les taches sont formées par des amas de conidiophores du Champignon, à l'extrémité desquels on ne rencontre ordinairement qu'une conidie fusiforme divisée ou non par une cloison transversale.

Traitement. — Arroser les feuilles et les rameaux avec la bouillie bordelaise.

5. *Monilia fructigena* (Rot brun des fruits à noyau). (Voy. p. 577.)

6. *Dematophora necatrix* et *Armillaria mellea* (Blanc des racines). (Voy. p. 505 et suiv.)

7. *Polyporus fulvus* (Carie du bois). (Voy. p. 513.)

8. *Puccinia Cerasi* (Rouille du Cerisier.)
Cette rouille est la même que celle qui attaque le Prunier (p. 574) et comporte le même traitement. Elle est peu dommageable.

9. *Gomme.*
Cette affection se montre de préférence sur les arbres fruitiers à noyau; le Cerisier est un de ceux qui en souffrent

le plus. On remarque sur les rameaux et le tronc des masses solides, jaunes ou brunes, formées par la gomme.

D'après Duhamel, le Cerisier et le Pêcher deviennent gommeux quand ils végètent dans une terre trop forte ou argileuse.

Les plaies non fermées sont ordinairement le siège d'un développement de gomme; en un mot, toutes les lésions faites à l'arbre, soit sur ses racines, soit sur ses membres aériens, peuvent causer la gomme. Ces remarques permettent de dire que la maladie se développe quand les sucs élaborés ne trouvent pas un nombre suffisant de foyers de formation nouvelle.

« La gomme est un symptôme, disent d'Arbois de Jubainville et mon regretté et cher maître, J. Vesque ; la véritable maladie est une accumulation locale des matières plastiques, jointe à une quantité considérable d'eau, en l'absence d'un nombre suffisant de foyers de formation nouvelle, qu'une cause quelconque empêche de s'établir.

« La maladie peut avoir des causes très diverses, comme la destruction de bourgeons, les blessures considérables de l'axe aérien ou souterrain; une fumure trop forte, un sol trop dense et trop frais, dans lequel l'arbre absorbe beaucoup d'eau. Celle-ci dissout une grande quantité de matériaux de réserve que l'arbre ne peut élaborer; il se forme alors une grande quantité de cellules parenchymateuses qui se transforment en gomme.

« Ces formations nouvelles et anormales, jointes à la destruction du bois normal et de l'écorce, constituent une perte de substance, perte qui entraîne l'affaiblissement et la mort de l'arbre. »

Dans une série de planches admirablement dessinées, le D' Delacroix a reproduit les phases successives de la formation de la gomme.

Dans un rayon médullaire, par exemple, on distingue une lacune récente remplie de gomme, avec cellules périphériques en voie de dégénérescence gommeuse. Le parenchyme gummipare, situé en deçà et au delà de la lacune, résulte d'une multiplication active des éléments du bois jeune dans le voisinage du cambium par un cloisonnement surtout tangentiel. Les cellules se dissocient peu à peu par liquéfaction de la membrane intermédiaire; elles s'hypertrophient sensiblement, puis leur paroi propre se liquéfie à son tour.

A un stade plus avancé, on constate l'envahissement d'un rayon médullaire secondaire, tandis qu'un rayon médullaire primaire commence à multiplier ses éléments qui, par hypertrophie, écrasent les vaisseaux.

Ces formations, continuant leur œuvre de destruction, parviennent à se faire jour au dehors où elles déversent des amas de gomme.

Traitement. — Exciser les parties malades jusqu'au bois sain, les recouvrir d'un bon engluement et inciser longitudinalement l'écorce pour débrider la sève.

On évite la gomme en s'abstenant de faire des plaies considérables aux arbres en végétation active, en leur conservant le plus de bourgeons possible et en les cultivant dans un sol meuble.

Pomacées

Pommier. — 1. *Fusicladium dendriticum* (Gale et tavelure des pommes).

Caractères extérieurs. — 1° *Sur les feuilles* : taches noires couvertes d'un velouté verdâtre, se ramifiant ordinairement depuis le centre, d'où le qualificatif de *dendriticum.*

2° *Sur les fruits* : taches rondes de couleur fauve ou brune, isolées ou confluentes, et parfois profondes crevasses.

Quand la maladie se déclare sur les jeunes fruits, les parties atteintes restent stationnaires, tandis que les autres s'accroissent; il en résulte des déformations du fruit.

Quand au contraire la maladie envahit les fruits complètement développés, elle engendre les taches précitées, assez rarement des crevasses. Le fruit peut encore être consommé, mais il a perdu son bel aspect normal et sa valeur marchande en est amoindrie.

Description sommaire du parasite. — Le mycélium du para-site forme, dans les taches, des stromas producteurs de conidiophores. Ces derniers sont courts et terminés supé-rieurement par une conidie piriforme, pourvue ou non d'une cloison transversale.

Une couche de liège peut se former à la périphérie des tissus sains, au-dessous des tachés, les isoler et provoquer tôt ou tard leur décollement.

Traitement. — L'emploi de la bouillie bordelaise donne d'excellents résultats. Trois aspersions sont nécessaires. La première avant l'épanouissement des boutons floraux ; la deuxième quand les inflorescences sont développées, mais avant l'épanouissement des fleurs ; enfin la troisième un peu après la fécondation, c'est-à-dire quand les fruits sont noués.

Les aspersions doivent intéresser aussi les rameaux et le tronc.

2. *Nectria ditissima* (Chancre du Pommier). (Voy p. 554.)

3. *Dematophora necatrix* et *Armillaria mellea* (Blanc des racines. (Voy. p. 505 et suiv.)

4. *Gymnosporangium clavariæforme* (Rouille des feuilles du Pommier).

Caractères extérieurs. — Sur la face supérieure de la feuille, on remarque des taches jaunes, puis orangées, plus épaisses que le tissu sain voisin, au milieu desquelles on distingue une plage de petits points noirs. Sur la face inférieure, ces mêmes taches, plus grosses, proéminent et ressemblent à des sortes de galles. Les fruits et les rameaux eux-mêmes peuvent être attaqués, se boursoufler irrégulièrement et s'arrêter dans leur développement.

Description sommaire du parasite. — Une coupe microsco-pique, pratiquée dans ces taches, montre que les ponctua-tions noires de la face supérieure sont des *écidioles* et celles de la face inférieure, des *écides*. Ces fructifications rappellent celles que l'on a étudiées précédemment sur l'Épine-Vinette, au sujet de la rouille des Céréales (p. 529). Les écides du Pommier et du Poirier diffèrent de ceux de l'Épine-Vinette par leur taille plus grande et leur mode d'ouverture spécial. L'écide s'ouvre suivant plusieurs fentes et non en forme de timbale. « Ce mode de déhiscence du péridium de certains écides, dit Prillieux, les a fait réunir en un genre spécial sous le nom de *Ræstelia*. »

Les écidiolispores peuvent propager la maladie sur le Pommier, mais les écidiospores ne peuvent germer que sur un second hôte qui est la Sabine ou *Juniperus sabina*, où elles produisent des hypertrophies mucilagineuses, sortant à travers l'écorce, qui sont le siège des *téleutospores* ou *probasides* (les urédospores n'existent pas ici) et constituent une rouille que l'on a rangée dans le genre *Gymnosporangium*.

Les probasides germent sur le sol en produisant une baside qui engendre à son tour des sporidies, lesquelles ne peuvent germer que sur le Pommier.

Dans le cas actuel, la Sabine correspond à la Céréale et le Pommier à l'Épine-Vinetle. Il y a lieu de remarquer que la forme *Ræstelia* ou à écides peut se développer aussi sur d'autres arbres ou arbustes que le Pommier (*Cratægus oxyacantha, C. pyracantha, C. nigra, C. punctata, C. lobata*, etc., *Pirus angustifolia, Sorbus aria* ou *Alisier*).

Un autre *Gymnosporangium* (*G. juniperinum*) peut aussi causer la rouille du Pommier. Ses phases évolutives sont les mêmes que pour le précédent, et le second hôte, sur lequel il forme ses probasides, est le Genévrier. Il produit aussi ses écides sur les plantes suivantes : *Sorbus aucuparia, S. torminalis, S. hybrida, Amelanchier canadensis, Aronia rotundifolia*.

Traitement. — Aucun traitement direct n'a encore été efficace jusqu'à présent. On doit se borner à détruire les Sabines et les autres plantes sur lesquelles le champignon passe un stade de développement. On fera très bien aussi de brûler les feuilles de Pommier atteintes de la rouille.

5. *Gui*.

Le Gui (*Viscum album*) appartient à la famille des Loranthacées ; il vit en parasite sur une cinquantaine d'arbres et arbustes, sur lesquels il forme des sortes de petits buissons arrondis, tranchant nettement en hiver par leurs feuilles vertes et persistantes. Son port varie avec la nature de la plante hospitalière. Sur le Pin, il a des feuilles étroites et des rameaux grêles, tandis que sur le Peuplier noir il acquiert une grande vigueur. Les graines du Gui vivant sur les Conifères n'ont ordinairement qu'un seul embryon, et généralement deux sur les autres plantes. Le Pommier est un des arbres fruitiers les plus exposés aux attaques de ce parasite. C'est surtout par les oiseaux, friands de ses baies, que le Gui est propagé. Une graine vient-elle à être déposée sur une branche de Pommier, par exemple, elle émet, par germination, un suçoir principal, issu de la base renflée de l'hypocotyle, qui s'enfonce dans l'écorce de la plante hospitalière en pénétrant jusqu'à la couche cambiale. Dans cette dernière, le suçoir principal

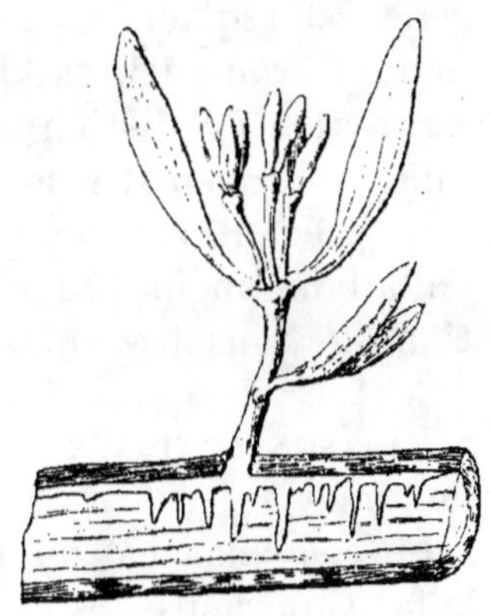

Fig. 434.

Coupe longitudinale d'un rameau de Sapin montrant les suçoirs intra-ligneux d'une racine sous-corticale de Gui (H. Schacht).

s'épanouit en tous sens en donnant, à la surface du bois, des cordons de plus en plus fins (fig. 434). Ce sont ces cordons qui fournissent les suçoirs secondaires que l'on voit enfoncés dans le bois, notamment dans les rayons médullaires, où ils absorbent la sève brute indispensable au développement du Gui. Les suçoirs se maintiennent constamment dans ce milieu, en s'accroissant par leur base à mesure que l'hôte produit de nouvelles formations.

Traitement. — Il faut enlever toutes les touffes que l'on

remarque sur les arbres fruitiers et autres du voisinage. Pour cela, il ne suffit pas de couper ces touffes au niveau de l'écorce de l'hôte, il faut exciser toutes les parties du parasite enfoncées dans cette écorce, lesquelles seraient capables de produire des bourgeons adventifs. Plus les touffes de **Gui** sont fortes, plus leur excision est dommageable à l'hôte. Il importe donc de les supprimer, de préférence, lorsqu'elles sont jeunes. Une visite attentive et annuelle des arbres du verger et de ceux du voisinage permettra de distinguer facilement ces jeunes touffes. Les cultivateurs n'attachent pas assez d'importance à cette utile précaution, car il est hors de doute que le Gui cause l'affaiblissement de l'hôte et conséquemment favorise l'action de tous les autres parasites.

PARASITES ANIMAUX. — 1. *Erineum malinum* (Érinose du Pommier).

L'*E. malinum* est un Acarien microscopique qui produit à la face inférieure des feuilles des sortes de galles recouvertes de poils enchevêtrés et formant feutrage.

Traitement. — 1° Soufrages répétés au début de la **végétation**; 2° destruction des feuilles galleuses, et 3° badigeonnage du tronc et des branches maîtresses avec la mixture suivante :

Huile lourde de houille.	2	kilogr.
Naphtaline brute.	6	—
Chaux vive	12	—
Eau	40	litres (d'après Balbiani).

2. *Puceron lanigère* (Schizoneura lanigera). (Voy. p. 571.)

POIRIER. — 1. *Fusicladium pirinum* (Gale et crevasses des Poires).

Caractères extérieurs. — 1° *Sur les feuilles :* nombreuses petites taches arrondies, olivâtres et pulvérulentes, puis noires; 2° *Sur les bourgeons de l'année :* au début de l'hiver. taches d'un noir brun, écorce gercée et crevassée; 3° *Sur les fruits* : taches noires, déformations et crevasses dirigées en tous sens, parfois très profondes.

Les fruits ainsi plus ou moins attaqués (*tavelure*) ont perdu leur valeur et sont immangeables (fig. 435).

Description sommaire du parasite. — En examinant une coupe microscopique pratiquée dans une tache, on constate que la partie centrale de cette dernière est occupée par un stroma de filaments mycéliens d'où sortent, en se dressant, de nombreux conidiophores noir olivâtre dont les conidies sont ovoïdes ou piriformes, 1-2 cellul. et brunes.

Cette forme conidienne a été désignée par Mlle Libert sous le nom d'*Helminthosporium pirinum* et placée par Fuckel dans le genre *Fusicladium*.

Fig. 435.

Tavelure d'une poire occasionnée par le *Fusicladium pirinum*.

Il arrive quelquefois que les conidies ne se développent pas ; ce sont alors les cellules du stroma qui, par bourgeonnement, donnent naissance à des filaments mycéliens et reproduisent le parasite. Celui-ci continue son œuvre sur les fruits récoltés et en détermine la pourriture.

Les variétés Doyenné d'hiver, Bon Chrétien d'été et Louise-bonne sont particulièrement exposées aux tavelures. Comme l'humidité est un agent très favorable au développement et à la propagation du *Fusicladium*, on fera bien de cultiver ces variétés en espalier, à l'est ou au sud, et de les abriter.

Traitement. — Au mois de mars, c'est-à-dire avant le départ de la végétation, asperger les arbres, le treillage et le mur contre lesquels ils sont appuyés, à l'aide de la bouillie bordelaise.

2. *Fumago vagans* (Suie ou Fumagine).

Caractères extérieurs. — Enduit noir se formant sur les feuilles et les rameaux de nombreuses plantes de pleine terre ou de serre, dû à plusieurs champignons (*Capnodium salicinum, Cladosporium herbarum*, etc.).

« Ce revêtement noir des plantes, dit Prillieux, est tout à fait superficiel ; il est formé par le mycélium extrêmement polymorphe de champignons dont les cellules ne pénètrent jamais ni dans l'épiderme ni à travers les stomates dans les tissus sous-jacents. La Fumagine ne se montre cependant que sur les parties vivantes des plantes ; elle y vit soit de matières qui sont sécrétées par l'épiderme qu'elle recouvre, soit, et c'est de beaucoup le cas le plus fréquent, de la liqueur sucrée que projettent les Pucerons et les Kermès. »

La détermination des diverses espèces de Fumagine est difficile, car la plupart du temps le parasite ne fructifie pas, ou s'il fructifie il ne donne qu'une certaine sorte de fruits difficiles à classer.

Description sommaire du Fumago vagans Pers. ou *Capnodium salicinum.* — Ce parasite est le mieux connu. Au début, le mycélium forme une très fine couche blanchâtre qui s'épaissit peu à peu et forme en automne une couche dense et noirâtre.

Le *F. vagans* peut se reproduire par sclérotes (*Coniothecium*) ou par les cellules des filaments et des chapelets (*Torula, Antennaria*) qui rampent à la surface et qui jouent le rôle de conidies ; par des filaments dressés, se cloisonnant à leur extrémité pour former une conidie cloisonnée ou non (*Cladosporium*) ; par des groupes étoilés (*Triposporium*) et enfin, d'après Tulasne, par des pycnides, des spermogonies, allongés en cornue ou en fuseau, et par des périthèces globuleux et pédicellés.

On voit, par ce qui précède, les moyens nombreux suivant lesquels le champignon peut se propager.

Le parasite nuit à la plante en gênant la respiration des feuilles dont il obstrue les stomates.

Le Houblon souffre beaucoup de cette affection, et, après lui, le Saule, le Peuplier, le Chêne, le Bouleau, l'Orme, le Tilleul, le Prunier, le Poirier et le Pommier.

Parmi les plantes de serre on peut citer aussi le Palmier, le Camélia, le Laurier et le Figuier.

Traitement. — Le champignon, une fois développé, est très difficile à détruire. Le soufrage, l'eau de chaux, ainsi que le sulfostéatite cuprique ne donnent pas toujours des résultats satisfaisants.

Il est bien préférable de détruire les Pucerons et les Kermès qui sécrètent le miellat dont vit ordinairement la Fumagine (voy. p. 571).

3. *Nectria ditissima* (Chancre du Poirier). (Voy. p. 554.)

4. *Dematophora necatrix* et *Armillaria mellea* (Blanc des racines). (Voy. p. 505 et suiv.)

5. *Gymnosporangium Sabinæ* (Rouille du Poirier).

Caractères extérieurs. — 1° Sur les *feuilles* du Poirier, à leur face supérieure, on remarque des taches jaunes, puis orangées, plus épaisses que le tissu sain voisin, au centre desquelles on distingue une plaque de petits points noirs. Sur leur face inférieure, ces taches, plus larges, proéminent et ressemblent à des sortes de galles. 2° Les *fruits* et les *rameaux* eux-mêmes peuvent être attaqués, se boursoufler irrégulièrement et s'arrêter dans leur développement.

Les caractères de la maladie sont donc les mêmes que ceux de la rouille du Pommier occasionnée par le *G. clavariæforme.*

Le second hôte nécessaire au parasite est aussi la Sabine ou *Juniperus Sabina.*

Pour la description du parasite, voir page 587.

Traitement. (Voy. p. 588.)

Parasites animaux. — 1. *Erineum pirinum* (Erinose du Poirier).

Cet Acarien détermine à la face inférieure des feuilles des galles qui ont une grande analogie avec celles de l'Erinose de la Vigne, sans toutefois présenter des boursouflures à la face supérieure de la feuille.

Traitement (identique à celui de l'Erinose du Pommier, p. 590.)

2. *Phytoptus Piri* (Cloque du Poirier).

Caractères extérieurs. — Sur les jeunes feuilles, on remarque des taches jaunes ou rouge carmin, et sur les feuilles plus âgées, des taches brunes ou noires. Ces taches sont convexes sur la face supérieure de la feuille et ordinairement déprimées sur la face inférieure.

Le *Phytoptus Piri* est un très petit Acarien pourvu de deux paires de pattes seulement (les autres espèces en ont quatre paires) qui, à l'approche de l'hiver, se réfugie entre les écailles des bourgeons.

Les dégâts occasionnés par ce parasite ne sont graves que quand les pustules qu'il produit sont nombreuses.

Traitement. — On peut essayer les soufrages répétés, dès l'apparition du mal. Mais le moyen le plus sûr consiste à enlever et à brûler : 1° les feuilles inférieures des bourgeons printaniers, dans lesquelles se trouvent des œufs et des individus adultes, 2° les feuilles supérieures à mesure qu'on y rencontre des pustules.

3. *Cemyostoma scitella* (Taches noires du Poirier).

Ce parasite est un microlépidoptère dont les ailes sont d'un gris perle et munies d'un point argenté placé entre deux autres plus gros et noirs, d'où partent deux petites raies jaune d'or. L'envergure de ces ailes est d'environ 5-6 millimètres.

La larve de ce papillon ressemble à un petit asticot de 2-3 millimètres de longueur qui vit à l'intérieur des feuilles où il occasionne, par destruction du parenchyme, des taches noires caractéristiques.

Lutte. — On conseille de brûler les feuilles tachées et aussi de suspendre à l'intérieur de l'arbre, au début de la végétation, un ou deux flacons remplis de sulfure de carbone (100 gr. environ) dont les vapeurs tuent assez rapidement les chenilles et les papillons posés sur l'arbre.

Cognassier. — **1.** *Stromatinia Linhartiana* (Avortement des jeunes Coings).

Caractères extérieurs. — 1° Sur les *feuilles* apparaissent des taches brunes qui, en s'agrandissant, peuvent envahir presque toute la surface du limbe, et qui, à leur face supérieure, sont couvertes d'une substance pulvérulente grisâtre.

A un certain moment, les feuilles attaquées exhalent une odeur spéciale assez pénétrante.

2° Les jeunes fruits sont tués rapidement par le parasite ; ils brunissent et se dessèchent, les poils gris roussâtre qui les recouvrent sont peu adhérents au péricarpe et se détachent facilement.

Description sommaire du parasite. — Une coupe microscopique pratiquée au niveau d'une tache recouverte de substance pulvérulente, laisse voir la cuticule épidermique soulevée et rompue par un stroma à larges éléments. Ce stroma produit une quantité considérable de conidies sphériques disposées en chapelets simples ou ramifiés.

Les conidies (fig. 436), considérées isolément, présentent à leurs pôles d'insertion deux petites saillies à la place desquelles existaient deux concavités, lorsque les conidies étaient encore réunies, et servant à loger un petit corps plus ou moins fusiforme, appelé *disjunctor* par Woronine. Ce corps, qui prend naissance entre les parois transversales des conidies, provoque par sa croissance la déhiscence des conidies.

Sous sa forme conidienne le parasite a été appelé *Monilia Linhartiana.*

Sur les fruits tombés à terre et échappés aux insectes, se développent, au printemps suivant, les *apothécies* d'une Pézize « fort semblable, d'après Prillieux, à celle des *Sclerotinia Libertiana*, *Trifoliorum*, etc., mais plus trapue et d'une couleur

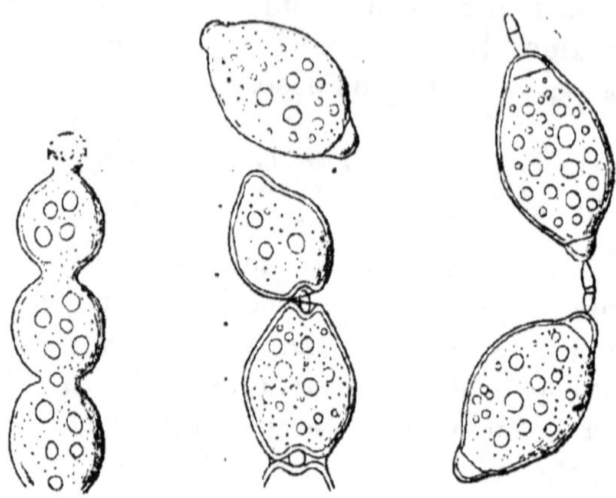

Fig. 436.

Conidies de *Monilia Linhartiana* très grossies avec leurs *disjunctors* (Woronine).

plus foncée, assez variable, du reste, passant du brun fauve au gris ardoisé avec une teinte un peu violacée ».

L'hymène, situé dans la cupule de cette **Pézize**, comprend des asques et des paraphyses.

Les ascospores peuvent germer sur les feuilles du Cognassier en produisant, à l'intérieur de ces feuilles, des sporidies semblables à celles des *Stromatinia* vivant sur les fruits de Vaccinium.

Le *Stromatinia* et le *Monilia* sont deux formes du même champignon.

Traitement. — Essayer, au printemps, l'aspersion préventive à l'aide de la bouillie bordelaise.

2. *Fusicladium dendriticum* (Gale et crevasses des coings). (Voy. p. 586.)

3. *Dematophora necatrix* et *Armillaria mellea* (Blanc des racines). (Voy. p. 505 et suiv.)

4. *Gymnosporangium Juniperinum* (Rouille du Cognassier).
(Voy. p. 588.)

RIBÉSIACÉES

GROSEILLIER. — **1. *Glæosporium Ribis*** (Maladie des feuilles du Groseillier).

Caractères extérieurs. — Sur la face supérieure des feuilles on remarque, au début, des ponctuations rougeâtres qui, en s'agrandissant, forment plus tard des taches brunes bordées d'une teinte fauve et desséchées. D'autres fois les feuilles meurent et tombent à la suite d'altérations produites sur une grande partie de leur limbe. Lorsque ce dernier accident survient en été, les fruits persistent seuls sur la plante et sont fort endommagés par la chaleur solaire. L'affection est moins grave quand les feuilles ne portent que les taches signalées en premier lieu ; les fruits peuvent mûrir à l'ombre du feuillage, car celui-ci peut persister jusqu'au commencement de septembre.

Parasite. — L'étude microscopique des taches de la face supérieure de la feuille montre un épiderme déchiré livrant passage à de nombreux conidiophores dont les conidies sont acuminées aux deux extrémités et courbées en forme de croissant.

Le Cassis (*Ribes nigrum*) et le Groseillier à grappes (*R. rubrum*) sont attaqués par ce champignon,

Le Groseillier à maquereau (*R. uva-crispa*) peut aussi être envahi par un autre champignon imparfait, nommé *Phyllosticta Grossulariæ*, qui détermine sur les feuilles des petites taches brunâtres, plus colorées que les précédentes et épaissies sur les bords.

2. *Microsphæra Grossulariæ* (Blanc du Groseillier).

Caractères extérieurs. — Les deux faces de la feuille sont recouvertes d'un vêtement blanc grisâtre ressemblant à une fine toile d'araignée.

Description sommaire du parasite. — Mycélium superficiel n'enfonçant dans l'épiderme que de courts suçoirs, produisant : 1° des conidiophores terminés chacun par une file de conidies, 2° des périthèces sphériques, isolés, petits, portant à leur surface 10-15 appendices plus ou moins ramifiés et vaguement dichotomiques, dont les ramifications ultimes se terminent par deux petites dents parallèles. Chaque périthèce renferme 4-8 asques ovoïdes, munis d'un court pédicelle et renfermant 4-5 ascospores.

Traitement. — Pratiquer plusieurs soufrages.

3. *Cronartium ribicolum* (Rouille du Groseillier).

Caractères extérieurs. — A la face inférieure des feuilles, parfois sur toute leur surface, existent des petites taches jaune orangé, puis brunes.

Description sommaire du parasite. — Le Champignon est une Urédinée diphyte dont une partie du cycle évolutif s'accomplit sur le Groseillier et l'autre sur divers Pins (*Pinus strobus,* *P. Lambertiana* et *P. cimbra*).

Le *Cronartium ribicolum* produit d'abord, sur les feuilles de Groseillier, des urédospores, puis des téleutospores. Ces dernières sont oblongues ou cylindriques, 1-cellulaires, réunies en colonne au milieu du pseudopéridium ayant produit les urédospores. En germant, les téleutospores donnent un promycèle qui produit à son tour des sporidies. Ces dernières, transportées sur l'écorce du Pin Weymouth, y déterminent la maladie désignée autrefois sous le nom de *Peridermium strobi,* dont les fructifications sont d'abord des spermogonies, puis des écides.

Il y a lieu de faire remarquer qu'il n'existe aucune relation entre le *Peridermium* du Pin Weymouth et ceux du Pin sylvestre et du P. commun.

Cornu et Klebahn ont reconnu que le *Peridermium* du Pin commun est dû au *Cronartium asclepiadum* qui produit ses téleutospores sur le *Gentiana asclepiadea* et le *Cynanchium asclepiadum.*

Le *Peridermium* qui n'envahit que les aiguilles (*P. oblon-gosporium*) engendre, sur le Séneçon, le *Coleosporium senecionis*.

Traitement. — Enlever et brûler les rameaux de Groseillier attaqués par le *Cronartium ribicolum*.

4. *Puccinia Grossulariæ* (= *Æcidium Grossulariæ* Schum.) (Rouille du Groseillier).

Caractères extérieurs. — Taches irrégulières, rouge pourpre sombre sur les feuilles, les jeunes rameaux et surtout les fruits. Ces derniers sont arrêtés dans leur développement et ne mûrissent pas.

Description sommaire du parasite. — Le parasite est une Urédinée monophyte, à mycélium intercellulaire, produisant à la face supérieure des feuilles des fructifications ou spermogonies, tapissées de poils à l'intérieur. Ces poils apparaissent groupés en pinceau à l'ouverture du col de la spermogonie. A la face inférieure des feuilles, le mycélium forme également des stromas qui sont le point de départ de nouvelles fructifications ou écides très nombreux et très serrés dans les taches. Par leur germination, les écidiospores propagent la maladie sur les pieds voisins.

Le parasite produit plus tard des téleutospores ou spores d'hiver.

Traitement. — Enlever et brûler les parties atteintes. Au printemps, alors qu'apparaissent les premières feuilles, arroser les Groseilliers à l'aide de la bouillie bordelaise.

5. *Polyporus Ribis* Schum. (= *Trametes Ribi* Fries) (Altération du bois).

Ce Polypore se développe sur les troncs de Groseillier et aussi sur ceux du Rosier. Son chapeau, de forme variable, est aplati, sessile, d'une largeur de 12 centimètres environ, velouté à l'état jeune, brun rouillé à la fin, non zoné supérieurement. Sa chair est jaune brun, ayant la consistance du liège ; ses pores sont petits et courts, de 2 millimètres de longueur environ. Plusieurs chapeaux peuvent s'imbriquer en se superposant.

Traitement. — Détruire tous les Groseilliers attaqués par le champignon.

AMPÉLIDÉES.

VIGNE. — *A*. PARASITES VÉGÉTAUX. — 1. *Plasmopara viticola* (Mildiou).

Caractères extérieurs. — Feuilles portant à la face inférieure des taches blanches disparaissant par le frottement, et à la face supérieure, en des points correspondants, des taches jaunâtres puis couleur feuille morte ; feuilles tombant prématurément en se désarticulant soit à la base du limbe, soit à la base du pétiole. Petits grains des grappes vertes devenant jaune livide, se desséchant et tombant (*Rot gris*). Peu avant ou pendant la veraison, les grains prennent une teinte chocolat (*Rot brun*) ou deviennent juteux avec peau surélevée, tendre, quelquefois déliquescente (*Rot juteux*).

Ces trois sortes de *rots* caractérisent le *mildiou*.

Les jeunes rameaux herbacés se couvrent aussi d'efflorescences blanchâtres à leur sommet.

Effets. — Le mildiou est une maladie grave. Sous ses effets, les grains de raisin se dessèchent, puis tombent. Ceux qui persistent produisent un vin de mauvaise qualité. Les sarments s'aoûtent mal ; les racines contractent une sorte de pourriture humide ; la plante s'affaiblit et finit par périr après plusieurs attaques successives.

Tous les cépages peuvent contracter la maladie, mais à des degrés différents. Ainsi les Chasselas, Grenaches, Jurançon, Pineau, Muscats, Pulsard, Jacquez, etc., sont très éprouvés ; les Gamay, Trousseau, Enfariné, Aramon, Cabernet, Sauvignon, etc., sont peu attaqués ; tandis que les

Clairette, Vitis Riparia, V. Rupestris, V. Berlandieri, etc.,
sont très peu atteints.

Conditions de développement du parasite. — Une chaleur
élevée et une humidité abondante sont nécessaires au développement du mildiou. Les mi-
lieux bas et humides, où la
rosée et les brouillards sont fréquents, sont les plus exposés
aux attaques du parasite.

Étude sommaire du parasite
(fig. 437). — Mycélium intercellulaire, ramifié, à filaments
continus, munis de suçoirs
pénétrant dans les cellules,
produisant à travers les stomates de la face inférieure des
feuilles des touffes de conidiophores blanchâtres, ramifiés en
4-7 petites branches inégales,
produisant à leur extrémité
des conidies piriformes, lisses
et incolores, dont la dissémination a été particulièrement
bien étudiée par L. Mangin. Les
conidies produisent des zoospores ciliées par germination.

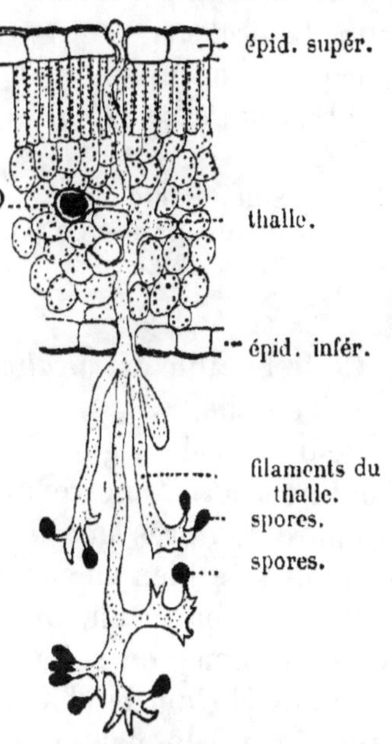

Fig. 437.

Coupe d'une feuille de Vigne
atteinte de Mildiou.

O, œuf.

Pendant l'hiver, des œufs se forment par hétérogamie à
l'intérieur des feuilles tombées. Ces œufs produisent en germant soit des conidies, d'après les uns, soit des zoospores,
d'après les autres.

Dans les milieux secs, il peut y avoir formation de chlamydospores (p. 476) sur des conidiophores plus ou moins
atrophiés.

Traitement. — Les sels de cuivre sont les seuls dont l'action *préventive* soit absolument incontestable. S'ils ont donné

parfois des mécomptes, c'est que leurs applications n'ont pas été suffisamment nombreuses ou qu'elles ont été faites trop tardivement. Ces sels doivent être déposés sur la face supérieure de la feuille ; ils le sont ordinairement sous forme de *bouillie bordelaise, bouillie bourguignonne, bouillie sucrée, Eau céleste, Verdet gris*, etc.

Ne nous occupons que des trois premières.

1° La *bouillie bordelaise* se fait à 2 ou 3 p. 100.

Sulfate de cuivre	2 ou 3 kilogr.
Chaux grasse en pierres	1 ou 1^{kg},500
Eau.	100 litres.

Cette bouillie est *alcaline*, c'est-à-dire qu'elle renferme un excès de chaux.

Beaucoup de vignerons préfèrent la bouillie *neutre* à la bouillie *acide*. A notre avis, ils ont raison ; car la bouillie préparée d'après une des formules précédentes est fine et se tient très bien en suspension dans le liquide.

Pour préparer une bouillie *neutre*, on fait dissoudre 2 ou 3 kilogrammes de sulfate de cuivre dans 80 litres d'eau et on ajoute le lait de chaux en agitant constamment, jusqu'au moment où du papier de tournesol *rouge*, plongé dans la masse, devient bleu.

Les bouillies *acides* s'obtiennent en ajoutant à une bouillie neutre une dissolution de 100, 150 ou 200 grammes de sulfate de cuivre par hectolitre. D'autres prétendent que les bouillies acides sont plus énergiques ; il y a du **vrai**, mais gare à la brûlure des feuilles si la bouillie est **trop acide** !

La chaux de la bouillie exerce une triple action bienfaisante. Au début, elle agit comme mordant et fixatif ; pendant quelques jours elle est capable de tuer certains appareils reproducteurs du mildiou et enfin, sous forme de carbonate, elle préserve la provision d'oxyde de cuivre qui s'est formée.

Le sulfate de cuivre employé doit être pur pour avoir une action plus énergique. Pour apprécier sa **pureté**, il suffit de verser dans une solution de sulfate de cuivre une petite quantité de lait de chaux. Si le sulfate de cuivre est *pur*, la solution devient d'un beau bleu ; s'il renferme du *sulfate de fer*, elle passe au bleu *rouillé*, et s'il contient du *sulfate de zinc*, elle devient *blanc sale*.

2° La *bouillie bourguignonne* [1] se compose de :

Sulfate de cuivre. . . . .   2 kilogr.
Carbonate de soude à 90°.   1   —
Eau. . . . .   100 litres.

Ici le carbonate de soude remplace la chaux.

Mais nous ferons remarquer que si l'on peut préparer à l'avance la bouillie bordelaise, il n'en est pas de même de la bouillie bourguignonne qui, fraîchement fabriquée, a un aspect floconneux ou gélatineux ; tandis qu'au bout de vingt-quatre heures ou au plus quarante-huit heures, suivant la température du milieu ou des solutions, elle forme un dépôt cristallin ou sableux.

A l'état frais, la bouillie bourguignonne adhère parfaitement aux feuilles, tandis qu'au bout d'un jour elle a perdu presque toute adhérence. Il importe donc de ne fabriquer cette bouillie qu'au moment de l'employer, au fur et à mesure des besoins, de préférence le matin, et de la placer autant que possible dans un lieu frais ou d'envelopper le récipient qui la contient d'un linge mouillé.

Si la bouillie bourguignonne a le mérite de ne pas encrasser l'instrument comme la bouillie bordelaise, il faut reconnaître cependant qu'elle ne lui est pas supérieure au point de vue préventif.

Pour la préparer, on fait dissoudre à chaud la quantité indiquée de carbonate de soude et on verse la solution refroidie dans 50 litres d'eau, puis ce premier mélange dans la solution également froide et de même volume de sulfate de cuivre.

---

[1] 1 kilog. de carbonate de soude à 90 degrés correspond à 2 ou 3 kilos de cristaux de soude des épiciers, suivant le degré de pureté de ce dernier produit.

De cette façon, le précipité est parfaitement ténu et gélatineux. Mais si, par négligence ou manque d'habileté, la bouillie préparée passe au vert sale et dépose rapidement, on se servira d'ammoniaque, en quantité suffisante, pour redissoudre le précipité de carbonate de cuivre.

3° La *bouillie sucrée* comprend :

Sulfate de cuivre.	2 kilog.
Chaux ou carbonate de soude.	1 —
Mélasse	$0^{ks}.200$ ou $0^{ks}.500$
Eau	100 litres.

Le lait de chaux, par exemple, est versé dans la solution de sulfate de cuivre et la mélasse délayée est ajoutée au mélange en brassant fortement. La mélasse augmente l'adhérence et réduit le sulfate de cuivre qui n'aurait pas été transformé par la chaux, ce qui évite les accidents de brûlure occasionnés par les petits cristaux de sulfate de cuivre sur les feuilles.

La *bouillie sucrée* est donc encore supérieure aux précédentes.

Quel que soit le fongicide employé, les époques auxquelles le traitement doit se faire sont les suivantes :

1er traitement avant la floraison,

2e traitement après la floraison ;

3e traitement quand les grains ont acquis environ les trois quarts de leur grosseur.

Si besoin est, on continuera les traitements de quinze en quinze jours, jusqu'à la fin d'août.

Il est d'usage, en Franche-Comté, notamment dans le département du Doubs, de ne pas donner le premier traitement avant le commencement de juillet. Cette mesure économique est justifiée par ce fait que le mildiou n'a jamais été rencontré, dans le Doubs, avant la première huitaine de juillet.

La forte et désastreuse invasion de mildiou que l'on a constatée dans les premiers jours de *Septembre* 1900, indique clairement la nécessité d'une dernière aspersion vers la fin d'août.

2. *Erysiphe Tuckeri* (Oïdium).

Caractères extérieurs. — La maladie se manifeste sur les rameaux, les feuilles et les fruits, sous l'aspect d'un duvet blanchâtre, non brillant, puis grisâtre, auquel succède une coloration brune des parties attaquées. Quand l'aoûtement

Fig. 438.

Grains de Raisin attaqués par l'*Oïdium Tuckeri* (Prillieux).

des rameaux a eu lieu, l'oïdium se reconnaît par des taches continues, non creusées et brun noirâtre.

Les grains attaqués sont d'abord recouverts d'une fine poussière blanc grisâtre, grasse au toucher ; ils brunissent ensuite, se rident, se dessèchent et peuvent se fendiller jusqu'aux pépins (fig. 438). Le raisin ainsi attaqué ne tarde pas à mourir.

Les grains oïdiés, dit Viala, peuvent grossir sans qu'il y ait éclatement de la peau, mais leur maturation s'accomplit mal ; ils se ramollissent à la véraison, se rident et parfois se dessèchent. Dans tous les cas, le vin qu'ils peuvent produire est mauvais et peu sucré. Il est rare que le grain soit atteint après la véraison, et lorsqu'il l'est, il en résulte des crevasses qui entraînent la perte totale de la récolte.

Une vigne fortement oïdiée reste languissante l'année suivante et fructifie moins abondamment ; les racines elles-mêmes souffrent sous l'influence indirecte du parasite, et les sarments s'aoûtant mal sont plus sensibles aux intempéries et aux froids de l'hiver.

De même que pour le mildiou, les divers cépages sont

34.

inégalement attaqués par l'oïdium. Parmi les plus sensibles on peut citer les Chasselas, Muscats, Malvoisies, Frankental, Folle-Blanche, Gamays, Clairettes, etc. Parmi les cépages peu atteints on rencontre les Sauvignon, Alicante ou Grenache, Alicante-Bouschet, Aramon, Marsanne, Pinots, etc. Enfin parmi ceux qui sont très peu attaqués, on peut citer les Melons, Isabelle, Cots, Vitis Riparia, V. rupestris, V. æstivalis, etc.

Conditions de développement du parasite. — La température est l'agent le plus favorable au développement du parasite. C'est entre 25 et 30° que ce développement atteint son maximum. Cet optimum n'est point rare pendant l'époque comprise entre la floraison et la véraison de la vigne ; c'est précisément pendant ce temps que les ravages du parasite sont à redouter.

Quoique exerçant une certaine influence, il a été reconnu que l'humidité est moins nécessaire que la chaleur. Les fortes pluies sont un obstacle à l'extension de la maladie. Les vignes plantées sur des coteaux bien exposés aux rayons solaires, s'échauffant facilement, sont plus éprouvées par l'oïdium que celles des plaines froides et humides.

Ce n'est pas en tant qu'eau précipitée en gouttelettes que l'humidité favorise le développement du parasite, mais seulement en provoquant l'élévation de l'état hygrométrique du milieu ambiant.

Description sommaire du parasite. — Mycélium sus-épidermique, plus ou moins ramifié, produisant des suçoirs qui pénètrent à l'intérieur des cellules épidermiques. Conidiophores simples, ordinairement dressés, abondants surtout sur le grain, produisant des conidies oblongues, arrondies aux extrémités.

On a remarqué la production de *pycnides* sur les grains fortement attaqués avant leur véraison. Ces fructifications prennent naissance en des points variables des conidiophores ; elles sont quelquefois surmontées de quelques conidies plus ou moins desséchées.

Certains mycologues, tels que G. Farlow et de Bary, considèrent l'*Erysiphe Tuckeri* comme la forme conidienne de l'*Uncinula spiralis* ou oïdium américain. Viala apprécie cette hypothèse de la manière suivante : « Quand on parcourt les vignobles américains attaqués par l'oïdium, il est absolument impossible d'établir la moindre différence avec l'oïdium européen ; les caractères microscopiques des filaments conidifères, des conidies et du mycélium sont identiques. Nous croyons donc que l'oïdium américain n'est autre que l'oïdium européen, que l'*E. Tuckeri* est la forme conidifère de l'*U. spiralis* et que, par suite, l'oïdium a été importé d'Amérique en Europe. »

L'*Uncinula spiralis* produit, en automne, des *périthèces* qui n'ont jamais été observés sur l'*Erysiphe Tuckeri*.

Traitement. — Le soufre en poudre (fleur de soufre ou soufre en canons pulvérisé) jouit d'une efficacité absolue. Son action est surtout préventive, mais elle est aussi curative ; et lors même qu'il n'y aurait pas trace d'oïdium, le soufre est utile à la vigne, en raison de son action bienfaisante sur la végétation, la floraison et·le raisin.

Trois soufrages sont de rigueur :

Premier soufrage : à l'époque où les bourgeons atteignent 10 ou 12 centimètres.

Deuxième soufrage : au moment de la floraison.

Troisième soufrage : un peu avant la véraison.

Si la maladie sévit avec intensité, il faudra intercaler un ou plusieurs soufrages supplémentaires entre le second et le troisième.

Les quantités à employer normalement à l'hectare sont les suivantes :

	FLEUR DE SOUFRE	OU SOUFRE TRITURÉ
1er traitement	15 kilog.	15 kilog.
2e —	30 —	50 —
3e —	40 —	60 à 70 kilog.

On peut soufrer à tout moment de la journée pourvu qu'il ne pleuve pas ; mais il est préférable d'opérer le matin par un temps calme et beau. Si une pluie survenait peu de temps après l'opération (deux ou trois jours) il faudrait recommencer.

Faut-il soufrer d'abord, ou soufrer après sulfatage ? Le choix est peu important, surtout lorsque les deux opérations sont espacées de quelques jours. Il faut au soufre trois ou quatre jours pour produire son action, après lesquels on peut sulfater. On reproche parfois au soufre de nuire à l'adhérence des bouillies cupriques et à celles-ci d'empêcher le soufre d'atteindre l'oïdium. En espaçant le soufrage et le sulfatage comme il vient d'être dit, on n'aura pas à redouter ces inconvénients.

Quelques viticulteurs préconisent le *permanganate de potasse*, et l'un d'eux, M. Truchot, indique l'emploi de l'une des deux formules suivantes :

1º Solution simple de 125 grammes de permanganate de potasse dans 100 litres d'eau ;

2º Bouillie composée de la solution précédente, dans laquelle on ajoute ensuite 3 kilos de chaux délayée.

Certaines précautions sont à observer dans la préparation de ces formules, notamment de la première. Il faut éviter l'usage des vases en bois qui sont attaqués par le permanganate. Ce dernier produit, étant très soluble, peut être dissous à l'avance dans une bouteille d'eau tiède, et versé dans le vase au moment de l'aspersion.

3. *Guignardia Bidwellii* (Black Rot).

Caractères extérieurs. — Affection attaquant surtout les grains, assez souvent aussi les sarments verts et les feuilles, mais jamais les sarments aoûtés.

Les *grains*, quelque temps avant la véraison, sont couverts de petites taches circulaires rouge livide ; ils deviennent ensuite entièrement rouge brun livide, se rident, se flétrissent, se dessèchent et se couvrent de nombreuses petites pustules noires (fig. 439).

Sur le *limbe* des jeunes feuilles, assez rarement sur les feuilles adultes, on distingue des taches plus ou moins circulaires, de dimensions variables, couleur feuille morte sur les deux faces, sans bordure bien caractéristique. Ces taches peuvent aussi se couvrir de pustules noires (fig. 400).

Sur les *rameaux herbacés* la maladie est plus rare ; elle débute par une tache noirâtre qui déprime un peu l'épiderme de la plante hospitalière, et sur laquelle apparaissent les mêmes pustules.

Le Black Rot n'a pas sur les feuilles les effets nuisibles du Mildiou et de l'oïdium ; c'est sur les fruits qu'il exerce tous ses ravages.

La première apparition du Black Rot sur les fruits a lieu ordinairement lorsqu'ils ont à peu près la grosseur d'un pois ; la seconde, quand le grain a acquis sa grosseur normale. D'autres invasions peuvent se succéder ensuite, mais elles sont moins importantes.

Deux périodes peuvent être distinguées dans l'invasion du fruit ou des feuilles : 1° la contamination ; 2° l'apparition des taches.

Un examen suivi et minutieux des grappes atteintes, dit Capus, peut nous indiquer combien de jours séparent la contamination de l'apparition et confirmer les résultats que les expérimentateurs, Prunet entre autres, ont obtenus par des inoculations directes sur le fruit.

On sait que les jeunes grappes de raisin dont le grain vient à peine d'être noué, se tiennent verticalement, ayant leur attache du côté du sol et dirigeant vers le haut leur extrémité amincie. C'est à ce moment que se produit d'ordinaire la première contamination du fruit ; les spores en tombant s'arrêtent forcément dans leur chute sur les grains ou les parties de grains qui s'opposent à elles les premiers. Puis, peu à peu, pendant que la maladie poursuit son évolution invisible, la grappe accomplit un mouvement de rotation. Son extrémité se dirige vers la terre pour prendre sa position définitive. C'est après cette rotation qu'a lieu sur les grains l'apparition des taches, et la place qu'elles

occupent alors ne saurait s'expliquer si on ne se rappelait la
position antérieure de la grappe.

Les huit ou dix jours qui s'écoulent entre le moment où
est tombée la dernière pluie, cause de la contamination, et

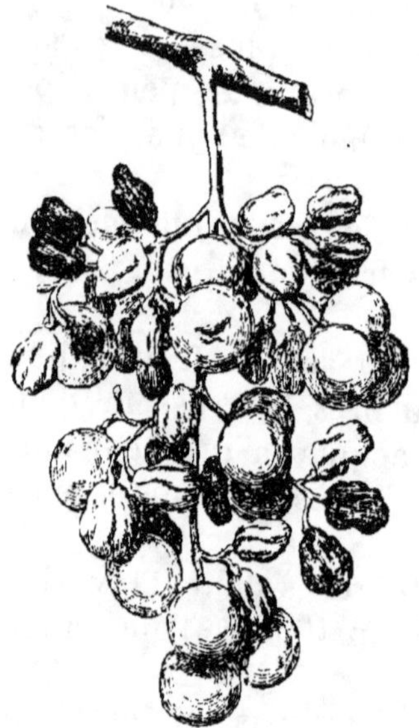

Fig. 439.

Raisin attaqué par le Black-
Rot, au moment où il a atteint son développement
normal.

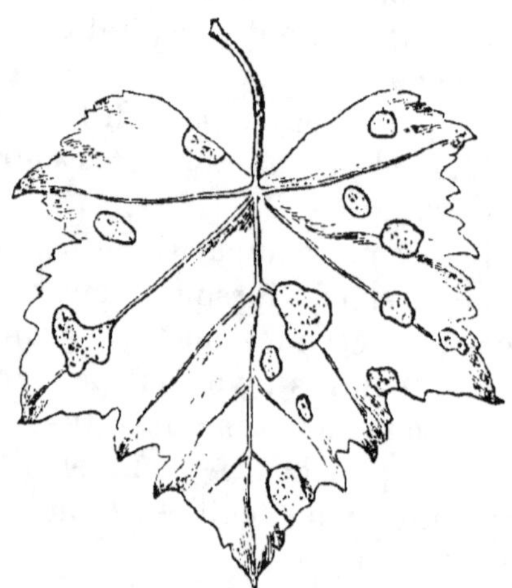

Fig. 440.

Feuille de Vigne attaquée par le
Black-Rot (Prillieux).

le jour de l'apparition des taches, confirment la donnée précédente.

Les vignes américaines sont plus sensibles à l'invasion
que les cépages européens.

Conditions de développement du parasite. — Les vallées profondes et encaissées, les endroits chauds et humides en été
sont les centres de prédilection du parasite, auquel il faut,
pour se développer vigoureusement, une température et un
état hygrométrique élevés. Ce dernier, suivant Viala, semble
même insuffisant ; l'eau précipitée ou tout au moins dissé-
minée en gouttelettes deviendrait nécessaire.

Description sommaire du parasite. — Mycélium intercellulaire
et même parfois intracellulaire, cloisonné et ramifié. Parasite très polymorphe, produisant plusieurs sortes de fructifications (*pycnides, spermogonies, conidiophores, périthèces*).

Quand le mycélium a détruit en partie les grains de raisin, il s'agglomère par places et produit ces nodules noirs
que l'on distingue à l'œil nu à la surface des grains. Ces
nodules sont de grosseurs différentes ; les plus petits, mesu-
rant 64 μ à 66 μ de diamètre, sont des *spermogonies*, et les
plus gros (105 μ à 140 μ) sont des *pycnides*. Leur distinction
certaine ne peut être établie qu'à l'aide du microscope.

Les *spermogonies* produisent des *spermaties* en bâtonnets
droits, tandis que les *pycnides* donnent des *stylospores* ovoïdes
globuleuses.

Spermaties et stylospores propagent la maladie sur l'hôte
pendant sa végétation active.

On observe à l'automne, sur les grains tombés ou sur
ceux des grappes oubliées sur les pieds, des *sclérotes* développés directement sur le mycélium ou à l'intérieur de
pycnides vides. Ces sclérotes, en germant, développent des
conidiophores septés et subdivisés en 2-4 branches égales
et partant du même point. Chacune de ces branches produit
une *conidie* ovoïde.

Les *périthèces* ne se développent qu'en mai ou dans la première quinzaine de juin : ils ont donc une existence courte.
Ils se forment sur les grains tombés, aux dépens des tissus
de quelques pycnides ou de mycélium renfermé dans le
grain. Leurs asques, en forme de massue, renferment ordinairement huit ascospores subovoïdes et plus ou moins
déprimées par places.

Placé dans certaines cultures artificielles, le mycélium du
parasite peut produire des *chlamydospores*, lesquelles ne se
rencontrent pas dans la nature.

Le Black Rot se perpétue, d'une année à l'autre, soit directement par ses pycnides et ses sclérotes, soit indirectement
par les périthèces. Les spermaties contribuent seulement
à propager la maladie dans le cours annuel de la végétation.

Traitement. — Les sels de cuivre sont aussi efficaces préventivement contre le Black Rot que contre le Mildiou.

La *bouillie bordelaise*, à 2 p. 100 de sulfate de cuivre, donne d'excellents résultats dans les vignobles du Jura. M. Jouvet, professeur départemental d'agriculture, conseille cinq sulfatages successifs, échelonnés de la manière suivante :

1er sulfatage vers le 15 mai.
2e —   —   5 juin.
3e —   —   15 —
4e —   —   7 juillet.
5e —   —   20 juillet.

Ces cinq traitements ont permis de réduire à 2 p. 100 la perte de la récolte, perte qui s'élève à 5 p. 100 avec *quatre* et à 15 p. 100 avec *trois* sulfatages.

L'abbé Senderens conseille aussi, après expériences très satisfaisantes, la bouillie suivante, administrée en cinq aspersions :

Sulfate de cuivre . . . . **2 kilog.**
Carbonate de soude Solvay. . . . . . 800 grammes.
Eau. . . . . 100 litres.

4. *Coniothyrium diplodiella* (Rot blanc).

Caractères extérieurs. — Le Rot blanc est une maladie de la grappe et surtout des grains. L'affection débute sur le pédoncule, les pédicelles ou, le plus souvent, à la partie inférieure de la grappe, et s'étend assez rapidement. Les points atteints présentent une teinte brune et isolent toutes les parties de la grappe situées au-dessous d'eux des autres parties saines. Les grains deviennent juteux et pourrissent tout en prenant une teinte blanc brunâtre peu foncée ; ils se rident ensuite, se couvrent de petites pustules blanc grisâtre et se dessèchent complètement.

Les rameaux, exceptionnellement atteints, présentent, dans la région supérieure de l'altération, un bourrelet qui soulève l'écorce et la découpe en lanières; puis, plus bas, une lésion circulaire, plus ou moins étendue, blanc grisâtre, ainsi que les pustules qu'elle porte ordinairement.

Le Rot blanc n'a pas encore été rencontré sur les feuilles.

Les vignes en sols bas et humides sont celles qui ont le plus à souffrir des attaques du champignon. Ce sont surtout les grappes de la base du pied qui sont le plus éprouvées. Mais, en général, le Rot blanc ne se développe que sur des organes déjà souffrants ; il est surtout saprophyte et ne devient parasite que dans des cas particuliers. Les inoculations à des grains sains réussissent, en effet, difficilement ; tandis qu'elles s'obtiennent facilement sur des raisins plus ou moins altérés.

Description sommaire du parasite. — Mycélium abondant, intercellulaire, parfois intracellulaire, muni de suçoirs pénétrant à l'intérieur des cellules ; se pelotonnant par places pour constituer un pseudoparenchyme producteur de conceptacles ou pycnides que l'on remarque, sous forme de pustules grisâtres, à la surface des parties altérées. Stylospores ovoïdes ou piriformes, d'une teinte brune à leur maturité et possédant, à leur intérieur, un gros point réfringent accompagné ordinairement de deux vacuoles plus petites.

Traitement. — Les sels de cuivre, appliqués préventivement, sont aussi efficaces contre le Rot blanc que contre le Black Rot et le Mildiou.

5. *Dematophora necatrix* et *Armillaria mellea* (Pourridié). (Voy. p. 505 et suiv.)

6. *Sphaceloma ampelinum* (Antrachnose maculée).

Caractères extérieurs. — 1° *Sur les sarments de l'année :* petites ponctuations isolées et brun livide au début, s'étendant rapidement en forme de taches suivant l'axe du rameau. Ces taches sont gris roussâtre au centre et sont bordées d'une auréole brune ; elles se dépriment à la fin et se creusent de plus en plus par désorganisation des tissus (chancre rongeant) (fig. 441).

2º *Sur les feuilles* : taches libres ou confluentes, inégales, rousses, produisant plus tard des trous limités par une bordure noire.

Les pétioles peuvent être atteints comme les rameaux de l'année.

3º *Sur les fruits* : toutes les parties peuvent être attaquées

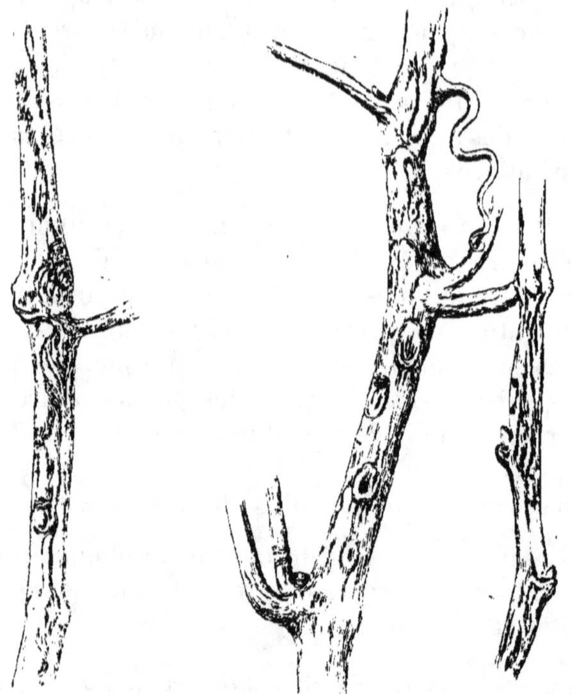

Fig. 441.

Sarments de Vigne couverts de chancres produits par l'Antrachnose
(Prillieux).

et la grappe peut se dessécher entièrement. Les grains commencent à se couvrir de ponctuations noires qui s'étendent circulairement et deviennent des taches déprimées, blanc grisâtre avec auréole noire (fig. 442). Ces taches sont le point de départ d'autant de petits chancres qui rongent et déforment le grain, en mettant même à nu les pépins.

Ainsi qu'on vient de le voir, toutes les productions annuelles de la Vigne peuvent être envahies par l'Antrachnose maculée ; il peut en résulter un grand affaiblissement des ceps et leur mort même après trois ou quatre invasions successives.

L'humidité et la chaleur, surtout la première, sont indispensables au développement du champignon. Les sols riches et frais, les bas-fonds et les plaines, enfin tous les milieux où l'humidité est persistante, où les brouillards et les rosées abondantes sont fréquents, favorisent l'évolution de la maladie.

Tous les cépages peuvent être attaqués par le parasite ; il en est quelques-uns cependant, tels que les Chasselas, Pinots, Teinturiers, etc., dont la résistance est manifeste.

Description sommaire du parasite. — Mycélium interne formant, sous les taches roussâtres, des stromas sur lesquels se développent, de mai à septembre, des conidiophores qui, en s'accroissant, déchirent la cuticule épidermique et se font jour au dehors.

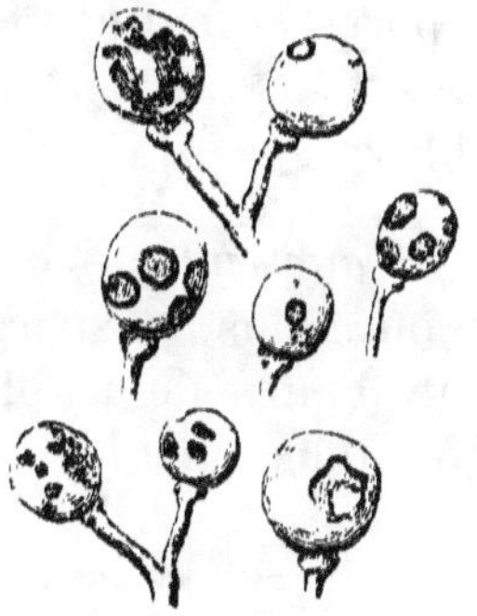

Conidies subovoïdes, très petites (3 à 6 μ), renfermant ordinairement à leurs extrémités un point plus réfringent que le contenu.

Prillieux a reconnu, dans les ulcérations produites par l'antrachnose maculée, l'existence de très nombreux microorganismes qu'il n'a pu déterminer d'une façon exacte et qui, suivant lui, sont peut-être des *Micrococcus* ou des *spermaties* du champignon parasitaire. Quels qu'ils soient, ces microorganismes ont pour but de faciliter la désorganisation des tissus attaqués par l'antrachnose maculée.

Fig. 442.

Grains de raisin attaqués par l'Antrachnose (Prillieux).

En hiver, on rencontre d'autres conceptacles logés « dans les petites bosselures du pourtour des chancres ». Suivant

R. Gœthe, ces fructifications seraient des *pycnides* dont les stylospores affecteraient une forme identique à celle des conidies.

Les conceptacles, rencontrés une seule fois, par Max.
Cornu, sur des grains de raisin, ne laissent presque aucun
doute sur leur véritable nature : ce seraient bien des *pycnides*, mais différents de ceux trouvés par Gœthe. « Ce
sont de très petits conceptacles donnant naissance à un
grand nombre de petites spores sortant à l'extérieur sous
forme de fils très fins et entortillés; vues en nombre immense,
ces spores sont rosées. Sous cette forme le parasite semble-
rait rentrer dans les genres *Phyllosticta* ou *Depazea*, ou bien
pourrait être décrit sous le nom de *Phoma*. »

Malgré ces constatations, l'existence des pycnides reste
encore problématique.

L'action du mycélium du *Sphaceloma ampelinum* sur les
tissus de l'hôte a été étudiée avec soin par L. Mangin.

L'antrachnose se propage d'une année à l'autre, par ses
spores et notamment par son mycélium qui, plongé dans
les tissus de la Vigne, peut supporter les rigueurs de
l'hiver.

Traitements. — 1º *Préventif.* — Avant le débourrement des
bourgeons, asperger copieusement toutes les parties
aériennes de la plante, y compris le corps de la souche
préablement déchaussée, à l'aide de la solution suivante :

Sulfate de fer.	50 kilos.
Acide sulfurique à 53 B.	1 lit.
Eau chaude.	100 lit.

Placer les cristaux de sulfate de fer dans un vase en bois,
en verre ou en grès; verser l'acide sulfurique sur le sulfate
de fer et ajouter l'eau chaude peu à peu. Employer la solution à chaud.

2º *Curatif.* — Le traitement curatif, quoique inférieur au
précédent, peut être fait au moyen de soufrages répétés, de
chaux mélangée avec du soufre ou de plâtre mélangé avec

du sulfate de fer pulvérulent, ou encore de poudres sulfatées.

Les soufrages simples conviennent au début de la maladie ; mais on doit leur préférer un mélange de soufre et de chaux grasse, finement pulvérisée, quand l'affection est intense.

Le premier soufrage se fait quand les rameaux ont environ 8-10 centimètres, et si la maladie semble persister, on répète l'opération, de quinze en quinze jours, à l'aide d'un mélange de soufre et de chaux, en augmentant chaque fois la proportion de cette dernière substance.

7. Antrachnose ponctuée et antrachnose déformante.

Ces deux maladies, très différentes de l'Antrachnose maculée, sont très communes, surtout la première ; elles sont ordinairement peu graves, excepté cependant quand elles se développent avec intensité.

ANTRACHNOSE PONCTUÉE. — *Caractères extérieurs.* — Petits points proéminents, isolés et nombreux sur les rameaux, brun roussâtre au début, puis noirs et ordinairement luisants.

Les mêmes taches se rencontrent aussi sur les nervures des feuilles. Ces taches peuvent provoquer la coulure lorsqu'elles se développent sur les fleurs ; elles sont sans gravité sur le grain.

ANTRACHNOSE DÉFORMANTE. — *Caractères extérieurs.* — Feuilles boursouflées ou plus ou moins chiffonnées. A leur face inférieure, on remarque, sur les nervures, des taches fauves, puis brunes, proéminentes et alignées. Les jeunes rameaux portent des taches identiques et peuvent être, de ce fait, plus ou moins déformés.

Traitements. — Les mêmes que pour l'antrachnose maculée.

8. *Septoria ampelina* (Mélanose).

Caractères extérieurs. — Au début, sur les deux faces de la feuille, les nervures exceptées, apparaissent des ponctuations plus ou moins circulaires, brun fauve clair, portant des petites pustules visibles à la loupe. Certaines de ces taches peuvent devenir confluentes et constituer des plages irrégulières, de dimensions variables, brun roussâtre ou brun foncé, ou même noires.

« La diversité des caractères de la Mélanose, dit Viala, dépend non seulement des conditions de chaleur et d'humidité dans lesquelles cette maladie s'est développée et de l'époque plus ou moins avancée à laquelle la feuille a été attaquée, mais encore de la nature du cépage qui est envahi. »

Cette maladie n'a aucune gravité ; les feuilles atteintes jaunissent plus ou moins et se dessèchent en partie. Si les feuilles sont altérées, il reste suffisamment d'autres feuilles saines pour assurer la végétation de la plante.

Description sommaire du parasite. — Mycélium intercellulaire, cloisonné et ramifié, provoquant le brunissement des cellules qu'il enveloppe. Pycnides, représentés par les pustules des taches, enfoncés dans le mésophylle. Stylospores de formes variables, allongées, piriformes, droites ou arquées.

9. *Fumagine.* (Voy. p. 592.)

Le champignon occasionnant cette maladie de la Vigne n'a pu encore être déterminé ; peut-être a-t-il des rapports avec le *Meliola Penzigi*, var. *Oleæ*, qui produit la Fumagine de l'Olivier.

Traitement. Décortiquer soigneusement les souches en hiver, brûler les écorces immédiatement. Badigeonner ensuite à l'aide de l'insecticide Riley (5 lit. pétrole, 3 kilos savon, 100 lit. eau). Asperger en été avec le même liquide à 3 p. 100. Succès certain au bout de deux annnées de traitement.

10. *Sclerotinia Fuckeliana* (Pourriture noble).

Ce champignon, connu aussi sous le nom de *Botrytis cinerea*, est ordinairement saprophyte. C'est lui qui forme cette couche gris olivâtre que l'on remarque, au moment de la vendange, sur les grains de certains cépages des bords du Rhin et de Sauternes. Les viticulteurs de ces régions donnent à cette production le nom de *pourriture noble*, parce qu'ils lui attribuent la propriété d'améliorer les qualités du raisin.

Si le champignon n'est ordinairement pas dangereux, il n'en est pas de même lorsqu'il devient parasite facultatif. Ainsi les feuilles inférieures des Vignes cultivées en serres, peuvent se couvrir de larges taches jaunes ou rouges, visibles sur les deux faces, qui se désorganisent ensuite sous l'action du mycélium.

C'est encore le *Scl. Fuckeliana* qui produit sur les greffes-boutures, stratifiées dans un sable trop humide, ces mamelons (*sclérotes*), parfois très volumineux, que l'on remarque au point de contact du greffon et du sujet, mamelons qui empêchent la greffe de se souder et de se cicatriser.

Description sommaire du parasite. — Le *Scl. Fuckeliana* est très polymorphe par ses appareils fructifères. Sa forme la plus commune est fournie par les *conidies*. Les conidiophores, développés sur les feuilles mortes, représentent la forme *Botrytis cinerea*, et ceux qui naissent sur les grains, la forme *Botrytis acinorum*. Ces conidiophores sont abondants, réunis en faisceaux, septés et ramifiés diversement.

On remarque aussi sur les feuilles mortes, tombées à terre, des masses noirâtres et allongées, représentant des *sclérotes* (*Sclerotium echinatum*).

Ces derniers produisent, au printemps suivant, de nouvelles fructifications ou *périthèces* développés en *Pezizes* (*Sclerotinia Fuckeliana*).

Les gouttelettes d'eau qui s'amassent à la surface des feuilles de vignes cultivées en serres, peuvent occasionner, par leur évaporation, un froid assez intense pour altérer les tissus de la feuille et diminuer sa résistance au parasite.

En ce qui concerne les greffes-boutures, il faudra éviter les stratifications en sable humide.

B. PARASITES ANIMAUX. — 1. *Phylloxera.*

Caractères extérieurs. — Jeunes racines déformées, souvent courbées en crossettes et plus ou moins tuméfiées. Feuilles, surtout dans les régions méridionales, couvertes de galles très saillantes à la face inférieure, s'ouvrant à la face supérieure.

Biologie de l'insecte. — Le Phylloxera peut, dans son évolution complète, revêtir les formes successsives suivantes :

1º Forme sexuée;
2º   —   gallicole;
3º   —   radicicole;
4º   —   ailée.

1º *Forme sexuée.* — Les insectes *ailés* pondent des œufs à la surface des feuilles de Vigne, rarement sous l'écorce, qui donnent naissance aux insectes sexués qui sont aptères et dépourvus d'appareil digestif. Les œufs les plus petits produisent les mâles, et les plus gros les femelles. Les mâles sont plus jaunes que les femelles et celles-ci ont l'article des antennes plus effilé et muni d'un seul stigmate.

Le mâle meurt après l'accouplement et la femelle après avoir pondu un seul œuf (œuf d'hiver) dans les fissures de l'écorce, sur le bois de l'année précédente. Cet œuf a une membrane réticulée; il est jaune vif au début et bronzé à la fin, et porte un appendice terminal en forme de crochet.

2º *Forme gallicole.* — Des œufs d'hiver, éclos au printemps, naissent les insectes gallicoles et aptères qui se portent sur les feuilles où ils produisent les galles dont il a été question. Les gallicoles ont de nombreuses générations qui s'effectuent par parthénogénèse. D'après Balbiani, les radicicoles peuvent devenir gallicoles et réciproquement.

3º *Forme radicicole.* — Les insectes appartenant à cette

forme proviennent soit des gallicoles qui ont émigré dans le sol, soit d'autres radicicoles. Ils sont aussi aptères et agames et peu différents des gallicoles par leur forme. Cette forme radicicole est propre à la Vigne et n'existe dans aucun autre groupe de la famille. D'après Balbiani, « le Phylloxera de la Vigne n'est devenu radicicole que par nécessité, c'est-à-dire pour échapper aux causes de destruction par le froid et l'absence de nourriture, et cet instinct s'est perpétué et exalté par transmission héréditaire, de génération en génération, jusqu'à nos phylloxeras actuels ».

Ce sont les radicicoles qui, en piquant les racines, produisent les nodosités, les tubérosités et les déformations caractéristiques que l'on remarque sur les pieds de Vigne malades. Ces insectes ont au plus 1 millim. de longueur; ils portent environ 70 tubercules bruns et saillants sur le dos, leurs antennes sont entaillées extérieurement en bec de sifflet. Ils pondent un certain nombre d'œufs qu'ils déposent sur les accidents radicaux précités; et, quand viennent les froids, ils hibernent dans les fissures des grosses racines. A la fin d'avril de l'année suivante, ils se multiplient de nouveau et continuent leurs dégâts.

4° *Forme ailée.* — Les insectes *ailés* proviennent des radicicoles, à la suite de nombreuses mues. Lorsque les derniers sortent de terre, ils portent, sur les côtés, deux moignons brunâtres qui sont les rudiments des ailes futures. A cet état, les insectes portent le nom de *nymphes*. Ces dernières se portent sur les parties aériennes de la plante et deviennent des insectes ailés.

« L'ailé, dit Max. Cornu, ressemble à une petite mouche jaune d'or ou fauve, à corselet noir et à ailes horizontales grises. Les antennes sont spéciales : le troisième article est très long, muni de deux chatons, un de plus que chez les aptères, les pattes ont trois poils de plus que chez les aptères. Les yeux sont multiples. Les ailes de la deuxième paire portent chacune deux petits crochets. »

Ces ailés prennent leur vol au milieu des chaudes jour-

nées de l'été et vont exercer plus loin de nouveaux ravages,
tout en assurant, par leurs œufs, la perpétuation de l'espèce.

Lésions diverses produites par le Phylloxera.

1° *Sur les racines.* — Les premières parties souterraines
attaquées sont les *radicelles* sur lesquelles l'insecte produit
les renflements en crossettes si caractéristiques. Ce sont
ensuite les racines qui, sous l'influence des piqûres phylloxériques, se tuméfient et forment des *tubérosités* sérieusement
étudiées par Millardet. Les racines tubéreuses ne s'accroissent plus qu'en épaisseur, quels que soient leur âge et leur
diamètre. Les tubérosités peuvent devenir confluentes et
former des amas plus ou moins mamelonnés; elles pourrissent ensuite et entraînent avec elles la mort des racines.

Certaines espèces de vignes, d'origine américaine, ont la
faculté de développer des plaques de liège qui isolent la
tubérosité des tissus sains de la racine et permettent à
cette dernière de résister aux attaques des radicicoles. Ces
formations subéreuses ont donc une très grande importance
en viticulture; ce sont elles qui ont donné l'idée d'utiliser
les vignes américaines comme porte-greffes. Mais ces vignes
américaines ont elles-mêmes une résistance inégale. Viala
et Ravaz ont dressé une longue liste d'espèces américaines,
échelonnées suivant leur degré de résistance. De cette liste
nous extrayons les noms suivants :

Vitis rotundifolia	20 (résistance maximum).
V. Berlandieri.	18-19
V. Rupestris.	18,5-19,5
V. Riparia.	19
Solonis	15
Jacquez et Noah.	13
Othello	6
Aramon	
Pineau	
Chasselas	0
Grenache	

Ces chiffres n'ont, bien entendu, qu'une valeur comparative et non absolue ; ils sont également subordonnés à l'adaptation des cépages aux divers milieux ambiants (climat, sol, etc.).

La résistance des hybrides franco-américains et des *producteurs directs* n'est jamais absolue ; celle des hybrides *américo-américains* est meilleure.

2° *Sur les feuilles*. — On remarque sur les feuilles, parfois aussi sur les vrilles, les pédoncules et les rameaux herbacés. les *galles* dont il a été question plus haut. Ces galles sont beaucoup plus communes sur les Vignes américaines que sur les cépages européens, et elles n'apparaissent *exceptionnellement* que dans le sud de la France. Cependant les fortes chaleurs de l'été peuvent favoriser leur développement dans des régions presque septentrionales. Le 27 juillet 1900, il nous a été permis de constater de très nombreuses galles phylloxériques sur des feuilles de *Clinton* cultivé à Besançon.

Ces accidents foliaires ne sont nullement dangereux pour la Vigne.

Traitements. — De nombreux procédés de lutte ont été préconisés ; bon nombre d'entre eux, plus ou moins empiriques, ont été promptement abandonnés ; tandis que d'autres se sont vulgarisés par suite des résultats heureux qu'ils ont procurés. Tels sont les suivants :

1° Plantation dans les sables (les sables s'opposent au développement du Phylloxera) ;

2° Utilisation des Vignes américaines comme porte-greffes des cépages européens ;

3° Insecticides : sulfure de carbone et sulfocarbonate de potassium ;

4° Submersions temporaires ;

5° Traitements d'extinction (consistent à détruire les pieds de Vigne de toutes les taches phylloxériques rencontrées dans des vignobles non gravement atteints).

Ces divers procédés sont aujourd'hui connus de tous les

vignerons et diversement appliqués par eux. Il nous paraît donc superflu d'en parler ici.

2. *Altica ampelophaga* (Altise).

Caractères des dégâts. — Feuilles portant des plaques desséchées, roussâtres, finement dentelées et percées de trous irréguliers et inégaux. Nervures intactes, mais parfois décolorées.

Description sommaire de l'insecte. — Coléoptère de 5 millimètres de longueur environ ; corps d'un vert foncé ou bleuâtre, élytres lisses, antennes brunes avec les trois premiers articles verts, prothorax creusé, près de sa base, d'un sillon transversal, tarses bleuâtres, écusson arrondi et petit.

Œufs allongés, jaune clair.

Larves de 7-8 millimètres de longueur, jaunes au début, puis grisâtres et enfin n ires, munies de 6 pattes terminées en crochet.

La descendance annuelle d'une famille d'insectes peut compter environ 27 000 individus.

L'insecte hiverne sous l'écorce de la Vigne, dans les broussailles ou les haies vives.

Ce sont les larves qui, en rongeant les feuilles, produisent les dentelures dont il a été question ; tandis que l'insecte parfait, beaucoup moins dangereux, creuse les trous irréguliers que l'on remarque sur ces taches.

Les ravages occasionnés par l'Altise sont souvent considérables dans les pays chauds.

Traitement. — Installer dans les Vignes, après vendange, des abris artificiels sous lesquels les insectes viennent se réfugier ; arroser ensuite ces abris à l'aide d'une émulsion d'huile lourde et de soude du commerce à 20 p. 100.

Au début de la végétation de la Vigne, procéder au ramassage des insectes avant qu'ils ne soient dispersés dans la plantation. Enlever et détruire toutes les feuilles portant des larves.

3. *Rhynchites Betuleti* (Cigarier ou Attelabe).

Caractères des dégâts. — Feuilles pendantes et enroulées lâchement en forme de cigare.

Description sommaire de l'insecte. — Coléoptère de 5-6 millimètres de longueur, corps [vert brillant en dessus, glabre, bec bronzé, prothorax ponctué et armé latéralement d'une petite épine, pattes et abdomen vert bronzé, élytres couvertes de ponctuations.

L'insecte femelle provoque l'abaissement vers le sol et le flétrissement du limbe foliaire en pratiquant une entaille sur la face interne du pétiole. Il enroule ensuite le limbe en forme de cigare entre les feuillets duquel il dépose ses œufs. Lorsque les larves sont écloses, elles se nourrisent du parenchyme foliaire, puis tombant sur le sol, elles y pénètrent à une profondeur de 25-30 centimètres pour se transformer en chrysalides.

Traitement. — Cueillir et brûler tous les cigares aussitôt qu'on les aperçoit. Le ramassage de l'insecte parfait donne aussi d'excellents résultats.

4. *Cecidomya œnophila* (Cécidomie).

Caractères extérieurs. — Feuilles portant des petites excroissances ou galles comparables à celles produites par le Phylloxera gallicole.

Description sommaire de l'insecte. — Diptère couleur chair, ailes environ une fois et demie plus longues que le corps, pattes rougeâtres, minces et longues ; antennes brun rougeâtre, velues, effilées, composées chacune de 14 articles juxtaposés bout à bout chez la femelle et fortement pédicellés chez le mâle.

Larves apodes, de deux millimètres de longueur environ, jaune pâle, puis orangées, corps composé de 14 anneaux verruqueux. Ces larves vivent dans les galles ; elles tombent ensuite sur le sol où elles se filent un cocon soyeux pour se transformer en nymphes. Leurs dégâts sont insignifiants.

Plusieurs Cécidomies d'Amérique produisent sur les rameaux herbacés de la Vigne de ce pays de curieuses déformations dont quelques-unes ont été désignées sous le nom de *Pomme de Californie.*

5. *Phytoptus vitis* (Erinose).

Caractères extérieurs. — Feuilles cloquées supérieurement et couvertes inférieurement, en regard des cloques, de plaques d'un gris blanchâtre, quelquefois rosées, roux foncé à la fin.

Caractères de l'insecte. — Le *Phytoptus vitis* appartient, comme ceux précédemment étudiés, au groupe des Acariens. Il vit à l'état de larve dans les galles qu'il produit; il se multiplie par œufs agames et passe l'hiver entre les écailles des bourgeons et sous l'écorce des rameaux.

La larve possède 4 pattes implantées en avant du corps, entre lesquelles le rostre est logé. La surface du corps est striée transversalement; des soies et des poils, peu nombreux, existent sur les côtés et la partie postérieure de la larve.

L'Erinose n'est ordinairement pas dangereuse pour la Vigne, sauf dans le cas où elle envahit abondamment les jeunes rameaux herbacés, qu'elle recouvre entièrement, ainsi que les *deux faces* des jeunes feuilles, de plaques velues identiques à celles que l'on constate à la face inférieure des feuilles adultes.

Traitement. — Soufrages répétés après le débourrement des bourgeons. Les échaudages d'hiver, pratiqués contre la Pyrale, détruisent aussi les larves de *Phytoptus.*

6. *Adoxus vitis* (Ecrivain ou Gribouri).

Caractères extérieurs. — Feuilles, fruits et rameaux creusés de sillons droits ou anguleux, nettement découpés. Racines rongées par les larves.

Description sommaire de l'insecte. — Coléoptère d'une longueur moyenne de 6 millimètres, noir, pubescent grisâtre. Élytres rouge brique, finement ponctuées ainsi que la tête et le thorax. Écusson et antennes noirs, les quatre premiers articles de ces dernières rougeâtres. Pattes noires, jambes rouge brique.

Larve blanchâtre, courbée en croissant, souterraine, se nourrissant des racines et se transformant en chrysalide en avril. Insecte parfait apparaissant en juin.

La larve seule peut devenir dangereuse et produire des dégâts assez importants.

Traitement. — Recourir aux injections de sulfure de carbone contre les larves. Ramasser soigneusement les insectes parfaits et les détruire.

7. *Tortrix Pilleriana* (Pyrale).

Caractères des dégâts. — Fragments de feuilles ou feuilles entières et grappes de fleurs enroulés dans de nombreux fils soyeux, ou encore feuilles flétries, plus ou moins rongées, avec bords réunis en fourreau.

Description sommaire de l'insecte. — Papillon jaunâtre, à reflets plus ou moins dorés, d'une envergure de 20-24 millimètres et d'une longueur de 11-16 millimètres, ailes antérieures jaune pâle, portant une tache près de leur base et trois bandes brunes transversales, reflétant un vert doré; ailes postérieures uniformément gris violacé. Antennes jaunâtres, couvertes d'écailles petites et noirâtres. Pattes et abdomen jaune grisâtre.

Larve verte, plus ou moins jaunâtre, tête noire ainsi que le premier anneau du corps; bandes longitudinales vert jaune ou vert obscur. Ponctuations latérales blanchâtres, portant chacune un poil.

Chrysalide brun marron; anneaux de son corps munis d'épines, le dernier terminé par huit petits crochets.

La Pyrale est un insecte très dangereux pour la Vigne, soit

par les dégâts qu'elle cause aux feuilles en les enroulant et en les rongeant, soit en provoquant la coulure des jeunes grappes qu'elle enlace également de ses fils soyeux.

Tous les vignobles français sont exposés aux attaques de la Pyrale, notamment ceux des plaines et des lieux abrités contre les vents.

Traitement. — Le meilleur consiste à échauder les vignes avec de l'eau à 90 degrés, après la taille et avant le débourrement et aussi après les avoir écorcées.

On a conseillé aussi de pratiquer des badigeonnages à l'aide du mélange suivant :

> Huile lourde de goudron. . . . .   6 kilos.
> Urine de vache. . . . .   100 lit.

8. *Cochylis ambiguella* (Cochylis).

Caractères extérieurs. — Étamines et ovaires de la fleur détruits, ou, à l'époque de la véraison, pulpe des grains détruite et grains attaqués souvent réunis entre eux par des fils soyeux.

Description sommaire de l'insecte. — Papillon d'une *largeur* de 7-8 millimètres et d'une longueur de 15 millimètres environ. Corps et ailes antérieures jaune pâle, ces dernières portant, vers leur milieu, une bande brune transversale, avec marbrures plus pâles et des plages ferrugineuses. Ailes postérieures gris perle.

Larve d'une longueur de 8 millimètres environ, tête et premier anneau rougeâtres. Autres parties du corps d'abord grisâtres, puis rose violacé.

Chrysalide brune, ayant environ 6 millimètres de longueur.

La Cochylis produit annuellement deux générations ; les chenilles de la première génération, qui apparaissent ordinairement fin mai, attaquent les fleurs, soit en creusant des sillons dans leurs diverses parties, soit en réunissant par petits groupes, au moyen de fils soyeux, celles qui ne sont pas épanouies, dont elles se nourrissent ensuite. Les chenilles de la seconde génération, arrivant à l'époque de la véraison, percent les grains et mangent leur contenu, tout en les réunissant aussi à l'aide de leurs fils soyeux.

La Cochylis est donc un insecte dangereux, capable de produire de sérieux dégàts dans les vignobles, notamment dans ceux du nord et du centre de la France.

Lutte. — 1° *Traitement préventif.* Écorcer et échauder les tiges et les sarments en hiver.

2° *Traitement curatif.* Capturer les papillons de seconde génération au moyen de lanternes-pièges allumées dans les Vignes pendant la nuit.

Détruire toutes les chenilles ainsi que les grains attaqués. Ce sont là évidemment des procédés très onéreux.

On a conseillé également d'asperger les chenilles, surtout celles de première génération, à l'aide de la composition suivante :

(1) { Savon mou . . . .   3 kilos. dissous dans
    { Eau chaude . . . .   10 lit.
(2) { Poudre de Pyrèthre . . . . .   1^k.500. infusée dans
    { Eau . . . .   90 lit.

Verser (1) dans (2) en brassant fortement.

C. Maladies dues a d'autres causes. — 1. *Brunissure*.

Caractères extérieurs. — Des taches brun clair apparaissent, au début, à la face supérieure des feuilles ; ces taches s'agrandissent ensuite et prennent une teinte brune ou brun marron, quelquefois rouge sale ; les feuilles ne sont plus vertes que sur les bords.

Ducomet, qui a fait récemment une étude approfondie de la maladie, distingue les types de Brunissure suivants :

a. La face supérieure seule est brunie (c'est de beaucoup le cas le plus fréquent) ; l'auteur distingue neuf variétés de cette lésion, suivant la localisation, l'étendue et le groupement des taches.

b. La face inférieure seule est brunie ; la teinte est, dans ce cas, ordinairement plus faible que sur la face supérieure.

c. Les deux faces sont brunies sans que pour cela la consistance des tissus soit modifiée.

Les divers aspects observés varient avec les cépages, que l'auteur classe en raison de leur degré de réceptivité.

Viala et Sauvageau, étudiant de très près la nouvelle maladie, font intervenir le parasitisme d'un champignon myxomycète, dénommé par eux *Plasmodiophora vitis.*

La maladie fut ensuite attribuée à d'autres parasites par Prunet, Debray, Roze, etc.

« D'après Ducomet, la *Brunissure* consiste en une altération du contenu cellulaire de l'épiderme et du mésophylle. Dans l'épiderme on rencontre des globules de taille inégale (1 μ 5 à 20 μ), généralement rangés le long de la paroi externe des cellules malades : ces corpuscules sont de couleur olivâtre et de structure soit homogène, soit radiée ; ils sont fréquemment plus clairs au centre. Les lésions du parenchyme en palissade consistent surtout en altération des leucites ; dans les cas extrêmes, les membres jaunissent ou se détruisent.

« L'auteur a pu reproduire expérimentalement toutes les lésions de la brunissure, en faisant absorber à des sarments sectionnés une solution de phosphate d'ammoniaque et de nitrate de potasse, ou de bichlorure de mercure.

« La Brunissure s'observe surtout dans les parties de la plante exposées au soleil.

« La Brunissure est donc un phénomène d'ordre purement physiologique (c'était déjà l'opinion de Cavara). Elle peut quelquefois, il est vrai, survenir à la suite de lésions produites par des parasites végétaux ou animaux ; mais elle est due le plus souvent à des variations brusques de température, soit en plus, soit en moins, à des précipitations aqueuses ou à des actions mécaniques. » (*Bull. mycol.*, p. 235 ; 1900.)

Traitement. — Le plus efficace consistera donc à maintenir dans les cellules une proportion d'eau suffisante pour que les réactions protoplasmiques puissent s'effectuer normalement. On y parviendra, soit par des pulvérisations aqueuses, soit par des applications de nitrate de soude, lorsqu'il s'agira de la Brunissure survenant après des journées chaudes et sèches. Si la maladie est produite par des pluies ou de fortes rosées, le poudrage à la chaux devra donner de bons résultats.

2. *Apoplexie ou Folletage*.

Caractères extérieurs. — Feuilles, rameaux et fruits frappés de mort presque instantanément.

Cette maladie, dont quelques pieds seulement sont atteints, survient ordinairement au cœur de l'été. Elle est plus fréquente sur les pieds greffés que sur nos cépages ordinaires, dans les sols profonds et humides que dans les terrains secs ou moyennement humides. De grandes pluies, suivies de fortes chaleurs, favorisent le folletage.

Certains attribuent la maladie à une rupture d'équilibre entre l'absorption par les racines et la transpiration par les feuilles, soit que les premières fournissent aux secondes une trop grande quantité d'eau, soit au contraire qu'elles ne leur en procurent pas assez.

3. *Rougeot*.

Caractères extérieurs. — Feuilles durcies et parcheminées, rougissant partiellement ou totalement; sarments jaunis et raisins flétris.

Le Rougeot est une forme atténuée de l'Apoplexie. Il survient ordinairement dans les mêmes conditions. Les pieds qui en sont atteints ne meurent pas totalement comme dans l'Apoplexie; il repousse plus tard de nouveaux rameaux.

4. *Echaudage*.

Caractères extérieurs. — Sous l'action des fortes chaleurs, les grains verts peuvent être grillés, flétris et desséchés; les pédicelles et les rafles rabougris; tandis que les organes végétatifs de la plante ne semblent pas souffrir. Lorsque cet accident survient au moment de la véraison, les grains se boursouflent, se rident et prennent une teinte rouge foncé.

Les raisins exposés au soleil ardent, les grains meurtris au moment des fortes chaleurs, sont plus fréquemment échaudés que les autres.

5. *Coulure et Millerandage* (voy. p. 438).

6. *Chlorose.*

« La chlorose végétale, dit Cl. Roux dans ses récentes et remarquables recherches sur cette question, n'est pas une maladie spéciale, une autopathie ; c'est à la fois la manifestation et l'indice, en un mot le symptôme principal d'un ralentissement, d'un trouble ou d'un arrêt de la nutrition et de l'assimilation des matières minérales. »

Les plantes silicicoles présentent un jaunissement plus ou moins prononcé de leurs appareils chlorophylliens lorsqu'on les cultive en sols plus ou moins calcaires.

Les caractères extérieurs de la chlorose sont très variables et son intensité peut se manifester à des degrés différents. Cl. Roux distingue quatre degrés de chlorose pour les feuilles : au *premier degré*, les feuilles présentent seulement une diminution d'intensité de la teinte verte qui pâlit plus ou moins, mais souvent imperceptiblement. Au *deuxième degré*, les feuilles présentent, çà et là, sur la face supérieure du limbe et entre les nervures, des taches intermédiaires entre le vert pâle et le vert jaunâtre. La Vigne, en particulier, a déjà ses plus jeunes feuilles entièrement jaunes et translucides. Au *troisième degré*, les feuilles deviennent uniformément jaunes, sauf en quelques endroits restés verts le long des nervures. Au *quatrième degré*, les feuilles sont entièrement décolorées.

Les jeunes rameaux jaunissent comme les feuilles ; ils s'accroissent plus lentement et produisent des feuilles plus petites.

Les racines buissonnent, restent faibles, perdent de leur consistance et fonctionnent mal.

Lorsque la chlorose survient avant la floraison de la Vigne, elle provoque la coulure des fleurs; après, elle retarde le développement des grains qui restent petits, millerandés, jaunâtres et finissent par se dessécher.

Dans de telles conditions défectueuses, la sève brute, d'une part, est trop riche en sels alcalins, surtout en chaux, et pauvre en potasse et en phosphore; d'autre part, la feuille est le siège d'une hydratation ou d'une déshydratation exagérée, d'une altération des substances plasmiques, des membranes, etc.; la plante subit une dégénérescence plus ou moins rapide et finit quelquefois par mourir.

Nous croyons intéressant et utile de reproduire le tableau comparatif suivant, dressé par Cl. Roux, des principaux agents générateurs et modificateurs de la chlorose.

CAUSES ATTÉNUANTES		CAUSES GÉNÉRATRICES ET AGGRAVANTES
Climat continental, chaud, sec, régulier.		Climat marin, humide, froid, inégal.
État hygrométrique moyen.		Forte pression atmosphérique.
Lumière d'intensité moyenne.		Vent fort et prolongé succédant au calme.
	Feuille.	Excès d'acide carbonique.
		Excès ou absence de vapeur d'eau.
		Excès ou insuffisance de lumière.
		Animaux parasites ou commensaux.
		Plantes parasites ou commensales.
	(Atmosphère.)	Microorganismes.
Causes atténuantes générales:		*Causes aggravantes générales :*
Bonnes conditions culturales.		Mauvaises conditions culturales.
Forte constitution, héréditaire ou acquise.		Faiblesse constitutionnelle, héréditaire ou acquise.
Ensemble de conditions favorables.		Ensemble de conditions défavorables.
		Compression.
	Tige.	Greffage.
		Lésions traumatiques et autres.
		Animaux parasites ou commensaux.
		Plantes parasites ou commensales.
		Microorganismes.
Expositions S.-E., S. et S.-O.	Surface du sol.	Expositions N. et N.-O.
Pente faible et uniforme.		Pente excessive et inégale.

CAUSES ATTÉNUANTES		CAUSES GÉNÉRATRICES ET AGGRAVANTES
Sol fertile.		Sol trop fertile.
Sol acide, atténuant pour silicicoles.		Sol pauvre.
Sels magnésiens.		Sol incomplet.
Sels de potasse, atténuants pour les calcifuges.		Sol acide, aggravant pour calcicoles.
Sels de fer.	(Végétal.)	*Calcaire* (carbonate de chaux).
Silice.		Manque de fer.
Couleur sombre du sol.		Silice colloïdale.
Humidité moyenne et constante.		Excès de matières azotées.
Chaleur moyenne.		Excès d'acide carbonique du sol.
Calcaires grossiers et durs, sont peu nocifs.	Racine.	Sels divers : de baryum, zinc, plomb, etc.
Argile, à dose moyenne.		Compacité du sol.
Sable en excès.		Calcaires blancs, tendres et ténus.
Plâtre? etc.		Épaisseur insuffisante du sol.
		Couleur blanche du sol.
		Humidité excessive.
	(Sol.)	Sécheresse excessive ou prolongée.
		Chaleur ou froid excessif.
		Humus en excès.
		Argile en excès ou insuffisante.
		Plâtre? etc.
Sous-sol sableux ou calcaire perméable.	Sous-sol.	Sous-sols marneux, argileux, glaiseux ou rocheux imperméables.

Les plantes ligneuses, les arbres fruitiers en particulier,
surtout les espèces à pépins, contractent aussi bien la chlorose que les plantes herbacées.

Traitements.

A. TRAITEMENTS PRÉVENTIFS. — 1° *Bonne culture.* — Défoncer et
briser plusieurs fois le sol avant de faire la plantation, en
évitant d'entamer le sous-sol s'il est calcaire. Fumer convenablement.

2° *Amendements.* — Drainer les sols humides. S'il s'agit de
la Vigne, déposer dans les trous de plantation suffisamment
élargis, ainsi que cela se fait en Champagne, des cendres
pyriteuses, de la tourbe décalcifiée, un mélange d'argile et
de sable siliceux, des scories ou même de la terre non calcaire.

3° *Choix des cépages et des greffes.* — D'après Cazeaux-Cazalet,
les greffes transplantées souffrent moins de la chlorose que
les greffes faites en place, même sur des sujets âgés.

En ce qui concerne la Vigne, les cépages résistant à la chlorose varient avec le climat, l'altitude, la nature du terrain, etc. Cette question est bien connue aujourd'hui de tous les vignerons.

4° *Épandage de matières noires.* — Une coloration foncée du sol peut également prévenir la chlorose.

B. Traitements curatifs. — Ces traitements sont très nombreux et plus ou moins empiriques. Nous ne citerons que les suivants :

1° *Sulfate de fer.* — Ce produit, appliqué en badigeonnages, donne d'excellents résultats. Le Dr Rassiguier a conseillé d'appliquer le sulfate de fer en badigeonnage des plaies de taille. Ce procédé est fondé sur le pouvoir d'absorption que possèdent les tissus des végétaux au repos de la sève. Le pouvoir d'absorption est plus grand chez la Vigne que chez les arbres fruitiers.

Le jour même de la taille, on badigeonnera la plaie produite à l'aide d'une solution de sulfate de fer à 30 p. 100.

Ce sel peut être aussi appliqué en épandage, à l'automne, dans le pourtour des arbres malades, à la dose de 500 à 1 000 grammes (E. Ouvray).

L'aspersion des feuilles en été, à l'aide d'une solution à 1.5 p. 100, produit un bon effet.

Il va sans dire que la chlorose ne peut être traitée efficacement par le sulfate de fer que si elle est occasionnée par le calcaire. Si, au contraire, elle provient de l'humidité du sol, on aura recours au drainage ; et aux engrais (fumier à demi consommé, additionné de scories Thomas et de chlorure de potassium) si elle est le résultat d'un épuisement du sol.

2° *Chaux* (CaO). — Il semble bizarre de considérer l'oxyde de calcium comme un remède contre la chlorose. Cependant, les premiers essais, datant déjà de 1847, ont donné d'assez bons résultats.

Plusieurs viticulteurs recommandent l'emploi de la chaux dans les vignes chlorosées en sols *argilo-siliceux*. Coste-Floret a montré, expérimentalement, l'action favorable de la chaux hydratée appliquée *au pied* des souches chlorosées et végétant dans des terrains perméables, riches en carbonate de chaux et de magnésie. Le procédé n'a donné aucun résultat dans les marnes compactes.

Cl. Roux dit, avec raison, qu'il vaut mieux supprimer d'abord la cause de la chlorose, car le traitement rationnel de cette affection ne peut s'opérer que par des amendements plutôt que par des spécifiques, les premiers agissant plus sûrement et plus longuement que les seconds.

7. *Court-noué*, *Cabuchage* ou *Roncet*.

Caractères externes et internes. — Raccourcissement très marqué des mérithalles, soit de la base, soit du sommet des rameaux. Entre-nœuds raccourcis se distinguent des autres à l'état de leur surface ; les entre-nœuds sains sont lisses et à surface unie, tandis que les court-noués sont bosselés et leur écorce est, par places, d'un vert plus foncé et plus terne. Quand l'affection est forte, la couleur verte passe au brun et le rameau présente de nombreuses taches brun verdâtre, diffluentes.

Les ramifications secondaires, dit Ravaz, sont souvent nulles ou à peu près sur les rameaux normaux ; elles sont très nombreuses sur les rameaux court-noués. Il en résulte que la souche porte un nombre considérable de rameaux très courts, serrés les uns contre les autres, et qui lui communiquent un aspect particulier : elle « fait la pomme », d'où le nom de *cabuchage* donné dans l'Est à la maladie.

Les feuilles ont un pétiole court et renflé. Le parenchyme présente fréquemment des plaques de dimensions variables d'un vert plus pâle et même incolore (mosaïque). La feuille est souvent plus longue que large.

Les rameaux restant très courts, les grappes qu'ils portent les dépassent pendant longtemps. Ces grappes se couvrent de bonne heure de petites ponctuations noirâtres ou rouges ou jaunes; les fleurs s'ouvrent en étoile, et tombent ensuite ; la grappe se réduit à quelques grains.

Le bois et l'écorce, surtout la moelle, sont brunis et comme pourris par endroits (*Taylor*). Mais il n'en est pas toujours ainsi chez quelques autres cépages (*Aramon*). Au niveau des bosselures, la moelle est, par places, d'un vert plus foncé et plus terne.

Au lieu d'intéresser tout le rameau, les déformations du *court-noué* peuvent être localisées en quelques points ; elles peuvent aussi affecter la feuille avec plus d'intensité que le sarment ; la feuille peut être, en effet, déformée et recroquevillée dans tous les sens par suite d'une altération exclusive de ses nervures ; elle peut aussi se décolorer, se trouer et se déchirer par places.

Ravaz, ayant étudié les lésions internes occasionnées par le court-noué, a reconnu que ces lésions sont identiques à celles produites par la *maladie pectique* ; pour lui, cette dernière serait une des manifestations du court-noué, due soit au cépage, soit à des circonstances diverses.

La maladie du court-noué peut se transmettre par bouture et par greffon ; il est donc imprudent de propager les cépages qui en sont atteints. Les sarments sujets ou porte-greffes, peuvent être utilisés d'une façon moins exclusive que les greffons, parce que, après expérience, on a constaté qu'ils ne communiquaient pas toujours la maladie aux seconds, à la condition toutefois d'être sains. Malgré cette exception, il y aura toujours avantage à n'employer, comme sujets et comme greffons, que des sarments à entre-nœuds normaux et non rabougris.

γ. GAMOPÉTALES

SOLANÉES

POMME DE TERRE. — 1. *Pseudocommis vitis* (Frisolée).

Caractères extérieurs. — Les pieds atteints ont les feuilles ridées, crépues, rudes et sèches au toucher. Les tiges sont lissès, de teinte brun verdâtre, maculées de taches couleur de rouille qui pénètrent jusqu'à la moelle. Les feuilles et les tiges jaunissent de bonne heure. Les tubercules sont peu nombreux et petits; ils mûrissent mal et ont une saveur désagréable.

La maladie est favorisée par l'humidité; elle est plus fréquente dans les bas-fonds et les plaines que sur les coteaux et les lieux élevés.

Le parasite, qui est un Myxomycète (voy. p. 479), pénètre dans les tubercules par les blessures qu'ils peuvent porter ou par les germes; il accompagne ces derniers dans leur développement et se propage ensuite sur les parties aériennes de la plante.

Lutte. — Ne jamais planter de tubercules provenant de pieds douteux. Attendre, pour les planter, que les tubercules soient germés et rejeter de la semence ceux dont les germes ne seront pas entièrement sains, c'est-à-dire exempts de taches brunâtres ou noires.

2. *Phytophtora infestans* (Maladie de la Pomme de terre).

Caractères externes et internes. — Le feuillage porte des taches brunes, parfois dès le mois de Juin, qui envahissent ensuite les tiges; ces parties attaquées se fanent, puis se dessèchent et paraissent grillées. Autour des taches brunes de la face inférieure des feuilles on remarque une auréole blanchâtre, duveteuse, formée par les rameaux fructifères du Champignon. Les tubercules malades, inodores, sont envahis plus ou moins par un ramollissement humide; leur épiderme flétri se replie sur le parenchyme affaissé, pâteux mais non déliquescent. Ces tubercules renferment toujours le mycélium du Champignon qui ne fructifie à l'air qu'autant que leur épiderme est déchiré.

Les Pommes de terre tuées par cette maladie sont en outre envahies par de nombreux autres Champignons saprophytes et, en particulier, par des Bactéries qui en activent la décomposition et occasionnent la *gangrène humide.* Cette dernière maladie peut se déclarer, comme on le verra plus loin, sur des tubercules non attaqués par le *Phytophtora*.

Description sommaire du parasite. —Mycélium intercellulaire, à filaments continus, ordinairement dépourvus de suçoirs, disparaissant des tissus morts pour se reporter dans les parties vivantes voisines. Sur la face inférieure de la feuille, dans les parties vivantes contiguës aux taches, conidiophores plus ou moins ramifiées, sortant à travers les stomates, en touffes peu fournies, où ils constituent un léger duvet blanc. Chaque ramification produit à son extrémité une conidie piriforme qui, une fois détachée, est remplacée par une autre. Les conidies peuvent germer de deux manières, soit en émettant un tube de germination, point de départ d'un nouveau mycélium, soit en produisant des zoospores biciliées. Ces dernières se mettent en boule et s'enveloppent d'une membrane, puis entrent en germination. Les jeunes tubercules peuvent être envahis par ces zoospores entraînées dans le sol à la faveur des pluies.

Si le sol est sec, bien aéré, peu compact, dit Marchal, le champignon se borne à former, à la surface des tubercules, des marbrures jaunâtres. Le temps est-il humide, au contraire, et le sol gorgé d'eau, le développement du parasite est excité par ces conditions favorables ; il enfonce dans la pulpe du tubercule ses filaments mycéliens qui s'y multiplient en se nourrissant de l'amidon et des substances azotées.

L'action du parasite s'exerce donc de deux manières sur la Pomme de terre : 1° en détruisant les feuilles et entravant par ce fait, l'élaboration des produits de réserve et l'accroissement des tubercules ; 2° en infectant ces derniers et en les détruisant plus ou moins complètement.

Lutte et traitement. — *a.* Feuilles et tiges. — Arroser ces organes avec la bouillie bordelaise telle qu'on la prépare pour le traitement du Mildiou. Si l'année est humide, il y aura avantage à ajouter, à 100 litres de cette bouillie, 2 kilogrammes de mélasse (bouillie sucrée).

b. Tubercules. — L'invasion du *Phytophtora* atteint, dans l'est de la France, son maximum d'intensité en automne ou à la fin de l'été. Jensen a démontré que dans une terre forte, sur 100 000 conidies qui renferment près d'un million de zoospores, tombant sur le sol, aucune ne pénètre à 15 centimètres de profondeur et environ 600 arrivent seulement à 5 centimètres. Ce savant a reconnu que les zoospores ne résistent pas à une température de 40 degrés et que le mycélium des tubercules est tué en deux heures à cette température.

Des constatations qui précèdent on peut conclure qu'une immersion à 30 degrés pendant deux heures peut désinfecter les tubercules de semence sans nuire à leur faculté germinative ; qu'un buttage convenable (0^m,15) peut abriter les tubercules plantés contre l'envahissement des zoospores et que l'alternance des cultures s'impose pour éviter la contamination résultant de la présence des tubercules malades échappés à l'arrachage. Si avec ces précautions, on prend en outre celles de n'arracher les Pommes de terre que quinze jours environ après la flétrissure des fanes et d'éliminer de la récolte tous les tubercules douteux, on court la chance à peu près certaine d'avoir conjuré le fléau redoutable pour l'année suivante.

3. *Gangrène humide*. — On a vu, plus haut, que des Bactéries ou des champignons saprophytes peuvent déterminer une forme de gangrène humide chez les tubercules envahis par le *Phytophtora*. A côté de cette forme, il y a la *gangrène humide* proprement dite qui peut être occasionnée par un bacille putréfiant, le *Bacillus amylobacter* seul, ou bien par l'action simultanée de Microcoques et de Bacilles, notamment les *Micrococcus albidus* et *Bacillus subtilis*. Ces divers ennemis sont des végétaux microscopiques qu'on ne peut voir et étudier qu'à l'aide des plus forts grossissements ; de même que ceux occasionnant la *gangrène sèche*, ils n'attaquent que les tubercules.

S'il s'agit de l'action exclusive du *Bacillus amylobacter*, une température d'au moins 20 degrés et une immersion plus ou moins prolongée dans l'eau lui sont nécessaires pour s'introduire dans l'épiderme du tubercule, puis dans son parenchyme. Celui-ci ne tarde pas à se liquéfier complètement, sauf l'épiderme du tubercule qui devient mou, flasque et dégage une *odeur infecte* due à la formation d'acide butyrique.

S'il s'agit, au contraire, de la gangrène produite par l'association des microcoques et des bacilles, la fermentation peut se produire à une température inférieure à 20 degrés, et la décomposition du tubercule s'opère comme dans le cas précédent.

La gangrène humide est désastreuse et entraîne toujours la perte totale des tubercules atteints ; elle détruit jusqu'à leurs germes qui ne le sont jamais par la suivante, excepté quand il y a envahissement de moisissures.

4. *Gangrène sèche*. — Cette gangrène diffère de la précédente en ce que les tubercules qui en sont atteints ne se ramollissent pas sensiblement, ne dégagent aucune mauvaise odeur et peuvent même durcir dans quelques cas.

Elle peut être produite par l'action parasitaire des *Microcoques seuls* ou par le *Pseudocommis vitis*. Voici d'ailleurs comment Roze les caractérise.

A. GANGRÈNE SÈCHE PRODUITE PAR LE PSEUDOCOMMIS. — Tubercules inodores, restant fermes et présentant des taches déprimées sombres, ou des perforations entourées dans le parenchyme d'une petite zone brunâtre (Pommes de terre *piquées*). Sous l'épiderme taché, dans la chair non ramollie, des macules plus ou moins brunes ou roussâtres, qui se montrent parfois çà et là, avec une teinte plus claire dans le tissu. Ces tubercules portent au printemps des germes noircis à leur sommet ou marqués de taches brunâtres.

B. GANGRÈNE SÈCHE PRODUITE PAR LES MICROCOQUES. — Tubercules inodores, assez fermes, plus ou moins tachés, mais présentant sur certains points un épiderme flasque qui ne résiste pas à la pression des doigts. Sous cet épiderme et dans le parenchyme, îlots blancs, gris ou brunâtres, laissant voir, lorsqu'ils sont secs, les grains de fécule, brillants et pulvérulents, quelquefois des cavernes, ou bien, dans les îlots gris, de petites masses noirâtres (*sclérotes de Rhizoctone*) et plus tard un grand développement de moisissures (*Fusisporium solani* et *Spicaria solani*). Desséchés, ces tubercules deviennent parfois très légers, ou bien durcissent et deviennent cassants. Conservés dans une humidité constante, les tubercules partiellement attaqués permettent aux Microcoques de se développer et de sortir même de leur épiderme.

La gangrène sèche, produite par le *Pseudocommis*, est souvent associée à toutes les autres.

Traitement. — On lutte contre les gangrènes sèches en éliminant, à la récolte, tous les tubercules soupçonnés de maladie, ainsi que ceux qui portent les blessures ; en nettoyant parfaitement à l'aide d'un badigeonnage au lait de chaux et en ventilant copieusement le local et les caisses où la maladie a sévi ; en vérifiant, pendant l'hiver, l'état de conservation des Pommes de terre et en rejetant toutes celles qui ont une tendance à se gâter ; enfin, en lavant les tubercules-semences avant de les planter pour reconnaître plus facilement ceux qui sont manifestement tachés, et en les plantant de préférence sans les couper.

Aux affections qui précèdent, nous ajouterons les suivantes qui sont loin d'avoir la même gravité.

5. *Gale de la Pomme de terre.* — Cette maladie très commune est plutôt superficielle qu'interne, car elle ne consiste le plus souvent qu'en ulcérations épidermiques, assez rarement en érosions profondes. Elle est due à l'action parasitaire d'un microcoque (*Micrococcus pellicidus* Roze) vivant au détriment du contenu des cellules qu'il traverse sans attaquer leurs membranes. Cet infiniment petit, dit Roze, est extrêmement contagieux. Des Pommes de terre, plantées dans des champs où l'on a récolté des tubercules galeux, en produisent égale-

ment, et cette contamination par le sol peut durer jusqu'à ce que l'on change de culture.

Il n'y a pas lieu de se préoccuper outre mesure de cette affection pour les variétés de Pommes de terre hâtives, où elle n'atteint guère que son premier stade de développement; mais les variétés tardives en sont plus éprouvées par les érosions profondes qu'elle provoque et qui en déprécient la valeur au point de vue de la consommation bourgeoise.

6. *Tubercules piqués*. — Les tubercules sont ainsi appelés à cause des très petites perforations fermées apparemment par une membrane subéreuse, que l'on remarque à leur surface. Ces perforations sont probablement l'œuvre des insectes et iules; elles n'auraient aucune importance si l'on n'avait constaté que les tubercules piqués avaient un goût désagréable. Ce mauvais goût est sans doute occasionné par un *Pseudocommis*, rencontré par Roze, sur les variétés *Saucisse* et *Chave*, qui, pénétrant dans les perforations. produit des zones brunâtres dans leurs parois et peut y déterminer la gangrène sèche.

Précautions. — Pour ces effets préjudiciables, il sera bon de ne pas continuer, pendant quelques années, la culture de la Pomme de terre dans les champs ayant produit des tubercules piqués.

7. *Rhizoctone de la Pomme de terre*. — Cette maladie est causée par un champignon parasite, le *Rhizoctonia Solani*.

Sur l'épiderme des tubercules atteints, on remarque des petits points noirâtres, sortes de concrétions (*sclérotes*) formées par le mycélium du champignon. La Rhizoctone n'altère pas les qualités alimentaires du tubercule, elle en déprécie seulement la valeur marchande en lui donnant un mauvais aspect.

Il y a lieu ici encore de rejeter des tubercules-semences ceux qui n'ont pas l'épiderme absolument sain.

8. *Ramollissement des tubercules*. — Nous n'insistons pas sur cette maladie qui n'a encore été constatée qu'en Norvège.

La chair du tubercule est ramollie par l'action du champignon désigné sous le nom de *Spongospora Solani* (**Myxomycète**).

9. *Verdissement des tubercules*. — Il ne s'agit pas ici d'une maladie parasitaire, mais d'un état particulier dû à l'action de la lumière. Les tubercules peu enterrés par le buttage ou situés à une faible profondeur, surtout ceux de certaines variétés, prennent une teinte violacée ou verte. A cet état, ils sont impropres à l'alimentation, car ils peuvent occasionner de véritables empoisonnements.

Cause de la formation des Pommes de terre. En terminant cette étude, nous croyons intéressant de signaler les curieuses recherches faites par Noël Bernard sur la tubérisation des plants de Pommes de terre.

Les racines de la plante sont normalement attaquées par un champignon de la forme *Fusarium*, et c'est sous l'effet de cette attaque que se produisent les tubercules. En effet si l'on cultive de la même manière, des Pommes de terre dans un sol dépourvu de *Fusarium*, on obtient des pieds *sans tubercules* qui, en revanche, fleurissent et fructifient dès la première année. Ce sont des pieds normaux et ceux à tubercules sont des pieds malades dont nous mangeons les tumeurs. Voilà au moins une maladie qui ne ressemble guère aux précédentes, dont le rôle utilitaire dispense de tout commentaire.

Tomate. — 1. *Maladie bactérienne des Tomates*.

Caractères extérieurs. — Les jeunes Tomates brunissent et pourrissent à partir de l'insertion du style ; la pourriture s'étend circulairement et progressivement sur toute l'étendue du fruit.

Si l'on examine au microscope les cellules de ce dernier, on constate qu'elles renferment en grand nombre un Bacille groupé en zooglées denses.

2. *Phytophtora infestans* (Maladie de la Tomate).

Ce champignon, que nous avons étudié au sujet de la Pomme de terre, s'attaque aussi à la Tomate qui est une plante de la même famille. Sous son action, les feuilles noircissent, se dessèchent et les fruits restent petits ou ne peuvent mûrir.

Traitement. — Les aspersions à l'aide de la bouillie bordelaise sont excellentes.

3. *Cladosporium fulvum* (Maladie de la Tomate).

Caractères extérieurs. — Le limbe des feuilles porte des taches ayant plusieurs centimètres de largeur, jaunes en dessous et couvertes d'un velouté gris olivâtre. Les pieds malades languissent et fructifient très peu.

Description sommaire du parasite. — Mycélium intercellulaire brunâtre, émettant des conidiophores à la face inférieure de la feuille où ils forment le velouté caractéristique. Conidies uniseptées, oblongues, ordinairement adhérentes les unes aux autres en forme de chapelet, propageant la maladie par leur germination sur les pieds voisins.

Traitement. — Aspersions *préventives* à l'aide de la bouillie bordelaise.

Tabac. — **1.** *Mosaïque* ou *Nielle du Tabac.*

Caractères extérieurs. — Quelques semaines après le repiquage, apparaissent sur les jeunes feuilles des taches blanches, translucides, tranchant nettement avec les parties vertes contiguës. Ces taches se dessèchent ensuite ; elles deviennent jaune grisâtre tout en s'entourant d'une auréole plus foncée. Les feuilles ainsi attaquées se rident et fournissent un tabac peu aromatique, impropre, tout au moins, à la fabrication des cigares.

Si l'on examine une coupe microscopique, puisée dans une tache, on constate que les cellules renferment un Bacille très court ($0\,\mu\,75$) qui est la cause probable de l'affection.

On ne connaît encore aucun remède contre cette maladie.

2. *Alternaria tenuis* (Maladie du Tabac).

Caractères extérieurs. — Les cotylédons et les petites feuilles qui se développent les premières à la germination, deviennent mous, gluants et prennent une teinte vert sale ; la jeune plante noircit ensuite et meurt.

Description sommaire du parasite. — Mycélium plus ou moins ramifié, intercellulaire, produisant des conidiophores à la surface des feuilles.

Conidiophores produisant une ou plusieurs conidies superposées, piriformes, divisées transversalement et longitudinalement, à extrémité terminale effilée.

L'*Alternaria tenuis* est la forme conidienne du *Pleospora Alternarix* Gibellini et Griffini.

Lutte. — Aérer et drainer convenablement le sol. On a reconnu, en effet, que l'affection ne se déclare ordinairement que quand les pieds de Tabac végètent dans un sol trop humide et mal aéré.

OLIVIER. — 1. *Tumeurs bactériennes de l'Olivier.*

Caractères extérieurs. — Branches couvertes de tumeurs ligneuses, atteignant parfois le volume d'une noix, creusées au centre d'une cavité, rugueuses et crevassées à leur surface. Ces tumeurs ne tardent pas à faire périr la branche sur laquelle elles se forment ; leur présence affaiblit tellement l'arbre qu'il ne fructifie presque plus.

Caractères internes. — Si l'on fait une coupe microscopique longitudinale dans une jeune tumeur, on constate que cette dernière est constituée par un parenchyme plus ou moins lacuneux, à cellules isodiamétriques, brunes et mortes à la périphérie. Les lacunes sont remplies d'une substance blanchâtre renfermant un nombre considérable de Bacilles. Il existe aussi dans la masse de la tumeur d'assez nombreux nodules ligneux en rapport avec une massse ligneuse anormale placée au contact du bois normal de l'hôte.

2. *Capnodium elæophilum* (Noir ou Fumagine de l'Olivier).

L'Olivier atteint de Fumagine a ses feuilles recouvertes d'un enduit noir, identique à celui dont il a été question pour le Poirier (p. 590).

Le champignon se développe surtout grâce au miellat sécrété par les Kermès dont l'Olivier est parfois couvert. On arriverait donc à faire disparaître la Fumagine en détruisant surfout les Kermès, si l'opération n'était souvent très difficile. En Algérie, on obtient de bons résultats en émondant sévèrement les Oliviers envahis par le Noir ou les Kermès.

D'après Prillieux, « le Noir de l'Olivier présente les formes de fructification du *Capnodium salicinum* (p. 590), et, à part quelques légères différences, elles semblent à peu près identiques, mais il produit en outre des conceptacles globuleux qui paraissent manquer à la Fumagine du Saule ».

3. *Cycloconium oleaginum* (Taches des feuilles de l'Olivier).

Caractères extérieurs. — Feuilles portant des taches circulaires, noires au début, puis brunes ou jaunâtres et entourées d'une auréole noirâtre, se développant ordinairement au commencement de l'automne.

Description sommaire du parasite. — Filaments mycéliens cloisonnés et ramifiés, à diamètre très inégal, se répandant à la surface des taches et dans les couches cuticulaires des cellules épidermiques, sans pénétrer dans le mésophylle. Conidiophores courts, roux, dressés à la surface de l'épiderme et terminés par une ampoule assez volumineuse et jaunâtre, à la partie supérieure de laquelle on remarque ordinairement 1 ou parfois 4-5 conidies uniseptées.

Traitement. — On conseille de donner aux feuilles quatre aspersions successives (juillet, septembre, octobre et novembre) à l'aide de la bouillie bordelaise à 5 p. 100 de sulfate de cuivre.

4. *Polyporus fulvus* (Altération du bois). (Voy. p. 513.)

LES PARASITES DE LA GREFFE

C'est surtout pendant leur union provisoire que les parasites attaquent le plus fortement le sujet et le greffon. Ces derniers ne sont cependant pas à l'abri d'invasions nouvelles pendant leur union définitive ; mais ils peuvent d'autant mieux y résister que leur soudure est plus parfaite et que leurs fonctions physiologiques s'allient davantage.

1° Parasites pendant l'union provisoire. — Les principaux sont les Mollusques, les Vers, les Cloportes, les Insectes et les Moisissures.

a. Parmi les *Mollusques*, il y a lieu surtout de redouter les *Limaces* et les *Escargots* qui s'attaquent principalement au greffon, sans négliger aussi le sujet qui produit, au point de soudure, des méristèmes délicats, gorgés de substances nutritives.

L'opération du greffage place les individus unis dans un état temporaire d'infériorité qui ne leur permet plus de résister aux attaques des parasites, alors qu'à l'état normal, grâce à des caractères propres, ils sont presque toujours indemnes (*Lactuca scariola, Centaurea montana,* etc.).

b. *Vers.* — Contrairement aux Mollusques, les Vers préfèrent le sujet, sans doute à cause de l'humidité dont ses tissus sont imprégnés.

Daniel a observé fréquemment la présence de divers Helminthes dans les tubercules de Carotte sur lesquels étaient greffés le Fenouil, le Céleri, etc. L'attaque a toujours paru plus vive dans les tubercules d'Ombellifères que dans les autres, et d'autant plus marquée que l'atmosphère était plus humide. « Elle est la conséquence pure et simple de la blessure et de la pourriture que causent dans les tissus de réserve les agents atmosphériques chargés de germes ; elle est accentuée par les arrosages et peut souvent compromettre la greffe en faisant pourrir les méristèmes de cicatrisation du cylindre central et des couches génératrices. »

c. *Cloportes et Myriapodes*. — Ces animaux ne sont dangereux que quand ils sont nombreux, ce qui arrive dans les jardins humides. « Ils attaquent de préférence les greffes de plantes tuberculeuses (Carotte, Chou, Navet, Pomme de terre ; greffes sur tubercules), mais ils peuvent aussi causer de sérieux dommages aux greffes de *Chrysanthèmes* sur *Anthemis frutescens*, sur *Helianthus annuus*, etc. »

d. *Insectes*. — Sont ordinairement peu à craindre pendant l'union provisoire. Daniel cite néanmoins les exceptions suivantes :

Dans la greffe de la Ronce sur le Framboisier, le sujet est assez vivement attaqué par un petit Coléoptère qui cependant vit communément sur le Framboisier, mais sans y produire des dégâts aussi prononcés.

Les Altises se portent surtout sur les greffes dont l'union provisoire est prolongée, de préférence sur le greffon (*Isatis tinctoria* sur *Chou cabus*).

Daniel signale plus particulièrement la Chématobie (*Cheimatobia brumata*) comme étant assez nuisible aux greffons de Pommier. « Quand on observe une série de greffes de Pommier faites à la même époque et dans les mêmes conditions, on remarque souvent que tous les yeux des greffons ne poussent pas au début de la végétation. Quelques-uns seulement se développent, et parfois aucun d'eux ne donne de pousse, quoique l'écorce des greffons soit restée verte. A la seconde sève, la plupart de ces greffons conservent assez de vitalité pour faire développer les yeux stipulaires et assurer ainsi la reprise du greffon. Quelquefois il n'en est pas ainsi et la greffe est manquée. Si l'on examine les boutons des greffons au début de la première sève, on constate que ceux qui ne se développent pas contiennent une jeune larve de Chématobie qui a rongé le sommet végétatif de chaque bourgeon. La cause du mal étant connue, il me reste à en indiquer le remède. Il sera facile à trouver, dès l'instant qu'on connaît les mœurs de la Chématobie à ses divers états de développement.

« La greffe du Pommier se fait après le 20 février. La ponte de l'insecte étant terminée, il n'y a pas lieu d'empêcher sa montée sur le sujet. C'est donc sur le greffon seul que doit porter l'attention du greffeur. Pour avoir des greffes indemnes, c'est-à-dire dépourvues d'œufs, il y a deux moyens. Le premier, ce serait d'empêcher la ponte de la Chématobie sur l'arbre-étalon, en ayant recours aux *colliers gluants*, au *cadre anticheimatobia*, etc. Par ce moyen on protège à la fois l'arbre-étalon et les greffons qu'il pourra fournir. Le deuxième, c'est de ne poser un greffon sur le sujet qu'après avoir soigneusement examiné les yeux de ce greffon pour y découvrir les œufs de la Chématobie. Une loupe ne sera pas inutile pour cela. On détruira ces œufs. »

e. *Champignons*. — On sait que, pendant l'union provisoire, le greffon se trouve dans des conditions spéciales, plus défavorables que celles du sujet ; il est exposé à périr par dessiccation, tandis que le sujet souffre de « pléthore aqueuse ». Ce dernier peut donc être seul à souffrir des attaques des champignons ou tout au moins le premier. Daniel a reconnu que ces attaques sont beaucoup plus fréquentes sous cloche qu'à l'air libre, et il proscrit, avec raison, l'emploi abusif de la cloche, car il est préférable de donner à chaque plante le milieu qui lui convient en employant un dispositif approprié.

Les plantes de la famille des Liliacées, dont l'union provisoire est longue, ont particulièrement à redouter l'invasion des champignons parasites. Ainsi les feuilles du *Lilium candidum* greffé sur lui-même, sont attaquées par l'*Uromyces Erythronii*.

2° PARASITES PENDANT L'UNION DÉFINITIVE. — On a vu précédemment qu'à mesure que la cicatrisation de la greffe s'opérait, la résistance de cette dernière aux parasites augmentait proportionnellement. Mais, dit Daniel, si les deux plantes greffées diffèrent comme capacité fonctionnelle, elles souffriront dans leur nutrition générale et donneront d'autant plus prise à l'attaque des parasites que cette différence sera plus tranchée au début, car elle ne fera que croître avec le développement plus considérable des deux plantes avec l'âge.

a. *Parasites animaux*. — Ceux qu'il convient de citer plus particulièrement sont les suivants : Pucerons, Altises, Piérides, Charançons, Chématobie, *Liparis dispar*, etc.

Les *Pucerons* attaquent de nombreuses plantes greffées.

Les *Altises* se portent surtout sur les Crucifères.

Les *Piérides* du Chou, du Navet, etc., détruisent surtout les greffons de Crucifères.

Les *Charançons* du groupe des *Baridius* (*B. Artemisæ*, *B. chlorizans*, *B. cuprirostris*) déposent leurs œufs de préférence au niveau de la greffe de toutes les Crucifères greffées, où les larves rencontrent une nourriture en rapport avec leurs besoins. L'attaque de ces Charançons, dit Daniel, a surtout des conséquences désastreuses pour les greffes de bourgeons à fleurs, et pour celles où le greffon appartient à une plante de faible volume et peu vigoureuse. C'est ainsi que les greffons de Corbeille d'argent placés sur Chou reprennent fort bien, donnent des inflorescences superbes, puis périssent quelquefois desséchés tout à coup. La région du bourrelet de ces greffes est entièrement rongée par les larves de *Baridius*.

Les jeunes greffons de Pommier ont parfois beaucoup à souffrir, après leur union définitive, des attaques de la *Chématobie* et du *Liparis dispar*.

Les greffes de Vigne sont aussi attaquées par une dizaine d'insectes, parmi lesquels Daniel cite le *Pentodon punctatus* dont la larve attaque le bourrelet de la greffe et ronge les tissus de cicatrisation.

Un myriapode, le *Blaniulus*, se nourrit de jeunes pousses et pénètre dans la moelle des greffons.

b. *Parasites végétaux*. — On a constaté qu'en général les végétaux greffés sont envahis plus fréquemment par ces parasites, qu'à l'état de *francs de pied*.

Parmi les champignons parasites *inférieurs*, on peut citer les *Spherotheca, Nectria, Asteroma, Sclerotinia, Oïdium, Mildiou, Black Rot*, etc. Chacun sait quelle légion de parasites nous a amenée le greffage de nos cépages sur Vigne américaine !

Parmi les champignons *supérieurs*, on peut citer *Pholiota squarrosa, Armillaria mellea, Hypholoma fasciculare, H. sublateritium, H. hydrophilum, Pleurotus Pometi, Polyporus sulphureus, P. hispidus, P. versicolor, Volvaria bombycina*, etc., qu'on a rencontrés sur les greffes âgées ou mal venues de Pommiers à cidre.

Enfin, on peut signaler le Gui comme pouvant nuire au succès de la greffe par les nodosités qu'il provoque sur la plante hospitalière, nodosités qui entravent la marche régulière de la séve dans les régions de soudure de la greffe.

TRAVAUX PRATIQUES

1° Dans le cours des excursions de botanique agricole, faites pendant la période active de la végétation, on appellera l'attention des élèves sur les diverses maladies dont les plantes cultivées peuvent être atteintes, tout en faisant ressortir les caractères extérieurs et les effets de ces maladies.

2° Au laboratoire, on fera l'étude anatomique des maladies les plus graves de la Vigne, des Céréales et des arbres fruitiers.

3° En ce qui concerne l'étude descriptive des plantes agricoles, les élèves auront à déterminer, soit en cours d'excursion, soit au laboratoire : 1° les Graminées fourragères ; 2° les principales variétés agricoles cultivées dans la région ; 3° les plantes supérieures nuisibles aux Céréales, aux plantes sarclées et aux prairies naturelles ou à la qualité des fourrages.

SIXIÈME PARTIE

DESCRIPTION ET CULTURE DES PLANTES AGRICOLES

Les plantes qui, en France, sont l'objet d'une culture spéciale, appartiennent à de nombreuses familles végétales dont les principales peuvent être groupées de la manière indiquée dans le tableau de la page 654.

Nous diviserons les plantes agricoles en :

1° Plantes *alimentaires*, que l'on cultive pour
   α. leurs semences,
   β. leurs racines ou leurs rhizomes tuberculeux,
   γ. leurs tiges, leurs feuilles ou leurs bulbes.
2° Plantes *fourragères* (Légumineuses, Graminées et autres).
3° Plantes *industrielles*, qui comprennent les
   α. Plantes oléagineuses,
   β. Plantes textiles,
   γ. Plantes tinctoriales,
   δ. Plantes économiques.

A. Monocotylédones

Calice pétaloïde. Ovaire . . . supère. Albumen charnu . . { capsule loculicide. . . . . . *Liliacées* (Oignon, Poireau, etc.).

{ baie. . . . . *Asparaginées* (Asperge).

infère. Albumen charnu. Fl. à 3 étamines, épisépales . . . . *Iridacées* (Safran, Pastel, etc.).

Calice non pétaloïde. Le fruit est un achaine sans graine distincte . . . . *Graminées* (Blé, Orge, Seigle, Avoine).

B. Dicotylédones

1° *Apétales* (Supérovariées).

Fleurs unisexuées. Ovule pendant . . . . *Cannabinées* (Chanvre, Houblon).

Fleurs hermaphrodites. { Ovule orthotrope. Fruit trigone. . . . . *Polygonées* (Sarrasin).

{ Ovule campylotrope. Carpelles ouverts. . . . . *Chénopodiacées* (Betterave).

2° *Dialypétales.*

Supérovariées { méristémones { Carpelles fermés . Fl. unisexuées. Ovaire 3-locul . . . . . *Euphorbiacées* (Croton, Maurelle, etc.).

{ Fl. pentamères. . . . . *Résédacées* (Gaude).

Carpelles ouverts. { Fl. tétramères. Etam. tétradynames. . *Crucifères* (Chou, Colza, Cameline, etc.).

{ Fl. dimères. Etam. nombreuses . . . . *Papavéracées* (Pavot).

diplostémones { Carpelles persistants et concrescents. Corolle papilionacée . *Légumineuses* (Pois, Haricot, Vesce, etc.)

{ Carpelles fugaces. Corolle non papilionacée . . . . *Caryophyllées* (Spergule).

isostémones. . . . . *Vitées* (Vigne).

Inférovariées. . . . . *Ombellifères* (Carotte).

3° *Gamopétales*

Supérovariées. . . . . { Ovules nombreux. . . . . . . *Solanées* (Pomme de terre. Tabac, etc.).

{ 2 ovules { hyponastes. Plantes non volubiles . . *Borraginées* (Consoude).

{ épinastes. Plantes volubiles . . . . *Convolvulacées* (Patate).

Inférovariées { Carpelles clos. { Etamines indépendantes de la corolle . . . *Cucurbitacées* (Melon, Courge).

{ Etamines concrescentes avec la corolle . . *Dipsacées* (Cardère).

Carpelles ouverts . . . . *Composées* (Artichaut, Topinambour).

CHAPITRE PREMIER

PLANTES ALIMENTAIRES

A. — PLANTES ALIMENTAIRES CULTIVÉES POUR LEURS SEMENCES

Parmi ces plantes figurent toutes nos céréales, le maïs, le millet, le sorgho, le sarrasin, la fève, le haricot, le pois, la vesce, la gesse et la lentille.

a. **Céréales.**

1. BLÉ OU FROMENT (TRITICUM).

= α. *Rachis non articulé. Fruit nu.*

I. Tige fistuleuse sur toute sa longueur ; glumes courtes, ventrues, glumelle intérieure courte, mutique ou aristée ; épi carré ; grain court, ovoïde, à cassure farineuse. (Blé ordinaire ou froment commun.) . . . . *T. vulgare* Will.

†. Arêtes courtes ou nulles. Se sème en automne. (Blé d'hiver, touselle.). . . . *T. hibernum* L.

††. Arêtes longues. Se sème au printemps. (Blé d'été, seisette.) . . . . *T. æstivum* L.

II. Tige ferme, striée, pleine au moins dans sa partie supérieure.

†. Glumes très longues, striées, bidentées ; épi long, un peu comprimé, mutique ou aristé ; grain oblong, demi-transparent, à cassure cornée. (Blé de Pologne ou de Russie.) . . . . *T. Polonicum* L.

††. Glumes courtes, ventrues, carénées, mucronées.

*. Glumes courtes, fortement ventrues ; glumelle à arête forte : grain très gros, bossu, à cassure demi-farineuse. (Pétanielle, gros blé, blé barbu, blé poulard.). *T. turgidum* L.

    o. Épi rameux par le développement de quelques épillets qui deviennent des petits épis. (Blé de miracle, blé d'abondance. blé turc.) . . . .   *T. compositum* L.

    **. Glumes plus longues, fortement carénées ; glumelle à longue arète ; grain oblong, très dur, à cassure cornée. (Blé dur.). . . . .   *T. durum* Desf.

= β. *Rachis articulé ; fruit enveloppé.*

    †. Épillets à 3 fleurs dont 1 fertile, aristée et 2 stériles mutiques ; glumes à 3 pointes ; épi comprimé, à grains très rapprochés, sur 2 rangs. (Engrain, blé locular, petit épeautre.). . . . .   *T. monococcum* L.

    ††. Épillets à fleurs toutes fertiles.

    o. Épi serré, fortement comprimé ; épillets à 3 fleurs imbriquées ; glumes ventrues, à 2 dents ; grain triangulaire, à cassure vitreuse. (Amidonnier.) . . . .   *T. dicoccum* Schrk.

    oo. Épi long, à épillets espacés ; fleurs mutiques ; glumes dures, tronquées ; grain aigu. (Épeautre.) . . . .   *T. spelta* L.

Dans le tableau précédent, on remarque qu'une glumelle peut se terminer en pointe ou s'allonger en arète plus ou moins longue, d'où la distinction des *Blés sans barbes* et *Blés barbus.*

Diverses variétés de froments barbus, dit Damseaux, perdent ces arètes au moment de la maturité. Les froments sans barbes sont en général ceux des pays où la culture est avancée, car ils exigent d'ordinaire une terre assez riche, de vieille et bonne culture, ainsi qu'un climat moyen et assez uniforme. Un climat sec et chaud, un sol pauvre, favorisent l'apparition des arètes. Les variétés barbues sont plus rustiques, plus appropriées aux régions montagneuses et résistent mieux aux affections parasitaires.

Il est à remarquer, pour le département du Doubs en particulier, que les Blés barbus, cultivés dans la région montagneuse, perdent assez rapidement leurs barbes.

Kohler, professeur d'agriculture de ce département, nous

a dit avoir vu un champ de Blé produire simultanément des épis barbus et des épis sans barbes, alors que le propriétaire avait affirmé n'avoir employé qu'une seule semence parfaitement connue. Le champ se trouvait partagé, suivant sa longueur, en deux moitiés identiques par chaque sorte d'épis. Il nous est impossible d'expliquer la cause de ce phénomène bizarre.

L'une des enveloppes du grain peut renfermer une substance colorante rougeâtre (Blés *rouges*) ou en être dépourvue (Blés *blancs* ou jaunâtres). Les premiers sont plus résistants que les seconds.

On distingue en outre les Blés *tendres* et les Blés *durs*. Les premiers sont plus faciles à moudre que les durs ; ils produisent une farine beaucoup plus blanche et un son plus fin ; ils sont plus résistants au froid, aussi les cultive-t-on surtout dans les régions tempérées et septentrionales de l'Europe.

La farine des Blés durs est plus riche en gluten que celle des Blés tendres.

Nous possédons aujourd'hui plus de mille variétés de Blés, non toutes également bonnes, mais pour la plupart de caractères constants quand les conditions d'emploi sont satisfaisantes. Ces variétés rentrent respectivement dans l'une des espèces types du tableau analytique précédent. Le *T. vulgare* en possède le plus grand nombre.

Ces variétés peuvent être subdivisées en *Blés d'automne* et *Blés de printemps*. La distinction n'a rien d'absolu, car d'une variété d'automne on peut obtenir une variété de printemps; l'inverse se réalise plus facilement encore.

Nous nous bornerons à citer les variétés suivantes dont la plupart sont cultivées en France :

PREMIER GROUPE (BLÉS TENDRES)

A. — BLÉS D'HIVER

I. Blés d'hiver. (Sans barbes, à épi blanc et à grain blanc, tendres.)
Blé blanc de Flandre. (Bonne variété, estimée des meuniers.)
Blé roseau. (Précoce et productif.)

Blé Richelle blanche de Naples. (Sensible aux hivers rigoureux).
Blé blanc de Mareuil. (Talle assez bien et résiste aux hivers rigoureux. Terres chaudes et calcaires.)
Blé blanc Chiddam. (Variété à grand rendement, cultivée en Brie.)
Blé Hunter. (Très résistant aux hivers rigoureux et peu exigeant sous le rapport du sol.)
Blé Victoria. (Ne convient qu'aux terres riches.)
Blé de Challenge. (Ne convient qu'aux terres riches.)
Blé Bordier. (Variété nouvelle obtenue par H. de Vilmorin, produisant une paille très appréciée ; sensible à la rouille, beau grain, rendement élevé.)

II. Blés d'hiver. (Sans barbes, à épi blanc, grain jaune ou rouge, tendre.)
Blé Victoria d'automne. (Grand rendement en bon sol, rustique, tallement excellent.)
Blé Hallet. (Sous-var. du précédent, mêmes caractères.)
Blé Touzelle anone. (Tallement médiocre, sensible à la rouille et à la verse. Midi de la France.)
Blé Shiriff. (Excellent tallement, rustique, craint l'échaudage, terres riches.)
Blé de Noé ou *Blé bleu.* (D'hiver et de février, sensible à la rouille, vigoureux, peu rustique.)
Blé de Crépi. (Rustique, bon rendement.)
Blé de Saumur. (Mauvais tallement ou rustique, convient aux régions à hivers doux.)

III. Blés d'hiver. (Sans barbes, épi rouge, grain rouge, tendre.)
Blé de Bordeaux. (Très productif, ne résiste pas aux hivers rigoureux, à semer en février.)
Blé rouge d'Ecosse. (Rustique, résiste aux hivers rigoureux, mais grain petit.)
Blé Goldendrop. (Sous-variété du précédent. Mêmes qualités et mêmes caractères. Réussit bien après un trèfle.)

IV. Blés d'hiver. (Tendres, épi rouge, grain blanc.)
a. Variétés sans barbes.
Blé Dattel. (Obtenu par Vilmorin. Beau grain, bon rendement, rustique.)
Blé Rousselin. (Blé d'automne et de printemps, assez rustique et résistant, tallement faible, sujet à la verse.)
Blé Chiddam. (Donne d'excellents rendements en Brie. Paille un peu courte. Terres calcaires et fortes.)
Blé Raclin. (Résiste bien aux hivers rigoureux. Terrains secs et calcaires. Assez bon rendement dans le Cher et l'Indre.)
b. Variété barbue.

Blé hérisson barbu. (Grain de bonne qualité, tallement faible. Convient aux terres médiocres, sablonneuses des régions montagneuses.)

B. — BLÉS DE PRINTEMPS

a. Blés tendres, épi blanc, grain blanc, sans barbes.
  Blé d'Odessa. (Bons rendements dans terres riches.)
  Blé Chiddam de mars. (Grain petit, assez bon tallement, sujet à la verse, bonne qualité.)
b. Blés tendres, barbus.
  Blé de mars barbu. (Grain jaune ou rougeâtre, grosseur moyenne. Productif et rustique.)
  Blé hérisson. (Grain de bonne qualité, paille peu abondante, tallement faible ; variété rustique, convient aux terres sablonneuses et maigres, calcaires et montagneuses.)
  Blé de mai. (Végétation rapide. Rendements assez élevés.)
  Blé Victoria de mars. (Assez bonne variété, rendement assez élevé ; grain rouge, épi très aplati.)

Plusieurs de ces variétés ont été essayées dans le département du Doubs ; quelques-unes ont donné des rendements assez élevés (*Blé Hallett, Blé de Bordeaux,* etc.), mais elles manquent de rusticité et ne sont pas comparables, sous ce rapport, à notre *Blé du pays* dit d'*Altkirch* ou d'*Alsace,* que M. Kohler qualifie, avec raison, de blé à *grand rendement.* Cette variété cultivée suivant les conseils du professeur d'Agriculture a donné des rendements de 40 hectolitres de grain à l'hectare. (*Rapport sur les champs de démonstration.* — Exercice 1899-1900.)

Une autre variété à grain jaune, que l'on a identifiée au Blé de Crépi, donne également, dans le Doubs, d'excellents rendements.

Les variétés que nous venons d'énumérer rentrent dans la catégorie des Blés *tendres.*

DEUXIÈME GROUPE (BLÉS POULARDS)

L'espèce type des variétés de ce groupe est représentée par le *Triticum turgidum* L. Les Blés *poulards* sont caractérisés par un épi compact, carré, barbu, un grain bossu, anguleux et oblong, une paille dure, forte, noueuse et ordinairement pleine vers le sommet. Quelques variétés perdent leurs barbes à la maturité.

Les Poulards, dit Garola, sont des Blés rustiques, productifs, en général un peu plus tardifs que les Blés tendres. On ne les cultive jamais comme Blés de printemps. Leur fécondité est extrême dans les contrées qui leur sont favorables.

Les principales variétés sont les suivantes :

Pétanielle blanche. (Variété répandue en Italie, convenant au centre et au midi de la France.)

Poulard blanc lisse. (Paille abondante, grain de qualité médiocre. Cultivé dans le Gâtinais et l'Orléanais.)

Aubaine blanche à grain blanc, velu. (Vigoureuse et productive. Centre et midi de la France.)

Poulard blanc velu de Touraine. (Qualités de la précédente, épi moins lâche. épillets moins développés.)

Poulard rouge lisse du Gâtinais. (Résiste à l'humidité, sensible aux froids.)

Nonette de Lausanne, rouge velu. (Très productif et très rustique. Centre de l'Europe.)

Pétanielle noire de Nice. (Vigoureux et productif en sols riches. Midi de la France et Algérie.)

Poulard d'Australie. (Végétation tardive mais belle, bon tallement, forts rendements.)

Blé de miracle. Blé d'Egypte. (Épi ramifié. Farine rude et grossière. Sans intérêt agricole.)

TROISIÈME GROUPE (BLÉS DURS)

L'espèce type des variétés de ce groupe est représentée par le *T. durum* Desf.

Les Blés durs ont l'épi barbu, carré et plus ou moins incliné, le grain très dur, bossu, atténué aux extrémités. La farine, riche en gluten et en amidon, est difficile à pétrir; elle sert à fabriquer les pâtes d'Italie. La paille est ferme et pleine vers le sommet.

Les Blés durs conviennent aux régions sèches et chaudes.

Les principales variétés sont les suivantes :

A. Épi blanc. lisse, grain blanc.
  Blé Xérès. (Vigoureux et productif. Europe méridionale. nord
    de l'Afrique.)
  Blé de Seville à barbes noires. (Variété cultivée en Sicile.)
B. Épi blanc, lisse, grain rouge.
  Blé Triménia barbu de Sicile. (Variété de printemps. Europe
    méridionale et États-Unis du Sud.)
C. Épi rose, lisse, grain blanc.
  Blé Belotourka. (Rustique et précoce. Russie méridionale.
    Peut être cultivé dans le midi de la France.)
D. Épi rouge, grain rouge.
  Blé Biskra.   }
  Blé de Bouffarik. } (Variétés très voisines et d'égale qualité.)
E. Épi brun, grain blanc.
  Blé de Médéah. (Variété d'automne, estimée en Algérie et en
    Égypte.)
F. Épi velu, coloré, grain blanc.
  Blé Arnaoutka. (Variété d'origine russe, très estimée dans le
    Levant.)
G. Balles très longues (3-4 centim.).
  Blé de Pologne. (Variété servant à la fabrication des pâtes
    alimentaires. Égypte, Algérie.)

QUATRIÈME GROUPE (ÉPEAUTRES)

Ce groupe est subdivisé en trois sections : 1° les *Épeautres*
proprement dits (*Triticum spelta* L.) ; 2° les *Amidonniers* (**T.
dicoccum** Schrk) ; les *Engrains* (**T.** *monococcum*).

Les Épeautres ont la balle adhérente au grain après la
maturité ; l'axe de l'épi se désarticule à chaque article.

Le tableau analytique (p. 655) indique les caractères distinctifs des trois sections.

Les principales variétés sont les suivantes :

A. Épeautres proprement dits.
  Épeautre blanc sans barbes. (Variété excellente. Farine esti-
    mée des pâtissiers. Terres froides, maigres et monta-
    gneuses. Jura, Vosges, Suisse. Allemagne, etc.)
  Épeautre blanc barbu. (Très voisin du précédent. Tallement
    plus faible, fructification plus rapide.)
  Épeautre noir barbu. (Variété de printemps.)
B. Amidonniers.
  Amidonnier blanc. (Très rustique, variété de printemps, vigou-
    reuse, farine blanche et riche en amidon.)

Amidonnier noir. (Variété d'automne, aussi bonne que la précédente.)

C. Engrains.

Engrain commun. (Variété d'automne, vigoureuse, très rustique, peut se cultiver dans les plus mauvais sols où le seigle ne réussit pas.)

Engrain double. (Diffère du précédent en ce qu'il possède ordinairement 2 grains par épillet. Peu cultivé.)

Choix des variétés. — Les conditions de sol, de climat, de traitement cultural exigent un choix judicieux des variétés appropriées. Telle de ces dernières donnera d'excellents rendements dans un sol déterminé, telle autre, au contraire, ne produira que de maigres résultats. Les cultures comparatives faites, chaque année, dans les champs de démonstration, le prouvent nettement. De même que les terres à froment présentent des qualités différentes, de même toutes les variétés de Blé ne conviennent pas à la même terre. En règle générale, on doit toujours choisir sa semence parmi les variétés à grand rendement, lesquelles, malgré les fortes fumures qu'elles exigent, sont plus rémunératrices que les variétés dégénérées ou à rendement faible, même cultivées en sols très fertiles. Mais il ne faut pas oublier que les meilleures variétés ne sauraient garder indéfiniment leurs qualités propres sans des soins spéciaux et intelligents (soins culturaux et surtout sélection des semences) (voy. p. 293). La nature du sol est capable aussi de modifier profondément ces qualités. Ainsi les terrains compacts et humides peuvent transformer les Blés tendres en Blés durs, tandis que les Blés durs deviennent tendres dans les sols légers.

D'aucuns conseillent d'associer, dans les semis, deux ou trois variétés de froment. « Le rendement d'un mélange, dit Damseaux, serait presque constamment plus élevé que celui qu'on aurait obtenu du semis séparé des variétés. Le grain battu serait aussi d'un meilleur aspect ; tel serait surtout le cas lorsqu'on mélange un froment à grain blanc ou jaune avec un froment à teinte plus ou moins foncée. »

L'association d'une variété sensible aux froids à une autre plus résistante, plus rustique, compense les pertes possibles ; celle d'une variété à beau grain, mais à paille délicate, prédisposé à la verse, à une autre dont la tige est plus rigide, produit d'heureux résultats. Mais il est des précautions à prendre au sujet de ces mélanges. Il faut autant que possible que les variétés employées mûrissent ensemble, qu'elles aient une végétation d'égale durée, que celle dont le tallement est le plus faible prédomine sur l'autre. Enfin le mélange ne doit être fait qu'au moment de confier le grain à la terre ; le cultivateur doit affecter, chaque année, une parcelle de terre à chaque variété exclusivement, dont il saura garder les qualités respectives par une sélection judicieuse.

Les mélanges de variétés ne sont pas également appréciés par tous. Certains leur reprochent de provoquer des irrégularités dans le développement des emblavures, un défaut de simultanéité dans la floraison et l'inconvénient de donner des gerbes disgracieuses, ayant des épis depuis le lien à leur sommet. « Le praticien éclairé, dit Damseaux, doit savoir tenir compte de la cause de ces différences. »

Le cultivateur doit pouvoir produire la semence qui lui est nécessaire, sans avoir recours au renouvellement qui n'est conseillé généralement que quand l'année n'a pas été bonne (voy. p. 293).

Engrais. — Le Blé est une plante exigeante au point de vue des engrais ; la quantité de ceux-ci sera d'autant plus forte que le rendement désiré sera plus élevé. Le fumier *fait* et non pailleux, que beaucoup emploient exclusivement, n'est pas suffisant. Il est nécessaire de lui adjoindre des engrais complémentaires. Les scories, employées au moment des semailles, à la dose de 800 à 1 000 kilogrammes à l'hectare, et le nitrate de soude, répandu au printemps suivant les besoins, à la dose de 50, 100, 150 kilogrammes à l'hectare, augmentent considérablement la récolte dans le département du Doubs.

2. SEIGLE (*Secale cereale* L).

Le seigle occupe le second rang parmi les Céréales pour la nourriture de l'homme dans les régions tempérées. Il est beaucoup plus rustique que le Blé et peut végéter dans les sols arides et pauvres. Étant aussi plus précoce, il fleurit dès le mois de mai et mûrit à une époque où le sol n'est pas encore complètement desséché. Il constitue donc un produit plus certain, moins variable que les autres Céréales. Sa culture est très répandue dans le centre montagneux de la France, dans l'Allemagne, le Limousin, la Creuse, la Sologne, la Bretagne, etc.

La farine de Seigle est le principal aliment des populations de l'Europe septentrionale ; elle est la nourriture nationale des Prussiens. Quoique moins nourrissant que le pain de Blé, à volume égal, celui de Seigle est savoureux, sain et se conserve plus longtemps à l'état frais que le premier, mais il aigrit plus vite.

Le Seigle est un produit important pour la fabrication de l'alcool en Allemagne ; il entre aussi, pour une bonne part, dans la nourriture des animaux de boucherie.

Comme son épi est plus constant dans sa forme et sa teinte que celui de Blé, ses variétés tirent leur nom de leur pays d'origine. On ne cultive en France qu'une seule espèce (*Secale cereale*) dont les variétés sont :

a. *Seigle d'automne.* (Très rustique, très productif, grain court, son fin. Peut se semer à la fin de juin ou en octobre. Dans le premier cas, donne une excellente récolte de fourrage vert à la fin de l'été et des épis l'année suivante.)

Seigle Schlanstedt de Danemark. (Sous-variété du précédent, à grand rendement, à épi long, paille abondante, mais un peu tardive.)

Seigle multicaule ou *de la Saint-Jean.* (Se sème en juin ; bonne plante fourragère ; tallement vigoureux, surtout dans les étés peu secs.)

Seigle de Russie. (Variété à larges feuilles, épi ramassé, paille longue ; très rustique.)

b. *Seigle de printemps* ou *de Mars.* (Grain petit, paille fine et moins longue, faible rendement.)

Place du seigle dans la rotation des cultures. — Le seigle est surtout une Céréale d'automne dont la place, dans les assolements légers, siliceux ou calcaires, est la même que celle du Blé dans les assolements forts et substantiels. Il peut donc succéder aux mêmes récoltes que le second et présente, sur lui, la faculté de pouvoir être cultivé pendant plusieurs années consécutives, sur le même sol, sans diminuer la valeur et les qualités de son rendement, à la condition toutefois que ce sol soit convenablement entretenu. (Voy. *Rotations et assolements*, p. 330.)

3. Méteil. — On appelle *méteil* le mélange de plusieurs Céréales semées et récoltées ensemble ; telles que *Blé* et *Seigle*, *Orge pamelle* (de printemps) et *Blé de printemps*.

Ce mélange réussit bien dans les terrains secs et peu fertiles, son rendement est élevé et il constitue une excellente nourriture ; mais il présente ordinairement une maturité inégale et exige du sol les qualités des terres à froment. En présence de l'amélioration des conditions culturales, les méteils deviennent de plus en plus rares.

4. Orge (*Hordeum*). — Grâce à sa rusticité, l'Orge est la Céréale qui occupe la plus grande aire de culture. Elle résiste aussi bien aux chaleurs des tropiques qu'aux froids rigoureux du Nord. Si elle entre peu dans l'alimentation de l'homme, elle constitue, par contre, la base de la fabrication de la bière. Les résidus de cette fabrication, appelés *drèches*, sont une excellente nourriture pour les animaux. L'Orge remplace l'Avoine, donnée aux chevaux, dans les contrées méridionales ; elle fournit également, par distillation, une excellente eau-de-vie. Les variétés d'automne, coupées en vert au printemps, constituent un bon fourrage.

Il serait à souhaiter que la culture de l'Orge fût plus importante en France, surtout celle des variétés à grand rendement, telles que l'Orge Chevalier, sous-variété améliorée de l'Orge ordinaire à deux rangs. On a tort d'objecter la difficulté des débouchés de cette Céréale, car les belles Orges sont très recherchées pour la brasserie et payées à un prix presque égal à celui du Blé.

La culture de l'Orge est très rémunératrice pour celui qui sait choisir les variétés sélectionnées (Orge Chevalier par exemple). Les terres calcaires ou argilo-calcaires sont celles qui lui conviennent le mieux ; mais avec des engrais complémentaires on pourrait l'obtenir avantageusement partout, excepté dans les terrains acides. L'Orge, bien cultivée, donne en grain un produit qui excède ordinairement d'un tiers celui du Blé.

La Franche-Comté trouverait certainement un sérieux profit d'étendre les surfaces de culture de l'Orge. Étant aux portes de la Suisse, de l'Allemagne et de la Belgique qui ne peuvent se suffire, elle y écoulerait facilement sa récolte.

Description de l'épi. — Dents alternes sur l'axe articulé de l'épi, portant chacune trois épillets uniflores. Chaque fleur comprend trois étamines et un ovaire sessile, enveloppé dans deux glumelles adhérentes ou non au grain. Dans le premier cas, le grain est *vêtu* ; dans le second, il est *nu*. Glumelle extérieure s'atténuant en barbe longue et finement dentée latéralement.

Les trois épillets uniflores sont fertiles (orges à six rangs) ou l'épillet central seulement (orges à deux rangs).

Espèces et variétés.

I. Orges à 6 rangs.
    1. *Orge commune (Hordeum vulgare)* ou encore *Orge carrée* (Espèce). Épi long et arqué ; grains sur 6 rangs, les deux rangs intermédiaires se confondant avec les autres, de sorte que l'épi paraît être carré (coupe transversale).
    Escourgeon d'hiver (variété). Très répandue et très productive, surtout l'*Escourgeon de Beauce* qui est très hâtif et fournit abondamment un grain estimé des brasseurs.
    Escourgeon de printemps (variété). Épi moins gros et moins plein.
    Orge de Laponie (sous-variété du précédent). Peu productif, mais mûrit 15 jours plus tôt. Convient chez nous pour semis tardifs.

2. *Orge hexagonale* (*H. hexastichum*). Les **6** rangs de grains sont également saillants. Grain peu estimé des brasseurs.

3. *Orge céleste* (*H. cœleste* L.) ou encore *Orge nue*. Grain non adhérent aux glumelles. Rustique, bon tallement. Espèce peu répandue.

4. *Orge trifurquée* (*H. trifurcatum*) ou encore *Orge du Népaul*. Barbes remplacées par un appendice à trois pointes. Grain nu, blond, sans intérêt agricole.

II. Orges à 2 rangs.

1. *Orge à deux rangs commune* ou *Pamelle* (*H. distichum*). Épi allongé, plat, à arètes parallèles : grain gros et bien arrondi. Productive, recherchée pour la brasserie. Espèce de printemps. Porte aussi les noms d'*Orge de Saumur*, *Orge de Champagne*.

α. *Orge Chevalier* (sous-variété) ou *Orge de la Saale*. Paille plus longue, feuilles plus grandes, épi plus lâche, maturité un peu plus tardive. Excellente en général.

β. *Orge d'Italie* (sous-variété). Rustique et vigoureuse.

γ. *Orge Impériale*   (id.)   Grain blanc recherché des brasseurs.

2. *Orge éventail* (*H. Zeocriton*) ou encore *Orge riz*, *Orge pyramidale*. Longues arètes divergentes en éventail. Grain vètu, lourd. Résistante à la verse, rustique, réussit dans les sols médiocres et les situations froides. Cultivée surtout en Bretagne.

Place dans la rotation :

L'*Orge d'hiver* tient la même place que le Blé dans la rotation des cultures.

L'*Orge de printemps* vient après une plante sarclée ; elle exige une terre meuble et bien divisée.

5. AVOINE (*Avena*).

L'avoine est une Graminée à grain noir, jaune ou gris, dont les fleurs sont portées à l'extrémité de pédicelles disposés en grappes.

L'Avoine sert à la nourriture des chevaux ; étant très rustique, elle pousse dans tous les sols, même dans les terrains arides ; elle résiste mieux que les autres Céréales à la sécheresse et aux mauvaises herbes.

Espèces et variétés. — On divise les Avoines en variétés d'hiver ou de printemps, en variétés noires ou blanches.

Quatre espèces ont produit les diverses variétés cultivées dont les principales peuvent être groupées de la manière suivante :

1° *Avena sativa* (Avoine commune). Fleurs distiques en panicule lâche ; épillet ordinairement à deux fleurs. Grain lisse, allongé, de teinte variable. Cette espèce est celle qui a fourni le plus grand nombre de variétés.

a. *Avoines d'hiver.* Sont cultivées dans les régions méridionales et occidentales de la France. Craignent les froids et une humidité trop forte. Grains plus nombreux et plus lourds quand les semis ont été faits à l'automne.

  1. *Avoine grise d'hiver* ou *de Provence.* Variété rustique, résistant, en sol sain, à des froids de 10 degrés au-dessous de zéro. Grain bien plein, allongé, gris clair.

  2. *Avoine noire de Belgique.* Variété aussi rustique que la précédente. Grain noir et gros, muni d'une barbe caduque à la maturité.

  Ces diverses variétés ne résisteraient pas aux froids de nos régions de l'Est.

b. *Avoines de printemps.*

  α. Variétés à grain noir ou noir grisâtre.

  1. *Avoine noire de Brie.* Grain noir luisant ou noir rougeâtre ; un peu tardive. Très productive en bon sol.

  Avoine noire de Coulommiers (sous-variété de la précédente). Plus productive, mais aussi plus exigeante.

  2. *Avoine noire* ou *grise de Beauce.* Grain noir ou gris noir, plus précoce que l'*Avoine de Brie ;* convient aux terrains ordinaires ou secs.

  Avoine grise de Houdan (sous-variété). Grain gris fer foncé, très rustique et très productive.

  Avoine hâtive d'Etampes (sous-variété). Grain brun foncé, précoce, résiste à la sécheresse et convient aux terres calcaires et chaudes.

  3. *Avoine Joanette.* Grain noir, gros, plein, bonne qualité, très précoce.

  β. Variétés à grain jaune ou blanc.

  1. *Avoine jaune de Flandre* ou *des Salines.* Vigoureuse, paille longue et forte ; grain jaune, court et dense. Très productive dans les terres riches et fraîches.

  Avoine géante à grappes (variation de la précédente).

  2. *Avoine de Géorgie.* Grain jaunâtre ; précoce, vigoureuse et productive. Résiste assez bien au charbon.

3. *Avoine hâtive de Sibérie*. Rustique, précoce, très productive: grain blanc, bien rempli.

4. *Avoine de Pologne*. Vigoureuse et productive. Grain gros et court.

2° *Avena orientalis* (Avoine unilatérale). Panicule serrée, grains inclinés du même côté et portés sur de courts pédicelles.

a. *Avoine noire de Hongrie*. Grain noir, long, paille grosse et longue. Rustique et productive en sols riches et argileux.

b. *Avoine blanche de Hongrie*. Paille abondante, grain moyen. Variété tardive et vigoureuse en sol riche et argileux.

3° *Avena brevis* (Avoine courte ou à pied de mouche). Grain vêtu, petit, panicule unilatérale. Variété très rustique et très précoce. Convient aux sols sablonneux des régions montagneuses.

4° *Avena nuda* (Avoine nue ou Avoine de Tartarie). Grain nu, épillets de 4-5 fleurs réunies en petites grappes. Production faible, est utilisée comme gruau dans quelques contrées.

Le tableau comparatif suivant, dressé par Garola, donne en regard des noms de quelques variétés d'Avoine : 1° le poids de l'hectolitre ; 2° le classement des variétés d'après leur richesse en protéine brute, et 3° leur classement, d'après leur valeur proportionnelle : cette dernière est l'expression la plus exacte de la puissance nutritive du grain.

| | | CLASSEMENT D'APRÈS | |
	Poids de l'hectolitre.	la protéine % de grain brut.	la valeur proportionnelle.
Blanche canadienne	57	1	10
Hâtive de Sibérie.	50	9	12
Hâtive de Géorgie	50	9	5
Joanette.	50	4	4
Grise de Houdan.	50	4	1
Hâtive d'Etampes	50	6	9
Noire de Hongrie	50	3	7
Noire de Coulommiers	49.6	11	2
Noire de Brie	48.0	7	3
Rousse couronnée.	48.0	13	11
Jaune de Salines.	47.6	7	6
Blanche de Pologne	46.0	11	13
Noire de Tartarie	44.0	2	8

Ce tableau indique clairement que ce ne sont pas les

variétés les plus lourdes qui sont les plus nutritives, à *poids égaux*.

Rendements. — Les rendements de l'Avoine varient beaucoup, selon les conditions de sa culture et le degré de fertilité du sol. On est arrivé, dans le département du Doubs, à obtenir des rendements de 55 hectolitres à l'hectare, en ajoutant au fumier, comme pour le Blé, des scories et du nitrate.

6. Maïs (*Zea Mays*). — Le Maïs est une plante originaire d'Amérique, dont la culture ne dépasse pas le 47° degré de latitude ; on ne le rencontre ordinairement en Europe que dans les régions où la vigne croît en plein champ. Il ne mûrit bien en France que dans le Midi, dans le centre au delà de la Loire ; la Franche-Comté en fait l'objet d'une culture importante. Le Maïs ne peut être cultivé dans le Nord que comme plante fourragère, et, à ce titre, il mérite de figurer au premier rang, non seulement dans les pays où son grain ne mûrit pas, mais aussi dans sa zone naturelle de culture. Sa végétation rapide, l'abondance et les qualités nutritives de ses organes verts en font une plante fourragère très précieuse que les animaux de ferme mangent avidement. On le conserve facilement par l'ensilage à l'état vert, car une fois sec les animaux ne le mangent plus.

Par son grain, le Maïs est une plante alimentaire et industrielle de premier ordre. Nous croirions manquer aux bonnes traditions de notre chère Franche-Comté en glissant trop rapidement sur les mérites culinaires de la précieuse farine de Maïs. L'harmonieuse association parisienne « les Gaudes » ne nous le pardonnerait pas. Que l'on sache donc qu'avec la farine de Maïs on fabrique : 1° une bouillie épaisse, à laquelle on a donné le nom de *gaudes*, très estimée des Franc-Comtois de tout âge ; 2° une pâte bouillie, la *polenta* ; 3° une pâte cuite au four, le *milias*, et 4° un pain assez savoureux, avec addition de farine de Froment.

Au point de vue industriel, on extrait du grain de Maïs

un amidon de bonne qualité et, par distillation, un alcool fort apprécié dans le commerce. Les drèches et tourteaux de Maïs sont employés avantageusement dans l'alimentation du bétail. Les tiges de cette plante constituent une litière excellente et spongieuse ; enfin, à l'aide de ses balles, les Franc-Comtoises nous confectionnent de saines et volumineuses paillasses.

Variétés. — Le nombre des variétés de Maïs est considérable ; les caractères servant à les distinguer sont basés sur la forme, la grosseur et la couleur du grain, la taille des tiges et le temps nécessaire à leur développement.

I. Maïs à grain jaune.

1. *Maïs quarantain (Maïs précoce* ou *Petit jaune).* Végétation très rapide (80 jours). Mûrit dans toute la France. Épis composés de 8-10 rangs ayant chacun 24-28 grains jaune pâle. 100 épis donnent en moyenne 5 à 6 kilogr. de grain. Poids moyen de l'hectol. : 75 kilogr. Hauteur des tiges : 0^m.60 à 1 m. Bon fourrage vert.

2. *Maïs jaune hâtif d'Auxonne.* Épi moyen, assez court, assez souvent aplati à sa partie supérieure. Grain jaune, serré, irrégulièrement disposé sur l'épi. Hauteur moyenne des tiges : 1^m.50. Moins hâtif que le *Maïs quarantain*, mais plus productif. Cette variété est très cultivée en Franche-Comté, en Bresse et en Bourgogne. Bon fourrage vert.

3. *Maïs jaune des Landes.* Tiges de 1^m.40 à 1^m,80 ; grain gros et arrondi. Variété demi-hâtive cultivée dans le sud-ouest de la France. Bon fourrage vert.

4. *Maïs gros jaune.* Épi long, renflé, composé de 10-12 rangs ayant chacun 30-40 grains. Tiges de 1^m.50 à 2 m. Poids moyen de l'hectolitre : 75^{kg},5. Variété se récoltant en automne, très productive, cultivée dans la vallée de la Loire et dans le Midi. Bon fourrage vert.

II. Maïs à grain blanc.

1. *Maïs blanc des Landes.* Tige de 1^m.40 à 1^m,80. Grain blanc, mi-corné ; farine très savoureuse. Variété demi-hâtive, excellente, cultivée en grand dans le sud-ouest. Bon fourrage vert.

2. *Maïs King Philip blanc.* Tige de 1^m,50 à 1^m,65 ; épi long et mince. Variété très cultivée au Canada, productive et précoce, pouvant être cultivée sous le climat parisien.

3. *Maïs sucré nain hâtif.* Variété cultivée en Amérique comme

plante potagère. Épis cueillis et cuits avant maturité : les grains sont mangés avec du beurre.

III. Maïs à grain coloré.
    1. *Maïs King Philip*. Épis longs et minces, garnis de huit rangées de grains larges, aplatis, brun foncé. Variété précoce, très productive, capable de donner d'excellentes récoltes dans le centre de la France.
    2. *Maïs rouge gros*. Tiges de 2 m. à 2^m,50 de hauteur : grain rouge foncé. Variété demi-tardive.

Composition du Maïs. — Grandeau et Leclerc, ayant effectué de nombreuses analyses, ont obtenu les chiffres suivants pour le grain :

	Maxima.	Minima.	Moyennes.
Eau	14,44	11,40	12,41
Amidon, etc.	72,13	48,98	70,20
Graisse.	7,69	1,78	4,07
Cellulose	12,71	0,50	2,60
Cendres	2,53	0,90	1,33
Matière azotée	18,21	6,18	9,39

La tige, les balles et les rafles présentent respectivement la composition suivante :

	Tige.	Balles.	Rafles.
Eau	14,0	12,36	14,0
Matière azotée	3,0	3,25	1,4
Graisse.	1,1	»	1,4
Extractifs non azotés .	37,9	51,31	42,6
Cellulose	40,0	26,48	37,8
Cendre	4,0	6,60	2,8

Rendements. — Le rendement du Maïs dépend de la variété employée et aussi de la région où se fait sa culture. Pour le midi on préfère ordinairement les variétés les plus productives, dont l'évolution est lente ; tandis que dans les parties les moins chaudes de la zone de culture de cette plante, on emploie les variétés précoces.

Le rendement de Maïs en fourrage vert et à l'hectare varie

entre 30 000 et 80 000 kilogrammes. Ce grand écart tient à la variété cultivée, à la nature du sol, aux soins culturaux et aussi au temps plus ou moins favorable au développement de la plante.

D'après Garola, le *Maïs gros jaune*, qui est, en France, le plus productif, rend en moyenne 30 à 40 hectolitres de grain à l'hectare ; on peut atteindre 45 hectolitres dans les terres profondes et bien cultivées.

. Le Maïs blanc produit moins ; son rendement est inférieur d'environ 1/5.

Le *Maïs quarantain* ne produit guère que 25 à 30 hectolitres à l'hectare.

Place dans la rotation des cultures. — Dans la rotation, le Maïs tient la place d'une plante sarclée, et comme tel, il y a lieu de faire une distinction entre sa culture dans le Nord et celle du Midi. Dans les régions méridionales, on place cette plante en tête de la rotation, pour mettre le sol en état de recevoir des Céréales *d'automne.* Dans le nord de la zone du Maïs on ne pourrait suivre cette méthode, car sa récolte est trop tardive pour permettre au sol de recevoir des Céréales d'automne ; on remplace donc celles-ci par des Céréales de *printemps.* On peut aussi placer le Maïs à la suite d'une récolte d'automne, après avoir soumis le sol, pendant l'hiver, à une préparation convenable.

Terrains. — Les sols pierreux, siliceux, granitiques, schisteux ou calcaires peuvent recevoir du Maïs, à la condition d'être convenablement ameublis et fumés. Mais ce sont surtout les terres franches ou d'alluvion qui fournissent les rendements les plus élevés.

Engrais. — Le rendement du Maïs est en rapport avec la fertilité du sol et la quantité d'engrais employée. N'étant pas exposée à la verse, et exigeant beaucoup d'azote et d'acide phosphorique, cette plante peut donc être l'objet de très fortes fumures. Les fumiers consommés sont préférables aux fumiers pailleux, et, au lieu d'employer exclusivement cet engrais, on se trouvera bien d'en réduire la quantité et de lui adjoindre des engrais chimiques. Par exemple, à une quantité de 20 000 kilogrammes de fumier, on ajoutera, à l'hectare, 100 à 150 kilogrammes de nitrate de soude et 200 à 300 kilos de superphosphate. Les sels potassiques produisent aussi d'excellents résultats, surtout après une récolte de Pommes de terre ou de Légumineuse.

7. MILLET (Panicum). — Quoique la culture de cette plante ait beaucoup diminué, elle a néanmoins conservé une place importante dans les départements arrosés par la Garonne, les Côtes-du-Nord, le Vaucluse et le Gard, dont les récoltes oscillent entre 20 000 et 70 000 hectolitres; le Jura en produit encore annuellement plus de 14 000 hectolitres; la Haute-Saône une soixantaine d'hectolitres seulement et le Doubs rien. Le Millet, consommé en vert, constitue cependant un excellent fourrage. De toutes les Céréales, il est aussi celle qui supporte le mieux la sécheresse et qui, par cette qualité, convient le mieux aux sols trop légers pour le Froment. Sa végétation est rapide, excepté au début, et nécessite une température assez élevée. Le voisinage des mauvaises herbes est nuisible, c'est pourquoi l'on sème habituellement le Millet après les plantes sarclées dont les façons superficielles et les fortes fumures ont laissé le sol dans un bon état de propreté, d'ameublissement et de fertilité. Le Millet nécessite à peu près les mêmes soins culturaux que le Maïs.

Espèces et variétés. — Deux espèces et quelques variétés seulement sont cultivées en France, quoique le nombre de ces dernières soit considérable.

1. *Panicum miliaceum* (Millet commun). Fleurs disposées en panicules volumineuses, à ramifications longues et pendantes. Tiges de 1 m. à 1^m,30 de hauteur. Grains blancs, jaunes ou noirâtres selon les variétés.
   1. *Millet blanc rond.* Variété la plus répandue. Se sème en mai et se récolte fin d'août.
   2. *Millet noir.* Grain un peu allongé, gris noir, panicule légère.

3. *Millet rouge*. Grain rouge brun et assez volumineux. Variété hâtive, rustique et vigoureuse.

II. *Panicum italicum* (Millet d'Italie). Fleurs disposées en un seul épi serré, cylindrique, à ramifications courtes. Tiges de 1 m. à 1ᵐ,30 de hauteur. Grains plus abondants, mais plus petits et moins estimés. Ceux de la variété la plus commune sont jaunes; d'autres variétés les ont rouges ou noirs.

Le Millet d'Italie est plus productif que le *Millet commun*, mais il est moins hâtif; sa végétation dure environ cinq mois.

On cultive quelque fois le Millet en mélange avec d'autres Graminées fourragères. Son rendement annuel varie entre 20 et 30 hectolitres à l'hectare, mais avec une bonne fumure, on peut élever ce rendement à 35 hectolitres.

8. Sorgho (*Sorghum*). — Le Sorgho est une Graminée forte et droite, dont la tige peut atteindre deux mètres de hauteur, à feuilles larges et à panicule terminale, volumineuse.

A l'aide de ses panicules on confectionne des balais ; ses tiges séchées constituent une excellente litière et son grain sert de nourriture à la volaille.

Le Sorgho est la base de la nourriture des peuplades de l'Afrique tropicale. La Hongrie, la Transylvanie, la Dalmatie et la Roumanie sont les contrées de l'Europe où cette plante fait l'objet d'une culture assez importante. Le Sorgho nécessite les mêmes soins, les mêmes façons culturales et le même sol que le Maïs.

Les terres d'alluvions riches et substantielles, bien fumées et bien préparées, peuvent produire annuellement, à l'hectare, 50 hectolitres de grain, 4 000 kilogrammes de balais et 3 000 kilogrammes de tiges.

Le Sorgho sucré (*Sorghum saccharatum*) et le Sorgho à balais (*S. vulgare*) sont les variétés les plus recommandables à cultiver en France comme fourrage vert.

On distille depuis quelques années, à cause de sa richesse en amidon et de son prix relativement faible, le *dari* ou graine du *Sorghum tartaricum*.

POLYGONÉES

SARRASIN (*Polygonum*). — Le Sarrasin, appelé aussi *blé noir, émail, bouquette, bucaille, carabin*, est originaire de l'Asie et appartient à la famille des Polygonées. On le cultive particulièrement dans les sols peu fertiles ou pauvres (Auvergne, Berri, Limousin, Bretagne). Dans cette dernière province, on fabrique, à l'aide de la farine de sarrasin, une bouillie et une galette très nourrissantes. Mathieu de Dombasle dit que le grain de cette plante équivaut à l'Orge pour l'engraissement des cochons et des volailles et est supérieur à l'Avoine pour la nourriture des chevaux, après l'avoir préalablement concassé.

Malgré sa richesse en gluten, on panifie peu la farine de Sarrasin. La pâte lève mal et, si le blutage est imparfait, le pain possède une saveur désagréable ; c'est donc une nourriture grossière.

On cultive aussi le Sarrasin comme engrais vert et comme fourrage vert.

Le Sarrasin, étant sensible à la moindre gelée et aux chaleurs persistantes, exige un climat doux et régulier. Sa végétation est rapide et peu exigeante au point de vue des soins d'entretien. Ces précieuses qualités permettent d'en étendre la culture jusque sous le 70° degré de latitude nord, où l'été est le plus court (Grisebach).

Variétés. — On ne cultive ordinairement que deux variétés principales : 1° le Sarrasin ordinaire (*Polygonum fagopyrum* L.), 2° le Sarrasin de Tartarie (*P. Tataricum* L.).

I. *Sarrasin ordinaire*. Fruit à 3 faces, lisse, à angles entiers ; fleurs blanches ; grappes supérieures rapprochées en corymbe.

Cette variété comprend deux sous-variétés : l'une à grain anguleux et gros, l'autre à grain plus arrondi et lisse, appelée quelquefois Sarrasin *gris* ou *argenté*. Cette dernière est préférable à la première.

II. *Sarrasin de Tartarie*. Fruit à 3 faces, fortement rugueux, à angles sinués, dentés; fleurs verdâtres; grappes supérieures formant une longue panicule.

Le Sarrasin de Tartarie est plus rustique que le Sarrasin ordinaire, mais son grain est de qualité inférieure ; il convient surtout comme fourrage ou pour engrais vert. Les terres fortes, humides ou très fertiles ne lui conviennent pas, mais il réussit bien dans les sols secs ou sablonneux, ainsi que dans ceux que l'on vient de défricher. Par l'abondance de son feuillage, on le considère comme une plante étouffante pour les mauvaises herbes, et, à ce titre, il prépare la terre à recevoir le Froment. « La meilleure place à lui assigner, dit Damseaux, est incontestablement après une plante sarclée, spécialement après la Pomme de terre. »

LÉGUMINEUSES

Les principales Légumineuses cultivées pour leurs graines sont les Fèves, les Haricots, les Doliques, les Pois, les Vesces, les Gesses, les Pois chiches et les Lentilles. Toutes renferment une forte proportion d'amidon et de substances azotées (albumine et légumine). A ce point de vue, elles sont mêmes plus riches que les Céréales de premier rang.

Le tableau suivant, dressé par Girardin et Du Breuil, donne la composition des graines de quatre de ces plantes.

	Féveroles.	Haricots.	Pois.	Lentilles.
Principes azotés (légumine, albumine).	27,5	22,0	20,4	22,0
Amidon.	38,5	42,0	47,0	40,0
Substance grasse.	2,0	3,0	2,0	2,5
Sucre.	2,0	0,3	2,0	1,5
Gomme.	4,5	4,0	5,0	7,0
Acide pectique	10,0	8,0	11,0	12,0
Sels, phosphates, etc.	3,0	3,2	3,0	2,5
Eau.	12,5	17,5	9,6	12,5
	100,0	100,0	100,0	100,0

Outre ces divers éléments, ces quatre semences renferment encore un extrait amer ; leurs cendres sont riches en potasse et en acide phosphorique, et possèdent un peu de chaux, de magnésie et d'oxyde de fer.

On a extrait, en outre, des Lentilles du tanin et une huile verte et visqueuse ; du Pois chiche, une substance résiniforme. Le tanin existe aussi dans les divers téguments.

C'est par leur richesse en principes azotés que ces graines sont utiles à l'homme, auquel elles fournissent un aliment précieux, surtout dans les régions méridionales où les fourrages et conséquemment les bestiaux sont relativement rares.

On a vu, page 270, que les Légumineuses sont des plantes améliorantes, grâce à leur propriété de fixer l'azote atmosphérique par les nodosités développées sur leurs racines. A ce point de vue, leur rôle en agriculture est considérable surtout pour parer aux pertes d'azote éprouvées par le sol et occasionnées surtout par les plantes épuisantes.

1. FÈVES (*Faba*). — La Fève est la plus importante des Légumineuses. Ses propriétés nutritives, le rôle qu'elle joue dans les assolements de quelques terrains et les forts rendements qu'elle donne dans les sols compacts et humides, en font une plante de premier ordre ; elle est, dans le Midi, la principale culture après le Froment et le Maïs.

Certains pays, notamment l'Allemagne méridionale, mélangent sa farine avec celle de Blé et d'Épeautre dans la fabrication du pain bis. Notre marine militaire fait une assez grande consommation de farine de Fève, désignée sous le nom de *gourgane*. Ses graines sèches et concassées ou en voie de germination, forment, avec l'Orge et la paille, une excellente nourriture pour les animaux de travail, notamment dans les régions où les récoltes fourragères sont incertaines. On prétend que la Fève est, pour le cheval, un stimulant plus tonique et plus persistant que l'Avoine ; d'après Yvart, 9 l. 75 de Fève équivalent à 13 litres d'Avoine. Avec la farine de Fève on fait une bouillie claire qui sert à l'engraissement du gros bétail, des veaux et des porcs ; elle donne à la chair de ces derniers un goût très agréable. Enfin les tiges et les feuilles constituent un excellent fourrage.

Espèces et variétés. — Deux espèces principales et quelques-unes de leurs variétés sont cultivées en France.

1. *Faba major* (Fève des marais), ainsi appelée parce qu'elle était très répandue dans les potagers qui occupaient anciennement le quartier des Marais.

Cette espèce, cultivée dans les jardins, a les graines plates, larges et très grosses.

Une de ses variétés, également à graines plates et larges, commence à se répandre dans la grande culture.

2. *Faba equina* (Fève de cheval, gourgane ou féverole).

Cette seconde espèce, quoique moins agréable au goût que la précédente, est beaucoup plus cultivée, à cause de ses produits plus abondants. Ses graines sont plus petites, presque cylindriques et d'une teinte foncée plus ou moins fauve.

a. *Féverole* proprement dite. — Variété tardive, redoutant les froids de l'hiver.

b. *Féverole d'hiver.* — Variété très rustique, préférée dans le Midi pour les semis d'automne.

c. *Féverole d'Héligoland.* — Var. très productive. Importée d'Angleterre.

d. *Féverole de Picardie.* — Var. à graines plus grosses ; assez productive.

e. *Féverole de Lorraine.* — Var. à graine plus petite et arrondie.

D'autres variétés, du domaine horticole, ont leur graine de couleur variable.

Sol. — La Féverole ne réussit bien que dans les terrains frais et assez compacts ; elle ne craint même pas les terres fortement argileuses. Dans les sols légers, elle ne fournit que des rendements moyens, sauf quand la saison a été particulièrement humide.

Rotation. — En tant que plante sarclée, la Féverole peut commencer la rotation d'une culture et précéder les Céréales. Sa culture constitue une excellente préparation du sol pour le Froment d'automne.

La rotation alternative (Féverole et Froment), quoique possible, doit être pratiquée avec modération. Il est établi, en effet, qu'elle épuise les couches profondes du sol en matières minérales et « réagit défavorablement sur les rendements de la Céréale » (Damseaux).

Engrais. — Par ses fortes racines, riches en matières azotées, la Féverole rentre dans la catégorie des plantes améliorantes ; elle est donc aussi un excellent engrais vert.

Le fumier est l'engrais le plus communément employé dans cette culture ; la quantité nécessaire est proportionnelle au rendement que l'on désire obtenir. Mais on peut la réduire et la compléter à l'aide des engrais chimiques : 600 à 800 kilogrammes de scories à l'hectare et 50 à 60 kilogrammes de potasse produisent d'heureux résultats.

Ajoutons que pour faciliter les binages de la Féverole, on sème les graines en doubles lignes ; les deux premières lignes, par exemple, sont espacées de 15 centimètres, tandis qu'entre la deuxième et la troisième, on ménage un intervalle de 30 à 45 centimètres.

2. HARICOT (*Phaseolus*). — Le Haricot tient aussi une place importante dans l'alimentation de l'homme, surtout dans le sud-est de la France. Certains départements, tels que la Côte-d'Or et Saône-et-Loire, en produisent de grandes quantités ; mais les Haricots les plus estimés sont ceux que l'on récolte dans les environs de Soissons.

Le Haricot est considéré, par la plupart des agronomes, comme une plante épuisante.

Les sols humides et compacts ne conviennent pas à cette plante, et la moindre gelée la tue infailliblement. Sa culture est donc particulièrement propre au centre et au midi ; néanmoins les variétés hâtives peuvent réussir dans le Nord. Dans le Centre et l'Est, on confie ordinairement le Haricot aux terres sablo-argileuses ou calcairo-argileuses ; tandis que le Midi préfère surtout les terres substantielles à cause de l'influence de la sécheresse.

Cette Légumineuse, cultivée seule, est considérée comme une plante sarclée, et comme telle, elle sert de début à une rotation. On peut aussi l'associer à une autre plante, telle que le Chou, la Vigne ou le Maïs.

Les engrais phosphatés favorisent les rendements élevés, tandis que le fumier frais pousse au développement des organes verts. Néanmoins le fumier de cheval et celui de mouton sont excellents dans les terres fortes et froides.

Le plâtre, si utile aux Légumineuses en général, ne convient pas au Haricot.

Espèces et variétés. — Il existe de nombreuses variétés de Haricot ; les principales appartiennent à l'espèce *Phaseolus vulgaris* ou Haricot commun. On les divise en variétés *à rames* et en variétés *naines.*

1° *Variétés à rames. Haricot de Soissons :* Graine grosse, blanche, plate et brillante. Variété très estimée à l'état sec, préfère surtout les terres substantielles.

Haricot sabre : Gousse allongée et recourbée, tige très grande, graine aplatie et blanche. Variété très productive, excellente, pouvant être consommée en vert ou en sec.

Haricot de Prague : Grain arrondi, rouge violet ; variété tardive, très productive, ne convenant pas dans le Nord ; produisant deux sous-variétés également estimées : l'une à grains jaspés, l'autre à grains bicolores.

Haricot Prédome : Graine blanche et arrondie. Excellente variété *mange-tout,* cultivé en grand en Normandie.

2° *Variétés naines. Haricot de Soissons nain* ou *gros-pied :* Graine identique à celle de la variété à rames. Variété précoce et exigeant une terre substantielle.

Haricot nain, blanc, sans parchemin : Graine aplatie, petite, blanche. Variété précoce, excellente, très productive; ne devant pas être cultivée en sol humide.

Haricot sabre nain : Graine aplatie, de grosseur moyenne, blanche ; gousses longues et larges ; ne devant pas être cultivée en sol humide.

Haricot nain blanc d'Amérique : Graine un peu allongée, petite et blanche. Gousse plus ou moins arquée, se colorant en rouge brun. Variété très productive.

Haricot suisse, gris : Graine allongée, couverte de taches roses et rouges ; gousses marbrées de rouge.

Haricot solitaire : Graine rouge violet, tachée de blanc. Variété très productive.

Haricot gris de Bagnolet : Graine allongée, marbrée de rose et de rouge.

Haricot noir de Belgique : Excellente variété mange-tout.

3. DOLIQUES. — Les *Doliques* se rapprochent des haricots par leurs caractères ; on les consomme dans le Midi.

4. POIS (*Pisum*). — Le Pois est cultivé sous tous les climats, cependant les régions tempérées et d'une humidité moyenne sont celles qui lui conviennent le mieux. Il peut végéter dans tous les terrains, mais il préfère les terres fraîches, calcaires ou argilo-calcaires.

Le Pois ne peut se succéder à lui-même, et sa culture, dans le même champ, ne doit être ramenée que tous les six ou huit ans. Dans une terre argileuse, il peut succéder à une Céréale de printemps ; sa culture est alors précédée d'un seul labour ; mais s'il succède à une Céréale d'hiver, deux ou trois labours préliminaires sont nécessaires. On conseille de ne pas labourer avant l'hiver une terre légère destinée à recevoir des Pois.

La farine de Pois sert à la nourriture et à l'engraissement du gros bétail, des porcs et des moutons. Les fanes, vertes ou sèches, constituent aussi un excellent fourrage pour ces animaux. Les graines cuites servent également de nourriture à l'homme ; elles sont supérieures aux Fèves et aux Haricots.

Certains agronomes disent qu'il faut s'abstenir de planter le Pois sur une fumure fraîche, pour éviter la formation de fleurs tardives qui ne se fécondent pas. Le fumier, employé en couverture, exerce un heureux effet sur la végétation de cette plante, en s'opposant à une dessiccation trop rapide du sol. L'emploi des engrais chimiques contribue beaucoup à augmenter le rendement. Les superphosphates sont excellents ; et, lorsqu'il s'agit d'une terre sablo-argileuse ou sablonneuse, il y a grand avantage à utiliser les engrais potassiques, dans la proportion de 70 à 80 kilos de kainites, par exemple, à l'hectare.

Espèces et variétés. — Deux espèces, comprenant de nombreuses variétés, font l'objet de cultures importantes.

1° *Pisum sativum* (Pois cultivé). Taille variable, fleurs ordinairement blanches, graine jaunâtre, blanche ou verdâtre, grosse, sert à la nourriture de l'homme. Variétés importantes :

Pois de Marly : Graine ronde, gousses très grosses.

Pois carré ou *de Clamart :* Graine irrégulière, à faces quadrangulaires. Variété tardive et très productive.

Pois vert normand : Graine verte, tiges élevées. Variété tardive.

Pois de Knight ou *Pois carré :* Graine ridée, sucrée, grosse, à faces plus ou moins quadrangulaires ; tiges élevées, gousses longues et grosses. Variété tardive et productive.

Pois Michaux hâtif de Hollande : Graine jaunâtre, petite ; tige peu élevée. Variété convenant aux sols légers.

Pois Victoria, Pois vert de Hamel, Pois vert bleuâtre anglais, sont de nouvelles variétés très en vogue et très productives.

2° *Pisum arvense* (Pois des champs, Pois gris ou Bisaille).

Fleurs violettes ou rosées, graine grisâtre ou rousse, saveur un peu âpre. Cette espèce, de taille plus petite que la précédente, sert à la nourriture des animaux.

On cultive deux de ses variétés, l'une de *printemps,* et l'autre d'*hiver.*

Certains prétendent que les variétés de Pois sont sujettes

à s'hybrider entre elles; d'autres, au contraire, tels que Rimpau, affirment que l'on peut, sans inconvénient, rapprocher et cultiver ensemble plusieurs variétés sans avoir à redouter d'hybridation.

5. Vesce (*vicia*). — La Vesce est une Légumineuse annuelle, employée surtout comme fourrage. Ses graines peuvent contribuer à l'engraissement du gros bétail et servir à la nourriture des pigeons. Semée en mélange avec certaines plantes, elle produit un excellent fourrage que les animaux mangent avec avidité ; elle convient à tous excepté au cheval.

A deux hectolitres de Vesce de printemps, on peut ajouter, à l'hectare, un hectolitre d'avoine, et à la même quantité de Vesce d'hiver, un hectolitre de Seigle. Le premier mélange est appelé *drabière*; le second *hivernage*.

La Vesce est une plante assez rustique qui ne redoute que les fortes sécheresses ; tous les terrains lui conviennent, même ceux de consistance forte ; mais elle fournit les plus forts rendements dans les sols argileux de ténacité moyenne. Les variétés de printemps exigent un sol riche et frais.

La Vesce peut revenir plus souvent que le Pois sur le même sol. On sème les variétés d'hiver fin septembre, après une Céréale de printemps, et les variétés printanières, du commencement de mars à juin.

La drabière se récolte comme fourrage vert, c'est-à-dire en fleurs, tandis que l'hivernage ne se récolte qu'en même temps que le Blé.

Quoique la Vesce soit une plante peu exigeante au point de vue de la fertilité du sol, il convient néanmoins de donner à ce dernier un petit complément d'engrais, que l'on enfouit avant labour s'il s'agit d'un sol compact, et que l'on répand en couverture s'il s'agit d'un sol léger.

Espèces et variétés. — D'après Damseaux, on cultive plusieurs espèces différant par le volume et la couleur de leur graine. Les principales sont :

1° *Vicia sativa* (Vesce commune). — Graine sphérique, couleur noirâtre.

Principales variétés :

Vesce de printemps : Graine gris foncé ; gousses ordinairement velues ; très cultivée, quoique sensible au froid.

Vesce d'hiver : Graine presque noire, gousses glabres ; rustique.

Vesce blanche ou *Lentille du Canada :* Graine blanchâtre, plus volumineuse que celle de printemps.

2° *Vicia Narbonnensis* (Vesce de Narbonne, Vesce romaine ou Vesce française). — Graine brun foncé, volumineuse ; variété vigoureuse et très productive.

3° *Vicia villosa* (Vesce velue). — Fourrage résistant bien aux froids de l'hiver. Peut être semée au printemps pour être utilisée comme fourrage vert. Cette plante a besoin d'un support, car seule, elle se couche sur la terre et s'altère au pied. L'Avoine d'hiver et le Seigle peuvent être employés comme supports : la première est préférable dans les régions où les hivers ne sont pas rigoureux.

La Vesce velue, à l'état sec, est plus riche en matières azotées que les autres Légumineuses ; verte, elle contient beaucoup d'eau et est moins nutritive ; dans ce dernier état, elle prend place entre la Luzerne et le Trèfle.

Les engrais phosphatés et les engrais potassiques conviennent très bien dans la culture de la Vesce velue.

6. Gesse (*Lathyrus*). — La Gesse est une Légumineuse très rustique qui réussit dans les terres médiocres, quelle qu'en soit la nature. Elle fournit un fourrage excellent, surtout pour le mouton. D'après Girardin et Du Breuil, les graines de la Gesse ciche ou jarosse sont regardées comme dangereuses pour l'homme et le cheval. Le pain où il entre de la farine de jarosse en certaine proportion, détermine des douleurs, la claudication, la paralysie, même la mort. Les chevaux qui en mangent périssent par une sorte de paralysie.

Deux espèces sont cultivées dans le midi ; l'une servant

à la nourriture de l'homme, l'autre à celle des animaux. Ce sont :

1° *Lathyrus sativus* (Gesse cultivée, Pois carré, Lentille d'Espagne). — Plante annuelle, fleurs blanches, gousses munies d'un large sillon sur le dos ; graine blanche, grosse, plus ou moins quadrilatère, se mangeant verte ou en sec sous forme de purée. Tiges et feuilles constituent un excellent fourrage.

2. *Lathyrus cicera* (Gesse ciche ou chiche, jarosse, jarat, pois cornu). — Plante annuelle, rustique, cultivée dans le midi ; mais présentant, par ses graines, les inconvénients signalés plus haut.

Fleurs blanc rose ou rouge foncé ; graine jaune fauve, moitié moins grosse que celle de *L. sativus*, anguleuse, saveur amère à l'état cru.

7. LENTILLE (*Ervum*). — La Lentille est surtout une plante de petite culture ; sa graine est très nutritive et son feuillage constitue un excellent fourrage qui, fauché en vert, ne doit être donné aux bestiaux qu'avec modération, à cause de sa grande richesse alimentaire.

Avec la farine de Lentille on fabrique une purée légère et agréable.

Cette plante redoute l'humidité des sols compacts et argileux ; les terrains sableux, argilo-calcaires, légers, sont ceux qu'elle préfère. On peut la cultiver sous tous les climats de la France.

Espèces et variétés. — Les deux espèces suivantes sont employées en grande culture :

1. *Lentille commune* (*Ervum lens*), dont les variétés principales sont :

a. *Grande Lentille.* — Graine comprimée, de couleur blonde, d'une largeur moyenne de 7 millimètres.

b. *Petite Lentille* ou *Lentille rouge*, *Lentillon*, *Lentille à la reine :* Graine de couleur plus foncée, moitié plus petite et plus bombée. Cette variété comprend deux sous-variétés, l'une de *printemps* et l'autre d'*automne*.

2. *Lentille uniflore* (*Ervum monanthos*) : Gousse renfermant 3-4 graines irrégulières particulièrement sphériques. Résiste bien aux rigueurs des hivers du Nord.

Le Lentillon, associé au Seigle et semé fin septembre, constitue un bon fourrage pour les moutons ; son rendement varie entre 4 000 et 5 000 kilogrammes à l'hectare.

La Lentille préfère surtout les engrais consommés, répandus et enfouis par le labour destiné à préparer le sol.

8. **Pois ciche** (Pois blanc, Pois pointu, Cicérole ou Garvance, improprement Pois chiche). — Cette Légumineuse, très voisine de la Lentille, constitue un légume très recherché par les peuples méridionaux, sans doute à cause des excellentes purées qu'elle fournit. Les fanes sont un bon fourrage pour les moutons.

Le Pois ciche est caractérisé par ses gousses ovoïdes, vésiculées, renfermant 1-2 graines arrondies et parfois à surface rugueuse.

Son aire de culture, en France, est comprise dans les régions de l'Olivier et de l'Oranger. Les terrains secs et meubles lui conviennent de préférence. On conseille d'éviter l'emploi du plâtre, dans sa culture, parce qu'il durcit la graine et rend sa cuisson difficile.

B. — Plantes alimentaires cultivées pour leurs tiges, leurs bulbes, leurs feuilles ou leurs fruits

Plusieurs plantes potagères peuvent être considérées comme appartenant à la grande culture, en raison de l'important commerce dont elles sont l'objet : tels sont l'Artichaut, le Chou, l'Asperge, le Poireau, l'Ail, l'Oignon et le Melon.

1. **Artichaut** (*Cynara scolymus* L). — L'Artichaut est une plante vivace de la famille des Composées, dont les bractées involucrales (partie charnue) et le réceptacle floral (fond d'artichaut) constituent un aliment pour l'homme.

Description sommaire. — Tige droite, plus ou moins cannelée, de 0,^m80 à 1,^m30 de haut. Feuilles vert grisâtre, pennatifides. Inflorescence en grappes de capitules. Fleurs violacées ou bleues. Akènes surmontés d'une aigrette plumeuse. Graine grise, plus ou moins striée, oblongue, obtuse à l'une de ses extrémités.

La graine d'Artichaut peut être confondue avec celle du Cardon ; la dernière est cependant plus petite et ses stries sont moins apparentes et moins régulières que celles d'Artichaut.

Climat. Sol. Engrais. — L'Artichaut n'est pas une plante absolument rustique, cependant on peut le cultiver sous tous les climats français, à la condition de l'abriter contre les gelées et d'employer des variétés d'autant plus résistantes qu'on se rapproche des régions septentrionales.

Le sol doit être substantiel, profond, de consistance moyenne et apte à garder sa fraîcheur. Les terres humifères argilo-siliceuses conviennent bien à l'Artichaut. Les terres légères le rendent plus précoce, mais ses **produits** sont moins volumineux.

L'Artichaut est une plante très exigeante au point de vue de la fertilité du sol. Le fumier à haute dose, les excréments humains, les sels phosphatés à raison de 500 kilogrammes à l'hectare lui sont nécessaires et en même temps fort avantageux.

Variétés. — On cultive principalement les quelques variétés suivantes :

1. *Artichaut gros vert* ou *de Laon.* — Capitule volumineux ; réceptacle très développé ; bractées involucrales divergentes, larges et charnues à la base. Variété très productive et très vigoureuse.

2. *A. gros camus de Bretagne* ou *de Roscoff.* — Capitule large et aplati ; bractées involucrales étroitement imbriquées ou serrées les unes contre les autres, vert pâle, légèrement brunies sur les bords. Variété précoce, mais assez sensible au froid.

3. *A. gros camus violet.* — Bractées involucrales violettes et acuminées à leur partie supérieure. Capitules moins volumineux que les précédents.

4. *A. rouge fin.* — Capitule volumineux, chair succulente et tendre, réceptacle presque dépourvu de paillettes. Variété produisant pendant toute l'année, mais sensible au froid.

Culture. — Les principales opérations culturales de l'Artichaut sont l'*œilletonnage*, la *plantation* et le *buttage*.

L'*œilletonnage* consiste à déchausser les pieds pour en détacher les *drageons* ou *œilletons*, à l'exception des deux plus beaux destinés à fructifier pendant l'année.

L'œilletonnage est le procédé de multiplication le plus expéditif; il est aussi utile, car les pieds sur lesquels on l'a pratiqué produisent des fruits plus volumineux et plus beaux.

Les œilletons de grosseur moyenne, pourvus de 4-6 feuilles, d'un fragment de rhizome et de quelques racines, sont ceux que l'on doit préférer pour planter. Dans la crainte d'avoir des vides dans la plantation, on plante les œilletons deux par deux, à un mètre en tous sens et en quinconce, et on les enterre d'environ trois centimètres.

A l'approche de l'hiver, on butte les Artichauts et on les couvre de fumier long pour les mettre à l'abri des gelées. Si l'hiver se prolonge, on profite des jours ensoleillés et doux pour aérer les pieds en détournant le fumier qui les recouvre, mais on replace ce dernier aussitôt après.

Un hectare emplanté en Artichauts peut produire annuellement 100 000 têtes d'une valeur de 3 000 à 5 000 francs.

2. Chou (*Brassica*). — Le genre *Brassica* est le plus important de la famille des Crucifères; il a produit les Choux, les Choux-fleurs, les Choux-raves, les Turneps et le Colza.

D'après les recherches approfondies de Lund et Kjaerskou[1], les diverses formes de Choux cultivés se rattachent à

[1] Voy. p. 718.

trois espèces : *Brassica oleracea* L. (Chou potager), *B. campestris* L. (Navette, Rave) et *B. Napus* L. (Colza, Navet).

Lund et Kjaerskou ont décrit 122 formes se rattachant au *B. oleracea*, qu'ils ont réparties dans les six groupes suivants :

1° *Brassica oleracea* L., *acephala* DC. (Chou non pommé). Tige allongée et feuilles étalées. Exemple : Chou frisé d'hiver.

2° *Brassica oleracea* L., *gongyloides* L. (Chou rave). Tige courte, renflée en boule à la base des feuilles. Exemple : Chou-rave violet de Vienne.

3° *Brassica oleracea* L., *gemmifera* DC. (Chou de Bruxelles, Chou à rosettes). Bourgeons capités, nombreux à l'aisselle des feuilles.

4° *Brassica oleracea* L., *sabauda* L. (Chou de Milan, Chou pommé frisé, Chou de Savoie). Feuilles cloquées, bosselées, s'assemblant en pomme plus ou moins dense.

5° *Brassica oleracea* L., *capitata* DC. (Chou cabus, Chou pommé non frisé). Feuilles lisses, blanches ou rouges et rassemblées en tête plus ou moins volumineuse.

6° *Brassica oleracea* L., *Botrytis* L. (Chou-fleur). Inflorescence blanchâtre, hypertrophiée et charnue, formant parfois une masse très volumineuse et très dense.

Ces divers groupes renferment des variétés très différentes entre elles et plus encore du type sauvage *Brassica oleracea*. Ce type existe encore communément sur les côtes d'Angleterre et d'Irlande, à Jersey et à Guernesey, en Normandie, dans le Pas-de-Calais, etc. D'après Errera et Laurent, « le Chou sauvage forme généralement la première année une rosette caulinaire de grandes feuilles glauques, pennatiséquées, lyrées, à lobe terminal très ample. L'année suivante, il se ramifie plus ou moins, puis fleurit et fructifie. Si l'hiver n'est pas trop rigoureux, il peut très bien vivre une troisième année ou même davantage, et fleurir plusieurs fois de suite. Il se ramifie alors beaucoup et produit, à l'extrémité de chacune de ses branches, de nombreuses feuilles de petites dimensions. »

Les nombreuses formes de Choux nous fournissent un

exemple admirable et certain de la variabilité des espèces *placées dans des conditions moyennes d'adaptation*. Par l'élevage et la culture, on parvient à exalter certains caractères propres à une espèce animale ou végétale et à les modifier parfois profondément, en agissant notamment sur ces trois facteurs : la *variation*, la *sélection* et l'*hérédité*. Les principales variétés agricoles et horticoles, la plupart si précieuses à l'homme, ont été obtenues de cette façon.

Les Choux sont divisés aussi en choux potagers et en Choux fourragers.

A. Choux potagers ou maraichers. — Ce groupe peut être divisé en trois sections de la manière suivante :

1° Choux pommés ou cabus (Pomme unique, feuilles lisses).

1. *Chou* d'*York*. — Pomme conique, assez petite, feuilles vert foncé, très précoce.

Le *Chou d'York hâtif*, le *nain hâtif* et le *gros Chou d'York* sont trois sous-variétés du précédent, les deux premières résistent peu aux froids.

2. *Chou cœur de bœuf*. — Pomme ovoïde oblongue, petite ; feuilles vertes, très rustique. Variété moins hâtive, acquérant un goût assez fin lorsqu'on la cultive dans un sol de bonne qualité.

3. *Chou de Saint-Brieuc* ou *Bacaland*. — Pomme plus arrondie et plus déprimée.

4. *Chou de Poméranie*. — Pomme plus pointue que celle du *Chou cœur de bœuf* ; feuilles vert tendre. Variété tardive, s'améliorant dans les terres de bonne qualité.

5. *Chou Nantais* ou *Joanet*. — Pomme subsphérique ; feuilles glauques, bas de tiges. Peu rustique, très précoce, belle récolte en culture sur le littoral.

6. *Chou de Saint-Denis, d'Aubervilliers* ou *de Bonneuil*. — Pomme sphérique, un peu aplatie, volumineuse, dure, légèrement teintée de rouge au sommet. Excellente variété, très cultivée ; se récolte à la fin de l'automne ou au début de l'hiver.

7. *Chou de Vaugirard.* — Identique au précédent, mais moins haut de tige. Variété d'hiver, rustique, pouvant rester sur pied jusqu'en mars, surtout quand sa pomme n'a pas atteint son complet développement.

8. *Chou gros d'Alsace* ou *quintal.* — Pomme sphérique, volumineuse, dure et déprimée. Variété d'hiver cultivée en Allemagne pour la fabrication de la choucroute.

9. *Choux rouges gros* et *choux rouges petits.* — Pomme sphérique, dense, rouge violet foncé, saveur particulière, rustique, cultivé pour être confit au vinaigre.

2° CHOUX FRISÉS (Pomme unique, feuilles cloquées).

1. *Chou de Milan ordinaire* ou *frisé.* — Pomme large et ronde, feuilles vert glauque.

Chou de Milan des Vertus. — Plus volumineux que le précédent, mais semblable quant à ses autres caractères. Excellent, mais peu rustique dans le nord de la France.

Le *Chou de Milan hâtif* est préférable au précédent et au *Chou de Milan de Pontoise.*

3. *Chou de Milan de Norvège.* — Variété très rustique.

4. *Chou de Milan pancalier de Touraine.* — Pomme petite, peu dure, un peu tardif mais assez estimé.

5. *Chou de Milan très hâtif d'Ulm.* — Pomme petite, variété précoce et estimée.

6. *Chou de Bruxelles grand.* — Tige élevée ($0^m,75$), garnie de nombreuses petites pommes et surmontée d'une ample couronne de feuilles frisées.

7. *Chou de Bruxelles nain.* — Tige plus petite ($0^m,50$), pommes latérales plus grosses et plus rapprochées. Variété un peu plus hâtive.

8. *Chou à grosses côtes* ou *fraise de veau.* — Chou ne pommant pas, feuilles très tendres, excellentes à manger surtout après une gelée. Variété rustique.

3° Choux-fleurs (Inflorescence hypertrophiée, blanchâtre et comestible).

1. *Chou-fleur demi-dur de Paris.* — Variété assez hâtive.

2. *Chou-fleur demi-dur anglais.* — Excellent comme primeur.

3. *Chou-fleur Lenormand à pied court.* — Excellente variété des champs, très résistante à la sécheresse.

4. *Chou-fleur demi-dur Bellanger.* — Excellente variété, mais avide d'eau.

5. *Chou-fleur dur Darbonne.* — Excellente variété, mais avide d'eau.

6. *Choux-fleurs brocolis.* — Feuilles moins allongées, plus étroites, plus glauques, plus ondulées et ordinairement moins nombreuses que dans les Choux-fleurs ordinaires. Résistent aux gelées de l'hiver.

Parmi les brocolis on distingue :

1. *Brocolis blanc hâtif de Roscoff.* — Très hâtif et très rustique.

2. *Brocolis blanc ordinaire* ou *de Saint-Brieuc.* — Moins hâtif.

3. *Brocolis blanc mammouth.* — Variété tardive, excellente et à pomme très grosse.

B. Choux fourragers (servent à l'alimentation du bétail). Les principales variétés sont :

1. *Chou cavalier.* — Tige très haute (2-4 mètres), parfois assez ligneuse pour servir à la fabrication des cannes. Cultivé surtout en Bretagne et en Normandie.

2. *Chou branchu du Poitou.* — Tige ramifiée dès la base. Feuillage abondant.

3. *Chou caulet de Flandre.* — Feuilles rougeâtres, nervures ordinairement pourprées. Port du Chou cavalier.

4. *Chou vivace de Daubenton.* — Port du Chou branchu, mais rameaux plus allongés et plus grêles, quel-

quefois retombant vers le sol et pouvant s'y marcotter.

5. *Chou moellier*. — Tige renflée et pourvue d'une
moelle abondante, comestible comme les feuilles.

6. *Chou de Lannilis*. — Variété semblable au précédent,
mais plus grêle et à feuillage plus abondant.

Climat. Sol. Engrais. — Un climat brumeux, à pluies fréquentes et d'une température douce, est très favorable à la
culture du Chou. Dans les régions à étés secs et chauds, le
Chou se cultive en hiver, à moins que le sol puisse être
irrigué. Cette plante produit les meilleurs rendements dans
les terres de consistance moyenne, riches et substantielles.
Elle exige de fortes fumures, riches surtout en substances
azotées et phosphatées. Le fumier fait, les excréments
humains, les superphosphates sont des engrais qui lui conviennent.

Saisons de culture. — Parmi les variétés à repiquer au
printemps on peut citer : le Chou d'York nain hâtif, le Chou
cœur de bœuf, le Chou de Saint-Denis, le Chou nantais et les
Choux de Milan, de Milan de Paris, de Milan des Vertus.

Parmi les variétés d'*automne* et d'*hiver* : Chou de Vaugirard,
Chou quintal, Chou Milan de Pontoise, Chou de Norvège,
chou à rosettes de Bruxelles.

4. ASPERGES (*Asparagus officinalis*). — On a souvent considéré la famille des Asparaginées, à laquelle appartient
l'Asperge, comme une simple tribu des Liliacées. Le fruit
des représentants de cette dernière famille est capsulaire
et déhiscent, tandis que celui des Asparaginées est charnu,
bacciforme et indéhiscent.

L'Asperge est une plante vivace, dioïque et frutescente, à
baies rouges, végétant à l'aide d'un rhizome subhorizontal
et garni d'écailles. Ce rhizome produit une grande quantité
de racines, autour duquel elles sont disposées circulairement, formant un ensemble qui a reçu le nom de *griffe*.

De chaque griffe naissent des tiges verticales ou *turions*, garnies d'écailles triangulaires. Ce sont ces turions, auxquels on a donné le nom vulgaire d'asperges, que l'on consomme.

Variétés. — Les Asperges de Hollande, d'Orléans, de Vendôme ou d'Argenteuil constituent une seule et même race. On peut cependant considérer comme variétés assez distinctes les Asperges hâtives ou tardives d'Argenteuil, toutes deux remarquables par la taille qu'elles peuvent acquérir, ainsi que par leur grande productivité.

On rencontre également sur les marchés des Asperges *vertes*, obtenues sur couche ou avec le chauffage au thermosiphon. Ce sont, en quelque sorte, des Asperges que l'on a placées pendant un temps plus ou moins long au contact de l'air pour permettre à la chlorophylle de se développer.

On consomme aussi, dans le midi, les turions grêles et allongés d'une espèce spontanée (*Asparagus acutifolius*), auxquels certains gourmets attribuent une saveur plus fine qu'aux turions de l'Asperge cultivée.

L'analyse de l'Asperge fraîche, effectuée par Schlienkamp, a révélé l'existence des éléments suivants :

Eau	93,60
Potasse	19,28
Soude	1,92
Chaux	13,32
Magnésie	5,35
Peroxyde de fer	4,31
Protoxyde de manganèse	1,17
Chlorure de potassium	6,73
Acide phosphorique	15,45
— silicique	10,58
— sulfurique	6,27
— carbonique	8,81
Charbon	2,16
Sable	3,45

D'une manière générale, on peut dire que l'Asperge renferme une substance verte, résineuse, de la cire, de l'albumine, des phosphates de chaux, de potasse, de l'acétate de potasse, de l'acide acétique libre, de l'asparagine et de la mannite.

La consommation de l'asperge communique à l'urine une odeur fétide.

Climat. Sol. Engrais. — Par sa rusticité, sa forte résistance aux froids et à la sécheresse, l'Asperge peut être cultivée sous tous les climats français.

Elle exige un terrain de consistance moyenne, plutôt léger que compact, bien égoutté, riche, profond et non graveleux. « Le calcaire concourt, avec la lumière, à la coloration rose des turions. » (Bellair.)

L'Asperge exige beaucoup d'engrais, parce qu'elle puise surtout sa nourriture dans les couches superficielles du sol. Au début de la plantation, la terre doit recevoir au moins un mètre cube de bon fumier à l'are. Cette fumure, à dose un peu plus réduite, sera continuée régulièrement pendant les cinq ou six premières années. A partir de cette époque on ne donnera de l'engrais que tous les deux ans. La terre des ados doit être fumée de la même manière que les lignes de plantations. On sait, en effet, que cette terre recouvre les plants pendant les deux tiers de l'année, et que les éléments fertilisants qu'elle renferme sont très profitables à ces plants.

Culture. — On multiplie l'Asperge au moyen de graines semées en pépinière. En mars de l'année suivante, les jeunes griffes sont placées à demeure, à raison de un mètre de superficie pour chacune d'elles.

Après avoir défoncé le sol à une profondeur de 40 centimètres et l'avoir bien assaini, on creuse des tranchées de 30 centimètres de largeur, sur 20 de profondeur, en ménageant un mètre d'espace entre chacune d'elles. La terre des tranchées constitue les ados. Au fond de ces tranchées, on prépare de mètre en mètre, des petites buttes composées de terre et terreau de la grosseur du poing, sur lesquelles on installe les griffes que l'on recouvre ensuite d'une couche de terre fine d'environ cinq centimètres d'épaisseur.

Pendant la première année, on se bornera à sarcler le sol avec soin ; au mois d'octobre on marquera la place des griffes mortes et on recouvrira les autres d'une couche de fumier de 20 centimètres d'épaisseur.

Au printemps de l'année suivante, on remplacera les griffes mortes, on enfouira la couche de fumier et on continuera ensuite les binages de propreté.

Les mèmes soins seront donnés pendant les années suivantes. Dès la troisième année, on pourra déjà récolter quelques asperges.

Rendement. — On estime qu'une plantation d'asperges d'un hectare (10 000 griffes environ) peut, à partir de la sixième année, produire annuellement 7 000 à 9 000 kilos de turions, d'une valeur moyenne de 5 000 francs. Si l'on en défalque 1 000 francs de frais, il reste un bénéfice net de 4 000 francs.

4. POIREAU (*Allium Porrum*). — Cette plante de la famille des Liliacées, est aujourd'hui l'objet d'une telle consommation que sa culture a envahi les champs voisins de toutes les villes ayant au moins 30 000 habitants.

Parmi ses nombreuses variétés établies d'après la couleur, le volume et la longueur de leur partie blanche, on peut citer les suivantes :

1. *Poireau gros court*. — Longueur 15 à 20 centimètres, diamètre 3 à 4 centimètres. Excellente variété, mais sensible aux froids.

2. *Poireau gros court de Rouen*. — Mèmes dimensions que le précédent, plus rustique et lent à monter à graine.

3. *Poireau monstrueux de Carentan*. — Plus gros, plus précoce, mais moins ferme que le précédent.

4. *Poireau jaune du Poitou*. — Feuilles vert jaunâtre. Tige d'une saveur douce, comestible sur plus de 20 centimètres de longueur. Assez sensible aux froids.

5. *Poireau long d'hiver de Paris*. — Tige n'ayant pas plus de

2 centimètres de diamètre, feuilles étroites. Variété très rustique, offrant au moins 25 centimètres de partie comestible.

Climat. Sol. Engrais. — Peut être cultivé partout, mais préfère un climat humide et doux.

Est surtout **productif** dans les sols meubles, profonds et substantiels.

Exige du fumier fait et enfoui longtemps à l'avance, ainsi qu'une terre parfaitement ameublie.

5. *Ail (Allium sativum).* — L'ail est une plante vivace de la famille des Liliacées, dont le bulbe se compose d'un nombre variable de caïeux groupés sous une même enveloppe.

Si l'ail est peu important dans le Nord, en revanche il l'est beaucoup dans le Midi comme condiment.

Variétés. — 1. *Ail rose hâtif.* — Cultivé dans le centre et le Nord de la France.

2. *Ail rouge (Allium Scorodoprasum).* Espèce très cultivée dans le Midi.

3. *Ail d'Orient (A. Ampeloprasum).* Espèce très cultivée dans le Midi.

L'ail a produit une variété rocambole dont les fleurs sont remplacées par des bulbilles.

Climat. Sol. Engrais. — L'Ail est une plante rustique capable de supporter tous les climats français.

Il demande un sol léger, peu substantiel et n'exige que très peu d'engrais. Le terreau lui est plus avantageux que le fumier. Les sables frais et les terrains sablonneux lui conviennent parfaitement.

C'est surtout par les caïeux que se fait la multiplication de l'Ail.

Oignon (Allium Cepa). — Cette Liliacée est une des plus anciennement cultivées. Grâce à certaines propriétés stimulantes, elle convient particulièrement au régime alimentaire des populations méridionales, chez lesquelles elle fait l'objet d'une culture importante.

Variétés. — Les variétés, au nombre d'une quarantaine environ, se distinguent les unes des autres par la couleur, la forme et la saveur spéciale de leur bulbe. Les principales variétés sont les suivantes :

1. *Oignon blanc, très hâtif de la reine.* — Bulbe petit, blanc, prenant une teinte verte par la conservation, collet grêle. Variété peu productive, très précoce et d'une conservation difficile.

2. *Oignon hâtif de Paris.* — Bulbe très déprimé, de grosseur moyenne, collet grêle. Variété précoce, d'excellente qualité, mais de conservation difficile.

3. *Oignon blanc hâtif de Nocéra.* — Bulbe déprimé, blanc, strié de vert, taille moyenne, collet grêle. Variété méridionale, très hâtive.

4. *Oignon jaune paille des vertus.* — Bulbe déprimé, jaune paille, gros, collet moins grêle que chez les précédents. Variété excellente et d'une conservation facile.

5. *Oignon rouge pâle de Niort.* — Bulbe très déprimé et de grosseur moyenne. Variété rustique, précoce, très productive et d'une conservation facile.

6. *Oignon rouge foncé.* — Bulbe très déprimé, rouge vif, grosseur moyenne. Variété septentrionale, très rustique, à chair douce et de bonne conservation.

7. *Oignon jaune de Cambrai.* — Bulbe à peine déprimé, jaune roux, grosseur moyenne. Variété cultivée dans l'Est.

8. *Oignon poire.* — Bulbe piriforme. Comprend plusieurs sous-variétés.

9. *Oignon patate.* — Bulbe jaune cuivré, déprimé, grosseur moyenne. Chair sucrée. Cette variété ne produit ni graines ni bulbilles; elle se multiplie à l'aide de caïeux produits par son bulbe.

10. *Oignon rocambole* ou *O. bulbifère.* — Cette variété est remarquable par la propriété qu'elle a de donner des bulbilles à la place des fleurs.

Climat. Sol. Engrais. — L'Oignon peut s'accommoder de tous les climats français, mais il préfère les régions tempérées et même chaudes aux froides. Dans ces dernières sa chair prend un goût âcre et fort.

Les sols frais et légers lui sont particulièrement favorables, tandis que les terrains compacts et secs lui sont contraires.

L'Oignon est une plante épuisante qui nécessite d'abondantes fumures. Le fumier parfaitement décomposé est celui que l'on doit préférer, car le frais provoquerait la pourriture des bulbes. On l'enfouit au moment du labour profond que l'on fait un ou deux mois avant la plantation. L'emploi du nitrate de soude, à la dose de 15 à 20 grammes par mètre carré, au moment où les jeunes feuilles sortent de terre, augmente beaucoup la récolte.

Récolte. — On récolte l'oignon quand la tige est entièrement fanée ; on laisse les bulbes exposés au soleil pendant quelques jours, puis on les rentre dans un local sec. Étant très sensibles aux froids, on couvrira les Oignons avec de la paille, à l'approche de l'hiver. Les Oignons suspendus en bottes se nuisent par leur contact et pourrissent ; on évite cet inconvénient en les séparant par une petite couche de paille sèche.

7. MELON (*Cucumis Melo* L.). — Le Melon est une plante monoïque, annuelle, de la famille des Cucurbitacées, croissant spontanément dans l'Inde. Ses tiges sont sarmenteuses, rampantes ou grimpantes, rudes au toucher, ainsi que ses feuilles. Ces dernières sont de forme et de grandeur variable ; chez certaines races, elles sont réniformes-arrondies, sans lobes distincts ; chez d'autres, quinquélobées ou profondément découpées, très grandes ou très petites. Les fruits sont plus variables encore par leur volume et leur forme.

Variétés. — On a rangé dans trois groupes les variétés nombreuses et instables du genre.

PREMIER GROUPE. — *Melons cantaloups*. — Caractérisés par leur forme globuleuse ou déprimée, par leurs côtes larges, aplaties et bien accentuées, par l'écorce épaisse, verruqueuse et charnue. Les Cantaloups ont une chair rouge orangé, fondante, très sucrée ; leur qualité supérieure les fait préférer aux autres dans les contrées où leur culture est possible. Les variétés les plus méritantes de ce groupe sont :

1. *Cantaloup Prescott.* — Peau verruqueuse, écorce épaisse, chair fondante et sucrée ; fruit volumineux, le meilleur de tous. Parmi ses sous-variétés on peut citer les :

Prescott fond gris : Fruit volumineux, précoce et excellent.

Prescott fond blanc, Prescott argenté : ne diffèrent entre eux que par leur couleur externe.

Prescott couronné ou *Cul-de-singe :* sous-variété peu estimée.

2. *Cantaloup petit Prescott hâtif.* — Fruit sphérique, pesant de 800 à 1 000 grammes, à côtes bien nettes ; épiderme grisâtre, peu verruqueux, garni de taches vert foncé qui brunissent à la maturité. Excellente variété.

3. *Cantaloup noir de Portugal.* — Fruit volumineux, subsphérique, à côtes très saillantes, épiderme verruqueux et vert foncé ; écorce épaisse. Variété de qualité médiocre.

4. *Cantaloup noir de Hollande.* — Fruit plus volumineux encore que le précédent, côtes larges et saillantes, épiderme vert cendré ; écorce verruqueuse, très épaisse. Variété médiocre et tardive.

5. *Cantaloup noir des Carmes.* — Fruit petit, déprimé, vert noirâtre, peu verruqueux ou lisse, pesant de 1 kilogramme à 1^{kg},500. Variété précoce très productive et d'excellente qualité.

6. *Cantaloup orange.* — Variété précoce et productive, estimée de certains amateurs. Fruit plus petit que le précédent.

7. *Cantaloup fin, hâtif d'Angleterre.* — Variété précoce et productive, estimée de certains amateurs. Fruit plus petit que le précédent.

Deuxième groupe. — *Melons brodés.* — Fruit sphérique ou allongé, côtes peu apparentes ; épiderme couvert d'un réseau de lignes grisâtres, plus ou moins saillantes et anastomosées (*broderies*). Chair rouge orangé ou orangée. Ce groupe comprend notamment :

1. *Melon maraîcher* (*Tête de More* ou encore *Morin*). — Forme sphérique, côtes peu sensibles, broderie peu saillante. Chair fade, juteuse, fondante et épaisse.

2. *Melon de Honfleur*. — Fruit très gros, oblong, côtes peu saillantes, broderies bien distinctes. Variété à chair médiocre, rustique, se rattachant au précédent.

3. *Melon de Coulommiers*. — Voisin du *M. de Honfleur* par la forme et la grosseur, côtes moins saillantes, broderies moins nettes ; chair médiocre.

4. *Melon jaune de Cavaillon*. — Fruit sphérique, volumineux, broderies épaisses vers le milieu des côtes ; épiderme jaune pâle, chair rouge, sucrée, mais filandreuse et de qualité moyenne.

5. *Melon sucrin de Tours*. — Variété d'amateur, petite, brodée, obovoïde, côtes peu saillantes, chair sucrée et assez colorée.

6. *Melon d'Arkhangel*. — Variété originaire de Russie, grosseur moyenne, côtes brodées et plus ou moins aplaties ; se rattachant au *M. maraîcher*, mais plus rustique et de meilleure qualité.

TROISIÈME GROUPE. — *Melons à chair blanche* ou *blanc verdâtre*. — Les variétés de ce groupe sont caractérisées par la couleur de leur chair, la faible épaisseur de leur écorce, leur odeur pénétrante, leur chair sucrée, fondante et moins musquée que dans les deux premiers groupes. Les principales variétés sont :

1. *Melon blanc* ou *Ananas à chair verte*. — Fruit obovoïde, de grosseur moyenne ; peau lisse, vert gris, devenant jaunâtre à la maturité, broderies ordinairement rudimentaires et à mailles larges ; côtes plates et peu saillantes, chair blanc verdâtre ou blanche, ordinairement verte sous l'écorce. Variété excellente, très productive, ayant donné naissance à un certain nombre de sous-variétés.

2. *Sucrin à chair blanche*. — Variété se rapprochant de la

précédente par la qualité de sa chair, sa faible écorce et sa couleur, mais plus petite et moins brodée.

3. *Melon muscade des États-Unis*. — Fruit de grosseur moyenne, oblong, épiderme d'un vert foncé. Aussi bon que les précédents.

4. *Melon de Perse*. — Fruit allongé, piriforme, non côtelé et non brodé, avec quelques gerçures longitudinales, grosseur moyenne ; épiderme jaune avec plages d'un vert foncé ; peau mince, chair très sucrée et blanc verdâtre. Variété pouvant se conserver longtemps.

5. *Melon de Candie* ou *M. d'hiver*. — Fruit volumineux, elliptique, parfois sphérique ; peau de couleur variable, blanc crème, vert foncé, etc., lisse ; chair peu sucrée, fondante, qualité très médiocre.

6. *Melon serpent*. — Fruit très allongé, chair odorante, jaune orangé et fade.

7. *Melon Dudaïm*. — Fruit très petit, sphérique, velouté, marbré de brun sur fond orangé ou rougeâtre, très odorant ; chair blanchâtre, peu sucrée avec arrière-goût légèrement vireux.

Climat. Sol. Engrais. — Le Melon exige une température élevée et une atmosphère humide. On ne peut le cultiver en pleine terre que dans la zone du Maïs ; dans le Nord et la majeure partie du bassin parisien, on est obligé d'avoir recours à la chaleur artificielle d'une couche et à l'emploi de la cloche ou du châssis.

Le Melon préfère les terres meubles, substantielles, fraîches et argilo-sableuses.

Le fumier bien fait ou mieux le terreau est l'engrais qui lui convient, auquel on peut ajouter très avantageusement des superphosphates.

C. — PLANTES ALIMENTAIRES CULTIVÉES POUR LEURS RACINES OU LEURS RHIZOMES TUBERCULEUX

1. POMME DE TERRE (*Solanum tuberosum*). — La Pomme de terre est une plante de la famille des Solanées dont les rhi-

zomes produisent des tubercules alimentaires pour l'homme et les animaux domestiques. Originaire des Andes de l'Amérique méridionale, elle fut importée en Europe par les Espagnols où on la propagea assez rapidement.

Gaspard Bauhin, dans son *Phytopinax*, publié à Bâle en 1596, fut un des premiers à parler de la culture de la Pomme de terre, qu'il dénomma *Solanum tuberosum*. Il y a tout lieu de croire que c'est de Bâle que la plante fut introduite en France, et cultivée tout d'abord en Franche-Comté. Olivier de Serres parle aussi de la Pomme de terre dans son *Théâtre d'Agriculture et Mesnages des champs* dont la première édition parut en 1600. Ce n'est donc pas à Parmentier que l'on doit attribuer le mérite d'avoir importé le précieux tubercule en France ; il n'en fut que le plus énergique propagateur. Son influence auprès du roi Louis XVI et la campagne active et victorieuse qu'il mena contre les vieux médecins de l'époque, prétendant que l'usage du tubercule engendrait la lèpre et les fièvres, décidèrent les campagnards à cultiver et à manger des pommes de terre. En 1793, on comptait déjà 35 000 hectares plantés ; et en 1815, il y en avait près de 559 000 ; la culture annuelle de cette plante, en France, est supérieure actuellement à un million d'hectares.

Variétés. — Le nombre des variétés tirées du *S. tuberosum* est considérable, on en compte un millier environ. Beaucoup d'entre elles ont disparu ou ont été délaissées, tandis que de nouvelles sont signalées. Les moyens dont disposent les horticulteurs (semis, greffe, hybridation) contribuent puissamment à enrichir la liste des variétés. Ces dernières ont été réparties dans les groupes suivants :

I.   Jaunes longues ;
II.   Petites jaunes longues ;
III. Jaunes entaillées ;
IV.   Longues jaunes lisses ;
V.   Blanches rosées rondes et obrondes ;
VI.   Rouges rondes ;

VII.   Rouges demi-longues ;
VIII.   Rouges longues lisses ;
IX.   Rouges longues entaillées ;
X.   Violettes rondes ;
XI.   Violettes longues lisses ;
XII.   Violettes longues entaillées.

Au point de vue agricole, on distingue les variétés *fourragères, industrielles* et *horticoles* ou *potagères*.

A. VARIÉTÉS FOURRAGÈRES. — De Vilmorin signale comme Pommes de terre fourragères, recommandables par leur bonne productivité, les variétés suivantes :

Chave ou *Shaw*. — Jaune ronde.
Saint-Jean, variation de la précédente. Jaune ronde.
Ségonzac, variation de la Chave. Jaune ronde.
Deuxième hâtive, variation de la Chave. Jaune ronde.
Chardon. — Jaune ronde.
Jeuxey (Jeancé ou *Vosgienne)*. — Jaune ronde.
Canada. — Jaune ronde.
Institut de Beauvais. — Jaune rosé, aplatie oblongue.
Merveille d'Amérique. — Rouge, ronde.
Meilleure de Bellevue.

B. VARIÉTÉS INDUSTRIELLES. — Les principales sont :
Richter's Imperator. — Jaune ronde.
Géante sans pareille. — Jaune ronde.
Farineuse rouge (ou *Red Skinned flour-ball*). — Rouge ronde.
Aspasie. — Rouge pâle, yeux aplatis rouge foncé ; chair jaunâtre.
Géante bleue (ou *Blanc Riesen*). — Violette.

C. VARIÉTÉS HORTICOLES OU POTAGÈRES. — Les variétés les plus recommandées sont :
Bonne Wilhelmine. — Jaune ronde.
Rouge de Hollande. — Rouge longue lisse.
Jaune ronde hâtive. — Jaune ronde.

Pomme de terre modèle. — Jaune ronde.

Lesquin ou Séguin. — Jaune ronde.

Quarantaine plate hâtive. — Jaune ronde.

Jaune d'or. — Jaune ronde.

Marjolin hâtive (Kidney hâtive, quarantaine de la Halle). — Jaune longue.

Royale ou Anglaise. — Jaune longue.

Victor. — Jaune longue.

Caillou blanc (Boulangère, Lapstone). — Jaune longue.

Marjolin-Têtard. — Jaune longue.

Flocon de Neige (Snowflake). — Jaune longue.

Joseph Rigault. — Jaune longue.

Feuille d'ortie. — Jaune longue.

Belle de Fontenay. — Jaune longue.

Quarantaine de Noisy (Marjolin tardive, Hollande de la Halle). — Jaune longue.

Magnum bonum. — Jaune longue.

Corne Blanche. — Jaune longue.

Vierge. — Jaune longue.

Kidney rouge hâtive. — Rouge.

Rose hâtive (Early rose). — Rouge.

Prolifique de Bresse. — Rouge.

Saucisse. — Rouge.

Pousse debout. — Rouge.

Garibaldi. — Rouge.

Blanchard. — Violette.

Violette ronde. — Violette.

Quarantaine violette. — Violette.

Négresse. — Violette.

Climat. — La Pomme de terre est une plante capable de végéter sous des latitudes très diverses. D'après Grisebach, elle s'avance jusqu'au 70ᵉ degré de latitude nord; mais c'est dans les climats tempérés qu'elle donne les plus forts rendements. On peut aussi la cultiver à de grandes altitudes, à la condition toutefois d'avoir recours aux variétés hâtives.

Sol. — Les terres légères, sablonneuses ou sablo-argileuses, suffisamment fertiles, sont celles qui conviennent le mieux à la Pomme de terre. Les terres calcaires, non trop sèches, peuvent aussi être utilisées, ainsi que tous les sols bien ameublis et parfaitement assainis. Les sols tenaces sont impropres à la culture de cette plante, dont ils retardent la maturation, tout en rendant les tubercules d'une digestion difficile.

Engrais. — D'après Aimé Girard, la composition générale du sol n'exerce pas sur le rendement une influence aussi grande qu'on le croit généralement. Des terres argilo-siliceuses, argilo-calcaires, calcaires, même argileuses, peuvent donner de bons résultats. Mais il n'en est pas de même de la profondeur et de l'ameublissement du sol ; leur influence est considérable, et l'on n'a pas lieu d'en être surpris lorsqu'on tient compte du grand développement radiculaire de la Pomme de terre.

A. Girard a démontré, par des cultures comparatives, que les labours profonds sont nécessaires et que l'engrais doit être abondant. La Pomme de terre exige à la fois de l'acide phosphorique, de l'azote et de la potasse. Les formes les meilleures sous lesquelles ces agents fertilisants peuvent être donnés, sont : le fumier de ferme, le superphosphate de chaux, le nitrate de soude et le sulfate de potasse. Dans un terrain de composition moyenne, dit ce savant, on peut compléter une fumure ordinaire au fumier par l'emploi d'un engrais chimique composé de :

Superphosphate de chaux riche. . . .	62 parties.
Sulfate de potasse.	23 —
Nitrate de soude.	15 —
	100 parties.

On répandra les superphosphate et le sulfate, après l'enfouissement du fumier, avant le dernier hersage, et on sèmera le nitrate seul, en couverture, quelques jours avant la levée.

Suivant Grandeau, l'addition de phosphate au nitrate augmente très notablement le rendement de la Pomme de terre dans les sols pauvres en acide phosphorique.

La moyenne de 51 essais de culture de Pomme de terre avec le nitrate seul a permis au docteur Stutzer de constater l'*excédent* de rendement de 109^{qm},12 par 100 kilogrammes de nitrate de soude ; tandis qu'avec le phosphate, employé simultanément dans le même sol avec le nitrate, l'excédent a été de 129^{qm},92.

La richesse en fécule des Pommes de terre, dépendant surtout de la variété cultivée et non de l'emploi du nitrate, il n'y a donc aucun avantage économique à dépasser, à l'hectare, la dose de 300 kilogrammes de nitrate.

Damseaux a reconnu expérimentalement le sérieux avantage, au point de vue du rendement, du procédé de fumure suivant : 15 000 à 20 000 kilos dans les sillons de plantation, un mélange de 1 000 kilos de scories de déphosphoration et de 100 kilos de nitrate de soude.

Les sols sablonneux et les tourbières desséchées se trouvent bien d'une application de kaïnite (600 kilos à l'hectare) associée au superphosphate.

Le rendement d'une récolte de Pommes de terre dépend non seulement de la quantité et de la nature des engrais employés, mais encore de la nature du terrain, de son exposition et de la productivité de la variété cultivée.

Le tableau suivant, dû à Aimé Girard, dans lequel les variétés énumérées ont été soumises aux mêmes soins culturaux, confirme ces faits :

	RENDEMENT A L'HECTARE	
	en poids.	en fécule anhydre.
	kg.	kg.
Richter's Imperator (4 ares cultivés). .	44 000	8 096
— (1 hectare)	33 185	5 808
— (2 ares).	31 350	5 361
— (2^a.50).	41 072	8 000
Red Skinned (2 ares)	29 000	5 046
— (2 ares).	31 650	4 589
— (2^a.50).	36 380	6 975

	RENDEMENT A L'HECTARE	
	en poids.	en fécule anhydre.
	kg.	kg.
Magnum bonum	29 600	4 825
Gelbe rose (2ᵃ,50).	27 040	4 898
— (15 ares).	23 050	3 780
Aurora.	31 800	4 675
Alcool	23 800	4 141
Jeuxey (2ᵃ,50).	33 028	5 981
— (2 ares)	26 190	4 138
— (15 ares).	22 200	3 396
Idaho.	26 050	4 116
Magnum bonum	24 800	4 042
Kornblum.	23 800	3 879
Canada.	25 700	3 839
Eos.	23 500	3 830
Aurélie.	21 200	3 519
Infaillible.	22 450	3 502
Fleur de Pêcher.	22 050	3 484
Daberche.	21 350	3 437
Rose de Lippe.	22 550	3 359
Van der Wer.	23 250	3 255
Boursier.	20 500	3 239
Chardon.	21 500	3 100

Nous terminerons l'étude de la Pomme de terre en reproduisant le résumé des conseils donnés par Tibulle Collot. « Cette culture, dit-il, ne peut donner de grands rendements, et, par conséquent, ne peut être lucrative qu'autant qu'on observera les conditions suivantes. Choisir des variétés nouvelles, appropriées au but que l'on poursuit. Déterminer par essais répétés les races convenant le mieux au sol dont on dispose. Ameublir, par des façons culturales bien faites, les terres destinées à la plantation. Ne pas ménager les engrais et surtout les engrais phosphatés. Planter à des distances convenables (60 centim. entre les lignes des variétés à grand rendement). Tenir le terrain propre de mauvaises herbes par des façons culturales, à la houe à cheval entre les lignes, à la main entre les poquets. Dans ces conditions, à moins d'une année absolument défavorable, on est certain d'obtenir une récolte abondante et rémunératrice. »

On devra préférer, pour la plantation, les tubercules de grosseur moyenne et germés; si les pousses sont longues, on les supprimera, et, si elles sont petites et courtes, on les laissera.

Lorsque les tubercules seront trop gros, on les coupera en *long et non en travers.*

2° BETTERAVE. — La betterave appartient à la famille des Chénopodiacées ; elle se distingue des nombreuses espèces de cette famille par sa racine charnue, simple, longue ou plus ou moins arrondie. C'est une plante très précieuse pour l'agriculture dont les produits sont rémunérateurs. Au point de vue alimentaire, la racine de Betterave ne le cède en rien aux autres plantes ayant même usage. Son importance est encore plus considérable au point de vue industriel. Comme plante saccharifère, elle est appelée à prendre dans notre pays un grand développement, si l'on songe qu'une partie notable de notre approvisionnement de sucre nous vient du dehors.

La culture de la Betterave a fait progresser considérablement l'agriculture des départements du Nord. On la considère comme un des meilleurs assolements , capable d'améliorer la terre pour les années suivantes et d'accroître le rendement des Céréales.

Considérée comme plante *fourragère*, la culture de la Betterave peut se généraliser en France; tandis que comme plante *industrielle*, elle ne sera jamais qu'une exception.

Variétés. — La Betterave, étant une plante très malléable et facile à améliorer par sélection, comprend un grand nombre de variétés, différant plus dans leurs feuilles que dans leurs fleurs, et surtout dans la teinte de leurs racines, la forme de ces dernières, leur richesse en sucre et le mode de végétation de la variété considérée.

La distinction entre les variétés fourragères et les variétés industrielles ou saccharifères n'a rien d'absolu, dit Damseaux.

1º **Fourragères.** — Les principales variétés sont :

1. *Champêtre ou Disette d'Allemagne.* — Teinte rosée ou rouge, chair blanche légèrement jaunàtre, zonée de rose. Variété très productive et très cultivée, ayant donné les sous-variétés suivantes : *Disette Mammouth, Corne-de-bœuf, Blanche à collet vert hors de terre*, etc.

Il est à remarquer que toutes les *Disettes* ont une partie de leur racine hors de terre, et qu'il existe, entre cette partie et l'autre, souterraine, un rapport capable de se transmettre par hérédité dans des sols de même nature (Ex: terres peu profondes ou tenaces); « ce rapport se modifie sensiblement avec la richesse du sol et les conditions météorologiques. » (Damseaux.)

2. *Jaune d'Allemagne.* — Variété très productive et plus nutritive que la *Disette rose;* croissant en grande partie hors de terre.

3. *Jaune globe.* — Variété très productive et de bonne garde, excellente pour la nourriture du bétail; s'enterrant très peu et convenant aux terrains à couche arable peu profonde.

4. *Yellow-globe.* — Variété supérieure encore à la précédente, surtout pour les vaches laitières.

5. *Tankard dorée.* — Variété supérieure encore à la *Jaune globe*, surtout pour les vaches laitières.

6. *Jaune grosse.* — Variété inconstante.

7. *Jaune ovoïde des Barres.* — Variété créée par de Vilmorin à l'aide de la *Jaune d'Allemagne*, mais ayant une forme plus trapue et une grande richesse en sucre. Cette variété, très productive et de bonne garde, convient à la plupart des terres, même de faible profondeur.

8. *Jaune géante de Vauriac.* — Variété très productive, feuilles d'un vert blond, ondulées sur les bords, plus difficile à arracher que la précédente dont elle dérive. Très recommandée par de Vilmorin

9. *Eckendorf.* —Chair blanche, épiderme jaune brun, croissant aux deux tiers hors de terre. Cette variété allemande est très productive et très nutritive; elle est considé-

réc comme une des meilleures Betteraves fourragères.

2° INDUSTRIELLES. — Les Betteraves industrielles comprennent des formes très nombreuses et plus ou moins stables. Les meilleures variétés de ce groupe doivent réunir les conditions suivantes, exposées par Damseaux : « La forme de la racine doit être celle d'un fuseau à corps large mais régulier; une Betterave trop allongée se brise aisément à l'arrachage. Le collet doit être petit et rez terre, afin surtout de diminuer les pertes au décolletage; d'ailleurs le collet, exposé à l'air, verdit et il renferme moins de sucre. Il importe que la racine ne soit pas ramifiée et que les radicelles soient fines, déliées, sinon il s'y attache plus de terre, le lavage en fabrique est plus difficile et le déchet est augmenté. L'épiderme de la racine doit être blanc ou d'un rose tendre; cependant la plupart des variétés d'une tonalité rosée sont délaissées; les uns estiment un épiderme rugueux, d'autres recherchent un épiderme lisse. La chair doit être dense, blanche, mais d'une texture fine; c'est l'indice de qualité sucrière et même la garantie d'une facile conservation. Enfin, les meilleures variétés ont la racine un peu tordue sur elle-même et creusée, dans les deux tiers inférieurs de la souche, d'un profond sillon longitudinal garni de radicelles.

« Le feuillage mérite aussi de fixer l'attention. Les feuilles doivent être serrées, leur pétiole doit être de moyenne longueur, leur limbe étendu surtout par l'état tortueux de la surface; à la maturité, elles s'étalent sur le sol pour abriter le collet. »

Les principales variétés de Betteraves industrielles sont :

1. *Blanche de Silésie.* — Collet vert et étroit, feuillage léger, mais à limbes larges, pétioles vert clair, chair blanche et dense, racine courte et renflée. Cette Betterave est le type qui a donné naissance à toutes les variétés sucrières et auxquelles on l'a substituée presque partout.

2. *Betterave de Magdebourg.* — Excellente variété, propre surtout aux terres fortes; sortant peu de terre, feuilles vigoureuses, ondulées sur les bords.

3. *Betterave blanche améliorée de Vilmorin*. — Variété obtenue à l'aide de la précédente, très riche en sucre (24 p. 100), d'un feuillage abondant, vert foncé; à racine conique, à chair blanche et ferme et à peau rugueuse, mais à forme souvent peu régulière.

4. *Betterave impériale d'Allemagne*. — Feuilles nombreuses, ondulées et relevées en forme de cuiller; chair blanche, parfois un peu rosée; racine allongée et grossièrement piriforme. Très riche en sucre, mais de faible rendement.

5. *Betterave Brabant ou blanche à collet vert*. — Variété très productive dans les bonnes terres, à racine longue et forte, mais moins riche en sucre que les précédentes.

6. *Betterave blanche à collet rose*. — Variété à feuillage abondant, ramassé en tête plus ou moins compacte, racine pivotant bien et s'enterrant environ jusqu'aux quatre cinquièmes de sa longueur. Par une bonne culture, cette variété peut donner 50 000 kilogr. de racines à l'hectare, titrant 10 à 12 p. 100 de sucre; elle convient bien aux terrains calcaires.

7. *Betterave rose à collet rose*. — Variété à peau lisse, encore peu sélectée comme sucrière; ne titre que 8 à 10 p. 100 de sucre, mais peut donner 60 000 kilogrammes de racines à l'hectare. On ne peut encore considérer cette Betterave que comme une excellente fourragère, très nourrissante et de bonne garde.

3°. Variétés horticoles ou potagères. — Les représentants de ce groupe sont ordinairement à chair rouge; les plus cultivés sont :

1. *Betterave rouge longue ou rouge grosse*. Racine fusiforme, de 30 centimètres de longueur sur 8 à 10 d'épaisseur, sortant de terre d'environ un tiers de sa longueur. Variété très productive, à chair rouge foncé.

2. *Betterave crapaudine*. — Racine longue, à épiderme ridé longitudinalement.

3. *Betterave rouge de Bassano*. — Racine aplatie, émergeant en grande partie du sol; chair rouge, zonée de blanc et de bonne qualité.

4. *Betterave plate d'Égypte.* — Racine ronde, un peu aplatie, très émergente du sol, chair rouge sombre. Variété très précoce.

Choix des variétés à grand rendement. — Qu'il s'agisse d'une variété fourragère ou d'une variété sucrière, il n'est guère possible de dire, *a priori*, laquelle doit être préférée pour un sol déterminé. Le climat et le sol exercent une action très profonde sur la Betterave, de telle sorte qu'une variété reconnue excellente dans un milieu donné, ne l'est pas toujours dans un autre. S'il s'agit de variétés fourragères, on choisira de préférence, pour les sols sales, celle dont la racine sort le plus de terre, sans perdre de vue que l'importance d'une récolte n'est pas toujours directement proportionnelle à la quantité réelle de matière alimentaire fournie par cette récolte. On a reconnu, par exemple, que 52000 kilos de *Betterave ovoïde des Barres*, dosant 14 p. 100 de matière sèche, produisent autant de substance alimentaire que 80000 kilos de *Betterave Mammouth* dosant 6 p. 100 de matière sèche.

L'essentiel ici, c'est que la variété employée convienne au sol, au triple point de vue de sa nature, de sa fraîcheur et de l'épaisseur de sa couche végétale.

Si l'on est incapable de faire soi-même l'analyse des racines de Betterave, on fera bien de s'en rapporter aux recherches faites sur les variétés les plus employées, et de ne cultiver ces dernières qu'en se conformant à leurs exigences respectives ainsi qu'à leur richesse en éléments utiles.

« Les petites Betteraves blanches, dit Dehérain, destinées aux sucreries, pesant 7 à 800 grammes, contiennent 16, 17 et 18 p. 100 de sucre; les grosses Betteraves, pesant 5 à 10 kilogrammes. n'en contiennent que 4 ou 5, mais sont gorgées d'eau. »

Une Betterave destinée au bétail a une valeur alimentaire d'autant plus grande qu'elle renferme plus d'éléments utilisables; cette valeur sera au contraire d'autant plus faible que la Betterave renfermera plus de matières inutiles

ou même nuisibles. L'analyse suivante de deux Betteraves
Mammouth en est la preuve.

Poids	8 300 gr.	722 gr.
Mat. sèche p. 100.	8^{gr},5	16^{gr},5
Sucre p. 100	6^{gr},2	11^{gr},1
Matière azotée.	1^{gr},7	1^{gr},03
Nitrate de potasse. . . .	0^{gr},17	0^{gr},08

De cette analyse, il résulte que l'on aura avantage à
obtenir des petites Betteraves, plus riches en matières utiles
et moins aqueuses que les grosses. On obtiendra ce résultat
en plantant plus serré, à 35 centimètres en tous sens ou à 45
sur 35.

Sol. — Les bonnes terres franches, celles à Blé par exemple,
les sols argilo-calcaires riches en humus, argilo-siliceux ou
sablo-argileux, etc., sont ceux que la Betterave affectionne.

Engrais. — Enfouir à l'automne, par hectare, 30 000 kilos de
fumier et 1 000 de tourteau; incorporer, avant l'ensemencement et non en couverture, 150 à 200 kilos de nitrate de
soude. Quatre ou cinq cents kilos de superphosphate de
chaux rendent la Betterave plus riche en sucre.

3° CAROTTE. — La Carotte (*Daucus carota*) est une plante
bisannuelle de la famille des Ombellifères, cultivée surtout
pour ses racines. Les animaux de la ferme la mangent avidement; elle est pour eux un aliment savoureux, sain et plus
nutritif que la Betterave. Elle peut tenir lieu d'avoine aux
chevaux quand ces animaux travaillent peu; elle permet de
varier le régime alimentaire du bétail; augmente la qualité
du lait et du beurre; et, cuite à moitié, sert à l'engraissement des porcs.

A côté de ces précieux avantages, cette plante présente
quelques inconvénients. Sa germination est lente ainsi que
son premier développement; les mauvaises herbes tendent
à l'étouffer et les sarclages répétés qu'elle réclame rendent

sa culture assez onéreuse. De plus, elle épuise beaucoup le sol, qui doit être profondément ameubli et fertilisé.

Variétés. — La Carotte commune (*Daucus carota*) a donné naissance à de nombreuses variétés différant les unes des autres par la forme de leur racine, leur teinte et leur mode de développement. Les principales d'entre elles sont :

A. VARIÉTÉS FOURRAGÈRES. — a. *Carottes rouges.* — 1. *C. rouge pâle des Flandres.* — Collet gros et aplati, enterré, demi-hâtive. Variété excellente et de bonne garde.

2. *C. rouge longue ordinaire.* — Collet enterré, bonne qualité, pouvant séjourner longtemps en terre.

3. *C. rouge longue d'Altringham.* — Collet sortant peu de terre, fin, teinté de vert; racine cylindrique très allongée, se brisant facilement à l'arrachage. Variété très sucrée, d'origine anglaise.

4. *C. rouge longue de Saint-Valéry.* — Belle variété longuement conique, très productive et très estimée.

5. *C. rouge longue à collet vert.* — Collet vert, sortant beaucoup de terre, racine très effilée, très nutritive et **de bonne** production. Ne paraît pas être de bonne garde.

b. *Carottes blanches.* — 1. *C. blanche à collet vert.* — Assez voisine de la précédente par sa forme; racine grosse et longue, s'élevant hors de terre de 10 à 12 centimètres, productive et très estimée pour les chevaux.

2. *C. blanche des Vosges.* — Racine demi-longue, fusiforme, chair d'un blanc jaunâtre, collet un peu enterré ; feuilles courtes et peu nombreuses. Variété de bonne garde, convenant aux terres peu profondes.

c. *Carottes jaunes.* — 1. *C. jaune d'Achicourt.* — Racine volumineuse, longue, ne sortant pas ou sortant peu de terre et alors verte au sommet. Variété très productive, à chair douce ; demande **à** être semée un peu tard pour pouvoir être conservée pendant l'hiver.

B. VARIÉTÉS POTAGÈRES. — a. *Carottes courtes.* —1. *C. rouge*

courte de Hollande. — Racine d'une longueur double du diamètre, précoce.

2. *C. grelot* (Rouge très courte de Hollande). — Sous-
variété de la précédente, racine très courte, globuleuse.

b. *Carottes demi-longues*. — 1. *C. demi-longue de Hollande*
(C. de Choisy). — Racine très renflée et obtuse ; est surtout
cultivée dans le centre et le midi.

2. *C. demi-longues nantaises*. — Plus précoces, plus tendres,
mais moins grosses que la précédente.

c. *Carottes longues*. — 1. *C. rouge, longue, sans cœur*. —
Racine longue, presque cylindrique.

2. *C. rouge, longue de Saint-Valéry*. — Variété déjà examinée, d'une longueur de 25 à 30 centimètres et large de 6 à
7 centimètres.

Climat. Sol. Engrais. — La Carotte s'accommode de tous
les climats de la France, et plus particulièrement de ceux
qui sont tempérés et brumeux. La sécheresse du Midi donne
de la dureté à la racine et prolonge le développement des
jeunes plants.

La Carotte préfère les sols légers et suffisamment frais
(terres argilo-calcaires, argilo-siliceuses). Le sol doit être
bien ameubli, parce que les racines ont une tendance à se
ramifier dans les sols trop compacts ; elles y étouffent aussi
et même y pourrissent.

La Carotte étant une plante épuisante, exige un sol fertile. Le fumier employé doit être bien réduit et bien fait ; à
l'état pailleux il provoque le durcissement et la ramification
des racines. On peut l'employer à la dose de 20 000 kilogrammes à l'hectare, en ayant soin de l'enfouir par le dernier labour d'automne et en y ajoutant 100 kilos de chlorure
de potassium. La formule suivante produit aussi d'excellents
résultats :

Nitrate de soude.	600 kilog. (à l'hectare).	
Phosphate précipité	125 —	—
Chlorure de potassium.	280 —	—

4° **PANAIS** (*Pastinaca*). — Le Panais est une plante bisannuelle, de la famille des Ombellifères, que l'on cultive surtout comme légume dans les jardins. Quelques parties de la Grande-Bretagne et de la Belgique la comprennent depuis longtemps déjà parmi les fourrages-racines. Les chevaux et les bestiaux la mangent avec avidité ; son feuillage est encore supérieur à celui de la Carotte. Étant plus rustique que cette dernière, le Panais s'accommode très bien des pays septentrionaux ; mais il exige aussi une terre meuble, profonde et fraîche, fumée longtemps à l'avance avec des fumiers riches en azote ammoniacal.

P. Wagner recommande l'épandage de 150 kilos de nitrate de soude à l'hectare au moment du semis, ou mieux, si le sol est très léger et très perméable, après le semis. Deux ou trois semaines après la levée des plants, on donne, de nouveau, 150 kilos de nitrate de soude, et, trois semaines plus tard, on renouvelle cette fumure.

La graine de Panais perd rapidement sa faculté germinative et l'on ne doit jamais employer que celle de la dernière récolte.

Variétés. — Le Panais cultivé (*Pastinaca sativa*) a produit quelques variétés dont nous ne retiendrons que les suivantes :

1. *Panais demi-long de Guernesey.* — Variété horticole, productive, d'une longueur de 35 centimètres sur 6 à 9 centimètres de diamètre.

2. *Panais rond hâtif.* — Racine en forme de toupie, plus précoce et plus estimée que la précédente. Variété horticole.

3. *Panais long.* — Variété fourragère, de grande culture.

5° RAVE (*Brassica rapa*) et NAVET (*B. Napus*).

Les botanistes sont en désaccord sur le classement des diverses espèces du genre *Brassica*. On a déjà vu, p. 690, comment Lund et Kjaerskou rattachaient aux trois espèces *Brassica oleracea* L., *B. campestris* L. et *B. Napus* L., les nombreuses formes de choux.

Le classement suivant nous paraît plus méthodique et plus conforme aux caractères morphologiques :

Genre Chou (*Brassica*).

Tableau des espèces.

I. Chou à feuilles lisses et glauques. — 1. B. oleracea (Chou cultivé, Chou potager). — Feuilles charnues, *glauques*, dépourvues de poils, même dans leur jeunesse, *entières*, celles de la base sinuées, mais jamais jusqu'à la côte moyenne.

Races : 1. *B. acephala* (Chou vert).

2. *B. capitata* (Chou cabus).

3. *B. bullata* (Chou frisé).

4. *B. caulo-carpa* (Chou-rave).

5. *B. botrytis* (Chou-fleur).

2. B. præcox (Navette d'été). — Feuilles glauques, glabres ; les inférieures *lyrées*, siliques dressées.

3. *B.* campestris (Chou des champs). — Feuilles glauques, munies de quelques poils rudes dans leur jeunesse, glabres à l'état adulte, lyrées-dentées, les supérieures sessiles, amplexicaules.

Races : 1. *B. camp. oleifera* (Colza). Ne pas confondre avec *Navette d'hiver*.

2. *B. camp. pabularia* (Chou à faucher).

3. *B. camp. Napo-brassica* (Chou-Navet) : 1re var. Chou-Navet proprement dit ; 2e var. Rutabaga.

II. Chou à feuilles rudes. — 4. B. Napus (Navet). — Feuilles glauques, entièrement dépourvues de poils, les inférieures lyrées ; siliques divariquées.

Races : 1. *B. Napus oleifera* (Navette d'hiver) ; Colza d'après Guibour.

2. *B. Napus esculenta* (Navet).

5 B. Rapa L. (*B. asperifolia*). — Rave. Chou rude. Feuilles couvertes de poils rudes.

Races : 1. *B. rapa depressa* (Rave aplatie, Turnep, Grosse Rave).

2. *B. rapa oblonga* (Rave oblongue).

3. *B. rapa oleifera* (Ravette, Navette d'après Guibour).

D'après ce tableau, la Rave appartient à l'espèce *Brassica Rapa* L. ; le Navet, à l'espèce *B. Napus* L. ; le Chou-Rave est une race du *B. oleracea* L. et le Chou-Navet, une race du *B. campestris* L.

Au sujet de la Rave et du Navet, Vesque se borne à faire remarquer que « l'on distingue quelquefois, en pratique, la Rave et le Navet ; le nom de Rave s'applique, dans ce cas, plus particulièrement aux racines courtes, sphériques, et celui de Navet aux racines allongées ».

Girardin et Du Breuil considèrent le *B. rapa* comme synonyme de *B. campestris* et le Chou-Navet comme provenant de *B. Napus*.

D'après Bellair, le Navet n'est autre chose que la Rave, le Turnep est synonyme de Chou-Navet, ce dernier étant cependant distinct du Chou-Rave.

Cette divergence d'appréciation se rencontre aussi chez d'autres auteurs, sans que l'on puisse l'expliquer davantage.

La Rave est une plante dont la culture est encore très estimée dans certains pays, tels que l'Angleterre et les Pays-Bas. En Alsace, un mélange de Rave et de paille hachée constitue un aliment recherché pour les chevaux.

Le Navet sec, ou Navet proprement dit de quelques auteurs, ne sert presque exclusivement qu'à la nourriture de l'homme.

Le Navet et la Rave ont produit une prodigieuse quantité de variétés culturales, parmi lesquelles on peut citer les suivantes :

PREMIER GROUPE : *Raves aplaties.* — 1. *Rave aplatie globe vert* ou *Navet turnep.* — Racine très grosse, blanche, collet vert et chair blanche.

2. *R. aplatie, jaune d'Écosse* ou *Navet jaune de Hollande,*

R. jaune de Malte. — Racine de grosseur moyenne, jaune, demi-tendre, collet vert. Variété résistant aux froids.

3. *R. aplatie globe blanc* ou *blanche ronde.* — Racine souvent côtelée, blanche ainsi que sa chair.

4. *R. aplatie de Skerwings* ou *Navet de Suède jaune doré.* — Collet violet verdâtre, chair jaune ainsi que l'épiderme.

5. *R. aplatie globe rouge, rouge ronde* ou *Navet rouge plat hâtif.* — Racine volumineuse, blanc violacé ; collet violet, chair blanche, peu sucrée, précoce.

6. *R. aplatie hybride de Scott* ou *Navet de Suède.* — Racine blanche, de grosseur moyenne ; collet vert violacé, chair blanche.

Deuxième groupe : *Raves oblongues.* — 1. *R. oblongue rouge Taukard* ou *Navet rose du Palatinat.* — Racine volumineuse, violette dans sa partie supérieure, blanche dans l'autre, très aqueuse et médiocre.

2. *R. oblongue à tête verte* ou *Navet gros long d'Alsace.* — Racine volumineuse, verte dans sa partie supérieure, blanche dans l'autre.

3. *R. oblongue blanche Taukard* ou *Navet des Vertus.* — Racine sensiblement de même grosseur à ses deux extrémités, blanche à collet verdâtre. Très estimé ainsi que sa sous-variété *N. des Vertus marteau,* dont l'extrémité est épaissie.

Troisième groupe : *Navets secs.* — 1. *N. de Freneuse.* — Petit, allongé, de couleur rousse ; bonne qualité.

2. *N. de Maltot.* — Racine courte, variant du blanc au noir, sillonnée, chair sèche et sucrée, d'excellente qualité.

3. *N. des Sablons.* — Racine blanche, demi-ronde ; excellent et très productif.

4. *N. de Saulieu.* — Possède une sous-variété noirâtre, très recherchée dans le Morvan.

Climat. Sol. Engrais. — Le climat le plus favorable à la culture de la Rave et du Navet est un climat doux, brumeux, et pluvieux en été.

Si ces plantes se trouvent bien de l'humidité atmosphérique, elles redoutent au contraire celle du sol, et exigent des terrains de consistance moyenne, légers, argilo-sableux ou calcaires et suffisamment frais en été.

La Rave et le Navet réclament surtout des engrais phosphatés et potassiques. Les engrais promptement assimilables leur sont particulièrement favorables (poudrettes, purins, engrais humains, etc.). Le fumier employé doit être bien divisé et non frais et pailleux. La formule suivante réussit bien à la Rave et au Navet :

```
Nitrate de soude. . . . . . . . . .   400 kilog. (à l'hectare).
Phosphate précipité . . . . . . . .   100    —         —
Sulfate de potasse . . . . . . . .   200    —         —
```

6. Chou-navet (*Brassica campestris napo brassica*). — Le Chou-navet, appelé quelquefois *Rutabaga*, Chou de Laponie ou Navet de Suède, est une des variétés de la race *Brassica campestris napo-brassica*, se distinguant nettement du Navet (*B. Napus*) par ses feuilles lisses et bleuâtres.

Le Chou-Navet est une plante qui présente de grandes qualités nutritives ; sa racine est supérieure au Navet et à la Betterave fourragère. Les animaux de la ferme en sont très friands ; on l'apprécie beaucoup pour les bêtes à l'engrais et les vaches laitières. Les feuilles de cette plante constituent aussi une bonne nourriture.

Variétés. — Les nombreuses variétés de Choux-navets se distinguent les unes des autres par la forme de leurs racines et la hauteur variable à laquelle ces racines s'élèvent au-dessus du sol. Les principales variétés sont :

1. *Chou-navet commun de Laponie*. — Racine allongée, blanche, ainsi que la chair, ferme et peu volumineuse, collet vert. Variété très rustique.

2. *Rutabaga à collet vert* ou *Navet de Suède*. — Racine grosse, s'enterrant aux deux tiers, arrondie, chair jaune, collet teinté de vert. Variété plus cultivée que la précédente, à cause de son développement plus rapide.

3. *Skirving*. — Variété à collet rouge, très rustique et très vigoureuse.

4. *West-Norfolk*. — Variété à racine sphérique.

5. *Chou-navet hâtif*. — Racine volumineuse, allongée, blanchâtre, chair blanche, collet violacé.

6. *Rutabaga ovale*. — Variété nouvelle, très productive, racine jaune saumoné sous terre et rouge violacé à la lumière.

Ces diverses variétés sont loin d'avoir la même productivité ; la nature du sol influe considérablement sur le rendement de chacune d'elles.

Sol. — Le Chou-navet préfère les terres fortes, néanmoins il donne de bons produits dans les sols frais, meubles et de qualité moyenne.

Engrais. — Cette plante est exigeante, il lui faut des terres copieusement fumées. Les engrais conseillés pour la Betterave, le Navet et la Rave conviennent aussi au Chou-navet.

7° CHOU-RAVE (*Brassica caulo carpa*). — La différence la plus saillante qui existe entre cette plante et la précédente, c'est que chez elle, c'est la tige qui est renflée, charnue et comestible, tandis que chez le Chou-navet, c'est la racine.

Le Chou-rave est rustique ; il résiste très bien aux sécheresses et aux froids et réussit, comme le précédent, dans les terres fortes, tout en exigeant les mêmes soins et les mêmes engrais.

8° TOPINAMBOUR (*Helianthus tuberosus*). — Le Topinambour est une plante de la famille des Composées, cultivée surtout pour ses rhizomes piriformes et tubéreux, groupés à la base de la tige en une masse plus ou moins volumineuse et mamelonnée. Ces tubercules renferment surtout de l'inuline, une matière gommeuse, la lévuline, et un peu de fécule.

Comme plante potagère, le Topinambour n'a pas eu grand succès. Ses tubercules cuits ont une odeur rappelant celle du cœur d'Artichaut et une consistance molle qui ne plaisent pas à tout le monde.

Au point de vue de l'alimentation du bétail, le tubercule de Topinambour, appelé aussi *Artichaut de terre, poire de terre,* est moins nutritif que la Pomme de terre. Néanmoins, il peut servir, cru ou cuit, à l'engraissement du porc. Pour les autres animaux, il faut en faire usage avec modération en le mélangeant avec des aliments secs.

La tige, soumise au pincement, lorsqu'elle n'a que 30 centimètres environ, reste grêle et constitue un excellent fourrage.

Au point de vue industriel, on extrait du tubercule de Topinambour un alcool d'assez bon goût, mais malheureusement cette distillation ne peut s'effectuer qu'au printemps, parce qu'à cette saison le tubercule renferme du sucre cristallisable et du sucre non cristallisable que l'on ne rencontre plus à l'automne. L'absence de ces sucres rend la fermentation du moût défectueuse et donne un faible produit en alcool.

A cet inconvénient, si l'on ajoute les difficultés de lavage des tubercules résultant de leur forme très irrégulière, on comprendra pourquoi cette plante n'a pas eu tout le succès qu'elle méritait.

Variétés. — 1. *Topinambour à tubercules rouges.* — Tubercules peu réguliers, renfermant 2,24 p. 100 de protéine.

2. *Topinambour à tubercules blancs et jaunes.* — Variété à tubercule plus régulier, plus précoce, plus productive et un peu moins riche en protéine que la précédente.

3. *Topinambour patate.* — Variété nouvelle, obtenue par de Vilmorin, supérieure aux précédentes par son rendement et la forme plus régulière des tubercules.

Sol et Engrais. — Le Topinambour est une plante excessivement rustique, pouvant être cultivée partout où la Pomme de terre se récolte, dont les tubercules peuvent passer l'hiver en terre. Les sols de toute nature, tenaces ou légers, ayant une certaine fraîcheur en été, conviennent à cette plante. Mais comme cette dernière est assez avide de potasse, elle affectionne surtout les terrains granitiques.

Comme engrais, on conseille l'emploi de 20 000 kilogr. de fumier à l'hectare et de 350 kilogr. de chlorure de potassium.

Si l'on veut éliminer le fumier, la formule suivante indique les proportions d'engrais chimiques à répandre à l'hectare.

Nitrate de soude. . . . . 600 kilog.
Superphosphate à 12°. 350   —
Sulfate de potasse. 500   —

9° PATATE (*Convolvulus batatas* ou *Ipomæa batatas*). — La Patate ou Batate est une Convolvulacée (ou une Ipomée d'après d'autres botanistes), originaire de l'Inde, vivace par ses racines tubéreuses et pourvue de longues tiges, munies de feuilles en cœur à la base. Les tubercules cuits de cette plante précieuse remplacent la pomme de terre dans les régions intertropicales. Sa faible rusticité exige, en France, des soins spéciaux et compliqués ; ses tubercules, très sensibles au froid, pourrissent très facilement. Il n'est guère que le Midi qui puisse, par son climat, permettre la culture de cette plante avec quelque succès ; sa végétation est arrêtée à une température moyenne inférieure à douze degrés. Ailleurs, sous le climat parisien, par exemple, il faut recourir à la culture sur couche à l'aide de cloches ou de châssis.

D'après Payen, la Patate renferme 20 à 25 p. 100 de sucre, de fécule, de matières azotées, grasses, etc., 3 à 4 p. 100 de cellulose, de pectine, d'acide pectique, et 72 à 78 p. 100 d'eau.

Un seul pied peut produire une récolte de 10 kilogrammes. Par ses tiges traînantes, cette plante s'enracine facilement, et produit, aux points de développement des racines adventives, des tubercules qu'il faut enlever, parce qu'ils appauvrissent le pied et ne peuvent arriver à maturité.

La Patate demande un sol substantiel et léger, qu'il ne faut ameublir que superficiellement (20 à 25 cm. de profondeur), sans quoi les racines ne se tuberculiseraient pas. Le terreau constitue la meilleure fumure.

Variétés. — 1. *Patate rose de Malaga.* — Variété productive, de bonne conservation, à tubercules ovoïdes et cannelés.

2. *Patate hâtive d'Argenteuil.* — Variété dérivée de la précédente, de conservation difficile.

3. *Patate violette de la Nouvelle-Orléans.* — Variété peu productive, mais d'excellente qualité.

4. *Patate igname d'Argenteuil.* — Variété très productive, rustique, chair d'un blanc grisâtre, de bonne qualité. Conservation facile.

5. *Patate jaune de Malaga.* — Racines obtuses ; chair de bonne qualité.

10° Igname (*Dioscorea batatas*). — Nous n'insisterons pas sur cette Dioscorée des climats chauds et humides de la Chine et du Japon, car sa culture ne constitue en France qu'une simple fantaisie. On avait essayé de l'y introduire, à l'époque de l'apparition du *Phytophtora infestans* (maladie de la Pomme de terre), mais on l'a vite abandonnée à cause des soins nombreux et compliqués qu'elle réclame, de la difficulté que présente l'extraction de ses tubercules longs et en massue, enfoncés à 55 ou 60 centimètres de profondeur.

Il serait à souhaiter que l'on pût étendre la culture de cette plante, si précieuse par ses qualités alimentaires, sa grande rusticité et son indifférence pour la nature du sol.

CHAPITRE II

PLANTES FOURRAGÈRES

A. Plantes appartenant à la famille des Légumineuses
— On appelle plantes *fourragères*, les plantes dont les organes verts, utilisés à l'état frais ou à l'état sec, constituent la base de l'alimentation des animaux de la ferme.

Les plantes cultivées spécialement dans ce but occupent une certaine étendue de terrain que l'on appelle *prairie*. Lorsque cette dernière est une terre labourable, sur laquelle on a semé, pour quelques années seulement, une ou deux Légumineuses (Luzerne, Trèfle, Sainfoin, etc.), on la désigne sous le nom de *prairie artificielle*. Si, au contraire, la prairie ne produit que du foin pendant plusieurs années (5-10 ans), elle constitue une *prairie naturelle*.

La prairie naturelle peut être *temporaire* ou *permanente*. Sa durée, dans le premier cas, est de trois à six ans ; dans le second, elle est beaucoup plus longue. On reviendra, plus loin, sur ces trois catégories de prairies.

L'importance des prairies n'échappe à aucun cultivateur intelligent. L'accroissement de leur étendue permet d'augmenter le nombre des bestiaux, de se procurer une plus grande quantité d'engrais et aussi de diminuer la main-d'œuvre, si lourde aujourd'hui pour le cultivateur. Aussi ne saurait-on trop insister sur les avantages sérieux et très rémunérateurs que l'extension et le parfait entretien des prairies peuvent procurer au cultivateur.

Les plantes spécialement cultivées comme fourragères appartiennent surtout aux deux familles des Papilionacées ou Légumineuses et des Graminées. D'autres familles en fournissent également, ainsi qu'on l'a vu précédemment (Vesces,

Gesses, Pois, Fèves, Maïs, Choux, Lentilles, Colza, etc.) ; mais comme la plupart de ces dernières sont aussi cultivées pour leurs graines, elles ne sont utilisées comme fourrages qu'après avoir accompli les premières phases de leur développement et avant d'avoir fructifié.

Les principales Légumineuses sont les Trèfles, les Luzernes, les Sainfoins, les Lupins et l'Anthyllide.

1° TRÈFLES. — Les trois espèces suivantes sont les plus importantes et les plus cultivées :

1. *Trèfle des prés* ou *Trèfle rouge,* ou encore *Trèfle violet (Trifolium pratense* L.). — Espèce vivace ou bisannuelle, souche à racine pivotante, tiges de 3-6 décimètres, pubescentes ou glabres, ascendantes ; feuilles 3-foliolées, folioles denticulées dans leur moitié supérieure ou entières, émarginées ou mucronulées, munies d'une bande blanchâtre à leur base, pétiolules égaux ; fleurs roses purpurines, disposées à l'extrémité des tiges en têtes arrondies.

Le Trèfle des prés n'a encore donné aucune variété bien caractérisée ; celles que l'on a admises se distinguent notamment par la coloration plus ou moins foncée des feuilles, ainsi que par leur précocité.

Parmi les variétés les plus précoces figurent les Trèfles de Bordeaux, du Brabant et de Hollande. Le Trèfle vert ou de Syrie fleurit huit ou quinze jours après ; il est assez rustique ; ceux de Bretagne et de Normandie sont sensibles aux froids printaniers, et ne réussissent que dans les lieux chauds de la France.

On a reconnu que les plantes provenant de graines des bonnes variétés du Nord sont plus productives et plus vigoureuses que les autres.

Les Trèfles d'Amérique ne conviennent pas à notre pays.

Les Trèfles en général ne donnent de bonnes récoltes que dans les terres substantielles, profondes et quelque peu calcaires. Ils exigent un sol propre et ne doivent être semés avec aucune céréale de printemps. La quantité de semence à répandre à l'hectare est d'environ vingt kilogrammes.

2. *Trèfle incarnat* ou *Trèfle anglais* (*Trifolium incarnatum* L.).
— Plante annuelle, tiges de 2-6 décimètres, très pubescentes ;
folioles denticulées dans leur moitié supérieure, pubescentes,
fleurs rouge vif, rarement blanches ou jaunâtres, disposées
en épis oblongs-subcylindriques.

Parmi les nombreuses variétés, citons : le *Trèfle incarnat
hâtif* dont la première récolte se fait déjà vers le milieu
d'avril ; le *T. incarnat tardif*, pouvant succéder au précédent ;
vers le milieu de mai, le *T. incarnat très tardif*, que l'on sème
après le *T. incarnat tardif* ; enfin le *Trèfle incarnat tardif à
fleurs blanches* qui est une variété capable de produire de
bons résultats lorsqu'on la sème en mars pour la faucher
en juillet.

Le Trèfle incarnat se sème en août ou en septembre,
après la récolte de l'Orge ou de l'Avoine. Trois ou quatre
coups de herse suffisent ordinairement pour mettre le sol
en état de recevoir la semence, puis on roule énergiquement. En cas d'abondance de mauvaises herbes, on devra
remplacer le hersage par un labour.

3. *Trèfle blanc, Coucou* ou *Triolet* (*Trifolium repens* L.). —
Souche rameuse, racine pivotante, tiges de 1-4 décimètres,
glabres, couchées, radicantes ; folioles obovales ou obovales-
suborbiculaires, denticulées, assez souvent émarginées,
glabres ; stipules scarieuses, se terminant par une arête ;
fleurs blanches ou rosées, exhalant une odeur de miel,
réunies en capitules presque globuleux portés sur des
pédoncules axillaires.

Le Trèfle blanc convient aux pâturages et aux prairies
dont il forme le fond ; il ne donne qu'une coupe, mais de
bonne qualité ; sa rusticité lui permet de se contenter des
terres argileuses, sablonneuses et même rocailleuses, à la
condition que ces terres renferment suffisamment de calcaire (4 à 6 p. 100).

4. *Trèfle hybride.* — D'après Linné, ce Trèfle serait un
hybride du T. blanc et du T. violet. Il a les fleurs blanches,
réunies en capitules un peu allongées ; les tiges couchées-

radicantes, dont la partie dressée atteint 25 à 30 centimètres. Ce Trèfle exige de bonnes terres, fraîches et substantielles.

Les Trèfles, ainsi que les autres Légumineuses fourragères, doivent être coupés au moment de l'épanouissement des fleurs et non plus tard. A cette époque les principes nutritifs se trouvent répartis dans les tiges et surtout les feuilles ; plus tard ils émigrent dans le fruit pour servir à son développement.

2° Luzernes (*Medicago*). — La Luzerne est une plante vivace. à racines pivotantes, dont les fleurs violettes forment des épis arrondis. Les fruits sont enroulés en spirales et les graines ont une teinte jaune verdâtre qui tire quelquefois sur le violet. Les racines de Luzerne peuvent s'enfoncer à une grande profondeur et vivre surtout aux dépens du sous-sol. Il en résulte, au bout de quelques années, un dépérissement progressif de cette plante, parce que les engrais ne peuvent parvenir jusqu'à ses racines et être absorbés par elles.

On ne cultive ordinairement en France que deux variétés de Luzerne ; la *Luzerne de Provence* et la *Luzerne du Poitou* ou *de pays*. La première est la plus estimée ; son rendement est considérable. La seconde, plus petite et moins productive, coûte moins cher.

Culture et Sol. — La Luzerne exige une terre substantielle. franche et fertile. Certaines variétés rustiques, telles que la *Luzerne jaune* ou *de Suède* (*M. falcata* L.), ont été cultivées dans des endroits chauds et secs, où le sous-sol est pierreux, en un mot dans des sols très défavorables à la culture de la Luzerne ordinaire. La Luzerne jaune y a bien réussi, mais ses tiges ont l'inconvénient de se lignifier rapidement et de produire un fourrage trop dur.

La Luzerne se sème ordinairement vers la fin d'avril ou au commencement de mai, après une récolte sarclée et jamais après une céréale qui laisse toujours le sol dans un médiocre état de propreté.

Tous les ans, au printemps, on doit herser les Luzernes, les plâtrer ou y répandre des engrais liquides (purin) suivant les aptitudes du sol.

3° SAINFOIN OU ESPARCETTE (*Onobrychis sativa*). — Le Sainfoin est une Légumineuse vivace, à feuilles composées et imparipennées, à fleurs roses, striées de rouge, disposées en épis denses, plus ou moins coniques ; son fruit est une gousse courte, monosperme (1 seule graine).

La racine principale est droite, pivotante et ligneuse; elle produit, chaque année, des faisceaux de radicelles plus ou moins horizontales.

Le Sainfoin est moins exigeant que la Luzerne; il peut se développer dans des sols très secs et rocailleux, calcaires ou sablonneux. Sa durée est moins longue que celle de la Luzerne. On le sème en mars ou en avril dans une Céréale d'hiver, ou plutôt dans une Céréale de printemps, à raison de 120 à 150 kilogrammes de graine à l'hectare.

Variétés. — Les deux variétés les plus en vogue sont le *Sainfoin ordinaire* ou *Esparcette* et le *Sainfoin remontant* ou *chaud*. Le premier ne donne qu'une coupe chaque année, tandis que le second en produit deux.

Le Sainfoin vert ne météorise pas les bestiaux comme le Trèfle et la Luzerne.

De nombreux cultivateurs récoltent eux-mêmes leurs semences de Trèfle, de Luzerne et de Sainfoin. Cette précaution est excellente et économique, mais malheureusement tous sont loin de donner à ces semences les soins et la préparation qu'elles exigent. La pureté laisse souvent beaucoup à désirer. Aussi les échantillons que nous avons eu à analyser nous ont-ils révélé de trop fortes proportions de Plantain, souvent même de Cuscute dans les Trèfles et la Luzerne, et de Pimprenelle dans le Sainfoin. Comme le rendement d'une récolte dépend en grande partie des qualités de la semence employée, nous ne saurions trop insister sur la nécessité des analyses de semences.

Le *Sainfoin d'Espagne* ou *Sulla* (*Hedysarum coronarium* L).

est une Légumineuse des parties chaudes de la Provence, qui, coupée avant la formation des fruits, constitue un fourrage aussi nutritif que le Sainfoin ordinaire.

Cette plante bisannuelle a les tiges peu ramifiées, dépassant parfois un mètre de hauteur ; les fleurs rouge vif, groupées en épi et les gousses droites, articulées et très hérissées.

Le Sulla exige des terres fraîches en été, suffisamment calcaires et substantielles.

Avant d'examiner les autres Légumineuses fourragères, nous croyons utile de donner le tableau déterminatif des genres auxquels appartiennent la plupart d'entre elles.

A. — *Feuilles imparipennées et non terminées par une vrille ou un filet.*
  a. Feuilles trifoliolées.
    1. Gousse monosperme ou polysperme, réniforme, contournée en hélice ou courbée en faux. Corolle caduque . . . . *Medicago* (Luzerne).
    2. Gousse droite, généralement à une graine, dépassant très peu le calice. Corolle marcescente. *Trifolium* (Trèfle).
    3. Gousse cylindrique. Stipules semblables aux folioles . . . . *Lotus* (Lotier).
  b. Feuilles imparipennées, non trifoliolées. Gousse divisée transversalement en articles à une seule graine.
    1. Gousse courte et monosperme. Fleurs en grappes, roses. . . . *Onobrychis* (Sainfoin).
    2. Gousse linéaire, fleurs petites, non en grappes, carène obtuse. *Ornithopus* (Ornithope).

B. *Feuilles paripennées et terminées par une vrille ou un filet.*
    1. Etamines diadelphes, folioles nombreuses, style filiforme. . . *Vicia* (Vesce).
    2. Etamines monadelphes, feuille terminée par un filet simple . . *Faba* (Fève).
    3. Etamines diadelphes, stipules très grandes, style comprimé et canaliculé inférieurement . . . *Pisum* (Pois).
    4. Etamines monadelphes ou dia-

delphes, style plan ; folioles peu
nombreuses, calice à dents iné-
gales. . . . . *Lathyrus* (Gesse).

4° VESCE (*Vicia*). (Voy. p. 684.)

5° GESSE (*Lathyrus*). (Voy. p. 685.)

6° LENTILLE (*Ervum*). (Voy. p. 686.)

7° POIS GRIS (*Pisum arvense*). (Voy. p. 683.)
Le pois gris produit un fourrage excellent, convenant à
tous les bestiaux, mais comme ses graines sont d'un prix
plus élevé que celles des Vesces, Gesses, etc., sa culture
coûte un peu cher.

8° LUPINS (*Lupinus*). — Ce genre, qui renferme environ
80 espèces dont plusieurs très variables, est caractérisé de
la manière suivante :
Herbes, sous-arbrisseaux ou arbrisseaux à feuilles simples
ou digitées, 5-15-foliolées, parfois 3-foliolées ; fleurs bleues,
violettes ou panachées, rarement blanches ou jaunes,
groupées en grappes terminales ou rapprochées en verticilles. Calice 2-labié ; étamines monadelphes ; ovaire 2-3-
ovulé ; gousse plus ou moins comprimée, soyeuse-velue,
2-valve, divisée transversalement entre les graines.
La culture n'emploie ordinairement que les trois espèces
suivantes : le *Lupin blanc*, le *Lupin à feuilles étroites* et le
Lupin jaune.
1. *Lupin blanc. Pois-loup* ou *Fève de Loup* (*Lupinus albus*). —
Plante annuelle, tiges rameuses, velues ainsi que les feuilles,
fleurs blanches.
2. *Lupin à feuilles étroites* ou *Lupin à café* (*Lupinus angusti-
folius*). — Plante atteignant 6-10 décimètres, à folioles
linéaires et à fleurs bleues ; graines plus rondes que celles
de l'espèce précédente, tachetées de gris et de blanc.
3. *Lupin jaune* (*L. luteus*). — Fleurs jaune pâle et odorantes. — Cette plante est recherchée des animaux, à cause
de ses tiges moins dures et de sa saveur moins amère.

Les Lupins sont cultivés soit comme engrais vert (Lupin blanc), soit comme fourrages (Lupin à feuilles étroites et surtout Lupin jaune). Leurs graines servent parfois aussi à la nourriture des bestiaux ou sont utilisées comme engrais après avoir perdu leur faculté germinative sous l'action de la chaleur d'un four.

Le Lupin, enfoui en terre à la floraison, constitue un excellent engrais vert. Son feuillage abondant et la puissance avec laquelle ses nodosités radicales retiennent l'azote atmosphérique en font une plante fertilisante très précieuse en agriculture.

Climat. Sol. — Étant originaire des contrées chaudes ou tempérées, le Lupin ne peut produire de bons rendements que dans le midi de la France et dans quelques parties du centre.

C'est une plante rustique, capable de se développer dans les terrains secs et arides, pourvu qu'ils ne soient pas trop calcaires, trop compacts ou trop humides ; les sols légers et siliceux sont ceux qu'elle préfère.

9° Anthyllide vulnéraire (*Anthyllis vulneraria*). — Cette plante, désignée aussi sous le nom de *Trèfle jaune des sables*, est surtout commune dans les pâturages sablonneux. On la reconnaît facilement grâce à ses fleurs jaunes ou rougeâtres, réunies en glomérules, peu apparentes, car les pétales dépassent peu le calice ; sa tige atteint la taille de 2-4 décimètres.

L'Anthyllide réussit bien dans les terrains secs, sablonneux ou argileux maigres ; elle se conserve longtemps verte sur pied, et donne un fourrage de bonne qualité lorsqu'on la sème, en mars, dans une céréale. C'est une plante très commune dans nos prairies naturelles.

10° Ornithope pied-d'oiseau ou Seradelle (*Ornithopus perpusillus* L. ou *O. sativus* Brot.).

« La Seradelle, dit J. Vesque, est une petite herbe fourragère, récemment introduite du Portugal, et dont la culture a donné d'excellents résultats sous les climats humides, dans les sols sablonneux profonds et en bon état. On la sème seule après une plante sarclée ou avec des Vesces, du Seigle ou du Blé d'hiver, ou avec des Céréales d'été, quelquefois aussi avec le Lupin. Cette plante annuelle atteint 2 à 5 décimètres d'élévation ; ses feuilles garnies de 7-23 folioles, sont velues ; les fleurs roses sont réunies en fascicules de 2 ou 3 ; les gousses, longues d'environ 15 millimètres, terminées par un petit bec recourbé, sont composées de 4 à 6 articles. Une des qualités les plus précieuses de cette herbe, c'est de conserver toute sa valeur fourragère jusqu'à la fin de la floraison. »

La Seradelle supporte très bien le froid de nos hivers, on peut donc la semer à l'automne, pour pouvoir être consommée en été. 30 à 40 kilogrammes de graines sont nécessaires à l'hectare. Un labour peu profond et un hersage suffisent pour mettre le sol en état de recevoir la semence, que l'on recouvre ensuite par un roulage.

11° **Ajonc** ou **Jonc marin** ou encore **Genêt épineux** (*Ulex europæus* L.). — L'Ajonc est un sous-arbrisseau, de 1 à 2 mètres, que l'on rencontre à l'état spontané dans les lieux secs et stériles. Ses rameaux nombreux se terminent en épines ; ses fleurs sont jaunes, grandes et rapprochées en panicules.

Cette plante vivace est très riche en azote (7 pour 1000 à l'état vert) ; elle peut donner, chaque année, plusieurs coupes abondantes, sans exiger de grands frais culturaux. Propre à tous les climats français, surtout à ceux de l'Ouest (c'est la plante caractéristique des landes bretonnes), peu exigeante au point de vue des qualités du sol, et s'accommodant de tous, sauf de ceux qui renferment trop de calcaire, cette plante constitue un excellent fourrage, accepté par tous les animaux. Si, jusqu'à ce jour, elle n'a pas été généralement employée, c'est surtout à cause des épines qu'elle porte ; mais on emploie maintenant des appareils spéciaux (coupe-ajonc) qui la mettent promptement en état d'être présentée aux animaux de la ferme.

Culture. — La culture de l'Ajonc, disent Girardin et Du Breuil, est des plus simples. On répand la semence au printemps, dans une céréale d'été ou d'hiver, et on la recouvre par un hersage. Il en faut environ 15 kilogrammes par hectare.

L'Ajonc peut aussi être utilisé comme engrais vert.

B. Plantes appartenant à la famille des Graminées. — *Aperçu général de la classification des principales Graminées fourragères.*

Sous-famille I : CÉRÉALES. — Fleurs complètes à la base de l'épillet ; épillets multiflores, rarement 2-4-flores ; fleurs hermaphrodites.

A. EURYANTHÉES. — Stigmates plumeux sortant latéralement des glumelles près de la base de la fleur.

Premier groupe : *Festucacées.* — Epillets pédonculés ; axe floral ramifié ; glumes plus courtes que la fleur inférieure ; glumes et glumelles carénées ou ventrues comprimées.

a. *Carénées.* — *Glumelles carénées.* 1. *Poa.* 2. *Dactylis.*

b. *Ventrues.* — Glumelles ventrues comprimées, non carénées. 3. *Cynosurus.* 4. *Festuca.* 5. *Bromus.* 6. *Briza.*

Deuxième groupe : *Loliacées.* Epillets sessiles disposés en épis, sur des gradins saillants du rachis, tournant l'une de leurs arêtes vers l'axe qui les porte ; glumes multinervées, la supérieure souvent nulle.

7. LOLIUM.

Troisième groupe : *Hordéacées.* Epillets disposés en épi tournant l'une de leurs faces vers l'axe qui les porte, quelquefois réunis au nombre de 2-4 sur le même gradin, sessiles ou très brièvement pédonculés ; glumes tantôt larges, tantôt étroites.

8. *Triticum.*

Quatrième groupe : *Avénacées.* Epillets uni- ou pluri-flores,

en panicule lâche ; glumes plus longues que la fleur inférieure, ventrues, de même que les glumelles avec arêtes.

9. *Avena.* 10. *Aira.* 11. *Holcus.* 12. *Agrostis.*

B. Clisanthées. — Deux stigmates minces sortant du sommet de la fleur ; panicules spiciformes.

Cinquième groupe : *Alopécuroïdées.* Epillets uniflores ;
glumes et glumelles fortement comprimées, ordinairement
carénées, tranchantes.

13. *Alopecurus.* 14. *Phleum.*

Sous-famille II : Saccharifères. — Epillets portant les fleurs
complètes au sommet, hermaphrodites ou unisexués, contenant une fleur complète et au-dessous 1-2 fleurs avortées.

Hermaphrodites. — Fleurs hermaphrodites ; tous les épillets de même espèce, chacun avec une fleur hermaphrodite.

C. Clisanthées. — Deux stigmates minces ou un seul, sortant du sommet de la fleur.

a. *Glumeuses.* — Glumes aussi longues que l'épillet.

Sixième groupe : *Anthoxanthées.* Glumes membraneuses,
faiblement comprimées, souvent inégales, enfermant lâchement l'épillet cylindrique.

15. *Anthoxanthum.*
Le tableau suivant a été dressé à l'aide de celui de Jessen, dans lequel nous avons puisé un certain nombre de
caractères généraux de nature à nous permettre de grouper
systématiquement les genres auxquels appartiennent les
espèces dont il va être question.

Tableau résumant les exigences, la valeur alimentaire, l'époque de la floraison, les dimensions des semences, etc.
des principales Graminées fourragères.

ESPÈCES	DURÉE	SOLS	VALEUR ALIMENTAIRE	FLORAISON	QUANTITÉ À SEMER par hectare.	SEMENCES Longueurs en millimètres.			HAUTEUR des TIGES	OBSERVATIONS
						Fruit	Arête	Fruit et Arête		
					kilogr.				mètres.	
Avoine jaunâtre Avena flavescens	♃	Terrains secs un peu frais.	B	A	30	5	5	8	0,75	♃ = vivace.
A. fromental A. elatior		Terrains légers secs ou humides.	Saveur amère.	S	80	8	12	14	0,50 1,20	⊙ = annuel.
A. pubescente A. pubescens		Terr. sableux, pâturages.	Passable.	S	30	12-13	15-18	17-20	0,70 1	B = bon.
A. des prés A. pratensis		Terrains secs	T. B.	B₁	30	13	16	20	0,30 0,80	T B = très bon.
Agrostide vulgaire Agrostis vulgaris		Terrains argileux ou siliceux, un peu secs.	A. B.	B₁	10	1,75	0-1	2,5	0,30 0,60	A B = assez bon.
A. stolonifère A. stolonifera		Partout, surtout terrain humide.	A. B.	B₁, A	10	2	0-1	2,5	0,20-1	Méd. = médiocre
A. d'Amérique A. dispar	•	Partout, terrain un peu frais.	B.	B₁	5				0,65	P = passable. A = Epoque de la floraison de l'avoine.
Brome des prés Bromus pratensis		Terrains sablo argileux, siliceux ou calcaires.	Méd.	B₁	60		7	16	0,6[illegible]	B₁ = Epoque de la floraison du blé.
Brize tremblante Briza media		Terrains légers, siliceux.	T. B.	B₁	[illegible]	[illegible]	[illegible]	[illegible]	0,6[illegible]	
Canche flexueuse Aira flexuosa		Pâturages secs et élevés	B moutons	B₁	[illegible]	[illegible]	5	7 8	0,20, 0,30	S = Epoque de la floraison du seigle.
Chiendent Triticum repens		Pâturages secs ou frais substantiels	B	A	[illegible]	12	0-1	1	1 et .	
Crételle [illegible]		Pâturages [illegible]	B	[illegible]	[illegible]	[illegible]	[illegible]	[illegible]	[illegible]	

...rata)	»	Partout, prés et pâturages	A. B. (un peu gr.)	S. B$_1$	40	5-6	3	8-9	1	La longueur du fruit et de l'arête n'est pas toujours égale à la somme des deux premiers chiffres, car l'arête est fréquemment insérée sur le dos de la glumelle.
Fléole des prés (Phleum pratense)	»	— — —	B.	A	8	6	0	—	1 et +	
Fétuque des prés (Festuca pratensis)	»	Prés et pâturages frais et riches	T. B	S	50	6	0-1	7	1 et +	
F. ovine (F. ovina)	»	Pâturages secs, siliceux ou calcaires	P., T. B. pour moutons.	S	30	4	0-2	5-6	0, 30	
F. élevée (F. elatior)	»	Prés et pâturages frais et riches	T. B.	B$_1$	50	6	0-1	7	1 et +	
F. ivraie (F. loliacea)	»	Prés et pâturages frais et riches	T. B.	A	50				0, 40 0, 80	
F. traçante (F. rubra)	»	Pâturages quelconques	P.	A	40	6	2	8	0, 40	
Flouve odorante (Anthoxantum odoratum)	»	Partout	A. B. (foin dur)	Pr.	40	3-4	3	5	0, 30 0, 50	
Houlque laineuse (Holcus lanatus)	»	Prés et pâturages frais	T. B.	A	20	3, 5-4	0	0	0, 40 0, 80	
H. molle (H. mollis)	»	Prés et pâturages peu fertiles	Méd.	A	20	5-6	1-2	6-8	0, 40 0, 80	
Paturin commun (Poa trivialis)	»	Prés et pâturages frais ou humides	B.	S	20	2, 25-3	0	0	0, 30 0, 60	
P. des prés (P. pratensis)	»	Partout	B.	S	20	»	»	»	0, 30 0, 50	
P. flottant (P. fluitans)	»	Prés, pâturages humides	B.	A	20	»	»	»	0, 60-1	
P. des bois (P. nemoralis)	»	Prés et pâturages frais	T. B.	S	30	»	»	»	0, 20 0, 80	
P. aquatique (P. aquatica)	»	Prés très humides	B.	A	15	»	»	»	1-2	
Ray-grass vivace (Lolium perenne)	»	Terrains frais	T. B. (frais)	S	50	7	0-4	11	0, 15 0, 50	
Ray-grass d'Italie (L. italicum)	»	— —	Méd. (sec) B.	Pr.	50	7	0-7	14	0, 30 0, 60	
Vulpin des prés (Alopecurus pratensis)	»	Prés et pâturages frais ou humides, substantiels.	B.	Pr.	25	5	6	7	0, 30-1	
V. des champs (A. Agrestis)	☉	Partout	Méd.	Pr.	50	6	8	10	0, 20 0, 50	
V. Genouillé (A. geniculatus)	»	Prés, pâturages humides.	A. B.	S	25	3	3	6	0, 30 0, 40	

γ *Clef pour la détermination des Graminées d'après les caractères extérieurs* (*Vesque*).

I. Roseaux.

Chaume rigide de 1 à 2 mètres et plus ; pas de touffe à la base. Chaumes et pousses isolés, tous de même hauteur. Une espèce sur les collines sablonneuses, les autres dans les endroits humides ou submergés.

A. *Feuille supérieure placée immédiatement sous la panicule.*

1. Ligule remplacée par une ligne de longs poils. Epillets renfermant de longs poils. Jeunes pousses très recherchées des animaux, plus tard les feuilles deviennent trop dures et ne peuvent plus servir qu'à couvrir les maisons. Fossés, marais, rivages. — Fl. août (Roseau commun). . . . . *Phragmites communis.*

2. Chaume de 1ᵐ,30 à 2ᵐ,60 couvert de gaines fortement carénées, feuilles de 30 à 60 centimètres de long, pouvant servir comme fourrage quand la plante est fanée. Sur pied, feuilles dures et d'ailleurs inaccessibles aux animaux. Eaux courantes et stagnantes, non bourbeuses. — Fl. juillet-août (Glycérie). . . . . *Glyceria spectabilis.*

3. Chaume de 40 centimètres à 1 mètre, oblique. Feuilles beaucoup plus courtes que dans l'espèce précédente. Branches inférieures de la panicule isolées ou tout au plus par trois, inégales. Recherché de tous les animaux, même des porcs. Fossés, marais et terrains inondés (Glycérie flottante) . . . . . *Glyceria fluitans.*

B. *Feuille supérieure insérée beaucoup au-dessous de la panicule.*

4. Chaumes de 1 à 2 mètres, serrés. Feuilles inférieures longues d'environ 25 centimètres ; ligule allongée. Ramifications inférieures de la panicule par 2 et 3. Fossés ombragés, marais des bois, rivages marécageux, prairies

irriguées. — Fl. juillet (Baldingère
bigarrée) . . . .   *Baldingera arundinacea.*

5. Chaume de 20 à 50 centimètres. Feuilles
longues, aiguës, piquantes et coupantes, une des Graminées les plus
dures et les moins garnies de feuilles.
On la croit pernicieuse au bétail. Prairies tourbeuses, marécages dans les
bois. — Fl. juillet-août (Molinie bleue).   *Molinia cœrulea.*

6. Chaume grêle, de 60 centimètres à
1 mètre. Feuilles longues et étroites.
Panicule penchée, à épillets très fins,
renfermant de longs poils. Mauvais
fourrage. Rivages marécageux, tourbières. — Fl. juillet-août (Calamagros
tide lancéolée). . . . .   *Calamagrostis lanceo-
lata.*

7. Chaumes de 60 centimètres à 2 mètres,
isolés. Feuilles lancéolées, roides. Panicule dressée, lobée. Rarement mangé par les animaux, à cause de ses
propriétés coupantes ; peut causer de
l'entérite et même la mort. Coteaux
arides. — Fl. juillet-août (Calamagros-
tide commune). . . . .   *Calamagrostis epigeios.*

II. Graminées a épis.

  A. *Epi cylindrique entourant l'axe de tous
côtés.*
    a. Epi entouré de longues arêtes.
    8. (Orge faux seigle). . . . .   *Hordeum secalinum.*
    9. (Orge queue de rat). . . . .   *Hordeum murinum.*
    Le premier vivace, le second annuel.
      Tous deux à peine touchés par les
      animaux, sauf lorsqu'ils sont encore
      très jeunes.
    b. Arêtes très courtes, très fines ou nulles.
    10. Faux épi, atténué aux deux bouts.
      Epillets lancéolés, ascendants. Feuilles
      assez larges, garnies de longs poils
      isolés. Ne peut guère servir qu'à épicer
      les autres fourrages. Prairies, pe-
      louses. — Fl. mai-juin et plus tard
      (Flouve odorante). . . . .   *Anthoxantum odora-
tum.*

11. Faux épis cylindriques, obtus aux deux bouts, en brosse. Beau fourrage à l'état jeune, recommandé par Timothy Hansen, en 1815, d'où son nom de Thymothy-grass. Prairies sèches et peu humides. — Fl. juin-juillet. Mat. août (Fléole des prés). . . . . *Phleum pratense.*

12. Faux épi mou, vert à noir brun. L'une des Graminées les plus précoces. Bon fourrage pour tous les animaux, surtout les bovidés. — Fl. mi-mai. Prairies humides et riches (Vulpin des prés). *Alopecurus pratensis.*

13. Epi plus fin, surtout aux deux bouts. Bon pâturage, difficile à faucher. Prairies humides, rivages. — Fl. juin-août (Vulpin genouillé). . . . . *Alopecurus geniculatus.*

B. *Epillets entourant trois côtés de l'axe, le quatrième restant nu.*

14. Epillets fertiles, accompagnés d'un épillet stérile en forme de peigne. Peu recommandable, dur, difficile à faucher ; bon pour servir de remplissage dans les prairies humides et argileuses. Pâturages, prairies peu humides. — Fl. juin-juillet (Cynosure crételle). . *Cynosurus cristatus.*

15. Forme réduite du Dactyle gloméré ordinaire et ne présentant qu'un seul lobule, semblable à un faux épi (Dactyle pelotonné, var. simple). . . . . . *Dactylis glomerata* var. *simplex.*

C. *Epi garnissant les deux côtés opposés de l'axe et laissant nus les deux autres côtés alternes. Lolium*
Epillets tournant l'arête contre l'axe.

16. (Ivraie vivace). . . . . *Lolium perenne.*

17. (Ivraie d'Italie). . . . . *Lolium italicum.*

Le premier ordinairement sans arêtes et à feuilles plissées dans la pousse ; le second ordinairement avec des arêtes et à feuilles roulées dans la pousse. Bons fourrages à l'état jeune, très productifs dans les climats humides.

18. Epillets tournant la face contre l'axe.

Les moutons mangent les jeunes
feuilles. Aucun animal ne touche aux
feuilles adultes. Sol peu humide, rare
dans les prairies. (Chiendent) . . . .   *Triticum repens.*

19. Champs secs et bois. Peu intéressant, peut servir à fixer les terres. —
Fl. juin-juillet (Brachypode penné). .   *Brachypodium pinna-
tum.*

D. *Epillets sur un seul côté de l'axe.*
20. Sans valeur (Nard roide). . . . . .   *Nardus stricta.*

III. Graminées a panicule.

A. *Feuilles radicales sétacées, arrondies ou
étroitement pliées.*
21. Panicule diffuse à ramifications bi-
furquées. Epillets petits, jaune et blanc
avec 2 ou 3 arêtes longues et fines.
Fourrage dur, mais accepté par les
moutons. Collines sableuses, bois. —
Fl. juin-juillet (Canche flexueuse). . .   *Aira flexuosa.*

22. Prairies demi-sèches, tourbeuses et
prés salés, bois et pâturages. — Fl.
juillet-août (Fétuque traçante) . . .   *Festuca rubra.*

23. Champs sableux et secs. — Fl. mai-
juin (Fétuque ovine). . . . .   *Festuca ovina.*

24. Lisière des bois sableux. — Fl.
juillet-août (Fétuque hétérophylle). .   *Festuca heterophylla.*

Le *F. ovina* n'a quelque valeur qu'à titre
de pâturage pour les moutons qui ne
mangent guère que les jeunes feuilles.
Cependant la plante n'est pas sans
mérite parce qu'elle vient encore dans
les champs arides, impropres à toute
autre culture. Dans les terrains de qualité meilleure, ses feuilles deviennent
plus longues et plus molles.

Le *F. rubra*, au lieu de former, comme
le précédent, des touffes isolées, constitue un gazon bien fourni. Il est dur,
mais il sert avec avantage comme
pâturage dans les prés salés.

Le *F. heterophylla* est le meilleur des
trois : ses feuilles sont nombreuses,
longues et fines, et ses chaumes durcissent moins vite.

25. Panicule délicate, d'un gris d'argent

ou rouge-violet. Epillets sans arêtes saillantes. Rarement mangé par les moutons. Champs sablonneux, arides. — Fl. juin-août (Corynéphore blanchâtre) . . . .   *Corynephorus canescens.*

B. *Feuilles toutes planes, étroites ou larges.*

I. Epillets avec une ou plusieurs arêtes saillantes.

a. Epillets grands, de 3/4 à 1 pouce de long, d'un vert mat avec de nombreuses arêtes roides. Ramifications inférieures de la panicule ordinairement par 4 et 5.

26. (Brome mou). . . . .   *Bromus mollis.*
27. (Brome des champs). . . . .   *Bromus arvensis.*
28. (Brome des Seigles) . . . .   *Bromus secalinus.*

Tous annuels. Le *Br. mollis* est mollement velu, les deux autres sont glabres. Le *Br. arvensis* se distingue par les ramifications de la panicule, garnies seulement de 1 à 2 épillets, et par la brièveté de la panicule même, tandis que dans le *Br. secalinus* les ramifications sont elles-mêmes ramifiées et la longue panicule penche d'un côté. Tous trois mauvais fourrage, peu abondant et sec.

b. Epillets petits, de 1/4 de pouce, mats et velus, pourvus d'une arête.

29. Collines et bois sableux. Sans valeur. — Fl. juillet-septembre. (Houlque molle). . . . .   *Holcus mollis.*

c. Epillets de 1/6 à 1 pouce, brillants, bordés de membranes blanches, jaunes, rougeâtres ou maculés de bleuâtre ; longues arêtes ondulées et fines.

30. Prairies sèches et pelouses. Assez bon fourrage dans les terrains fumés. — Fl. mai-juin (Avoine pubescente).   *Avena pubescens.*

31. Pâturages secs. sableux et lisière des bois. Dur et sans valeur. — Fl. juin-juillet (Avoine des prés). . . . .   *Avena pratense.*

32. Surtout dans les prairies un peu humides et argileuses. Grossier et amer,

mais très productif. — Fl. juin-juillet
(Avoine élevée, A. fromental) . . . . *Avena elatior.*

33. Prairies humides et sèches. Pâturages. Excellent fourrage, mais peu
productif dans les endroits secs et
maigres, facilement détruit par les
inondations. — Fl. juillet-septembre
(Avoine jaunâtre). . . . . *Avena flavescens.*

II. Épillets sans arètes.
  a. Ramifications inférieures de la panicule par 1 et 3.

34. Facile à reconnaître à ses larges
épillets pendants. Les moutons le
mangent volontiers, mais il est trop
peu productif pour être cultivé. Prairies sèches ou humides, surtout tourbeuses et lisière des bois. — Fl.
juin-juillet. Mat. juillet-août (Brize
tremblante. — Amourette). . . . . *Briza media.*

35. Panicule composée de 3 à 20 épillets
pédonculés, ovoïdes, brillants, blancs
ou bleuâtres. Fournit un fourrage sup-
portable mais grossier. — Prairies
sèches, tourbeuses, bruyères et bois.
— Fl. juin-juillet. . . . . *Danthonia decumbens.*

36. Plante velue blanchâtre. Panicule
rougeâtre au soleil, blanchâtre à l'ombre
bre ; se distingue de *Holcus mollis* par
l'absence des arètes saillantes. Prairies demi-sèches, pâturages, bois. —
Fl. juillet-septembre. Mat. août-l'au-
tomne. (Houlque laineuse). . . . . . *Holcus lanatus.*

Les moutons ne mangent que les très
jeunes feuilles. Le foin, de mauvaise
qualité, ne peut servir que pour les
bovidés ; cependant cette Graminée
peut être cultivée avec avantage sur
les terrains maigres, secs, sableux, qui
ne conviennent pas aux espèces meilleures.

37. Très bon fourrage, très productif.
Prairies, pâturages, clairières des bois,
sol argilo-humeux, mais sec. — Fl.
juin-août. Mat. août-septembre. (Dac-
tyle pelotonné). . . . . *Dactylis glomerata.*

38. Bon fourrage. Prairies humides ou

demi-sèches, argileuses ou humeuses.
— Mat. juillet-septembre (Fétuque des
prés). . . . .   *Festuca pratensis.*

POA

39. Ramifications inférieures de la panicule par 1-2. Bonne herbe de remplissage dans les endroits très humides,
sans valeur dans les endroits secs. Le
long des chemins, endroits humides
(Paturin annuel). . . . .   *Poa annua.*
40. Ligule allongée, arrondie ou aiguë.
Epillets petits, colorés (Paturin des
bois) . . . .   *Poa nemoralis.*
41. Ligule longue, aiguë ; gaine rude
(Poa commun). . . . .   *Poa trivialis.*
42. Ligule tronquée ; gaine lisse. Ces
deux derniers bons fourrages (Poa des
prés). . . . .   *Poa pratensis.*

AGROSTIS

43. Fossés, rivages, endroits humides.
Bonnes prairies (Agrostide blanche).   *Agrostis alba.*
44. Sols demi-secs (Agrostide vulgaire).   *A. vulgaris.*
45. Panicule très ramifiée, fine, nébu-
leuse. Epillets très petits, violets, verdâtres ou jaunâtres. — Tous les trois
fl. juin-juillet. Endroits secs (Agrostide de chien). . . . .   *A. canina.*
Agrostis alba et *canina*, avec ligule allongée aiguë, ce qui les distingue de
l'autre.
Agrostis canina, avec une tige un peu
couchée, garnie de fascicules de petites
feuilles.
A. alba couvre si rapidement le sol des
prairies humides, qu'il chasse les
autres Graminées ; il reste court, devient difficile à faucher, et sous un
climat sec, les moutons seuls peuvent
le saisir.
46. Ramifications inférieures par 6-10,
très fines et longues. Epillets petits,
très brillants, verts et violets, souvent

jaune blanchâtre à l'ombre. Prairies
humides et bois. — Fl. juillet-août. Les
animaux dédaignent cette herbe dure
et rude. (Canche cespiteuse). . . . . . *Aira cespitosa.*

Distinction des semis des Céréales. (Voy. p. 112).

δ *Création de prairies. Soins à leur donner.* — Sans revenir sur la définition qui a été donnée, page 727, des prairies naturelles (permanentes ou temporaires) et des prairies artificielles, nous ferons remarquer qu'on distingue dans les prairies permanentes, les *pâturages* ou *herbages* et les *prairies proprement dites* ou *prés.* Les premiers sont pâturés sur place par les bestiaux, tandis que le produit des seconds est fauché et récolté.

1° PRAIRIES NATURELLES.

a. *Prairies permanentes.* — 1. *Climat et sol.* — Une prairie naturelle n'est bonne et productive que sous un climat doux et humide et dans une terre fraîche, soit naturellement, soit par irrigations.

D'après Girardin et Du Breuil, il y a avantage à transformer en prairies naturelles, quelles que soient les circonstances locales, les terrains placés dans les conditions suivantes :

α. Pentes rapides où la culture annuelle est difficile et où les terres ne sont pas stables.

β. Bords des fleuves et autres cours d'eau, exposés aux inondations périodiques et aux ravinements.

γ. Sols bas ou humides, difficiles à égoutter.

δ. Terrains faciles à irriguer.

Ces divers cas constituent autant de catégories de prairies dont les principales sont :

α. Les *prairies sèches,* à surface inclinée ou horizontale, mais très perméables. Ces prairies sont peu productives, mais leur fourrage est excellent.

β. Les *prairies fraîches,* qui sont installées sur un sol frais, mais non humide ni marécageux. Leurs produits sont abondants et de bonne qualité.

γ. Les *prairies humides* ou *marécageuses*, caractérisées par une humidité excessive, résultant de la stagnation plus ou moins prolongée, à leur surface, des eaux pluviales et autres. Ces prairies sont certainement les plus productives, mais leurs fourrages sont de qualité inférieure.

Au point de vue pratique, on divise plus habituellement les prairies en prairies *hautes*, *moyennes* et *basses*.

Chacune de ces catégories de prairies se trouve dans des conditions naturelles particulières et possède une flore caractéristique dont l'étude permet d'apprécier les qualités du fourrage produit. L. Bervas a mis en évidence, d'une façon très claire, la valeur des prairies naturelles en se basant sur leur flore respective. De son intéressante étude, il ressort que :

α. La flore d'une *prairie haute* ou *sèche* (plateaux, montagnes) est composée de plantes à faible développement, moins aqueuses et renfermant, à poids égal, une plus grande somme d'éléments nutritifs et de principes aromatiques que les plantes des autres prairies. La quantité de foin produite étant évidemment trop faible pour être fauchée, il est d'usage d'affecter les prairies hautes à des pâturages. Les plantes qu'on y rencontre le plus communément sont les suivantes :

GRAMINÉES : Paturin des prés ;
Flouve odorante ;
Canches ;
Avoines (diverses) ;
Bromes (quelques-uns) ;
Fétuques, etc.

COMPOSÉES : Epervière piloselle ;
Mulgédie des Alpes (pâturages élevés).
Crépides ;
Pissenlit (vient aussi dans les prairies fraîches).
Scorzonère d'Autriche ;
Porcelles ;

Sarrètes (Hautes régions des Alpes et des
Pyrénées) ;
Centaurées (quelques-unes, telles que l'*Arnica*).
Armoises (quelques - unes, telles que le
Génepi blanc).
Grande Pâquerette (nuisible par son envahissement).

LÉGUMINEUSES : Lotiers ;
Trèfles :
Minette ;

LABIÉES : Thym ;
Serpolet ;
Sauges ;

CRUCIFÈRES : Cresson des Pyrénées, printanière et insignifiante ;
Drave des Pyrénées, printanière et insignifiante.

LILIACÉES : Ails (espèces propres aux terrains secs). —
L'Ail est quelquefois si abondant qu'il communique au lait
un goût désagréable.

Les Graminées sont relativement rares dans les prairies
hautes ; la plupart étant annuelles succombent à la sécheresse. Les Composées et les Crucifères, surtout les premières, étant plus rustiques, sont les plus nombreuses.

β. La flore de la *prairie moyenne* ou *de plaine* produit un
fourrage plus abondant et de bonne qualité. Ses représentants ont à leur disposition une humidité constante, grâce à
une perméabilité suffisante du sol.

La prairie moyenne, étant intermédiaire entre la précédente et la prairie basse, est moins bien caractérisée par sa
flore, c'est-à-dire que les espèces spontanées y sont moins
localisées.

Parmi les *Graminées*, on retrouve quelques espèces des

prairies hautes, mais plus développées dans leurs parties végétatives, auxquelles viennent s'ajouter les *Brizes*, *Crételle*, *Brome mou* et *B. des prés*, la *Phléole des prés*, la *Houlque laineuse*, le *Dactyle pelotonné* et diverses *Agrostides*.

Les Graminées prédominent toujours quand le sol est sain et de bonne composition ; les bonnes *Légumineuses* (Minette, Trèfle rouge, Trèfle rampant), n'étant ordinairement pas faciles à faucher, conviennent mieux aux pâturages.

Les *Composées*, diminuant de nombre à mesure qu'augmente la fraîcheur, sont encore représentées par le *Pissenlit*, la *Bakhausie*, la *Porcelle*, etc.

Dans les sols assez frais et profonds, on rencontre communément la *Pimprenelle des prés*. Le *Plantain lancéolé*, qui est un médiocre fourrage, devient parfois très envahissant. ainsi que la *Renoncule bulbeuse* et la *R. rampante*. A l'état frais ces deux dernières plantes sont vénéneuses, le bétail ne les mange pas ; elles perdent leur nocuité par la dessiccation, mais ne font jamais qu'un mauvais fourrage. On doit donc les détruire.

Lorsqu'une prairie renferme, en assez grande quantité, des *Euphraises*, des Mélampyres, des Rhinanthes et des Pédiculaires, plantes vivant en grande partie aux dépens des Graminées fourragères, on peut être certain que la prairie est en voie d'appauvrissement.

Les bonnes plantes, ne trouvant plus dans le sol les éléments nutritifs nécessaires, disparaissent peu à peu, et sont remplacées par les *Mousses* et d'autres plantes inférieures. La prairie n'est plus suffisamment rémunératrice, il faut la défricher.

γ. La flore de la *prairie basse* est encore plus variée ; la quantité de fourrage qu'elle fournit est parfois considérable. Si la surface gazonnée est suffisamment inclinée, l'assainissement se fait bien et les bonnes Graminées peuvent y prospérer. Parmi ces dernières figurent les *Vulpins*, *Paturins*, *Brize moyenne*, *Phléole des prés*, *Agrostides*, *Dactyle*, etc., dans les parties les mieux assainies ; tandis que dans celles qui sont humides ou même submergées se rencontrent le *Phalaris bigarré* et les *Glycéries*.

Les *Ombellifères* deviennent très abondantes dans les régions bases ; leur présence dans le fourrage en déprécie la valeur ; et si quelques-unes d'entre elles sont indifférentes, comme la *Grande Berce*, la *Berle*, le *Bunium verticillé*, les *Hélosciadies*, etc. ; d'autres sont vénéneuses, telles que les *Œnanthes* et les *Ciguës* (*Ciguë vireuse* et *Ciguë aquatique* ou *Cicutaire*) ; le *Colchique* est dans le même cas, surtout a l'état vert, ainsi que la plupart des Renoncules à fleurs jaunes. Le cultivateur doit donc s'efforcer d'éliminer toutes ces plantes des fourrages.

Les prairies très humides ou de nature tourbeuse produisent quantité d'autres plantes dépourvues de toute qualité nutritive et propres tout au plus à servir de litières. Tels sont les *Joncs*, *Carex* ou *Laiches*, *Scirpes*, *Linaigrettes*, etc.

En résumé, les prairies basses ont une valeur très variable ; celles qui, en particulier, se trouvent en sol d'alluvion, bien assaini, possèdent une bonne flore et produisent en abondance un fourrage d'excellente qualité.

ɜ. *Plantes nuisibles aux prés*. — Les principales plantes nuisibles aux prés sont :

Achillea ptarmica (Achillée ptarmique),
Heracleum sphondilium (Berce brancursine),
Daucus carota (Carotte sauvage),
Centaurea (Centaurées diverses),
Ranunculus (les espèces de Renoncules à fleurs jaunes),
Colchicum autumnale (Colchique d'automne),
Chrysanthemum leucanthemum (Grande Camomille),
Symphitum officinale (Consoude officinale),
Eupatorium cannabinum (Eupatoire d'Avicenne),
Taraxum dens leonis (Pissenlit commun),
Plantago major (Grand Plantain),
P. media (Plantain moyen),
Senecio Jacobea (Séneçon jacobée),
Euphrasia (Euphraises diverses),

Mélampyrum (Mélampyres),

Rhinanthus (Rhinanthes),

Joncs, Carex, Mousses, etc.

Les espèces *vivaces à racines non traçantes* seront arrachées vers la fin d'avril et immédiatement après chaque coupe.

Les espèces *vivaces à racines traçantes* nécessitent la transformation du pré en pâturage pendant deux années successives.

En ce qui concerne les espèces *annuelles* ou *bisannuelles*, on parvient à les éliminer en fauchant le pré, pendant deux ou trois ans, avant qu'elles n'aient fructifié.

CHOIX DES SEMENCES ET ENSEMENCEMENT DES PRAIRIES NATURELLES

Pour compléter ce qui a été dit à ce sujet (p. 311 et 44), nous reproduisons, d'après Boitel, quelques formules d'ensemencement.

		1	2	3	4	5	6
Anthyllide.	F					4	
Avoine jaunâtre	G				10	10	10
Dactyle	G		5	10	5	5	5
Fétuque des prés	G	10	5				5
Fléole	F	10	5				3
Fromental	G		5	10	5	10	
Luzerne	F			2	2		
Minette	F		2	2	4	4	
Paturin commun.	F		10	10	10		4
Paturin des prés.	F	10					
Ray-grass vivace	G	10	10	10	10	10	8
Sainfoin.	G			10	20	30	
Trèfle blanc	F	10	2	2	2	2	4
— hybride.	F		3	2			
— violet.	F		4	4	4	4	5
Vulpin des prés	G						4

Explication des formules précédentes. — Les variétés marquées G sont les grosses graines de premier semis, celles marquées F sont les petites graines de second semis.

La formule 1 s'applique aux herbages dans les alluvions riches, plus ou moins calcaires.

La formule 2, aux prairies à faucher dans les alluvions fraîches et fertiles des vallées.

La formule 3, aux prairies à faucher en sol riche en coteau ou en plateau, moins frais que les alluvions.

La formule 4, aux prairies à faucher en sol calcaire de bonne qualité, profond et perméable, en coteau ou en plateau.

La formule 5, aux prairies à faucher en sol calcaire pierreux, perméable, d'une moyenne fertilité.

La formule 6, aux prairies à faucher en sol granitique.

Soins d'entretien des prairies. — Ces soins ont été résumés de la manière suivante par Silvestre : « 1° Rendre annuellement au sol, sous forme de compost et d'engrais chimiques, les principes fertilisants enlevés par la récolte ; 2° donner au printemps un hersage énergique destiné à faciliter l'aération du sol et la nitrification des matières organiques azotées ; 3° maintenir le bon nivellement du sol pour favoriser l'irrigation et faciliter le fauchage ; retrancher les taupinières, fourmilières, etc. ; 4° balayer les feuilles de Noyer ou d'arbres plantés dans les prairies qui, en se décomposant, rendraient le sol acide et feraient disparaître les bonnes plantes ; 5° si la prairie est envahie par la Mousse, faire un hersage énergique à l'automne, suivi d'une application de 200 kilogrammes de sulfate de fer à l'hectare et, au printemps, d'une fumure phosphatée, à raison de 500 à 600 kilogrammes de phosphate naturel ou 300 kilogrammes de superphosphate. »

Ce superphosphate ou la chaux conviennent surtout aux prairies élevées ; on leur substitue, dans les prairies basses, les scories de déphosphoration.

Une couche de bonne terre, répandue à la surface du pré, en février (terrage) détruit aussi les Mousses, les Lichens et bon nombre de plantes adventices ; 20 à 60 mètres cubes de purin additionné d'une quantité d'eau triple ou 10 à

30 mètres cubes de vidanges étendues de 3 à 6 fois leur volume d'eau produisent d'excellents résultats, surtout dans les terrains perméables.

b. *Prairies temporaires.* — Si un terrain est trop pauvre, trop pierreux ou trop perméable, ou que le climat soit trop sec ou trop chaud, ce sol ne peut se prêter à la création d'une prairie permanente, que l'on remplace alors par une prairie temporaire.

La prairie temporaire diminue beaucoup aussi la main-d'œuvre et les surfaces en culture ; elle joue un rôle important dans les assolements et, bien entretenue, elle produit un abondant et excellent fourrage. On la sème ordinairement au printemps, dans une Céréale ; dès l'automne de la même année elle peut être pâturée. Sa durée varie entre trois et six ans.

Le tableau suivant représente quelques formules usitées.

	1	2	3	4	5	6	7	8
Anthyllide							3	3
Avoine jaunâtre								3
Brome des prés							6	3
Dactyle					15	2		
Fétuque des prés							1	
— ovine							1	1,5
Fléole			8	10		1,5		
Fromental					30	5		
Houlque laineuse					5	2		
Luzerne						1,5		
Minette					8		2	2
Ray-grass vivace	20	30			10	5	7	10
Sainfoin							25	24
Trèfle blanc					5	1	1	2
— hybride				8	2	3		
— violet	20	14	20	7	6	2		

Explication des formules précédentes. — La formule 1 s'applique à un sol très fertile ; la formule 2, à un sol sablonneux

et léger ; la formule 3, à une terre forte fertile ; la formule
4, à une terre humide et froide ; la formule 5, à un sol silico-
argileux ; la formule 6, à un sol argilo-calcaire compact ; la
formule 7, à un sol argilo-calcaire peu profond et la formule
8, à un sol calcaire, sec, pierreux.

c. *Mélanges fourragers.* — Nombreux sont ceux que l'on a
déjà indiqués ; nous nous bornerons à reproduire les suivants :

1. — 25 kilogrammes de Vesce de printemps, 25 kilogrammes de Pois gris de printemps, 10 de Moutarde
blanche, 5 de Spergule et 5 de Millet (à l'hectare).

2. — 25 kilogrammes de Vesce de printemps, 25 de Sarrasin, 15 de Maïs jaune gros, 10 de Moutarde blanche et 7 de
Millet.

3. — 100 litre de Maïs, 25 de Sarrasin et 100 de Pois gris.

4. — Dans une terre parfaitement fumée, semer de quinze
jours en quinze jours, à partir de février jusqu'au 15 juillet,
un mélange de Vesce, Orge, Pois gris, Avoine, Maïs, un peu
de Moutarde blanche et de Colza.

Cette graduation de semis fournit, jusqu'aux gelées, un
fourrage sain et abondant.

	ÉPOQUE	
	du semis.	de la récolte en vert.
Navette............	Août-septembre.	Avril.
Seigle...........	Sept.-octobre.	Avril-mai.
Trèfle incarnat.........	Août-septembre.	Mai-juin.
Minette ou Lupuline......	Mars.	Juin.
Vesce d'automne........	Sept.-octobre.	Juin.
Vesce de printemps.......	Mars.	Juin-juillet.
Pois gris...........	Mars.	Juin-juillet.
Millet ou Maïs........	Mai-juin.	Août-septembre.
Sarrasin...........	Mai-juin.	Août-septembre.
Regains de Trèfle et Luzerne.	Mai-juin.	Sept.-octobre.
Choux repiqués en juin....	Mai-juin.	Oct.-nov.-déc.
Navets et Rutabagas.....	Mai-juin.	Oct.-nov.-déc.
Moutarde...........	Septembre.	Oct.-nov.-déc.

d. *Prairies artificielles.* — Ces prairies ont été définies à la page 727 ; elles ont pour base ordinaire le Sainfoin, la Luzerne et le Trèfle et rendent de très grands services dans les années mauvaises pour les prairies naturelles, et dans les pays où ces prairies sont peu étendues. Leur durée n'est que de quelques années ; elle est plus longue pour la Luzerne que pour le Sainfoin et le Trèfle.

Les plantes dont l'évolution se fait en quelques mois, constituent ce que l'on appelle des *fourrages.* Le tableau précédent, dressé par Lecouteux, représente un échelonnement de fourrages verts pour une alimentation régulière.

C. **Plantes appartenant à d'autres familles.**

1. *Colza* (*Brassica campestris oleifera*). (Voy. p. 760.)
2. *Navettes d'hiver et d'été* (*Brassica Napus oleifera* et *Brassica præcox*). (Voy. p. 762.)

La première de ces Navettes fait partie du groupe des Choux à feuilles rudes, glauques, glabres. Les feuilles inférieures sont lyrées et les siliques divariquées.

La seconde appartient au groupe des Choux à feuilles lisses, entières ; celles de la base sont sinuées plus ou moins, mais jamais jusqu'à la nervure médiane.

3. *Moutarde blanche* (*Sinapis alba*). (Voy. p. 763.)
4. *Pastel* (*Isatis tinctoria*). (Voy. p. 781.)
5. *Chou cultivé* (*Brassica oleracea*). (Voy. p. 689.)
6. *Chou de Chine* (*B. sinensis*). Fourrage succulent et hâtif, en même temps que bon engrais vert, sensible aux derniers froids de l'hiver.
7. *Spergule* (*Spergula arvensis*). Plante annuelle de la famille des Caryophyllées appelée aussi *spergoutte*, *spargarette*, *sporée* et *espargoutte*, ou encore *fourrage de disette*, caractérisée par ses feuilles subulées, groupées en faux verticilles avec celles des bourgeons axillaires ; ses stipules petites, scarieuses ; ses fleurs blanches, pédicellées, réunies en cymes racémiformes. Sa fleur comprend 5 sépales et 5 pétales, 10 étamines, rarement 5, 5 styles alternisépales, cap-

sule à 5 valves entières, oppositisépales, et des graines comprimées sur les côtés, ailées ou marginées.

Cette plante se développe avec une telle rapidité, que l'on peut obtenir plusieurs récoltes successives pendant l'été, à la condition de varier les époques d'ensemencement. On la considère comme une plante améliorante et comme capable de produire un fourrage vert ou sec, excellent surtout pour les vaches laitières.

8. *Seigle*, *Orge* et *Avoine*. (Voy. p. 664, 665 et 667.)

9. *Millet* et *Sorgho*. (Voy. p. 674 et 675.)

10. *Maïs*. (Voy. p. 670.)

La plupart de ces plantes ont déjà été étudiées, les autres le seront dans le chapitre suivant. Récoltées au moment de la fleur, elles constituent des fourrages verts, abondants et d'assez bonne qualité.

Avec les graines du Colza, de la Navette et du Maïs on fabrique d'excellents tourteaux, employés dans l'alimentation du bétail.

11. *Arbres fourragers*. — Outre les plantes herbacées, il existe de nombreuses espèces d'arbres dont le feuillage peut, en temps de disette, rendre de précieux services au point de vue de l'alimentation du bétail. Les espèces suivantes figurent parmi celles auxquelles on peut recourir avantageusement :

Orme (Ulmacées),
Frêne (Oléacées),
Érable (Acérinées),
Peuplier (Salicacées),
Vigne (Ampélidacées),
Mûrier (Moracées),
Noisetier (Amentacées),
Saule (Salicacées), etc.

Les feuilles de ces diverses essences peuvent être consommées à l'état frais par les animaux de la ferme. Elles peuvent l'être tout aussi avantageusement après dessiccation, et constituer un fourrage désigné sous le nom de *feuillée*.

Avant une lignification trop avancée, les jeunes branches peuvent être coupées et réunies en petits fagots appelés *feuillards*. La confection de ces fagots ne se fait qu'après avoir séché les rameaux feuillés au soleil.

Consoude à feuille rude ou *Consoude rugueuse* (*Symphytum asperrinum*).

On cultive, depuis plus d'un demi-siècle, cette Borraginée comme plante fourragère; elle peut produire annuellement deux ou trois récoltes abondantes de fourrage vert lorsqu'elle végète dans un sol riche et frais. C'est donc une plante agricole très précieuse, qui rend de plus grands services à la petite culture qu'à la grande où elle est encore à l'essai. Cette anomalie résulte de ce que cette Consoude produit très peu de graines et qu'on n'est encore parvenu à la propager qu'au moyen d'éclats de pieds : sa culture est donc coûteuse et difficile.

La Consoude rugueuse est une plante vivace, dont les tiges sont rameuses et couvertes de longs poils rigides, les feuilles ovales lancéolées, longuement acuminées au sommet et rudes au toucher, et les fleurs bleues ou purpurines, suivant leur âge.

CHAPITRE III

PLANTES INDUSTRIELLES

On appelle *plantes industrielles* celles dont les produits sont livrés aux arts agricoles pour être transformés en de nouveaux produits appropriés aux besoins de l'homme.

Si la plupart des plantes industrielles fournissent des produits se vendant cher, elles exigent, en revanche, une culture coûteuse, un sol parfaitement travaillé et une grande quantité d'engrais. Ne rendant ordinairement à la ferme aucun produit de nature à fournir de nouveaux engrais, le cultivateur est obligé d'en acheter au dehors et de diminuer le nombre de ses bestiaux. La culture des plantes industrielles ne saurait donc être prolongée trop longtemps dans une exploitation agricole, sans causer de sérieux préjudices à son propriétaire ; à moins toutefois que, par un système bien entendu, ce propriétaire puisse entretenir sur son exploitation un nombre de bestiaux supérieur à celui normalement nécessaire à sa production d'engrais.

On divise les plantes industrielles en plantes *oléagineuses, textiles, tinctoriales* et *économiques* ou *industrielles diverses.*

A. **Plantes oléagineuses.** — On appelle *plantes oléagineuses* celles dont les graines servent à fabriquer l'huile. Ces plantes sont très épuisantes et exigent d'abondantes fumures. Lors de la vente de leurs graines, le cultivateur ferait donc bien de se réserver les tourteaux qu'elles produisent après extraction de l'huile, pour s'en servir comme engrais ; la terre récupérerait ainsi une notable partie des éléments qu'elle a cédés à la plante oléagineuse pendant son développement.

Les plantes oléagineuses capables d'être cultivées en France, sont les suivantes :

Colza, Navette, Moutarde blanche, Caméline, Chanvre, Lin, Pavot, Sésame, Arachide, Madia, Gaude.

1° COLZA (*Brassica campestris oleifera*). — Le Colza est une Crucifère à feuilles lisses, vert glauque, lyrées-dentées, les supérieures sessiles et amplexicaules, à fleurs jaunes et à siliques étalées ; il ressemble en quelque sorte à un Chou monté.

Races et variétés. — On divise les variétés en variétés d'hiver et en variétés de printemps. Parmi celles d'hiver, on distingue :

Un *Colza chaud* à fleurs jaune foncé, qui est le plus répandu ;

Un *Colza froid* à fleurs plus pâles, à développement assez tardif et plus rustique dans les terres froides.

Le *Colza en couronne* des Flandres, ou *Colza à rabat, C. para-pluie*, est une variété de *C. froid* à siliques tombantes, à fleurs jaunes, un peu plus tardif que le Colza ordinaire (quinze jours environ). La direction que prennent ses siliques offre à celles-ci l'avantage de supporter les pluies sans s'ouvrir prématurément. Cette variété est très rustique, mais on lui reproche de produire des graines à tégument trop épais, et conséquemment, de fournir, à poids égal, moins d'huile que le Colza ordinaire.

Les variétés *à fleurs blanches*, quoique plus précoces et plus productives que les autres, sont peu cultivées en Europe ; il en est de même du Colza *à 'fleurs rouges* d'Italie.

Le *Colza de printemps* est moins développé et moins productif que le C. d'hiver, mais il est beaucoup plus précoce : semé au printemps, il est mûr et peut être récolté pendant l'été de la même année.

Le C. de printemps est moins répandu que le C. d'hiver ; on ne l'emploie que quand les semis d'une variété d'hiver n'ont pas réussi ou dans les terrains compacts et humides.

Sol. Engrais. — Les bonnes terres à Froment, les prairies

naturelles ou artificielles remises en culture, les sols calcaires, les terrains sablonneux suffisamment frais, profonds et *chaulés*, conviennent admirablement à la culture du Colza.

Cette plante est très exigeante et épuisante; elle réclame une forte fumure, surtout des engrais potassiques et des engrais phosphatés. Le fumier bien consommé, le nitrate de soude, les tourteaux avariés, la poudrette, les engrais liquides, ceux de poisson en quantité modérée, lui conviennent très bien.

La formule suivante convient également bien :

```
Nitrate de soude. . . . . . . . . 450 kilogr. (à l'hectare).
Phosphate précipité. . . . . . .  50     —
Sulfate de potasse. . . . . . . . 150     —
```

Damseaux donne les chiffres suivants pour la teneur en éléments nutritifs essentiels d'une bonne récolte de Colza :

	Cendres.	Potasse.	Acide phosphorique.	Chaux.	Azote.
2 500 kilogr. grain	97	24	41	14	78
5 500 kilogr. paille et siliques.	224	61	13	63	31
	321	85	54	77	109

La forte proportion de ces divers éléments indique que la terre doit en être abondamment pourvue et justifie la nécessité des fumures copieuses et appropriées aux besoins de la plante.

Composition chimique de la graine et de la paille de Colza (Rammelsberg).

	Graine.	Paille.
Potasse.	25,18	8,13
Soude	»	19,82
Chaux.	12,91	20,05
Magnésie.	11,39 ⎱	2,56
Peroxyde de fer	0,62 ⎰	
Acide phosphorique	45,95	4,76
Acide sulfurique	0,53	7,60
Acide carbonique.	2,20	16,31
Acide chlorhydrique	0,11	19,93
Silice.	1,11	0,84
	100,00	100,00

D'autre part Boussingault et Payen ont trouvé dans la paille de Colza : 1° à l'état frais, 0,75 p. 100 d'azote, et 2° à l'état sec, 0,86 p. 100 d'azote et 0,30 d'acide phosphorique.

De ces **chiffres**, il résulte que la paille de Colza, utilisée soit comme **fourrage**, soit comme engrais, est bien supérieure à celle des Céréales et que le cultivateur qui brûlerait cette paille, ferait une grande sottise.

Les moutons, en particulier, acceptent très bien cette paille lorsqu'elle est suffisamment hachée et qu'après l'avoir fait détremper dans l'eau chaude, on la mélange avec du son ou des tourteaux.

La graine de Colza fournit environ 25 à 40 p. 100 d'huile.

Culture. — Dans une bonne terre, le Colza se cultive par le repiquage en septembre et vient après une Avoine; il peut aussi succéder à une jachère ou à une Légumineuse.

Le Colza d'hiver se sème en juin ou juillet, à raison de 5 à 6 kilogrammes à l'hectare; il demande à être biné et éclairci avant l'hiver.

Le Colza de printemps se sème en avril.

2° NAVETTE D'HIVER (*Brassica Napus oleifera*) et *Navette d'été* (*Brassica præcox*). — La Navette diffère du Colza par ses feuilles radicales d'un vert plus foncé, rudes au toucher, et par ses siliques appliquées contre la tige (Navette d'été); ces dernières sont divariquées dans la Navette d'hiver.

Espèce et variétés. — On rencontre dans la culture la *Navette d'été* qui est une espèce, la *Navette d'hiver* qui est une race du Navet (*Brassica Napus*) et la *Navette dauphinoise,* *ravette* ou *rabette* (*Brassica rapa oleifera*) qui est une race de la Rave (*B. rapa*).

Composition. — La Navette est moins productive que le Colza et ses graines produisent un dixième d'huile en moins.

Des graines de Navette, provenant du Nord de la France.

présentent, d'après Moride, la composition suivante :

                Eau   6
                Huile.   36
                Matières organiques   54,5
                Phosphates.   2,2
                Carbonate de chaux et sels divers.   1,2
                Silice.   0,1
                                                                 ―――
                                                                100,0

Les deux premières Navettes, désignées plus haut, comparées entre elles par Gaujac, donnent :

	En huile.	En tourteaux.
Navette d'hiver.	33 %	62 %
Navette d'été.	30 —	65 —

Climat, sol et culture. — Les contrées élevées et les climats secs conviennent mieux à la Navette qu'au Colza. La première se contente d'un terrain calcaire, léger, mais bien fumé; elle est aussi épuisante que le Colza et réclame les mêmes engrais.

La Navette d'hiver et la N. dauphinoise se sèment en juin, à raison de 4 à 5 kilogrammes de graine à l'hectare. La récolte se fait l'année suivante, un peu avant celle du Colza.

La *Navette d'été* ou *Quarantaine* est moins employée; on y a recours quand les semis des variétés d'hiver n'ont pas réussi. Semée en culture dérobée, après une céréale hâtive, par exemple, elle produit un excellent fourrage vert. Sa récolte en graine ne s'élève guère qu'à 18 hectolitres à l'hectare, tandis que la Navette d'hiver atteint le chiffre de 25 hectolitres.

3° MOUTARDE BLANCHE (*Sinapis alba*).

Cette Crucifère est une plante annuelle dont les tiges peuvent atteindre 50 à 60 centimètres de hauteur, et que l'on utilise en agriculture soit comme plante fourragère, soit comme plante oléagineuse. Ses graines fournissent 30 à 35 p. 100

d'une huile grasse pouvant servir aux usages culinaires lorsqu'elle est pure. Leur analyse, effectuée par James, a donné les éléments suivants :

Potasse	10,02
Soude	9,61
Chaux	21,28
Magnésie	11,25
Peroxyde de fer	1.46
Acide phosphorique	37.41
Acide sulfurique	5,41
Chlorure de sodium	0,20
Silice	3.36
	100,00

Sol et engrais. — La Moutarde blanche exige une terre substantielle, marneuse ou sablonneuse humifère, pourvue de calcaire. Cette terre doit être bien préparée et ne recevoir aucune fumure fraîche qui favoriserait surtout le développement des organes végétatifs. La Moutarde blanche doit être semée de préférence après un Trèfle ou une plante-racine, à raison de 4 à 5 kilogrammes (semis en lignes) ou 6 à 7 kilogrammes (semis à la volée) à l'hectare.

Comme les siliques ne mûrissent pas simultanément, il ne faut pas attendre, pour opérer la récolte, que la maturité soit complète, car il y aurait certainement perte de graine; on récolte dès que les tiges commencent à jaunir.

La Moutarde blanche ne donne que 15 à 20 hectolitres de graine à l'hectare; elle est moins productive que la Navette et surtout que le Colza.

La Moutarde blanche est un excellent fourrage pour les vaches laitières. Elle donne une bonne récolte intercalaire après une céréale d'automne. Il suffit d'enfouir, par un coup de herse, 15 à 20 kilogrammes de semence.

4° CAMÉLINE (*Myagrum sativum*).

La Caméline est une plante annuelle, originaire de l'Asie, qui appartient aussi à la famille des Crucifères. Ses petites graines jaune rougeâtre produisent environ 30 p. 100 d'une huile très bonne à brûler, que l'on préfère à celle de Colza, parce qu'elle dégage, en brûlant, moins d'odeur et moins de fumée; elle sert aussi à la fabrication du savon noir.

Le tourteau de Caméline dégage une odeur d'ail qui l'empêche de servir comme aliment pour les bestiaux; il est seulement utilisé comme engrais.

Outre la Caméline ordinaire, on cultive aussi la *C. majeure* ou *C. grande de Riga* (*Myagrum dentatum*) qui est plus hâtive, plus productive et plus vigoureuse que la première.

Climat. Sol. Culture. — Les divers climats français peuvent être supportés par la Caméline qui préfère cependant les régions brumeuses et humides du Nord et de l'Ouest de la France.

Quoique assez rustique et peu exigeante au point de vue de la nature du sol, cette plante est plus productive dans les sols légers, sableux ou sablo-argileux. Elle exige les mêmes engrais que le Colza et est peut-être encore plus épuisante que ce dernier.

On la sème en mai, à raison de 7 à 8 litres de graine, en ayant soin de l'enterrer peu. Le semis n'est jamais attaqué, comme les autres Crucifères, par l'Altise ou les Pucerons et réussit ordinairement bien. Quand les jeunes plants sont suffisamment développés, on procède au démariage en les séparant entre eux par un espace de 15 à 18 centimètres en tous sens.

La Caméline est surtout une plante de remplacement; si une culture de Colza ou de Lin n'a pas réussi, on la remplace par une autre de Caméline. Elle occupe, dans la rotation, la même place que les céréales de printemps.

Un hectare produit en moyenne 16 à 22 hectolitres de graine pesant 70 kilogrammes et 1 500 à 2 000 kilogrammes de paille. Cette dernière peut servir à confectionner des balais ou à faire des toitures; elle est aussi utilisée comme litière.

D'après Gaujac, 100 kilogrammes de graine produisent 27 kilogrammes d'huile et 72 kilogrammes d'un tourteau plus riche en azote, mais moins riche en phosphates, que celui de Colza.

5° CHANVRE (*Cannabis sativa*). (Voy. p. 771.)

6° LIN (*Linum usitatissimum*). (Voy. p. 774.)

7° PAVOT (*Papaver*). — Le Pavot est une plante de la famille des Papavéracées, cultivée surtout en Flandre, dans l'Artois, la Lorraine et une partie de l'Allemagne.

Les graines du Pavot produisent 35 à 40 p. 100 d'une huile douce, ne se congelant qu'à 12 ou 15 degrés au-dessous de zéro, agréable et employée dans l'alimentation des populations septentrionales ; ailleurs elle est mélangée avec de l'huile d'olive, soit pour la table, soit pour la fabrication du savon. L'huile de Pavot, extraite à froid, est aussi appelée *œillette* ou *huile blanche ;* celle que l'on extrait à chaud est dite *huile rousse ;* les propriétés siccatives de cette dernière permettent de l'employer en peinture ou comme huile d'éclairage.

Les tourteaux de Pavot possèdent des qualités nutritives et fertilisantes égales à celles des tourteaux de Colza. Les tourteaux *bleus* (teinte foncée) sont plus estimés que les tourteaux *blancs* du Pavot à opium.

La paille de Pavot est utilisée, en certains points de l'Allemagne, comme aliment pour les moutons.

Variétés. — 1. *Pavot ordinaire* ou *P. gris*, *œillette grise* (*Papaver somniferum*). Cette variété, très cultivée en Hollande et dans les Flandres, a les graines gris terreux, renfermées dans des capsules percées d'ouvertures supérieures situées sous le disque stigmatifère, par lesquelles les graines sont mises en liberté.

2. *Pavot aveugle* (*P. somniferum inapertum*). — Les capsules de cette variété sont plus grosses que celles du Pavot ordinaire, mais renferment moins de graines ; ces dernières ont une teinte brunâtre ; elles restent enfermées dans la capsule qui est dépourvue d'ouvertures supérieures.

Cette variété possède plusieurs sous-variétés qui se distinguent les unes des autres par la couleur de leurs fleurs, variant du blanc au lilas et au rouge.

3. *Pavot blanc* ou **P.** *officinal,* **P.** *à opium* (*Papaver s. candidum*). — Cette variété n'est cultivée que pour ses usages médicaux. Elle a les fleurs blanches, les capsules fermées, très grosses et de forme variant avec les sous-variétés.

Climat. Sol. Engrais. — Le Pavot peut s'accommoder de tous les climats où l'on cultive les Céréales d'hiver. Il affectionne surtout les contrées méridionales d'où il est originaire.

Les terres douces, légères, sablo-argileuses ou argilo-calcaires, d'une ténacité moyenne, à sous-sol perméable, sont celles qui conviennent à la culture du Pavot. A cause de ses racines peu ramifiées, cette plante demande aussi à être abritée contre les grands vents.

Quoique moins épuisant que les plantes oléagineuses précédentes, le Pavot exige un sol fertile, bien fumé et parfaitement préparé. D'après Dietrich, le sulfate d'ammoniaque augmente la richesse de la graine en morphine. D'autre part, Hosæus a reconnu que le rendement en graine peut être doublé et même triplé par un mélange de guano et d'un phosphate de Sombrero ; la richesse en huile en est aussi augmentée. La colombine, les vidanges, la farine d'os sont également très appréciés pour les sols frais et légers.

Les semis se font en mars, à la volée, à raison de 3-5 kilogrammes de graine à l'hectare. On éclaircit et on bine avec soin les plantations de Pavot pendant la période active de la végétation.

Récolte. — La récolte des œillettes se fait au mois d'août : les tiges sont arrachées lorsqu'elles commencent à jaunir et réunies en petites bottes que l'on dresse, dans le champ, en forme de gros faisceaux assujettis chacun par une ligature. Quinze jours environ après la récolte on procède au battage qui consiste à secouer les têtes de Pavot au-dessus d'un tonneau défoncé supérieurement.

La paille de Pavot constitue une excellente litière, plus riche en azote que celle de Blé.

8° *Sésame* (*Sesamum orientale*). — Le Sésame est une plante annuelle de la famille des Sésamées, voisine des Bignoniacées, dont les graines sont jaunes ou brunâtres (*S. indicum*), ou brun violet ou encore noirâtres (*S. orientale*), comprimées, ovales, pesant environ 4 milligrammes et ayant 4 millimètres de long sur 2 de large et 1 d'épaisseur. Ces graines sont renfermées en grand nombre dans une capsule allongée, creusée de quatre sillons longitudinaux. Leur teneur en huile est de 48 à 54 p. 100 suivant les variétés et les procédés d'extraction.

L'huile de première expression à froid est comestible ; sa consommation en France est importante. Celle que l'on prépare à chaud est utilisée dans la fabrication des savons. Les tourteaux servent d'engrais ou de nourriture aux bestiaux.

L'huile de Sésame peut être falsifiée par addition d'huile d'*Arachides*; elle peut elle-même servir à falsifier l'huile d'olive.

Les variétés les plus estimées sont celles dont la graine est blanche.

Climat. Sol. — Le Sésame exige, pour mûrir ses graines, une température élevée ; aussi sa culture en France ne peut-elle se faire avec succès que dans la zone de l'Olivier ; c'est surtout en Italie, dans les régions chaudes de l'Algérie, au Sénégal, etc., que la production atteint son maximum.

Les terrains propres à la culture de cette plante sont ceux de consistance moyenne, d'alluvion, capables de recevoir des irrigations.

Le sol doit être bien préparé et richement fumé, car le Sésame est une plante aussi exigeante que le Pavot.

Le rendement à l'hectare est de 20 à 25 hectolitres de graine, pesant 55 à 65 kilogrammes.

9° *Arachide* ou *Pistache de terre* (*Arachis hypogea*). — Cette plante, de la famille des Légumineuses, est surtout cultivée en Espagne, on ne la rencontre, en France, que dans quelques localités, notamment dans le département des Landes.

Les caractères les plus saillants de cette plante annuelle sont les suivants :

Tige, d'une longueur de 30 à 60 centimètres, couchée sur le sol ; fleurs situées le plus près du sol, seules fertiles. Après la fécondation, le pédoncule floral s'allonge et l'ovaire s'enfonce à 8-10 centimètres de profondeur dans le sol, grâce à son extrémité libre terminée en pointe, où il achève son développement et mûrit.

Fruits d'une longueur de 3-5 centimètres, ovoïdes, allongés, presque cylindriques, souvent étranglés au milieu, à surface ordinairement jaune grisâtre et réticulée. Ces fruits sont des sortes de gousses qui renferment 2-3 semences à surface rougeâtre, ayant le volume d'une noisette, comestibles. De l'amande de ces semences on extrait 36 à 45 p. 100 de son poids d'huile, suivant la provenance.

Cette huile, obtenue à froid, est comestible ; le résidu des graines, mélangé au Cacao, entre dans la fabrication des chocolats ordinaires ; mais c'est surtout pour l'éclairage ou la fabrication des savons que cette huile trouve son principal emploi.

Les fruits possédant une teinte claire sont les plus appréciés dans la culture.

Climat. Sol. Engrais. — L'Arachide exige beaucoup de chaleur pour mûrir ses fruits ; il est propre aux terrains d'alluvion, sablo-argilo-calcaires, frais, gras et meubles. Les terrains secs, bien ameublis, peuvent également donner de bons produits, à la condition d'être irrigués de temps en temps.

Les engrais phosphatés et les fumiers bien décomposés, riches en matières organiques, produisent d'excellents résultats.

Culture. — Lorsque le sol a été bien préparé et que la température moyenne atteint environ 15 degrés, on plante l'Arachide en lignes distantes de 50 centimètres et en écartant les gousses de 30 centimètres. Il faut environ 70 à 80 kilogrammes de fruits en coque ou 20 kilogrammes de graine décortiquée pour ensemencer un hectare. Des sarclages et des binages répétés sont les façons superficielles à donner au sol pendant la végétation de l'Arachide ; à mesure que les fleurs apparaissent, on butte la plante de manière à les couvrir de terre. La récolte se fait à partir du moment où la plante commence à jaunir ; quand l'année a été bonne, le rendement d'un hectare peut s'élever jusqu'à 3 000 kilogrammes de fruits non décortiqués.

10° *Madia (Madia sativa)*. — Le Madia oléifère est une plante de la famille des Composées, qui ressemble en petit au Tournesol. Ses graines renferment une huile comestible et propre à diverses industries.

D'après Girardin et Du Breuil, on ne peut retirer des semences du Madia, dans la fabrication en grand, qu'environ 18 p. 100 d'huile. Celle-ci, peu propre à l'éclairage, convient parfaitement pour la savonnerie ; quant à l'alimentation, l'odeur très forte et l'âcreté qu'elle présente l'en ont fait exclure. Il paraît toutefois que si les semences étaient lavées à l'eau chaude avant l'extraction de l'huile, celle-ci perdrait en grande partie son odeur et sa saveur désagréables.

Le tourteau est alimentaire et aussi riche que celui de Colza, mais il est peu estimé ; les bestiaux le repoussent à cause de son odeur particulière.

Les parties végétatives de la plante constituent un excellent engrais.

Climat. Sol. Engrais. — Le Madia peut supporter tous les climats français, mais il prospère surtout dans les régions où l'atmosphère est sèche.

Vis-à-vis du sol, cette plante manifeste les mêmes exigences ; il lui faut des terrains secs, surtout de nature siliceuse. Elle est aussi très épuisante et on estime qu'un hectolitre de graine récoltée enlève au sol l'équivalent de 600 kilogrammes de fumier. Les engrais riches en azote et en phosphates (noir animal, engrais flamand, os, sang, nitrate de soude, etc.) sont ceux qui produisent les meilleurs effets.

Culture. — C'est en automne, dans le midi de la France,

et en mai, dans le Nord, qu'il convient de semer le Madia,
à raison de 15 litres à l'hectare lorsqu'on le sème en lignes
espacées de 40 centimètres, ou de 20 litres à la volée. Cette
plante ne supporte pas le repiquage ; son rendement à
l'hectare est de 18 à 25 hectolitres de graine.

Par sa rusticité, son abondant feuillage et sa précocité
relative, le Madia peut rendre des services comme engrais
vert; mais comme plante oléagineuse il n'occupera jamais
une place importante dans nos cultures, à cause de la substance visqueuse, nauséabonde, qui recouvre ses feuilles et
ses tiges et rend sa culture assez difficile et désagréable.

11° GAUDE (*Reseda luteola*). — (Voy. p. 778).

B. Plantes textiles. — Les plantes mises à contribution
par l'industrie pour leurs filaments textiles, appartiennent
à de nombreuses familles végétales ; celles qui sont particulièrement propres à la France sont le *Chanvre* et le *Lin*.

En ce qui concerne la nature et les caractères anatomiques
des fibres textiles, voir la page 89.

1° *Chanvre (Cannabis sativa)*. — Le Chanvre est une plante
annuelle de la famille des Cannabinées, dont les tiges peuvent atteindre 1ᵐ,50 à 2ᵐ,50 de hauteur. Elle est dioïque
(voy. p. 378), c'est-à-dire que dans le même champ se trouvent des pieds mâles et des pieds femelles. Ces derniers,
étant plus forts et plus développés que les premiers, sont
improprement appelés *pieds mâles* ou Chanvre *mâle* par les
cultivateurs.

Le Chanvre est aussi une plante oléagineuse par ses
graines ou *chènevis* qui fournissent une huile douce, agréable
au goût et alimentaire ; cette huile entre également dans la
fabrication du savon, dans la peinture, l'éclairage et de
nombreux autres usages.

La culture du Chanvre en France est surtout répandue
en Alsace, en Bretagne, en Champagne, en Bourgogne, en
Touraine et en Picardie.

La Russie, l'Autriche, la Belgique et l'Italie en fournissent
de grandes quantités.

D'après le Dr G. Pennetier, « le Chanvre, cultivé dans le Midi, donne des fibres plus longues, plus abondantes et plus fortes que celui que l'on récolte dans le Nord et dont la végétation est plus rapidement arrêtée par la saison froide : les premières sont surtout propres à faire des cordes, tandis que les secondes servent à la confection du linge ».

Variétés. — Chanvre commun.

2° *Chanvre de Bologne* ou *Chanvre gigantesque, Chanvre du Piémont.* — Le Chanvre de Bologne diffère du Chanvre commun par une taille plus forte, une germination plus lente et une maturité plus tardive ; sa filasse est aussi plus grosse et plus forte.

Avant de pouvoir servir au tissage ou à la fabrication des cordes, le Chanvre doit être roui, broyé, teillé et peigné.

Composition chimique. — D'après les analyses de R. Kâne, les feuilles et les tiges de Chanvre se composent des éléments suivants :

	Feuilles séchées:	Tiges séchées.
Carbone.	40,50	39,94
Hydrogène.	5,98	5,04
Oxygène.	29,70	48,72
Azote	1,82	1,74
Sels minéraux ou cendres	22,00	4,56
	100,00	100,00

Les feuilles et les tiges ont été séchées à une température supérieure à 100 degrés, 100 parties en poids de cendres renferment :

Potasse	7,48
Soude.	0,72
Chaux.	42,05
Magnésie	4,88
Alumine.	0,37
Silice	6,75
Acide phosphorique.	3,22
— sulfurique.	1,10
— carbonique	31,90
Chlore.	1,53
	100,00

De son côté Bucholz a trouvé dans les graines :

Huile grasse	19,1
Résine	1,6
Sucre incristallisable, avec matières amères et acidules	1,6
Extrait gommeux brun	9,0
Albumine soluble	24,7
Fibre ligneuse, enveloppes	43,3
Perte	0,7
	1,000

Les cendres de ces graines, analysées par Leuchtweiss, renferment :

Potasse	21,67
Soude	0,66
Chaux	30,63
Magnésie	1,00
Peroxyde de fer	0,77
Acide phosphorique	34,96
Sulfate de chaux	0,18
Chlorure de sodium	0,09
Silice	10,04
	100,00

Le tourteau de Chanvre, analysé par Soubeiran et J. Girardin, possède la composition suivante :

Eau	13,8
Huile	6,3
Matières organiques	69,4
Sels minéraux ou cendres	10,5
	100,0

Les matières organiques comprennent notamment 6,2 d'azote, et les substances minérales 7,10 p. 100 de phosphates et 9,577 de sels solubles.

Le tourteau de Chanvre est le plus riche en phosphates après celui d'œillette.

Climat. Sol. Engrais. — La culture du Chanvre est possible dans les climats les plus variés, surtout ceux qui sont doux et humides, à cause de la rapidité de sa croissance. Il n'en est pas de même du sol qui doit, pour rendre cette culture prospère, avoir une consistance moyenne et une fraîcheur constante. Les terrains humides et compacts ne lui conviennent pas plus que ceux qui sont légers et secs. Les sols d'alluvion du fond des vallées ou des bords des cours d'eau sont ceux que le Chanvre préfère. Cette plante demande en outre à être abritée contre les vents violents qui, en l'agitant trop fortement, durcissent ses tiges et altèrent les fibres textiles.

Les analyses précédentes démontrent que le Chanvre exige surtout des engrais potassiques, phosphatés et calcaires. Il est facile de les lui fournir, et les formules suivantes, dans lesquelles ces éléments figurent en proportions définies, lui conviennent très bien.

N° 1. Fumier. . . . . 10 000 kilogr. (à l'hectare).
     Déjections de fosses d'aisances. 10 mètres cubes.

N° 2. Nitrate de soude . . . . 600 kilogr.
     Superphosphate . . . . 300 —
     Chlorure de potassium . . . . 150 —

Les tourteaux de Chanvre, les feuilles et les chènevottes de cette plante, ainsi que les eaux de rouissage, sont des engrais qu'il ne faut pas dédaigner.

Enfin, un engrais vert, enfoui avant l'hiver qui précède le semis, produit un heureux effet sur la fertilité du sol.

Le Chanvre peut se succéder à lui-même pendant plusieurs années, dans le même champ, grâce aux abondantes fumures que l'on donne au sol et aux labours profonds dont celui-ci est l'objet. Sa culture peut aussi alterner avec celle des Céréales, ainsi que cela se pratique dans les terres fraîches du Bolonais.

2° Lin (*Linum usitatissimum*). — Le Lin est une plante annuelle de la famille des Linées, qui tient, en raison de la longueur de ses fibres péricycliques et libériennes [1], le pre-

____
[1] Voy. p. 89.

mier rang parmi les plantes textiles. Sa hauteur, dans les cultures européennes, ne dépasse pas 65 centimètres, tandis que, sur les bords du Nil, elle atteint 2 mètres.

L'étendue des cultures de Lin qui, en 1862, était de 105 435 hectares, n'a cessé de diminuer depuis cette époque pour tomber, en 1899, à 17 594 hectares. « Les causes qui ont amené l'abandon graduel de la culture du Lin en France, dit Grouzelle, sont faciles à déterminer. Les toiles fines sont beaucoup moins recherchées aujourd'hui qu'autrefois et les tissus de Lin ordinaire ont à lutter contre les étoffes de Coton, de Jute, de Chinagrass, qui ont plus d'apparence et que l'on établit à bien meilleur marché.

« D'autre part, la culture de la Betterave à sucre, pratiquée principalement dans les régions productrices de Lin, est devenue plus lucrative, et les cultivateurs ont préféré s'y consacrer, au détriment du Lin. Cette culture est malheureusement menacée de voir, pour des raisons diverses, ses débouchés s'amoindrir ; la sagesse commanderait donc de ne pas la développer outre mesure, même de l'amoindrir, et de revenir un peu à la culture du Lin qui, de l'avis des hommes compétents, a été par trop délaissée. »

Le Lin est aussi une bonne plante oléagineuse ; ses graines fournissent environ 28 p. 100 d'une huile siccative, fort appréciée en peinture et dans la fabrication des vernis gras ; elle entre également dans la composition de l'encre d'imprimerie et sert à fabriquer les bougies.

Ses tourteaux sont alimentaires et recherchés par les bestiaux ; ils constituent en outre un excellent engrais.

Variétés. — On distingue les deux variétés principales suivantes :

1. *Lin d'hiver* ou *Lin chaud.* — Caractérisé par ses graines plus foncées, plus grosses, plus arrondies et plus abondantes ; par sa rusticité qui lui permet d'être semé avant l'hiver ; enfin par ses tiges moins élevées, à fibres plus grosses et plus rudes.

2. *Lin d'été* ou *Lin froid.* — Cette variété produit une filasse

plus abondante et de meilleure qualité ; ses semences sont moins nombreuses et moins grosses. Les influences locales ont permis au Lin d'été de donner naissance aux trois sous-variétés suivantes :

α. *Lin commum* dont la taille ne dépasse ordinairement pas 70 centimètres.

β. *Lin de Riga*, à tige plus haute, peu ramifiée, plus riche en graine. Cette sous-variété produit la meilleure filasse pour les tissus fins.

γ. *Lin à fleurs blanches*, à graine vert jaunâtre ; sous-variété rustique produisant une filasse plus grossière et plus forte ; préférée dans le nord de la France.

Climat. Sol. Engrais. — Le Lin peut supporter tous les climats français ; mais comme la variété d'hiver craint les gelées intenses, sa culture est surtout localisée dans les régions méridionales.

D'après Girardin et Du Breuil, « la composition minérale du Lin indique qu'il exige un sol où il puisse trouver facilement des phosphates et des silicates alcalins. A cela près, il se développe bien dans tous les terrains suffisamment profonds, qui possèdent de la richesse et surtout de la fraîcheur. Les sols d'alluvion, d'une consistance moyenne, doux, plutôt sablo-argileux qu'argilo-sableux, lui conviennent surtout. Néanmoins, ils devront être d'autant plus consistants, qu'on se rapprochera du Midi. Les sols granitiques ou calcaires, sans une proportion notable d'argile, lui sont funestes. Enfin, le Lin d'hiver paraît être moins difficile que celui d'été sur la qualité du sol ; il se développe encore passablement dans des sols légers, où le second ne donnerait aucun produit. La culture de cette plante fournit difficilement de bons résultats dans le midi de la France, à moins que le sol ne puisse être soumis à l'irrigation. »

Les engrais riches en phosphates, en chaux, en potasse sont ceux que l'on doit préférer. Dans les terres légères de Flandre, on délaye les tourteaux de Lin dans des urines fermentées et diluées ; dans les terres compactes on les

répand, au contraire, plus ou moins pulvérisés, à raison de
1 200 1 400 kilogrammes à l'hectare.

La formule suivante est applicable à la culture du Lin ;
ses effets sont particulièrement remarquables.

Superphosphate.	400 kilogr. (à l'hectare).
Nitrate de soude.	300 —
Kaïnite	400 —
Plâtre.	400 —

Le fumier employé, bien décomposé, doit être enfoui de
préférence au printemps ; dans l'Ouest, on y ajoute des Goé-
mons.

On indique aussi la formule suivante comme convenant
bien au Lin, succédant à une Céréale.

Tourteaux de pavot.	600 kilogr. (à l'hectare).
Sulfate d'ammoniaque.	100 —
Superphosphate.	400 —
Sulfate de potasse.	300 —
Plâtre.	500 —

Le Lin nécessite des soins fréquents et divers ; les sarclages et surtout l'arrosage exigent beaucoup de main-
d'œuvre. Comme le Lin est une plante très épuisante on est
obligé d'espacer à long intervalle (sept ans) deux cultures
successives de cette plante sur le même sol. Ces diverses
conditions sont autant de causes de la déchéance de la culture du Lin en France.

C. **Plantes tinctoriales.** — Les plantes de cette catégorie
fournissent les matières colorantes employées en teinture.
Celles dont la culture est possible en France, sont les suivantes : *Garance, Gaude, Safran, Carthame, Pastel, Tournesol,
Persicaire des teinturiers* .

1. GARANCE (*Rubia tinctorium*). — La Garance est une plante
à tige herbacée, annuelle, atteignant 2 mètres de hauteur, à
racine vivace et appartenant à la famille des Rubiacées.

Les tiges de Garance sont très nutritives ; elles constituent un fourrage très recherché des bestiaux.

Sa racine fournit une teinture rouge des plus solides.
Livrée entière dans le commerce, elle prend le nom d'*alizari*
et en poudre celui de *garance*. Cette poudre, traitée par
l'acide sulfurique concentré, est appelée *garancine* et l'extrait alcoolique de cette dernière se nomme *colorine*.

La Garance est l'objet d'une culture très importante dans
le département de Vaucluse où la récolte annuelle de
racines sèches dépasse 30 millions de kilogrammes. C'est
une plante très précieuse dont la culture devrait être géné-
ralisée davantage, d'autant plus qu'elle pourrait s'accommoder de tous les climats français.

Les terrrains qu'elle préfère sont ceux de consistance
moyenne, homogène, meubles et profonds, non graveleux,
calcairo-argileux ou sablo-argileux et frais pendant l'été.

La nature du sol influe différemment sur la couleur des
racines, qui peuvent être rouges, rosées, jaunes ou grises.
Le carbonate de chaux est l'élément qui exerce l'action la
plus forte et la meilleure, aussi les Garances de Vaucluse, où
le sol renferme jusqu'à 93 p. 100 de carbonate de calcium,
sont-elles les plus estimées.

Quoique peu épuisante, la Garance exige de fortes fumures,
lesquelles d'ailleurs ne sont pas perdues et servent aux cultures suivantes. Les fumiers chauds de cheval et de mouton
sont ceux qui conviennent le mieux.

2. GAUDE (*Reseda luteola*). — La *Gaude* est une plante bisannuelle de la famille des Résédacées, à feuilles toutes entières,
ondulées ; à tige glabre, anguleuse, d'une hauteur de
2-3 décimètres, à fleurs d'un jaune pâle, disposées en
grappe serrée très allongée.

Cette plante croît spontanément sur toute l'étendue de
l'Europe, mais particulièrement dans les terrains sablonneux et sur les vieux murs. Elle renferme dans la partie
supérieure de sa tige, principalement dans ses feuilles les
plus jeunes, ainsi que dans les enveloppes du fruit, une

substance colorante *jaune*, utilisée en teinture, à laquelle elle fournit des nuances brillantes et peu altérables à l'air.

Sa préparation commerciale consiste simplement à faire sécher les tiges qui peuvent être livrées aussitôt après à la consommation.

Les graines de la Gaude produisent jusqu'à 36 p. 100 d'une huile à brûler de bonne qualité.

Variétés. — Il existe deux variétés distinctes l'une de l'autre par l'époque à laquelle on les sème : la *Gaude d'automne*, qui est la plus productive, et la *Gaude de printemps*, que l'on sème en mars.

Culture. — Quoique la Gaude soit peu exigeante au point de vue de la nature du sol, elle préfère cependant les terrains légers et calcaires. Les terres compactes, argileuses, la rendent branchue et diminuent sa richesse en principe colorant.

La variété d'automne se sème, vers le mois de septembre, à raison de 5 kilogrammes par hectare ; le semis, qui se fait à la volée, doit toujours être précédé d'un roulage, étant donnée la petitesse des graines. On peut placer cette plante après le Colza ou la Pomme de terre ; dans certaines contrées de l'Allemagne, elle est même associée avec du Trèfle blanc et réussit bien.

3. SAFRAN (*Crocus sativus*). — Le Safran est une plante bulbeuse, vivace, de la famille des Iridacées, à feuilles nombreuses, rudes, poussant avec les fleurs ; celles-ci sont violettes, barbues à la gorge et à stigmates orangés.

Des stigmates on extrait une excellente matière colorante, jaune orangé, appelée *polychroïte*, beaucoup plus employée aujourd'hui par les confiseurs et les pâtissiers que par les teinturiers.

Les parties vertes aériennes de la plante, autrement dit les *fanes*, constituent une excellente nourriture pour les vaches.

Le Safran demande une terre meuble, très saine, argilo-calcaire ou silico-calcaire, dont l'état constant de propreté doit être parfait.

Les bulbes se plantent en août, à 4-6 centimètres les uns des autres et en lignes espacées de 15-20 centimètres. La floraison s'effectue du 15 septembre au 15 octobre. La cueillette des fleurs se fait le matin ou le soir, quand les corolles sont encore fraîches et fermées.

La durée d'une safranière est de trois ans.

D'après Vial, on estime que 1 kilogramme de Safran sec est produit par 100 000 fleurs et que la récolte moyenne à l'hectare est de 10 kilogrammes la première année, de 30 la seconde et de 20 la troisième.

Quoique redoutant les hivers rigoureux, le Safran peut supporter tous les climats français ; on ne le cultive cependant que dans le Gâtinais, l'Angoumois et le Vaucluse.

4. CARTHAME OU SAFRAN BATARD (*Carthamus tinctorius*). — Le Carthame est une plante vivace de la famille des Composées, caractérisée par ses fleurs rouges ou jaune orangé ; ses capitules terminaux, en corymbe ; ses feuilles entières ou peu dentées, ovales-lancéolées, et ses tiges dressées, rameuses, d'une hauteur de 4-8 décimètres.

Cette plante est utilisée pour ses fleurs qui renferment trois principes colorants : deux *jaunes*, solubles dans l'eau, inutilisés; un troisième rouge, la *carthamine*, soluble seulement dans les alcalis et doué d'un pouvoir colorant très puissant. La carthamine sert à donner aux étoffes de soie, de coton et de lin, de brillantes couleurs roses ou rouges ; broyée avec du talc pulvérisé et de l'eau, elle constitue aussi un rouge de toilette ou fard.

Les graines de Carthame produisent 25 p. 100 d'une huile siccative et purgative.

Les moutons et les chèvres recherchent cette plante qu'ils mangent avidement. Enfin, les feuilles, réduites en poudre, ont la propriété de coaguler le lait.

Climat. Sol. Engrais. — Le Carthame n'est productif que

sous un climat chaud, celui du midi de la France, par
exemple. Les terrains bien exposés au soleil permettent d'en
étendre la culture plus au nord. La ville de Lyon est un
centre de production assez important.

Les sols profonds, suffisamment meubles, calcairo-argilo-
ferrugineux, sont ceux que la plante préfère. Les fleurs
blanchissent dans les sols compacts.

Le Carthame est peu exigeant au point de vue des engrais
et un terrain richement fumé favoriserait le développement
des parties vertes de la plante au détriment des fleurs. On
estime que 100 kilogrammes de semence récoltée enlèvent
au sol l'équivalent de 1 200 kilogrammes de bon fumier.

5. **Pastel** (*Isatis tinctoria*). — Le Pastel est une plante
bisannuelle, de la famille des Crucifères, caractérisée par
ses feuilles glauques et glabres, par ses fleurs petites et ses
silicules cunéiformes, 2-3 fois plus longues que larges.

Cette plante tinctoriale a été très en vogue autrefois,
avant l'introduction de l'indigo en Europe. Elle fournissait
ces beaux bleus-perses qui ont fait la réputation des teinturiers du Levant. Sa culture en France a presque disparu ;
on ne la rencontre plus guère qu'aux environs de Caen et
d'Albi.

Le principe colorant extrait des feuilles du Pastel, est le
même que celui produit par les Indigotiers de l'Inde et qui
est connu sous le nom d'*indigotine*. Mais ces derniers sont
toutefois plus riches que le Pastel (Chevreul).

D'après Girardin et Du Breuil, on ne se sert plus des
feuilles du Pastel que pour monter les *cuves* dites de *pastel*,
dans lesquelles on les mêle avec de l'indigo.

Variétés : 1° *Pastel à feuilles velues* — Variété d'un vert pâle,
à semences jaunes, peu riche en principe colorant.

2° *Pastel à feuilles lisses*. — Variété à feuilles vert foncé, très
larges, à semences bleues ou violettes ; la plus riche en
principe colorant.

Cette dernière variété est une plante fourragère recherchée par les bœufs et surtout les moutons.

Climat. Sol. Engrais. — Tous les climats français conviennent au Pastel ; néanmoins ses feuilles sont plus riches en indigotine dans le midi que dans le nord.

Le Pastel n'est réellement productif que dans les terrains profonds, substantiels, riches en calcaire ; les sols compacts et humides sont nuisibles.

Cette plante, étant très épuisante, exige d'abondantes fumures ; on donne au Pastel, dans les environs d'Albi, 30 000 kilogrammes d'excellent fumier à l'hectare. Le chaulage et le plâtrage doivent être pratiqués sur les sols insuffisamment riches en calcaire.

7. **Renouée tinctoriale** (*Polygonum tinctorium*). — La *Renouée tinctoriale* ou *Persicaire des teinturiers* est une plante annuelle de la famille des Polygonacées, dont les feuilles vertes peuvent fournir environ 1,5 p. 100 d'indigo.

Les essais culturaux faits depuis 1835 ont démontré que cette plante pouvait s'acclimater chez nous et y offrir des avantages. Toutefois, en raison de la quantité de chaleur dont elle a besoin et de sa sensibilité aux froids, la Persicaire est surtout une plante du midi de la France.

Les sols légers et humides sont ceux qu'elle préfère ; elle se trouve donc bien des irrigations que le voisinage d'un cours d'eau et l'horizontalité du sol permettent de lui donner.

On estime le rendement annuel de cette plante à 12 000 kilogrammes de feuilles fraîches à l'hectare, pouvant produire environ 60 kilogrammes d'indigo.

7. **Croton des teinturiers** (*Croton tinctorium*).

Cette plante, aussi appelée *Maurelle* ou *Tournesol*, est annuelle et appartient à la famille des Buxacées. On la rencontre à l'état spontané dans le midi de la France, en Italie et en Espagne. Ses caractères principaux sont les suivants : Feuilles blanchâtres, velues, triangulaires, sinuées, à dents obtuses; fleurs mâles en grappes dressées, les femelles géminées et pédonculées; capsules plus ou moins sphéroïdales et tuberculeuses; tige de 3-6 décimètres, ramifiée.

La culture de la Maurelle se fait surtout dans le département du Gard, au Grand-Gallargues; elle sert à préparer le *tournesol de Provence* ou *tournesol en drapeaux* qui, dans certaines industries, sert à colorer des pâtes alimentaires, des fromages, des conserves et diverses liqueurs.

Tant que la plante est en vie, elle ne renferme aucun élément colorant; ce n'est qu'à l'état sec et à la suite d'une dessiccation rapide sous l'influence de l'oxygène de l'atmosphère, que le contenu de ses tissus conjonctifs prend la couleur bleue exploitée. La chlorophylle des tiges et des feuilles paraît subir, d'après Joly, les mêmes changements de teinte sous l'influence des vapeurs ammoniacales.

La Maurelle exige, pour devenir une bonne plante tinctoriale, une forte chaleur; sa culture ne donnerait aucun profit au delà du 44° degré de latitude. Le sol où on la cultive doit être léger, frais et non humide. 20 000 à 30 000 kilogrammes de bon fumier, par hectare, lui sont nécessaires tous les deux ans.

D. Plantes industrielles diverses ou économiques. — Nous avons rangé dans cette section les plantes qui, par la nature de leurs produits, ne pouvaient figurer dans les trois sections précédentes. D'autres plantes, telles que la Pomme de terre et la Betterave, qui ont été étudiées avec les espèces alimentaires, sont en même temps économiques, puisque de la première on extrait de la fécule, et de la seconde, du sucre. Il en est de même du Sorgho à sucre qui est à la fois cultivé pour ses graines, ses tiges et ses feuilles (fourrage) et comme plante saccharifère.

Les principales plantes économiques cultivées en France sont les suivantes :

Tabac;

Houblon;

Cardère;

Moutarde noire;
Chicorée à café;
Sorgho sucré;
Vigne.

1. TABAC (*Nicotiana tabacum*).

Le *Tabac* est une plante annuelle de la famille des Solanées dont la culture, en France, n'est autorisée que dans quelques départements. Si, au point de vue hygiénique et humanitaire, cette culture est à déplorer, il n'en est pas moins établi qu'elle constitue pour l'agriculture et surtout pour le fisc un revenu très important.

Espèces et variétés. — On distingue deux espèces caractérisées par la couleur de leurs fleurs : le *Nicotiana tabacum*, à fleurs roses ou rougeâtres, et le *N. rustica*, à fleurs jaune verdâtre. La première espèce a engendré une cinquantaine de variétés dont l'énumération ne présente aucun intérêt agricole, attendu que, chaque année, l'administration des tabacs distribue elle-même les semences en ne s'attachant qu'à un nombre très limité de variétés. Cette mesure est loin d'être parfaite, parce qu'elle étouffe toute initiative individuelle, capable d'améliorer les variétés cultivées.

A. **TABAC A FLEURS ROSES** (*Nicotiana tabacum*). — Feuilles sessiles, oblongues-lancéolées, aiguës; fleurs rougeâtres, calice bien plus court que le tube de la corolle.

Variétés principales.

Tabac à larges feuilles (Maryland), ayant donné naissance aux sous-variétés suivantes :
   Maryland à feuilles courtes (de Grèce et de Hongrie), exigeant un climat chaud et un sol léger.
   Maryland à feuilles longues (de Strasbourg, etc.), pour terre franche et marneuse.
   Maryland à très larges feuilles. Tabac à mâcher.
   Tabac de Chine (Maryland à feuilles pétiolées, turc, etc.), bonne qualité, sujette à la rouille.

> *Tabac de Virginie.* Sous-variété rustique qui comprend plu-
> sieurs variations, telles que :
> *Tabac à feuilles étroites.* Tabac à priser.
> *Tabac ordinaire à feuilles larges.* Peut être fumé, prisé et
> chiqué.
> *Tabac à feuilles lancéolées.* Très productif en sol riche.
> *Tabac à grosses côtes.* Excellent à tous égards.
> *Tabac américain* (Tabac Goundi). Très bon.
> *Tabac Frederichsthall.* Productif et peu exigeant au point
> de vue du sol, mais de qualité médiocre.
> *Tabac Vinzer.* Délicat, mais de qualité supérieure.

B. **Tabac a fleurs jaunatres** (*Nicotiana rustica*). — Feuilles pétiolées, ovales obtuses; fleurs jaune verdâtre, calice plus court que le tube de la corolle.

Variété principale : Tabac rustique à grandes feuilles (T. du Brésil, T. d'Asie, T. des paysans). — Exhale une odeur de violette. Var. rustique, peu exigeante au double point de vue des soins et du sol.

Sol. Engrais. — Les terrains très fertiles, francs, argilosiliceux ou argilo-calcaires, sont ceux que l'on préfère en France; ceux de nature compacte, argileuse, ne conviennent pas. On recommande particulièrement les situations à l'Est et au Midi.

La nature des engrais employés, ainsi que l'époque de la récolte, ont une influence manifeste sur la qualité et la quantité que l'on désire obtenir. D'après Schlœsing, une des principales qualités du tabac à fumer est d'être parfaitement *combustible ;* or cette qualité dépend de la teneur en potasse combinée aux acides organiques de la plante; cette teneur décroît à mesure que la végétation avance.

D'autre part, les expériences faites par Blot conduisent aux conclusions suivantes :

1° Le tabac contient le maximum de potasse unie aux acides vers le soixante-quinzième jour de sa végétation, après son repiquage et au moment où s'arrête le développement superficiel des feuilles basses.

2° La teneur en nicotine suit une progression continue

depuis le repiquage jusqu'à la maturité de la plante écimée.

3° L'humidité de l'air, accompagnée de chaleur, active l'assimilation de la potasse et retarde l'élaboration de la nicotine; la chaleur sèche et un sol dépourvu d'humidité en favorisent au contraire la formation.

On doit donc récolter le tabac à fumer, notamment celui destiné aux cigares, avant la maturité; tandis que le tabac destiné aux priseurs n'est cueilli qu'à la maturité complète. Toutefois, il y a lieu de faire remarquer que le poids de la feuille s'accroît surtout au moment de la maturité; et, comme en pratique culturale on s'attache souvent plus au poids qu'à la qualité, ces utiles remarques sont malheureusement méconnues.

Les engrais le plus communément employés, ceux qui d'ailleurs produisent les plus forts rendements, sont le bon fumier de ferme, les matières fécales et les engrais verts, auxquels on ajoute des engrais chimiques, suint, tourteaux, etc.

Pabst fait remarquer, avec raison, que l'on doit utiliser prudemment les matières fécales, car elles produisent un tabac ayant une désagréable odeur ammoniacale. De son côté, Blot a reconnu que le sulfate d'ammoniaque, jusqu'à une certaine dose, joue un grand rôle dans la production de la nicotine; mélangé au suint et au superphosphate, il peut faire passer la teneur en nicotine de 4,6 p. 100 à 5,9 p. 100.

Le sulfate de potasse augmente la combustibilité du tabac et le chlorure de potassium la diminue. Le premier doit donc être préféré; on l'emploie à la dose de 150 kilogrammes à l'hectare.

Les tourteaux oléagineux sont excellents pour la production des tabacs à priser et à fumer; tandis que le suint, mélangé au superphosphate, convient plus spécialement aux tabacs à priser.

Pour un sol *silico-argileux*, Pabst conseille d'employer du fumier bien décomposé qu'on enfouira avant l'hiver et deux ou trois mois avant la plantation, à raison de 25 à 100 000 kilos à l'hectare, suivant le département; en outre, on pourra y adjoindre 700 à 900 kilos de matières fécales et de tourteaux pulvérisés ou dilués dans des vidanges ou du purin.

Culture et *Récolte*. — Les semis se font en mars, sur couche à l'air libre ou sous châssis. On procède à la transplantation ou *repiquage* lorsque les pieds ont 5-6 feuilles ; elle se fait en quinconce à des distances fixées par l'administration des tabacs. Lorsque les plantes commencent à se développer, on enlève leurs feuilles séminales, ainsi que celles qui ne paraissent pas avoir une bonne végétation : cette opération est l'*épamprement*. Vient ensuite l'*écimage* qui consiste à pincer le bourgeon terminal, pour arrêter l'élongation du pied et obliger la sève nourricière à se porter dans les feuilles conservées. Cette nouvelle opération provoque le développement de bourgeons axillaires qu'il faut éliminer avec soin (ébourgeonnement).

La récolte se fait en septembre, lorsque les feuilles sont mûres. On profite d'un temps sec pour les cueillir ; après quoi on les suspend convenablement au séchoir, de manière à ce que l'air puisse circuler librement entre chacune d'elles. Le séchoir doit donc pouvoir être aéré facilement ,et même chauffé au besoin ; ces deux conditions préservent les feuilles de toute moisissure. Le séchoir nécessite une surveillance constante, attentive, et chaque feuille doit passer plusieurs fois encore entre les mains du planteur avant d'être livrée à l'administration.

Par les soins nombreux qu'il exige, le Tabac est une plante que l'on ne peut cultiver sur de grandes étendues ; il est du domaine de la petite culture, à laquelle il procure dans les départements autorisés, de sérieux bénéfices. Il serait donc à souhaiter que le département du Doubs jouisse de la même prérogative que celui de la Haute-Saône. Grâce à ses terrains excellents et à son climat favorable, le Tabac qu'il produirait réunirait certainement toutes les qualités requises par l'Administration.

2. Houblon (*Humulus lupulus*). — Le Houblon est une plante

vivace et dioïque de la famille des Urticacées; il a les tiges volubiles grimpantes, les feuilles opposées, pétiolées et dentées, munies de stipules latérales, libres, persistantes. L'inflorescence mâle est une sorte de panicule née à l'aisselle des feuilles supérieures réduites à leurs stipules. L'inflorescence femelle est une grappe composée de cônes naissant à l'aisselle des feuilles complètes à la base, réduites à leurs stipules au sommet.

Ce sont les fleurs femelles (cônes de Lorillon) qui produisent le *lupulin*, poussière jaune aromatique existant à la base des écailles des cônes.

Le lupulin est la substance active du Houblon employée en brasserie. Il renferme une résine, un principe amer, de la cire, des substances azotées, de la gomme, une huile essentielle aromatique et plusieurs sels parmi lesquels figure l'acétate d'ammoniaque. Le lupulin représente, en moyenne, 10 p. 100 du poids des cônes; c'est surtout à son huile essentielle que sont dues ses principales propriétés.

Puisque les cônes femelles sont seuls utiles, on doit donc détruire, dans une houblonnière, les pieds mâles, au moins dans un rayon de 150 mètres (Pabst).

Variétés. — Il existe plusieurs variétés de Houblon; les suivantes méritent d'être signalées pour la culture :

1° *Houblon de Bohême* ou *H. rouge.* — Cônes petits et jaunes, allongés, très denses, dégageant un arome fin. Variété tardive, à tiges marquées de raies rousses.

2° *Houblons hâtif* et *tardif* de Spalt, en Bavière.

3° *Golding's* ou *H. blanc doré* du Kent, en Angleterre.

4° *H. de Belgique* ou *H. vert*, à tiges d'un vert clair uniforme, à cônes forts, épais, pointus à l'extrémité.

5° *Carneau*, variété à tiges vertes, cultivée à Alost (Flandre orientale), moins hâtive que la var. précédente, dont les cônes ressemblent à ceux du H. blanc doré.

Il appartient au planteur de choisir, parmi les variétés tardives, demi-précoces et précoces, celle qui convient le mieux au terrain dont il dispose et qui peut mûrir avant les intempéries de l'hiver.

Climat. Sol. — Quoique les meilleures variétés de Houblon ne s'obtiennent que dans les expositions chaudes et bien éclairées, l'aire de culture de cette plante est étendue jusqu'au 62ᵉ degré de latitude nord. La Suède, l'Allemagne et la Russie fournissent d'excellents produits.

Le Houblon demande à être protégé contre les vents du Nord et à être exposé au soleil.

L'emplacement d'une houblonnière exige un sol profond, perméable, frais et non humide. « Plus grands seront les défoncements et meilleurs seront les résultats obtenus (Pabst). »

La plantation d'un hectare comprend de 2 000 à 4 000 boutures. Des perches, hautes de 8 à 12 mètres ou des fils de fer destinés à soutenir les tiges, sont nécessaires à partir de la troisième année après la plantation.

La production du Houblon varie entre 250 et 2 000 kilos de cônes à l'hectare.

3. CARDÈRE (*Dipsacus fullonum*). — La *Cardère*, aussi appelée *Chardon à foulon*, *Chardon à carder*, etc., est une plante de la famille des Dipsacées, caractérisée par ses feuilles entières, ses fleurs lilas et les paillettes du réceptacle floral recourbées au sommet.

La forme de ces paillettes permet d'employer les têtes de fleurs pour enlever certains poils superflus des étoffes de laine.

Climat. Sol. Engrais. — La Cardère peut supporter tous les climats français, elle exige cependant une bonne exposition à la chaleur solaire.

Cette plante ne réussit pas ou fournit des têtes de fleurs inutilisables dans les sols compacts et humides ; les terrains légers, sableux ou calcaires, sont ceux qui lui conviennent. Elle exige aussi une terre profondément travaillée, à cause de sa racine pivotante, et de fortes fumures. Dans les sols légers et secs, on conseille de répandre 30 000 kilos de fumier à l'hectare ; cette quantité est réduite à 20 000 kilos dans les sols de consistance moyenne et un peu frais.

La Cardère est ordinairement semée à demeure, néanmoins on la repique quelquefois. Les soins d'entretien de cette plante consistent en binages et en sarclages pendant la période active de la végétation. Un buttage léger ou du fumier employé en couverture au commencement de l'hiver, la mettent à l'abri du froid.

On supprime également (*écimage*) le capitule central aussitôt qu'il apparaît, dans le but de favoriser le développement des capitules latéraux qui sont les plus productifs.

4. MOUTARDE NOIRE (*Sinapis nigra* ou *Brassica nigra*). — La Moutarde noire est une plante annuelle de la famille des Crucifères, caractérisée par ses tiges hérissées inférieurement, ses fleurs jaunes, rapprochées, ses sépales étalés et ses pédoncules fructifères, ainsi que ses siliques, appliqués contre l'axe.

On cultive cette plante pour ses graines qui servent à fabriquer la *moutarde* employée comme condiment et qui produisent aussi la *farine de moutarde* servant à confectionner les *sinapismes*.

La Moutarde noire est l'objet d'une culture importante en Picardie et dans les environs de Strasbourg ; elle **exige** un sol substantiel, meuble et frais en été.

Les semis sont faits en mars, à raison de 4 ou 6 kilos par hectare, suivant qu'ils sont effectués en lignes ou à la volée. Viennent ensuite les soins d'entretien consistant en binages et en sarclages. La récolte se fait à partir du moment où les tiges commencent à jaunir.

Le rendement moyen à l'hectare est de 15 hectolitres de graine.

5. CHICORÉE A CAFÉ (*Cichorium intybus*). — La Chicorée à café est une plante vivace de la famille des Composées,

caractérisée par ses tiges dressées, velues, sillonnées et ramifiées; ses feuilles inférieures roncinées, à lobe terminal plus ample, velues, ses fleurs ordinairement bleues, réunies en capitules géminés ou ternés, sessiles, et les paillettes des akènes obtuses et courtes.

Les racines de cette Chicorée, séchées, torréfiées et moulues, produisent une poudre employée comme succédané du café, dont elle n'a cependant ni le parfum ni les propriétés excitantes.

L'infusion de Chicorée a une teinte brun foncé et une saveur amère; beaucoup de paysans la mélangent avec du lait et obtiennent ce qu'ils appellent improprement le *café au lait*.

La fabrication du *café-chicorée* est très importante dans le département du Nord.

Il est à remarquer que la variété employée n'est pas celle que l'on rencontre à l'état spontané et qui est parfois utilisée comme fourrage. Elle se distingue de cette dernière par une racine plus volumineuse, des dimensions plus grandes et une villosité spéciale de ses organes verts et enfin par une saveur amère.

Tous les climats français conviennent à la Chicorée à café. Quoique peu exigeante sous le rapport du sol, elle préfère cependant les terrains de consistance moyenne, profonds et assez riches en calcaire.

20 000 kilos de fumier à l'hectare sont nécessaires.

On sème cette plante au printemps, à raison de 5 kilos de graine à l'hectare. Le semis est enterré par un hersage suivi d'un roulage.

Les soins d'entretien consistent en binages et sarclages.

La récolte se fait au commencement d'octobre.

6. SORGHO SUCRÉ (*Sorghum saccharatum*). — Le S. sucré, dont il a été question au sujet des plantes fourragères, p. 675, a beaucoup de ressemblance avec le S. *à balais*, dont il diffère par ses tiges hautes de 2 à 3 mètres et par ses graines d'un beau noir luisant.

La moelle de la tige est très riche en sucre cristallisable.

D'après Barral, la partie moyenne de la tige du Sorgho sucré, cultivé dans le Tarn, possède la composition chimique suivante :

Eau.	63,88
Sucre cristallisable et non cristallisable. . .	18,64
Matières azotées.	1,06
Matières résineuses, grasses et colorantes .	0,50
Ligneux.	15,41
Sels solubles dans l'eau (sulfates et chlorures).	0,27
Sels insolubles (de chaux et d'oxyde de fer).	0,23
Silice	0,01
	100,00

La culture du Sorgho comme plante saccharifère est relativement récente et encore peu connue. Mais il y a lieu d'espérer que, dans la zone du Maïs à laquelle ce Sorgho appartient, cette culture deviendra satisfaisante et rémunératrice. On a déjà pu reconnaître, en effet, que 30 000 kilogrammes de tiges (produit d'un hectare) peuvent donner 2 100 kilogrammes de sucre et 1 000 kilogrammes d'alcool d'excellent goût.

7. Vigne. — La Vigne est une plante vivace, à tige sarmenteuse, appartenant à la famille des *Ampélidées*, et en particulier au genre *Vitis*.

A. Caractères de la famille et des genres. — Arbustes ou arbrisseaux ordinairement sarmenteux et grimpants; feuilles palmées ou pennées, parfois bipennées, stipulées, alternes; inflorescences ou vrilles opposées aux feuilles. Fleurs hermaphrodites, monoïques, dioïques ou polygames, régulières; calice gamosépale entier ou denté, petit; corolle à 4-5-6-7 pétales libres ou plus ou moins soudés entre eux. Disque floral hypogyne; préfloraison valvaire; 4-5, rarement 6-7 étamines; anthères introrses, oppositipétales. Ovaire libre, 2-locul.; 2 ovules anatropes dans chaque loge;

style très court et stigmate simple. Fruit bacciforme. 1-pluri-locul., mono ou polysperme. Graines très dures, albumen corné et embryon droit.

Planchon a divisé la famille de la manière suivante :

« GENRE PREMIER (*Vitis* Tournef. Linné. Vignes proprement dites). — Fleurs polygames-dioïques (c'est-à-dire mâles sur un pied, hermaphrodites ou polygames sur l'autre). Pétales 5. soudés en capuchon. Style conique, plus ou moins court et renflé à la base. Stigmate punctiforme ou en tout cas à peine dilaté. Baie à deux loges, à 1-2-3-4 graines. Graines plus ou moins pyriformes, avec deux fossettes ventrales courtes.

« Arbustes sarmenteux de l'hémisphère nord, presque tous des régions tempérées, en général grimpants et pourvus de vrilles. Feuilles simples, diversement lobées (très rarement digitées). Thyrses avec ou sans vrille accessoire.

« GENRE SECOND (*Ampelocissus*. Planch.). — Fleurs polygames-monoïques (tous les pieds également à fleurs hermaphrodites ou paraissant telles, quelques-unes physiologiquement imparfaites). Pétales 5 (rarement 4), étalés (non soudés en capuchon). Style court, conique, souvent à 10 stries. Stigmate en fossette, à peine ou non dilaté. Disque en forme d'anneau, dressé, souvent à 10 stries. Baie souvent à 2 loges, à 2-3-4 graines. Graines naviculaires ou trigones, à face creusée de deux sillons longs et larges. Thyrses en corymbes toujours munis d'une vrille.

« Arbrisseaux grimpants ou dressés, à tiges souvent annuelles, partant d'une souche vivace, tubéreuse; presque tous des régions chaudes. Feuilles simples, palmées ou composées (digitées ou pédalées).

« GENRE TROISIÈME. (*Pterisanthes* Blume). — Fleurs polygames-monoïques. Pétales 4-5, étalés. Style court. Stigmate petit. Disque en forme d'anneau, ceignant la base de l'ovaire. Baie à deux loges, à 2 ou 4 graines. Graines ovales-trigones, à deux fossettes ventrales.

« Axe de l'inflorescence dilaté en lame lobée et spiralée; fleurs hermaphrodites plongées dans l'épaisseur de cette lame, les fleurs mâles pédicellées en occupant les bords.

« Arbrisseaux sarmenteux de la région Malayenne. Feuilles indivises ou palmati ou pédatiséquées.

« GENRE QUATRIÈME (*Clematicissus* Planch.). — Fleurs polygames-monoïques. Pétales 5, libres, étalés. Disque en coupe. Style assez long, subulé. Baie presque sèche, à deux loges, à 2-4 graines. Graines ovales-trigones, à deux larges fossettes ventrales.

« Sous-arbrisseau à vrilles, grimpant ou couché; de l'Ouest de l'Australie extra-tropicale. Cymes pédonculées, munies d'une vrille à leur base.

« GENRE CINQUIÈME (*Tetrastigma* Miquel). — Fleurs polygames-dioïques (les fleurs mâles sur un pied, les hermaphrodites ou pseudo-hermaphrodites sur un autre). Pétales 4, souvent corniculés au-dessous de leur sommet, étalés. Disque ceignant la base de l'ovaire. Style très court ou court. Stigmate élargi, à quatre lobes ou quatre pointes. Baie à 2-4 graines. Graines ovales-globuleuses ou ellipsoïdes, à 1 ou 3 sillons sur leur face ventrale, avec des stries transversales.

« Lianes sarmenteuses, grimpantes; des régions chaudes ou tempérées de l'Asie. Des vrilles. Feuilles le plus souvent pédalées. Cymes corymbiformes.

« GENRE SIXIÈME (*Landukia* Planch.). — Fleurs polygames-monoïques. Pétales 5, étalés. Disque à cinq lobes profonds, adné à la base de l'ovaire. Style court, épais, cylindracé. Stigmate en disque.

« Arbuste grimpant (?) de l'Asie tropicale (Malaisie, Tonkin).

« GENRE SEPTIÈME (*Parthenocissus* Planch. Vignes vierges proprement dites). — Fleurs hermaphrodites (quelques-unes pseudo-hermaphrodites). Pétales 5, étalés, rarement un peu cohérents au capuchon. Disque en apparence nul, en réalité confondu avec la base de l'ovaire et ne s'en distinguant que par la couleur. Style subulé, assez épais. Baie le plus souvent à une ou deux graines.

« Arbrisseaux grimpants de l'Asie tempérée, de l'Amérique boréali-orientale et du Mexique, à vrilles dilatées en ventouses. Feuilles digitées ou palmatil bées. Cymes sans vrilles.

« GENRE HUITIÈME (*Ampelopsis* Michaux [en partie]). Fausses vignes vierges. — Fleurs hermaphrodites (quelques-unes pseudo-hermaphrodites). Pétales 5, très rarement 4, étalés. Disque en forme de coupe, adné à la base de l'ovaire et formant au-dessus de la base du fruit un rebord en forme d'anneau. Baie à une ou deux loges, 1-4 sperme, le plus souvent de couleur brillante.

« Arbuste le plus souvent buissonneux, à vrilles non renflées en ventouses.

« Parties tempérées de l'hémisphère nord, Asie et Amérique.

« GENRE NEUVIÈME (*Rhoicissus* Planch.). — Fleurs hermaphrodites ou pseudo-hermaphrodites. Pétales 5-7, épais, étalés pendant l'anthèse, plus ou moins marcescents et roulés en dedans après la floraison. Disque annulaire à la base de l'ovaire, persistant sous le fruit sous forme d'anneau peu saillant.

« Arbrisseaux du Cap ou de l'Afrique tropicale et extra-tropicale, buissonneux ou grimpants, à aspect de Rhus. Feuilles trifoliolées (à folioles externes inéquilatérales ou unifoliolées ou entières et palmatilobées.

« GENRE DIXIÈME (*Cissus* L. [en partie].) — Fleurs hermaphrodites ou plutôt polygames-monoïques (quelques-unes étant physiologiquement mâles). Pétales 4, étalés lors de l'anthèse, rarement réunis en capuchon. Style subulé, grêle, stigmate petit. Disque en forme de coupe, adné au bas de l'ovaire, divisé en 4 lobes. Baies à 1-2-3-4 graines.

« Arbrisseaux grimpants, rampants ou dressés, avec ou sans vrilles, à port varié. Feuilles entières ou lobées, ou diversement composées (palmati ou pédati-divisées). Cymes opposées à la feuille ou pseudo-axillaires, rarement munies de vrilles.

« Ce dernier genre, représenté dans les régions tropicales ou subtropicales des deux Mondes et de l'Australie, se divise en trois sections naturelles, savoir :

« 1° *Eucissus*. — Cymes terminées en fausses ombellules : corolle (dans le bouton) conique, non étranglée.

« Des deux Mondes et de l'Australie.

« 2° *Cayratia* Juss. (Causonis Rafinesque). — Cymes à rameaux divariqués, pédicelles non groupés en fausses ombellules. Corolle (dans le bouton) en cône déprimé, renflé à la base.

« Feuilles souvent pédalées. Afrique, Asie, Australie tropicales et subtropicales.

« 3° *Cyphostemma*. — Inflorescence des Cayratia. Corolle (dans le bouton) en forme de gourde, renflée à la base, dilatée au sommet en quatre lobes, resserrée vers son milieu.

« Feuilles palmées, pédalées ou biternées, rarement indivises. Afrique tropicale et subtropicale. Rares dans l'Asie tropicale, étrangers à l'Australie et à l'Amérique. »

Foëx considère « comme séparés du genre *Vitis*, sous les noms de *Cissus* et d'*Ampelopsis*, les Ampélidées à inflorescence en *ombelle*, en *corymbe* ou en *cyme*, dont les fleurs ordinairement à 4 ou 5 pétales, sont toujours ouvertes en étoile, à ovaire généralement noyé dans le disque, avec un style généralement surmonté d'un stigmate non capité; à fruits non édules, dont l'écorce est adhérente et lustrée, dont la greffe ne réussit pas avec les vignes ».

D'Arbaumont, dans ses recherches anatomiques sur la *Tige des Ampélidées*, a établi un système de classification subdivisée en deux sections caractérisées de la manière suivante :

B. CARACTÈRES ANATOMIQUES. 1re Section : *Euvites* ou *vites veræ*. — Assise phellogène se développant à la périphérie du liber mou, provoquant, par isolement des couches extérieures de l'écorce, l'exfoliation de ces dernières en même temps que les faisceaux mécaniques péricycliques et libériens.

2e section : genre *Vitis* (pro parte) et *tous les autres genres de la famille*. — Assise phellogène d'origine exodermique, ne provoquant que l'exfoliation de l'épiderme ; de sorte que l'écorce persiste tout en s'épaississant.

Cette section caractérise celle établie par Planchon sous le nom de *Muscadinia* ; elle ne renferme qu'une espèce, le *Vitis rotundifolia* Michx.

La section des *Euvites*, ou vraies vignes, renferme notre *V. vinifera*, ainsi que tous les cépages auxquels il a donné naissance ; cette section est subdivisée, par Foëx, en neuf séries échelonnées de la manière suivante :

CLASSI-FICATION	ESPÈCES	ORIGINE
Ire Section. Muscadinia.	*V. rotundifolia* Michx.	
	V. Munsoniana Simps.	
Série 1. Labruscæ	*V. Labrusca* L.	
	V. Californica Benth.	
— 2. Labruscoideæ americanæ	*V. Caribæa* DC.	
	V. coriacea Suttlew.	
	V. candicans Engelm.	
	V. Linsecomii Buckley.	
— 3. Æstivales	*V. bicolor* Leconte.	Amérique.
	V. æstivalis Michx.	
	V. cinerea Engelm.	
— 4. Cinerascentes.	*V. cordifolia* Michx.	
	V. Berlandieri Planch.	
	V. monticola Buckl.	
— 5. Rupestres	*V. rupestris* Scheele.	
	V. arizonica Engelm.	
IIe Section. Euvites. — 6. Ripariæ	*V. rubra* Michx.	
	V. riparia Michx.	
	V. Coignetiæ Pull.	
	V. Romaneti Rom. du Cail.	
— 7. Labruscoideæ asiaticæ	*V. Thunbergi* Sieb. et Zucc.	Asie orientale.
	V. lanata Roxb.	
	V. pedicellata Laws.	
	V. spinovitis Davidi Rom. du Cail.	
— 8. (Vignes non encore classées)	*V. Pagnucci* Rom. du Cail.	
	V. Amurensis Ruprecht.	
— 9. Viniferæ.	*V. vinifera* L.	Europe Asie occidentale Afrique du Nord.

Les caractères essentiels des espèces de ce tableau sont décrits dans le *Traité de viticulture* de Foëx. Chacune d'elles a donné un nombre variable de cépages dont la description respective ne saurait entrer dans le cadre de cet ouvrage. Nous nous bornerons donc à en faire l'énumération en suivant l'ordre adopté par Foëx.

I. — VIGNES AMÉRICAINES

A. *Cépages issus du* V. LABRUSCA.

a. GROUPE DU NORD.

   1. *Concord.*   Cultivés en Amérique. Sans importance pour
   2. *Ives Seedling.*   l'Europe.

b. GROUPE DU SUD.

   3. *Catawba.*   Cultivés en Amérique. Sans importance pour
   4. *Isabelle*[1].   l'Europe.

B. *Cépages issus du* V. RIPARIA.

I. *Riparia tomenteux.*

   α. *A grandes feuilles.* — Les formes sauvages de ce groupe sont caractérisées par l'existence d'un duvet recouvrant les feuilles et les rameaux dans leur jeune âge. Elles sont peu exigeantes au point de vue du sol; seules, les terres très calcaires ou très sèches ne leur conviennent pas; « encore se comportent-elles mieux dans ces dernières que les V. RIPARIA *glabres* » (Foëx).

   β. *A petites feuilles.* — Sans intérêt pour notre viticulture.

II. *Riparia glabres.*

   α. *A feuilles lobées.* — *V. Riparia* var. *palmata.*

   β. *A feuilles entières.*

     1. A petites feuilles. (Sans intérêt pour notre viticulture.)

     2. A grandes feuilles.

       * A feuilles ternes, minces. — *Riparia Martin des Pallières*[2].

       ** A feuilles ternes et épaisses. — *Riparia baron Perrier,*

---

[1] Par son feuillage élégant, l'*Isabelle* est utilisée en Europe pour couvrir les tonnelles.

[2] Remarquable par la dureté des racines, par sa résistance au phylloxera et à la chlorose. Convient aux terrains de consistance moyenne, mais ne réussit pas dans les marnes blanches ni dans les tufs.

R. grand glabre, R. à bourgeons bronzés, R. à bois violet.
R. n° 6 et n° 12 de Meissner. Toutes ces formes consti-
tuent d'excellents porte-greffes.
*** A feuilles épaisses et luisantes. — *Riparia Scuppernon,
R. Portalis* ou *Gloire de Montpellier, R. n° 13 de Meiss-
ner, R. Fabre.*
Les Riparia à feuilles épaisses et luisantes comprennent les
formes les plus résistantes à l'action de la chlorose.

III. *Riparia cultivés.* — Les deux types les plus connus sont le
Clinton et le *Taylor.* On les cultive, en Amérique, comme
producteurs directs; en France, ils ont été utilisés comme
porte-greffes, puis remplacés, peu à peu, par des formes sauvages de même origine.

C. Cépages issus du V. ÆSTIVALIS.

D'après Foëx, ces cépages peuvent être considérés comme plus
spécialement aptes à jouer le rôle de producteurs directs. Les plus
connus sont :
1. *Jacquez* ou *Jacques,* hybride naturel dont les semis ont produit :

Saint-Sauveur.	*Hybride Delmas.*
Jacquez d'Aurelle.	*Félix Sahut.*

2. *Herbemont,* hybride naturel dont les semis, effectués en
France, ont produit :

Herbemont Touzan.	*H. d'Aurelle n° 1* (Algérie).
H. Malègue.	

3. *Black-July* ou *Lenoir* qui a produit un semis à beau fruit
blanc, le *Riley.*
4. *Cunningham.*
5. *Norton's Virginiana.*

D. Cépages issus du V. RUPESTRIS.

Les formes suivantes de ce groupe ont une grande valeur comme
porte-greffes :
1. *Rupestris Martin.*
2. *R. Ganzin.*
3. *R. de Forworth.*
4. *R. à port de Taylor.*

E. Cépages issus du V. BERLANDIERI.

Le *V. Berlandieri* reprend très difficilement de bouture : cependant le *bouturage en pousse* paraît donner d'excellents résultats. Il
consiste à planter des boutures provenant de sarments taillés après
le débourrage, c'est-à-dire quand les jeunes bourgeons ont 2 à

3 centimètres de long. Ces bourgeons sont coupés dès leur base au moment de la plantation. Le bouturage en pousse a permis d'obtenir, dans le Jura, jusqu'à 75 p. 100 de reprise.

Le *V. Berlandieri* communique aux hybrides, qu'il contribue à engendrer, une haute résistance à la chlorose.

II. — VIGNES EUROPÉENNES ET ASIATIQUES

F. *Cépages issus du* V. VINIFERA.

1° *Cépages cultivés en France.*

Nous nous bornerons à énumérer ces cépages suivant l'ordre adopté par Foëx. En ce qui concerne ceux de Franche-Comté, nous nous inspirerons des remarquables recherches faites par notre compatriote Ch. Rouget.

a. *Vignes à raisins de cuve.*

A. Cépages du bas Languedoc.

Aramon (= Ugni noir, Pissevin, Gros Bouteillan, Réballaïre, Plant riche, etc.).

Carignane (= Monestel, Bois dur, Carignan).

Les *Terrets* (= Terrain). Var. *Terret noir, T. gris* et *T. blanc.*

Grenache (= Bois jaune, Alicante, Redondal, Tinto, Sans pareil, Roussillon, Rivesaltes, Aragonès).

Œillade (= Ulliade, Ouillade).

Cinsaut (= Bourdalès, Boudalès, Bourdelas, Cinq saou, Picardan noir, Plant d'Arles, Espagnen, Salerne, Ulliade noire).

Espar (= Mourvèdre, Tinto, Catalan, Négré, Benada, Benadu, Plant de Saint-Gilles, Mataro, Balzac, Fleuron, Charnet, Espagnen, Étrangle-chien, Trinchiera).

Morrastel (= Mourrastel, Monestel).

Les *Spirans* : var. *Spiran noir, S. gris* et *S. blanc* (= Aspiran noir, Verdal, Piran, Riveyran, Epiran).

Les *Piquepouls* : var. *P. noir, P. gris* ou *rose* et *P. blanc* (= Piepouille).

Les *Calitors* : var. *Calitor noir, C. gris* et *C. blanc* (= Foirard, Fouiral, Charge-mulet, Cargomuou, Pecoui touar, Ginoux d'Agasso, Mouillas, Cayau, Sigotier, Braquet, Bracchetto, Nœud-court, Canseron, Saoûle-Bouvier).

<table>
<tr><td>A. Cépages
du bas Languedoc.
(Suite.)</td><td>Clairette (= Clairette de Trans, Clairette verte, Petite clairette, Petit Blanc, etc.).
Les Muscats : var. principale, Muscat blanc (= Muscat de Frontignan, Muscat de Rivesaltes, Moscatel menudo blanco).
Hybrides Bouschet : Petit Bouschet, Alicante-Bouschet extra-fertile, Alicante Henri-Bouschet, Alicante Bouschet à sarments érigés, Aramon Teinturier Bouschet, Terret Bouschet, Aspiran Bouschet.</td></tr>
</table>

Ces nouvelles formes, créées par Bouschet de Bernard père et fils, ont été obtenues en fécondant successivement les principaux cépages de l'Hérault par le *Teinturier* du Cher. Ce ne sont pas des *hybrides* (voy. p. 44), pas même des *métis*, mais simplement des *variations*. Quoi qu'il en soit, ces formes ont, d'après Foëx, une valeur considérable au point de vue pratique pour le midi de la France.

<table>
<tr><td>B. Cépages
de Provence.</td><td>Brun fourca (= Farnous, Moulan, Mourastel-Flourat, Moureau).
Tibouren (= Antibouren, Antibois, Geysserin).
Grecs : var. Grec rouge et G. blanc (= Barbaroux, Raisin du pauvre, Gros rouge, Grommier du Cantal, Monstrueux de de Candolle, sont les synonymes du G. rouge).
Pascal blanc (= Brun blanc).
Colombaud (= Aubier, Grègues, Saint-Pierre).
Ugni bland (= Maccabeo, Bouan, Beou, Queue de Renard, Clairette à grains ronds, Grédelin). L'Ugni noir est l'Aramon.</td></tr>
</table>

Outre ces cépages qui lui sont spéciaux, la Provence en cultive de nombreux autres, parmi lesquels figurent ceux du bas Languedoc.

<table>
<tr><td>C. Cépages
de la Drôme.</td><td>Syrah (= Schiras, Sirac, Syrac, Petite Sirrah, Sérine, Sérène, Plant de la Biaune).
Durif (= Pinot de Roman, Pinot de l'Ermitage, Nérin, Plant Durif).
Viognier (= Galopine).
Roussanne (= Roussette, Fromenteau, Bergeron, Martincot, Arbin).</td></tr>
</table>

C. Cépages de la Drôme. (*Suite.*)	*Marsanne* (= Grosse Roussette). *Siramuse.* *Cornet.* *Pougayen.* *Flona.* *Pointu.* *Lardot.*

D. Cépages de la Savoie.

Mondeuse (= Mouteuse, Marne, Molette, Mandouse, Persagne, Persaigne, Gros plant. Grand Chétuan, Savoyanne, Tournerin. Marsanne ronde, Salanaise, Vache, Grosse Sirah (Maldoux, Rouget dans le Jura). Il existe la var. *Mondeuse blanche.*

Persan (= Beccu, Becuette, Prinseur, Etris, Pressan, Etraire, Bâtarde, Aguzelle, Siranèze pointue. Pousse de chèvre).

Hiboux : var. *Hibou noir* et *H. blanc* (= Hibou, Hivernais, Polofrais, Promère, Bibou, Guibou, Luisant, Raisin-cerise).

E. Cépages de la Bourgogne, du Lyonnais et du Beaujolais.

Gamai noir (= Petit Gamai, Gamet, Plant de Bévy, Plant d'Arcenant, Plant de Malain, Plant d'Evelles, Plant de Labronde, Plant Nicolas, Plant Picard, Gros Bourguignon, Plant de Magny, Gamay de Liverdun, Ericé noir, Grosse race, Lyonnaise).

Pinot noir (= Noirien, Pineau, Franc-pineau, Petit Vérot, Auvernat noir, Plant noble, Rouget, Pineau de Ribeauvillé, Salvagnin noir, Servagnin noir, Vert doré, Plant doré, Pinot de Fleury, Plant médaillé, Morillon noir, Langedet, Petit Bourguignon, Cortaillod rouge).

α. Var. *Pinot gris* (= Beurot, Fromenteau, Malvoisie, Auvernat gris, Auxerrois).

β. Var. *Pinot blanc* (= Plant doré blanc, Auvernat blanc).

γ. Var. *Pinot mour* (= Mouret, Tête-de-Nègre).

Pinot blanc Chardonnay (= Chandenet, Chardenet, Noirien blanc, Chardonnay, Petit Chatey, Auvernat, Blanc, Beaunois, Rousseau, Plant de Tonnerre, Melon, Epinette, Arnoison).

César (= Romain, Picarneau).

**F. Cépages
du centre.**

> *Chenin noir* (= Pinot d'Aunis).
> *Chenin blanc* (= Pineau blanc de la Loire,
>   Plant de Maillé, Plant d'Anjou).
> *Côt* (p. 803).
> *Pinot* (p. 800).
> *Gamay* (p. 800).

a. CÉPAGES A RAISINS NOIRS
ET A GRAINS OBLONGS

Ploussard (= Peloussard, Arbois. Plant d'Arbois. Meythe, Métie, Mècle, Mescle).
Trousseau (= Triffaut. Trusseau, Trussiau).
Mondeuse (= Maldoux, Maudoux, Maudos,
Maudouse, Mandoux, Largillet. Margillin.
Margillien, Grand Picot, Chétuan, Chintuan,
Mondeuse).
Teinturier (= Plant qui tache, Plant de tache,
Noiraut).
Gamay noir (= Gaumey. Goumey).
Mesy (= Petit Mesi. Petit Moisi).
Pinot noir (= Pineau noir, Noirien, Noirin.
Petit Noirin, Noirum, Savagnin noir, Salvagnin, Pinot). Voy. p. 606. Var. *P. gris*
(= Noirin gris, Malvoisie, Fauvé, Griset).
Pinot de juillet (= Pineau Madeleine, Maurillon hâtif, Plant de juillet, Noirin précoce,
Raisin de la Madeleine).
Meunier (= Pineau Meunier, Meunier, Noirin
enfariné, Noirin de Vuillafans).

**G. Cépages du Jura
et de
Franche-Comté.**

b. CÉPAGES A RAISINS BLANCS
ET A GRAINS OBLONGS

Lignan (= Ploussard blanc précoce, Lignengna, Jouanneux, Magdeleine royale).
Verjus (= Bordelais).
Cinquien (= Quienquien, Trousseau blanc).
Savagnin blanc (= Sauvagnin, Sauvanon,
Sauvoignin, Sauvagnan. Sauvignin, Savignain, Savignon naturé, Savigneu, Savoignin, Gentil blanc, Bon blanc, Naturel. Naturé, Fromenteau. Fromenté, Fourmentan.
Le *Savagnin* a donné naissance à quelques
variations que l'on désigne sous les noms
de Blanc-brun, Viclair. Blanc-court, Milleran.

Bargine (= Bargène).

Meslier (= Maillé, Mayé, Meslier du Gâtinais? Meslier parisien? Montil de la Charente-Inférieure, Petite Chalosse jaune du Bordelais?)

Pourrisseux (= Gamai blanc).

Fariné blanc (= Ferney, Gauche blanc. Gros blanc, Blanc vert).

Verdat blanc (= Verdet).

Mondeuse blanche (= Savouette. Couilleri).

c. Cépages a raisins noirs et a grains ronds

Argant (= Gros Margillin, Rouillot).

Petit Béclan (= Beiklan, Béclan, Petit Margillin, Seaut-noir, Saut-noir, Saunoir, Baclan).

Muscat noir.

Frankental (= Noirin d'Italie, Damas noir. Plant de Paris).

Peloursin noir (= Gros noir. Pineau gros noir, Gros nat, Gronnat, Gros noirin, Gros noirin Pourrot, Noirin ou poireau, Gros Béclan. Mosagnin, Gros-Béclan-Mosagnin, Plant Durif. Duret. Dureau).

Corbeau (= Turineau de Salins, Plant de Turin, Torino, Noirun d'Espagne, Plant d'Espagne, Margillin (?)).

Bregin (= Brecin). Possède diverses variations : Bregin panaché, B. gris, B. blanc (Vaissier).

Grappenou (= Grappenoux, Grappenans, Grappenaud. Grappenat).

Valais noir (= Taquet, Faquet, Troussey. Tresseau, Mourlan noir).

Enfariné (= Gaillard, Gouai-noir, Lombard, Goix noir, Petit Goix, Chamoisien, Bregin bleu. Brezin de panpan, Grizon).

Gueuche noir (= Foirard noir, Gouais, Guat. Gros Plant, Plant d'Arlay).

Damerel (= Dameron, Valais noir de Poligny, Foirard noir d'Arbois, Valdenois, Damery).

Rougeain (= Plant de haie, Mauvais noir?).

Chasselas noir (= Mornin noir, Grenu). Existence très contestée dans les vignobles du Jura.

G. Cépages du Jura
et de
Franche-Comté.
(*Suite.*)

d. Cépages a raisins blancs et a grains ronds

Chasselas doré (= Lausannois, Valet blanc,
Chasselas, Mourlans, Mouillen, Mouillin,
Fendant).

Muscat blanc.

Chardonnay (= Melon d'Arbois, de Salins,
Gamai blanc de l'Etoile, Roussette, Moulan,
Luisant, Pineau blanc, Refay, Lusannois,
Beaunois? Epinette?). On a distingué les
variétés suivantes : Melon à queue rouge,
Melon gros vert, M. à queue de porc, M.
musqué.

Aligoté (= Giboudot blanc, Gauche blanc,
Vert blanc).

Melon (= Bourgogne blanche, Bourgogne
verte, Petite Bourgogne, Grosse Bourgogne,
Muscadet, Gamay blanc (Dôle), Melon (toute
la Franche-Comté). Ce cépage n'a rien de
commun avec le *Melon d'Arbois, de Salins*
ou *Chardonnay* de Bourgogne.

Burger (= Bourgeois blanc, Allemand blanc,
Facun Gouais).

Gueuche blanc (= Foirard blanc du Jura,
Gouais, Goix blanc).

Petit Rauschling (= Ortlieber, Tockauer, El-
sasser).

Savagnin blanc (= Traminer rother, Roth
Edel, Rousselet, Gris rouge, Gentil Duret
rouge, Fromenté, Blanc brun).

Riesling (= Gentil aromatique).

Cabernet-Sauvignon (= Petit Cabernet, Vidure,
Petit Vidure, Navarre).

Cabernet blanc (= Gros Cabernet, Carmenet,
Grosse Vidure, Carbonet, Petit fer, Breton,
Véronais, Arrouya).

Merlot (= Vitraille, Bigney, Alicante, Crabu-
tet, Plant Médoc).

Verdot (= Carmelin). 3 var. : *Petit Verdot* ou
Verdot rouge, Verdot de palus ou *V. blanc*
et *Verdot Colon.*

Côt (= Malbeck, Gourdoux, Estrangey, Noir
de Pressac, Mouzat, Gros noir, Cahors, Ba-
louzat, Mourame, Noir doux, Pied rouge,
Pied-de-perdrix, Côte Rouge, Teinturier,
Parde, Terranis, Boucharès, Etaulier, Guil-

I. Cépages de la Gironde. *(Suite.)*	lan, Hourcat, Moussin, Pied-doux, Grande Parde, Quercy, Romieu, Vesparo, Mauzain, Rougeau, Quillot, Gros Auxerrois, Plant de Béraou, Clavier, Claverie, Bouyssalet, Coly, Jacobin, Cahors, Périgord, Gros pied rouge mérillé, Magrot, Prunièral, Grifforin, Plant du Roi, Côt). *Grappu de la Dordogne* (= Picardan noir, Prueras, Prolongeau). *Sémillon* (= Colombier, Chevrier, Malaga, Goulu blanc). *Sauvignon* (= Surin fié, Blanc fumé, Puinechou). *Muscadelle* (= Musquette, Muscadet doux, Raisinotte, Angelicaut, Catape, Guépus, Blanche douce, Muscat fou, Blanc Cadillac, Guilan musqué).
J. Cépages des Charentes.	*Espar* (= Balzac). Voy. p. 798. *Folle Blanche* (= Enrageat, Plant Madame, Grosse Chalosse, Grais, Rebauche, Piquepouille).
K. Cépages de l'Algérie.	*Farrana.* *Aïn el Kelb.*

Nous n'énumérerons pas ici les autres cépages produits par le *Vitis vinifera*, que l'on rencontre en Espagne, en Portugal, en Italie, en Grèce, en Turquie, en Hongrie, en Autriche et en Orient. (Voy. *Cours de Viticulture* de Foëx.)

III. — LES VIGNES GREFFÉES ET LES PRODUCTEURS DIRECTS.

A. Le greffage des cépages français sur vignes américaines, résistantes aux attaques du Phylloxera, a permis aux viticulteurs de réparer les graves désastres occasionnés par le redoutable parasite. Aujourd'hui, la plupart de nos vignobles sont entièrement reconstitués et, grâce à l'intelligente activité des vignerons, la viticulture française semble reconquérir le rang prépondérant qu'elle avait jadis sur toutes les autres nations. Mais il ne faut pas se méprendre ici, car si le greffage a permis à certains viticulteurs méridionaux d'obtenir des rendements dépassant de 25 p. 100 ceux d'autrefois, et d'atteindre les chiffres considérables de 150 et même 200 hectolitres à l'hectare, les vins produits n'ont plus les qualités initiales des vieux crus. Il est démontré, en effet, que le sujet exerce une influence marquée sur le greffon et réciproquement. Or la vigne américaine n'ayant jamais produit que du vin de qualité secondaire, les plants sélectionnés auxquels elle a servi de sujet de greffe, devaient fatalement perdre une partie de leurs qualités propres, pour en acquérir de nouvelles ayant surtout trait à la *productivité*. Quoi qu'en disent les propriétaires, le vin *franco-américain* qu'ils produisent aujourd'hui et auquel ils attribuent une saveur et un bouquet parfaits, ne vaut pas celui des vieilles vignes qui avaient été l'objet d'une très longue sélection. Cette appréciation est ratifiée par la majorité des consommateurs.

Les modifications que l'on a fait subir au sol, surtout à celui des vallées basses, en y transportant de très grandes quantités de terres alluvionnaires, la saturation intensive d'engrais potassiques capables de diminuer le bouquet et la saveur du vin; les perturbations que l'on fait subir aux radiations solaires en recouvrant les parties aériennes de la plante, surtout les feuilles, de bouillies cupriques anti-cryptogamiques, sont autant de causes à ajouter à l'influence du greffage dans les modifications des qualités de nos anciens crus.

Mais, dit un vieux proverbe :

> Quand on n'a pas ce que l'on aime
> Il faut aimer ce que l'on a.

Estimons-nous donc heureux des résultats obtenus. Ayons confiance dans la Science et espérons qu'un jour elle saura donner aux vins franco-américains, que nous produirons désormais en très grande quantité, les précieuses qualités de nos grands vins, si renommés autrefois dans le monde entier.

B. — QUALITÉS QUE DOIVENT POSSÉDER LES VIGNES AMÉRICAINES EMPLOYÉES COMME PORTE-GREFFES.

Ces qualités sont :

1° la résistance au phylloxera,

2° la résistance à la chlorose,

3° l'adaptation au sol.

La résistance des vignes américaines au *Phylloxera* a été examinée, page 621 ; nous n'y reviendrons pas.

Quant à leur résistance à la *chlorose,* elle est loin d'être aussi satisfaisante. Seules les espèces pures, comme les *Rupestris, Riparia, Berlandieri,* sont à même de nous donner entière satisfaction.

Les *hybrides franco-américains* sont beaucoup plus sensibles à la chlorose, mais ils rendent de sérieux services dans les sols humides où leur adaptation s'opère assez facilement.

Les *hybrides américo-américains* sont appelés à plus d'avenir que les précédents ; ils possèdent à la fois la résistance des espèces pures et le pouvoir d'adaptation des franco-américains.

En ce qui concerne *l'adaptation,* il importe de connaître parfaitement les aptitudes respectives du terrain et des cépages, ainsi que la teneur du sol en calcaire. Les vignes américaines ont une résistance variable à la chlorose en sol calcaire ; l'on peut même dire qu'à chaque proportion de ce sel correspond une espèce particulière. Ainsi le *Riparia* ne supporte pas un terrain ayant plus de 15 p. 100 de calcaire ; il exige en outre que ce terrain soit frais, riche et meuble ; tandis que les *Rupestris* et *Berlandieri* possèdent une haute résistance à la chlorose. Les premiers sont relativement peu exigeants au point de vue des qualités du sol ; les seconds ont le défaut de reprendre difficilement de bouture.

Les hybrides américo-américains *Riparia* × *Rupestris. 101¹⁴ de Millardet* et *3306 et 3309 de Couderc, Cinerea* × *Rupestris, et Cordifolia* × *Rupestris,* ainsi que les formes nouvelles *34 Ecole de Montpellier, 420 Millardet, 157¹¹ Couderc* du groupe *Riparia* × *Berlandieri,* les *320 de Millardet* et *554⁵ de Couderc* du groupe *Rupestris* × *Berlandieri,* sont particulièrement à retenir. Ils développent d'abondantes racines dans les *sols compacts* où le *Riparia* ne réussit pas.

Parmi les franco-américains, on ne peut guère citer que l'*Aramon* × *Rupestris Ganzin* n° *1* et le *Mourvèdre Rupestris* n° *1202*.

Nous croyons utile de donner, à titre d'indication, la liste des porte-greffes employés dans l'important vignoble arboisien.

1° AMÉRICAINS. — 1. *Riparia Gloire de Montpellier*, pour les sols frais, meubles et riches renfermant moins de 20 p. 100 de calcaire.

2. *Rupestris du Lot*, dans les terrains pauvres, caillouteux, secs ou même argileux, renfermant 35 p. 100 de calcaire.

3. *Solonis* (*Riparia* × *Rupestris* × *Candicans*), peu employé.

2° AMÉRICO-AMÉRICAINS. — 1. *Riparia Rupestris 101*[14], sols marneux, argileux, plus ou moins humides et dosant 35 à 40 p. 100 de calcaire.

2. *Riparia* × *Rupestris 3306*, sols marneux, argileux, plus ou moins humides et dosant 35 à 40 p. 100 de calcaire.

3. *Riparia* × *Rupestris 3309*, sols marneux, argileux, plus ou moins humides et dosant 35 à 40 p. 100 de calcaire.

3° FRANCO-AMÉRICAINS. — 1. *Aramon Rupestris Ganzin* n° 1, sols compacts, dosant 50 et même 60 p. 100 de calcaire.

2. *Mourvèdre* × *Rupestris 1202*, sols compacts, dosant 50 et même 60 p. 100 de calcaire.

Dans les terrains marneux, où le *Riparia* réussit mal, on lui substitue le *Riparia* × *Rupestris 101*[14], sur lequel on greffe le *Trousseau*, le *Ploussard* et le *Naturé*.

Le *Riparia* est réservé spécialement aux gros plants : *Melon, Enfariné* et *Valet noir*.

C. PRODUCTEURS DIRECTS. — On appelle *producteurs directs*, des hybrides résultant ordinairement du croisement de plants français et d'américains, capables d'être bouturés et de fructifier sans l'intervention du greffage.

Les plus anciens sont l'*Othello*, le *Sénasqua*, le *Cornucopia*, le *Canada*, le *Pouzin* ou *Clinton* et le *Noah*, ce dernier a les raisins blancs. Ces divers producteurs directs produisent de mauvais vin ; ils n'ont pas la résistance absolue au phylloxera qu'on voulait bien leur attribuer. Ils semblent être délaissés aujourd'hui au profit des *Seibel* nᵒˢ *1-156-209-1021-2003*, *Terras* nᵒ *20*, *Couderc* nᵒ *4401* et *6301*, *Auxerrois* × *Rupestris*, etc.

La plupart de ces nouveaux producteurs directs présentent de grandes qualités et de non moins graves défauts. Ainsi le *Terras* nᵒ *20* résiste parfaitement au Phylloxera, au Black-rot, au Mildiou, etc., mais il est très sensible à l'oïdium, à la pourriture dans les années pluvieuses ; sa maturation est irrégulière en Franche-Comté et son vin est médiocre.

Malgré la propagande active et digne d'éloges du docteur Grand-Clément, en faveur des producteurs directs, les vignerons *de profession* n'accorderont jamais à ces nouveaux plants qu'une faible place dans leurs vignobles. Les vins de producteurs directs ne peuvent être comparés à ceux de nos bonnes variétés indigènes. Néanmoins, tout en réservant les bons sols à ces dernières, on peut très bien tenter l'expérience des premiers dans les terrains de plaine, où ils produiraient la boisson courante de l'ouvrier et du cultivateur, pour lesquels la culture de la vigne n'est qu'accessoire.

Les viticulteurs de Bourgogne et de Franche-Comté ne pourront jamais lutter contre le Midi pour la *quantité* ; ils doivent donc s'efforcer d'obtenir la *qualité* et s'attacher, dans la mesure du possible et malgré les dépenses occasionnées par le greffage, à maintenir à leurs vins la saveur et le bouquet qui en ont fait la réputation.

TABLE MÉTHODIQUE DES MATIÈRES

PREMIÈRE PARTIE

LA GRAINE

CHAPITRE PREMIER

MORPHOLOGIE, STRUCTURE ET RÉSERVÉS

DEUXIÈME PARTIE

DÉVELOPPEMENT ET STRUCTURE DE LA PLANTE

PREMIÈRE SECTION

CHAPITRE PREMIER

CELLULE ET CONTENU CELLULAIRE

CHAPITRE II

TISSUS

CHAPITRE III

MORPHOLOGIE EXTERNE DE LA RACINE, DE LA TIGE ET DE LA FEUILLE

CHAPITRE IV

STRUCTURE SOMMAIRE DE LA RACINE, DE LA TIGE ET DE LA FEUILLE

DEUXIÈME SECTION

CHAPITRE V

PHYSIOLOGIE DE LA RACINE, DE LA TIGE ET DE LA FEUILLE

TROISIÈME PARTIE

RAPPORTS DE LA PLANTE AVEC LE SOL
SOINS A DONNER AUX PLANTES AGRICOLES

CHAPITRE PREMIER

ALIMENTS DE LA PLANTE

CHAPITRE II

LES SOLS AGRICOLES

CHAPITRE III

PROPRIÉTÉS PHYSIQUES DES SOLS AGRICOLES

CHAPITRE IV

LES AMENDEMENTS

CHAPITRE V

ENGRAIS

CHAPITRE VI

BACTÉRIACÉES. ASSIMILATION DE L'AZOTE LIBRE
FERMENTATIONS NITREUSE ET NITRIQUE
DÉNITRIFICATION

CHAPITRE VII

PROCÉDÉS CULTURAUX
ET SOINS A DONNER AUX PLANTES. — SÉLECTION

QUATRIÈME PARTIE

REPRODUCTION DE LA PLANTE

CHAPITRE PREMIER

REPRODUCTION PAR MULTIPLICATION

CHAPITRE II

REPRODUCTION PAR FÉCONDATION

CHAPITRE III

FRUITS. LEUR CONSERVATION

CINQUIÈME PARTIE

MALADIES DES PLANTES AGRICOLES

CHAPITRE PREMIER

CARACTÈRES GÉNÉRAUX DES CHAMPIGNONS

SIXIÈME PARTIE

DESCRIPTION ET CULTURE DES PLANTES AGRICOLES

CHAPITRE PREMIER

PLANTES ALIMENTAIRES

CHAPITRE II

PLANTES FOURRAGÈRES

CHAPITRE III

PLANTES INDUSTRIELLES

TABLE ALPHABÉTIQUE DES MATIÈRES

ERRATA

Page 59, ligne 13, au lieu de *peptine*, lire *pectine*.
— 73, ligne 7, au lieu de *phanorégames*, lire *phanérogames*.
— 97, fig. 83, au lieu de *Portion du*, lire *Portion de*.
— 127, ligne 28, au lieu de *tracés*, lire *tracé*.
— 140, ligne 2, au lieu de *périderme*, lire *péridesme*.
— 140, ligne 22, même observation.
— 197, ligne 27, supprimer la virgule après *agricole*.
— 367, la fig. 188 est renversée.
— 455, dernière ligne, au lieu de *capillaires*, lire *carpellaires*.
— 499, 3ᵉ colonne du tableau, la *roulure des arbres résineux* et *l'écoulement de résine*, ne correspondant à rien dans la seconde colonne, doivent être placés plus bas.
— 500, 3ᵉ colonne, même observation pour *érinose, action du froid, influence des plaies*.
— 502, 1ʳᵉ colonne, l'accolade relative à la Vigne commence avec *Plasmopara viticola*.
— 502, 2ᵉ colonne, rapprocher *Cochylis* de *Pyrale*.
— 502, 3ᵉ colonne, la *Brunissure*, l'*Apoplexie*, etc., sont des affections qui ne correspondent à aucun parasite de la 2ᵉ colonne.
— 647, ligne 7, au lieu de p. 590, lire p. 502.
— 647, ligne 16, même observation.

www.ingramcontent.com/pod-product-compliance
Lightning Source LLC
LaVergne TN
LVHW021917060726
842528LV00001B/10